"十四五"时期国家重点出版物出版专项规划项目
智能建造理论·技术与管理丛书
一流本科专业一流本科课程建设系列教材
北京建筑大学教材建设项目资助出版

土木工程智能施工

主　编　廖维张　穆静波　杨震卿
副主编　侯敬峰　王　亮　张新天
参　编　刘　军　杨　静　曲秀姝　王作虎

机械工业出版社

本书依据高等学校智能建造专业人才培养目标及该专业对木木工程智能施工核心知识的要求，并结合我国现行土木工程类标准、规范编写。全书共 10 章，包括：绪论，智能施工技术框架，土方工程，基础工程，混凝土结构工程，钢结构工程，砌筑工程，防水工程，装饰装修工程，智能施工技术综合应用。本书在内容上吸收了较为成熟的新技术、新工艺和新方法，密切结合现行规范和特色工程实例，突出反映了土木工程施工的基本原理和智能施工的主要方法。

本书可作为高等学校智能建造专业、土木工程专业及其他相关专业的教材或教学参考书，也可供广大工程技术和管理人员参考。

图书在版编目（CIP）数据

土木工程智能施工／廖维张，穆静波，杨震卿主编. 北京：机械工业出版社，2025.2. -- （智能建造理论·技术与管理丛书）（一流本科专业一流本科课程建设系列教材）. -- ISBN 978-7-111-77732-8

Ⅰ. TU7-39

中国国家版本馆 CIP 数据核字第 2025R2X427 号

机械工业出版社（北京市百万庄大街 22 号　邮政编码 100037）
策划编辑：林　辉　　　　　责任编辑：林　辉　高凤春
责任校对：张爱妮　梁　静　　封面设计：张　静
责任印制：张　博
河北泓景印刷有限公司印刷
2025 年 9 月第 1 版第 1 次印刷
184mm×260mm・23.75 印张・587 千字
标准书号：ISBN 978-7-111-77732-8
定价：79.00 元

电话服务　　　　　　　　　网络服务
客服电话：010-88361066　　机　工　官　网：www.cmpbook.com
　　　　　010-88379833　　机　工　官　博：weibo.com/cmp1952
　　　　　010-68326294　　金　书　网：www.golden-book.com
封底无防伪标均为盗版　　　机工教育服务网：www.cmpedu.com

前 言

经过改革开放 40 余年来的不断发展，我国建筑业取得了巨大的建设成就，完成了上海中心大厦、中国尊（北京中信大厦）、港珠澳大桥、FAST（中国天眼）等举世瞩目的超级工程，推动了"中国建造"能力的整体提升。在新时代科技进步的引领下，我国建筑业以新型建筑工业化为核心，以信息化手段为有效支撑，通过工业化与信息化的深度融合，对全产业链进行更新、改造和升级，通过技术创新与管理创新，带动企业与人员能力的提升，推动建筑产品和建设全过程、全要素、全参与方的升级，努力将发展水平提升至现代工业化水平，并最终实现工程的绿色建造。

在土木工程施工阶段，智能化设备的大量应用、虚拟化的全过程建造仿真模拟、精细化的全要素管理等为传统施工向智能化施工的转变提供了合理路径。本书依据高等学校智能建造专业人才培养目标及该专业对土木工程智能施工核心知识的要求，在内容上吸收了较为成熟的新技术、新工艺和新方法，密切结合现行规范和特色工程实例，突出反映了土木工程施工的基本原理和智能施工的主要方法，可作为高等学校智能建造专业、土木工程专业及其他相关专业的教材或教学参考书，也可供广大工程技术和管理人员参考。

本书凝聚了编者数十年的施工课程教学与工程经验、教研与相关科研成果。编写时，力求做到层次分明、结构合理、条理清晰、图文并茂、语言简洁、文字规范，并密切结合现行施工及验收规范。

在编写过程中，得到了业界多位专业人士的热情帮助，在此表示衷心的感谢。

由于编者水平有限，书中难免存在不足之处，敬请读者批评指正。

编 者

二维码清单

名称	图形	名称	图形	名称	图形
1-1 未来智能建造介绍		1-9 钢筋加工机器人		3-1 开挖方式与顺序	
1-2 BIM 介绍		1-10 PC 构件智能生产设备和生产线		3-2 大型土方工程的机械化施工	
1-3 无人机测绘		1-11 挖沟机		3-3 推土机作业	
1-4 三维激光扫描仪		2-1 BIM 技术		3-4 铲运机作业	
1-5 造楼机施工动画展示		2-2 装配式建造		3-5 挖土机+汽车平整场地	
1-6 智能建筑机器人腻子喷涂施工		2-3 施工模拟		3-6 开挖基坑	
1-7 焊接机器人		2-4 可视化交底		3-7 正铲挖土机作业	
1-8 地坪机器人		2-5 节点分析		3-8 反铲挖土机作业	

（续）

名称	图形	名称	图形	名称	图形
3-9 反铲沟端开挖		3-19 型钢水泥土墙施工		3-29 锚杆钻孔及重筋	
3-10 反铲沟侧开挖		3-20 三轴搅拌机作业		3-30 混凝土支撑与钢支撑	
3-11 拉铲挖土机作业		3-21 灌注桩施工过程演示		3-31 集水明排法演示	
3-12 抓铲		3-22 液压锤沉设钢管桩		3-32 井点降水原理演示	
3-13 机械开挖与人工清底		3-23 高压旋喷水泥土桩		3-33 轻型井点降水施工	
3-14 压实机械		3-24 地下连续墙施工		3-34 喷射井点降水施工动画	
3-15 基坑开挖与网喷护坡		3-25 地下连续墙施工步骤动画		3-35 管井井点演示	
3-16 土钉墙支护演示		3-26 土层锚杆施工演示		3-36 深管井井点演示	
3-17 护坡桩施工		3-27 冠梁施工与锚杆张拉		3-37 咬合桩帷幕施工演示	
3-18 静压钢板桩		3-28 旋挖钻套管钻孔		3-38 咬合桩帷幕墙锚杆演示	

（续）

名称	图形	名称	图形	名称	图形
4-1 预应力管桩制作演示		4-11 旋挖钻套管钻孔		5-1 对焊演示	
4-2 常用桩锤种类		4-12 压灌桩演示		5-2 对焊	
4-3 桩架种类		4-13 泥浆护壁灌注桩施工演示		5-3 电弧焊	
4-4 打桩施工		4-14 吊脚桩		5-4 电渣压力焊演示	
4-5 液压锤沉设钢管桩		4-15 缩颈桩		5-5 电渣压力焊	
4-6 静力压桩演示		4-16 复打法		5-6 点焊	
4-7 静压沉桩		4-17 地下连续墙施工		5-7 直螺纹加工与连接	
4-8 静压沉桩		4-18 人工挖孔桩及墩基础演示		5-8 钢筋冷挤压连接	
4-9 振动沉桩及拔桩		4-19 人工挖孔桩、墩基础施工		5-9 调直切断	
4-10 灌注桩施工过程演示		4-20 沉井施工原理		5-10 钢筋弯曲	

（续）

名称	图形	名称	图形	名称	图形
5-11 钢筋绑扎安装		5-21 爬模（顶升平台式）		5-31 大体积混凝土浇筑方案演示	
5-12 柱、梁板模板		5-22 滑模施工		5-32 混凝土振捣	
5-13 柱子模板施工		5-23 预应力版制作		5-33 混凝土养护	
5-14 楼板支模		5-24 混凝土制备		5-34 先张法施工工艺	
5-15 墙模板施工		5-25 混凝土运输		5-35 自锁紧夹片夹具	
5-16 楼梯模板施工		5-26 搅拌运输车及泵车原理		5-36 穿心式千斤顶	
5-17 模板拆除		5-27 搅拌车运输与泵车浇筑		5-37 先张法预应力圆孔板制作	
5-18 大模板构造组成演示		5-28 后浇带预封闭工艺		5-38 拉杆式千斤顶工作过程	
5-19 大模板施工		5-29 梁板浇筑		5-39 四横梁张拉	
5-20 爬模（爬架式）演示		5-30 浇筑墙体		5-40 后张法施工工艺	

(续)

名称	图形	名称	图形	名称	图形
5-41 墩头锚具后张法		6-1 扭剪型高强螺栓连接演示		7-4 填充墙砌筑	
5-42 钢质锥锚		6-2 多机抬吊网架演示		7-5 加气块隔墙砌筑	
5-43 锥锚式千斤顶		6-3 央视钢结构制作安装方案演示		8-1 防水混凝土施工	
5-44 后张有粘结预应力施工		6-4 国家体育馆屋盖滑移方案		8-2 止水板安装	
5-45 预应力梁波纹管留设孔道		6-5 南京南站屋盖分块安装方案演示		8-3 底板后浇带施工	
5-46 柱子旋转法与滑行法吊装演示		6-6 鸟巢钢结构分件安装		8-4 地下防水-外贴法	
5-47 装配整体式框架结构施工		7-1 砖的准备		8-5 外贴法卷材防水层施工	
5-48 全装配剪力墙结构施工		7-2 砖墙砌筑工艺顺序		8-6 地下防水-内贴法	
5-49 预制构件的吊装		7-3-1 砖墙砌筑工艺1		8-7 铺贴橡胶防水卷材	
5-50 预制构件的安装		7-3-2 砖墙砌筑工艺2		8-8 自粘胶膜卷材预铺反粘施工	

二维码清单

（续）

名称	图形	名称	图形	名称	图形
8-9 正置式屋面保温防水施工		9-5 砖及石材地面软铺法		9-15 室内涂料	
8-10 屋面涂膜防水施工		9-6 地砖硬铺法		9-16 壁纸裱糊	
8-11 膨润土防水毯施工		9-7 石材直接干挂法安装		10-1 地面整平机器人	
8-12 三元乙丙橡胶卷材铺贴		9-8 石材骨架干挂法安装		10-2 地坪研磨机器人	
8-13 屋面防水层铺贴		9-9 隐框构件式玻璃幕墙安装		10-3 多功能施工机器人	
8-14 屋面防水施工准备与方法		9-10 石材幕墙背栓点挂安装		10-4 划线机器人	
9-1 一般抹灰工艺与要求演示		9-11 铝窗安装		10-5 外墙喷涂机器人	
9-2 水刷石施工		9-12 集成吊顶		10-6 智能监测机器人	
9-3 水磨石地面施工		9-13 轻钢龙骨吊顶施工动画		10-7 智能施工技术综合应用案例	
9-4 内墙砖粘贴		9-14 吊顶石膏板安装			

IX

目 录

前言
二维码清单
第 1 章　绪论 ……………………………………………………………………… 1
  1.1　智能建造概述 ………………………………………………………………… 1
  1.2　智能施工概述 ………………………………………………………………… 4
  1.3　智能施工的发展状况 ………………………………………………………… 6
  1.4　课程特点和教学目标 ………………………………………………………… 15
  习题 …………………………………………………………………………………… 15
第 2 章　智能施工技术框架 …………………………………………………… 17
  2.1　智能施工整体框架 …………………………………………………………… 17
  2.2　智能施工核心技术 …………………………………………………………… 18
  2.3　智能施工关键技术 …………………………………………………………… 21
  2.4　建造方式智能化 ……………………………………………………………… 32
  2.5　智能施工管理平台 …………………………………………………………… 33
  2.6　智能施工应用案例 …………………………………………………………… 37
  习题 …………………………………………………………………………………… 45
第 3 章　土方工程 ……………………………………………………………… 46
  3.1　概述 …………………………………………………………………………… 46
  3.2　土方计算与调配 ……………………………………………………………… 49
  3.3　土方开挖与填筑 ……………………………………………………………… 58
  3.4　土方作业辅助工程 …………………………………………………………… 70
  3.5　土方工程智能施工应用案例 ………………………………………………… 92
  习题 …………………………………………………………………………………… 95
第 4 章　基础工程 ……………………………………………………………… 97
  4.1　预制桩施工 …………………………………………………………………… 97
  4.2　灌注桩施工 …………………………………………………………………… 105
  4.3　承台施工 ……………………………………………………………………… 113
  4.4　其他深基础施工 ……………………………………………………………… 114
  4.5　基础工程智能施工应用案例 ………………………………………………… 117
  习题 …………………………………………………………………………………… 118
第 5 章　混凝土结构工程 ……………………………………………………… 120
  5.1　钢筋工程 ……………………………………………………………………… 120
  5.2　模板工程 ……………………………………………………………………… 134

5.3 混凝土工程 150
5.4 预应力混凝土工程 166
5.5 装配式混凝土结构施工 184
5.6 混凝土结构工程智能施工应用案例 203
习题 207

第 6 章 钢结构工程 210
6.1 钢结构制作与安装 210
6.2 预应力钢结构施工 221
6.3 大跨度空间结构施工 226
6.4 钢结构中的智能测量技术 234
6.5 钢结构工程智能施工应用案例 235
习题 241

第 7 章 砌筑工程 242
7.1 砌体工程材料 242
7.2 砌体结构施工 246
7.3 砌体填充墙施工 250
7.4 砌筑工程智能施工应用案例 253
习题 254

第 8 章 防水工程 256
8.1 地下防水工程 256
8.2 屋面防水工程 263
8.3 防水工程智能施工应用案例 268
习题 268

第 9 章 装饰装修工程 270
9.1 抹灰工程 270
9.2 饰面与幕墙工程 275
9.3 门窗与吊顶工程 282
9.4 涂饰与裱糊工程 288
9.5 装饰装修工程智能施工应用案例 292
习题 299

第 10 章 智能施工技术综合应用 300
10.1 建筑机械 300
10.2 建筑工程 309
10.3 道路工程 320
10.4 桥梁工程 339
10.5 隧道工程 351
10.6 地下工程 359
习题 366

参考文献 367

第1章

绪　　论

1.1　智能建造概述

1.1.1　智能建造的概念

　　智能建造是在我国社会经济发生深刻变革，建筑行业粗放管理，依靠劳动力红利扩张规模产生效益的野蛮生长期转向高质量发展新阶段的背景下产生的。中国建造是一种先进建造技术水平的代表，大批的世界一流水准的工程项目被高效建成，在装配式建筑、大型公建、城市轨道交通、市政基础设施、能源设施、应急设施等"高深大难急"工程中，建造技术水平在世界范围位居前列，建造速度首屈一指。同时，我国信息技术的发展日新月异，数字化、网络化、智能化与各个领域的行业专项技术的融合嫁接，催生着各个行业创新与变革，建筑行业也不例外，这将从根本上使中国建造发生变革。

　　智能建造是建筑行业应对高质量发展，实现全行业、全周期降本增效，提高资源效率，交付高质量、高性能产品的一种解决方案，包含智能规划、算法设计、虚拟/自动化施工、智能运维、智能监管等方面。

　　随着技术的进一步发展，人提出需求、创意，机器提供实现方案，进行决策，机器最终执行，这将是人类社会可预见的未来。要实现这一点就必须让机器具有智慧。智慧与智力、智能不同，它是由智力系统、知识系统、方法与技能系统等多个子系统构成的复杂体系孕育出的能力，包含感知、记忆、理解、分析、判断、升华等，是对未来的行为预判与掌控，是解决问题的根本能力。智能是将物理世界数据变成知识的能力，是智慧的支撑能力之一，主要解决将感知到的信息转化为数据、分析信息、提炼凝聚知识的问题。

　　建筑行业机器取代人工是一个发展趋势。由于建筑行业信息化水平较低，尚缺乏完整、有效的手段解决数据感知、存储、分析、决策、控制、执行等问题。因此，需要较长的时间对建筑行业进行赋能，实现能力提升。从发展阶段角度看，智能建造是阶段产物。它是传统建造模式通过CAD、BIM、VDC等手段初步实现数字化表达之后，与高精度测量、自动感知、工业自动化、大数据、人工智能等技术深度融合形成的一种新的能力提升模式。在智能建造之前，链接传统建造模式的是数字建造，这个阶段通过信息化手段实现建造数据的采集与格式化，通过机械化实现生产过程效率的大幅度提升；在智能建造之后，将会是以人工智能驱动智能化装备自主完成设计、施工工作的建造模式，可能叫智慧建造，也可能会有其他的名字。这三个阶段是递进上升的关系，但是可以明确的是智能建造将是一个较为长期，不可跨越的阶段。之所以这样说，主要原因是支撑数据传输的通信技术和支撑智能装备的自动化技术，在建造场景中的应用还需要经过较长的发展阶段才可能实现与建造技术深度融合。当前智能建造的主要工作是实现全产业链数据的采集、积累、分析、集成，并与工业自动化相融合，从而实现能力延展。

在现阶段智能建造并没有一个公认的准确定义，参考工业领域智能制造发展，并根据对工程项目中实践经验的总结，可以认为智能建造是基于新一代信息通信技术与先进建造技术融合，贯穿于设计、生产、管理、服务等建造活动各环节具有自感知、自学习、自决策、自执行、自适应功能的新型生产方式。这个生产方式的参与方包括政府、企业、学校、科研机构等，其利益诉求整体是保持一致的，但是在关注点上会有差异。企业作为土木工程智能施工的主体，其视角下的智能建造是以创效为目标、以工业化为主线、以标准化为基础、以建造技术为核心、以信息化为手段，通过 BIM 技术实现在虚拟侧的数据生成，并进行模拟和数据承载；通过智慧工地实现高精度的测量和感知，实现链接虚拟和现实；通过智能装备实现对现实的反馈，把施工作业现场转移到工厂完成，把工厂能力移植到施工现场；通过工程数据与人工智能模型支撑的互联网实现产业融通，从而实现新一代信息技术与建造技术深度融合，丰富、延展建造能力，提升建造产品品质的新型建造模式。在智能建造这个模式中，建造是本体，智能是属性，装备是支撑。在研究和应用过程中，要避免为了智能而智能，智能必须围绕建造展开。

1.1.2　智能建造的内涵

智能建造的内涵涵盖了以下几个方面：

1）智能建造的目的：通过建造过程的数字化转型升级，提升建造技术能力、革新管理模式，实现缩短工期、降低造价、节约材料、减少能耗、减少人工、减少建筑垃圾，进而达到以人为本可持续的全新建造模式，其根本方向是创效。

2）智能建造的基础：通过对建造工艺和工序的标准化实现固化建筑产品体系，并以数据这个新型生产要素作为驱动力，不断优化、重塑建造流程，应该指出标准化作为智能建造的基础，既要考虑建造的标准化，又要考虑与之相配套的新一代信息技术的标准化。

3）智能建造的手段：以利用大数据、人工智能、物联网、5G、云计算、BIM 等新一代信息技术为手段，实现与工程建造能力的深度融合。

4）智能建造的路径：在建造基础和建造手段相融合的基础上，参照工业发展由粗放转向精细化、集约化的路径，逐步实现建造过程的自动化施工、工业制造辅助（工厂化生产、装配式、干作业等）、精益化管理（施工现场 6S 管理）。首先掌握关键技术，然后逐步提升数据控制能力，之后通过机械、工厂制造，降低人工生产的不确定性，同时结合功效水平，分步实现施工建造精益化。

5）智能建造的表现形式：数据驱动、信息化、网络化、智能化的信息技术普遍应用，各种类型的智能机械大规模提升人工作业效率，人与智能装备实现和谐发展。

6）智能建造的本质：信息时代数据驱动技术升级，从而倒逼管理变革的发展过程。

1.1.3　智能建造的特点与周边概念

（1）智能建造的特点

1）信息化：以信息技术采集建造过程数据、固化实现物理世界的建造流程，大量生成被格式化的建造数据的过程。

2）数字化：建造过程数据不断被资源化利用，逐步实现可确权、可共享、可协同，并改变生产建造流程的过程。

3）集成化：多种技术跨领域组合应用，实现软件与软件、软件与硬件、硬件与硬件、软硬件与系统、系统与系统、系统与人之间的数据融通，协同工作。

4）专业化：以建造产品为中心，通过标准化创新、固化人和机械设备协作生产建造场景，实现施工建造工业化。

5）工业化：采用自动化、机械化、装配化方式进行建造。

6）精益化：对建造过程涉及的各方面，在平衡管理、进度、成本、质量、安全等因素下实现最小颗粒度的最佳组合，并实现建造产品的最优。

7）绿色化：通过节能技术、可再生能源、绿色建材等手段，减少建筑过程中的能源消耗和环境影响，实现可持续发展。

（2）智能建造的周边概念　在当前建筑业转型的形势下，智能建造成为土木工程行业实现高质量发展的重要途径。面对智能建造带来的新知识，应该以科技是生产力为总方向，深度发掘新技术创效的能力，给新技术应用创造条件，任何尝试都可能是行业变革的决定性力量。其中应该格外关注以下几个方面：

1）建筑信息模型技术（BIM）。BIM是当前施工信息化最为重要的技术。BIM具有可视化、可模拟、可优化、可协调、可出图等重要特性。通过BIM技术可以在虚拟世界创建、模拟一个建筑的全生命周期的各种可能，并把不同的生产要素、资源条件有效地链接在一个平台。BIM是施工企业数字化的基础，掌握BIM这个工具，才拥有打开施工企业数字化转型大门的钥匙。

2）高精度的测量和定位技术。测量是建筑施工的基础，只有更高效率的测量和定位技术，才能有效地链接虚拟世界的业务模拟和现实世界的施工过程，数字孪生才有可能实现。

3）物联网。物联网与测量同等重要，也是虚拟世界感知现实世界的重要手段。

4）5G技术。5G技术的战略重要性已经得到普遍认可。它不仅能提供更快的数据传输速度，还能提供超越以往的低时延。这让工业互联网实现更可靠的远程控制成为可能。

5）大数据与人工智能。大数据与人工智能给建筑施工领域提供了系统整理自身数据的可能性，并且让决策者有机会将数据用于分析，形成对现实世界施工的具体指令。

6）自动化机械。自动化机械是施工劳动力解放、标准化生产、提高施工质量的终极利器。所有通过虚拟模拟、实体感知、智能分析所形成的结果，最终都要通过形成的指令作用到自动化机械，以实现完成自动化的目的。

7）虚拟现实技术。通过模拟真实世界环境，提供交互式体验，为土木工程师和建筑专业人员提供了创新的设计、模拟和培训方式，从而改善项目规划和执行的效率和质量。

1.1.4　智能建造的总体框架

智能建造的总体框架如图1-1所示。发展智能建造要解决以下两个技术问题：

第一是关键技术，它是指以大数据、云计算、物联网、5G、人工智能、工业互联网、区块链为代表的技术。这些技术是实现智能建造数字化、网络化、智能化，解决算力、算法、算据问题的关键。同时还要充分研究建筑领域自身的建造技术。这些技术聚焦建造本

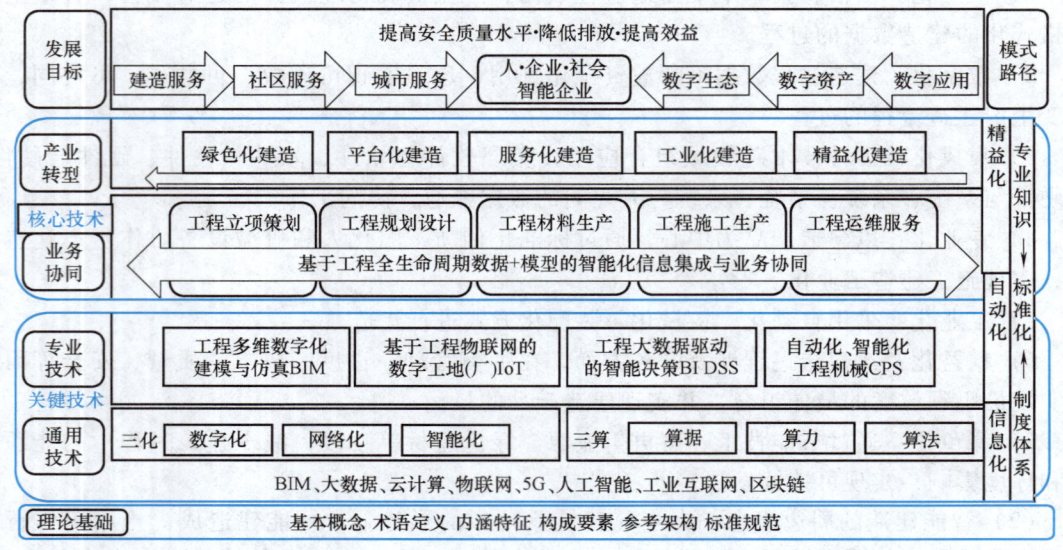

图 1-1 智能建造的总体框架

身,是信息细化技术的载体技术。由于这些技术往往不是建筑企业资深研究出来的,特别是信息技术,是通过技术采购获得的,因此只要能跟踪技术发展,实时掌握技术动态,就能对企业发展起到支撑作用。关键技术明确了 5G 等新型信息化技术是智能建造的数字化基础;BIM、测量、感知、工业自动化等建筑专业技术是智能建造的专业基础。

第二是核心技术,它是指先进信息技术与建造技术深度融合的集成技术。建筑企业技术集成服务后的深度加工,实际上是解决建筑产品的制造问题。由于施工企业与施工企业之间具有很大差异性,所以同样的技术在不同企业中应用发挥的效能也可能完全不同。核心技术无法通过采购获得,还需要很长时间打磨、积累、提升。一旦这些技术成型,其他企业很难复制,这就形成了该企业的核心技术竞争能力。所以,基于信息化和建造关键技术,围绕标准化、精益化、自动化、信息化为施工企业发展服务的融合应用技术是智能建造的核心技术。熟练掌握关键技术的应用方法,通过数据驱动生产作业和管理,实现横向打通,这是智能建造的核心能力。

1.2 智能施工概述

1.2.1 智能施工的内涵

施工是整个建造过程资源消耗最大的部分,是智能建造全生命周期中尤为重要的核心部分。智能施工是在施工建造阶段(从施工准备到竣工移交)使用新一代信息化技术与施工建造技术深度融合,用以提升建造能力,提升产品品质。

对照智能建造的内涵,智能施工的内涵主要包含以下几个方面:

1)智能施工的目的:通过施工过程的数字化转型升级,提升施工技术能力、革新施工管理模式,实现缩短工期、降低造价、节约材料、减少能耗、减少人工、减少建筑垃圾,进而实现以人为本可持续的全新施工模式。

2）智能施工的基础：固化建筑产品体系，实现建造工艺和工序的标准化；普及机械化、自动化的施工装备；提升行业通用信息化技术，特别是通信技术。

3）智能施工的手段：以充分利用大数据、人工智能、物联网、5G、云计算、BIM等新一代信息技术为手段，实现与施工建造技术深度融合。

4）智能施工的路径：在施工基础和施工手段相融合的基础上，参照工业发展由粗放转向精细化、集约化的路径，逐步实现施工过程的自动化、工业制造辅助（工厂化生产、装配式、干作业等）、施工管理的精益化（施工现场6S管理）。首先掌握关键技术，然后逐步提升数据控制能力，之后通过机械、工厂制造，降低人工生产的不确定性，同时结合功效水平，分步实现施工建造精益化。

5）智能施工的表现形式：数据驱动、信息化、网络化、智能化的信息技术普遍应用，各种类型的智能机械大规模取代人工。

6）智能施工的本质：信息时代数据驱动技术升级，从而倒逼管理变革的发展过程。

智能施工要求发展智慧工地。智慧工地是支持人和物全面感知、施工技术全面智能、工作互通互联、信息协同共享、决策科学分析、风险智慧预控的新型信息化手段，围绕"人工、机械、材料、工法、环境"，运用BIM技术、物联网技术、云计算技术、大数据技术、移动通信技术和智能设备等，提升工地施工的生产效率、管理效率和决策能力。在工程项目的建造阶段，通过BIM技术、物联网技术等新兴信息技术的支撑，实现工程现场施工智能测绘、施工机械管理智能化以及建造方式智能化。

1.2.2 智能施工与智能建造的区别与联系

智能建造是新一代信息技术与传统建造技术深度融合之后，基于建设工程项目全生命周期考虑的工程立项策划、设计、施工和运维的建造模式。智能施工是在智能建造整体框架之下的关键环节之一，承担着向上承接智能设计的成果，向下对智能运维传递建筑数字资产的任务。由于施工阶段是工程建设过程中主要成本的发生阶段，并且长期以来，在传统的管理体制和建造模式下，这个阶段现场作业环境差、劳动强度高，属于典型的劳动密集型场景，整体施工效率不高。随着用工成本不断攀升，就业吸引力持续减弱，劳动者老龄化严重等情况加剧，以及建筑行业高质量发展需求的提出，促使建筑行业从生产要素驱动转向创新驱动。引入数字化手段，在虚拟世界中进行统筹策划，深度感知实体施工管控与生产作业信息；引入智能装备大幅改善工人作业环境，提升作业效率，是实现智能建造创效的关键。智能施工与智能建造的主要区别体现以下几个方面：

1）阶段不同。智能建造面向全生命周期，包含规划、立项、勘察、设计、施工、运维等多个阶段。智能施工的核心内容是施工阶段的智能化，与之紧密联系的是设计和运维阶段。

2）基础不同。智能建造涉及的方面广阔，既包括信息技术、自动化装备等方面的技术问题，也包含管理体制、机制的问题。基于工程建造的复杂性，要实现智能建造，需要对工程建造服务、管理、场景和流程进行全方位的再造、创新，需要提升、补充、完善的内容非常多。因建造涉及的各阶段、各领域的基础条件差异较大，整体基础非常不均衡，解决各阶段数据传递依然是最为重要的问题之一。相较于建设全过程，施工阶段涉及的内容相对单一。近年来，在建设行业政府文件的引领和 BIM、智慧工地、数字化施工等技术的推动下，施工阶段参与各方的数字化意识整体提升较快，特别是高等学校开展的智能建造、建筑信息化等交叉学科人才培养工作，使建筑施工从业人员的数字化素养得到显著提升。建筑施工的软硬件、施工装备的大幅提升，进一步提高了施工阶段实现智能化的基础条件。

1.3 智能施工的发展状况

1.3.1 智能施工相关软件的发展状况

软件是辅助智能施工过程，解决其专业、岗位或任务问题的重要数字化、智能化工具。施工阶段主要使用的软件包括办公软件、专业技术软件、管理软件等。其中，专业技术软件、管理软件代表了施工行业特定软件。目前，BIM 相关软件成为智能施工的主要支撑软件，各类软件也推出了三维版本或者与 BIM 软件相通的版本。因此，以下主要介绍 BIM 相关软件的发展情况。当前国内使用的 BIM 软件还是以国外厂商产品为主，主要的代表有欧特克（Autodesk）、达索（Dassault）、奔特力（Bentley）等，这些厂商的产品发展周期较长、积累较为丰富，已经形成带有各自鲜明特点的平台化、体系化产品系列。近年来，国内厂商也纷纷投入大量资源进行 BIM 软件产品的研发，主要包含以下两类产品：一类是基于国外 BIM 平台，结合现行国家标准规范进行二次开发的产品，如鸿业 BIM Space、斯维尔 BIM、红瓦等；另一类是基于国内自主 BIM 平台研发的软件产品，如构力的 BIMBase、广联达数维 GDMP、中设数字的马良 XCUBE、中望悟空平台等。从解决问题的角度看，这些软件聚焦以下两个大方向：一个方向是支持施工阶段深化设计、方案模拟、工程量计算、总包管理的软件产品，这些软件与新一代信息化技术相结合，支持对施工现场生产要素的感知和互联，服务精益化管理；另一个方向是打通施工建造现场作业和工业化生产之间的数据障碍，形成建筑产品从设计、制造、运输、装配施工直至运维的完整信息链。国产施工软件发展速度很快，并且更加符合国内施工规范和管理要求，未来必将占据更大的市场份额。

1. BIM 软件的分类和作用

美国总承包商协会（Associated General Contractors of American，AGC）把 BIM 相关软件分成八大类：

1）概念设计和可行性研究软件（Preliminary Design and Feasibility Tools）：主要产品包括 Revit、SketchUP、Tekla、Vico Office 等，目前国产还没有完全相同的产品，小库科技的 XKool 具有类似能力。

2）BIM 核心建模软件（BIM Authoring Tools）：主要产品包括 Revit、Civil 3D、Tekla、ArchiCAD、MicroStation 等，国产软件有 BIMMAKE、PKPM、BIM Space 等。在施工阶段，可视化展示、深化设计、施工场地布置也经常使用这类软件完成。其中，可视化展示是 BIM 应用的一个重要领域，Lumion、3ds Max、Fuzor、Trimble Connect 都是常用的软件。

3）BIM 分析软件（BIM Analysis Tools）：主要支持建筑设计中对建筑受力、光照、能耗等进行分析，包括 Ecotect、Analysis 等。施工方案模拟也会使用到这类软件，如施工安全计算软件就是将施工安全技术和计算机科学有机结合，依据规范、标准和施工现场工况，快速建立计算模型，一键生成计算书、施工方案、技术交底以及施工图、危险源辨识、应急预案等多个成果，这是一类功能集成软件。国产软件有品茗建筑安全计算软件、PKPM 等。

4）加工图和预制加工软件（Shop Drawing and Fabrication Tools）：智能施工与工业化协同过程中非常重要的软件。施工材料的工业化加工要通过这类软件完成，其中最具代表性的是 Tekla 在钢结构施工中的应用，其他还有 Allplan、CATIA、DELIMIA 等。国内的三一重工、PKPM-BIM 在这个方向对 PC 装配式的支撑较好。总体来说这个领域的软件产品还没有形成体系。

5）施工管理软件（Construction Management Tools）：主要用于工程管理，分析工程进度、资源消耗等情况，辅助工程技术人员建立施工模拟模型、设定模拟条件，对比分析模拟计算结果，预判施工条件、状况或问题，包括 Navisworks、Synchro、VICO office 等，更广义的来看目前的智慧工地软件也属于这一类。当前主要的国产软件厂商有广联达、品茗等，相应的产品也有很多。这类产品当前主要与工程紧密结合。

6）算量和预算软件（Quantity Takeoff and Estimating Tools）：国外厂商软件有 Autodesk 的 QTO、VICO 等。由于国内工程量有一套特有的定额体系和计算规则，并且工程量是施工的核心要素，各方关注度非常高。所以，国内厂商的产品无论从性能还是适用度方面都优于国外厂商产品。例如，基于 CAD 传统算量的广联达、鲁班、新点、斯维尔，基于 Revit 开发的新点 BIM5D 算量、斯维尔 For Revit、品茗 HIBIM、晨曦 BIM、ISBIM 等。

7）进度计划软件（Scheduling Tools）：进度计划编制软件支撑投标阶段和施工阶段的进度计划编制，一般具有横道图、双代号网络图、单代号网络图、一表双图等编制功能，具备将三维模型与图表数据相结合的能力。国外软件主要有 ProjectWise、Synchro 等，国产软件有广联达、斑马、梦龙进度、品茗智绘进度计划等。这类国产软件也比较多，但是目前与 BIM 模型结合得还不够好。

8）文件共享和协同软件（File Sharing and Collaboration Tools）：随着云技术的兴起和存储技术的发展，选择非常多。在局域网范围内，各种 NAS 产品的解决方案可以支持小组织协同，广域网中各种云服务实现底层支撑，微软的 OneDrive、Autodesk 的 BIM360、Bentley 的 PW 应用也都有很好的表现，相应国产厂商的产品也非常多。但是由于建筑施工文件数据格式复杂，协同方众多，所以软件产品的提升空间还很大。国内的工程管理软件也属于这一类，比较有代表性的有筑业、广联达等。

除了以上分类外，还有很多支持可视化和资料管理等功能的建筑施工软件。

2. 智能施工软件的问题和发展方向

随着建筑行业发展和国家对工程软件发展的重视，智能施工相关软件整体呈现爆发式增长，但是还存在软件之间互通和开放性不足，国外软件对国内标准的适应性不足，国产软件基础能力有待提升等问题。特别是在实际应用中，解决不同的工程问题往往要使用不同的工具，创建不同的模型，而不同软件之间又无法进行简单、高效、完整的数据交互，并且智能施工中的自动化装备缺乏相应的软件支撑和数据交互能力。人与人、人与软件、软件与软件、软件与设备、设备与设备、人与设备之间的数据交互是智能施工软件的发展方向，具体体现在软件厂商之间的开放数据接口建立，国产自主图形引擎开发，专业知识系统和软件技术的集成，工具软件体系化、集成化、平台化研发等。

在这里需要理解基于 ISO 19650 系列标准的通用数据环境（Common Data Environment，CDE）的概念。ISO 19650 系列标准将具体建设工程项目划分为以下 8 个阶段：项目需求澄清（Assessment and Need）、邀标/中标（Invitation to Tender）、投标/应标（Tender Response）、委任合约/协议签订（Appointment）、资源配置/组织准备（Mobilization）、协作成果输出（Collaborative Information Production）、信息交付整合（Information Delivery Model）、项目完结（Porject Close-Out）。CDE 则是一个确保建设工程项目各方信息源统一的方法，是智能施工软件发展的重要方向之一。

1.3.2 智能施工关键技术的应用状况

1. 工程测绘技术在智能施工中的应用

工程测绘技术很早就在建筑工程中得到应用和推广，但是随着建筑行业的进步和各种精密仪器、勘探仪器的改良和升级，工程测绘技术已经进入全新的时期，传统的检查勘探和测量技术有了明显提升。工程测绘中广泛采用经纬仪、计算机、遥感技术以及精密仪器等。随着人造卫星、无人机和人工智能机器的应用，工程测绘技术也在向智能化方向发展，其中包括无人机测绘、3D 扫描以及 GPS 遥感测距技术。在现代通信技术和人工智能技术的推动下，工程测绘技术不断革新，迎来了测绘行业的新时代。

（1）遥感测绘技术　随着航空、计算机和微电子等技术的发展与完善，卫星、无人机遥感测绘技术也得到了进一步发展和应用，遥感测绘技术可以通过卫星、航空、地面等多种手段，获取大量详细的地质、水文、植被资料、居民点以及交通网系等数据，如高分辨率影像、高程模型、数字地形模型、遥感影像数据等，可以帮助工程师更加全面、准确地了解工程项目所处的人文地理环境与建造情况。在公路勘测设计中，帮助设计人员了解不良工程地质现象对路线的影响程度，有助于路线方案的选择设计，避免不必要的损害和事故发生，在施工过程中帮助施工人员了解沿线建筑材料的分布、储量以及开挖和运输条件，为施工创造良好的便利条件。其中，无人机遥感已经得到较为普遍的应用。随着对无人机遥感测绘实用化的研究，无人机在工程测绘中的应用变得广泛。最初，无人机只是用于军事侦察和作战，现在，在测绘领域也得到了一定的发展。一方面是因为无人机的科技成分不断增加，另一方面是无人机具有快速获取信息和处理数据信息的优势。与传统地面测绘技术不同的是，无人机测绘具有成本相对较低、受天气影响相对较小且技术更新发展速度快的显著优点。无人机远程制图技术的发展促使其在工程领域快速占有一席之位，尽管无人机的应用时间还很短，但其显著的优势以及快速的开发速度，不断拓宽范围，为工程测绘中测绘图的制作带来极大的便利，为工程测绘提供良好的技术支持，如图1-2和图1-3所示。

图1-2　无人机

图1-3　无人机测绘概念图

（2）三维激光扫描技术　三维激光扫描仪是一种功能强大的测绘仪器，如图1-4所示，在边坡变形监测、立体模型建立等方面均有应用。相对于传统测绘方式，三维激光扫描仪能够在更短的时间内，高精度地测得传统测绘方式难测甚至测不到的复杂建筑物及地形表面的几何图形。如果将建筑物的沉降数据与3D图形相结合能够更加直观地反映出基坑的沉降，便于对基坑沉降进行分析。

图1-4　三维激光扫描仪

在实际应用过程中，三维激光扫描技术的特点主要体现在以下几个方面：首先，三维激光扫描技术在对物体测量方面，能够有效缩短测量时间，同时还能够有效降低对周围环境造成的影响；其次，在合适的条件下，三维激光扫描技术扫描非常快速，整个扫描工作一般可在数秒到数分钟之内完成，在设备高精度性能保障下，测量数据精确性不会受到显著影响，但仍可能受设备分辨率、环境干扰等因素的综合影响；最后，三维激光扫描技术在扫描过程中并不需要光照，即便是在夜晚，也能够对物体进行扫描。三维激光扫描技术与BIM软件相结合扩展出的实测实量机器人，在房建验收、隧道安全监测、土方平衡、施工放线等方面发挥了积极作用。

2. 建筑机器人在智能施工中的应用

在世界范围内，建筑机器人研究主要围绕两个研究方向展开。在建筑土木工程建造领域，建筑机器人研究主要以"机器"与"人"协同发展为目标，开发适宜的机器人建造装备与工艺来替代传统工人完成重复、危险的建造工作，实现改善建筑工人工作环境，例如，幕墙安装机器人、瓷砖铺设机器人等。在建筑学领域，建筑师通过开发建筑机器人独特的建造能力，利用建筑机器人实现传统建造工艺难以完成的创新建筑工艺。

我国建筑机器人建造研究起步较晚，发展水平较低，但在特定领域，国内机构已经取得了令人瞩目的成绩。

（1）建筑预制化加工机器人　使用机器人预制装配式建筑构件的优势：一是加工高效，现场组装迅速；二是成本较低，以一个建筑面积170m²的木结构建筑为例，预制装配式比传统建造方式总体成本下降约1/3；三是保护环境，将预制建筑构件运输到现场进行装配式作业，可极大地减少扬尘污染，甚至做到"零"建筑垃圾。

由于预制板材生产制作工序比较简单，施工难度不大，且需求量大，成为机器人进入建筑行业的一个重要环节。这种重复的、可标准化的工艺为应用自动化的建筑机器人替代预制化模台上面的加工中心提供了条件。普通工人重复劳动时间过长会感到疲惫，会降低板材质量。传统预制化工厂的加工中心一旦被机器人取代，不但可以生产统一的标准构件，还可以定制加工非标构件。质量和安全都有保证，制作好之后还可以直接运到施工现场投入使用，保证了建筑施工环节的准确可靠。木缝纫机器人如图1-5所示。

图1-5　木缝纫机器人

（2）集成化施工机器人　空中造楼机是一种套在建筑物外围、可自动升降的大型钢结构框架，钢框架上高度集成了具备各种起重、运输、安装功能的机械部件及多道施工作业平台，通过格构式钢管升降柱与多道桁架式水平附墙稳定支撑，组合成为一台模拟"移动式造楼工厂"的大型特种机械装备，如图1-6所示。空中造楼机依靠设置在地下室的液压顶+机械丝杆双保险传动机组强大的液压驱动能力，沿建筑主体结构剪力墙铺设的型钢轨道，强制造楼机升降柱标准节自主升降，通过构建自动化升降、现浇标准作业工序，运用人工智能和5G工业互联网技术，可形成远程控制方式下的自动化绿色建造。

造楼机的优点：

1）高空、高危、重体力人工作业工序基本上被机械作业取代，安全运行、工程质量、建造周期、建安成本依靠人为控制的方式被自动化程序控制方式取代，彻底转变了高层建筑的建造方式。

2）与传统建造方式定额用工相比较，用工量减少80%以上。大量农民工经培训，转换为产业技术工人。

3）无须配套建设占用大量耕地的大型预制构件厂，建造过程配套产业链均为标准化、轻量化桁架钢筋网，物流环节相对高效与节能。

4）建筑垃圾、粉尘排放量大大减少，装备运行环境噪声小于45dB。

图1-6　中国尊"造楼机"

3. 物联网技术在智能施工中的应用

在建筑施工作业现场安装各种信息传感设备，可按约定的协议把任何与工程建设相关的物品与互联网连接起来，进行信息交换和通信，以实现对工程建设相关的物品的智能化识别、定位、跟踪、监控和管理。物联网可有效弥补传统方法和技术在监管中的缺陷，实现对施工现场人员、机械、材料、工法、环境的全方位实时监控，变被动"监督"为主动"监控"。物联网具备三大特征：一是全面感知，利用传感器、RFID、二维码等技术，可随时随地获取用户或者产品信息；二是可靠传送，通过通信网与互联网，信息可以随时随地地交互、共享；三是智能处理，利用云计算、模式识别等智能计算技术，可对海量的信息数据进行分析与处理，并实现智能决策与控制。举例如下：

（1）塔式起重机吊装盲区可视化系统　在施工现场，塔式起重机具有垂直吊装，效率高，吊装几乎无死角，安装技术成熟、稳定、便捷等优点，在现代建筑行业得到了广泛的应用。同时，塔式起重机作为施工现场重大危险源之一，也是多年来建筑安全防护方面一个需要重点解决的问题。

与此同时，吊装全过程的视频监控及视频刻录也是吊装操作人员想要获得的一种安全保障设备，在作业过程中，尤其在高层作业过程中，塔式起重机司机需要借助视频设备观察到距离上百米的实际环境情况，更需要借助视频设备观察到盲区（在建筑过程中，由于楼体等的遮挡而自然形成的视觉盲区，尤其在高层建筑施工中）的视频图像，以便做到吊装全过程可视、做到心中有数，降低事故发生的概率。吊装可视化系统包括移动端（摄像机端）、主机端和高度检测端三部分，如图1-7所示。

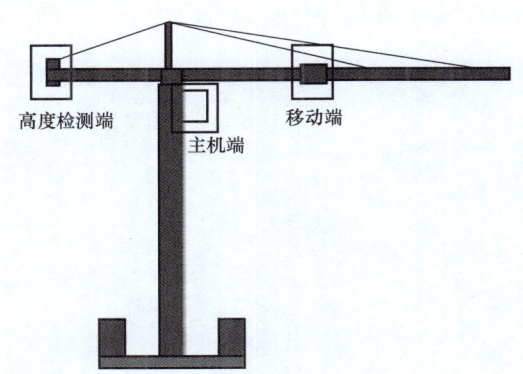

图1-7　吊装可视化系统的组成

（2）工地车辆出入管理系统　传统工地进出口存在进出场效率低、管理难、成本高等诸多问题，通过在出入口设置车牌抓拍系统，可以对工程车辆进出工地进行科学、高效的管理，对提高工地工程车辆有序进出场走到至关重要的作用。

施工现场环境复杂，作业部门众多，难以对进入现场作业的工程车辆进行仔细检查。工程车辆作业的顺利程度关系着施工进度。所以，构建工地车辆出入管理系统十分必要。

车辆出入管理系统具备对工程车辆进行权限放行和对其他车辆进行认证管理的功能，如图1-8所示。整套系统由以下组件构成：

1）车牌识别相机：实现视频监控、车辆图片抓拍、车牌识别等前端数据采集功能。

2）道闸：从物理上阻拦车辆，控制车辆进出。

3）车辆检测器：接收地感线圈反馈信号，检测有无车辆，并反馈输出检测信息，实现车辆触发抓拍及防砸功能。

4）信息显示屏：发布及语音播报信息。

5）管理平台：实现系统设备统一管理控制，以及提供业务应用服务。

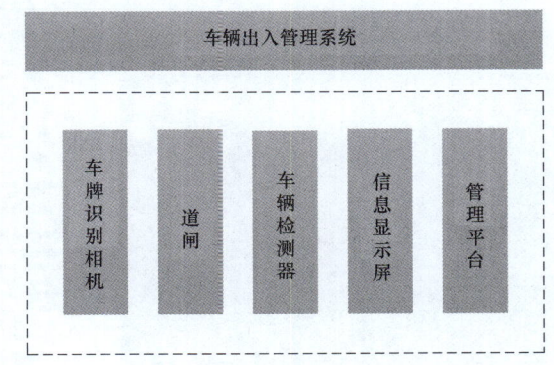

图1-8　车辆出入管理系统架构

车辆出入管理系统的主体宜采用TCP/IP的组网结构，在保障数据传输速度和安全性的基础上，极大地方便了设备安装布线。同时各部件均为模块化设计，某一设备的变动不会影响到其他设备的正常工作。这种组网结构在后期产品部署位置发生变动时，可以体现巨大的优势，只需要将部署到新位置的产品接入已部署好的网络内，即可实现正常工作，方便快捷。

4. BIM 技术在智能施工中的应用

BIM 技术是应用于建筑全生命周期的 3D 数字化技术。BIM 技术主要应用于建筑施工管理的以下几个方面：

1）施工方案优化设计，如图 1-9 所示：BIM 技术通过建立模型，在三维虚拟空间中提前对施工方案进行安全风险分析，论证施工各类假设情境的优劣，对施工方案优化调整可发挥重要作用。

2）危险源前置管理：BIM 技术可将危险源置身于虚拟场景中分析，如图 1-10 所示，进行施工模拟可进行危险源自动搜索、识别，极大地方便了危险源前置管理。

图 1-9　方案设计优化

图 1-10　施工模拟

3）可视化管理，如图 1-11 所示：BIM 模型可以形象地展示施工场景的安全风险，可视化的安全要求和标准为生动、有趣，易于理解和接受，能够让施工作业人员更容易达成安全共识，培养良好的安全意识，并指导现场作业行为。

4）清单精细化管理，如图 1-12 所示：BIM 技术强大的模型数据统计，可快速导出安全设备设施的清单，使得物料计划提请和安措费计算十分便捷高效。

图 1-11　可视化管理

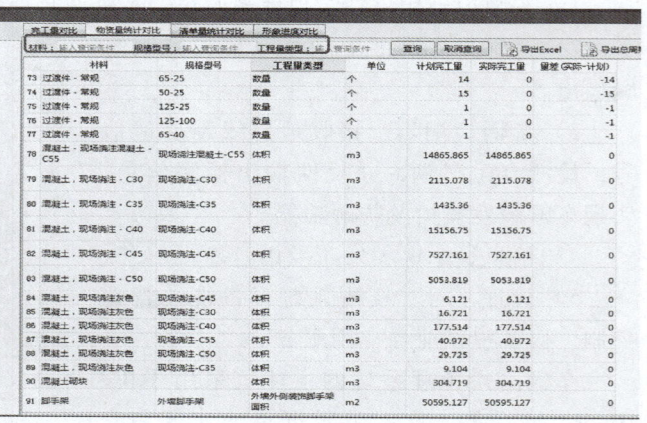
图 1-12　清单精细化管理

1.3.3　智能装备的发展状况

在现有装备能力条件下增加智能装备这种智能辅助手段，可以进一步提高装备的自动化生产作业能力。智能装备可以大幅提升建造效率，是机器人等普及之前，最有效的智能建造和建筑工业化的支撑。对于建筑行业来说，充分利用智能控制设备技术是一个重要趋势。实现批量生产再到自动智能生产，是建筑行业递进发展的过程，也必会是发展的一个目标。其中，通用造楼机、工程车辆、建材运输载具、垂直运输机械、大型盾构机、造桥机、安全防护装备、钢筋集中加工设备、装配式建筑模具、混凝土施工设备等装备智能化的技术研发与功能提升是北京市"十四五"期间智能建造与建筑工业化协同发展的主要科技创新方向。

在钢筋工程施工中，从材料进场、存放、断料、焊接至现场绑扎施工，都有相应的智能控制设备技术。例如，数控钢筋弯曲机需要在施工前设定与标定，检查调试，合格后可智能化批量加工生产。数控钢筋调直系统可自动完成钢筋定尺、调直、切断、弯箍，实现快速、省人、省料、省地的目的。

在未来智能建造中装配式建筑模具将会应用广泛。模具的设计必须要考虑到如何在保证模具精度的前提下减少模具组装时间，在拆模过程中不损坏构件的前提下方便工人拆卸模板。柔性制造系统将会是新的重要研究方向和发展目标。智能装模及拆卸系统可以控制任意组合模具成型与拆卸。

1. 行业主要应用的智能装备

根据应用领域、使用环境、解决问题等方面综合考虑，建筑施工过程中目前使用的智能装备可以分为 ICT 基础环境装备（包含 IOT 等智能数据采集装备）、智能施工装备和智能加工制造装备三类。

第一类主要用于智能施工过程中基础 IT 环境的建设，实现基础的数据采集、存储、传输，大多应用于智慧工地场景当中，主要包括网络设备、服务器、处理数据的计算机和智能移动终端设备、摄像机、无人机、微型气象站、智能停车、人脸识别、RFID、红外感应对射、智能安全帽等。

第二类主要用于智能施工过程中对机械化、自动化设备的智能化升级，提升劳动生产效率。大多数现场施工作业过程中，包括智能全站仪、三维激光扫描仪、智能塔式起重机、智能升降机、造楼机、盾构机、智能摊铺机、智能挖掘机以及各种类型的建筑机器人等，如图 1-13 和图 1-14 所示。

图 1-13　地坪机器人

图 1-14　焊接机器人

第三类是用于施工材料加工过程的智能设备，如焊接设备、智能构件生产设备、智能钢筋加工设备、智能模板加工设备等，如图 1-15～图 1-17 所示。

图 1-15　钢筋加工机器人

图 1-16　钢筋弯折机器人

图 1-17　PC 构件智能生产设备和生产线

2. 智能装备发展的问题和方向

建筑施工领域由于长期实施劳动密集型的粗放管理，机械化的普及程度不高，特别是在标准化程度较低领域进行大规模的人工作业，自动化装备的普及程度还比较低。建筑场景的复杂性又进一步束缚了建筑装备的适用性。

人工智能的崛起给工程装备智能化改造升级、适应复杂工程场景提供了技术基础，而持续增高的劳动力成本和建筑工人老龄化给智能装备普及应用提供了经济基础。施工行业亟待通过智能化装备实现自身能力升级，进入新的发展阶段。

建筑装备智能化的代表是建筑机器人。建筑机器人的开发应用始于 20 世纪 80 年代，德国、美国、日本、瑞士、西班牙等国的建筑机器人发展迅速，此后，虽然欧美等发达国家对于建筑机器人的研究从未中断，但遗憾的是这些设备一直未能投入应用。直到近几年，才陆续有一些系统走出实验室，被应用于实际工程之中。世界上第一台建筑机器人诞生于墙体砌筑方面。1994 年，德国卡尔斯鲁厄理工学院研发了全球首台自动砌墙机器人 ROCCO。如今，建筑机器人已经初步发展成包括测绘机器人、砌墙机器人、钢梁焊接机器人、混凝土喷射机器人、施工防护机器人、地面铺设机器人、装修机器人、清洗机器人、隧道挖掘机器人、拆除机器人、巡检机器人等在内的庞大家族。与建筑机器人相应的是大型盾构机、造楼机、造桥机等高度集成化的智能装备平台。这些平台相当于单一功能建筑机器人的集成工作平台，让不同的机器人协同工作。但是建筑机器人发展也存在一些技术性问题亟待解决，包括机器人的移动性问题、环境感知能力问题、末端执行机构适应性问题、环境耐久性问题等。这些问题涉及 ROS 操作系统、空间数据库、MEMS 传感器、自动控制、通信技术等多领域、多学科的技术，解决过程难以一蹴而就，需要大量的场景和关键技术的突破，也需要适应机器人作业的人机协同工艺、工法的支撑，这些都是未来智能施工需要解决的问题。

1.4 课程特点和教学目标

1.4.1 课程特点

"土木工程智能施工"是智能建造专业的一门专业核心课。该课程主要揭示土木工程智能施工技术的基本规律，具有实践性强、综合性强、涉及面广、发展迅速的特点。通过本课程的学习，学生可以为将来从事施工技术、施工管理、工程设计与研究、工程咨询、房地产开发等工作打下基础。本课程综合性强，与其他多门专业课、专业基础课紧密连接，如工程测量、结构力学、建筑材料、房屋建筑学、土力学、地基基础、混凝土结构、砌体结构、钢结构、建筑智能机械、BIM 技术与应用、大数据与云计算、数字测绘等，涉及诸多国家标准、规范、规程。

1.4.2 教学目标

该课程的教学目标是：培养学生解决土木工程智能施工关键问题的能力，以及运用国家现行施工规范、规程、标准的能力。通过课堂教学、习题练习及课程设计等教学环节，使学生了解国内外土木工程施工领域的新技术和发展动态，掌握主要工种工程的施工工艺、施工方法、技术要求以及房屋建造的组织方法，熟悉有关施工技术的计算原则和方法；具有分析、处理一般施工技术问题的基本能力和编制智能施工方案的初步能力，对现行的施工及验收规范、质量标准有所了解。

通过学习本课程将实现以下课程目标：

1）能够将工程相关知识和数学模型方法应用于建筑、道路、桥梁、隧道及地下工程智能化施工中，并能够进行复杂工程问题解决方案的比较与综合。

2）通过查阅文献和研究，能够剖析土木工程施工和智能化施工中的复杂问题，运用数学、自然科学和工程科学知识掌握施工技术和智能化技术的计算原则和方法等。

3）掌握土木工程建造等基本方法，分析不同结构类型的土木工程智能化施工方法与技术问题，并根据工程特点，给出合理的智能施工解决方案。

4）能够运用现代工具和信息技术进行土木工程建造过程模拟、专项智能施工方案计算分析和各智能施工方案选择的合理性分析，并给出其适用范围与局限性。

习　题

1. 土木工程的内涵是什么？
2. 简述现代土木工程建造的主要特点。
3. 讨论土木工程建造的发展趋势。

4. 简述智能建造的内涵。
5. 分析智能建造和智慧建造的异同点。
6. 简述智能施工的优势和发展趋势。
7. 施工智能测绘有哪几种类型?
8. 塔式起重机吊装盲区可视化系统对施工现场的安全生产有何意义?
9. 为什么说智能化施工管理相比传统施工管理更注重从源头解决问题?

第 2 章

智能施工技术框架

2.1 智能施工整体框架

2.1.1 以建造技术为核心的智能化

施工是按照预先的设计要求，在有限的资源条件下，按照时间计划完成建造、拆除、维修等活动。智能施工就是在这个活动过程中将新一代信息化技术与建造技术深度融合，使建造具有新的能力，从而减少施工过程中资源消耗，提升建造成品质量。建造技术和工程管理是施工的核心，新一代信息技术、自动化技术是给施工赋能的手段。这种赋能旨在对施工过程中的生产要素进行数字化，并且高可靠地掌握数据、利用数据，通过数据驱动自动化的设备完成建造。与之相应的技术、质量、计划、生产、安全、劳务、材料、商务、文施等各个环节都与施工最后结果有直接的关系。过去几十年我国建筑施工行业高速发展，采用简单的扩大规模就能获得较好的收益，因此大多施工企业采取简单的项目复制方式扩大生产规模，以获取更大的企业收益。采用这种方式企业的利润水平、管理能力没有得到本质提升，并且企业业务规模的扩大进一步放大了经营风险。近年来我国逐渐进入高质量发展阶段，建筑施工劳动力成本不断上涨，施工企业继续采用简单的扩大规模方式难以获得持续收益，且将逐渐丧失行业竞争力。在全社会利用"信息化、自动化、智能化"支撑数字化转型的浪潮下，施工企业不得不重新审视信息化的作用。根据麦肯锡2016年的调研，在世界范围内建筑施工企业的信息化水平仅仅排在农业之前，位于各行业的倒数第二。2017年在对我国的调研中，建筑行业的信息化水平排在各行业的最后。施工的各个环节存在较大利用信息化技术提升能力的空间。建筑施工企业已经普遍意识到新一代信息技术是企业高质量发展的关键动力。

近几十年建筑材料没有出现革命性的提升，以竹木、钢铁、混凝土、砖石为主要材料的建筑施工技术和工艺并没有出现颠覆性的变化。装配式作为工业化建造方式也没有本质的突破。更多的技术进步都是建立在以传统技术为核心，采用新技术与之融合带来的能力提升。例如，传统对土方工程的测量，无论使用方格网法、等高线法、断面法、DTM法、区域土方量平衡法和平均高程法等中的哪种方法，都少不了高强度的现场测量作业和软件计算。现在通过无人机的航拍，建立模型就能便捷地支持土方计算，效率实现数倍的提升。再如利用放线机器人，将BIM模型导入，就可以便捷地完成复杂曲线放线，工效是传统方式的3~5倍。在工程管理方面，由于信息化使材料供应商和采购方能在互联网上实现交易，而预算与计划工具软件可以让施工企业较为全面地预测整体的材料需求情况，这给施工企业集中采购提供了数据基础。采用信息化的手段实现集中采购，普遍能使项目采购成本下降1~3个百分点。这对于平均利润水平只有百分之三点几的施工企业来说，是巨大的收益提升。

综上，我们不难看出智能化对施工的重要性，也应认识到智能化是为建造赋能的手段，建造才是核心。

2.1.2 信息技术高速发展带动行业智能化升级

新一代信息技术在不同的领域有不同的应用场景，如电力的无人巡检、农业智能工厂化育苗等，如图2-1和图2-2所示。建筑施工行业是新一代信息技术场景应用的一个垂直领域，与其他领域不同，该领域市场规模巨大，产业链漫长、场景丰富。2020年，建筑业增加值占国内生产总值的7.18%，带动上下游50多个产业发展，并提供了大量的就业岗位。每一个单项技术的应用都能在建筑领域找到相应的场景。但是目前尚没有出现完整贯穿施工全场景的信息技术解决方案，这也是由这个行业的复杂性所决定的。传统建造管理方式和信息化建造管理方式如图2-3和图2-4所示。

图2-1 无人机电力电网线路巡检

图2-2 工厂化育苗助农

图2-3 传统建造管理方式

图2-4 信息化建造管理方式

2.2 智能施工核心技术

智能施工的核心技术就是在施工过程中利用新一代信息技术与传统建造技术深度融合过程中使用的方法和技术。在漫长的施工技术和管理的发展历程中，传统的施工技术、方法日趋完善，是可以满足建筑品质要求的。例如，巴塞罗那大教堂、故宫、胡佛大坝、埃菲尔铁塔、帝国大厦等。但是随着人类社会的发展，需要更快的建造速度、更低的建造成本、更安全的建造施工环境，未来还会需要更低的资源消耗、更少的碳排放。智能施工不是解决能不能的问题,是在解决特定历史背景下好不好的问题。决定能不能的是材料、设计师的巧思、工程师的智慧、建造工人的勇气以及资金、投资效益等因素。某种意义上,智能施工的核心技术对于不同企业来说是存在差异的。每一个企业都有自身基于产品生产的独特能力,在建造技术、管理方法方面存在自身差异,这些差异是企业之间区别的体现。新一代信息技术就好像能力放大器,其中尤为重要的就是数据的作用。当数据和其他新一代信息技术被多维度多层次地应用到建筑施工的各个环节当中,在与企业专业能力深度融合之后会对建筑施工企业的生产能力产生巨大的放大作用,创造以往价值的倍数差异,从而使企业实现施工"好不好"的核心能力差异进一步放大。

智能施工核心技术的形成方法:

1. 构建标准体系

建筑工程标准化是智能施工在理论和方法层面的基础条件,谈标准化不是希望建筑千篇一律,也不是要求采用规模生产固定模数构件实现任意拼装,而是系统通过标准的体系、方法实现数据可靠传递,实现信息对称,降低不确定带来的风险。标准化有助于建筑施工的工业化发展,可以更好地支持采用现代工业的生产方式施工建造。需要指出的是,这里说的标准化,既包括建造技术的标准化,也包括与之相融合的信息化技术的标准化。标准化的内容主要包含设计标准化、施工标准化、构件制造标准化、施工装备标准化、人才培养标准化、数据应用及使用环境的标准化等方面。目前围绕智能建造、智能施工的标准化体系还没有完全形成,但是可以借鉴我国智能制造的标准框架体系开展工作,如图2-5所示。

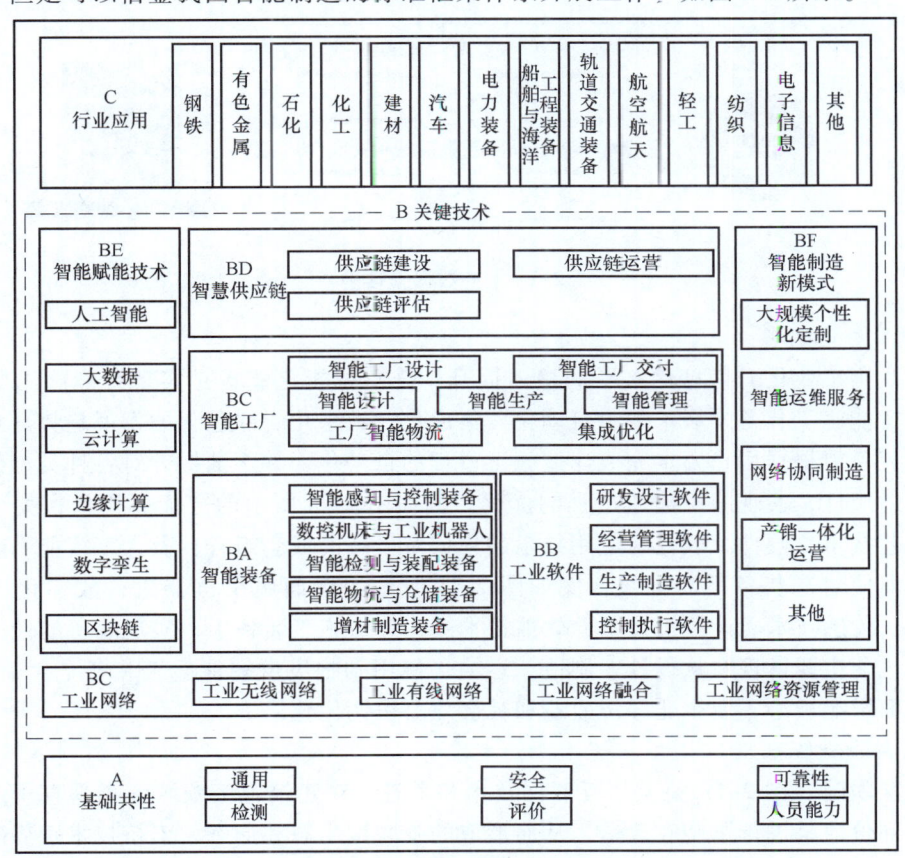

图 2-5 智能制造标准体系结构

2. 掌握生产数据

智能化的基础是在全面掌握数据的基础上实现的。数据作为新型生产要素，其采集、存储、传输、治理、使用对于建筑施工行业来说是全新的领域。要通过持续的新一代新技术引入，融合实现数据赋能，建立岗位级、项目层级、企业层级、行业层级的产业数据应用体系，研发与之相适应的软件工具、系统和平台，建立企业层面的数据平台，实现通过数据提升施工效能的目标。

通过以互联网、物联网、BIM、大数据、人工智能、云计算等当代先进技术的综合应用，构建项目建造和运行的通用数据环境，结合建筑施工行业新型集成管理机制，实现对工程项目全生命周期的所有过程实施有效改进和集成管理。工程项目团队通过使用各种传感器、数传终端等物联网手段获取工程施工过程信息，并上传到云平台，以保障数据安全，例如图 2-6 所示的生产数据管理平台。在当前阶段，如何通过自动化的方式有效采集数据，实现数据的全面、及时、可靠是掌握生产数据最重要的工作。

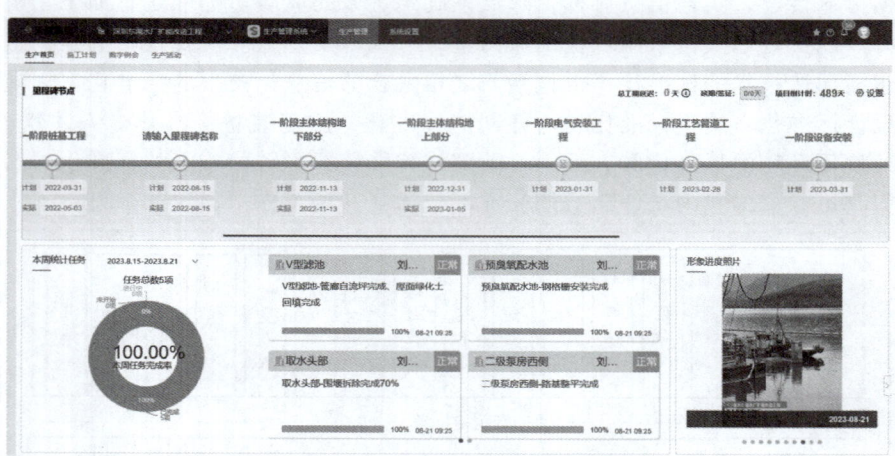

图 2-6　生产数据管理平台

3. 普及智能装备

随着我国工业化、信息化水平的整体提升，普及智能化装备是实现智能施工的硬件基础。当前智能施工装备发展呈现出自动化、集成化、数字化、绿色化的发展趋势。自动化体现在施工装备能根据用户要求完成建造施工过程的自动化，并逐渐提升对各种类型建筑和建造环境的适应性，实现施工建造过程的优化，例如图 2-7a 所示的智能盾构机；集成化体现在生产工艺技术、硬件、软件与应用技术的集成及设备的成套组合，及人工智能、新材料等集成，从而使建造装备不断升级，例如图 2-7b 所示的墙面施工机器人；数字化体现在将BIM 技术、传感技术、计算机技术、软件技术嵌入建造施工装备中，实现装备的性能提升和智能；绿色化主要体现在从设计、制造、运输、使用到报废的智能施工装备全生命周期中，对环境负面影响极小，使企业经济效益和社会效益协调优化。

4. 运用产业互联网

产业互联网（图 2-8）是基于互联网技术和生态，对建筑施工领域各个垂直子产业的产业链和内部价值链进行重塑和改造，从而形成的互联网生态和形态，支持技术跨界融合。产业互联网是智能施工乃至智能建造标准化、数字化、自动化、智能化等各项能力的载体。只

第2章 智能施工技术框架

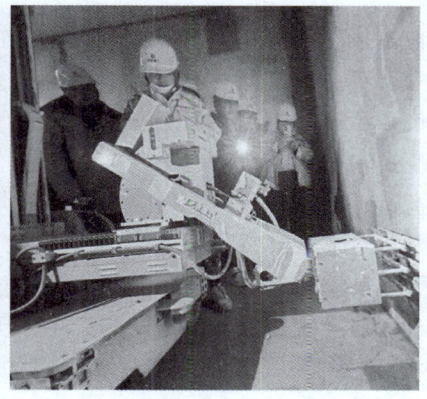

图 2-7 智能盾构机与墙面施工机器人

有运用好产业互联网这个工具才能提升建筑施工各参与主体的产业洞察能力、资源整合能力、技术实现能力、运营管理能力、平台化赋能能力，并最终形成属于自身特有的智能施工核心能力。产业互联网是未来很长一个阶段各个行业在数字经济领域的总重要增长点。数据加模型（这里的模型是指基于人工智能的大模型）是产业互联网的重要形态。

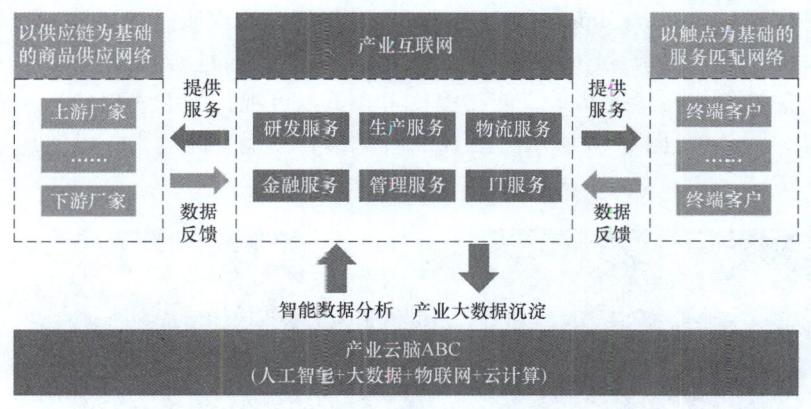

图 2-8 产业互联网

2.3 智能施工关键技术

2020 年 4 月，国家发展与改革委员会明确了新基建定义，即新型基础设施是以新发展理念为引领，以技术创新为驱动，以信息网络为基础，面向高质量发展需要，提供数字转型、智能升级、融合创新等服务的基础设施体系，主要包括以下三个方面内容：

1）信息基础设施：主要是指基于新一代信息技术演化生成的基础设施，如以 5G 网络、物联网、工业互联网、卫星互联网为代表的通信网络基础设施，以人工智能、云计算、区块链等为代表的新技术基础设施；以数据中心、智能计算中心为代表的计算基础设施等。

2）融合基础设施：主要是指深度应用互联网、大数据、人工智能等新技术，支撑传统基础设施转型升级，进而形成的融合基础设施。

3）创新基础设施：主要是指支撑科学研究、技术开发、产品研制的具有公益属性的技术设施。

在"新基建"背景下,以5G网络、人工智能、物联网、大数据、区块链等为代表的信息技术统称为新一代信息技术,它们具有渗透性、颠覆性和引领性特点,将广泛、深入地渗透到住房和城乡建设各技术领域,渗透到建筑施工现场,催生智能建造和新型建筑工业化新的场景和模式。

在智能施工的体系当中,新一代信息技术是基础,是关键技术。这些技术的发展以及与之结合的创新给施工效率带来了前所未有的提升。但是要注意到,在这些技术的发展过程中,施工行业只能提供技术的应用场景而不能进行基础研发和提升。例如,当前的5G通信技术,其本身是通信技术,但是给施工中的无人驾驶、远程控制、智能巡检等应用场景提供了全新的可能。5G的诞生改变了这些场景的工作方法,但是施工行业本身并不能提升通信技术的发展水平。所以通信技术是一个关键的"钥匙",这把钥匙开启了新场景。所以新一代信息技术是智能施工、智能建造的关键技术。

服务智能建造的关键技术可以分为信息技术、通信技术、智能装备建造集成技术等几类。

2.3.1 BIM 技术

建筑信息模型（Building Information Modeling, BIM）的本质是建筑施工过程的信息化。BIM 模型是一种空间数据承载与使用工具。发展 BIM 的目标是实现建筑从设计、施工直至运营各阶段的信息集成与融通共享,使工程技术人员以可视化的方式理解、应对建筑本体和施工过程信息。图 2-9、图 2-10 所示为由 BIM 技术结合其他智能技术,以实现信息的集成可视化。

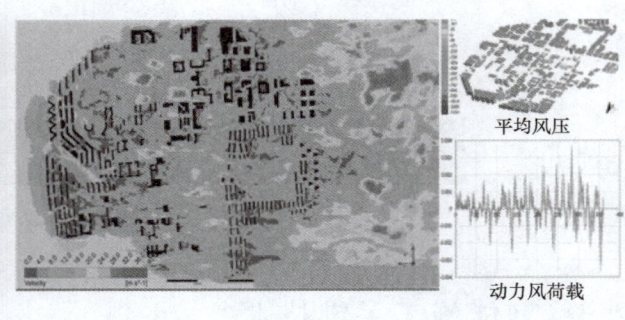

图 2-9　BIM+GIS 的城市规划模型智能化设计（CIM 技术）

图 2-10　BIM+VR 技术

BIM 技术的核心是通过数字化手段建立建筑工程的三维参数化模型，形成既包含结构化数据又包含非结构化数据的空间数据集合，并在设计、建造、运维过程中不断使用、共享和维护这个数据集合。BIM 技术的主要特点包括可视化、可协调、可优化等，并且随着技术的演进，其内涵日趋丰富。BIM 在施工领域的应用场景主要包括深化设计、方案模拟、工程算量、总包管理。

1）深化设计：BIM 采用可视化技术、计算机图形学和图像处理技术将传统的二维图数据转换成图形或图像在屏幕上显示出来。施工中的各种工作团队皆可以直接浏览每个空间，并使用此模型进行沟通讨论与分析。这种方式降低了工程人员空间想象力门槛，给团队赋予了拟真环境中发现设计问题的条件，并且可以利用 BIM 参数化的优势实现一点优化、全局协调，减少了数据协调失误的风险。

2）方案模拟：利用 BIM 技术三维拟真的特性，将虚拟和现实相互结合，实现数字世界对物理世界的镜像模拟，在施工前就可以看到施工过程和施工完成后的建筑状态，可以事前预测施工过程中可能会发生的风险，避免可能发生的事故、问题。

3）工程算量：由于三维模型能高度还原现实，因此，只要 BIM 模型的精细程度足够或者具有足够完备的换算方法，就能实现精准的工程量计算。随着参数化技术的提升，工程变更、施工进展情况等信息都能在 BIM 中得到及时体现，从而实现随时精准算量，大幅提升对施工成本、质量和进度的管理水平。

4）总包管理：BIM 可以使工程各种信息共享，并具有数据承载能力。各方在统一的标准下可以无障碍地创造、使用和分享数据。近年来随着 EPC、工程总承包等方式的普及，BIM 在总包管理中的作用日趋显著。设计、总包、分包利用 BIM 模型可以更好地实现对施工的事前、事中和事后管理。

目前，BIM 技术和相关软件的国产自主可控能力还不足。因为建筑信息模型涉及大量敏感的建筑详细信息，所以实现 BIM 技术基础理论、基础算法、数据库、基础支撑平台的国产自主可控，保障建筑信息模型应用的安全性和可靠性，是建筑信息模型共享服务和广泛应用的重要方向。

2.3.2 人工智能技术

人工智能（Artificial Intelligence，AI）是 20 世纪 50 年代中期兴起的一门新兴边缘科学，是在计算机科学、控制论、信息论、语言学、计算神经学、数学、统计学等多种学科相互渗透的基础上发展起来的综合性前沿学科。相关研究将人工智能的发展划分为弱人工智能、强人工智能和超强人工智能三个阶段。人工智能的三要素是算力、算法、数据，2022 年年末到 2023 年年初以 ChatGPT 为代表的 AIGC 形成"涌现"的主要原因是在算力、算法和数据层面有了突破。计算系统通过模拟人的思维过程和智能行为，从而能够实现在某一特定命令下达到人或者超越人智能水平的应用。例如，用计算机模拟人脑的部分功能进行学习、推理、联想和决策；模拟医生给病人诊病的医疗诊断专家系统；机械手与机器人的研究和应用等。当前部分人工智能应用已逐渐普及。在施工领域，人工智能的应用有助于实现行业从劳动密集型向知识密集型转化。建筑机器人和智能终端将得到快速应用，人工智能技术能够高效、快速地完成复杂的工作，例如，人工智能审图能大幅提升图样的合规性，降低人员工作强度，提升审图效率。又如基于视频人工智能识别的施工巡检的应用，其将人工智能的边缘计算技术与巡检机器人相结合,采集工程数据,快速对数据进行分析,支持工程技术、质量和安全的巡查工作,可以有效解决监管人员不足的问题,从而实现全天候的安全管理。但是要清醒地认识到,通用大语言人工智能即便在 2023 年取得了巨大的成功,也仍然处于弱人工智能阶段,特别是在建筑施工这个垂直领域人工智能的发展还有很长的路要走。图 2-11、图 2-12 所示为 AI 在施工场地的运用。

图 2-11 智能巡检机器人

图 2-12 智能安全监测

2.3.3 云计算

云计算给用户提供了方便、快捷、随时、随处、按需提供的数字化资源服务,这些服务包括网络、计算能力、存储、应用、服务等。云计算具有大规模、虚拟化、高可靠性、高通用性、高可扩展性和按需提供资源等特点,图 2-13 所示为云计算实现过程中"管控终端"和"互联网"之间交互的框架结构。未来云计算技术将朝着分布式云、多云管理、数字采购、云堆栈扩展、低代码自动化开发、API 生态、行业应用规模化、云数据存储爆发等方向发展。施工是以项目为单位进行的,具有普遍周期较短、信息系统维护能力弱、需求分散的特点,而施工企业对项目的信息化管理也存在分散管理,标准化程度低等问题。未来以云计算为核心,政府和企业主导的行业大数据云服务与基础智能施

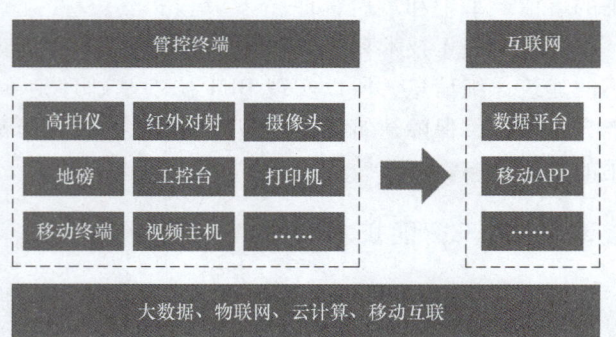
图 2-13 云计算"管控终端"和"互联网"之间交互的框架结构

工平台将有助于实现建筑行业大数据的获取汇集、整理处理和数据资源服务,从而降低施工项目信息系统建设成本,提高施工过程协同效率。在建筑设计方面,可以利用云计算存储和服务资源虚拟化,实现建筑规划设计海量数据的分布式存储管理、分析挖掘,为规划设计提供领域知识和辅助决策,支持规划交互沟通与协同设计。在施工过程中,可以通过云计算完成从建设到运维的建筑全生命周期数据管理,为建筑行业提供数据服务,使业主、设计单位、材料供应商、施工单位等施工各参与方获得统一的数据交付和传递的条件;支持工程质量在线监控、施工进度模拟、施工平面图应用、建筑工程造价咨询等云服务;施工企业可采用公有云、混合云、私有云等手段,为建筑企业提供云基础设施服务;在建筑大数据资源基

础上，通过建筑"企业上云"，提供"云+端"一体的建筑施工全过程监管、分布式环境下的建筑项目云协同办公等服务。

2.3.4 大数据

大数据具有体量大、种类多、速度快、价值大等特点，经过挖掘分析可以得到隐藏的价值。当前大数据技术主要发展趋势包括大数据与人工智能的融合，跨学科领域交叉的数据分析应用，深度学习成为大数据智能分析的核心技术，利用大数据构建大规模、有序化开放式的知识体系，数据资源化、私有化、商品化成为持续趋势。建筑施工过程会产生大量数据，且涉及大量的决策分析应用，通过大数据技术可以有效挖掘系统特征，做出有预见性的决策，提高数据的综合利用效益。

施工万亿元规模的建筑行业，数据量大，具备典型的大数据行业特征，且由于建筑施工领域信息化发展水平较低，这个行业也是最需要大数据支撑、发展潜力巨大的行业。一方面，随着BIM技术和物联网技术的兴起，建筑物从设计到交付运营，会产生大量的多维度、多类型的过程数据，这些数据为建筑行业的大数据多样化应用提供了良好的基础；另一方面，面向结构复杂、专业交叉施工多、施工难度大的工程建设项目，建筑行业急需依托建筑信息模型（BIM）技术，以相关信息数据为基础建立工程模型，融入大数据技术手段，支撑行业各类要素（人员、设备、材料等）的综合分析，进而优化设计方案，提高行业效率。目前大数据技术已渗透到建筑行业的多个领域，并呈现出良好的发展态势，主要应用场景包括：

1）建筑施工大数据管理应用（图2-14）。建筑施工项目中涉及工地管理、人员管理、进度管理、资金管理、质量管理等诸多方面，采用传统的监管手段无法满足全面化、联动化监督管理的业务应用需求，可依托大数据分析技术，构建智慧工地大数据管理平台，打造"建筑施工大脑"，聚合各类管理要素数据，实现建筑工程全生命周期数据管理，并研究建设各要素之间的业务处理模型，通过数据挖掘分析手段，为建筑施工提供一体化、智能化的监测预警管理手段。

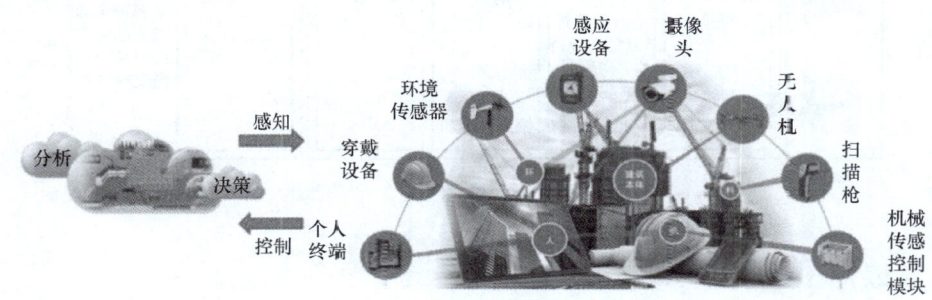

图2-14 建筑施工大数据管理应用

2）绿色建筑运维管理大数据（图2-15）。绿色建筑的核心目标是降低建筑能源消耗量，构建节能低碳、绿色生态、集约高效的建筑用能体系，其发展离不开能耗监测数据的支持，同时又需要综合考虑气候、环境等各类社会环境要素。依托大数据分析与智能传感技术，可实现水、电、气、热等能耗大数据管理与节能分析；实现设施设备维修维护大数据管理与辅助维修；并基于以上数据开展大数据建模分析，构建绿色建筑的核心监测指标体系，形成行业规范化、标准化方法，有效推进绿色建筑应用。

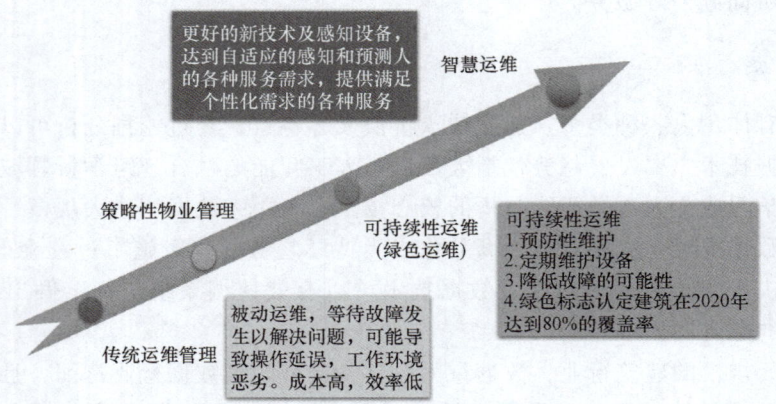

图 2-15　绿色建筑运维管理大数据

3）建筑行业大数据辅助决策（图 2-16）。建筑行业作为传统行业，经过多年的发展，其行业分支领域庞大，行业规范、知识经验日益庞大。伴随着建筑行业进入大数据时代，依托大数据分析技术，可按城市规划设计、建筑施工管理、建筑运维管理等主题，构建建筑行业大数据辅助决策平台，利用大数据建设高质量的建筑行业细分领域的大数据算法库，将各行业分支领域的各类行业规范、知识经验等不断沉淀，构建建筑行业大规模、开放式的知识体系，为各领域应用提供辅助决策支持。

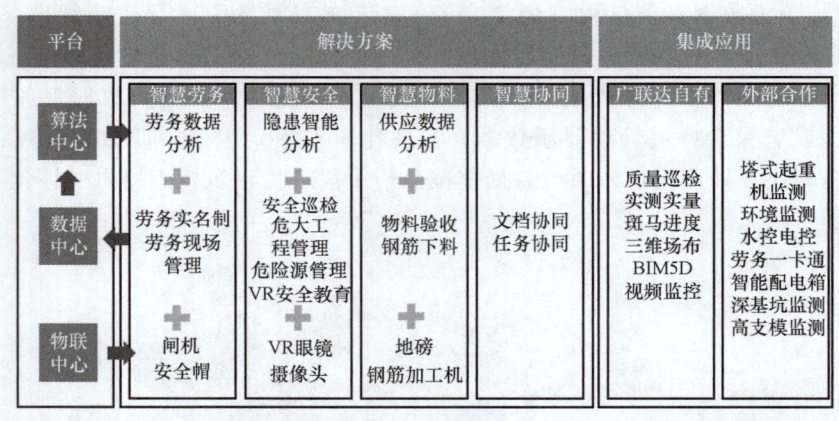

图 2-16　建筑行业大数据辅助决策

2.3.5　物联网

物联网是新一代信息技术的重要数据来源基础。物联网通过智能感知、识别技术与通信感知技术，广泛应用于网络的融合中。物联网将末端设备和设施通过各种无线或有线通信网络实现互联互通，从而提供实时在线监测、定位追溯、远程控制、安全防范、远程维护等管理和服务功能，实现高效、节能、安全、环保的"管、控、营"一体化。由于物联网技术独特的优势在智能施工中作用巨大，当前的智慧工地的核心内容就是利用感知和测量等物联网手段实现施工过程生产要素的数据可视化、实时分析和过程控制。推动物联网在施工过程的应用，有利于促进施工建造向精细化、信息化、智能化方向转变，对于提升施工建造管理和服务水平，推动产业结构调整和发展方式转变具有十分重要的意义。目前，随着5G、大数据、云计算和人工智能的发展，物联网已进入一个新的发展阶段，主要应用场景包括：

1）建筑材料监管管理。物联网主要基于大量的传感器技术以达到对物体的真实感知，能够有效地运用在监控管理业务上。而现代化智能建筑中物联网技术在监控管理方面的运用主要是基于光纤光栅传感网络和无线传感器网络技术，这两种技术是物联网技术在智能化建筑中应用的核心内容。光纤光栅传感器感知灵敏性极强，能够有效识别建筑中的各种材料，并且还能够对材料的特性进行鉴定，因此能够有效防止某些施工团队在建筑物中使用不达标的建筑材料。

2）智慧工地物联网（图2-18）。在工程施工现场条件下，利用物联网技术推进施工现场管理、物资管理、地下空间施工等方面的信息化应用。在包括人员、车辆、设备、环境、材料等管理，以及高大模板变形监测、塔式起重机运行监控、大体积混凝土无线测温等安全和质量管理等应用场景中，通过各种物联网传感器，实时自动获取工地现场的扬尘、噪声、烟雾、温度、湿度、风速以及用水量、用电量等数据。实现节约资源、提升效率、规范管理、保障施工人员权益，通过移动设备环境、设备实时异地监管和移动办公，对项目全生命周期数据采集并利用大数据技术达到辅助决策的目的。实现信息化与工业化的有效融合，提高工程施工质量、安全监控能力，推进建筑施工企业科技水平的提高。主要表现如下：

① 在人员管理方面，通过智能穿戴装备，如智能安全帽、智能安全鞋、智能安全手环、智能安全服和智能安全带等，实现现场人员的实际工作状态实时在线记录和实时提醒，工作联系便捷及时，员工的身体状况实时在线记录，安全状态智能化管控和提醒。

② 在设备管理方面，通过在设备上安装车载终端或无线设备控制器，实现设备的实时在线管理，实时记录设备的运转记录和能耗状态，实现设备的智能化管理。

③ 在物资管理方面，实现材料管理的数量总控。最终实现工厂化作业和装配式建筑的大规模推广，是现场材料管理的理想目标，也是实现智慧工地的重要基础之一。

④ 在现场管理方面，通过智能终端实现移动管理，通过移动智能终端进行安全管理、质量管理、技术管理以及现场管理；通过视频型智能安全帽实时了解现场实际情况，实现远程指导和远程监管；通过视频型智能安全帽可以实现对隐蔽工程的拍照或录像，可以留下真实可靠的影像资料档案，为今后查证留下真实可靠的依据。

⑤ 在环境监督方面，通过危险源标签、物联网报警装置、防塌监测、边坡监测、瓦斯监测、防倾覆监测以及远程视频监控，实现对现场各种状态的监控和预防。

⑥ 在施工过程管理方面，通过物联网技术对安全施工进行监测，主要包括对建筑工地环境监测、大体积混凝土浇筑监测、钢结构应力应变监测、地基监测、预应力梁监测、基坑支护监测等。利用物联网技术对现场施工人员安全帽、安全带、身份识别牌进行相应的无线射频识别，可以实现人员在施工现场的定位和跟踪。结合在BIM系统中的精确定位，如操作作业未符合相关规定，身份识别牌与BIM系统中相关定位同时报警，使管理人员精准定位隐患位置，从而采取措施以避免安全事故的发生。图2-17和图2-18所示为物联网在智慧工地中的应用。

此外，物联网技术的接入能够实现工程进度监控，针对工程的施工进度情况，可以通过视频监控的手段进行远程了解、远程指挥、远程调度；能够实现工程质量检查，针对工程施

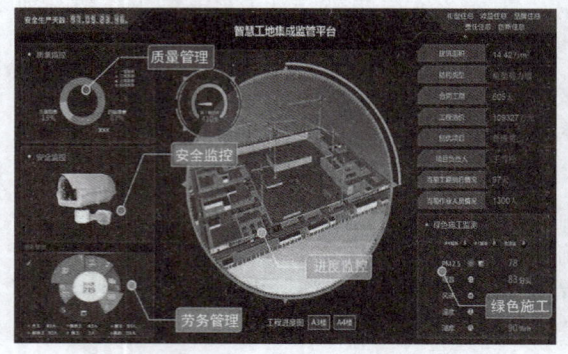

图 2-17 智慧工地集成监督平台

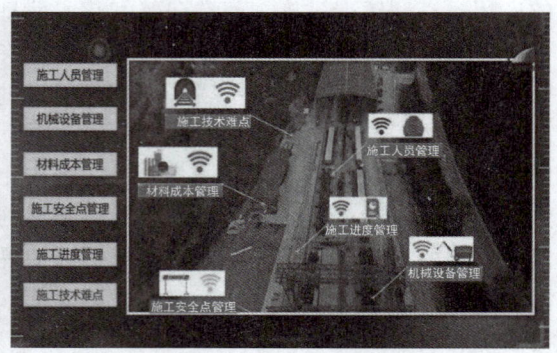

图 2-18 智慧工地物联网

工过程中需要巡检和预检的部位，对施工人员操作的规范性、设备安装过程的监控等通过视频监控手段及时进行远程监控和监督；实现工程安全施工监控，针对高层作业的特点，可以设置多项监控重点，如建筑物的安全网设置、施工人员作业临边防护、施工人员安全帽佩戴、外脚手架及落地竹脚手架的架设、缆风绳固定及使用、吊篮安装及使用、吊盘进料口和楼层卸料平台防护、塔式起重机和卷扬机安装及操作等；能够实现工程文明施工监控，监控系统目前还可以针对性地设置工地文明施工的重点监控，主要对工地围挡、建筑材料堆放、工地临时用房、防火、防盗、施工标牌设置等内容进行监控，目的均在于加强安全管理工作；能够实现工程现场安防监控，有效避免盗窃事件发生，而且使工地上的安全生产、质量控制、文明施工管理、职工考勤、现场劳动力分布等都一目了然。

2.3.6 5G 通信

第五代移动通信技术（5th Generation Mobile Communication Technology，简称 5G）是具有高速率、低时延和大连接等特点的新一代宽带移动通信技术，是实现人机物互联的网络基础设施。5G 是全球第五代移动通信技术建成和研发的结果，是推动智能终端大面积普及和促进互联网技术快速发展的结果，是在传统的通信技术之下，改变了传统单一的通信技术，并在新的复式新技术发展前提之后的综合应用技术。第五代移动通信网络的信息传播速度具有非常明显的优势，在利用移动资源方面展现出前所未有的移动效果，可以有效弥补各种移动通信技术的安全性较低或者通信速率较慢的问题，逐步成为一种传输速度非常快，而且能带来清晰图像技术的传统方式，它的通信效果更优于传统的通信技术。在建筑施工中通信技术是实现智能施工、智能建造的最为基础的关键技术，其中 5G 应用排除成本等因素以外，有着极大的优势。其具体场景如下：

1）远程驾驶（图 2-19）。通过 5G 网络对工程机械设备的远程操控，可切实解决工程机械领域人员安全难以保障、

图 2-19 远程驾驶

企业成本居高不下的难题，大幅提升工程自动化、智能化水平。

2）智慧工地。通过在施工过程应用物联网技术，可以实现大量的数据采集，但是施工是一个高度动态的场景，数据对决策的重要性来自于实时性。5G技术给施工现场的数据提供了一种全新高效传输的方法。对比4G、NB-IoT等技术，5G的传输速度快、稳定性高、组网容易，给无线智能控制设备、施工现场远程监控和集成管控提供了支撑。

3）装配式建筑。通过5G的速度、可靠性和容量的优势，将有效提升现有监控视频的传输速度和反馈处理速度，可实现装配过程现场的远程视频监控和辅助支持。

4）智慧工厂（图2-20）。5G可以支持工业控制总线，工业互联网以数据为核心要素实现全面连接，5G作为突破性的无线连接技术，可以显著降低智能工厂的工业数据采集的布线和施工成本，同时5G在构筑工业视觉、厂内精准定位、移动性设备管理、工业AR辅助等场景有独特优势和业务价值。

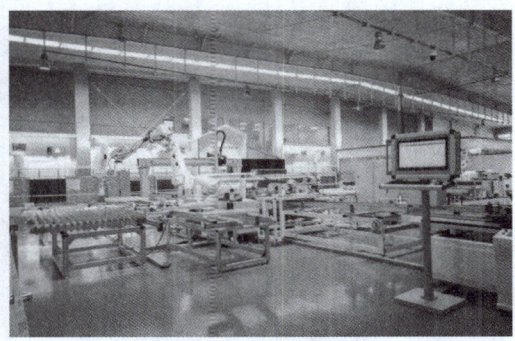

图2-20 智慧工厂

5）数字监管。通过5G视频监控实现施工现场的安全管控。可以让监管部门、企业更方便、充分地了解施工现场的情况，提升监管水平。

6）云化建筑机器人（图2-21）。在智能施工生产场景中，需要自动化装备降低人工投入，提升生产效率。建筑机器人有自组织和协同的能力来满足恶劣情况下完成生产的能力，但是建筑施工场景复杂性远远大于传统的机器人工业场景。这就需要机器人具有高度环境适应性。在目前的技术条件下，通过网络将机器人连接到云端的控制中心，基于超高计算能力的平台，并通过大数据和人工智能对生产制造过程进行实时运算控制是最有效的方案。这要求可靠、高速、低时延的网络通信基础，5G可以支持将大量运算功能和数据存储功能移到

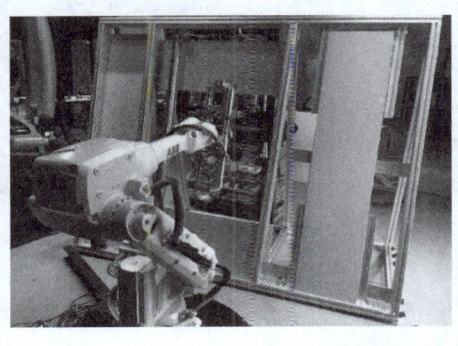

图2-21 云化建筑机器人

云端，5G 切片网络能够为云化建筑机器人应用提供端到端定制化的网络支撑，实现网络可以达到低至 1ms 的端到端通信时延，并且支持 99.999% 的连接可靠性，大大降低机器人本身的硬件成本和功耗。强大的网络能力能够极大地满足云化建筑机器人对时延和可靠性的挑战。

通信的分类方式很多，按照传输介质往往被划分为有线通信和无线通信，5G 是无线通信技术的一种，5G 也有其自身的局限性，目前世界范围内正在研究 6G 通信。并且建筑施工领域，施工条件具有很高的复杂性和不确定性，对通信的需要远不止 5G 通信一种方式可以满足，因此通信技术的发展在很大程度上制约着智能施工的发展。

2.3.7 建筑机器人

建筑机器人具有可以在各种条件下工作、无间断工作、精准度高、能够实现更加复杂的建筑造型、能够进行自主学习的优势。智能建筑机器人将不再是简单施工工艺的替代，可以成为智慧建造的辅助工具，智能建筑机器人可以完成人做不了的事情，建筑机器人已在装修施工、维修清理、工程救援、3D 打印建造、管道施工及维修、隧道等高危工程等领域开始应用，可以代替人类做一些高精度、特殊作业空间、危险并且需要大量体力的工作，如图 2-22～图 2-25 所示。建筑机器人的发展还需要在轨迹控制、识别传感系统培育、智能学习、精度控制、续航能力、复杂工艺实施等方面进行探索和应用。

图 2-22　激光整平机器人

图 2-23　地面抹平机器人

图 2-24　巡检机器人

图 2-25　管道机器人

机器人可以在各种极端严酷的环境下长时间工作，避免了人工工作的安全隐患，适应性极强，操作空间大，且不会感到疲惫，这些特征都使得建筑机器人拥有比人类更大的优势，它可以极大地提高建设工程的效率和安全性，有助于帮助我国实现建筑业的转型。

建筑机器人的应用，可以有效地提高施工质量，降低工人操作带来的安全质量风险，减少建筑施工劳动力投入，进而降低施工成本，同时，还可以加快技术创新速度，提高企业竞争力。建筑机器人具有执行各种任务特别是高危任务的能力，平均故障间隔时间长，其主要优点：一是可以改善劳动条件，逐步提高生产效率；二是增强可控的生产能力，提高产品质量；三是减少枯燥无味的重复性工作，节约劳动力；四是提供更安全的工作环境，降低工人的劳动强度，减少劳动安全风险；五是加快施工效率，减少施工过程中的工作量；六是充分利用休息与夜晚时间，加快施工进度。目前建筑机器人主要包括以下一些类型：

1）建筑施工智能机器人。机器人可以适用于自动焊接、搬运建材、捆绑钢筋、装饰喷涂、机器人监理、磨具精密切开等建筑施工领域，替代传统的人工操作环境。以焊接机器人为例，目前我国超高层、大跨度公共建筑大多采用钢结构，结构连接主要通过现场焊接完成，对焊工操作水平要求高、劳动强度大、焊接效率低；机器人焊接技术将逐步代替人为操作，焊接机器人也将取代手工焊机，从而减轻劳动强度、保障安全生产、保障电焊质量。

2）装修智能机器人。随着人们生活水平的提高，人们对室内外环境要求日趋严格，装修艺术特征的变化，导致装修难度系数变大。为了有效解决这些问题，研究人员在该领域做了大量的研究，取得了一定成果。典型代表如 RoboTab-2000 石膏板安装机器人、韩国仁荷大学与大宇建筑技术研究所合作研发的一款外墙自动喷漆机器人。

3）建筑运维管理机器人。建筑运维管理机器人包括智能清洗机器人、智能巡检机器人、智能搬运机器人等。其中智能清洗机器人适用于中央空调系统风机盘管清洗、高层建筑外墙清洗等作业；智能巡检机器人适用于市政设施巡检、地下管廊巡检、建筑设施设备巡检、城市轨道交通巡检等；智能搬运机器人适用于货物搬运、室内配送等。通过建筑运维管理机器人可以有效提高现场作业效率，降低作业过程中的风险，保证运维作业安全。

4）3D打印建筑机器人。3D打印建筑机器人集三维计算机辅助设计系统、机器人技术、材料工程等于一体。区别于传统"去材"技术，3D打印建筑机器人打印技术体现"增材"特征，即基于已有的三维模型，运用3D打印机逐层打印，最终实现三维实体。因此，3D打印建筑机器人技术大大地简化了工艺流程，不仅省时省材，也提高了工作效率。典型代表如 DCP 型 3D 打印建筑机器人、3D 打印 AI 建筑机器人。美国麻省理工学院研制出一款用于建筑施工的 DCP 型 3D 打印建筑机器人，英国伦敦 AiBuild 创业公司研发的 3D 打印 AI 建筑机器人集 3D 打印、AI 算法和工业机器人于一体，该机器人为了避免盲目地执行计算机的指令，在原有控制系统中，添加基于 AI 算法的视觉控制技术，这样可将现实环境和数字环境构成一个有效反馈回路，实现机器人自动监测打印过程中出现的各种问题并进行自我调整。

5）管道机器人。城市地下管网对城市日常运行越来越重要，管网一旦出现问题，将直接影响城市能源供应、雨季内涝，也会带来巨大的安全隐患。城市地下管网需要经常维护，随着管网建设的越来越多、越来越大、越来越密，其维护工作量显著增长，传统的维护方式主要采用人工爬行到管道内作业，危险且工作效率不高。管道机器人能够替代人工，通过搭载不同的工具设施，进行相关作业，如可搭载机械臂实施管道采集污水及泥沙，搭载焊接机械实施管道焊接作业，搭载检测仪器实施就地检测分析作业等。

研究建筑机器人的目的是提升建筑施工阶段的生产力水平，这种提升的过程不能简单地理解为机器取代人的过程，而应该从如何实现建筑施工领域人与智能机器协同，改善人的工作环境，提高建筑产品品质，加强施工领域劳动力竞争水平的角度进行思考。

2.4 建造方式智能化

2.4.1 装配式建造

装配式建筑是用预制部件在工地装配而成的建筑，装配式建造就是建造装配式建筑的施工过程。发展装配式建筑是建造方式的重大变革，是推进供给侧结构性改革和新型城镇化发展的重要举措，有利于节约资源能源、减少施工污染、提升劳动生产效率和质量安全水平，有利于促进建筑业与信息化工业化深度融合、培育新产业、新动能、推动化解过剩产能。

装配式建筑主要包括预制装配式混凝土结构、预制装配式钢结构、预制装配式模块化单元组合结构、预制装配式现代木结构建筑、装配式基础设计建筑等。在政策的引导下，装配式建筑形成了多样化的结构体系，产业链不断完善，在房屋建筑领域、基础设施领域发展迅猛。该领域主要的发展方向是对装配式建筑结构体系的研发、节点连接措施的研发、标准化工业化制造、部品部件体系的完善、新材料的应用、智能化设备的研发、产业链的进一步培育等方面。

装配式建造技术是指装配式建筑在建造过程中将部品部件在工厂完成生产，在工地现场进行组装，并在实施过程中运用现代工业手段和工业化的组织形式，对建造施工过程的各个生产要素进行工业化集成，从而实现标准化建造。房建领域的装配式建造智能施工技术主要应用于现浇混凝土预制装配式和钢结构装配式，竹木结构装配式建筑主要是在加工设计阶段使用。

1）装配式混凝土建筑（图2-26）。在这个领域智能施工主要体现在基于BIM技术装配式设计，PC构件（预制混凝土构件）的设计、深化设计、构件工厂加工、灌浆连接检测、工业化安装、智能吊装、全装修智能化等方面。

2）装配式钢结构建筑（图2-27）。智能施工主要体现在钢结构基于BIM技术的深化和优化、工厂化加工、健康监测、虚拟预拼装、智能物流管理等方面。

图2-26 装配式混凝土建筑

图2-27 装配式钢结构建筑

2.4.2　3D打印建造

3D打印建造是在构建了建筑信息模型的基础上，将多种建筑材料（如混凝土、砌体、金属、塑料等）按模型各项数据指标和建造程序运用机电一体化技术建设成为预期的实物形态，是对传统建造工艺和施工方式的颠覆性变革，对推动建筑产业现代化具有特别重要的意义。3D打印建造技术开创了一种崭新的设计逻辑思维和建造模式，展现了数字化设计建造模式下一种全新的建筑生态关系，为将来的建筑设计与建造指明了发展方向并提供了完备的技术支撑。其本质上是整合BIM技术、自动化控制、材料应用以及现代化工程管理等技术手段完成工程建造的技术。3D打印建造技术的发展需要将装备制造、软件技术应用、新型材料研究、结构设计创新等技术创新体系综合应用。

3D打印建造技术能将设计方案很好地呈现出来，根据设计图的绘制，按照比例将建筑类型以模型的形式展现，起到很好的预告效果，这样也能减少设计工作误差的现象出现。在建筑工程开工前，可以做好充分的准备工作，以便于更好地应对建筑施工设计过程中出现的工作问题。3D打印建造技术的应用也很好地弥补了建筑工程领域中存在的不足。其中金属3D打印建造技术，对于必须承受更大压力的桥梁等结构非常重要，将工业机器人与焊接机结合起来，变成可与软件配合使用的3D打印机，便于操纵机器人3D打印金属结构。

在建筑施工阶段，3D打印建造技术得到了很好的应用，在施工过程中对施工的客观因素进行分析，需要在施工过程中分析工作差异性，对建筑工程中的具体工作内容做出判定，防止建筑施工过程中的工作冲突，其主要流程如图2-28所示。目前的建筑工程施

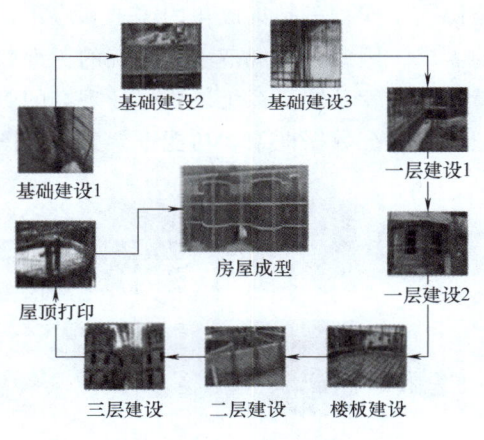

图2-28　3D打印主要流程

工工艺复杂，施工难度大，在施工过程中也有很多需要注意的地方，3D打印建造技术的应用就很好地改善了施工情况，通过构建三维模型更好地对施工操作、测量和工期推算进行掌握，降低了施工工序变更问题以及建设过程中的操作失误率。

2.5　智能施工管理平台

2.5.1　概述

智能施工管理平台是建立在高度的信息化基础上的一种信息感知、互联互通、全面智能和协同共享的新型信息化手段，更会催生出创新的工程现场管理模式，也是BIM、物联网等信息技术与先进的建造技术的深度融合的产物。

智慧工地平台作为现阶段广泛应用的智能施工管理平台，主要是指在工地实施过程中，综合运用物联网、移动互联网、云计算和智能设备等软硬件信息化技术，做好施工现场中机

械设备、材料以及环境等的管理工作,并在建设过程中结合智能信息采集、数据模型分析、管理高效协同以及过程智慧预测等措施,做好施工场地的立体化模型的建设,在具体的操作过程以及全过程的监管过程中形成一个相连接的数据链条,将施工中云数据以及互联网等信息技术相结合,进一步对施工过程中的工程造价进行控制,提高工地现场的生产效率、管理效率和决策能力等,提升工程管理信息化水平,从而在整个设计过程中应用绿色建造、生态建造以及智慧建造体系。

2.5.2 系统架构

智慧工地平台系统应用信息技术,以一种"更智慧"的方法来改进工程各干系组织和岗位人员相互交互的方式,以便提高交互的明确性、效率、灵活性和响应速度。信息技术应用的重点包括:一是要采用物联网技术,将感应器植入建筑、机械、人员穿戴设施、场地进出关口等各类物体中,并被普遍互联,形成物联网,再与互联网整合在一起;二是通过移动技术并通过移动终端的使用,直接在现场工作,实现工程管理与工程施工现场的整合,保证实施协同工作;三是集成化的需求和应用,企业和项目部都有对工地现场进行统一管理和监控的需求,因此,在规范不同系统的标准数据接口的基础上,建立集成化的平台系统,实现智慧工地监管系统。系统还要保证现在的管理体系、现有的管理系统等进行无缝整合。智慧工地监管系统数据框架和功能框架分别如图 2-29 和图 2-30 所示。

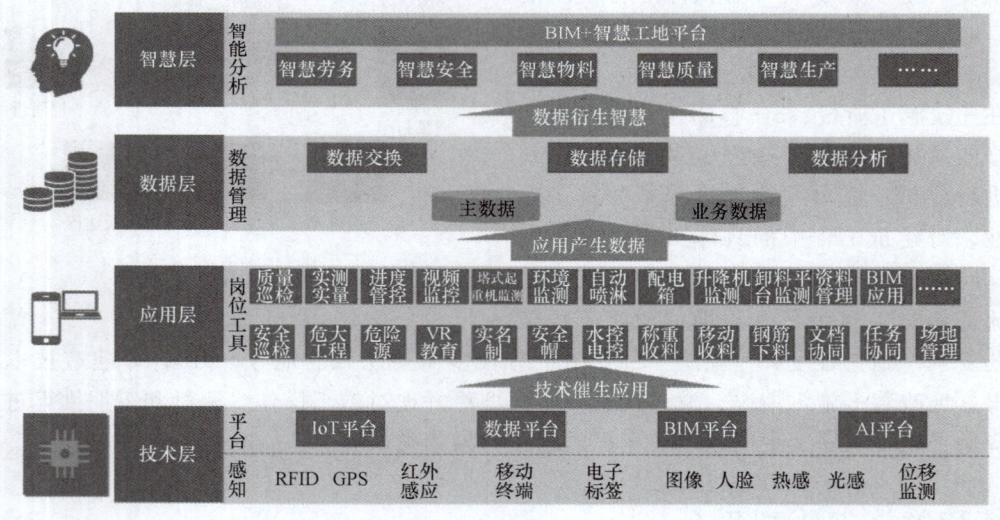

图 2-29 智慧工地监管系统数据框架

BIM+智慧工地平台将现场系统和硬件设备集成到一个统一的平台,将产生的数据汇总和建模形成数据中心。基于平台将各子应用系统的数据统一呈现,形成互联,项目关键指标通过直观的图表形式呈现,智能识别项目风险并预警,问题追根溯源,帮助项目实现数字化、系统化、智能化,为项目经理和管理团队打造一个智能化"战地指挥中心"。

第2章 智能施工技术框架

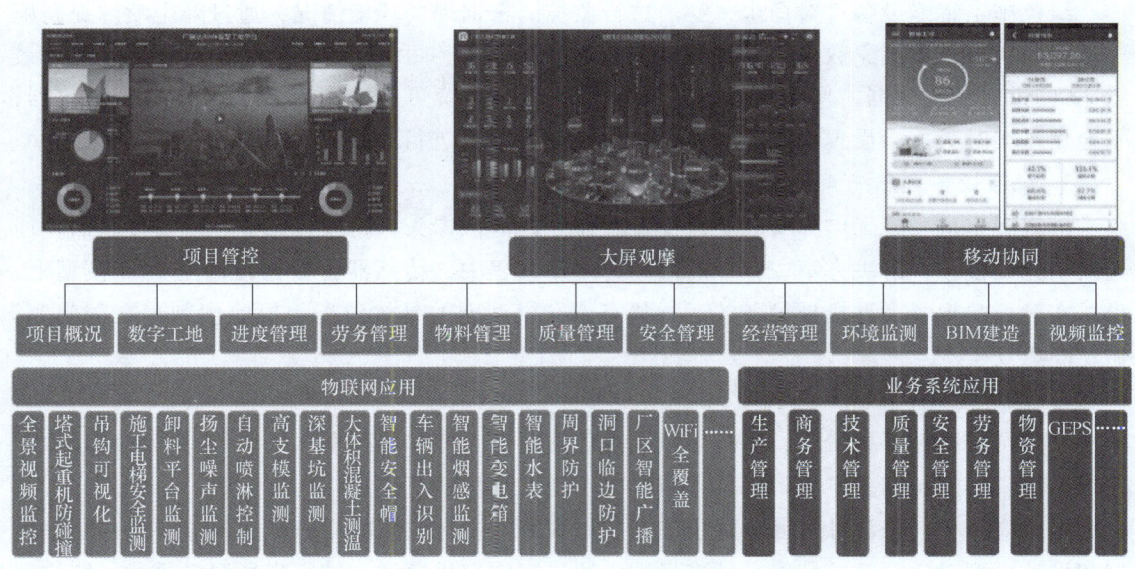

图 2-30　智慧工地监管系统功能框架

2.5.3　主要子系统

1. 视频监控子系统

在工地分布广泛、现场环境恶劣的建筑行业，确保规范施工，保证工程质量及工地的建筑材料、设备等财产安全是施工单位管理者关心的头等大事。建筑工地属于环境复杂、人员复杂的区域。

考虑到工程监督、项目进度、设备及人员的安全，一套有效的视频监控系统对于管理者来说是非常有必要的。通过远程视频监控系统，管理者可以了解现场的施工进度，可以远程监控现场的生产操作过程，可以远程监控现场材料的安全，识别现场的危险源、人的不安全行为、物的不安全状态，如临边洞口未防护，工人不佩戴防护用品、不按规章操作或者佩戴操作不符合规范，作业工具有缺陷、设备带故障等，结合轻量化 BIM 模型，通过模型的报警，可以清楚地了解隐患的具体位置。

实时监测施工现场安全生产措施的落实情况，对施工操作工作面上的各安全要素（如塔式起重机、施工电梯、中小型施工机械、安全网、外脚手架、临时用电线路架设、基坑防护、边坡支护等）实施有效监控，随时将上述各类信息提供给相关单位监督管理，及时消除施工安全隐患。

AI 视频监控安装有摄像机和视频服务器。摄像机采用 4G/WiFi 等无线接入方式，可实现视频的调取、录像、存储、用户管理等功能。监管部门、建筑企业等授权用户均可用计算机、手机，通过互联网查看监控视频。

2. 环境监测子系统

通过传感器对现场的风速、噪声、$PM_{2.5}$ 浓度以及污水是否达到排放标准等环境数值进行监测，通过 BIM 模型施工信息分析，查找污染源。

绿色施工智能设备可对扬尘、噪声进行监控。根据现场环境情况，通过降尘喷淋提高施工环境，实时采集气象数据，监测项目施工现场环境，和手机 APP 同时报警提醒，获取最近 3d 的天气预报数据，便于更好地安排施工。监测系统可以实现现场大屏显示监测数据；平台显示实时数据；设置 PM_{10}、$PM_{2.5}$ 及噪声超标值并进行预警。

3. 机械设备监测子系统

塔式起重机、施工电梯安装防碰撞传感器、高清摄像头、超载传感器、人防传感器，通过前期方案模拟，解决方案中存在的问题，使用过程中，传感器将数据传递至 BIM 模型上，可以实时反映现场大型机械设备的运行状态、在模型上的具体位置，提前预判存在的问题，避免隐患发生。

4. 智能监测子系统

在基坑支护和开挖阶段，在指定位置点位安装压力位移传感器、水位传感器，联动 BIM 三维模型，实时预警基坑支护的位移情况以及地下水位情况。

可以应用于装修设计方面：通过三维扫描模型，进行实际净高分析、误差分析、扫描模型和设计模型对比，复核装修设计准确性。通过三维扫描模型，进行现场洞口尺寸、结构误差分析，为幕墙深化设计提供准确数据，利用 BIM 深化模型和三维扫描模型，验证深化设计的准确性。

用无人机扫描技术辅助现场管理，设置固定拍摄航线，无人机扫描施工现场，获得现场的每天形象进度。可以将无人机扫描模型与 BIM 施工模型进行对比，分析进度、场地布置等偏差，可以实时掌控施工情况，并最终保留项目的影像资料。

5. 进度管理子系统

进度关键数据一目了然，追根溯源，对项目进行动态控制和调整，可使项目进度更加可控。通过数据对比分析，监控报警，及时了解进度问题，保证工程项目如期交付。

6. 质量管理子系统

将质量管理 APP 与 BIM 模型关联，将质量验收和实体质量信息关联到空间模型上，可实现质量信息的自动记录、统计、分析及预警管理。

常见的各管理子系统如图 2-31~图 2-35 所示。

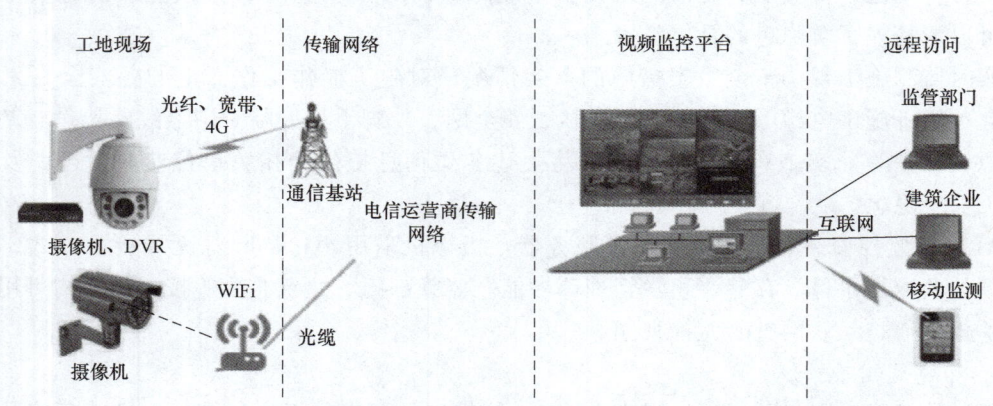

图 2-31　视频监控子系统

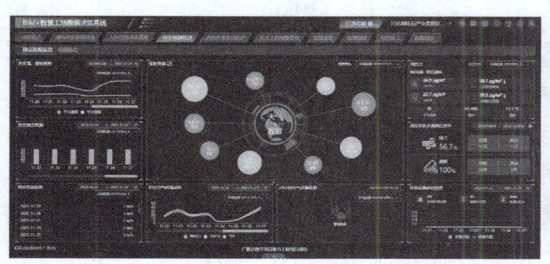

图 2-32 环境监测子系统

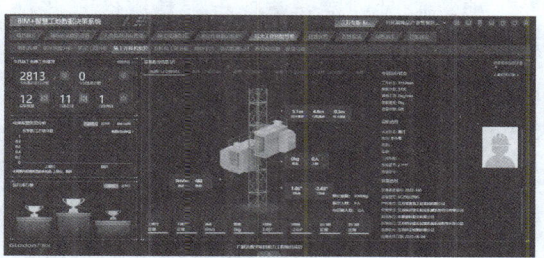

图 2-33 机械设备监测子系统

图 2-34 安全管理子系统

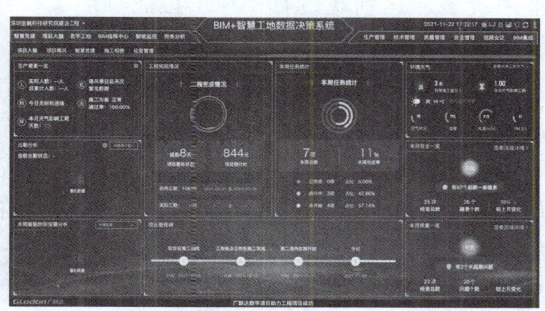

图 2-35 进度管理子系统

2.5.4 智能施工管理平台的特点

1. 集成平台、统一入口

提供数据可视化看板、整体呈现工地各要素的状态和关键数据。看板具备分析能力，能够对劳务、进度、质量、安全相关数据进行多维度的分析和趋势分析，指标数据支持逐级下钻至原始数据。

2. 应用系统集成

通过建立工地现场的数据标准、数据通信协议标准、各应用间认证和数据交换标准，支持多个应用间的数据共享和数据交换。智慧工地平台已集成各应用子系统所产生的数据，包括但不限于进度管理系统、劳务管理系统、安全管理系统、质量管理系统、成本管理系统。

3. 智能硬件接入

智能施工管理平台使用工业级物联网平台，对连接的硬件设备进行统一连接认证、建模和管理，保障接入设备数据传输的可靠性和稳定性。基于场地布置平面图提供动态可视化的图形看板，图形看板中按实际位置呈现环境检测设备、摄像头、塔式起重机等硬件设备，并对运行状态进行动态显示。已接入现场的设备类型包括视频监控、环境监测、自动喷淋控制、塔式起重机监控、升降机监控、卸料平台监控、高支模自动化监测、深基坑自动化监测、智能变电箱、智能水表、大体积混凝土测温、智能烟感监测、天气预报等十余类近百家品牌，且提供开放接口，可以快速接入任意厂商的硬件设备。

2.6 智能施工应用案例

以中铁十二局雄安高铁站项目为例进行介绍。

项目概况：雄安站位于雄县城区东北部，距雄安新区起步区 20km，京港台高铁、京雄城际、津雄城际三条线路汇聚于此。现状环境为自然村落和农田绿地，西南方向为白洋淀湖区，自然环境优美宜人。雄安站房屋总建筑面积为 47.52 万 m^2，平面尺寸为南北向长 606m、东西向宽 355.5m，建筑高度为 47.2m。建筑主体共 5 层，其中地上 3 层，地下 2 层，另外地面候车厅两侧利用地面层和站台层之间的高大空间设有地面夹层，包含铁路站房、市政配套、轨道交通、地下开发空间等区域。站房首层候车大厅和南北两侧城市通廊为清水混凝土结构，造型复杂，钢筋、模板、混凝土施工质量控制难度大。工程规模大，施工作业面广，大型设备多，交叉施工频繁，安全控制难度大。机电管综错综复杂，车场管综外露，专业系统多，达到规整有序施工控制难度大。结构、装修及机电安装工程复杂，工程体量大，涉及的专业分包多，人员高峰期可达 5000 余人，人员管理及现场协调难度大。

整个项目信息化的建设以"智能施工管理大数据中心"为数据集成枢纽，通过数据集成、信息交互等，实现施工环境安全有序、建筑质量优质可靠。实现图样文档协同管理，施工进度协同管理，质量安全协同管理，工程项目施工的智能化、信息化管理。综合运用 BIM、物联网、大数据、人工智能、移动通信、云计算及虚拟现实等先进技术，实现建筑施工全过程的数据采集、智能分析及智能预警、数据共享和信息协同。通过人机交互、感知、决策、执行和反馈，将信息技术、人工智能技术与工程施工技术深度融合与集成，实现建造过程中环境、数据、行为三个透明。

1. **BIM+GIS 技术**

雄安站周边铁路、市政及地方配套建设项目多，各项目之间施工交叉干扰多。利用 BIM+GIS 技术，规划好路线，采用无人机每个月对项目周边进行一次航拍扫描，建成三维实景模型（图 2-36），在三维实景模型中可量取地表及空间距离、面积、高度等实际尺寸数据。通过三维实景模型可多角度快速直观查看施工现场及周边情况，并获取地表、空间尺寸，高效辅助现场施工组织规划。

图 2-36 雄安站周边三维实景模型

2. **BIM 智慧建造管理系统**

BIM 智慧建造管理系统是通过 BIM 技术，将项目在整个施工周期内不同阶段的工程信息、过程管控和资源统筹集成，并通过三维技术，为工程施工提供可视化、协调性、优化性等信息模型，使该模型达到设计、施工一体化和各专业相互协同工作，从而达到节约施工成本的目的。此外 BIM 智慧建造管理系统可实现 BIM 模型在线预览，联合生产、技术、质量、安全等关键数据，通过 BIM 模型展示进度、工艺、工法，将 BIM 技术应用的关键成果集中呈现出来，为施工奠定良好的基础。

（1）工程量统计（图 2-37） 在 BIM 模型创建完成后，通过对模型的解读，能够分析出各施工流水段材料的工程量，如混凝土的工程量。在钢结构中，通过对模型的分解，直接根据模型对钢结构构件进行加工。

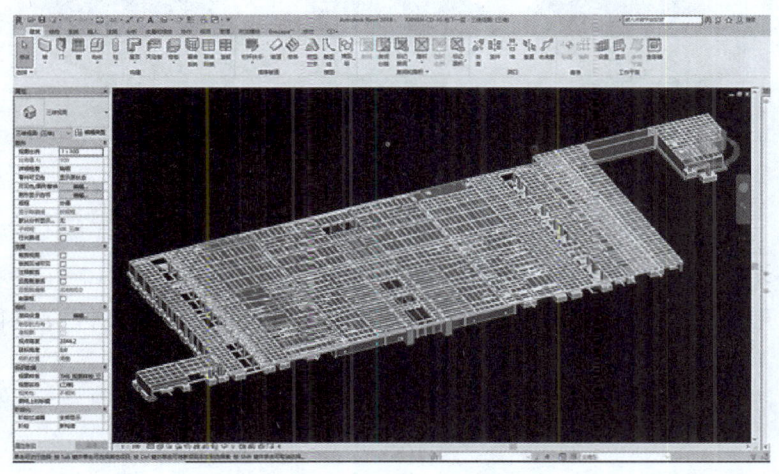

图 2-37　工程量统计

（2）施工模拟（图 2-38） 在制订完成施工进度计划后，通过软件把施工进度计划与 BIM 模型相关联，对施工过程进行模拟。将实际工程进度与模拟进度进行对比，可直观地看出工程是否滞后。分析滞后的原因，以确保工程按计划完成。

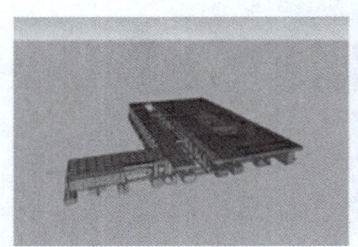 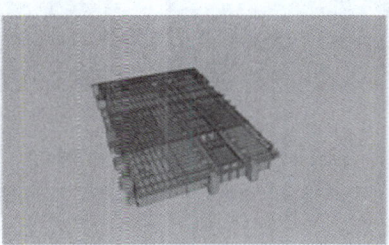 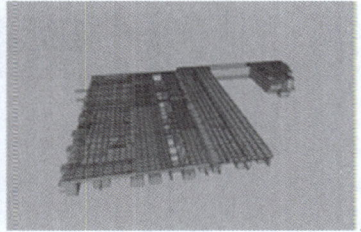

图 2-38　施工模拟

（3）可视化交底（图 2-39） 通过 BIM 可视化特点，对施工方案进行模拟，对施工人员进行 3D 动画交底，提高交底的可行性。

（4）节点分析（图 2-40） 通过对设计图的解读，对复杂节点进行 BIM 建模，通过模型对复杂节点进行分析。例如，复杂的钢筋节点，在模型建立后对模型

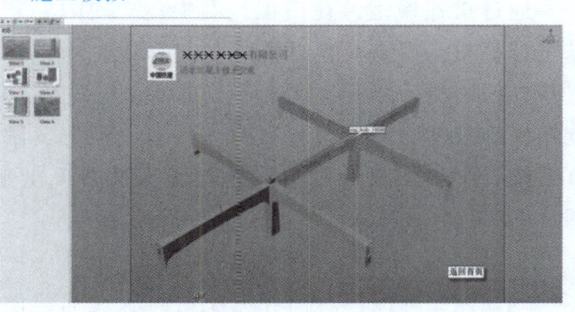

图 2-39　可视化交底

进行观察,找到钢筋的碰撞点,对钢筋的布置进行优化;也可以模拟模板支撑体系的受力情况,以确保模板支撑体系的施工安全。

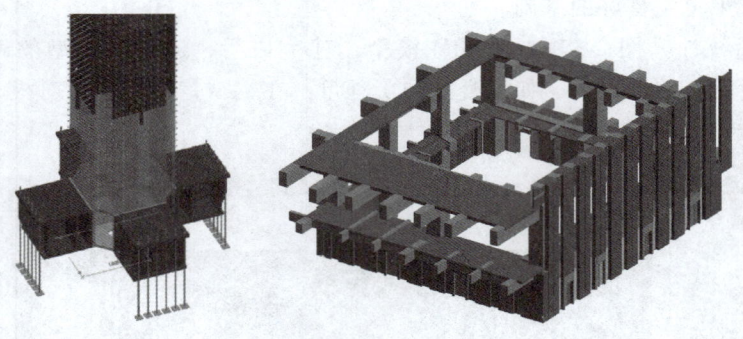

图 2-40　节点分析

(5) 综合管线碰撞检测(图 2-41)　在设计图下发后,根据设计图对建筑物进行综合建模,把预留孔洞在三维模型中显示,直观地显示出各个位置预留的洞口,防止遗忘。在结构、建筑、机电、设备模型都创建完成后进行合模,分析出各碰撞点,与设计进行沟通,对设计图进行修改。在工程前期解决管线碰撞问题,节约工期确保施工的顺利进行。

a)　　　　　　　　　　　　　　b)

图 2-41　综合管线碰撞检测
a) 建筑结构与管线碰撞　b) 碰撞优化后结果

3. BIM+VR 技术应用

通过搭建模型,在虚拟环境中建立周围场景、结构构件及机械设备等的虚拟模型,形成基于计算机的具有一定功能的仿真系统,让系统中的模型具有动态性能,并对系统中的模型进行虚拟装配,根据虚拟装配结果在人机交互的可视化环境中对施工方案进行修改。同时,利用虚拟现实技术可以在短时间内对不同方案做大量分析,保证施工方案最优。借助虚拟仿真系统,把不能预演的施工过程和方法表现出来,节省了时间和建设投资。虚拟漫游图如图 2-42 所示。

4. 生产管理系统(图 2-43)

雄安站是雄安新区首个开工的重大交通建设项目,为确保通车条件,项目部制定了五比五劳动竞赛活动,制订了每周施工进度计划,区域内各工种施工人员对照周进度计划,每天上传完成工作量的情况并拍照留存，系统与总进度计划自动分析形成对比，针对进度滞后的采取增加人员或延长工作时间进行弥补。

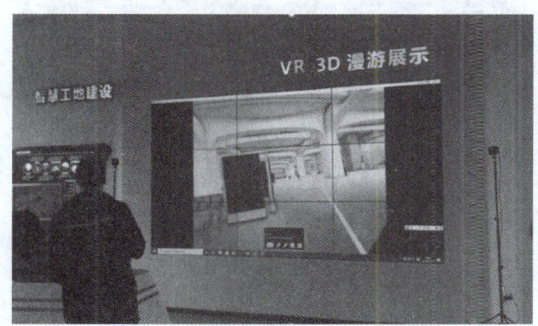

图2-42　虚拟漫游图

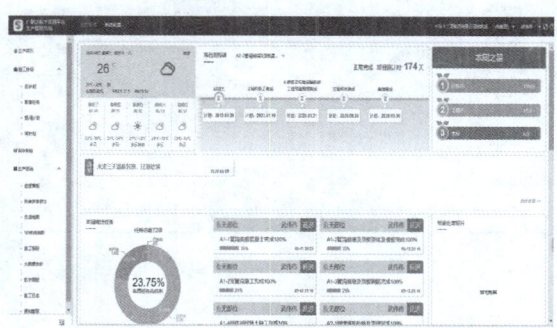

图2-43　生产管理系统

5. 技术管理系统（图2-44）

本工程由于配套功能改变多，结构复杂且施工图设计时间短，造成整个工程变更极度频繁。项目采用了BIM+技术管理系统，由项目工程部部长收集所有变更和所有方案及危大工程的三维交底文件上传至数字平台并发出通知。所有管理人员、班组长通过手机APP就能及时收到通知，通过与原图的链接查找到变更的具体位置与变更内容。根据三维交底和施工方案指导现场施工，加快信息传递，避免施工遗漏造成返工。

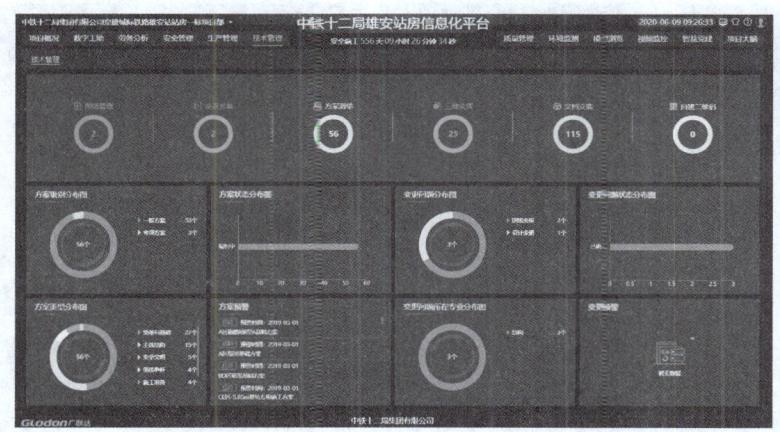

图2-44　技术管理系统

6. 劳务实名制系统

项目严格推行了劳务实名制管理，集成了各类智能终端设备对建设项目现场劳务工人进行高效管理。为各劳务人员建立个人档案，通过劳务实名制的云端产品形式，使用闸机硬件与管理软件结合的物联网技术，实时、准确收集人员的信息进行劳务管理，如图2-45和图2-46所示。劳务实名制系统可实时统计在场人员数量，并可按照劳务队伍和工种不同对实际用工数据进行统计，为项目提供人员生产要素用工分析。另外，还可分析项目所有作业人员的信息，如进出场人数、个人信息、地域分布和工种情况等，为项目决策层提供数据参考。

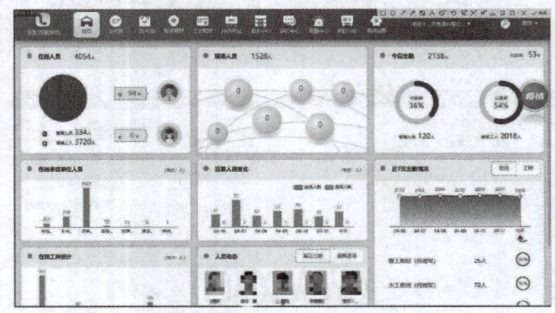

图 2-45　劳务管理系统

图 2-46　门禁系统

7. 安全、质量管理系统

安全、质量管理系统，采用云端+手机 APP 的方式，实时监控施工现场、采集信息数据，系统自动进行归集整理和分类，根据隐患类别及紧急程度，对相关责任单位、责任人进行预警。同时针对安全质量问题，形成了从问题发起—整改—复查—关闭问题一套整改流程，完善了 PDCA 循环，有效解决了现场执行情况不清晰、落实不清楚、责任不清晰的问题。通过该系统的应用，规范了工作流程，相关责任人、整改期限明确清晰；工作成效全面提高，质量安全检查与治理周期大幅缩短，现场质量、安全管理体系增强，解决了从办公室到现场的管理问题，使管理更简单、便捷、直观，如图 2-47 所示。

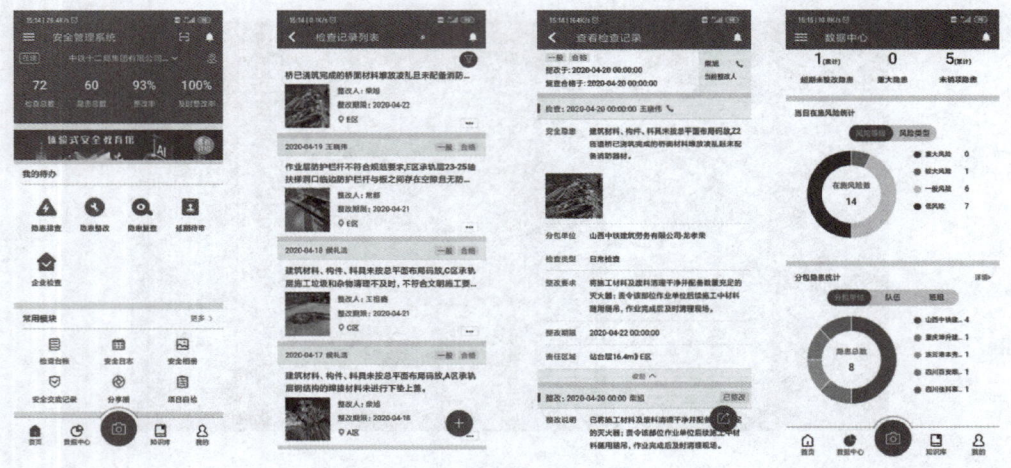

图 2-47　手机端安全质量问题录入系统

8. 智能安全体验馆

雄安站项目智能安全体验馆（图 2-48），总面积约 $300m^2$，总共有四大区域，分别为前厅、智能安全体验区、实体安全体验区、互联网+安全培训教室。体验馆建成后将积极有效地推动员工的安全教育培训工作，提高员工的安全意识、综合能力，减少项目安全事故。在体验馆的展项设计中，运用 VR、物联网、互联网、云计算等多种高科技手段，以满足视觉、听觉、触觉需求，调动人们多种感官体验，展现科技性、实用性、体验性、趣味性。互联网+安全培训不仅可以在计算机培训教室学习，也可在手机 APP 移动学习，实现随时随地学习。支持功能有在线或离线学习已选择课程（视频类）、选课、学习专题、问答、调查中心、考试中心、资料中心、消息中心和寻求帮助等。

图 2-48　智能安全体验馆

9. 智能塔吊防碰撞系统

本项目塔吊（即塔式起重机）共计安装 12 台，因体量庞大，碰撞关系复杂，每台塔吊最少有三台发生碰撞关系，为解决 12 台塔吊同时运转下不发生安全事故，项目部采用了智能塔吊防碰撞系统。

智能塔吊防碰撞系统可实时监控塔机工作吊重、变幅、起重力矩、吊钩位置、工作转角、作业风速，以及对塔机自身限位、禁行区域、干涉碰撞的全面监控，实现建筑塔吊单机运行和群塔干涉作业防碰撞的实时安全监控与声光预警报警，为操作员及时采取正确的处理措施提供依据。同时移动端和平台端会实时显示塔吊的运行数据，如图 2-49 所示。主体结构施工阶段每天会为塔吊司机提供数百次的报警提醒，有效地防范和减少了塔机安全生产事故发生。此外，智能塔吊防碰撞系统还可直观查看塔吊的吊装数量，进行塔机功效实时分析，工作结果透明化，以数据为支撑对塔司工作状况进行客观评价，督促提升本项目塔司的整体工作效率。

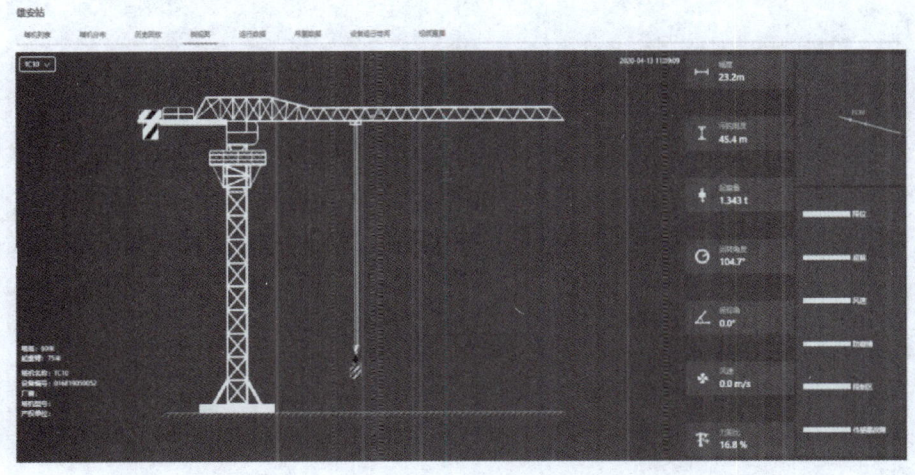

图 2-49　塔吊运行数据实时动态图

10. 高支模监测系统（图 2-50）

本工程 A 区承轨层施工为高大模板施工，通过对高大模板支撑系统的模板沉降、支架变形和立杆轴力的实时监测，实现高支模实时监测、超限预警、危险报警的监测目标。数据实时上传到项目平台，现场并设有监测警报系统，当监测值超过预警值时，施工人员在作业时能从机器上读取预警信号。通过在高支模架体上布设柔性二元体变形监控装置，利用高精度倾角传感器实时采集沉降、倾角、横向位移、空间曲线等各项参数，监控数据实时传输，及时对安全问题进行预警。

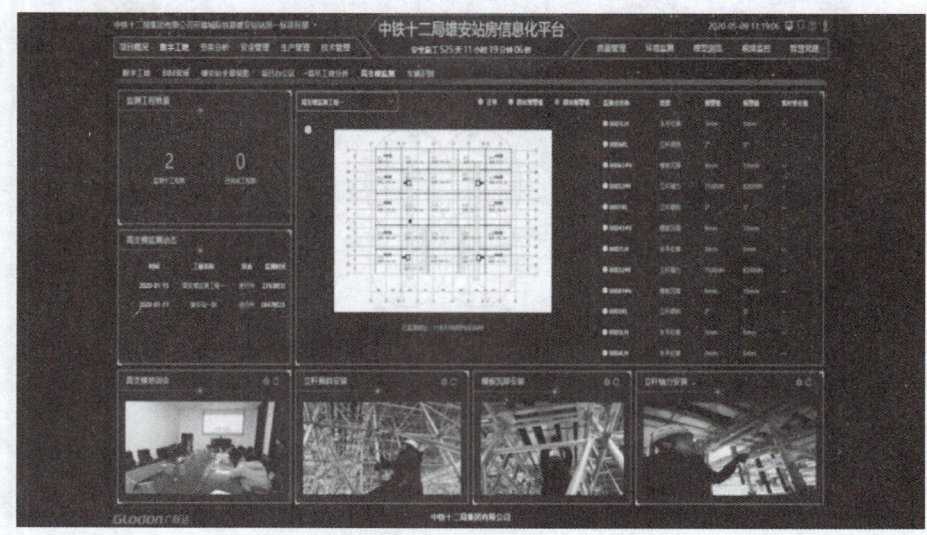

图 2-50 高支模监测系统

11. 视频监控系统（图 2-51）

项目还应用了 5G 技术与 AI 技术进行远程视频监控，施工场区共布设约 20 台摄像机，监控范围全面覆盖施工区、加工区、现场出入口等重点部位，24h 实时监控，并且支持手机查看、云台操作功能。

图 2-51 视频监控系统

12. 环境监测系统

为保障雄安整体建设环境，高铁站项目 24h 全天候实时在线监测 $PM_{2.5}$、PM_{10}、噪声、温度、湿度、风速、风向等，设定报警值，超限后及时报警，雨雾炮喷淋、围挡喷淋装置实现联动，达到自动控制扬尘治理的目的，如图 2-52 所示。

图 2-52 环境监测与雾炮联动环境治理

习　题

1. 简述你对 BIM 的理解。
2. 简述 BIM 模型的特点。
3. 简述 BIM 技术在设计阶段中的应用。
4. 简述 BIM 技术在施工阶段中的应用。
5. 如何理解人工智能？
6. 简述云计算的概念与特征。
7. 简述大数据的主要特征。
8. 简述大数据处理的主要内容。
9. 简述物联网的概念和特征。
10. 简述物联网关键技术。
11. 简述 5G 核心技术。
12. 简述对智能施工、核心技术、关键技术的理解。

第 3 章

土 方 工 程

土方工程是建筑、道路、桥梁、水利、地下工程等各种土木工程施工的首项工程，其内容主要包括平整、开挖、填筑等主要分项工程和稳定土壁、控制地下水等辅助性分项工程。土方工程往往工程量大、劳动繁重、施工条件复杂、不确定因素多、危险性较大，因此在施工前必须做好调查研究，选择合适的施工时期，制定合理的施工方案和采取可靠的措施，并采用先进的施工方法和机械，以保证工程的质量与安全，获得更好的经济效益。

3.1 概述

3.1.1 土方工程的特点与施工要求

1. 土方工程的特点

1）面广量大。某些大型工矿企业或机场的场地平整可达数十平方千米，大型基坑开挖土方量可达数百万立方米；路基、堤坝及地下工程施工中土方量更大。

2）强度大。一般土的密度为 $1.5 \sim 2.5 t/m^3$，挖掘及运输强度大。石方或冻土坚硬，开挖难度大。

3）施工条件复杂。施工多为露天作业，土的成分较为复杂，难以确切掌握地下情况。因此，施工受地区、气候、水文和地质等条件及周围环境的影响较大。

4）危险性大。施工中易产生溜滑、坍塌、冒水、沉陷等事故。

2. 土方工程的施工要求

1）尽可能采用机械化施工，以降低劳动强度、缩短工期。

2）统筹安排，合理调配土方，降低施工费用，减少运输量和占用农田。

3）在施工前要合理安排好施工计划，做好调查研究，了解土的种类、施工地区的地形、地质、水文、气象资料及工程性质、工期和质量要求，为施工方案与技术措施的拟定提供充分的资料参考。尽量避开冬、雨期施工，否则应做好相应的准备工作。

3.1.2 土的工程分类及性质

1. 土的工程分类

土石的分类方法较多，按粒径大小分为岩石、碎石土、砂土、粉土、黏性土五种；按施工开挖的难易程度分为八类，见表 3-1。其中前四类为一般土，可采用机械或人工直接开挖；后四类为岩石，常需爆破开挖。

2. 土的工程性质

土的工程性质有多种，其中对施工影响较大的是土的质量密度、含水率、渗透性和可松性等。

表 3-1　土石的工程分类（按开挖的难易程度）

类别	土的名称	开挖方法	密度/(t/m³)	可松性系数	
				K_s	K'_s
一类土（松软土）	砂，粉土，冲积砂土层，种植土，泥炭（淤泥）	用锹、锄头挖掘	0.6~1.5	1.08~1.17	1.01~1.04
二类土（普通土）	粉质黏土，潮湿的黄土，夹有碎石、卵石的砂，种植土，填筑土和粉土	用锹、锄头挖掘，少许用镐翻松	1.1~1.6	1.14~1.28	1.02~1.05
三类土（坚土）	软及中等密实黏土，重粉质黏土，粗砾石，干黄土及含碎石、卵石的黄土、粉质黏土、压实的填土	主要用镐，少许用锹、锄，部分用撬棍	1.75~1.9	1.24~1.30	1.04~1.07
四类土（砂砾坚土）	重黏土及含碎石、卵石的黏土，粗卵石，密实的黄土，天然级配砂石，软泥灰岩及蛋白石	主要用镐、撬棍，部分用楔子及大锤	1.9	1.26~1.37	1.06~1.09
五类土（软石）	硬石炭纪黏土，中等密实的页岩、泥灰岩、白垩土，胶结不紧的砾岩，软的石灰岩	用镐或撬棍、大锤，部分用爆破方法	1.1~2.7	1.30~1.45	1.10~1.20
六类土（次坚石）	泥岩，砂岩，砾岩，坚实的页岩、泥灰岩，密实的石灰岩，风化花岗岩、片麻岩	用爆破方法，部分用风镐	2.2~2.9	1.30~1.45	1.10~1.20
七类土（坚石）	大理岩，辉绿岩，玢岩，粗、中粒花岗岩，坚实的白云岩、砾岩、砂岩、片麻岩、石灰岩，风化痕迹的安山岩、玄武岩	用爆破方法	2.5~3.1	1.30~1.45	1.10~1.20
八类土（特坚石）	安山岩，玄武岩，花岗片麻岩，坚实的细粒花岗岩，闪长岩，石英岩，辉长岩，辉绿岩，玢岩，角闪岩	用爆破方法	2.7~3.3	1.45~1.50	1.20~1.30

（1）土的质量密度　土的质量密度有天然密度和干密度之分，土的干密度是检验填土压实质量的控制指标。

（2）土的含水率　土的含水率 ω 是土中所含的水与其固体颗粒间的质量比，以百分数表示。

$$\omega = \frac{G_湿 - G_干}{G_干} \times 100\% \tag{3-1}$$

式中　$G_湿$，$G_干$——含水状态和烘干后土的质量。

工程中常考虑的含水率包括天然含水率和最佳含水率。最佳含水率是指在压实填土时能够获得最大密实度的含水率。

土的含水率影响土方的施工方法选择、边坡的稳定和回填土的质量，当土的含水率超过20%时，运土汽车就容易打滑、陷车；含水率超过25%~30%时，机械化施工就难以进行。

在填土时，土的含水率要控制在最佳范围内，如砂土为8%~12%，黏土为19%~23%。

（3）土的渗透性　土的渗透性是指土体中水可以渗流的性能，一般以渗透系数 K 表示。从达西地下水流动速度公式 $v = KI$，可以看出渗透系数 K 的物理意义，即当水力梯度 I（如

图 3-1 中水头差 Δh 与渗流距离 L 之比）为 1 时地下水的渗流速度。K 值大小反映了土渗透性的强弱，它与土质紧密相关。例如，黏土的渗透系数小于 0.005m/d，粉土为 0.1~1.0m/d，细砂为 1~10m/d，中砂为 5~25m/d，粗砂为 20~50m/d，而砾石则为 100~200m/d。

土层的渗透系数对确定降水方案和计算涌水量以及确定填土铺填顺序等具有重要意义。

（4）土的可松性　土具有可松性，即处于自然状态下的土经开挖后，其体积因松散而增加，以后虽经回填压实，仍不能恢复其原来的体积。土的可松性程度用可松性系数表示，即

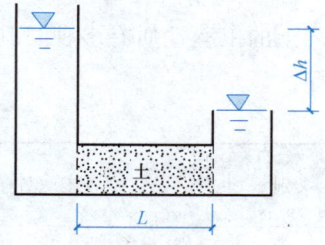

图 3-1　水力梯度示意

$$K_s = \frac{V_2}{V_1}; \quad K'_s = \frac{V_3}{V_1} \tag{3-2}$$

式中　K_s——最初可松性系数（1.08~1.50）；
　　　K'_s——最终可松性系数（1.01~1.30）；
　　　V_1——土在天然状态下的体积；
　　　V_2——土经开挖后的松散体积；
　　　V_3——土经填筑压实后的体积。

土的可松性对土方量的平衡、调配，确定运土机具数量和堆场面积，以及计算填方所需的挖土、预留土量均有重要意义。土的可松性与土质及其密实程度有关，见表 3-1。

【例 3-1】　某建筑物外墙为条形基础，基础平均截面面积为 2.5m²。基槽深 1.5m，底宽为 2.0m，边坡坡度为 1∶0.5。地基为粉土，$K_s = 1.20$，$K'_s = 1.05$。计算 100m 长的基槽挖方量、需留填方用松土量和弃土量。

【解】　挖方量 $V_1 = \dfrac{2+(2+2\times1.5\times0.5)}{2} \text{m} \times 1.5\text{m} \times 100\text{m} = 412.5\text{m}^3$

填方量 $V_3 = 412.50\text{m}^3 - 2.5\text{m}^2 \times 100\text{m} = 162.5\text{m}^3$

填方需留松土体积 $V_{2留} = \dfrac{V_3}{K'_s} K_s = \dfrac{162.5 \times 1.20}{1.05} \text{m}^3 = 185.7\text{m}^3$

弃土量（松散）$V_{2弃} = V_1 K_s - V_{2留} = 412.5\text{m}^3 \times 1.20 - 185.7\text{m}^3 = 309.3\text{m}^3$

3.1.3　土方施工的准备工作

土方工程施工前应做好各种准备工作，主要包括：

1）制定施工方案。根据勘察文件、工程特点及现场条件等，确定场地平整、地下水控制、土壁稳定与支护、开挖顺序与方法、土方调配与存放、回填时间与方法的方案。并绘制施工平面布置图，编制施工进度计划等。

2）场地清理。场地清理包括清理地面及地下各种障碍，如拆除旧房，拆除或改建通信、电力设备、地下管线及构筑物，迁移树木，做好古墓及文物的保护或处理，清除耕植土及河塘淤泥等。

3）排除地面水。场地内低洼区域的积水必须排除，同时应注意雨水的排除，使场地保持干燥，以利于土方施工。一般采用排水沟排水，必要时还需设置截水沟、挡水土坝等防洪设施。

4）修筑好临时道路及供水、供电等临时设施。
5）做好材料、机具、物资及人员的准备工作。
6）设置测量控制网，打设方格网控制桩，进行建筑物、构筑物的定位放线等。
7）根据土方施工设计做好边坡稳定、基坑（槽）支护、控制地下水位等辅助工作。

3.2 土方计算与调配

3.2.1 基坑、基槽和路堤的土方量计算

土方工程施工之前，必须进行土方工程量计算。但施工的土体一般比较复杂，几何形状不规则，要做到精确计算比较困难。工程施工中，往往采用具有一定精度的近似方法进行计算。

当基坑上口与下底两个面平行时（图3-2），其土方量即可按拟柱体的体积公式［式(3-3)］进行计算。

$$V = \frac{H}{6}(F_1 + 4F_0 + F_2) \tag{3-3}$$

式中　H——基坑深度（m）；
　　F_1，F_2——基坑上、下两底面面积（m^2）；
　　F_0——F_1与F_2之间的中截面面积（m^2）。

当基槽和路堤沿长度方向断面呈连续性变化时（图3-3），其土方量可用上述方法分段计算，再将各段土方量相加得到总土方量。

$$V_1 = \frac{L_1}{6}(F_1 + 4F_0 + F_2) \tag{3-4}$$

式中　V_1——第一段的土方量（m^3）；
　　L_1——第一段的长度（m）。

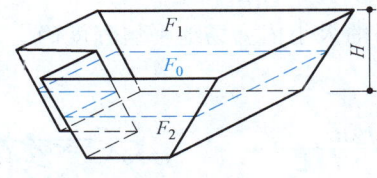

图3-2　基坑土方量计算

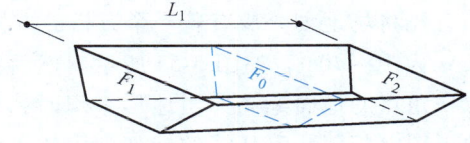

图3-3　基槽土方量计算

【例3-2】　某基坑底平面尺寸如图3-4所示，坑深5.5m，四边均按1∶0.4的坡度放坡，土的可松性系数$K_s = 1.30$，$K'_s = 1.12$，坑深范围内箱形基础的体积为2000m^3。试求：基坑开挖的土方量和需预留回填土的松散体积。

【解】　1）基坑开挖土方量。由题知，该基坑每侧

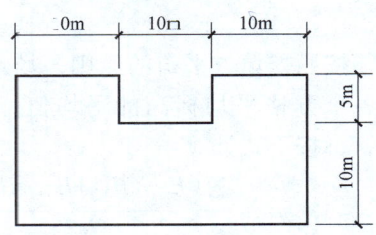

图3-4　某基坑底平面尺寸

边坡放坡宽度为 5.5m×0.4=2.2m

坑底面积
$$F_1 = 30\text{m}\times15\text{m}-10\text{m}\times5\text{m}=400\text{m}^2$$

坑口面积
$$F_2 = (30+2\times2.2)\text{m}\times(15+2\times2.2)\text{m}-(10-2\times2.2)\text{m}\times5\text{m}=639.4\text{m}^2$$

基坑中截面面积
$$F_0 = (30+2\times1.1)\text{m}\times(15+2\times1.1)\text{m}-(10-2.2)\text{m}\times5\text{m}=514.8\text{m}^2$$

基坑开挖土方量
$$V = \frac{H(F_1+4F_0+F_2)}{6} = \frac{5.5\text{m}\times(400+4\times514.8+639.4)\text{m}^2}{6} = 2840\text{m}^3$$

2）需回填夯实土的体积为
$$V_3 = 2840\text{m}^3 - 2000\text{m}^3 = 840\text{m}^3$$

3）需留回填土的松散体积为
$$V_2 = \frac{V_3 K_s}{K_s'} = \frac{840\text{m}^3 \times 1.30}{1.12} = 975\text{m}^3$$

3.2.2 场地平整标高与土方量

场地平整前，要首先确定场地的设计标高，计算挖方和填方的工程量；然后确定挖方和填方的平衡调配方案；最后选择土方机械、拟定施工方案。

对较大面积的场地平整，设计标高具有重要意义。选择设计标高时应遵循以下原则：要满足生产工艺和运输的要求；尽量利用地形，以减少挖填方数量；争取场地内挖填方平衡，使土方运输费用最少；要有一定泄水坡度，满足排水要求。

场地设计标高一般应在设计文件上规定。若未规定时，对中小型场地可采用挖填平衡法确定；对大型场地宜做竖向规划设计，采用最佳设计平面法确定。下面主要介绍挖填平衡法的原理和步骤。

1. 确定场地设计标高

（1）初步设计标高　本着场地内总挖方量等于总填方量的原则确定。

首先将场地划分成有若干个方格的方格网，其每格的大小依据场地平坦程度确定，一般边长 a 为 10~40m，如图 3-5a 所示。然后找出各方格角点的地面标高。当地形平坦时，可根据地形图上相邻两等高线的标高，用插入法求得。当地形起伏或无地形图时，可用仪器测出。

按照挖填方平衡的原则，场地设计标高即为各个方格平均标高的平均值，如图 3-5b 所示，可按下式计算：

$$H_0 = \frac{\sum(H_{11}+H_{12}+H_{21}+H_{22})}{4N} \quad (3\text{-}5)$$

式中　　H_0——所计算的场地设计标高（m）；

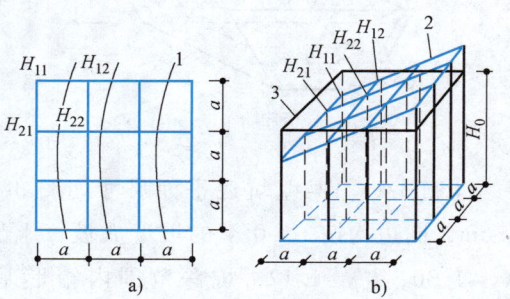

图 3-5　场地设计标高 H_0 计算示意图
a）方格网划分　b）场地设计标高示意图
1—等高线　2—自然地面　3—场地设计标高平面

N——方格数量；

H_{11}，…，H_{22}——任一方格的四个角点的标高（m）。

从图 3-5a 可以看出，H_{11} 是 1 个方格的角点标高，H_{12} 及 H_{21} 是相邻 2 个方格的公共角点标高，H_{22} 是相邻 4 个方格的公共角点标高。如果将所有方格的 4 个角点全部相加，则它们在式（3-5）中分别要加 1 次、2 次、4 次。

如令 H_1 表示 1 个方格仅有的角点标高，H_2 表示 2 个方格共有的角点标高，H_3 表示 3 个方格共有的角点标高，H_4 表示 4 个方格共有的角点标高，则场地设计标高 H_0 可改写为

$$H_0 = \frac{\sum H_1 + 2\sum H_2 + 3\sum H_3 + 4\sum H_4}{4N} \tag{3-6}$$

（2）场地设计标高的调整 按上述计算的标高进行场地平整时，场地将是一个水平面。但实际上场地均需有一定的泄水坡度。因此需根据排水要求，确定出各方格角点实际的设计标高。

1）单向泄水时各方格角点的设计标高。当场地只向一个方向泄水时（图 3-6a），应以计算出的设计标高 H_0（或调整后的设计标高 H_0'）作为场地中心线的标高，场地内任一点的设计标高为

$$H_n = H_0 \pm li \tag{3-7}$$

式中 H_n——场地内任意一方格角点的设计标高（m）；

l——该方格角点至场地中心线的距离（m）；

i——场地泄水坡度（一般不小于 0.2%）；

±——该点比 H_0 高则用 "+"，反之用 "−"。

例如，图 3-6a 所示角点 10 的设计标高为

$$H_{10} = H_0 - 0.5ai \tag{3-8}$$

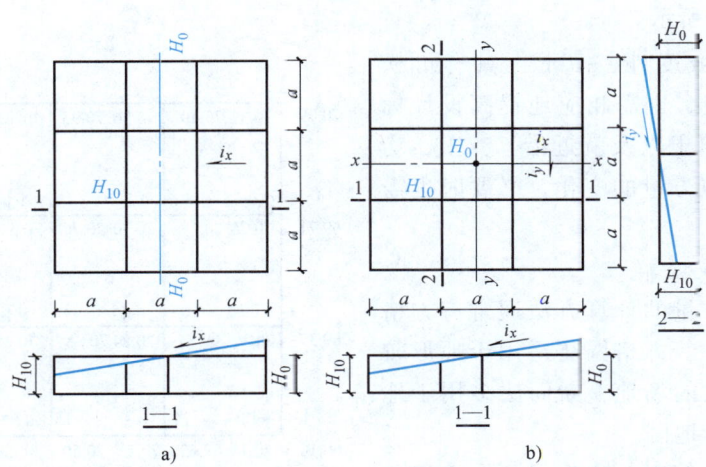

图 3-6 场地泄水坡度示意图
a）单向泄水 b）双向泄水

2）双向泄水时各方格角点的设计标高。当场地向两个方向泄水时（图 3-6b），应以计算出的设计标高 H_0 或调整后的标高 H_0' 作为场地中心点的标高，场地内任意一点的设计标高为

$$H_n = H_0 \pm l_x i_x \pm l_y i_y \tag{3-9}$$

式中 l_x, l_y——该点于 x-x、y-y 方向上距场地中心点的距离；
i_x, i_y——场地在 x-x、y-y 方向上的泄水坡度。

例如，图 3-6b 所示角点 10 的设计标高为

$$H_{10} = H_0 - 0.5ai_x - 0.5ai_y$$

【例 3-3】某建筑场地方格网、自然地面标高如图 3-7 所示，方格边长 $a = 20\mathrm{m}$。泄水坡度 $i_x = 0.2\%$，$i_y = 0.3\%$，不考虑土的可松性及其他影响，试确定方格各角点的设计标高。

【解】（1）初算设计标高

$$H_0 = (\sum H_1 + 2\sum H_2 + 3\sum H_3 + 4\sum H_4)/(4N)$$

$= [70.09+71.43+69.10+70.70+2\times$
$(70.40+70.95+69.71+71.22+69.37+$
$70.95+69.62+70.20)+4\times(70.17+$
$70.70+69.81+70.38)]\mathrm{m}/(4\times9)$

$= 70.29\mathrm{m}$

（2）调整设计标高

$$H_n = H_0 \pm l_x i_x \pm l_y i_y$$

$H_1 = 70.29\mathrm{m} - 30\mathrm{m}\times 0.2\% + 30\mathrm{m}\times 0.3\% = 70.32\mathrm{m}$

$H_2 = 70.29\mathrm{m} - 10\mathrm{m}\times 0.2\% + 30\mathrm{m}\times 0.3\% = 70.36\mathrm{m}$

$H_3 = 70.29\mathrm{m} + 10\mathrm{m}\times 0.2\% + 30\mathrm{m}\times 0.3\% = 70.40\mathrm{m}$

其他如图 3-8 所示。

除考虑排水坡度外，由于土具有可松性，填土会有剩余，也需相应地提高设计标高。场内挖方和填土以及就近借、弃土，均会引起场地挖或填量的变化，必要时也需调整设计标高。

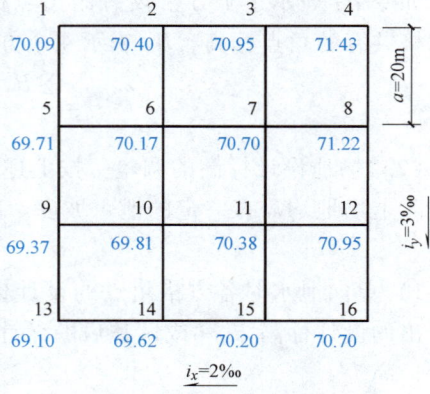

图 3-7 某场地方格网

2. 场地土方量计算

场地平整土方量的计算方法通常有方格网法和断面法两种。方格网法适用于地形较为平坦、面积较大的场地，断面法多用于地形起伏变化较大的地区。

用方格网法计算时，先根据每个方格角点的自然地面标高和实际采用的设计标高，算出相应的角点填挖高度，然后计算每一个方格的土方量，并算出场地边坡的土方量，这样即可得到整个场地的挖方量、填方量。其具体步骤如下：

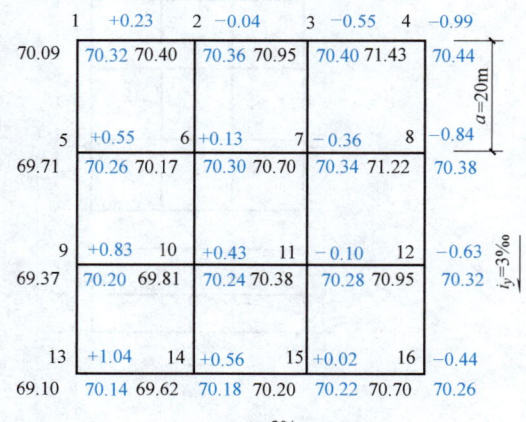

图 3-8 方格网角点设计标高及施工高度

(1) 计算场地各方格角点的施工高度 各方格角点的施工高度（即挖、填方高度）h_n

$$h_n = H_n - H'_n \tag{3-10}$$

式中　h_n——该角点的挖、填高度（m），以"+"为填方高度，以"-"为挖方高度；

H_n——该角点的设计标高（m）；

H'_n——该角点的自然地面标高（m）。

(2) 绘出"零线" 零线是场地平整时，施工高度为零的线，是挖、填的分界线。确定零线时，要先找到方格线上的零点。零点是在相邻两角点施工高度分别为"+""-"的格线上，是两角点之间挖填方的分界点。方格线上的零点位置如图 3-9 所示，可按下式计算：

$$x = \frac{ah_1}{h_1 + h_2} \tag{3-11}$$

式中　h_1，h_2——相邻两角点挖、填方施工高度（以绝对值代入）；

a——方格边长；

x——零点距角点 A 的距离。

参考实际地形，将方格网中各相邻零点连接起来，即为零线。零线绘出后，也就划分出了场地的挖方区和填方区。

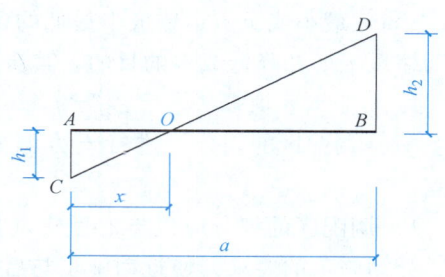

图 3-9　零点位置计算

(3) 场地土方量计算 计算场地土方量时，先求出各方格的挖、填土方量和场地周围边坡的挖、填土方量，把挖、填土方量分别加起来，就得到场地挖方及填方的总土方量。

各方格土方量计算，常用四方棱柱体法和三角棱柱体法两种方法。下面仅介绍四方棱柱体法。

1) 全挖全填格。当方格四个角点全部为挖方（或填方）时，如图 3-10 所示，其挖或填的土方量为

$$V = \frac{a^2}{4}(h_1 + h_2 + h_3 + h_4) \tag{3-12}$$

式中　V——挖方或填方的土方量（m）；

h_1，h_2，h_3，h_4——方格四个角点的挖填高度（m），以绝对值代入。

2) 部分挖部分填格。当方格的四个角点中，有的为挖方、有的为填方（图 3-11 和图 3-12）时，该方格的挖方量或填方量为

$$V_{挖} = \frac{a^2}{4} \frac{(\sum h_{挖})^2}{\sum h} \tag{3-13}$$

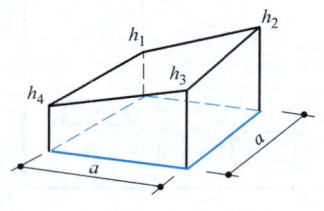

图 3-10　全挖全填格

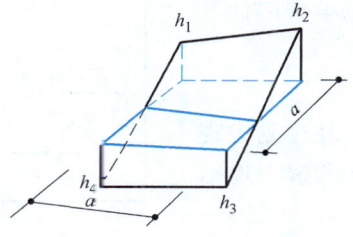

图 3-11　两挖两填格

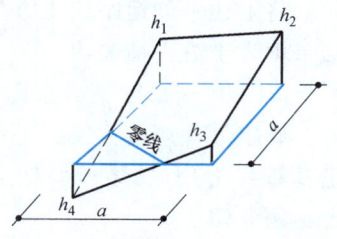

图 3-12　三挖一填格

$$V_{填} = \frac{a^2}{4} \frac{(\sum h_{填})^2}{\sum h} \quad (3-14)$$

式中　$V_{挖}$，$V_{填}$——挖方、填方的土方量（m）；

　　　$\sum h_{挖}$，$\sum h_{填}$——挖方、填方各角点的施工高度之和；

　　　$\sum h$——方格四个角点的施工高度绝对值之和（m）。

3.2.3　土方调配与优化

土方调配与优化是大型土方工程施工设计的一个重要内容。其目的是在使土方总运输量（m³·m）最小或土方运输成本最低的条件下，确定填挖方区土方的调配方向和数量，从而达到缩短工期和降低成本的目的。其步骤如下：

1. 划分土方调配区，计算平均运距或土方施工单价

（1）调配区的划分　进行土方调配时，首先要划分调配区。划分调配区应注意下列几点：

1）调配区的划分应该与工程建（构）筑物的平面位置相协调，并考虑它们的开工顺序、分期施工的要求，使近期施工与后期利用相协调。

2）调配区的大小应该满足土方施工主导机械（如铲运机、推土机等）的技术要求。

3）调配区的范围应该和方格网协调，通常可由若干个方格组成一个调配区。

4）有就近取土或弃土时，则每个取土区或弃土区均作为一个独立的调配区。

5）调配区划分还应尽量与大型地下建筑物的施工相结合，避免土方重复开挖。

例如，某场地调配区划分如图3-13所示。

（2）平均运距的确定　平均运距一般是指挖方区土方重心至填方区土方重心的距离。当填、挖方调配区之间距离较远，采用汽车等运土工具沿工地道路或规定线路运土时，其运距应按实际情况进行计算。

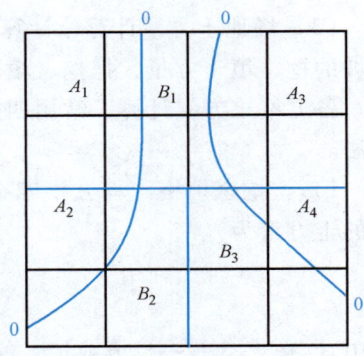

图3-13　调配区划分示例

（3）土方施工单价的确定　如果采用土方车或其他专用运土工具运土时，调配区之间的运土单价，可根据预算定额确定。当采用多种机械施工时，需考虑运、填配套机械的施工单价，确定一个综合单价。

将上述平均运距或土方施工单价的计算结果填入土方平衡表内。

2. 最优调配方案的确定

确定最优调配方案，是以线性规划为理论基础，常用"表上作业法"求解。现结合示例介绍。

已知某场地有四个挖方区和三个填方

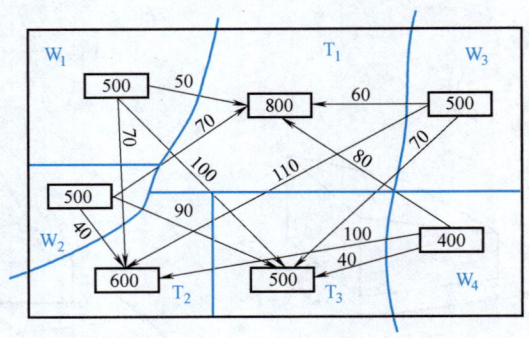

图3-14　各调配区挖填土方量和运距

区，各区的挖填土方量和各调配区之间的运距如图3-14所示。利用"表上作业法"进行调配的步骤如下：

（1）编制初始调配方案 采用"最小元素法"进行就近调配，即先在运距表（表3-2）中找一个最小数值，如 $C_{22} = C_{43} = 40$（任取其中一个，现取 C_{22}），先确定 X_{22} 的值，使其尽可能大，即将 W_2 挖方区的土方全部调到 T_2 填方区，所以 X_{21} 和 X_{23} 都等于零。此时，将500填入 X_{22} 格内，同时将 X_{21}、X_{23} 格内画上一个"×"号。然后在没有填上数字和"×"号的方格内再选一个运距最小的方格，即 $C_{43} = 40$，便可确定 $X_{43} = 400$，同时使 $X_{41} = X_{42} = 0$。此时，又将400填入 X_{43} 格内，并在 X_{41}、X_{42} 格内画上"×"号。重复上述步骤，依次确定其余 X_{ij} 的数值，最后得出表3-2所示的初始调配方案。

表 3-2 土方初始调配方案

挖方	填方			挖方量
	T_1	T_2	T_3	
W_1	500　50	×　70	×　100	500
W_2	×　70	500　40	×　90	500
W_3	300　60	100　110	100　70	500
W_4	×　80	×　100	400　40	400
填方量	800	600	500	1900

土方的总运输量为

$$Z_0 = 500\text{m}^3 \times 50\text{m} + 500\text{m}^3 \times 40\text{m} + 300\text{m}^3 \times 60\text{m} + 100\text{m}^3 \times 110\text{m} + 100\text{m}^3 \times 70\text{m} + 400\text{m}^3 \times 40\text{m} = 97000\text{m}^3 \cdot \text{m}$$

（2）最优方案判别 利用"最小元素法"编制初始调配方案，其总运输量是较小的，但不一定是总运输量最小，因此还需判别它是否为最优方案。判别的方法有"闭回路法"和"位势法"，其实质相同，都是用检验数 λ_{ij} 来判别。只要所有的检验数 $\lambda_{ij} \geq 0$，则该方案即为最优方案；否则，不是最优方案，尚需进行调整。

为了使线性方程有解，要求初始方案中调动的土方量要填够 $m+n-1$ 个格（m 为行数，n 为列数），不足时可在任意格中补"0"。

例如，表3-2中已填6个格，而 $m+n-1 = 3+4-1 = 6$，满足要求。

下面介绍用"位势法"求检验数：

1）求位势 U_i 和 V_j。位势和就是在运距表的行或列中用运距（或单价）C_{ij} 同时减去的数，目的是使有调配数字的格检验数 λ_{ij} 为零，而对调配方案的选取没有影响。

计算方法：将初始方案中有调配数方格的 C_{ij} 列出，然后按下式求出两组位势数 U_i（$i = 1, 2, \cdots, m$）和 V_j（$j = 1, 2, \cdots, n$）。

$$C_{ij} = U_i + V_j \tag{3-15}$$

式中 C_{ij}——平均运距（或单位土方运价或施工费用）；

U_i，V_j——位势数。

例如，本例两组位势数计算：

设 $U_1 = 0$，则

$$V_1 = C_{11} - U_1 = 50 - 0 = 50$$

$$U_3 = C_{31} - V_1 = 60 - 50 = 10$$
$$V_2 = 110 - 10 = 100$$

位势计算结果见表 3-3。

表 3-3 位势计算结果

挖方	填方						位势数 U_i
	T_1		T_2		T_3		
W_1	500	50		70		100	$U_1 = 0$
W_2		70	500	40		90	$U_2 = -60$
W_3	300	60	100	110	100	70	$U_3 = 10$
W_4		80		100	400	40	$U_4 = -20$
位势数 V_j	$V_1 = 50$		$V_2 = 100$		$V_3 = 60$		

2) 求检验数 λ_{ij}。位势数求出后，便可根据下式计算各空格的检验数：
$$\lambda_{ij} = C_{ij} - U_i - V_j \quad (3\text{-}16)$$
$$\lambda_{11} = 50 - 0 - 50 = 0$$

有土方格的检验数必为零，其他不再计算。

空格的检验数：
$$\lambda_{12} = 70 - 0 - 100 = -30, \lambda_{13} = 100 - 0 - 60 = 40, \lambda_{21} = 70 - (-60) - 50 = 80$$

各格的检验数见表 3-4。

表 3-4 检验数表

挖方	填方						位势数 U_i
	T_1		T_2		T_3		
W_1	0		-30	70	+40	100	$U_1 = 0$
W_2	+80	70	0		+90	90	$U_2 = -60$
W_3	0		0		0		$U_3 = 10$
W_4	+50	80	+20	100	0		$U_4 = -20$
位势数 V_j	$V_1 = 50$		$V_2 = 100$		$V_3 = 60$		

表中，λ_{12} 为"-"值，故初始方案不是最优方案，应对其进行调整。

3. 方案的调整

1) 在所有负检验数中选取最小的一个（本例中为 C_{12}），把它所对应的变量 X_{12} 作为调整的对象。

2) 找出 X_{12} 的闭回路：从 X_{12} 出发，沿水平或竖直方向前进，遇到调配土方数字的格则可以做 90°转弯，然后依次继续前进，直至回到出发点，形成一条闭回路，见表 3-5。

表 3-5　找 X_{12} 的闭回路

挖方	填方		
	T_1	T_2	T_3
W_1	500	X_{12}	
W_2		500	
W_3	300	100	100
W_4			400

3）从空格 X_{12} 出发，沿着闭回路方向，在各奇数次转角点的数字中挑出一个最小的土方量（表 3-5 即为 500、100 中选 100），将它调到空格中（即由 X_{32} 调到 X_{12} 中）。

4）同时将闭回路上其他奇数次转角上的数字都减去该调动值（100m³），偶次转角上数字都增加该调动值，使得填、挖方区的土方量仍然保持平衡，这样调整后，便得到了新的调配方案，见表 3-6 中括号内数字。

表 3-6　方案调整表

挖方	填方		
	T_1	T_2	T_3
W_1	（400）500	（100）X_{12}	
W_2		500	
W_3	300（400）	100（0）	100
W_4			400

对新调配方案，再用"位势法"进行检验，看其是否为最优方案。若检验数中仍有负数出现，则仍按上述步骤调整，直到求得最优方案为止。

表 3-7　位势及检验数计算表

挖方	填方			位势数 U_i
	T_1	T_2	T_3	
W_1	0　50	0　70	-40　100	$U_1 = 0$
W_2	+50　70	0　40	-60　90	$U_2 = -30$
W_3	0　60	+30　110	0　70	$U_3 = 10$
W_4	+50　80	+50　100	0　40	$U_4 = -20$
位势数 V_j	$V_1 = 50$	$V_2 = 70$	$V_3 = 60$	

表 3-7 中所有检验数均不小于零，故该方案即为最优方案。其土方的总运输量为

$Z = 400\text{m}^3 \times 50\text{m} + 100\text{m}^3 \times 70\text{m} + 500\text{m}^3 \times 40\text{m} + 400\text{m}^3 \times 60\text{m} + 100\text{m}^3 \times 70\text{m} + 400\text{m}^3 \times 40\text{m}$

$= 94000\text{m}^3 \cdot \text{m}$

较初始方案 $Z_0 = 97000\text{m}^3 \cdot \text{m}$ 减少了 $3000\text{m}^3 \cdot \text{m}$。

值得注意的是，土方调配最优方案不一定是唯一的，它们在调配区或调配土方量等方面可能不同，但其目标函数 Z 都是相等的。最优方案越多，提供的选择余地就越大。当土方调配区数量较多时，使用"表上作业法"工作量较大，应采用计算机程序进行优化。

4. 绘制土方调配图

根据调配方案，将土方调配方向、数量以及每对挖填调配区之间的平均运距，在土方调配图上标明，如图 3-15 所示。

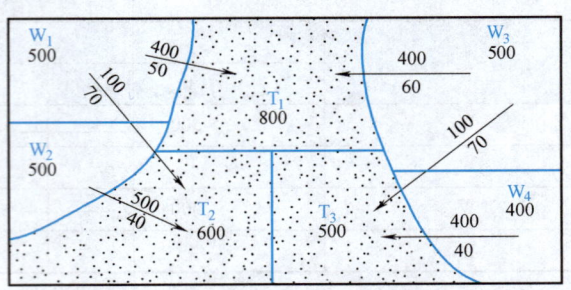

图 3-15 土方调配图

注：箭线上方为土方量（m^3），箭线下方为平均运距（m）。

3.3 土方开挖与填筑

土方工程宜采用机械化施工。施工机械主要包括挖掘机械（单斗挖土机、多斗挖土机）、挖运机械（推土机、铲运机、装载机）、运输机械（翻斗车、自卸汽车、皮带运输机等）和密实机械（压路机、蛙式夯、振动夯等）四大类。应依据工程特点及工程量、现有机械情况、配套要求，并考虑经济效益合理选用。

3.3.1 场地平整施工

场地平整是综合性施工过程，它由土方的开挖、运输、填筑、压实等多项内容组成。大面积的场地平整，宜采用大型土方机械，如推土机、铲运机或挖土机配合自卸汽车施工。

1. 推土机施工

推土机由拖拉机和推土铲刀组成，按行走的方式分履带式和轮胎式，按铲刀的安装方式又分为固定式和回转式。

推土机是一种自行式的挖土、运土工具，适于运距在 100m 以内的平土或移挖作填，以 30~60m 为最佳，一般可挖一至三类土。推土机的特点是操作灵活，运输方便，所需工作面较小，行驶速度较快，易于转移，且具有多种用途。

为了提高推土机的工作效率，常用以下几种作业方法：

1) 下坡推土法。推土机顺地面坡势进行下坡推土，可以借助机械本身的重力作用，增加切土力量和运土能力（图 3-16），从而提高生产效率，在推土丘、回填管沟时，均可采用。

2) 分批集中，一次推送法。当挖方区的土较硬时，可多次切挖，集中后再整批地推送到卸土区。此法可提高运土效率，缩短运输时间，提高生产效率 12%~18%。

3) 沟槽推土法。沟槽推土法是沿第一次推过的原槽进行推土的方法，前次推土所形成的土埂能有效阻止土的散失，从而增加推运量，缩短运

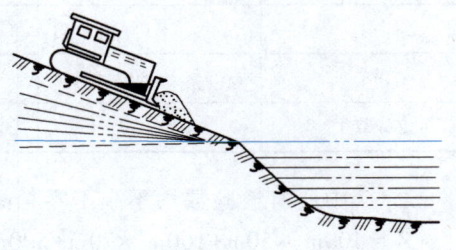

图 3-16 下坡推土法

土时间，如图3-17所示。

4）并列推土法。在较大面积的场地平整施工中，采用两台或三台推土机并列推土，能减少土的散失面，提高运土量20%。但相邻推土机的铲刀应保持150～300mm间距，避免相互影响；且并列推土机不宜超过四台，如图3-18所示。

5）斜角推土法。将回转式铲刀斜装在支架上，与推土机前进方向形成一定倾斜角度进行推土，可减少机械来回行驶，提高效率，适于在基槽、管沟回填时采用，如图3-19所示。

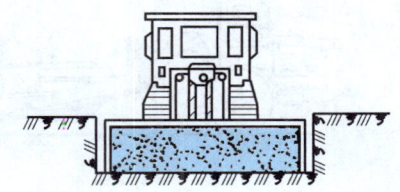

图3-17　沟槽推土法

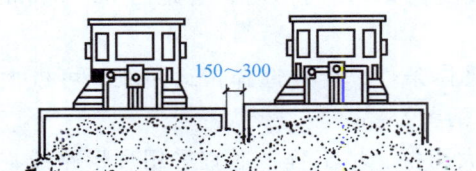

图3-18　并列推土法

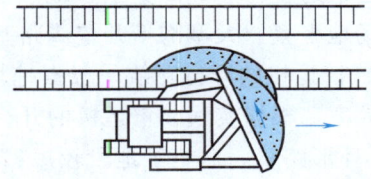

图3-19　斜角推土法

推土机常用于工作面小，环境复杂的区域，易因操作不当发生安全事故。应用智能控制技术可以提高推土机操作的精准与稳定，减少由人产生的不稳定因素，保证作业的效率与安全。例如，智能控制技术中最常见的激光智能控制技术，通过激光发射器建立水平面，并结合推土机的智能终端，实现精准定位。同时，通过激光接收器可高效采集环境数据，实时反馈环境细节，提高操作准确性。此外，智能控制技术的应用还可以提高各施工机械间的协作效率。智能推土机如图3-20所示。

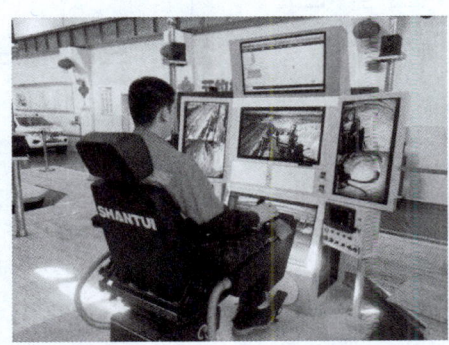

图3-20　智能推土机

2. 铲运机施工

铲运机是一种能独立完成挖土、运土、卸土、填筑等工作的土方机械。按有无动力设备分为自行式和拖式两种，如图3-21所示。自行式铲运机的行驶和工作，都靠本身的动力设备完成；拖式铲运机需由拖拉机牵引及操纵。

铲运机的工作装置是铲斗，铲斗前方有一个能开启的斗门，铲斗前设有切土刀片。切土时斗门打开，铲斗下降，刀片切入土中。铲运机前进时，被切下的土挤入铲斗，铲斗装满后将其提起，斗门关闭，开始运土。行至卸土地点后，提起斗门，边走边卸土并刮平。

图 3-21 铲运机
a) 自行式铲运机 b) 拖式铲运机

铲运机适宜在一、二类土且地形起伏不大（坡度在 20°以内）时，运距为 60~800m 的大面积场地平整、大型沟槽开挖或路基填筑施工。

（1）铲运机的开行路线 根据挖填区分布等具体条件，合理选择铲运路线，可极大提高工作效率。根据实践，铲运机的开行路线有以下两种：

1) 环形路线。对施工地段较短、地形起伏不大的挖、填工程，适宜采用环形路线，如图 3-22a、b 所示。当挖土和填土交替，而挖填之间距离又较短时，则可采用大环形路线（图 3-22c）。大环形路线减少了铲运机的转弯次数，可提高工作效率。

2) "8"字形路线。当挖、填相邻，地形起伏较大，工作地段较长时，可采用"8"字形路线（图 3-22d）。其特点是行驶一个循环能完成两次作业，而每次铲土只需转弯一次，比环形路线可缩短运行时间，提高生产效率。同时，一个循环中两次转弯方向不同，机械磨损较均匀。

（2）铲运机的施工方法 为了提高铲运机的装土效率，可采用下列方法：

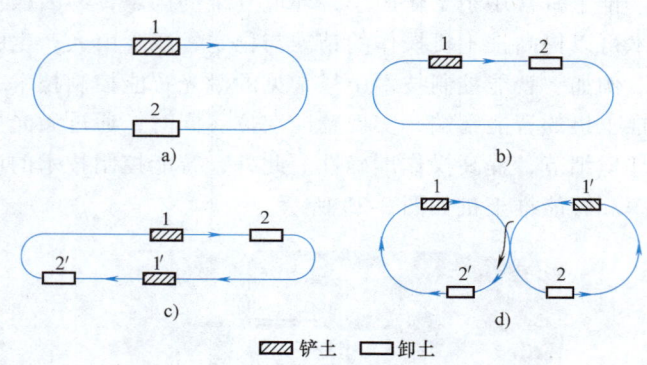

图 3-22 铲运机开行路线
a)、b) 环形路线 c) 大环形路线 d) "8"字形路线

1) 下坡铲土。利用铲运机的重力来增大牵引力，使铲斗切土加深，缩短装土时间，从而提高生产效率。一般地面坡度以 5°~7°为宜。如果自然条件不允许，可在施工中逐步创造一个下坡铲土的地形。

2) 助铲法。在地势平坦、土质较坚硬时，可采用推土机助推（图 3-23），以增加铲土能力。一般每 3~4 台铲运机配 1 台推土机助铲。推土机在助铲的空隙时间，可做松土或其他零星的平整工作，为铲运机施工创造条件。

为了提高铲运机的运土工作效率，可以采取一台拖拉机牵引 2~3 台拖式铲运机的多斗联运方法。

当铲运机铲土接近设计标高时，为了正确控制标高，宜沿平整场地区域每隔 10m 左右配合水平仪抄平，先铲出一条标准槽，以此为基准施工，使整个区域平整达到设计要求。

随着绿色化、智能化时代的到来，建成铲运机的智能化控制系统是实现智能化施工的重

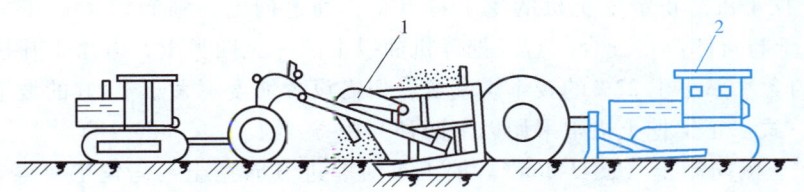

图 3-23 助铲法示意图
1—铲运机　2—推土机

要组成部分。铲运机智能控制系统以物联网+5G 网络为基础，采用远程驾驶与无人驾驶两种控制模式，从而实现铲运作业的少人化乃至无人化，如图 3-24 所示。

图 3-24 智能铲运机

3. 挖土机施工

当场地起伏高差较大、土方运距超过 1km，且工程量大而集中时，宜采用挖土机挖土、配合自卸汽车运土，并在卸土区配备推土机整平。

3.3.2 基坑开挖

1. 单斗挖土机施工

单斗挖土机是基坑土方开挖的常用机械。按其行走装置的不同，分为履带式和轮胎式两类；按其传动方式分为索具式和液压式两种；根据工作装置的不同，分为正铲、反铲、拉铲和抓铲四种，如图 3-25 所示。单斗挖土机进行土方开挖作业时，需自卸汽车配合运土。

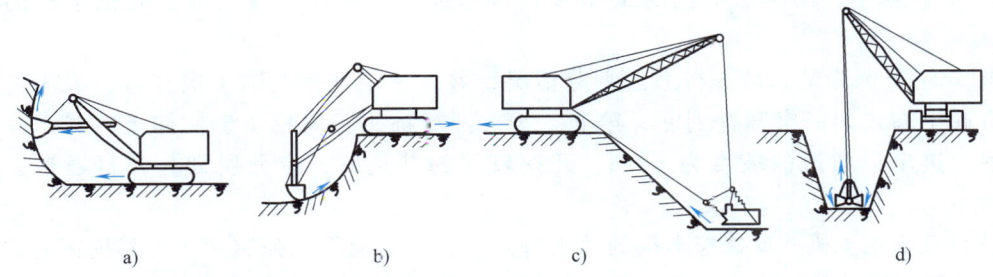

图 3-25 单斗挖土机工作简图
a) 正铲挖土机　b) 反铲挖土机　c) 拉铲挖土机　d) 抓铲挖土机

（1）正铲挖土机　正铲挖土机的挖土特点是：前进向上，强制切土。其挖掘力大，生产效率高，易于与自卸汽车配合。宜开挖停机面以上的一至四类土，常用于开挖掌子面高度大于 2m、土的含水率小于 27% 的较干燥基坑，但需设置坡度不大于 1∶6 的坡道。

1) 开挖方式。正铲挖土机常采用以下两种开挖方式：

① 正向挖土侧向卸土（图 3-26a）。挖土机沿前进方向挖土，运输工具停在侧面装土。此法挖土机卸土时，动臂回转角度小，运输工具行驶方便，生产率高，采用较广。

② 正向挖土后方卸土（图 3-26b）。挖土机沿前进方向挖土，运输工具停在挖土机后面装土。此法所挖的工作面较大，但回转角度大，生产率低，运输工具倒车开入，一般只用来开挖施工区域的进口处，以及工作面狭小且较深的基坑。

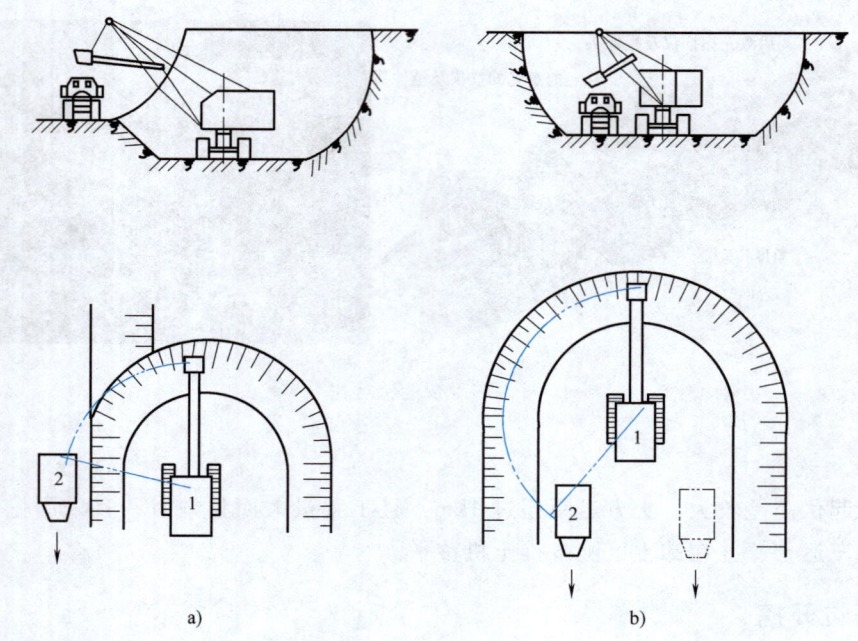

图 3-26　正铲挖土机开挖方式
a）正向挖土侧向卸土　b）正向挖土后方卸土
1—正铲挖土机　2—自卸汽车

2) 开挖顺序。根据挖土机的工作参数与基坑的横断面尺寸，可划分挖土机的开行通道。

图 3-27 所示为某基坑开行通道划分情况，共分三条开挖。第Ⅰ次开行，采用正向挖土后方卸土方式，一次开挖到底；第Ⅱ、Ⅲ次开行都用正向挖土侧向卸土方式，一次开挖到底。进出口坡道的坡度为 1∶8。开挖较深的基坑时，应分层划分开行通道，逐层下挖。

（2）反铲挖土机　反铲挖土机的挖土特点是：后退向下，强制切土。其挖掘力比正铲小，适于开挖停机面以下的一至三类土的基坑、基槽或管沟，每层经济合理的开挖深度为 1.5~3.0m，对地下水位较高处也适用。反铲挖土机的技术性能见表 3-8。

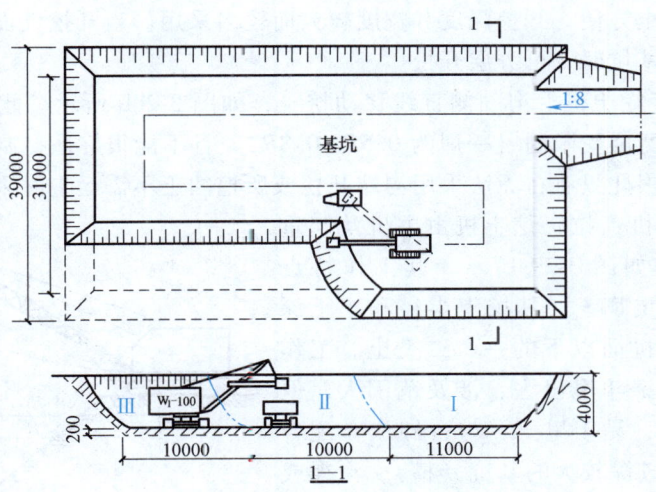

图 3-27 正铲挖土机开挖基坑

表 3-8 反铲挖土机技术性能

项次	工作项目	符号	W_1-50（索具式）		WY40（液压式）	WY60（液压、轮行）	WY100（液压式）	WY160（液压式）
1	土斗容量/m³		0.5		0.4	0.6	1	1.6
2	动臂倾角	α	45°	60°	—	—	—	—
3	最终卸土高度/m	H_2	5.2	6.1	3.76	6.36	5.4	5.83
4	装卸车半径/m	R_3	5.6	4.4	—	—	—	—
5	最大挖土深度/m	H	5.5	6	4.0	6.36	5.4	5.83
6	最大挖土半径/m	R	9.2		7.19	8.2	9.0	10.6

反铲挖土机的开挖方式，可分为沟端开挖与沟侧开挖。

1）沟端开挖。挖土机停在沟端，向后倒退挖土，自卸汽车停在两旁装土，如图 3-28a

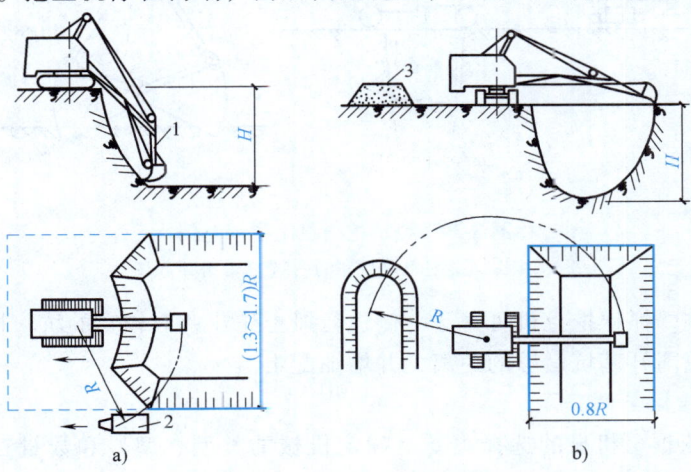

图 3-28 反铲挖土机开挖方式
a）沟端开挖 b）沟侧开挖
1—反铲挖土机 2—自卸汽车 3—弃土堆

所示。该方法因挖土方便，开挖深度和宽度较大而较多采用。当开挖大面积的基坑时，可分段开挖；当开挖深基坑时，可分层开挖。

2）沟侧开挖。挖土机沿沟一侧直线移动挖土，如图 3-28b 所示。此法能将土弃于距沟边较远处，但挖土宽度受限制（一般为 $0.5R \sim 0.8R$），且不能很好地控制边坡，机身停在沟边而稳定性较差；因此只有在无法采用沟端开挖或所挖的土不需运走时采用。

（3）拉铲挖土机　拉铲挖土机由主机及起重臂、铲斗等构成，如图 3-29 所示。其工作特点是：后退向下，自重切土。其挖土半径和挖土深度较大，能开挖停机面以下的一、二类土。工作时，利用惯性力将铲斗甩出去，涉及范围大，但不如反铲灵活准确，易于甩土，与自卸汽车配合较难。宜用于开挖较深较大的基坑（槽）、沟渠或水中挖土，以及填筑路基、修筑堤坝，更适于河道清淤。

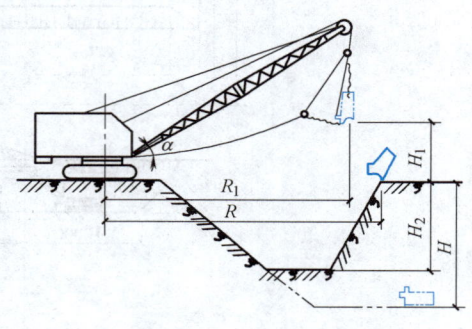

图 3-29　拉铲挖土机

拉铲挖土机的开挖方式，与反铲挖土机相似，也分为沟端开挖和沟侧开挖。

（4）抓铲挖土机　索具式抓铲挖土机的挖土特点是：直上直下，自重切土。其挖掘力较小，能开挖一、二类土，适于施工面狭窄而深的基坑、深槽、沉井等开挖，清理河泥等工程，最适于水下挖土，如图 3-30 所示。目前，液压式抓铲挖土机得到了较多应用，可强制切土，性能优于索具式。

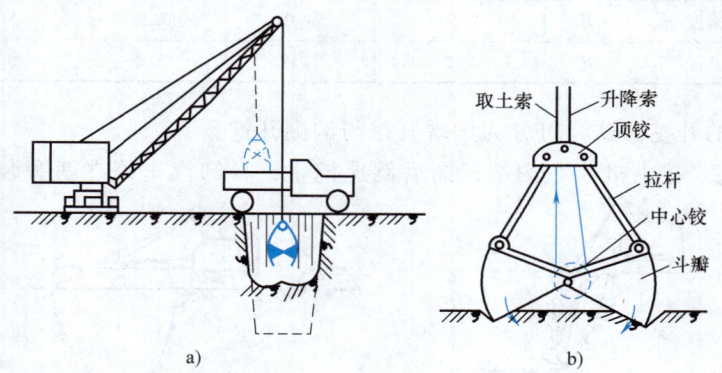

图 3-30　抓铲挖土机工作示意图
a）抓铲开挖柱基基坑　b）抓铲斗工作示意图

对于小型基坑，抓铲挖土机可立于一侧进行抓土作业；对较宽的坑、槽，需在两侧或四周抓土。施工时应离开基坑足够的距离，并增加配重。

2. 挖土机的选择与配套

（1）选择的依据　机械的选择主要是确定机械的类型、型号和数量三个方面。首先应考虑土方工程的类型及规模，如挖坑、挖槽还是大开挖，开挖深度及土方量大小等；其次要考虑地质、水文条件，如土的类型、含水率、地下水等；再次要考虑现有设备条件及工期要求等。

（2）挖土机数量的确定　挖土机的数量 N，应根据土方量大小和工期长短，并考虑合理的经济效果，按下式计算：

$$N=\frac{Q}{P}\frac{1}{TCK} \tag{3-17}$$

式中　Q——土方量（m^3）；

　　　P——挖土机的生产效率（m^3/台班），可查定额手册或按式（3-18）计算；

　　　T——工期（工作日）；

　　　C——每天工作班数（班）；

　　　K——时间利用系数（0.8~0.9）。

$$P=\frac{8\times3600}{t}q\frac{K_c}{K_s}K_B \tag{3-18}$$

式中　t——挖土机每次作业循环延续时间（s），包括挖土、转车、卸土、回程；

　　　q——挖土机斗容量（m^3）；

　　　K_c——土斗充盈系数，可取 0.8~1.1；

　　　K_s——土的最初可松性系数；

　　　K_B——工作时间利用系数，一般为 0.7~0.9。

在实际工作中，当挖土机的数量已经确定时，也可利用式（3-17）来计算工期。

（3）自卸汽车配套计算　与挖土机配合作业的自卸汽车，其载重量 Q_1 一般宜为挖土机每斗土质量的 3~8 倍。需配备自卸汽车的数量 N 应能保证挖土机连续工作，可按下式计算：

$$N=\frac{T_s}{t_1} \text{ 或 } N=\frac{S_2}{S_1} \tag{3-19}$$

式中　T_s——自卸汽车每一工作循环的延续时间（min）；

　　　t_1——自卸汽车每次装车时间（min）；

　　　S_1——自卸汽车每台班运土量（m^3）；

　　　S_2——挖土机每台班挖土量（m^3）。

当运土车辆较多时，应在计算值上增加 1 辆，以免因路况、故障等使挖土机工作间断。

随着各项目施工标准要求的提高，传统挖土机在作业精准度、作业效率等方面的不足愈加明显，在智能化、数字化快速发展的当下，智能控制技术在挖土机中的应用表现出较强的作用价值。物联网与传感器技术的加持确保挖土机运行更为精确可靠，在开挖深度以及坡度控制方面优势明显，降低了原有挖土机使用过程中对人的依赖性。得益于精度的提升，接近底部 30cm 时转由人工开挖的问题将得到有效解决，同时对于一些安全风险较高的区域，施工人员可以选择借助网络远程施工，通过显示器获取现场图像以及各项环境参数，由于参与现场施工的人员数量减少，施工的安全性及施工效率得以大大提升。智能挖土机如图 3-31 所示。

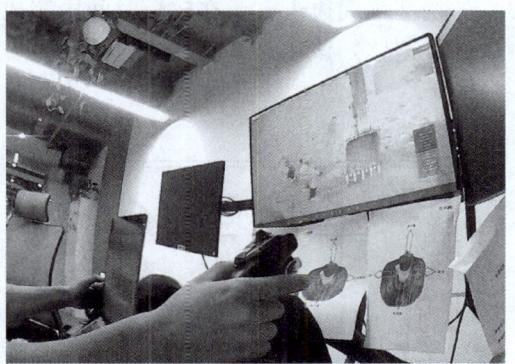

图 3-31　智能挖土机

3. 基坑开挖

（1）开挖的原则

1）放坡开挖。当场地允许并经验算能保证土坡稳定时，可采用放坡开挖。开挖较深时应采用多级放坡，并在各级间留宽度不少于 1.5m 的平台。做好地下水及地面水的处理；土质较差或留置时间较长的坡面应进行护坡；坑顶不宜堆土或存在堆载，否则应减缓坡度或加固。

2）有围护无内支撑的基坑开挖。采用土钉墙、土层锚杆支护的基坑，开挖应与土钉、锚杆施工相协调，形成循环作业，并提供成孔施工的所需工作面。开挖应分层分段进行，每层挖深宜为土钉或锚杆的竖向间距，每层分段长度不宜大于 30m，开挖后及时进行支护施工。采用重力式水泥土墙、板墙悬臂支护的基坑，其强度及龄期应满足时间要求，面积大者可采取平面分块、均匀对称开挖方式，并及时浇筑垫层。

3）有内支撑的基坑开挖。应遵循"先撑后挖、限时支撑、分层开挖、严禁超挖"的原则，尽量减少基坑无支撑的暴露时间和空间。挖土机和车辆不得直接在支撑上行走或作业。

（2）开挖的方法　基坑土方的常用开挖方法包括下坡分层开挖、盆式开挖和岛式开挖。

1）下坡分层开挖（图3-32）常用于无坑内支撑的工程。分层厚度取决于边坡稳定、土钉及锚杆层距及机械挖深能力，并在适当位置留出坡道将土运出。每层土按机械开挖半径、挖运方便及周边环境分条分块进行开挖。

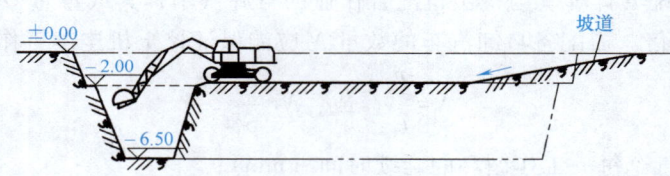

图 3-32　下坡分层开挖

2）盆式开挖（图3-33）适用于基坑中部支撑较为密集的大面积工程。先开挖基坑中部土方形成盆状，再开挖周边土方。这种开挖方法使基坑支护挡墙受力较晚，可在支撑系统养护阶段进行开挖。

3）岛式开挖（图3-34）适用于坑内支撑系统沿基坑周边布置、中部留有较大空间的工程。先挖基坑周边土方，在较短时间内完成支撑系统施工，在支撑系统养护阶段再开挖基坑中部岛状土体。该法对基坑变形控制较为有利。

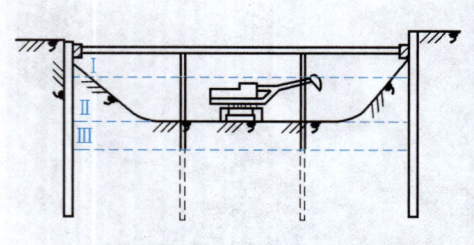

图 3-33　盆式开挖示意图

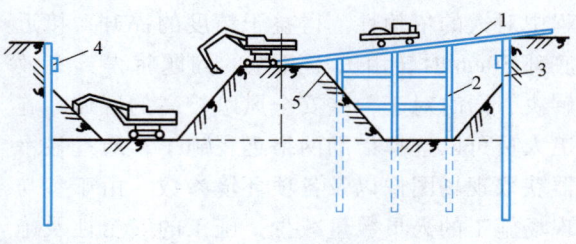

图 3-34　岛式开挖示意图
1—栈桥　2—支架　3—支护挡墙　4—腰梁　5—土墩

(3) 开挖施工要点

1) 应根据地下水位、机械条件、进度要求等合理选用施工机械，以充分发挥机械效率，节省机械费用，加快工程进度。

2) 土方开挖前应制定开挖方案，绘制开挖图，包括确定开挖路线、顺序、范围、基底标高、边坡坡度、排水沟、集水井位置以及挖出的土方堆放地点等。

3) 基底标高不一致时，可采取先整片挖至平均标高，然后再挖较深部位。当一次开挖深度超过挖土机最大挖掘高度时，宜分层开挖，并修筑坡道，以便挖土及运输车辆进出。

4) 应有人工配合修坡和清底，将松土清至机械作业半径范围内，再用机械掏取运走。大基坑宜另配一台推土机清土、送土、运土。

5) 挖掘机、运土汽车进出基坑的运输道路，应尽量利用基础一侧或地下车库坡道部位作为运输通道，以减少挖土量。

6) 软土地基或在雨期施工时，大型机械在坑下作业，需铺垫钢板或铺路基箱垫道。

7) 对某些面积不大、深度较大的基坑，应尽量不开或少开坡道，采用机械接力挖运土方，或采用长臂挖土机作业，并使人工与机械合理地配合挖土。

8) 机械开挖时，基底及边坡应预留一层 200~300mm 厚土层用人工清底、修坡、找平，以保证基底标高和边坡坡度正确，避免超挖和土层遭受扰动。

9) 基坑挖好后，应紧接着进行下一工序，尽量减少暴露时间。否则，基坑底部应保留 100~200mm 厚的土暂时不挖，作为保护，待下一工序开始前再挖至设计标高。

10) 经钎探、验槽（必要时还需进行地基处理）满足要求后，方可进行基础施工。

3.3.3 土方填筑

1. 土料选择与填筑方法

为了保证填土工程的质量，必须正确选择土料和填筑方法。

回填土料应符合设计要求，淤泥和淤泥质土、过盐渍土、强膨胀性土、有机质含量大于等于 5% 的土不得用作填料；碎石类土或爆破石碴的粒径不得超过每层铺填厚度的 2/3，且不得用作表层填料；土料的含水率应满足压实要求。

不同填料不应混填。当采用透水性不同的土料时，不得掺杂乱倒，应分层填筑，并将透水性较小的土料填在上层，以免填方内形成水囊或浸泡基础。

填方施工宜采用水平分层铺填、分层压实，每层铺填的厚度应根据土的种类及压实机械而定。每层填土压实后，应检查压实质量，符合设计要求后，方能填筑上一层。当填方位于坡面上时，应先将斜坡挖成台阶状，然后再分层填筑，以防填土滑移。基坑回填时宜对称、均衡地进行。

2. 填土压实方法

填土压实方法包括碾压法、夯实法及振动压实法等，如图 3-35 所示。

平整场地等大面积填土多采用碾压法，小面积的填土工程宜用夯实法，而振动压实法对非黏性土效果更好。

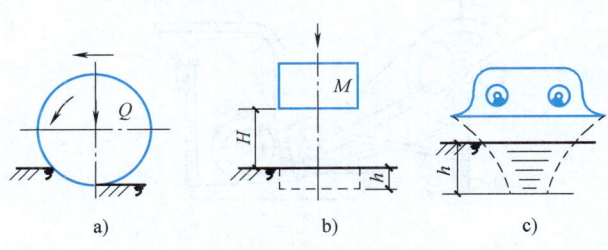

图 3-35 填土压实方法
a）碾压法 b）夯实法 c）振动压实法

（1）碾压法　碾压法是利用机械滚轮的压力压实填土，常采用压路机（图3-36）碾压。压路机有钢轮和胶轮等形式，按质量分为轻型、重型等多种型号；按碾压方式，分为平碾、羊足碾和振动碾。羊足碾产生的压强较大，对黏性土压实效果好。振动碾能力强、效率高。

a)

b)

c)　　　　　　　　　　d)

图 3-36　常用压路机

a) 钢轮平碾压路机　b) 胶轮平碾压路机　c) 振动压路机　d) 羊足碾压路机

碾压时，对松土应先用轻碾初步压实，再用重碾或振动碾压，否则易造成土层强烈起伏，影响碾压效率和压实效果。先压边部再压中间。碾压机械行驶速度不宜过快，一般平碾不应超过 2km/h，羊足碾不应超过 3km/h，且应先慢后快。

（2）夯实法　夯实法是利用夯锤自由下落的冲击力来夯实填土，分机械夯实和人工夯实两种。常用的夯实机械有夯锤、内燃夯土机、电动冲击夯和蛙式打夯机（图3-37）等。

（3）振动压实法　振动压实法是通过振动力使土颗粒发生相对位移而达到紧密状态。平板振动机构造如图3-38所示。此外，振动压路机是一种振动和碾压同时作用的高效能压实机械，比一般压路机提高功效 1~2 倍，可节省动力 30%。振动压实适于填料为爆破石碴、碎石类土、杂填土和粉土等非黏性土的密实。

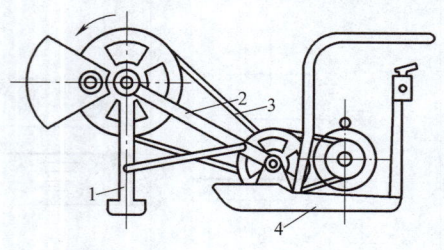

图 3-37　蛙式打夯机

1—夯头　2—夯架　3—三角皮带　4—托盘

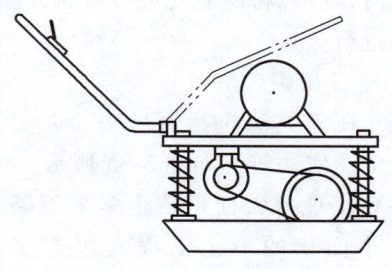

图 3-38　平板振动机构造

3. 填土压实的影响因素与控制

填土压实质量与许多因素有关，其中主要影响因素为压实功、土的含水率以及每层铺土厚度。

（1）压实功的影响　填土压实质量与压实机械在其上所做的功成正比。压实功包括压实机械的吨位（或冲击力、振动力）及压实遍数（或时间）。土的干密度与压实功的关系如图 3-39 所示。在开始压实时，土的干密度急剧增加；待接近最大干密度时，压实功虽然增加许多，而土的干密度几乎没有变化。因此，在施工中不要盲目过多地增加压实遍数。

（2）土的含水率影响　在同一压实功条件下，填土的含水率对压实质量有直接影响，如图 3-40 所示。较为干燥的土，由于颗粒间的摩阻力较大而不易压实；含水率过高的土，又易压成"橡皮土"。当含水率适当时，水起了润滑和黏结作用，从而易于压实。各种土的最佳含水率和所能获得的最大干密度可由击实试验确定，也可参考表 3-9。现场施工时，可通过"紧握成团、轻捏即碎"（黏性土或灰土）的经验法或快速测试仪，检测土的含水率是否在最佳范围内。

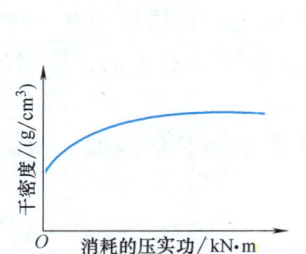

图 3-39　土的干密度与压实功的关系

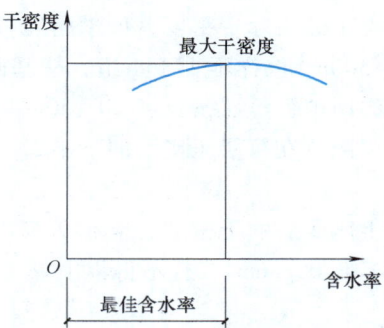

图 3-40　含水率与压实干密度的关系

表 3-9　土的最佳含水率和最大干密度参考值

土的种类	最佳含水率（%）	最大干密度/（g/cm³）
砂土	8～12	1.80～1.88
粉土	15～22	1.61～1.80
粉质黏土	12～15	1.85～1.95
黏土	19～23	1.58～1.70

（3）铺土厚度的影响　土在压实功的作用下，压应力随深度增加而逐渐减小（图 3-41），其影响深度与压实机械、土的性质及含水率等有关。铺土厚度应小于压实机械压土时的有效作用深度，但其中还有最优土层厚度问题。铺得过厚，要压很多遍才能达到规定的密实度。铺得过薄，则也要增加机械的总压实遍数。恰当的铺土厚度（参考表 3-10）能使土方压实而机械的功耗最少。

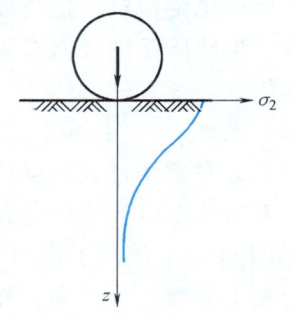

图 3-41　压实作用沿深度的变化

表 3-10 填方每层的铺土厚度和压实遍数

压实机具	每层铺土厚度/mm	每层压实遍数
平碾	250~300	6~8
羊足碾	200~350	8~16
振动压实机	250~350	3~4
打夯机	200~250	3~4
人工打夯	<200	3~4

4. 填土压实的质量检验

填土压实后必须达到要求的密实度，密实度应按设计规定的压实系数 λ_C 作为控制标准。压实系数 λ_C 为土的控制干密度与最大干密度之比（即 $\lambda_C = \rho_d/\rho_{max}$）。压实系数一般由设计根据工程性质、使用要求以及土的性质确定。例如，作为承重结构的地基，在持力层范围内，λ_C 应大于 0.96；在持力层范围以下，应在 0.94~0.95 之间；一般场地平整应为 0.9 左右。

检查土的实际干密度，可采用环刀法取样，其取样组数为：基坑回填及室内填土，每层按 $100~500 m^2$ 取样不少于 1 组；柱基回填，每层抽样柱基总数的 10%，且不少于 5 组；基槽或管沟回填，每层按长度 20~50m 取样 1 组；场地平整填土，每层按 $400~900 m^2$ 取样 1 组。取样部位在每层压实后的下半部。试样取出后，测定其实际干密度 ρ'_d，应满足：

$$\rho'_d \geq \lambda_C \rho_{max} \tag{3-20}$$

填土压实后的干密度，应有 90% 以上符合设计要求。其余 10% 的最低值与设计值的差不得大于 $0.08 g/cm^3$，且不得集中。

3.4 土方作业辅助工程

3.4.1 土方边坡与基坑支护

保证土壁稳定是土方工程的关键。土壁稳定主要是依靠土体内颗粒间的内摩擦力和黏聚力所构成的抗剪力 C 来平衡外荷载 P、q 及土体重力 G 所产生的下滑力 T（图 3-42）。一旦在外力作用下失去平衡，土壁就会坍塌或滑坡，不仅妨碍土方及基础、地下结构的施工，还可能危及附近建筑物、道路及地下管线的安全，甚至造成伤亡事故。为了保证稳定，对一定高度的土壁常要保留一定的斜面，称土方边坡。当地质条件较差或周围环境限制而不放坡时，则应设置支护结构。

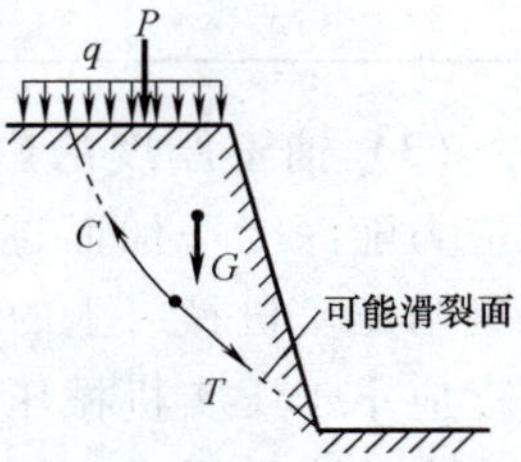

1. 土方边坡

（1）边坡稳定条件及其影响因素　边坡稳定条件是在土体的重力及外部荷载作用下所产生的剪应力小于土体的抗剪强度（图 3-42），即 $T<C$。土体的下滑力 T，主要由下滑土体重力的分力构成，它受坡上荷载、含水率、静水及动水压力的影响。土体的抗剪力 C，主要由土质决定，且受气候、含水率及动水压力的影响。因此，在确定土方边坡坡

图 3-42 边坡稳定条件示意图

度时应考虑土质、挖方深度或填方高度、边坡留置时间、排水情况、边坡上的荷载情况以及土方施工方法等因素。

（2）放坡与护面

1）坡度表示。坡度常用 $1:m$ 表示（图 3-43），其物理意义为

$$边坡坡度 = \frac{H}{B} = \frac{1}{B/H} = 1:m \qquad (3-21)$$

式中　m——坡度系数，$m = B/H$，当边坡高度 H 为已知时，边坡宽度 B 则等于 mH。

2）边坡形式。土方边坡常用形式如图 3-43 所示。当土层类别不同或考虑施工需要，边坡也可做成折线形或台阶形，如图 3-44 所示。

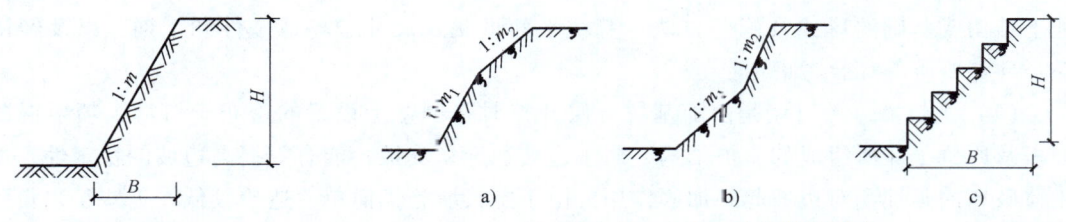

图 3-43　边坡坡度示意图　　　图 3-44　土方边坡的其他形式
a）不同土层的折线边坡　b）不同深度的折线边坡　c）阶梯边坡

3）坡度的确定。对土质均匀、开挖范围内无地下水、土的含水率正常且施工期很短时，可垂直下挖且不加设支撑的深度限制：较密实的砂土或碎石土为 1m，粉土或粉质黏土为 1.25m，黏土或碎石土为 1.5m，坚硬黏土为 2.0m。

对临时性挖方边坡坡度应根据工程地质和开挖深度，并结合当地同类土的稳定坡度来确定。当地质条件良好、土质均匀时，高度在 3m 以内的临时性挖方边坡宜按表 3-11 规定确定坡度。

表 3-11　临时性挖方边坡坡度值

土的类别		边坡坡度
砂土	不包括细砂、粉砂	1:1.25~1:1.50
一般黏性土	坚硬	1:0.75~1:1.0
	硬塑	1:1.00~1:1.25
碎石类土	密实、中密	1:0.50~1:1.00
	稍密	1:1.00~1:1.50

对于深度较大或留置时间长的挖、填方边坡，则应进行设计计算，按设计要求施工。

4）边坡的失稳与保护。在一般情况下，基坑边坡失稳、发生滑动，其主要原因是土质及外界因素的影响使土体的抗剪强度降低或剪应力增加。引起抗剪强度降低的原因有：因风化等气候作用使土质变松；黏土中的夹层浸水而产生润滑作用；细砂、粉砂土因振动而液化等。引起剪应力增加的原因有：坡顶堆放重物或存在动载；雨水、地面水浸入或污水管线渗漏使土的含水率提高而增加了土体自重；水的渗流而产生动水压力等。

当边坡留置的时间较长或气候不利时，应做好边坡保护。常用方法有覆盖法、挂网法、挂网抹面或喷射混凝土法、土袋或砌砖石压坡法等。

2. 基坑支护

开挖基坑（槽）时，如地质条件及周围环境许可，采用放坡开挖是较经济的，但当在建筑稠密地区、现场无放坡条件、开挖深度大、周围环境对变形限制严格或放坡不能保证安全时，就需要设置支护结构。

基坑支护必须能够保证基坑周边建（构）筑物、地下管线及道路的安全和正常使用，并保证地下部位施工对空间的要求。设计支护结构时，应按失效后果的严重程度，确定其各个部位的安全等级（分一、二、三级），从而采取相应的支护形式。

常用的基坑支护结构按作用原理分为稳定式（如土钉墙）、重力式（如水泥土墙）、支挡式结构三大类。选择支护结构时，应依据土的性状及地下水条件、基坑深度及周边环境、地下结构或基础的形式及施工方法、基坑平面形状及尺寸、场地条件和工期，以及经济效益、环保要求等综合考虑。

（1）土钉墙　土钉墙是由随基坑分层开挖时在侧壁上设置的密布土钉群、喷射混凝土面板及原位土体所组成的支护结构，属于边坡稳定型支护，能有效提高边坡的稳定性，增强土体破坏的延性，对边坡起到加固作用。由于土钉墙施工简单、造价较低，近些年来得到广泛应用。

1）构造要求。土钉墙支护的构造如图 3-45 和图 3-46 所示，墙面的坡度不宜大于 1∶0.2。土钉是在土壁钻孔后插入钢筋、注入水泥浆或水泥砂浆而形成。对难以成孔的砂、填土等，也可打入带有压浆孔的钢管，经压浆而形成"管锚"。土钉长度宜为基坑深度的 0.5~1.2 倍，竖向及水平间距宜为 1~2m，且呈梅花形布置，与水平面夹角宜为 5°~20°。土钉钻孔直径宜为 70~120mm，插筋宜采用直径 16~32mm 的带肋钢筋，注浆强度不得低于 20MPa。墙面板由喷射 80~100mm 厚 C20 以上混凝土形成，墙面板内应配置直径 6~10mm、间距 150~250mm 的钢筋网。为使混凝土面板与土钉有效连接，应设置承压板或直径 14~20mm 的加强钢筋，与土钉钢筋焊接并压住钢筋网片。在土钉墙的顶部，墙体应向平面延伸不少于 1m，并在坡顶和坡脚设挡水、排水设施，坡面上可根据具体情况设置泄水管，以防墙面板后积水。

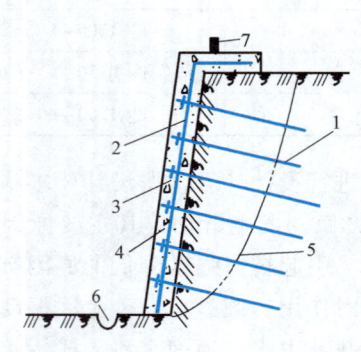

图 3-45　土钉墙支护剖面
1—土钉　2—钢筋网片　3—垫板或加强钢筋
4—混凝土墙面板　5—可能滑坡面
6—排水沟　7—挡水台

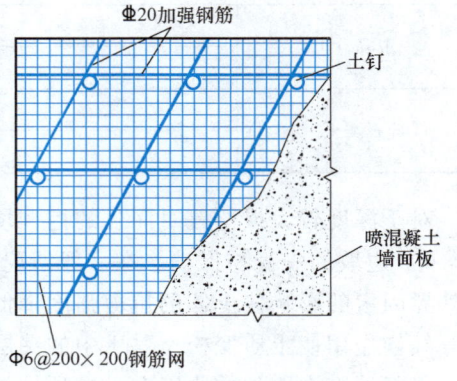

图 3-46　土钉墙立面构造

2) 土钉墙的施工。土钉墙的施工顺序为：按设计要求自上而下分段、分层开挖工作面，修整坡面→打入钢管（或钻土钉孔→插入钢筋）→注浆→绑扎钢筋网→安装加强钢筋并与土钉钢筋焊接→喷射面板混凝土。逐层施工，并设置坡顶、坡面和坡脚排水系统。若土质较差时，可在修整坡面时先喷一层混凝土再进行土钉施工。施工要点如下：

① 基坑开挖应按设计要求分层分段进行，每层开挖高度由土钉的竖向间距确定，每层挖至土钉以下不大于 0.5m；分段长度按土体能维持不塌的自稳时间和保证施工流程相互衔接要求而定，一般可取 10~20m。

② 钢管可用液压冲击设备打入。成孔则常采用洛阳铲，也可用螺旋钻、冲击钻或工程钻机钻孔。成孔的允许偏差为：孔深±50mm，孔径±5mm，孔距±100mm，倾斜角±3°。

③ 土钉钢筋应设置对中定位支架再插入孔内。支架常采用 $\phi 6$ 钢筋弯成船形与土钉钢筋焊接，每点 3 个，互成 120°角，每 1.5~2.5m 设置一点。

④ 土钉注浆。注浆前应将孔内松土清除干净，注浆材料采用水泥浆或水泥砂浆。水泥浆的水胶比宜为 0.5~0.55；水泥砂浆的灰砂比宜为 0.5~1，水胶比为 0.4~0.45。浆体应拌和均匀，随拌随用，并在初凝前用完。注浆时，注浆管应插至距孔底 200mm 内，使浆液由孔底向孔口流动，在拔管时要保证管口始终埋在浆内，直至注满。注浆后，液面如有下降应进行补浆。

⑤ 面板中的钢筋网应在土钉注浆后铺设，也可先喷射一层混凝土后再铺设。钢筋网与土层坡面净距应大于 20mm，钢筋间搭接长度应不小于 300mm。采用双层钢筋网时，第二层钢筋网应在第一层钢筋网被混凝土覆盖后铺设。钢筋网用插入土壁中的钢筋固定，并与土钉钢筋连接牢固，喷射混凝土时不得晃动。

⑥ 喷射混凝土墙面板。优先选用不低于 32.5MPa 的普通硅酸盐水泥，石子粒径不大于 15mm，水泥与砂石的质量比宜为 1∶4~1∶4.5，砂率宜为 45%~55%，水胶比为 0.40~0.45。喷射作业应分段进行，同一分支内喷射顺序应自下而上，一次喷射厚度宜为 30~80mm。喷射混凝土时，喷头与受喷面应保持垂直，距离宜为 0.6~1.0m。喷射混凝土的回弹率不应大于 15%；喷射表面应平整、呈湿润光泽，无干斑、流淌现象。混凝土终凝 2h 后，应喷水养护 3~7d。待混凝土达到 70%设计强度后，方可进行下一层作业面的开挖。

3) 特点与适用范围。土钉墙支护具有构造简单，施工方便快速，节省材料，费用较低等优点，适用于淤泥质土、黏土、粉土、砂土等土质，且无地下水、开挖深度在 12m 以内的基坑。当基坑较深、开挖时稳定性差、需要挡水者，可加设锚杆、微型桩、水泥土墙等而构成复合式土钉墙。

（2）重力式水泥土墙　重力式水泥土墙是通过沉入地下设备将喷入的水泥与土进行掺和，形成柱状的水泥加固土桩，并相互搭接而成的重力式支护结构。它靠自重和刚度进行挡土护壁，且具有截水功能。

1) 构造要求。重力式水泥土墙的平面布置多采用连续式和格栅式（图 3-47）。当采用格栅式时，水泥土的置换率（水泥土面积与格栅总面积之比）为 0.6~0.8，格栅内侧的长宽比不宜大于 2。在软土地区当基坑开挖深度 $h \leq 5m$，可据土质情况，取墙体宽度 $B = (0.6~0.8)h$，嵌入基底下的深度 $h_d = (0.8~1.3)h$。水泥土桩之间的搭接宽度不宜小于 150mm。水泥土墙的顶面宜设置厚度不小于 150mm 的混凝土连续面板。

水泥土的水泥掺入比一般为 12%~14%，采用 42.5 级的普通硅酸盐水泥，可掺外加剂改善水泥土的性能和提高早期强度，水泥土的 28d 抗压强度不应低于 0.8MPa。

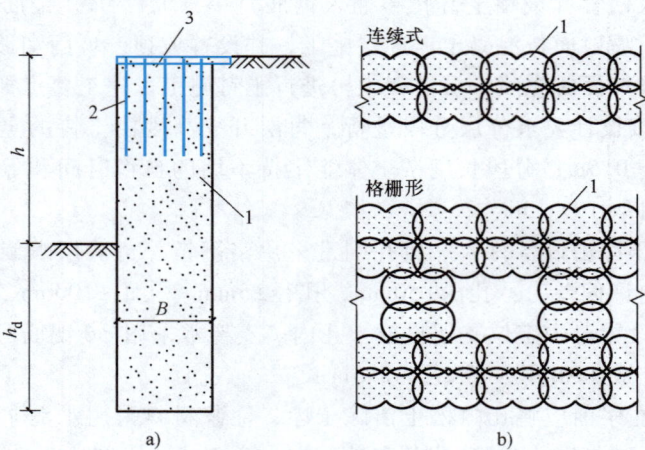

图 3-47 重力式水泥土墙的一般构造
a) 水泥土墙剖面 b) 常用平面布置形式
1—搅拌桩 2—插筋 3—面板

2) 水泥土墙的施工。水泥土墙按施工机具和方法不同，分为深层搅拌法、旋喷法和粉喷法。深层搅拌水泥土墙常采用双轴搅拌桩机和注浆设备作业，其施工常用"一喷二搅"（一次喷浆、二次搅拌）或"二喷三搅"工艺。当水泥掺入比较小、土质较松时可用前者，反之用后者。一喷二搅的施工流程如图 3-48 所示，当采用二喷三搅工艺时，可在图 3-48e 所示步骤时再次注浆，之后再重复图 3-48d 和 e 所示步骤。施工要点如下：

① 施工前，应进行成桩工艺及水泥掺入量或水泥浆的配合比试验，以确定相应的水泥掺入比和水泥浆水胶比。

② 施工中应控制水泥浆喷射速率与提升速度的关系，保证每根桩的水泥浆喷注量和均

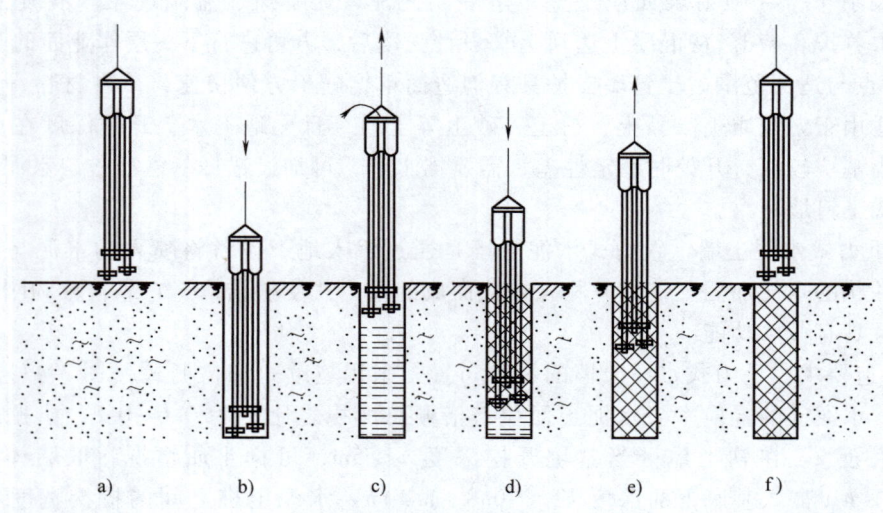

图 3-48 一喷二搅的施工流程
a) 定位 b) 预搅下沉 c) 提升喷浆搅拌 d) 重复下沉搅拌 e) 重复提升搅拌 f) 成桩结束

匀性，以满足桩身强度。

③ 为保证水泥土墙搭接可靠，相邻桩的施工时间间隔不宜大于 12h。施工始末的头尾搭接处，应采取加强措施，消除搭接勾缝。

④ 挡墙水泥土应达到设计强度要求后，方可进行基坑开挖。

3）特点与适用范围。重力式水泥土墙支护具有挡土、截水双重功能，坑内无支撑，便于机械化挖土作业，施工机具较简单，成桩速度快，造价较低；但相对位移较大；当基坑长度大时，要采取中间加墩、起拱等措施，以减少位移。

重力式水泥土墙适用于淤泥、淤泥质土、黏土、粉质黏土、粉土、具有薄夹砂层的土、素填土等土层，基坑深度一般为 4~6m，最大不宜超过 7m。

（3）支挡式结构　支挡式结构是以挡土构件或再加设拉锚、支撑等形成的支护结构。它主要是依靠结构本身来抵抗坑壁土体下滑并限制其变形。该种支护结构种类较多，属于非重力式。挡土构件（挡墙）按有无截水功能，分为透水式和止水式两种。

1）挡土构件（挡墙）。

① 钢板桩挡墙（止水式）。钢板桩的截面形状有 U 形、Z 形（图 3-49）及多种组合形式，由带锁口或钳口的热轧型钢制成。钢板桩互相连接地打入地下，形成连续钢板桩墙，既能挡土又能起到止水帷幕的作用，可作为坑壁支护、防水围堰等。它打设方便，承载力较大，可重复使用，有较好的经济效益。但其刚度较小，沉桩时易产生噪声。

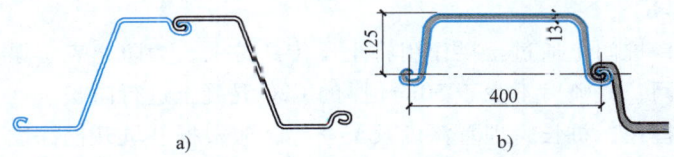

图 3-49　常用钢板桩截面形式
a) Z 形钢板桩　b) U 形钢板桩

钢板桩按固定方法有悬臂式和锚撑式。悬臂式是依靠入土部分的土压力维持其稳定，悬臂长度不得大于 5m。锚撑式是在板桩中上部用锚杆、拉锚或内部支撑加以固定，以提高板桩的支护能力，可用于 5~10m 深的基坑。

钢板桩沉入时应在两侧设置围檩，以固定桩位和保证垂直度。常采用液压插板机、振动沉桩设备或打桩机等沉桩。

② 型钢水泥土墙（止水式）。它是在水泥土墙内插入型钢而成的复合挡土隔水结构，如图 3-50 所示。型钢承受土的侧压力，而水泥土具有良好的抗渗性能，因此具有挡土与止水的双重作用。其特点是构造简单，止水

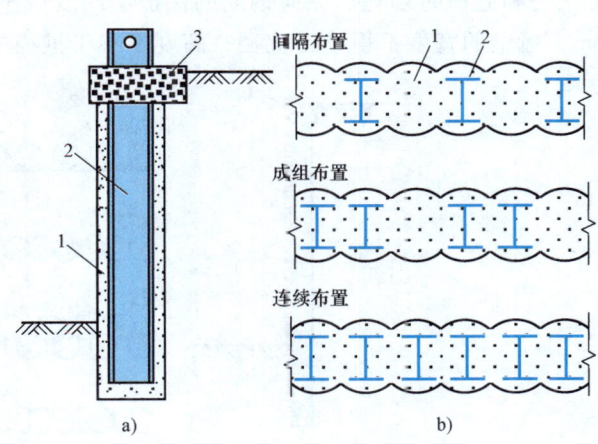

图 3-50　型钢水泥土墙构造
a) 型钢水泥土墙剖面　b) 型钢平面布置形式
1—搅拌桩　2—H 型钢　3—冠梁

性能好，工期短，造价低（型钢可回收），环境污染小。

水泥土墙厚度一般为 650~1000mm，水泥土的抗压强度不低于 0.5MPa，内部插入 H500×200~H850×300 的 H 型钢。水泥土墙底部应深于型钢 0.5~1m。顶部浇筑钢筋混凝土冠梁，其截面高度不小于 600mm，宽度较墙厚大 350mm 以上。

水泥土墙常采用三轴搅拌设备，采取套接一孔的方法施工，以提高搭接防渗效果。施工中，搅拌下沉和提升过程中均应注入水泥浆液，控制下沉速度不大于 1m/min，提升速度不大于 2m/min，且在桩底部需重复搅拌注浆予以加强。型钢应在搅拌桩施工结束后 30min 内靠自重或辅以振动下插至设计标高。型钢顶部需露出冠梁不少于 500mm。型钢插入前应在表面涂刷减摩材料，与冠梁接触部分还需设置泡沫塑料片等硬质隔离材料，以利于拔除回收。

型钢水泥土墙适用于填土、淤泥质土、黏性土、粉土、砂土、饱和黄土等地层，深度为 8~10m，甚至更深的基坑支护。

③ 排桩式挡墙（透水式）。该类挡墙常用钻孔灌注桩、挖孔灌注桩、钢管桩及钢管混凝土桩等，在开挖前设置于基坑周边形成排桩，并通过顶部浇筑的冠梁等相互联系而成。它挡土能力强、适用范围广，但一般无阻水功能。下面主要介绍钢筋混凝土排桩挡土结构。

混凝土灌注桩排桩常先用钻机钻孔或人工挖孔，然后下钢筋笼、灌注混凝土成桩（螺旋钻机钻孔可用压灌混凝土后插筋法施工）。桩的排列形式有间隔式、连续式、交错式和咬合式等（图 3-51a、b）。

间隔式设置时，桩间土通过土拱作用将土压传到桩上。为防止表土塌落，宜在桩间表面铺钉钢筋网或钢丝网，并喷射不少于 50mm 厚的 C20 混凝土进行防护。

灌注桩间距、桩径、桩长、埋置深度及配筋等，应根据基坑开挖深度、土质、地下水位高低以及所承受的土压力经计算确定。常用桩径为 800~1500mm，排桩的中心距不宜大于桩径的 2 倍。桩身混凝土强度等级不低于 C25，一般纵向受力钢筋不少于 8 根；箍筋做成螺旋状，间距为 100~200mm；且每隔 1~2m 在内部设置一道焊接加劲箍，以增加钢筋笼的刚度、利于成型和起吊时绑扎。纵向钢筋的保护层厚度应不小于 35mm，水下灌注混凝土时不小于 50mm。冠梁的宽度不得小于桩径，高度不小于桩径的 60%，并按需要配筋。

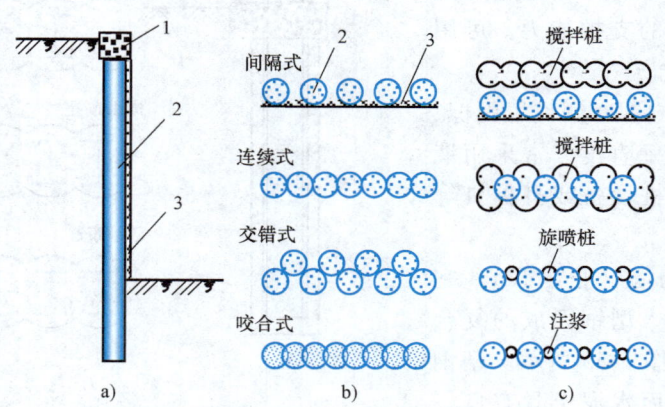

图 3-51　混凝土排桩挡墙形式
a）排桩挡墙剖面　b）平面排列形式　c）间隔排列的止水措施
1—冠梁（连梁）　2—灌注桩　3—钢丝网混凝土护面

灌注桩排桩支护具有桩体刚度较大、抗弯强度高、变形较小、安全度高、施工方便、设备简单、噪声低、振动小等优点。但一次性投资较大，桩不能回收利用；间隔设置者无止水功能，必要时，应通过搅拌、旋喷的水泥土桩或注浆等止水措施予以封闭（图3-51c）。

排桩式挡墙适于黏性土、砂土、开挖面积较大、深度大于6m的基坑，以及邻近有建筑物、不允许附近地基有较大下沉、位移时采用。土质较好时，外露悬臂高度可达到7~8m；设置撑、锚时，可用于10~30m深基坑的支护。

④ 地下连续墙（止水式）。地下连续墙是在待开挖的基坑周围修筑一圈厚度为600mm以上连续的钢筋混凝土墙体，以满足基坑开挖及地下施工过程中的挡土、截水防渗要求，还可用于逆作法施工。其特点是刚度大、整体性好、施工无振动且噪声低，但工艺技术复杂、费用高，常作为地下结构的一部分以降低造价，适用于黏土、砂砾石土、软土等多种地质条件、地下水位高、施工场地较小且周围环境限制严格的深基坑工程。

2）挡墙的支锚结构。

① 形式。挡墙的支撑结构按构造特点可分为悬臂式、抛撑式、拉锚式、锚杆式、内支撑式等五种，如图3-52所示。

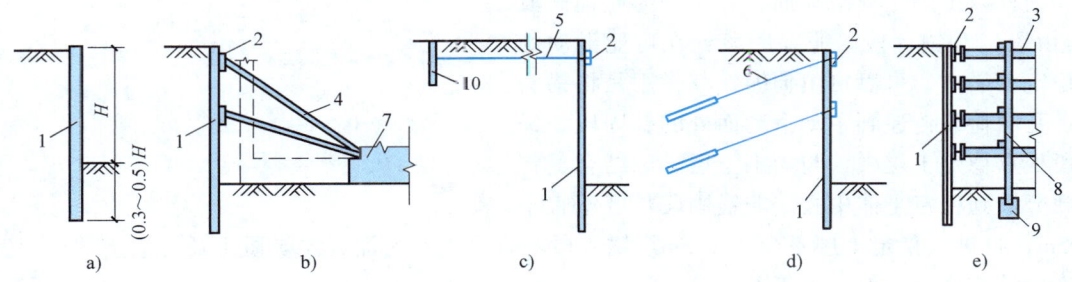

图3-52 挡土的支撑结构
a）悬臂式 b）抛撑式 c）拉锚式 d）锚杆式 e）内支撑式
1—挡墙 2—围檩（连梁） 3—支撑 4—抛撑 5—拉锚 6—锚杆 7—先施工的基础
8—支承柱 9—灌注桩 10—锚桩

a. 悬臂式（自立式）。悬臂支撑形式的挡墙不设支撑或拉锚，嵌固能力较差，要求埋深大；挡墙承受的弯矩、剪力较大而集中，受力形式差，易变形，不适于深基坑。

b. 抛撑式。抛撑式挡墙受力较合理，但挡墙根部的土需待抛撑设置后开挖、再补做结构，且对基础及地下结构施工有一定影响，还需注意做好后期的换撑工作。抛撑式挡墙适用于土质较差、面积大的基坑。

c. 拉锚式。由拉杆和锚桩组成，抗拉能力强，挡墙位移小、受力较合理；锚桩长度一般不小于基坑深度的30%~50%，其打设位置应距基坑有足够远的距离，因此需有足够的场地；且由于拉锚只能在地面附近设置一道，故基坑深度不宜超过12m。

d. 锚杆式。土层锚杆具有较强的锚拉能力，可依据基坑深度随开挖设置多道，并常施加预应力，以提高土壁的稳定性、减少挡墙的位移和变形；不影响基坑开挖和基础施工；费用较低。锚杆式挡墙常用于土质较好且周围无障碍的基坑支挡结构中，多道设置时基坑深度可超过30m。

e. 内支撑式。内支撑是设置在基坑内的由钢或混凝土组成的支撑部件。其刚度大、支承能力强、安全可靠，易于控制挡墙的位移和变形。可依据基坑深度设置多道。但给坑内挖土和地下结构施工带来不便，且需进行换撑作业，费用也较高。内支撑式挡墙适用于深度较大，周围环境不允许设置锚杆或软土地区的深基坑支护。

② 常用支锚的构造与施工。

a. 土层锚杆。土层锚杆由设置在钻孔内的钢拉杆与注浆体组成。钢拉杆一端埋入稳定土层中的注浆体内，另一端通过冠梁或腰梁与挡墙相连。按承载方式，土层锚杆分为拉力型和压力型锚杆；按施工方式分为钻孔灌浆式和自钻式。考虑对环境影响还有钢绞线可回收的锚杆。

b. 土层锚杆的构造。土层锚杆由锚头、拉杆和锚固体组成。锚头由锚具、承压垫板和台座组成；拉杆采用钢绞线或钢筋制成；锚固体是由水泥浆或水泥砂浆将拉杆与土体连接成一体的抗拔构件。具体如图 3-53 所示。

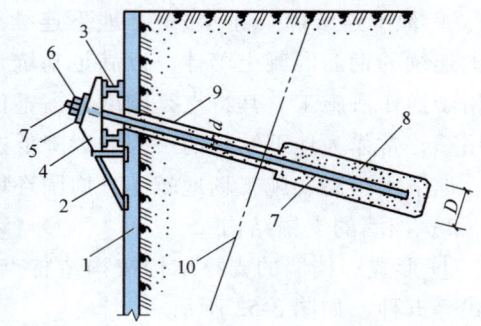

图 3-53 土层锚杆构造
1—挡墙 2—承托支架 3—腰梁 4—台座 5—承压垫板 6—锚具 7—钢拉杆 8—水泥浆或砂浆锚固体 9—非锚固段 10—滑动面
D—锚固体直径 d—拉杆直径

锚杆以土的主动滑动面为界，分为非锚固段（自由段）和锚固段。非锚固段处在可能滑动的不稳定土层中，可以自由伸缩，其作用是将锚头所承受的荷载传递到主动滑动面外的锚固段。锚固段处在稳定土层中，与周围土层牢固结合，将荷载分散到稳定土体中去。非锚固段长度不宜小于 5m，且进入稳定土层不少于 1.5m。锚固段不宜设置在淤泥、泥炭质土及松散土层中，其长度由计算确定，但不小于 6m。

锚杆的埋置深度要使锚杆的覆土厚度不小于 4m，以避免地面出现隆起现象。锚杆上下层间距不宜小于 2m，水平间距不宜小于 1.5m，避免产生群锚效应而降低承载力。锚杆的倾角宜为 15°~25°，不应大于 45°，也不小于 10°，应根据地层结构确定，使其锚固体处于较好的土层中。锚杆钻孔直径一般为 100~150mm。

c. 土层锚杆的施工。土层锚杆施工需在挡墙施工完成、土方开挖过程中进行。当每层土挖至土层锚杆标高后，施工该层锚杆，待预应力张拉后再挖下层土，逐层向下设置，直至完成。

土层锚杆的施工程序为：土方开挖→放线定位→钻孔→清孔→插钢筋（或钢绞线）及灌浆管→压力灌浆→养护→上横梁→张拉→锚固。

土层锚杆的成孔方法主要有套管护壁成孔、螺旋钻杆成孔、浆液护壁成孔等。套管护壁成孔法施工对土体扰动及对环境影响小，孔壁稳定，锚杆承载力高，适应土层广。

拉杆插入孔洞前，应沿拉杆全长设置定位支架，间距为 1~1.5m，使各根钢绞线相互分离，且保证浆体保护层厚度不小于 10mm。自由段涂润滑油或防腐漆，外设隔离套管。

注浆是土层锚杆施工的重要工序，分一次常压注浆法和二次压力注浆法。一次常压注浆可采用水胶比 0.5~0.55 的水泥浆或灰砂比 0.5~1、水胶比 0.4~0.45 的水泥砂浆，浆内常掺入早强和微膨胀型外加剂，通过重力填满锚杆孔。注浆方法同土钉。采用二次压力注浆者需同时插入两根注浆管，其中二次注浆管应在锚杆末端 1/4~1/3 锚固段长度范围内，每

0.5~0.8m 设置一道注浆孔（每道 2 个孔），并有止逆构造。待第一次注浆体初凝后、终凝前进行二次压力注浆，终止压力不小于 1.5MPa；或一次注浆体达到 5MPa 后进行第二次劈裂注浆，使浆液冲破第一次的浆体向锚固体与土的接触面间扩散，能大大提高锚杆的承载力。

预应力锚杆张拉锚固，应在锚固段浆体强度大于 15MPa 且达到设计强度等级的 75% 后方可进行。张拉顺序应考虑对邻近锚杆的影响，采取分级加载，取设计拉力值的 10%~20% 预张拉 1~2 次，使各部位接触紧密，锚筋平直，再张拉至锁定值的 1.1~1.15 倍，按设计要求锁定。

③ 坑内水平支撑。坑内水平支撑是由挡土构件的冠梁或周边围檩（横档）、内部水平支撑及支承柱等组成的内支撑体系。其平面布置形式由基坑的开挖深度、平面形状及尺寸、周围环境保护要求、地下结构的形式及施工程序、土方开挖的顺序和方法而定。常用形式如图 3-54 所示。具体结构构造应通过设计计算确定。

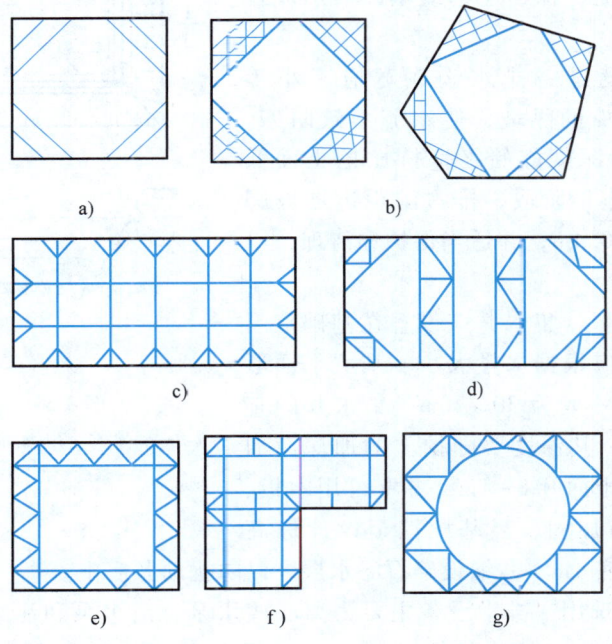

图 3-54 坑内水平支撑的布置形式
a) 角撑 b) 桁架及框架角撑 c) 对撑 d) 桁架角撑与对撑
e) 边桁架式 f) 框架式 g) 环梁与边框架

水平支撑杆件常采用 H 型钢、钢管或钢筋混凝土制作。钢支撑主要用于对撑、角撑等形式，混凝土支撑还可构成框架式、桁架式、环形支撑及组合形式等。其中钢支撑可对挡土构件施加预压应力。支承柱宜采用型钢或格构式钢柱，以大直径灌注桩作为基础，以承托水平支撑并保证其抗压能力。

支承柱应提前设置，其位置应尽量减少对地下结构施工的影响。坑内水平支撑是在挡土构件施工后，在基坑内开始设置，并随基坑开挖向下逐道设置。施工中，必须保证先撑后挖,且在支撑能力足够时向下开挖。

3.4.2 地下水控制

对基坑(或沟槽)底标高低于地下水位的工程,开挖时地下水会不断渗入坑内。如未采取截水、降水措施或及时将水排出,不但会使施工条件恶化、地基承载力下降,还易引发滑坡、塌方。此外,在降低地下水位时,可能引起周围地面及设施沉降而造成事故。因此,在基坑(槽)开挖和基础施工过程中,必须通过排水、降水、截水、回灌等方法控制地下水。

1. 集水明排法

该法是在基坑开挖过程中,沿坑底四周或中央开挖排水明沟,并在基坑边角处设置集水井,将水汇入集水井内,用水泵抽走,如图3-55所示。并随开挖疏干的土层,加深和调整沟井,直至开挖完成。开挖结束后,保留明沟或填碎石形成盲沟,继续排水。

(1) 排水沟的设置 排水沟底宽应不小于0.3m,沟底设有0.3%的纵坡,使水流不致阻塞。在开挖阶段,排水沟深度应始终保持比挖土面低0.3~0.6m;在基础施工阶段,排水沟距边坡坡脚及拟建基础均不小于0.4m,并适当保护和清理,以保证排水畅通。

(2) 集水井的设置 集水井应设置在基础范围以外的边角处。间距应根据水量大小、基坑平面形状及水泵能力确定,一般为30~40m。集水井的直径一般为0.6~0.8m。其深度要随挖土的加深而加深,保持井底低于挖土面0.8~1m。井壁可用木板、钢筋笼或砖砌等简易加固。当基坑挖至设计标高

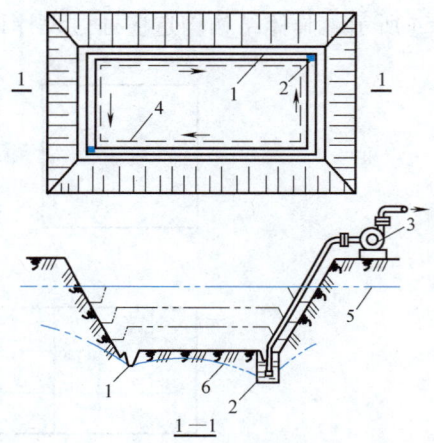

图3-55 集水明排法
1—排水沟 2—集水井 3—离心式水泵
4—基础边线 5—原地下水位线
6—降低后地下水位线

后,井底应低于基坑底1m,并铺设碎石滤水层,以防扰动井底土。

(3) 排水设备的选用 排水设备主要为离心式水泵、潜水泵和泥浆泵等。离心式水泵的安装位置要合理,其最大吸水扬程一般为3.5~8.5m。潜水泵应完全浸在水中,泵体小、质量小,具有移动方便、安装简单和开泵时不需引水等优点,因此在基坑排水及管井井点降水中常被采用。泥浆泵耐堵塞、耐磨损能力较强,有潜水和在水面作业等种类。水泵的排水量宜为基坑涌水量的1.5~2倍。

(4) 特点及适用范围 集水明排法设备简单、费用较低,宜用于粗粒土层和渗水量小的黏性土的基坑排水和降水。当土层为细砂和粉砂时,地下水渗流会带走细粒,易导致边坡坍塌或流砂现象。当地下水位较高且基底为黏土层时,易引起坑底隆起。

2. 流砂及其防治

当基坑开挖到地下水位以下时,有时坑底土会呈流动状态,随地下水涌入基坑,这种现象称为流砂现象。此时,基底土完全丧失承载能力,土边挖边冒,施工条件恶化,严重时会造成边坡塌方,甚至危及邻近建筑物。

（1）流砂发生的原因　动水压力是流砂发生的重要条件。地下水流动受到土颗粒的阻力，而水对土颗粒具有冲动力，这个力即称为动水压力，动水压力 $G_D = \gamma_w I = \gamma_w \Delta h / L$。它与水力坡度 I 成正比，水位差 Δh 越大，动水压力越大；而渗透路程 L 越长，则动水压力越小。动水压力的方向与水流方向一致。

处于基坑底部的土颗粒，不仅受到水的浮力，而且受动水压力的作用，有向上举的趋势，如图 3-56 所示。当动水压力 G_D 等于或大于土的浸水密度（$Q-F$）时，土颗粒处于悬浮状态，并随地下水一起流入基坑，即发生流砂现象。

流砂现象一般发生在细砂、粉砂及砂质粉土中。在粗大砂砾中，因孔隙大，水在其间流过时阻力小，动水压力也小，不易出现流砂。在黏性土中，由于土粒间内聚力较大，不会发生流砂现象，但有时在承压水作用下会出现整体隆起现象。

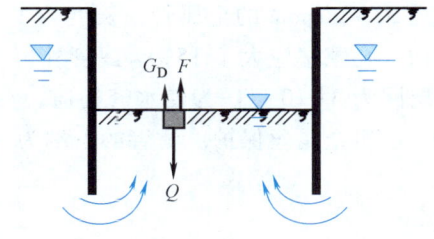

图 3-56　流砂现象原理示意图

（2）流砂的防治　防治流砂的主要途径是减小或平衡动水压力或改变其方向。具体措施为：

1）加深挡墙法：通过在基坑周围设置一定深度的截水挡墙，增加地下水流入坑内的渗流路程，从而减小动水压力。

2）水下挖土法：采用不排水施工，使坑内水压与坑外地下水压相平衡，抵消动水压力。

3）井点降水法：通过降低地下水位改变动水压力的方向，这是防止流砂的有效措施。

4）截水封闭法：将基坑周围挡水墙体做至坑底以下具有足够厚度的不透水土层或注浆封底层内，避免地下水向开挖后的基坑内渗流，从而消除动水压力，杜绝流砂现象。

3. 井点降水法

井点降水法就是在坑槽开挖前，预先在其四周设置一定数量的滤水管（井），利用抽水设备从中抽水，使地下水位降落到基坑底向下 0.5m 以下，并保持至回填完成或地下结构有足够的抗浮能力为止。其优点是，可使开挖的土始终保持干燥状态，从根本上防止流砂发生，可避免地基隆起、改善工作条件、提高边坡的稳定性或降低支护结构的侧压力，并可加大坡度而减少挖土量。此外，还可以加速地基土的固结，提高地基土的承载力。其缺点是可能造成周围地面沉降和影响环境。

井点降水法有轻型井点、喷射井点、电渗井点及管井井点等，可根据土层的渗透系数、降低水位的深度、工程特点、设备条件及经济效益等，参照表 3-12 选择。其中轻型井点、管井井点应用较广。

表 3-12　井点类型及主要原理

井点类型	土层渗透系数/(m/d)	降低水位深度/m		最大井距/m	主要原理
轻型井点	0.1~20	单级 3~6		1.6~2	地上真空泵或喷射嘴真空吸水
		二级 6~10			
喷射井点	0.1~20	8~20		2~3	水下喷射嘴真空吸水
电渗井点	<0.1	同所配合的井点		1（极距）	钢筋阳极加速渗流
管井井点	0.1~200	不限		20~50	离心式水泵或潜水泵排水

(1) 轻型井点 轻型井点是沿基坑的四周将许多直径较小的井点管埋入地下含水层内，井点管的上端通过弯联管与总管相连接，利用抽水设备将地下水从井点管内不断抽出，以达到降水目的，如图 3-57 所示。

1) 轻型井点设备。轻型井点设备由管路系统和抽水设备组成。管路系统包括井点管（由井管和滤管连接而成）、弯联管及总管等。

滤管是井点设备的一个重要部分，其构造是否合理，对抽水效果影响较大。滤管可采用直径 38~110mm 的金属管，长度为 1.0~1.5m。管壁上渗水孔直径为 12~18mm，呈梅花状排列，孔隙率应大于 15%。滤管外包两层金属或尼龙滤网（图 3-58），内层网为 30~80 目，外层网为 3~10 目。为使水流畅通，在管壁与滤网间缠绕塑料管或金属丝隔开，滤网外应再绕一层粗金属丝保护。滤管的下端为一铸铁堵头，上端用管箍与井管连接。

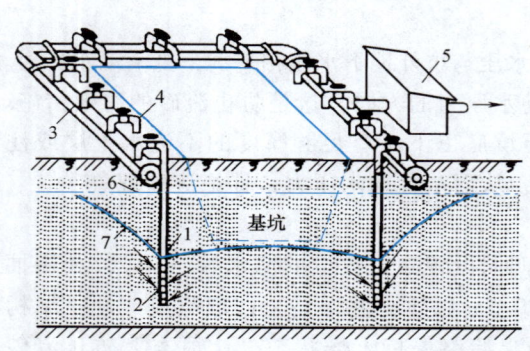

图 3-57 轻型井点法降低地下水位全貌图
1—井管 2—滤管 3—总管 4—弯联管 5—水泵房
6—原有地下水位线 7—降低后地下水位线

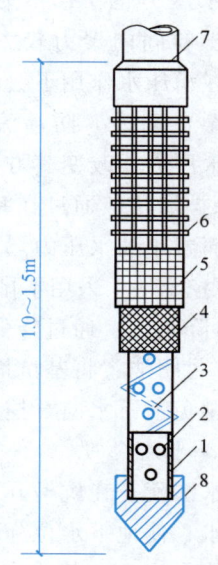

图 3-58 滤管构造
1—钢管 2—管壁上的小孔 3—缠绕的塑料管
4—细滤网 5—粗滤网 6—粗钢丝保护网
7—井管 8—铸铁堵头

井点管宜采用直径为 38mm 或 51mm 的钢管，其长度为 5~7m，上端用弯联管与总管相连。弯联管常用带钢丝衬的橡胶管或塑料管。

总管宜采用直径为 100mm 或 127mm 的钢管，每节长度为 4~6m，其上每隔 0.8m、1m 或 1.2m 设有一个与井点管连接的短接头。

常用的抽水设备有真空泵、射流泵和喷射泵抽水设备，现仅就真空泵和射流泵抽水设备的工作原理简介于下。

① 真空泵抽水设备。它由真空泵、离心式水泵和水气分离箱等组成，如图 3-59 所示。其工作原理是：开动真空泵，将水气分离箱内部抽成一定程度的真空，在真空度吸力作用下，地下水经滤管、井管进入总管，再经过滤室滤掉泥砂进入水气分离箱。水气分离箱内有

一浮筒,沿中间导杆升降,当箱内的水使浮筒上升,即可开动离心式水泵将水排出,浮筒则可关闭阀门,避免水被吸入真空泵。设置副水气分离箱也是为了避免将空气中的水分吸入真空泵。为对真空泵进行冷却,特设一冷却循环水泵。

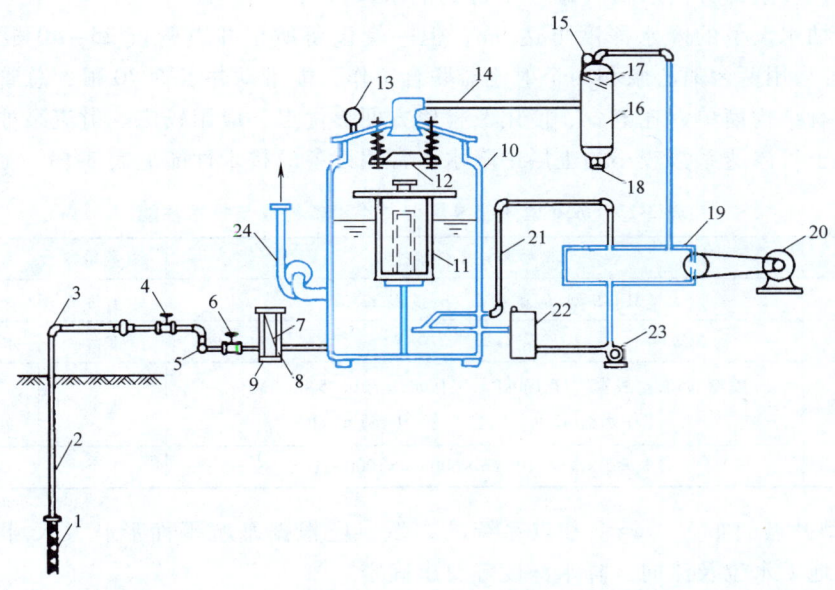

图 3-59 真空泵轻型井点设备工作原理简图

1—滤管 2—井管 3—弯管 4、12—阀门 5—集水总管 6—闸门 7—滤网 8—过滤室 9—淘砂孔
10—水气分离箱 11—浮筒 13、15—真空计 14—进水管 16—副水气分离箱 17—挡水板
18—放水口 19—真空泵 20—电动机 21—冷却水管 22—冷却水箱 23—循环水泵 24—离心式水泵

该种设备真空度较高,降水深度较大。一套抽水设备能负荷的总管长度为 100~120m。但设备较复杂,耗电较多。

② 射流泵抽水设备。它由射流器、离心式水泵和循环水箱(罐)组成,如图 3-60 所示。

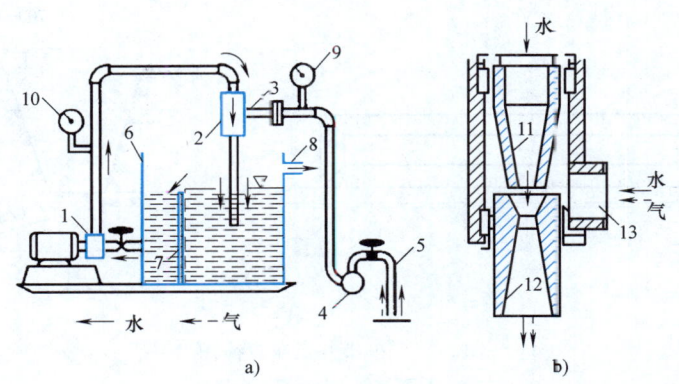

图 3-60 射流泵抽水设备工作简图
a) 工作简图 b) 射流器构造

1—离心式水泵 2—射流器 3—进水管 4—总管 5—井点管 6—循环水箱(罐) 7—隔板
8—泄水口 9—真空表 10—压力表 11—喷嘴 12—喷管 13—接进水管

射流泵抽水设备的工作原理是：利用离心式水泵将循环水箱中的水变成压力水送至射流器内由喷嘴喷出，由于喷嘴断面收缩而使水流速度骤增，压力骤降，使射流器空腔内产生部分真空，从而把井点管内的气、水吸上来进入水箱。水箱内的水滤清后一部分经由离心式水泵参与循环，多余部分由水箱（罐）上部的泄水口排出。

射流泵抽水设备的降水深度可达 6m，但一套设备所带井点管仅 25～40 根，总管长度 30～50m。若采用两台离心泵和两个射流器联合工作，能带动井点管 70 根，总管长度 100m。这种设备具有结构简单、耗电少、使用及检修方便等优点，应用较广。射流泵抽水设备适于在粉砂、粉土等渗透系数较小的土层中降水。常用设备的技术性能见表 3-13。

表 3-13 $\phi 50$ 型射流泵轻型井点设备组成与技术性能

名称	型号与技术性能	数量	功能
离心式水泵	3BL-9 型，流量 45m³/h，扬程 32.5m	1 台	供给工作水
电动机	JQ_2-42-2，功率 7.5kW	1 台	水泵的配套动力
射流器	喷嘴 $\phi 50$，空载真空度 100kPa，工作水压力 0.15～0.3MPa，工作水流 45 m³/h，生产率 10～35 m³/h	1 个	形成真空
水箱	长×宽×高 = 1100mm×600mm×1000mm	1 个	循环用水

2）轻型井点的布置　轻型井点系统的布置，应根据基坑平面形状及尺寸、基坑的深度、土质、地下水位及流向、降水深度等要求确定。

① 平面布置。当基坑或沟槽宽度小于 6m，且降水深度不超过 5m 时，可采用单排井点，布置在地下水流的上游一侧，其两端的延伸长度不应小于基坑（槽）宽度，如图 3-61 所示。当基坑宽度大于 6m 或土质不良时，宜采用双排井点。当基坑面积较大时，宜采用环形井点，如图 3-62 所示。当有预留运土坡道等要求时，环形井点可不封闭，但要将开口留在地下水流的下游方向处。井点管距离坑壁一般不宜小于 0.7m，以防局部发生漏气。井点管间距应根据土质、降水深度、工程性质等按计算或经验确定。在靠近河流及在基坑转角部位，井点应适当加密。

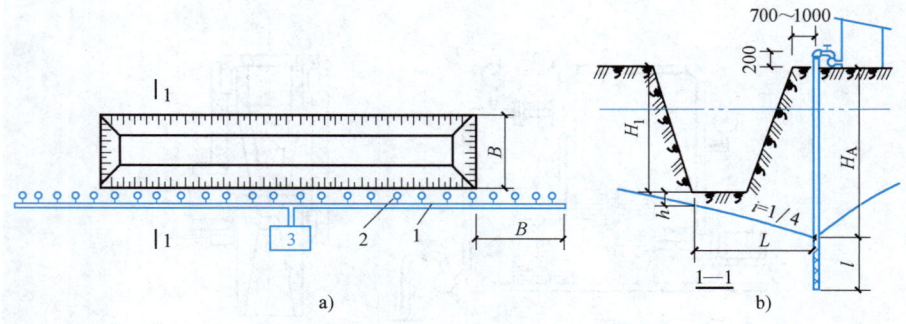

图 3-61　单排井点布置简图
a）平面布置　b）高程布置
1—总管　2—井点管　3—抽水设备

采用多套抽水设备时，井点系统要分段设置，各段长度应大致相等。其分段地点宜选择在基坑角部，以减少总管弯头数量和水流阻力。抽水设备宜设置在各段总管的中部，使两边水流平衡。采用封闭环形总管时，宜装设阀门将总管断开，以防水流紊乱。对多套井点设备，应在各套之间的总管上装设阀门，既可独立运行，也可在某套抽水设备发生故障时，开启阀门，借助邻近的泵组来维持抽水。

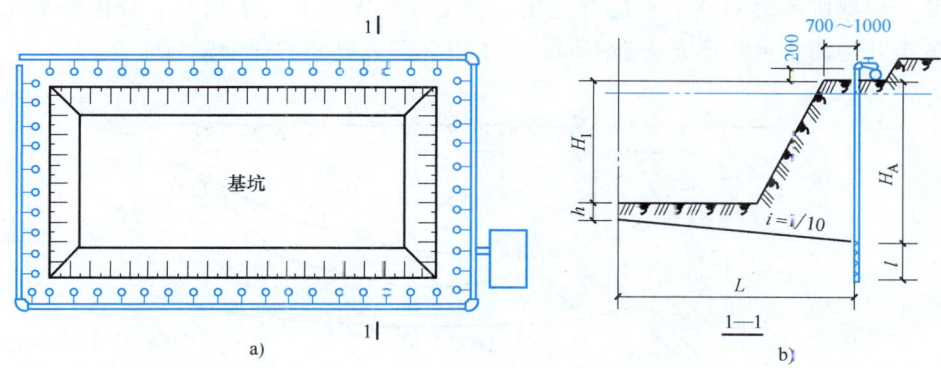

图 3-62　环形井点布置简图
a) 平面布置　b) 高程布置

② 高程布置。轻型井点多是利用真空原理抽吸地下水，理论上的抽水深度可达 10.3m。但由于土层透气及抽水设备的水头损失等因素，井点管处的降水深度往往不超过 6m。

井管的埋置深度 H_A，可按下式计算（图 3-62b）：

$$H_A \geqslant H_1 + h + iL \tag{3-22}$$

式中　H_1——总管平台面至基坑底面的距离（m）；

　　　h——基坑中心线底面至降低后的地下水位线的距离，一般取 0.5~1.0m；

　　　i——水流坡度，根据实测，环形井点为 1/10，单状井点为 1/4；

　　　L——井点管至基坑中心线的水平距离（m）。

当计算出的 H_A 值大于降水深度（如 6m）时，应降低总管安装平台面标高，以满足降水深度要求。此外在确定井管埋置深度时，还要考虑井管的长度，井管通常需露出地面 0.2~0.3m 来满足连接需要。滤管必须埋在含水层内。

为了充分利用设备的抽吸能力，总管平台标高宜接近原有地下水位线（要事先挖槽），水泵轴心标高宜与总管齐平或略低于总管。总管应具有 0.25~0.5% 的坡度坡向泵房。

当一级轻型井点达不到降水深度要求时，可先用集水井法降水，然后将总管安装在原有地下水位线以下；或采用二级（二层）轻型井点，如图 3-63 所示。

3）轻型井点的计算。轻型井点的计算内容包括涌水量计算、井点数量与井距的确定以及抽水设备选用等。由于受水文地质和井点设备等多种因素影

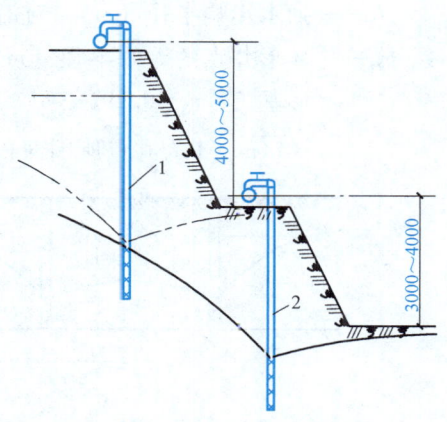

图 3-63　二级轻型井点
1—第一层井点管　2—第二层井点管

响，计算出的涌水量只能是近似值。

① 井型判定。井点系统涌水量计算是按水井理论进行的。根据井底是否达到不透水层，水井分为完整井与不完整井；凡井底到达含水层下面的不透水层的井称为完整井，否则称为不完整井。根据所抽取的地下水层有无压力，又分为无压井与承压井。具体分类如图 3-64 所示。各类井的涌水量计算方法都不同，其中以无压完整井的理论较为完善。

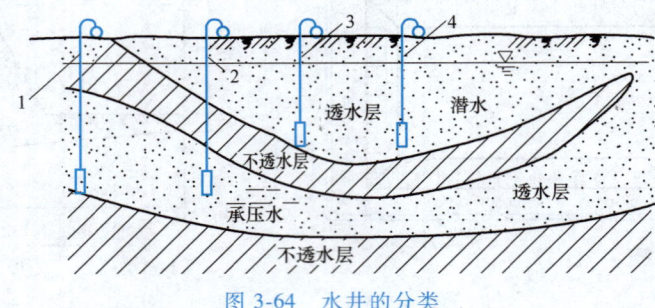

图 3-64　水井的分类

1—承压完整井　2—承压非完整井　3—无压完整井　4—无压非完整井

② 涌水量计算。

a. 无压完整井涌水量。无压完整井抽水时，水位的变化如图 3-65a 所示。当抽水一定时间后，井周围的水面最后将会降落成渐趋稳定的漏斗状曲面，称为降落漏斗。水井轴至漏斗外缘的水平距离称为抽水影响半径 R。根据达西定律以及群井的相互干扰作用，可推导出涌水量计算公式。对远离地面水源的无压完整井，群井涌水量 Q 按下式计算如：

$$Q = 1.366K \frac{(2H-S)S}{\lg\left(1+\dfrac{R}{r_0}\right)} \tag{3-23}$$

式中　K——土的渗透系数（m/d）；

H——含水层厚度（m）；

S——基坑水位降低值（m）；

R——抽水影响半径（m），对潜水层取 $R = 2S\sqrt{HK}$；

r_0——环形井点的等效半径（m）。对圆形基坑，r_0 取井点所包围的圆形半径；对矩形基坑，$r_0 = 0.29(a+b)$，a、b 为井点所围矩形的边长；对不规则的基坑，$r_0 = \sqrt{A/\pi}$，A 为井点所围面积。

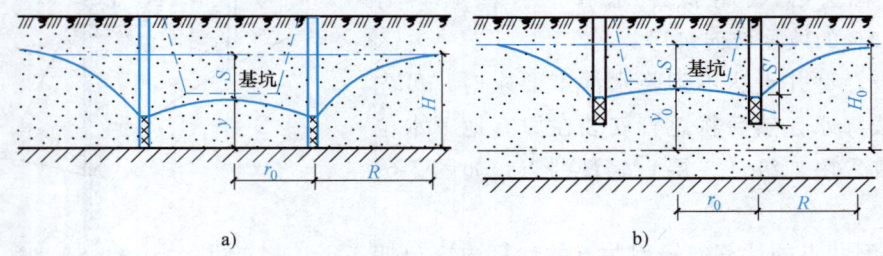

图 3-65　环形井点涌水量计算简图

a）无压完整井　b）无压非完整井

渗透系数 K 值准确与否，对计算结果影响较大。其测定方法有现场抽水试验和实验室试验两种。对重大的工程，宜采用现场抽水试验，以获得较为准确的渗透系数值。方法是在现场设置抽水孔，并距抽水孔为 x_1 与 x_2 处设两个观测井（三者在同一直线上），根据抽水稳定后，观测井的水深 y_1 与 y_2 及抽水孔相应的抽水量 Q，可按下式计算 K 值：

$$K = \frac{Q \lg(x_2/x_1)}{1.366(y_2^2 - y_1^2)} \tag{3-24}$$

当缺少试验数据时，可按土质和工程经验确定。表 3-14 列出几种土层的渗透系数 K 值，仅供参考。

表 3-14 土层的渗透系数 K 值

土的种类	黏土及粉质黏土	粉土	粉砂	细砂	中砂	粗砂	粗砂夹石	砾石
$K/(m/d)$	<0.1	0.1~1	1~5	5~10	10~25	25~50	50~100	100~200

抽水影响半径 R 与土的渗透系数、含水层厚度、水位降低值及抽水时间等因素有关。一般在抽水 2~5d 后，水位降落漏斗基本稳定。

b. 无压非完整井涌水量。在实际工程中，常会遇到无压非完整井井点系统，其涌水量计算较为复杂。为了简化计算，仍可采用式（3-23），但需将式中含水层厚度 H 换成有效深度 H_0，即

$$Q = 1.366K \frac{(2H_0 - S)S}{\lg\left(1 + \frac{R}{r_0}\right)} \tag{3-25}$$

其中有效深度 H_0 是经验数值，可查表 3-15 得到。须注意，在计算抽水影响半径 R 时，也需以 H_0 代入。

表 3-15 有效深度 H_0 值

$S'/(S'+l)$	0.2	0.3	0.5	0.8
H_0	$1.3(S'+l)$	$1.5(S'+l)$	$1.7(S'+l)$	$1.85(S'+l)$

注：表中 S' 为井管内水位降低深度；l 为滤管长度。

c. 承压完整井涌水量。承压完整井环形井点涌水量计算公式为

$$Q = 2.73K \frac{MS}{\lg\left(1 + \frac{R}{r_0}\right)} \tag{3-26}$$

式中　　M——承压含水层厚度（m）；

R——抽水影响半径（m），对承压水层取 $R = 10S\sqrt{K}$；

K，r_0，S——与式（3-23）相同。

d. 承压非完整井涌水量。承压非完整井环形井点涌水量计算公式为

$$Q = 2.73K \frac{MS}{\lg\left(1 + \frac{R}{r_0}\right) + \frac{M-l}{l}\lg\left(1 + 0.2\frac{M}{r_0}\right)} \tag{3-27}$$

式中　　l——滤管长度（m）；

M、R——与式（3-26）相同；

K、r_0、S——与式（3-23）相同。

③ 确定井点管数量与井距。单井的最大出水量 q，主要取决于土的渗透系数、滤管的构造与尺寸，按下式确定：

$$q = 65\pi dl\sqrt[3]{K} \quad (3\text{-}28)$$

式中　d——滤管直径（m）；

　　　l——滤管长度（m）；

　　　K——渗透系数（m/d）。

最少井数计算：

$$n_{\min} = 1.1\frac{Q}{q} \quad (3\text{-}29)$$

式中　1.1——备用系数，考虑井点管堵塞等因素。

其他符号同前。

最大井距计算：

$$D_{\max} = \frac{P}{n_{\min}} \quad (3\text{-}30)$$

式中　P——环形井点所包围面积的周长（m）。

确定井点管间距时，还应注意：井距必须大于 15 倍管径，以免彼此干扰大而影响出水量；在渗透系数小的土中井距宜小些，否则水位降落时间过长；靠近河流处，井点宜适当加密；井距应能与总管上的接头间距相配合。根据实际采用的井点管间距，最后确定所需的井点管根数。

④ 轻型井点的施工与使用。轻型井点的施工主要包括施工准备和井点系统的埋设与安装、使用、拆除。

准备工作包括：井点设备、动力、水源及必要材料的准备，排水沟的开挖，附近建筑物的标高观测以及防止其沉降措施的实施。

埋设井点的程序是：放线定位→打井孔→埋设井点管→安装总管→用弯联管将井点管与总管接通→安装抽水设备。

轻型井点的井孔常采用回转钻成孔法、水冲法或套管水冲法。成孔直径一般为 200～300mm，以保证井管四周有一定厚度的砂滤层，孔的深度宜超过滤管底 0.5m 左右，使滤管下有砂滤层。

井孔成孔后，应立即居中插入井点管，并在井点管与孔壁之间迅速填灌砂滤层，以防孔壁塌土。砂滤层宜选用干净粗砂，要填灌均匀，并至少填至滤管顶部 1～1.5m 以上，以保证水流畅通。上部须填压黏土封口，深度不少于 1m，以防漏气。冲孔与埋管方法如图 3-66 所示。

井点系统全部安装完毕后，需进行试抽，以检查有无漏气现象。开始正式抽水后一般不应停抽。时抽时停，易堵塞滤网，也容易抽出土粒，使水混浊，并可能引起附近建筑物由于土粒流失而沉降开裂。

在整个降水过程中，应定时检查观测井中水位下降情况，随时调节离心式水泵的出水阀，控制出水量，保持水位面稳定在要求位置，既保证施工安全又不得过量抽水。要经常观测真空表的真空度,发现管路系统漏气后应及时采取措施。同时,应对周围地面及附近的建筑物进行沉降观测,如发现沉陷过大,应及时采取防护措施。

井点降水宜自开挖前 2~5d 开始,直至基坑回填至地下水位以上且建筑物具有足够的抗浮能力为止。抽出的水应经沉淀池沉淀后加以利用或排至市政雨水管线。

(2) 喷射井点 喷射井点是利用喷射高压水将地下水带出而达到降水目的,适用于土层渗透系数较小($K=0.1~20m/d$)而要求降水深度较大($8~20m$)的工程。

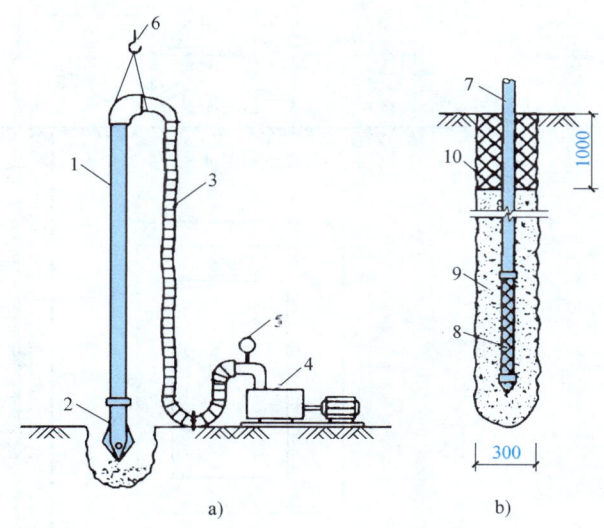

图 3-66 井点管的埋设
a) 冲孔 b) 埋管
1—冲管 2—冲嘴 3—胶皮管 4—高压水泵 5—压力表
6—起重吊钩 7—井点管 8—滤管 9—填砂 10—黏土封口

喷射井点设备主要由喷射井管、高压水泵和管路系统组成(图 3-67a)。喷射井管由内管和外管组成,在内管下端装有喷射扬水器与滤管相连(图 3-67b)。在高压水泵作用下,高压水(0.7~0.8MPa)经外管与内管之间的环形空间,并经扬水器的侧孔流向喷嘴。由于喷嘴截面的突然缩小,流速急剧增加,压力水由喷嘴以很高流速喷入混合室(该室与滤管相通),将喷嘴口周围空气吸入,被急速水流带走,因而该室压力下降而造成一定真空度。此时地下水被吸入喷嘴上面的混合室,与高压水汇合,流经扩散管时,由于截面扩大,流速降低而转化为压力水头,沿内管上升经排水总管排于集水池内。此池内的水一部分用水泵排走,另一部分供高压水泵压入井管继续循环,将地下水逐步降低。

喷射井点施工顺序是:安装水泵设备及泵的进出水管路;敷设进水总管和回水总管;沉设井点管(包括成孔及灌填砂滤料等),接通进水总管后及时进行单根试抽、检验;全部井点管沉设完毕后,接通回水总管,全面试抽,检查整个降水系统的运转状况及降水效果。

进水、回水总管同每根井点管的连接管均需安装阀门,以便调节使用和防止不抽水时发生回水倒灌。井点管路接头应安装严密。

喷射井点的型号一般有 2.5 型、4 型和 6 型三种,其外管直径分别为 2.5in($1in=0.0254m$)、4in、6in。应根据不同的土层渗透系数和排水量要求选择。

(3) 电渗井点 电渗井点是在轻型或喷射井点中增设电极而形成的。以井点管作阴极,在基坑内距井点管 1~1.5m 处相应地插入 $\Phi20~\Phi25mm$ 钢筋作阳极。通入直流电后,土中的水会向阴极移动,从而加速水的渗流,以尽快将土疏干,如图 3-68 所示。一般电压不宜大于 60V,土中的电流密度应为 $0.5~1.0A/m^2$。电渗井点主要用于渗透系数小于 0.1m/d 的土层。

(4) 管井井点 管井井点就是沿基坑每隔一定距离设置一个管井,每个管井单独用一台水泵不断抽水来降低地下水位。常用于土的渗透系数大(0.1~200m/d)、水量丰富的工程中。

管井井点的设备主要由井管及水泵组成,如图 3-69 所示。井孔钻完后,将钢制井管或混

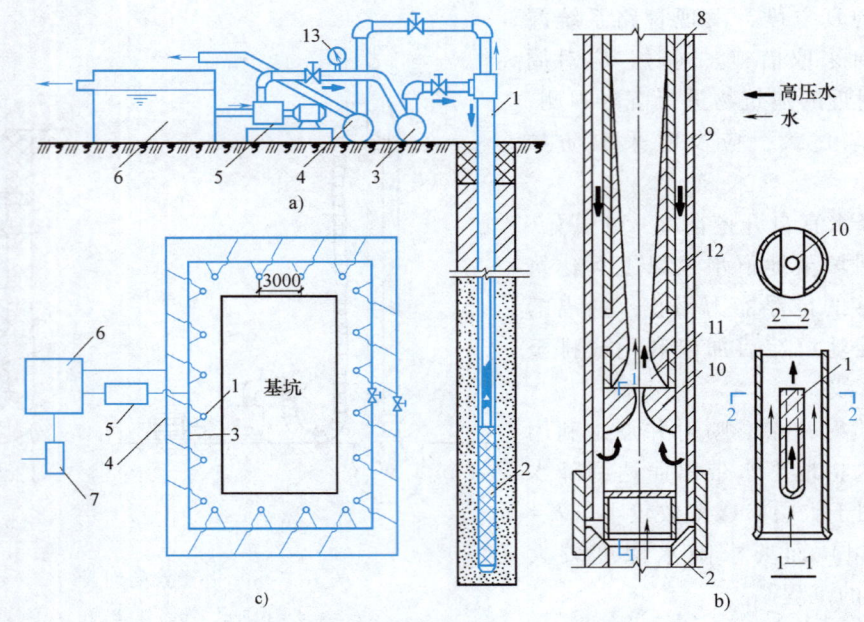

图 3-67 喷射井点设备及平面布置简图

a) 喷射井点设备简图　b) 喷射扬水器原理图　c) 喷射井点平面布置

1—喷射井管　2—滤管　3—进水总管　4—排水总管　5—高压水泵　6—集水池　7—水泵
8—内管　9—外管　10—喷嘴　11—混合室　12—扩散管　13—压力表

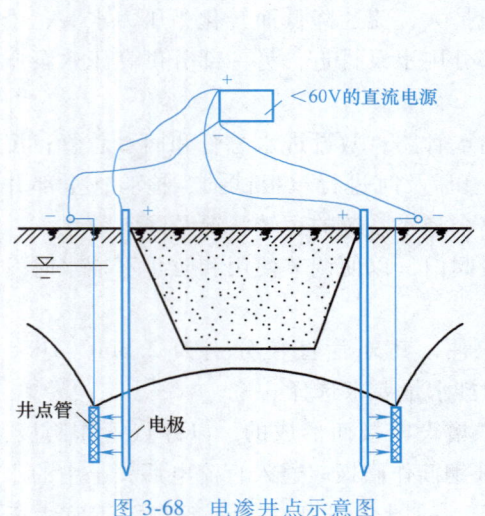

图 3-68 电渗井点示意图

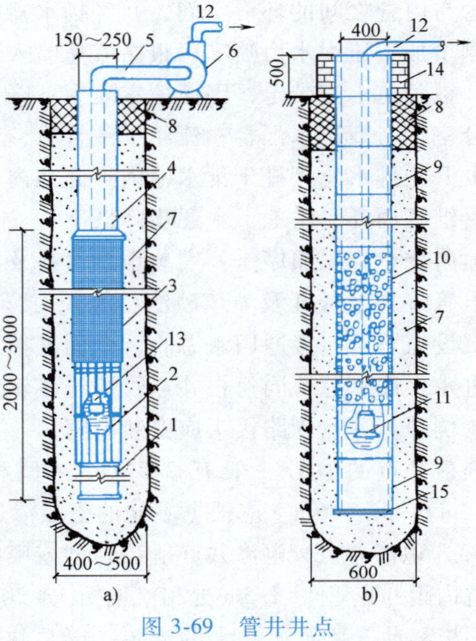

图 3-69 管井井点

a) 钢管管井　b) 混凝土管管井

1—沉砂管　2—钢筋焊接骨架　3—滤网　4—管身　5—吸水管
6—离心式水泵　7—小砾石滤水层　8—黏土封口
9—混凝土实管　10—水泥砾石管　11—潜水泵　12—出水管
13—吸水龙头　14—井台　15—封底板

凝土井管安装沉入，周围填充不少于 100mm 厚度的砂石滤水层，经洗井后安装水泵而成。井管直径应根据含水层的富水性及水泵性能确定，且外径不宜小于 200mm，内径宜比水龙头或潜水泵外径大 50mm。水泵可采用 2~4in 单级离心式水泵或潜水泵。

管井的间距一般为 6~15m，管井的深度为 8~15m。井内水位降低可达 6~10m，两井中间水位则可降低 3~5m。

当要求降水深度很大时，可将管井加深并使用深井泵抽水，其降水深度可达 30m 以上，井点间距为 10~30m，常用深井潜水泵排水。

4. 截水法

截水法也称封闭式降水，是在基坑周围设置止水挡墙或截水帷幕等封闭基坑，切断外部向基坑内的渗水通道，仅在基坑内进行疏干降水的地下水控制方法，如图 3-70 所示。这种方法有利于保护地下水环境、避免基坑周围地面沉降带来的隐患。

常用的截水帷幕的做法有深层搅拌法、压密注浆法、冻结法等。止水挡墙可采用地下连续墙、水泥土墙、型钢水泥土墙、钢板桩、咬合桩等阻水支护挡墙，也可在排桩间用旋喷、摆喷水泥土桩进行封闭，或采用在无阻水功能的支护结构后加设水泥土截水帷幕的复合挡墙形式。

截水帷幕的厚度应满足防渗要求，其深度应插入下卧不透水层或封底层内 $0.2h~0.5b$（其中 h 为作用水头，b 为帷幕厚度）。坑内设置降水井点将土疏干并使水位降至基坑底 0.5m 以下，当有较大压力的承压水层时还应设置减压井，防止坑底隆起或突涌。

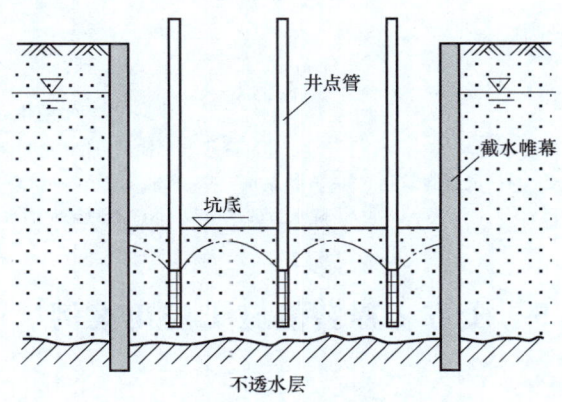

图 3-70 封闭式降水（截水法）示意图

5. 降水危害与预防

降排地下水会造成土颗粒流失或土体压缩固结，易引起周围地面沉降。由于土层的不均匀性和形成的水位呈漏斗状，地面沉降多为不均匀沉降，可能导致邻近建筑物倾斜、下沉、道路开裂或管线断裂。因此，降排地下水时，必须采取防沉措施，以防发生危害。

（1）回灌法　对于浅层潜水可用砂井、砂沟回灌，对于承压水则需用回灌井进行回灌。该方法是在降水井点与需保护的建筑物、构筑物间设置一排回灌沟、回灌井。在降水的同时，向土层内灌入适量的水，使既有建筑物下仍保持较高的地下水位，以减小其沉降程度，如图 3-71a 所示。

为确保基坑施工安全和回灌效果，同层回灌沟、回灌井与降水井点之间应保持不小于 6m 的距离，且降水与回灌应同步进行。同时，在回灌沟、回灌井两侧要设置水位观测井，监测水位变化，调节控制降水井点和回灌井点的运行以及回灌水量。

（2）设置止水帷幕法　在降水井点区域与既有建筑物之间设置一道止水帷幕，使基坑外地下水的渗流路线延长，从而使既有建筑物的地下水位基本保持不变。止水帷幕可结合挡土支护结构设置，也可单独设置，如图 3-71b 所示。常用的止水帷幕的做法有深层搅拌法、压密注浆法、冻结法等。

（3）减少土颗粒损失法 降水应严格控制出水含砂量。稳定抽水 8h 后的含砂量，土层为粗砂时不得超过 1/50000，中砂为 1/20000，粉细砂为 1/10000。可采用加长井点，调小水泵阀门，减缓降水速度，选择适当的滤网，加大砂滤层厚度等方法，均可减少土颗粒随水流带出。

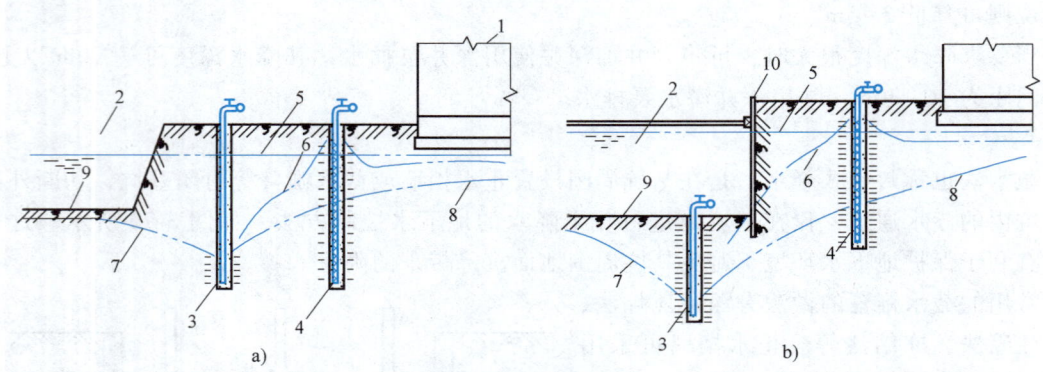

图 3-71 回灌井点布置示意图
a）降水与回灌井点 b）加阻水支护结构的回灌井点
1—既有建筑物 2—开挖基坑 3—降水井点 4—回灌井点 5—原有地下水位线 6—降灌井点间水位线
7—降水后的水位线 8—不回灌时的水位线 9—基坑底 10—截水挡墙

3.5 土方工程智能施工应用案例

3.5.1 深圳中山大学·建设工程项目

1. 项目概况

本工程为深圳中山大学-建设工程项目Ⅲ标，建筑用地面积 657500m²，总建筑面积 510000m²。场地围绕猪公山、猪婆山两座山头建设（图 3-72），共包含高边坡、地下管廊、高填方道路等室外工程及大礼堂、体育场馆等 15 栋建筑。

2. 项目特点

本工程拟建场地原始地貌属于丘陵地貌，场地内以猪公山、猪婆山为中心，分布有若干座无名山，高程分别为 126.02m、113.11m、101.63m。场地起伏变化大，局部地段为山林及泥沼地；项目场地内高差较大，最大高差为 106m。

图 3-72 场地航拍图

本工程为群体工程，单体数量较多。工程共计 15 个单体，多处单体与山地密切结合，标高情况复杂。以本工程单体东区教学实验组团为例（图 3-73）：在外部，该单体西南角贴近山体，单体与山体之间规划有一条盘山公路，最大回填深度约 13m，回填土方量较大；在内部，单体分为4部分，4部分标高由低到高依次为31.1m、32.74m、37.84m、42.5m。土方开挖情况较为复杂。

3. 无人机在土方算量方面的应用

工程中一块土方开挖量较大的场地，占地面积约151000m²，同时该区域存在高边坡以及基坑开挖土方，土方作业情况较为复杂，为在短时间内得到较为精确的土方量，从而指导现场开挖方案并安排下一步计划。现场利用无人机对该块场地进行3D扫描采集照片，通过建模

图3-73 东区教学实验组团与山体的关系

软件将图片导入，生成该区域在深圳市坐标系下的实景模型。使用模型处理软件，可按计算需要选择土方算量范围，使计算范围更加精确，如图3-74所示。

图3-74 计算范围的选定

为比较土方开挖剩余量，只需要通过对现状地形表面与场平地形表面进行对比即可。本工程中采用AuotoCAD Civil3D对挖填关系进行算量，将现状地形表面定义为基准曲面，将场平地形表面定义为对照曲面，通过分析两个曲面之间的关系来确定挖填方量，如图3-75~图3-78所示。

图3-75 Civil3D现状地形表面

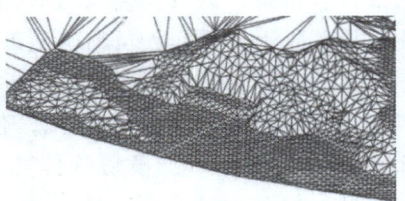

图3-76 Civil3D场平地形表面

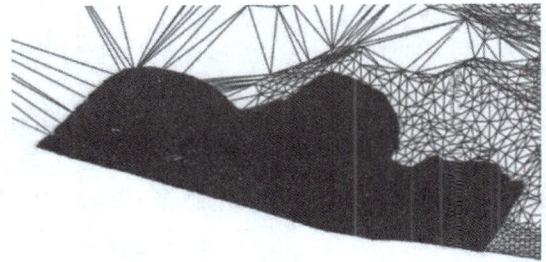

图3-77 Civil3D现状地形表面与场平地形表面整合

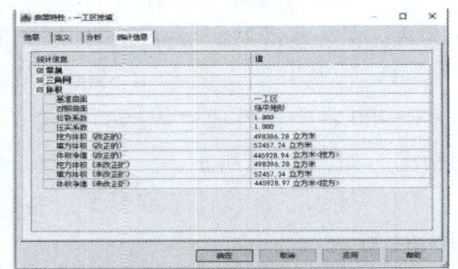

图3-78 Civil3D土方算量结果

3.5.2 深圳北理莫斯科大学·建设工程项目

1. 项目概况

深圳北理莫斯科大学位于香港中文大学（深圳）的西南侧，深圳市龙岗区大运新城西南侧，水官高速—盐龙大道西北侧。校内人工湖总岸线长约771m，水域总面积约为10448m^2，分为J1、J2两个分区，如图3-79和图3-80所示。J1区为主湖区，岸线长约435m，水域面积约为8479m^2，主湖区水深为0.7～2.0m；J2区为跌水区，岸线长约336m，水域面积约为1969m^2，跌水区水深为0.7～2.0m，跌水高差为0.4m，共布置有3级跌水汀步。

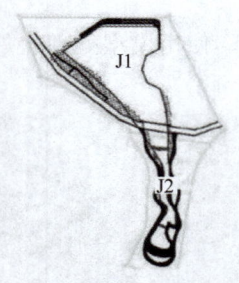

图3-79 人工湖平面

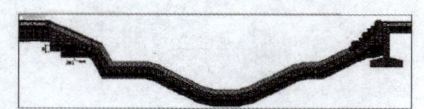

图3-80 人工湖剖面

人工湖湖岸线复杂，坡面形式多样，施工时间处于雨季。采用传统施工方法测量工作量大，施工难度高。

2. 工作原理

智能土方开挖数字化系统运行时，互联工地基准站实时向挖掘机上的接收机发送差分信号，安装在挖掘机上的GNSS接收机和无线电接收器，接收卫星信号和基站发送的差分信号进行实时厘米级定位；经过读取安装在挖掘机上的各种坡度传感器，解算校准过的主要枢轴尺寸，获得铲斗实时、精确的三维位置信息。系统通过比较数字化三维设计基准模型与当前铲斗所处位置信息，以机器模拟图形、数值和声音信号等多种方式指示实际铲斗与目标工作面的相对位置，引导操作人员精确施工。

3. 施工流程

（1）建立模型 根据设计图，使用TBC（Trimble Business Center）模型软件建立三维设计基准模型，如图3-81所示。

（2）建立基准站 在开阔地区建立工地互联基准站，保证基准站信号强度，如图3-82所示。

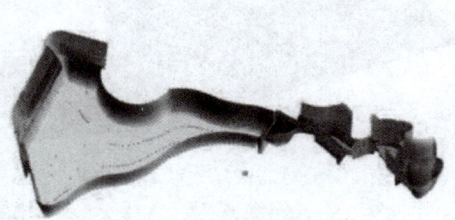

图3-81 人工湖三维设计基准模型

（3）智慧开挖系统（GCS900）安装调试 将GCS900各个部件通过焊接的方式安装到挖掘机的相应部位，并将设备调试好，确保施工的精度，如图3-83所示。

（4）导入三维设计基准模型 将已建好的三维设计基准模型导入控制箱CB460中，如图3-84所示。

（5）施工作业 操作人员根据控制箱CB460中显示的数值进行施工作业，如图3-85所示。

图 3-82　互联基准站

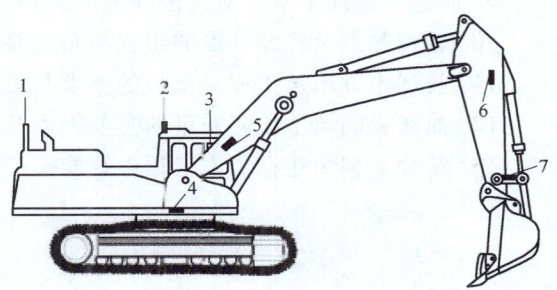

图 3-83　设备安装调试
1—GPS 接收机 MS99x×2　2—电台 SNR43x/242x
3—机身传感器 AS460　4—控制箱 CB460
5—大臂角度传感器 AS450　6—二臂角度传感器 AS450
7—挖斗角度传感器 AS450

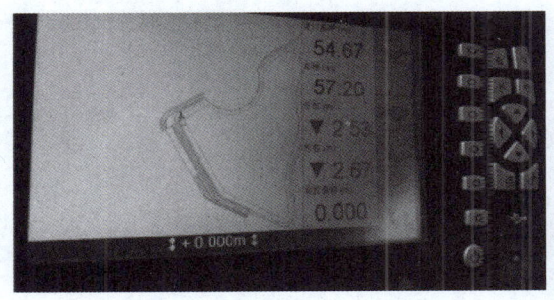

图 3-84　三维设计基准模型导入控制箱 CB460

图 3-85　操作人员操作挖掘机作业

4. 智能土方开挖数字化技术与传统施工工艺的区别

智能土方开挖数字化技术不需要测量人员打桩放样，减少人机混合的作业时间，消除安全隐患，提高机械工作效率；以图形、数值、不同高程 LED 显示和声音信号等多种方式指示实际铲斗与目标工作面的相对位置，引导操作人员精确施工；在视力不及的盲区（例如水下），铲斗也能精确完成坡度、高程控制；可以日夜快速、精确施工，缩短工期，保证施工质量；精确控制坡度、平整度，直观可视。

习　题

1. 土方工程施工的特点及组织施工的要求有哪些？
2. 什么是土的可松性？简述可松性系数的意义及用途。
3. 土的含水率对施工有何影响？什么是最佳含水率？
4. 影响土方边坡稳定的因素主要有哪些？
5. 简述土钉墙支护的原理、土钉墙的施工顺序。
6. 常见支护结构的挡墙形式有哪几种？各适用于何种情况？
7. 对地下水的控制方法有哪些？基坑降水的方法有哪几种？

8. 简述流砂现象发生的原因及主要防治方法。
9. 简述降低地下水位对周围环境的影响及预防措施。
10. 轻型井点及管井井点的组成与布置要求有哪些？
11. 简述土方填筑工程对土料的要求及填筑施工要点。
12. 简述影响填土压实质量的主要因素及保证质量的主要方法。
13. 结合案例简述在土方工程中智能施工机械的优势。

第4章

基础工程

基础是建筑物的重要构成部分,通常将独立基础、条形基础、筏板基础、箱形基础、壳体基础等归类为浅基础,其埋深小于或等于基础宽度,一般认为不超过5m。将桩基础、地下连续墙、墩式基础、沉井(箱)基础等归类为深基础,其适用于浅层土质不良,需利用深层处的良好地层来承担上部结构荷载的地质情况。浅基础的施工工艺简单,不再赘述。本章重点介绍深基础中应用最为广泛且施工工艺较复杂的桩基础施工,并简要介绍其他类型深基础的施工流程。

桩基础由若干根沉入地基土中的桩和连接于桩顶端的承台组成,如图4-1所示。因其施工工艺技术成熟度较高、承载力大、沉降量小等技术优势,而被广泛采用。

按桩与土体作用性质的不同,桩可分为端承型桩(端承桩、摩擦端承桩)和摩擦型桩(摩擦桩、端承摩擦桩);按成桩方法与工艺的不同,桩可分为非挤土桩、部分挤土桩和挤土桩;按施工方法的不同,桩可分为预制桩和灌注桩。

本章涉及的规范主要有:《建筑地基基础工程施工质量验收标准》(GB 50202—2018)、《建筑桩基技术规范》(JGJ 94—2008)、《静压桩施工技术规程》(JGJ/T 394—2017)、《大直径扩底灌注桩技术规程》(JGJ/T 225—2010)、《长螺旋钻孔压灌桩技术标准》(JGJ/T 419—2018)、《随钻跟管桩技术规程》(JGJ/T 344—2014)、《混凝土预制桩啮合式机械连接技术规程》(T/CECS 516—2018)。

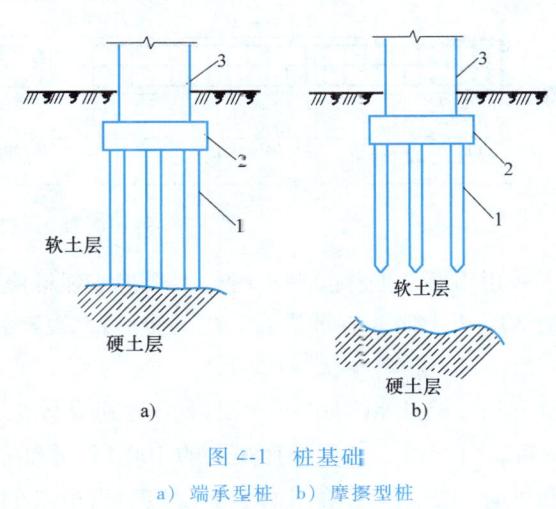

图4-1 桩基础
a) 端承型桩 b) 摩擦型桩
1—桩 2—承台 3—上部结构

4.1 预制桩施工

预制桩以钢筋混凝土方桩和预应力混凝土空心管桩较为常见,具有承载能力强且桩的制作和沉桩工艺简单、施工速度快、成本较低等优点。常用的沉桩方法有锤击沉桩、静力压桩和振动沉桩等。这里以典型的钢筋混凝土方桩为例介绍预制桩的施工工艺,其他类型预制桩施工与之类似。

4.1.1 桩的制作、起吊、运输和堆放

1. 桩的制作

为保证桩身质量，一般情况下，预制桩应在预制构件厂制作。为便于运输，长度超过 12m 的桩，需分节预制，在沉桩过程中逐节接桩，但接头不宜超过 3 个。

混凝土预制桩的截面边长不应小于 200mm；预应力混凝土预制实心桩的截面边长不宜小于 350mm。预制桩所用混凝土强度等级不应低于 C30；预应力混凝土桩的混凝土强度等级不应低于 C40。桩身钢筋的保护层厚度不宜小于 40mm。

浇注桩身混凝土时，应由桩顶向桩尖连续进行，严禁中断，应振捣密实，并应防止另一端砂浆积聚过多。浇注完毕，应及时养护。桩顶和桩尖处不得有蜂窝、麻面、露筋、裂缝和掉角等质量问题。

钢筋混凝土预制桩主筋连接宜采用对焊或电弧焊，当钢筋直径不小于 20mm 时，宜采用机械接头连接。钢筋接头应错开，同一截面内的接头数量不得超过 50%，相邻主筋接头截面的距离应大于 35d，且不应小于 500mm。桩顶和桩尖处的箍筋应加密，若采用锤击法沉桩还应在桩顶设置钢筋网片。钢筋混凝土预制方桩标准配筋图如图 4-2 所示。

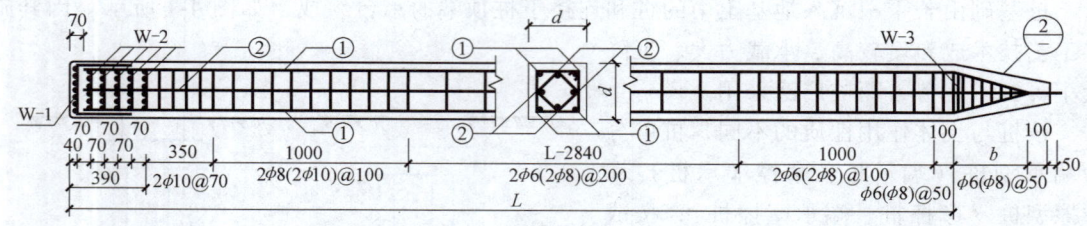

图 4-2 钢筋混凝土预制方桩标准配筋图

采用重叠法制作预制桩时，上层桩或邻桩浇注，必须在下层或邻桩的混凝土达到设计强度的 30% 以上时，方可进行。桩的重叠层数应考虑场地承载力，且一般不超过 4 层。

2. 桩的起吊、运输和堆放

钢筋混凝土预制桩应在混凝土达到设计强度的 70% 后方可起吊，达到设计强度的 100% 后才能运输。在起吊时，吊点应符合设计计算规定。当吊点少于或等于 3 个时，其位置应按正、负弯矩相等的原则计算确定；当吊点多于 3 个时，则应按反力相等的原则计算确定。常见的几种合理吊点位置，如图 4-3 所示。桩起吊时应保持平稳，保护桩身。

预制桩运输时，其支点应与吊点位置一致，并使桩身平稳放置，避免较大振动。对现场较短的桩，可直接用汽车式起重机或履带式起重机运输。严禁在场地上直接拖拉桩体。

桩的堆放场地必须平整、坚实。应按不同规格、

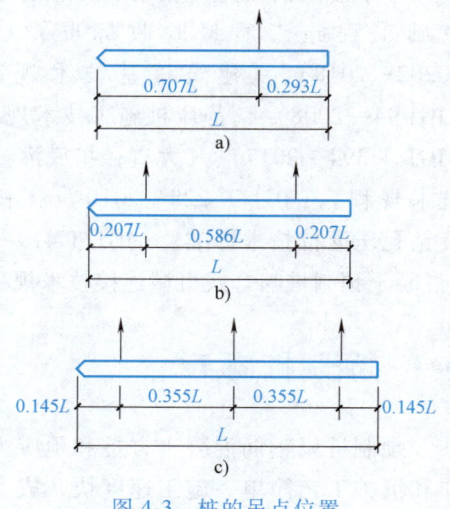

图 4-3 桩的吊点位置

长度及施工流水顺序分别堆放。堆放时应设垫木,其位置与吊点位置相同,各层垫木应在同一垂直线上。当场地条件许可时,宜单层堆放;当叠层堆放时,一般不宜超过4层;且应在垂直于桩长度方向的地面上设置2道垫木,其位置应分别位于距桩端20%桩长处。

4.1.2 锤击沉桩法施工

锤击沉桩法也称为打入法,是利用桩锤的冲击机械能,克服土体对桩的阻力,将桩沉入土中的方法。该方法具有施工速度快、机械化程度高、适用范围广等优点,缺点是噪声及振动大、对桩身质量要求较高(强度达到设计强度的100%且满足龄期不少于28d)。

1. 打桩机

打桩机主要由桩锤和桩架构成。在选择打桩机具时,应根据场地土质、工程规模、桩的规格类型、动力供应条件和其他现场情况综合确定。

(1) 桩锤 常见的桩锤有柴油锤、振动桩锤和液压锤等。桩锤类型及特点见表4-1。

表4-1 桩锤类型及特点

桩锤种类	工作原理	适用范围	优缺点
柴油锤	利用燃油爆炸,推动活塞上下往复运动	1. 最宜于打木桩、钢板桩 2. 不适合在过硬或过软的土中打桩	优点:附有桩架、动力等设备,机架轻,移动便利,打桩快,燃料消耗小,质量小,不需要外部能源 缺点:软弱土层中起锤困难,噪声大、有油烟污染
振动桩锤	利用偏心轮引起激振,通过刚性连接的桩帽将振动传到桩上,使桩周围土体受迫振动,减小桩侧与土体间的摩阻力,靠锤和桩自重沉桩。拔桩时,边振动边用起重设备将桩拔起	1. 适宜于打钢板桩、钢管桩、钢筋混凝土桩 2. 宜用于砂土、塑性黏土及松软砂黏土 3. 卵石夹砂及紧密黏土中效果较差	优点:沉桩速度快,适应性大,施工操作简单安全,施工费用低,无污染,可兼用作沉桩和拔桩作业 缺点:不适宜打斜桩,也不易在硬土层中沉桩
液压锤	冲击缸体通过液压油顶升与降落,冲击缸体下部充满氮气,用以延长对桩体施加压力的时间,从而获得更大的贯入度	1. 适宜于打各种桩 2. 可用于拔桩和水下打桩	优点:不需要外部能源,工作可靠、操作方便,可随时调节锤击力大小,效率高,不易损坏桩头,噪声小,振动小,无废气排出 缺点:构造复杂,造价高

选择桩锤时应遵循"重锤低击"的原则。否则,锤击能量很大部分会被桩身吸收,桩不仅不易打入,而且容易打碎桩头。应根据地质条件、桩的类型、桩的长度、桩身结构强度、桩群密集程度以及施工条件等因素来确定桩锤类型及质量,其中尤以地质条件影响最大。当锤重为桩重的1.5~2倍时,沉桩效果较好。

(2) 桩架 桩架(图4-4)具有悬吊桩锤、吊桩就位和为打桩导向的功能。桩架的形式多种多样,往往与桩锤配套使用。它主要由支架、导向架、起吊设备、动力设备和移动设备等构成。常见的桩架有履带式和步履式两类,其选择应综合考虑桩锤类型、桩的长度和施工现场条件等。

2. 沉桩前的准备工作

在沉桩作业前,应做好施工现场自然条件、地质状况、附近建筑物及附近地下管线等相关资料的调查；清除妨碍打桩施工的地上、地下障碍物，平整场地并做好排水工作；做好放线、定桩位、设标尺工作；准备好材料、机具，并接通水源、电源；进行打桩试验，以便检验设备和工艺是否符合要求；确定合理的打桩顺序。

在进行打桩施工时，由于桩对土体的挤密作用，后续打入的桩不但较先打入的桩下沉困难，并可能导致其偏移和变位，也有可能对周围建筑物产生一定的不利影响。因此，打桩顺序合理与否，会影响打桩速度、打桩质量及周围建筑物安全。

打桩顺序一般分为：逐排打、自边缘向中间打、自中间向边缘打和分段对称打等，如图4-5所示。

1）逐排打。桩架单向移动，桩的就位与起吊均很方便，故打桩效率较高。但它会使土体向一个方向挤压，导致土体挤压不均匀，后面桩的打入深度逐渐减小，最终会引起建筑物的不均匀沉降。

2）自边缘向中间打。中间部分土体挤压较密实，不仅使桩难以打入，而且在打中间桩时，还有可能使外侧各桩被挤压而浮起。

3）自中间向边缘打。可减少打桩对土体挤压不均匀的影响。

4）分段对称打。可分散打桩对土体的挤压力。但打桩机要经常移位，影响打桩效率。

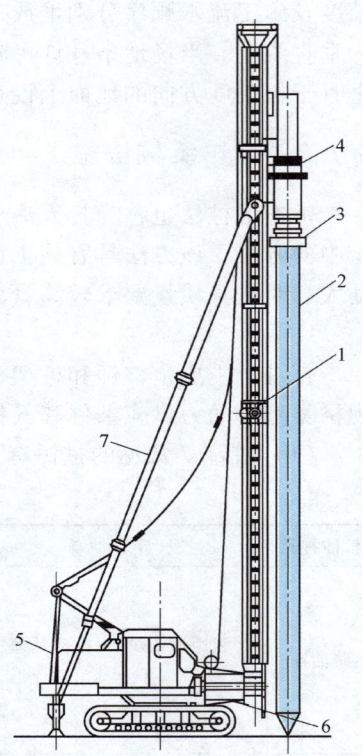

图 4-4 打桩机桩架
1—立柱 2—桩 3—桩帽 4—桩锤
5—机体 6—支撑 7—斜撑

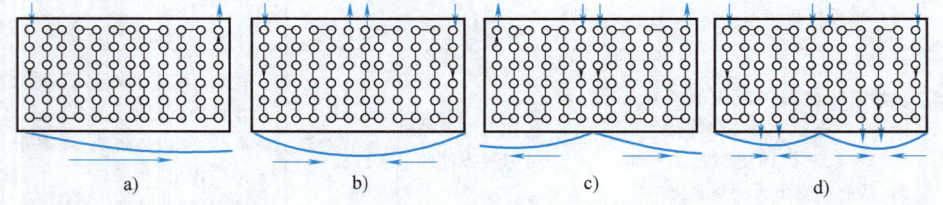

图 4-5 打桩顺序与土壤挤压情况
a) 逐排打 b) 自边缘向中间打 c) 自中间向边缘打 d) 分段对称打

前两种打法可用于桩距较大，即桩的中心距大于或等于4倍桩径（或断面边长）时的施工。后两种打法均适用于桩距较小时的施工。

若同一工程的桩，其埋深、规格有较大差异时，宜遵循"先深后浅、先大后小、先长后短、先密后疏"的原则施打。

3. 锤击沉桩法施工工艺

打桩的工艺过程包括：桩机移动就位→吊桩和定桩→打桩→接桩→送桩→截桩。

（1）桩机移动就位 桩机就位时桩架应垂直，导杆中心线与打桩方向一致，校核无误后将其固定。

（2）吊桩和定桩 桩机就位后，将桩锤和桩帽吊升起来，其高度超过桩顶，再吊起桩

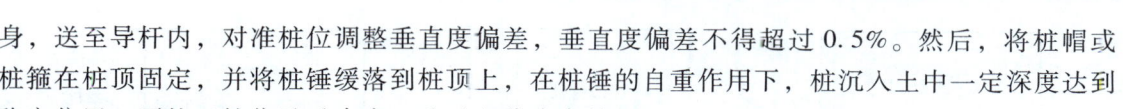

身，送至导杆内，对准桩位调整垂直度偏差，垂直度偏差不得超过 0.5%。然后，将桩帽或桩箍在桩顶固定，并将桩锤缓落到桩顶上，在桩锤的自重作用下，桩沉入土中一定深度达到稳定位置，再校正桩位及垂直度，此过程称为定桩。

（3）打桩　打桩开始时，用短落距轻击数锤至桩入土一定深度后，观察桩身与桩架、桩锤是否在同一垂直线上，然后再以全落距施打。桩的施打原则是"重锤低击"，这样可使桩锤对桩头的冲击小，回弹也小，桩头不易损坏，大部分能量都能用于沉桩。

打桩过程中，应注意贯入度变化，做好打桩记录。如遇贯入度剧变、桩身突然倾斜、位移、回弹，桩身产生严重裂缝或桩顶破碎等异常情况，应暂停施打，与有关单位研究处理后再继续作业。

打桩质量首先应满足承载能力要求。桩端位于一般土层时，以控制桩端设计标高为主，贯入度可作参考；桩端达到坚硬、硬塑的黏性土、中密以上的粉土、砂土、碎石类土、风化岩时，以贯入度控制为主，桩端标高可作参考。贯入度已达到设计要求而桩端标高未达到时，应继续锤击 3 阵，并按每阵（10 击）的贯入度不应大于设计规定的数值确认。群桩的桩位偏差不得超过表 4-2 的规定。桩顶、桩身应无损坏，桩顶以下 1/3 桩长内应无水平裂缝。

表 4-2　群桩桩位的允许偏差

项目		允许偏差
带有基础梁的桩	垂直基础梁的中心线方向	100mm+0.01H
	沿基础梁的中心线方向	150mm+0.01H
桩数为 1~3 根桩基中的桩		100mm
桩数为 4~16 根桩基中的桩		1/2 桩径或边长
桩数大于 16 根桩基中的桩	最外边的桩	1/3 桩径或边长
	中间桩	1/2 桩径或边长

（4）接桩　当设计桩较长时，需分段施打，并在现场进行接桩。应避免桩尖接近或处于硬持力层中时接桩。常见的桩的连接方式有焊接、法兰连接和机械快速连接（常见的有啮合式和螺纹式）。桩的接头形式如图 4-6 所示。

采用焊接接桩时，钢板宜采用低碳钢，焊条宜采用 E43。下节桩的桩头宜高出地面 0.5m，并在下节桩的桩头处设导向箍，以便保持上下节桩顺直和对位准确。焊接宜在桩的四周对称地进行，待上下节桩固定后拆除导向箍再分层施焊；焊接层数不得少于 2 层，第一层焊完后必须把焊渣清理干净，方可进行第二层施焊，焊缝应连续饱满。焊好后的桩接头应自然冷却不少于 8min，方可继续锤击。

（5）送桩　当桩顶设计标高在地面以下，或由于桩架导杆结构及桩机平台高程等原因而无法将桩直接打至设计标高时，通过使用送桩器辅助将桩沉至设计标高的过程称为送桩。

送桩器为一种工具式短桩，一般为圆筒形，应有足够的强度、刚度和耐打性，长度应满足送桩深度的要求，弯曲度不得大于 1/1000。其上下两端面应平整，且与送桩器中心轴线垂直；其大小规格、选型应和桩匹配。

锤击沉桩的送桩深度一般不宜大于 2m；当桩顶打至接近地面需要送桩时，应测出桩的垂直度并检查桩顶质量，合格后应及时送桩。送桩器和桩头之间应设置 1~2 层麻袋或硬纸

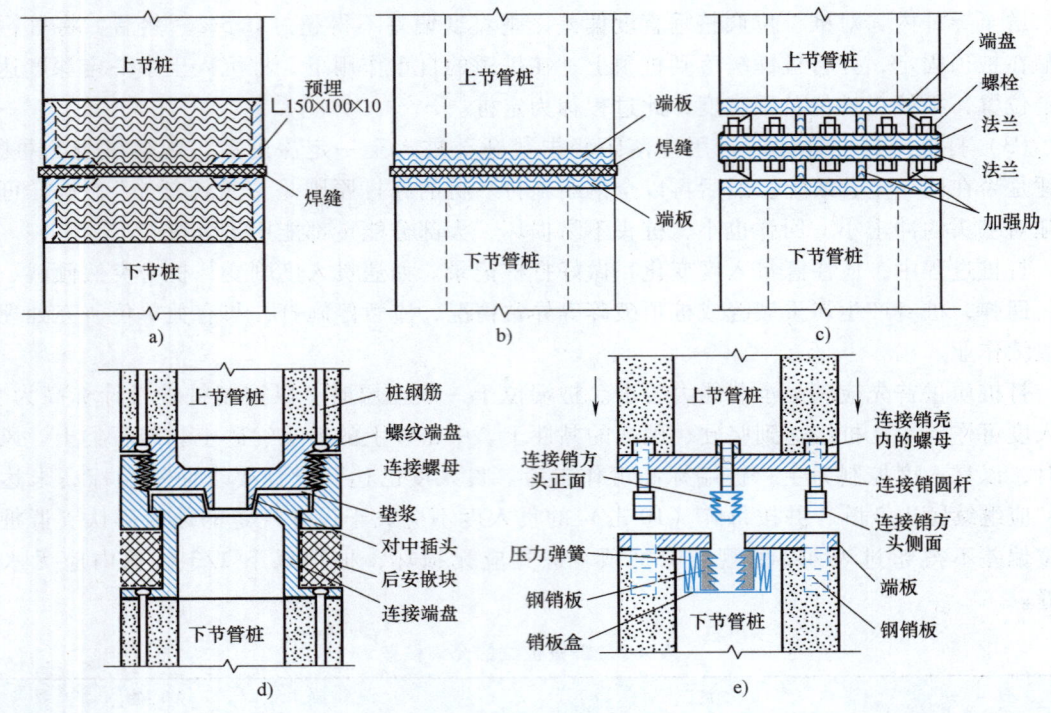

图 4-6 桩的接头形式

a) 方桩焊接连接 b) 管桩焊接连接 c) 管桩法兰连接 d) 管桩机械啮合连接 e) 管桩螺纹连接

板等衬垫；送桩的最后贯入度应参考相同条件下不送桩时的最后贯入度并修正；送桩后遗留的桩孔应立即回填或覆盖。

（6）截桩 截桩是沉桩完成后，需按设计要求的桩端标高，将桩头多余部位的混凝土凿除的过程。截桩过程中应注意不要破坏桩身混凝土，并保留好桩顶纵向主筋，以便将其锚入承台内，使桩和承台成为一个整体。桩筋锚入承台长度一般为 35 倍钢筋直径。

4. 辅助沉桩方法

（1）射水法 射水法辅助沉桩又称水冲法沉桩，是将射水管附在桩身上，用高压水流束将桩尖附近的土体冲松液化，减少了土与桩身的摩擦力，使桩借自重及桩锤作用下沉入土中。由于水冲法对土体几乎没有挤密作用，摩阻力将降低。该方法主要适合于砂土和碎石土，但在沉桩附近有建筑物时，由于水冲法可能会引起地基湿陷，在未采取有效防护措施之前不可使用该方法。水冲法沉桩装置示意图如图 4-7 所示。

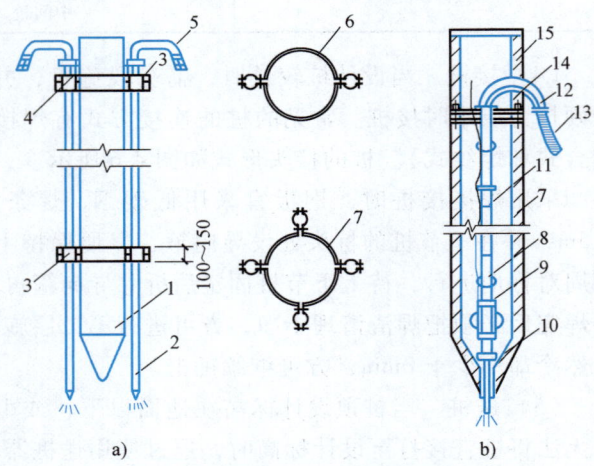

图 4-7 水冲法沉桩装置示意图
a) 外射水管式 b) 内射水管式
1—预制实心桩 2—外射水管 3—夹箍 4—木楔打紧
5—胶管 6—两侧外射水管夹箍 7—管桩
8—射水管 9—导向环 10—挡砂板 11—保险钢丝绳
12—弯管 13—胶管 14—电焊加强圆钢 15—钢送桩器

射水法沉桩可提高工效，在砂质或松软的砾石土中可以和锤击沉桩或振动沉桩联合使用。在坚实的砂土中，使用射水法可防止将桩打断或桩头打坏，并可提高工效2~4倍。需注意的是：水冲至距设计标高1~2m时，应停止射水，用振动或锤击打至规定标高。

（2）预钻孔法　预钻孔法辅助沉桩施工又称为植桩法沉桩，是在桩位预先钻出土孔，然后再将预制桩插入土孔中沉桩。预钻孔孔径可比方桩对角线（或桩径）小50~100mm，深度可根据桩距和土的密实度、渗透性确定，宜为桩长的1/3~1/2。若采用空心管桩，则可采用兼具钻孔和锤击功能的桩架，随钻随打。

此方法减少了土体的排挤量，可有效防止土体隆起和偏移，减少沉桩阻力和对周围环境的影响，在静压沉桩和振动沉桩中也可采用。此方法的缺点：单桩承载力有所降低；除沉桩设备外还需要钻孔设备配合，增加了对设备的需求；在工序上增加了钻孔过程，使施工过程复杂性有所增加。

5. 打桩过程中常见的问题及应对措施

1）桩顶、桩身被打坏。这可能与桩头钢筋设置不合理、桩顶与桩轴线不垂直、混凝土强度不足、桩尖通过硬土层、锤的落距过大、桩锤过轻、接桩质量差等因素有关。此时，应立即暂停施打，查明原因并采取有效措施后，方可继续进行。

2）桩位偏斜。可能的原因是：沉桩机械不平、定桩不正、桩身弯曲度超过规定值、桩尖偏离中轴线、地下有坚硬障碍物、接桩不正、桩距太近等。因此，施工时应严格检查桩的质量并按施工规范的要求采取适当措施。

3）打桩受阻。可能的原因是：土层中夹有较厚砂层、硬土层以及障碍物、桩距过小、桩锤质量选择不合适、打桩未连续进行（间歇时间过长导致土产生固结）等。此时，应暂停锤击，仔细查明对应原因，通过调整打桩顺序、调换桩锤等措施予以处理。必要时，经会商可采取截桩、补桩等措施。

4）一桩打下邻桩升起。桩贯入土中，使土体受到急剧挤压和扰动，其靠近地面的部分将在地表隆起和水平移动，当桩较密，打桩顺序又欠合理时，就会发生一桩打下，周围土体带动邻桩上升的现象。在这种情况下，应调整打桩顺序，或者采取植桩法施工以减少对土体的挤压效应。

5）贯入度剧变。可能的原因有桩折断、遇到软弱土层或空穴等。

4.1.3　静力压桩法施工

静力压桩（图4-8）是通过液压装置，利用压桩机（架）的自重和配重作为反作用力，将桩逐节压入土中。该法主要用于较软弱土层的场地，当存在厚度大于2m的中密以上砂夹层时，不宜采用。

与锤击法相比，静力压桩法具有对桩身强度和配筋要求低、无振动、无噪声、对周围环境影响小、场地整洁、操作自动化程度高、施工速度快、功效高、易于估计单桩承载力等优点。但压桩设备质量大、占地多，对施工场地要求较高。

图4-8　静力压桩机作业

目前，该方法在我国软土地区得到广泛应用。其施工的桩长可达 70m 以上，压桩机的最大设计压力可达 12000kN。

1. 静力压桩的施工工艺

在施工准备阶段，应根据现场地质条件、场地条件，综合考虑压桩机最大压桩力、外形尺寸、最小边桩距、船型履靴接地压强、夹持机构形式、吊桩机构性能等确定桩基型号。

静力压桩的施工，一般都采取分段压入，逐段接长的方法，其工艺流程为：测量定位→压桩机就位→吊桩、插桩→桩身对中调直→静压沉桩→接桩→再静压沉桩→送桩→终止压桩→截桩或用送桩器压到指定标高。

2. 施工注意事项

1）压桩施工时应随时注意使桩保持轴心受压，接桩时也应保证上下桩的轴线一致，并尽可能缩短接桩时间，以避免土体固结导致压桩困难。

2）当桩接近设计标高时，不可过早停压，否则，在补压时也会发生压不下去或压入过少的现象。

3）当桩尖碰到夹砂层时，压桩阻力可能突然增大，可采取停车再开、忽停忽开的办法，使桩尽可能缓慢下沉穿过砂层。如果工程中有少量桩确实不能压至设计标高而相差不多时，可以采取截桩的办法。

4）终压力值较估算值偏小超过 30% 时，宜在 24h 后复压；仍然偏小时，宜进行施工补充勘察，复核地质条件。

5）截桩宜采用锯桩机截割，空心桩应采用机械截割，严禁用压桩机将桩强行扳断。

6）送桩深度不宜大于 12m。当送桩深度大于 8m 时，送桩器应专门设计。

4.1.4 振动沉桩法施工

振动沉桩是利用固定在桩顶部的振动器（振动桩锤）所产生的激振力，使桩周围土体受迫振动，减小桩侧与土体间的摩阻力，并在重力及振动力的共同作用下，将桩沉入土中。该方法适用于在黏土、松散砂土及黄土和软土中沉桩，也适用于打钢板桩；若借助起重设备，还可用于拔桩。

振动桩锤构造如图 4-9 所示。按照振动频率振动桩锤可分为以下三种：

1）超高频振动桩锤。其振动频率为 100～150Hz，与桩体自振频率一致而产生共振，对土体产生急速冲击，可大大减小摩擦力，实现以最小的功率、最快的速度打桩，对周围环境振动影响小，适合在城市中施工。

2）中高频振动桩锤。振动频率为 20～60Hz，适用于松散冲击层、松散及中密的砂石层施工，但不适宜于黏土地区。

3）低频振动桩锤。它适用于大管径桩，多用于桥梁和码头工程，缺点是振幅大、产生的噪声大。

振动沉桩施工应控制最后三次振动，每次 5min

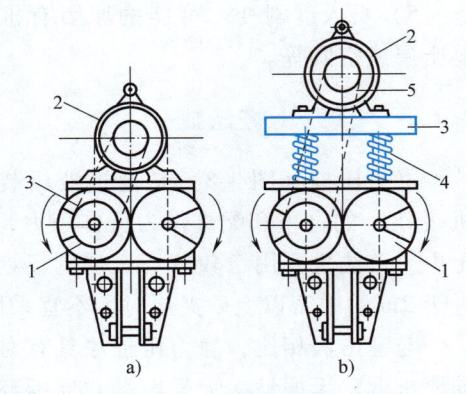

图 4-9 振动桩锤构造
a）刚性式 b）柔性式
1—激振器 2—电动机 3—传动带
4—弹簧 5—加荷板

或10min，以每分钟平均贯入度满足设计要求为准。振动沉桩施工的摩擦桩以桩尖进入持力层深度为准。

4.2 灌注桩施工

灌注桩是在施工现场的桩位上就地成孔，然后在孔内浇注混凝土或钢筋混凝土成桩的一种方法。灌注桩大多为非挤土桩，根据其成孔方式不同可分为干作业成孔灌注桩、泥浆护壁成孔灌注桩和钢套管护壁成孔灌注桩；也有部分类型的灌注桩为挤土桩，如沉管灌注桩、螺纹挤压灌注桩、三岔双向挤扩桩、爆扩桩等。

与预制桩相比，灌注桩桩身混凝土强度和配筋要求相对较低，并可制作大直径、大承载力桩。另外，灌注桩还具有能适应各种地层的变化，不需要接桩等优点。但也存在着不能立即承受荷载，操作要求严，在软土地基中易出现缩颈、断桩等质量隐患，冬期施工困难等缺点。

灌注桩的施工工艺和钻孔机具应根据桩型、钻孔深度、土层情况、泥浆排放及处理条件等综合确定。桩的成孔深度应符合如下要求：

1) 摩擦桩应以设计桩长控制成孔深度。当采用锤击沉管法成孔时，桩管入土深度控制应以标高为主，以贯入度控制为辅。

2) 对于端承型桩，当采用钻（冲）挖掘成孔时，必须保证桩端进入持力层的设计深度；当采用锤击沉管法成孔时，沉管深度控制以贯入度为主，以设计持力层标高对照为辅。

4.2.1 干作业成孔灌注桩

干作业成孔灌注桩是指先用螺旋钻机等成孔设备或人工在桩位处成孔，然后在孔内放入钢筋笼，再浇注混凝土而成桩。该方法适合在地下水位以上的黏性土、粉土、填土、中等密实以上的砂土、风化岩层中成孔。其常见的成孔机械主要有螺旋钻机、旋挖钻机、钻扩机和机动洛阳铲等。其中，螺旋钻机（图4-10）较为常见，它由主机、滑轮组、螺旋钻杆、钻头、滑动支架、出土装置等组成。成孔时由螺旋钻头切削土体，切下的土随钻头旋转并沿螺旋叶片上升而排出孔外。其成孔直径一般为300～800mm，最大深度可达30m。

按照工艺不同，螺旋钻成孔灌注桩可分为钻孔（扩底）成桩法和压灌混凝土后插笼法。

1. 钻孔（扩底）成桩法

该方法的主要工艺流程为：定桩位→钻机移动就位→钻孔→扩底（若设计有）→清孔→吊放

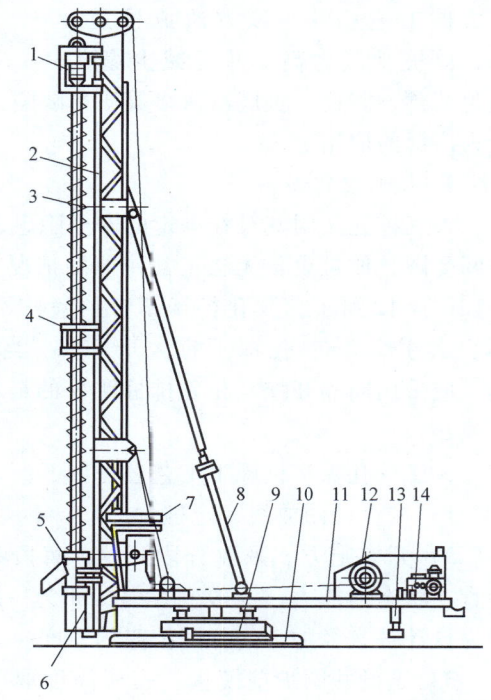

图4-10 步履式螺旋钻机
1—减速箱 2—臂架 3—钻杆 4—导向套
5—出土装置 6—前支腿 7—操纵室 8—斜撑
9—中盘 10—下盘 11—上盘 12—卷扬机
13—后支腿 14—液压系统

钢筋笼→浇注桩身混凝土。

钻孔时应保证钻杆位置准确且垂直稳定,防止钻杆晃动引起扩大孔径。钻进过程中,应随时清理孔口积土,遇到地下水、塌孔、缩孔等异常情况时,应及时处理。若为设计有扩大头的扩底灌注桩,则需要在钻进至设计标高后采用扩头钻或钻扩机进行扩底。钻孔完成后,应立刻清孔。随后吊放钢筋笼,并再次检查孔底虚土情况。采用漏斗、串桶或胶管灌注桩身混凝土,灌注过程应连续。灌注至桩顶以下5m范围内混凝土时,应随灌注随振动,每次灌注高度不得大于1.5m。灌注扩底桩混凝土时,第一次应灌到扩底部位的顶面,并随即振捣密实。

2. 压灌混凝土后插筋法

该技术也称为长螺旋钻孔压灌桩技术,是在长螺旋钻机钻孔至设计深度后,利用混凝土泵通过钻杆中心通道,以一定压力将混凝土压至桩孔中,钻杆随混凝土上升。混凝土灌注到设定标高后,移开钻杆,钻机吊钢筋笼就位,借助钢筋笼自重和专用振动设备,将钢筋笼插入混凝土中至设计标高而成桩,如图4-11所示。与传统成桩工艺相比,该方法成桩速度快,单桩承载力高,并可减少塌孔、

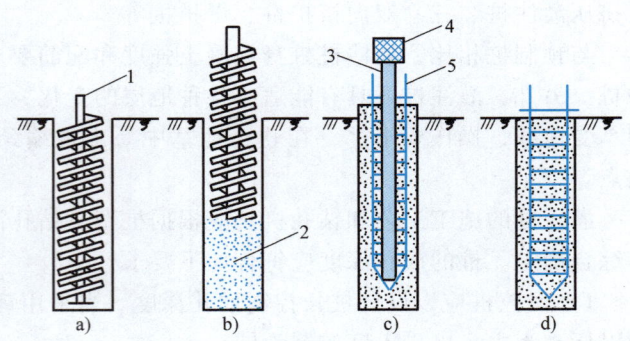

图4-11 压罐混凝土后插筋灌注桩施工工艺
a) 钻孔 b) 压灌混凝土并提钻 c) 插入钢筋笼 d) 拔出钢管,成桩
1—螺旋钻杆 2—混凝土 3—钢管 4—振动设备 5—钢筋笼

避免缩颈、露筋、桩底沉渣多等质量缺陷,在有少量地下水的情况下仍可成桩。近年来得到较为广泛的应用。

3. 人工挖孔工艺

人工挖孔法因其存在一定的安全隐患,属于限制使用的方法,一般多用于边桩、角桩等空间受限,成桩设备无法正常作业的情况。人工挖孔桩的构造如图4-12所示,其孔径(不含护壁)不得小于0.8m,且不宜大于2.5m;孔深不宜大于30m。当桩净距小于2.5m时,应采用间隔开挖。相邻排桩跳挖的最小施工净距不得小于4.5m。

人工挖孔灌注桩施工工艺过程如下:

1)按设计图放线,定桩位。

2)开挖土方。采取分段开挖,每段高度取决于土壁保持直立状态的能力,一般0.5~1.0m为一施工段,开挖孔直径为设计桩直径加2倍井圈护壁的厚度。

3)支设井圈护壁模板。模板高度取决于开挖土方施工段的高度,一般为1m,由4~8块活动弧形钢模板组合而成。

4)浇注井圈护壁混凝土。护壁厚度不应小于100mm,混凝土强度等级不应低于桩身混凝土强度等级。护壁混凝土要注意捣实,因它起着防止土壁塌陷与防水的双重作用。护

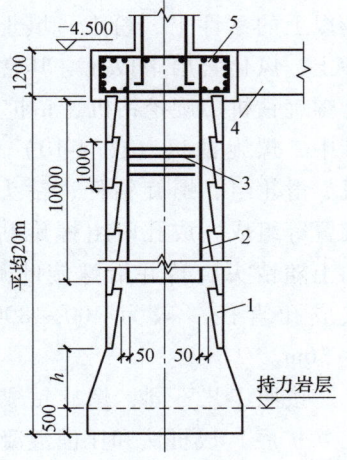

图4-12 人工挖孔桩的构造
1—护壁 2—主筋 3—箍筋
4—地梁 5—承台

壁应配置直径不小于 8mm 的构造钢筋,竖向钢筋应上下搭接或拉结。第一节井圈护壁顶面应高出场地平面 100～150mm,壁厚应比下面井壁厚度增加 100～150mm。井圈中心线与设计桩轴线的偏差不得超过 20mm。每节护壁均应在当日连续施工完毕。护壁混凝土浇注完成之后,可在不拆除模板的情况下继续开挖下一节。上下节护壁的搭接长度不得小于 50mm。

5)拆除护壁模板。拆除护壁模板应在灌注混凝土 24h 之后,发现护壁有蜂窝、漏水现象时,应及时补强。同一水平面上的井圈任意直径的极差不得大于 50mm。护壁模板拆除后,及时清理维护,并循环使用,如此直至挖到设计要求的深度。

6)排除孔底积水,浇注桩身混凝土。当挖到设计的桩底深度后,应按设计的直径进行扩底。扩底后,清除护壁上的泥土和孔底残渣、积水,验收合格后,应立即封底和灌注桩身混凝土。混凝土浇注必须通过溜槽或串桶,串桶末端距孔底高度不宜大于 2m;也可以采用导管下料,导管下口距浇注面应小于 2m,混凝土宜采用插入式振动器捣实。

安全措施:桩孔内须设置应急软梯供人员上下;人工挖孔的器具和保险装置须经过检验,合格后方可使用;每日开工前必须检测井下的有毒、有害气体,并有足够的安全防范措施;当开挖深度超过 10m 时,应有专门向井下送风的设备,风量不宜小于 25L/s;孔口四周必须设置护栏,护栏高度宜为 0.8m;挖出的土石方应及时清运,不得堆放在孔口周边 1m 范围内。

4.2.2 泥浆护壁成孔灌注桩

当地下水位较高时,往往采用泥浆护壁湿作业成孔或钢套管护壁成孔,以降低地下水渗流导致孔壁坍塌的可能性。钢套管护壁成孔灌注桩是近年来发展起来的新工法,是将钢管用压管机回转按压进土层,若压管过程中遇到硬土层或障碍物可用重锤辅助通过。至设计标高后,在钢套筒的围护下钻孔、清孔、吊放钢筋笼,最后浇注混凝土并拔出钢套管。该工法在普通工程中应用较少,此处不再赘述。

泥浆护壁成孔为常见工法,适用于地下水位以下的黏性土、粉土、填土、碎石土及风化岩层。该工法通常采用的成孔机械有旋挖钻机、回转钻机、潜水钻机、冲击钻机和冲抓锥等。

泥浆护壁成孔灌注桩施工程序如图 4-13 所示,设备布置如图 4-14 所示。

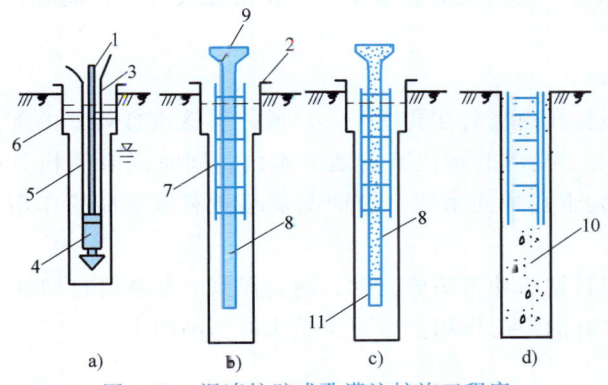

图 4-13 泥浆护壁成孔灌注桩施工程序
a)埋护筒、注泥浆、水下钻孔 b)下钢筋笼及导管
c)水下浇注混凝土 d)成桩
1—钻杆 2—护筒 3—电缆 4—潜水电钻 5—输水胶管 6—泥浆
7—钢筋笼 8—导管 9—料斗 10—混凝土 11—隔水栓

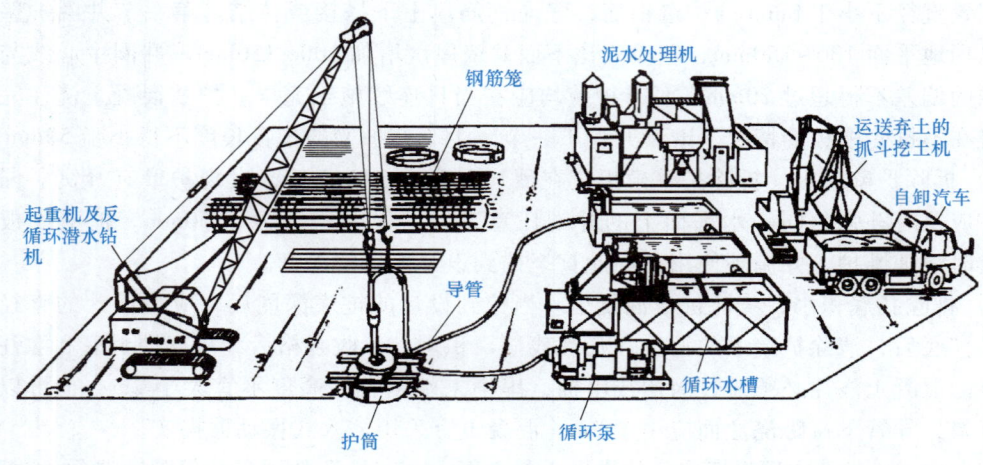

图 4-14 设备布置

1. 埋设护筒

护筒具有固定桩孔位置、防止地面水流入、保护孔口、增高桩孔内水压力、为成孔导向等作用。护筒埋设应准确、稳定,护筒中心与桩位中心的偏差不得大于 50mm。护筒一般采用 4~8mm 厚钢板制作,其内径应大于钻头直径 100mm,上部宜开设 1~2 个溢浆孔。在黏性土中,护筒的埋设深度不宜小于 1.0m,砂土中不宜小于 1.5m。护筒下端外侧应采用黏土填实,其高度尚应满足孔内泥浆面高度的要求。受水位涨落影响或水下施工的钻孔灌注桩,护筒应加高加深,必要时应打入不透水层。

2. 泥浆制备

泥浆通常在挖孔前利用专用设备制备,钻孔时输入孔内。在砂土或其他土中钻孔时,应采用高塑性黏土或膨润土加水配制护壁泥浆(相对密度 1.05~1.15)。若在黏性土和粉质黏土中成孔时,可向孔内输入清水,随着钻进而自成泥浆。泥浆的性能指标要符合规定的要求。施工期间护筒内的泥浆面应高出地下水位 1.0m 以上;在受水位涨落影响时,泥浆面应高出最高水位 1.5m 以上。为保证成孔质量,应在钻孔过程中,随时补充泥浆并调整泥浆的相对密度。

泥浆的作用主要如下:

1)护壁。泥浆在桩孔内吸附在孔壁上,形成一层透水性较差的泥皮,将孔壁上空隙填塞密实,防止漏水,由于孔内的水位高于地下水位,同时泥浆的相对密度大于水的相对密度,因此孔内的水压大于孔外的水压,护壁泥浆起到液体支撑的作用,以稳固土壁、防止塌孔。

2)排渣。采用回转钻或冲击钻成孔时,通过泥浆的循环可将切削下的泥渣排到地面。

3)减阻。对土体有润滑的作用,可减少钻头的切削阻力。

4)冷却钻头。

3. 成孔

泥浆护壁成孔灌注桩成孔的常见方法主要有挖孔、钻孔、冲孔和抓孔四种。

(1)挖孔 挖孔利用旋挖钻机成孔,通过其土斗下压和旋转切削孔底土体,并同时装入土斗,提出后卸土。该种钻机有多种土斗,可据土质情况选择和更换。挖孔直径为 600~

3000mm，成孔深度可达 110m 以上。该设备施工速度快、噪声小、适用范围广、孔底沉渣少。

（2）钻孔　钻孔常用潜水钻机，它是一种将动力、变速机构与钻头连着一起加以密封、潜入水中工作的钻机。钻机的钻头带有合金刀齿，由电动机带动刀齿切削土体。它具有体积小、质量小、桩架轻便、移动灵活、钻进速度快、噪声小等优点。钻孔直径为 600~800mm，钻孔深度可达 50m。它适用于在地下水位高的淤泥质土、黏性土、砂土等土层中成孔。

（3）冲孔　冲孔是利用冲击钻成孔，是把带钻刃的重钻头提高，靠自由下落的冲击力来削切土层或岩层，排出碎渣成孔。它适用于各类土层及风化岩、软质岩。

（4）抓孔　抓孔是将冲抓锥头提升到一定高度，锥斗内有压重铁块和活动抓片，下落时抓片张开，钻头自由下落冲入土中，然后开动卷扬机拉升钻头，此时抓片闭合抓土，将冲抓锥整体提升至地面卸土，依次循环成孔。冲抓锥成孔适用于碎石土、砂土、砂卵石、黏性土、粉土、强风化岩。

4. 泥浆循环排渣

成孔过程中所产生的泥渣通过成孔设备或泥浆循环排出孔内，根据泥浆循环方向可分为正循环排渣法和反循环排渣法。

正循环排渣法是指泥浆由钻杆内部沿钻杆从底部喷出，携带土渣的泥浆沿孔壁向上流动，由孔口将土渣带出，流入沉淀池，经沉淀的泥浆流入泥浆池，再由泵注入钻杆，如此循环，如图 4-15 所示。采用正循环回转钻机成孔，设备简单，操作方便，工艺成熟，当孔径小于 1000mm 且孔深不大时效率较高。

反循环排渣法是指泥浆由孔口流入桩孔内，同时通过泥浆泵在钻杆底部吸渣，使钻下的土渣由钻杆内腔吸出并排入沉淀池，沉淀后流入泥浆池，如图 4-16 所示。由于钻杆内腔断面比钻杆与孔壁间隙断面面积小得多，因此，泥浆的上返速度大，一般可达到 2~3m/s，可以提高排渣能力，保持孔内清洁，减少渣土在孔底重复破碎的概率，提高成孔效率。反循环排渣法是目前大直径成孔施工中一种高效、先进的工艺，应用较广泛。

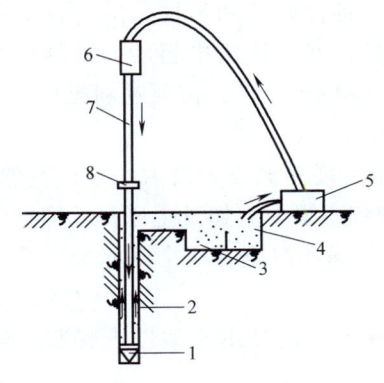

图 4-15　正循环排渣法
1、7—钻杆　2—泥浆循环方向　3—沉淀池
4—泥浆池　5—泥浆泵　6—水龙头
8—钻机回转装置

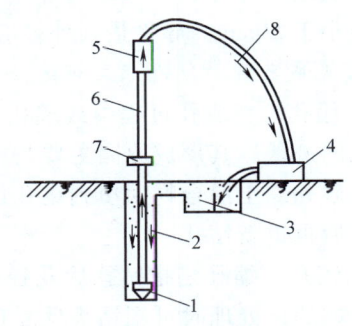

图 4-16　反循环排渣法
1、6—钻杆　2—新泥浆流向　3—沉淀池
4—泥浆泵　5—水龙头
7—钻机回转装置　8—混合液流向

5. 清孔

钻孔达到要求的深度后要清除孔底沉渣,以防灌注桩沉降过大、承载力降低。清孔应分两次进行,第一次清孔应在成孔完毕后进行,第二次应在安放钢筋笼和导管安装完毕后进行。第一次清孔可利用成孔钻具直接进行。清孔时应先将钻头提离孔底 0.2~0.3m,输入泥浆循环清孔,钻杆上下缓慢移动。孔深小于 60m 的桩,清孔时间宜在 15~30min;孔深大于 60m 的桩,清孔时间宜在 30~45min。第二次清孔一般采用反循环法,有泵吸和气举两种方式。在清孔过程中,应不断置换泥浆。浇注混凝土前,孔底 500mm 范围内的泥浆相对密度应小于 1.25,含砂率不得大于 8%,黏度不得大于 28Pa·s。清孔满足要求后,宜在 30min 内浇注混凝土。

6. 水下灌注混凝土

水下灌注混凝土常用导管法。它是将密封连接的钢管作为水下混凝土的灌注通道,以避免泥浆与混凝土接触,如图 4-17 所示。

灌注混凝土前,先将导管吊入桩孔内,导管顶部连接储料漏斗,底部距桩孔底 0.3~0.5m,在导管内放入隔水栓,用细钢丝悬吊,隔水栓可用预制混凝土块四周加橡皮封圈、橡胶球胆或软木球。

灌注混凝土时,先在漏斗内灌入足够量的混凝土,保证混凝土下落后能将导管下端埋入不小于 0.8m;然后剪断钢丝,隔水栓下落,混凝土随隔水栓冲出导管下口,并把导管底部埋入混凝土内;最后连续灌注混凝土,提升并逐节拆除导管,提升速度不宜过快,应保持导管始终埋在混凝土内 2~6m,这样连续灌注至桩顶。应控制最后一次灌注量,超灌高度宜为 0.8~1.0m。凿除泛浆高度后,必须保证暴露的桩顶混凝土强度达到设计等级。

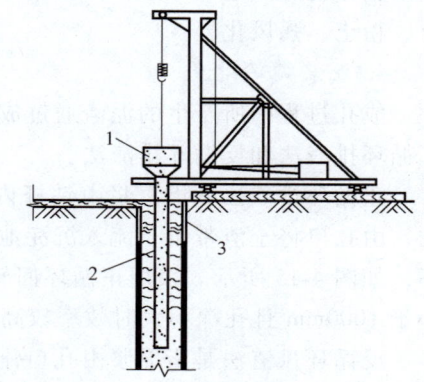

图 4-17 水下灌注混凝土示意图
1—漏斗 2—导管 3—护筒

水下灌注混凝土时,其强度等级不应低于 C25;粗骨料可选用卵石或碎石,其骨料粒径不得大于钢筋最小净距的 1/3,且应小于 40mm;必须具备良好的和易性,配合比应通过试验确定,坍落度宜为 180~220mm;砂率宜为 40%~50%,并宜选用中粗砂;混凝土保护层厚度不应小于 50mm。导管最大外径应比钢筋笼内径小 100mm 以上,以便顺利提出。

7. 常见成孔质量问题及处理方法

(1) 塌孔 在成孔过程中或成孔后,在泥浆中不断出现气泡或护筒内的水位突然下降,均是塌孔的迹象。其形成原因主要是土质松散、泥浆护壁不得力。如发生塌孔,应探明塌孔位置,将砂和黏土混合物回填到塌孔位置以上 1~2m;如塌孔严重,应全部回填,等回填物沉积密实后再重新钻孔。

(2) 缩孔 缩孔是指钻孔后孔径小于设计孔径的现象。这是由于塑性土膨胀或软弱土层挤压造成的,处理时可用钻头反复扫孔,以扩大孔径。

(3) 斜孔 成孔后垂直度偏差过大,常见原因有护筒倾斜和位移、钻杆不垂直、钻头导向性差、土质软硬不一或遇上孤石等。斜孔会影响桩基质量,并会给后面的施工造成困难。处理时可在偏斜处吊住钻头,上下反复扫孔,直至把孔位校直。

(4) 孔底沉渣过厚 端承型桩的孔底沉渣厚度不得超过 50mm,摩擦型桩不超过

100mm。成孔时应尽量清理，若无法保证沉渣厚度满足要求，可在钢筋笼上固定注浆管，待灌注混凝土后，向孔底高压注入水泥浆压实沉渣。

4.2.3 沉管灌注桩

沉管灌注桩是利用锤击或振动方法将带有桩尖（桩靴）的桩管（钢管）沉入土中成孔。当桩管打到要求深度后，放入钢筋笼，边灌注混凝土，边拔出桩管而成桩，其施工工艺如图 4-18 所示。沉管灌注桩施工速度快、操作简单、比较经济，但是设备性能使桩径、桩长都受到限制，施工有振动、噪声大、隐蔽性强，施工工艺不当易造成质量问题。一般适用于黏性土、粉土、淤泥质土、松散至中密砂土、填土等地基。

沉管灌注桩使用的机具设备与预制桩施工设备基本相同。按其沉管方式的不同，可分为锤击沉管灌注桩、静压沉管灌注桩和振动、冲击沉管灌注桩等。下面以锤击沉管灌注桩为例介绍沉管灌注桩的施工。

锤击沉管灌注桩的施工工艺主要包括：桩机就位→锤击沉管→放钢筋笼→灌注混凝土→拔钢管。

1. 桩尖

常见的沉管灌注桩桩尖有以下两种构造（图 4-19）：一种是钢筋混凝土预制桩尖，沉管时用钢管套住预制桩尖，沉到预定标高后，桩尖留在桩底土层中；另一种是钢管端部自带的钢制活瓣桩尖，沉管时，桩尖活瓣合拢，灌注混凝土并拔管时，活瓣在混凝土压力下打开，这种桩尖必须具有足够的强度和刚度，活瓣开启灵活，合拢后缝隙严密。

图 4-18 沉管灌注桩施工工艺
a) 就位 b) 沉管 c) 初灌混凝土
d) 放钢筋笼、灌注混凝土 e) 拔管成桩

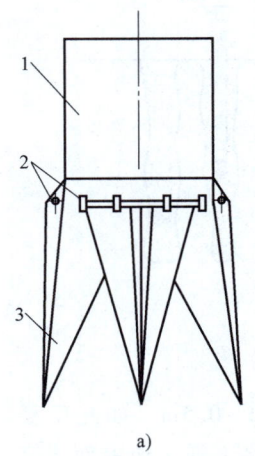
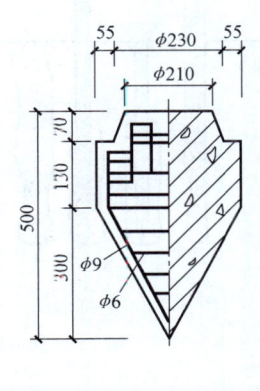
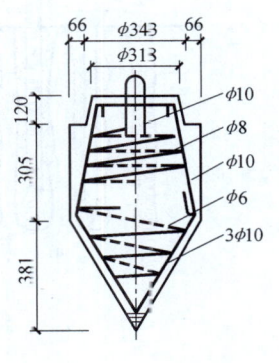

图 4-19 两种桩尖
a) 活瓣桩尖 b) 预制桩尖
1—桩管 2—铰轴 3—活瓣

2. 锤击沉管

准备工作做好后，先用桩架吊起钢管，合龙活瓣桩尖或对准预先设在桩位处的预制钢筋混凝土桩尖。若采用预制桩尖，套管与桩尖连接处应垫以麻、草绳，以防地下水渗入管内；然后慢慢放下套管套进桩尖，沉入土中。套管上端扣上桩帽，检查套管与桩锤是否在同一垂直线上，套管偏斜不大于 0.5% 时，即可锤击沉管。先低锤轻击，观察若无变异后，再正常施打。

3. 拔管与灌注混凝土

当桩管沉到设计标高或符合设计要求的贯入度后，停止锤击，检查管内无泥浆或水进入后，即放入钢筋笼，边灌注混凝土边进行拔管，拔管时必须保持密锤低击，边打边拔，以确保混凝土灌注密实。必须严格控制拔管速度：对一般土层以 1m/min 为宜，在软弱土层和软硬土层交界处宜控制在 0.3~0.8m/min。应确保混凝土下落顺畅，避免出现断桩、吊脚或缩颈现象。

锤击沉管灌注桩的充盈系数（实际灌注的混凝土量与按桩径计算的桩身体积之比）一般为 1.05~1.2，不得小于 1.0，对于混凝土充盈系数小于 1.0 的桩，宜全长复打。

为确保灌注桩的桩身质量和承载力，可分别采用单打法、复打法和反插法工艺。

（1）单打法　单打法即一次拔管法。放入钢筋笼，灌注混凝土后，开始拔管，拔管时必须边打边拔，一次将管拔出，即整个灌注桩混凝土浇注完毕。

（2）复打法　复打法是在同一桩孔位进行两次单打，或根据需要进行局部复打，如图 4-20 所示。复打桩施工程序为：在第一次沉管、灌注混凝土、拔管完毕后，清除桩管外壁上的污泥，立即在原桩位上再次安设桩靴，进行第二次复打沉管，使第一次灌注未凝固的混凝土向四周挤压以扩大桩径，放入钢筋笼，第二次向管内灌注混凝土，拔管方法与单打桩相同。但应注意两次沉管轴线应重合，且在第一次灌注的混凝土初凝以前，完成第二次拔管工作。

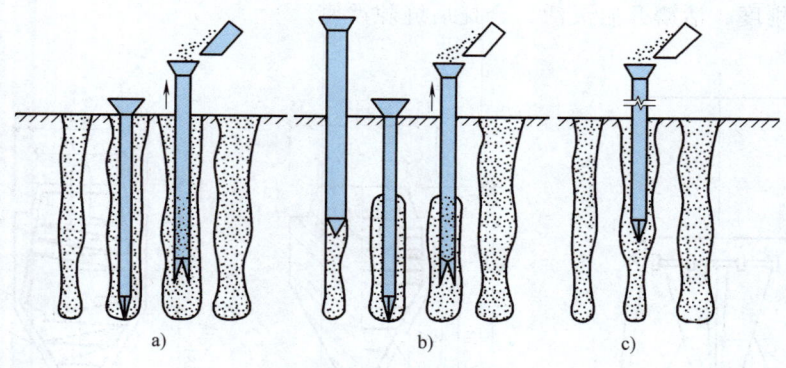

图 4-20　复打法
a）就位全部复打桩　b）、c）局部复打桩

（3）反插法　该法是将桩管每提升 0.5~1.0m，再下沉 0.3~0.5m，如此反复，直至拔管完毕，在拔管过程中应分段添加混凝土，保持管内混凝土始终不低于地表面或高于地下水位 1.0~1.5m，拔管速度不应超过 0.5m/min。该方法适用于饱和土层，在淤泥层中可消除缩颈现象，但在坚硬土层中易损坏桩尖，不宜采用。

此外，近年来在普通锤击沉管灌注桩的基础上改进发展出了内夯沉管灌注桩。其桩管由外管和内管组成，内夯管比外管短 100mm，底端采用平底或锥底封闭。其工艺流程为：放线定位→桩机就位→内、外管同步夯入土中→提升内套管、除去防淤套管，灌注第一批混凝土→插入内夯管，提升外管→夯扩→拔出内夯管，在外管中灌注第二批混凝土，一次性灌注桩身所需的高度→再插入内夯管紧压管内混凝土，边压边徐徐拔外管，直至拔出地面。

4.2.4 灌注桩后注浆

灌注桩后注浆是指在灌注桩成桩后的一定时间，通过预设于桩身内的注浆导管及与之相连的桩端、桩侧注浆阀，以一定的压力注入水泥浆或其他化学浆液，使桩端、桩侧土体（包括沉渣和泥皮）得到加固，从而提高单桩承载力，减小桩身沉降。该工法可用于各类钻、挖、冲孔灌注桩及地下连续墙等深基础周边一定范围内土体的加固。

后注浆导管应采用钢管，其直径一般为 30~50mm，并应与钢筋笼加劲筋绑扎或焊接固定。桩端后注浆导管及注浆阀数量宜根据桩径大小设置。对于直径不大于 1200mm 的桩，宜沿钢筋笼圆周对称设置 2 根；对于直径大于 1200mm 而不大于 2500mm 的桩，宜对称设置 3 根。对于非通长配筋桩，下部应有不少于 2 根与注浆管等长的主筋组成的钢筋笼通底，以保证注浆管与主筋的固定。对于桩长超过 15m 且承载力增幅要求较高者，宜采用桩端、桩侧复式注浆。桩侧后注浆管注浆阀设置数量应综合地层情况、桩长和承载力增幅要求等因素确定，可在离桩底 5~15m、桩顶 8m 以下，每隔 6~12m 设置一道桩侧注浆阀。

单桩注浆量的设计应根据桩径、桩长、桩端和桩侧土层性质、单桩承载力增幅及是否复式注浆等因素确定。后注浆作业开始前，宜进行注浆试验，优化并最终确定注浆参数。注浆作业宜于成桩 2d 后开始。注浆作业与成孔作业点的距离不宜小于 8~10m。对于饱和土中的复式注浆顺序宜先桩侧后桩端；对于非饱和土宜先桩端后桩侧；多断面桩侧注浆应先上后下；桩侧与桩端注浆间隔时间不宜少于 2h。桩端注浆应对同一根桩的各注浆导管依次实施等量注浆。对于桩群注浆宜先外围、后内部。终止注浆需要满足以下两个条件中的一条：一是注浆总量和注浆压力均达到设计要求；二是注浆总量已达到设计值的 75%，且注浆压力超过设计值。

当注浆压力长时间低于正常值或地面出现冒浆或周围桩孔串浆，应改为间歇注浆，间歇时间宜为 30~60min，或调低浆液水胶比。后注浆施工过程中，应经常对后注浆的各项工艺参数进行检查，发现异常应采取相应处理措施。在桩身混凝土强度达到设计要求的条件下，桩承载力检验应在后注浆 20d 后进行，若浆液中掺入早强剂时可于注浆 15d 后进行。

4.3 承台施工

桩施工完成后，即可进行定位放线开挖基坑（或桩顶部分土方），开挖过程中应做好扩坡、降水等措施，并加强对邻近建筑物的监测。若采用机械挖土，应保证基坑内桩体不受损坏。开挖至设计标高后，对桩身质量和承载力进行检测，合格后方可进行承台施工。

承台施工的主要工艺过程为：凿桩头→修正桩头钢筋→绑扎承台钢筋（图 4-21）→支设承台模板→浇筑承台混凝土。桩头在埋入承台标高以上部分及灌注桩桩头浮浆部分和预制桩桩顶锤击面破碎部分应予凿除，可采用人工或液压破桩机凿桩头，并将桩头露出的主筋修整调直，确保其埋入承台的长度符合设计要求。承台混凝土应一次浇筑完成，混凝土入槽宜采用平铺法。对大体积混凝土施工,应采取相应措施,避免出现裂缝。

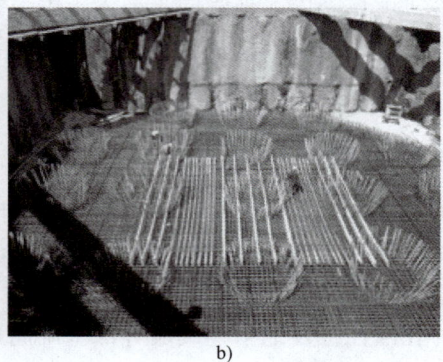

图 4-21 凿桩头和承台钢筋绑扎

4.4 其他深基础施工

4.4.1 地下连续墙施工

地下连续墙是在基础埋置深度大、周围环境和施工场地受限的情况下深基础施工的有效手段,在深基础工程中应用较为广泛。地下连续墙可作为防渗墙、挡土墙、地下结构的边墙和建筑物的基础。它具有刚度大、整体性好、施工时无振动、噪声小等优点,可用于任何土质,还可用于逆作法施工,也可利用上层锚杆与地下连续墙组成地下挡土结构,形成锚杆地下连续墙,为深基础施工创造更有利的条件。

地下连续墙的施工过程是在泥浆护壁条件下开挖一定长度的槽段,挖至设计深度并清除沉渣后,插入接头管,再将钢筋笼用起重机吊入充满泥浆的沟槽内,最后用导管在水下灌注混凝土,待混凝土初凝后拔出接头管,一个单元长度的钢筋混凝土墙即施工完毕,如图 4-22 所示。若干段这样的钢筋混凝土墙段连接起来,即构成一个连续的地下钢筋混凝土墙。

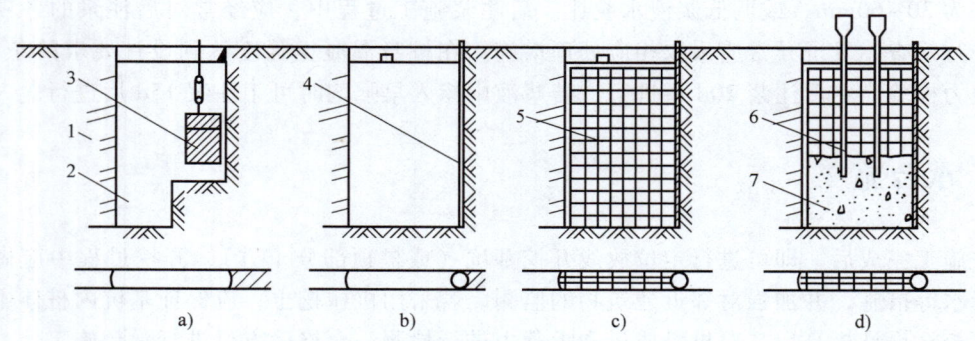

图 4-22 地下连续墙施工过程
a) 挖槽 b) 插入接头管 c) 放入钢筋笼 d) 水下灌注混凝土
1—已完成的槽段 2—泥浆 3—成槽机 4—接头管 5—钢筋笼 6—导管 7—灌注的混凝土

地下连续墙在成槽之前首先要按设计位置设置导墙。导墙的作用是挖槽导向、防止槽段上口塌方、存蓄泥浆和作为测量的基准。深度一般为1~2m，顶面高出施工地面，防止地面水流入槽段。导墙内侧墙面间距为地下连续墙设计厚度加施工余量（40~60mm）。导墙多为现浇钢筋混凝土结构，形状有"L"形或倒"L"形，墙背侧用黏性土回填并夯实，防止漏浆。

一般情况下，地下连续墙单元槽段长度为4~6m。目前我国常用的挖槽设备为导杆液压抓斗（图4-23）和多头钻成槽机（图4-24）。挖槽按单元槽段进行。挖槽是在泥浆护壁下进行的。泥浆最好使用膨润土，也可就地取用黏土造浆，为增强泥浆的效能，可加入加重剂、增黏剂、防漏剂、分散剂等掺合物。

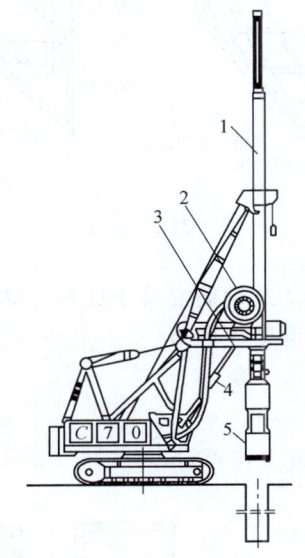

图4-23 导杆液压抓斗
1—导杆 2—液压管线回收轮 3—平台
4—调整倾斜度用的千斤顶 5—抓斗

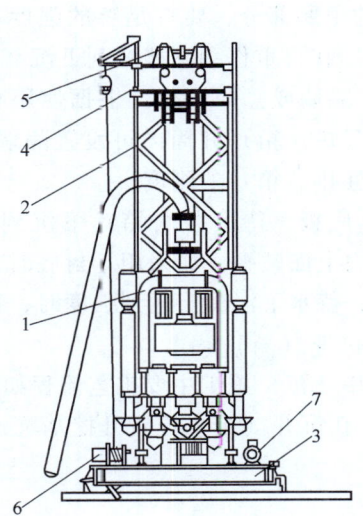

图4-24 多头钻成槽机
1—多头钻 2—机架 3—底盘 4—顶部圈梁
5—顶梁 6—电缆收线盘 7—空气压缩机

挖至设计标高后要进行清槽，这是保证地下连续墙施工质量的主要措施之一。验槽合格后放入导管压入清水，不断将槽底泥浆稀释自流吸出，至泥浆相对密度在1.1~1.2以下为止。清槽后要尽快地下放接头管和钢筋笼。

下放钢筋笼后应立即灌注混凝土，以防槽段塌方。混凝土应比设计强度等级提高5MPa，坍落度宜为18~20cm，并应富有黏性和良好的流动性。混凝土用导管法进行水下灌注。根据单元槽段的长度可设几根导管同时灌注混凝土，导管的间距一般为3~4m。如果一个槽段内用几根导管同时灌注，应使各导管处的混凝土面大致处在同一水平面上。宜尽量加快混凝土灌注，一般上升速度不宜小于2m/h。混凝土需超浇30~50cm，以便将设计标高以上的浮浆层凿去。

4.4.2 沉井（箱）基础施工

沉井（箱）是在施工时先在地面或基坑内制作一个井筒状的钢筋混凝土结构物，待其达到规定强度后，在井身内部分层挖土运出，随着挖土和土面的降低，沉井（箱）井身在其自重及上部荷载或其他措施协助下克服与土壁间的摩阻力和刃脚反力，不断下沉，直至设计标高，然后进行封底的一种施工技术。沉井（箱）基础多用于建筑物和构筑物的深基础、地下室、蓄水池、设备深基础、桥墩等工程。

1. 沉井（箱）的构造

沉井（箱）主要由刃脚、井壁、隔墙或竖向框架、底板组成。

1）刃脚。刃脚位于井壁最下端（图 4-25），其作用在于沉井（箱）下沉时，减小土的阻力，以便于切入土中，因此要求刃脚足够尖锐且具有一定的强度，防止挠曲与破坏。

2）井壁。井壁即沉井（箱）的外壁，是沉井（箱）的主要部分，要有足够的强度和质量，使沉井（箱）在自重作用下能顺利下沉。

3）隔墙或竖向框架。根据使用和结构上的需要，在沉井（箱）井筒内可设置隔墙或竖向框架，以加强沉井（箱）的刚度。

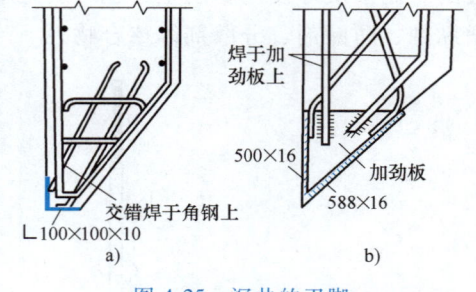

图 4-25　沉井的刃脚

4）底板。待沉井（箱）下沉到设计标高后，应将井内上面整平，如采用干封底时，可先铺垫层，然后浇筑钢筋混凝土底板。如采用水下封底时，待水下混凝土达到强度时，抽干水后再浇筑钢筋混凝土底板。

2. 沉井（箱）施工工艺

沉井（箱）施工主要工艺流程如图 4-26 所示。

1）在沉井（箱）位置开挖基坑，坑的四周打桩，设置工作平台。

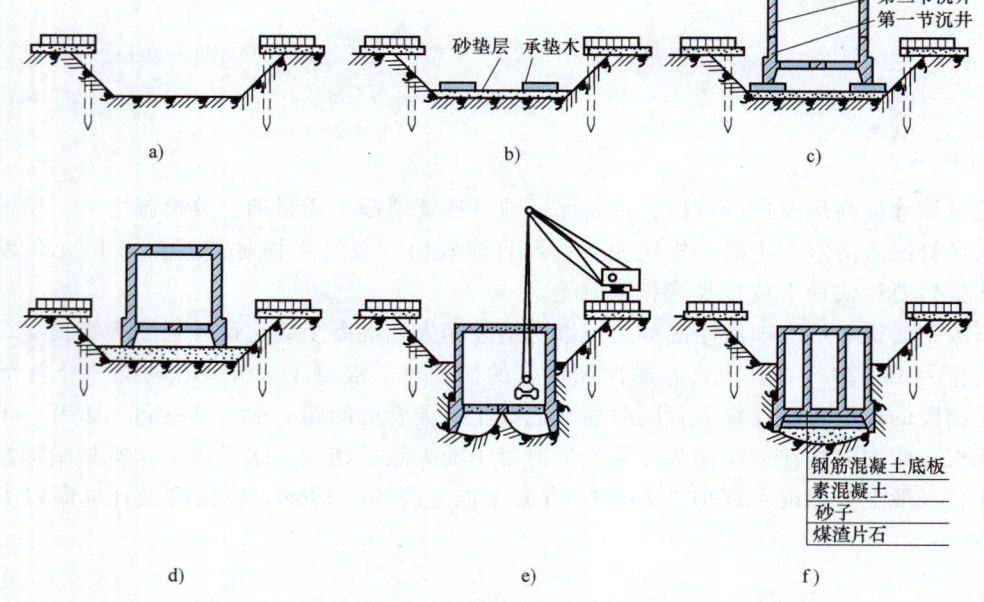

图 4-26　沉井（箱）施工主要工艺流程
a）打桩、开挖、搭台　b）铺砂垫层、承垫木　c）沉井制作
d）抽出承垫木　e）挖土下沉　f）封底、回填、浇筑其他部分结构

2）铺砂垫层、承垫木。

3）制作钢刃脚，并浇筑第一节钢筋混凝土井筒。

4）待第一节井筒的混凝土达到一定强度后，抽出承垫木，并在井管内挖土，或用水力吸泥，使沉井（箱）下沉。要注意均衡挖土、平稳下沉，如有倾斜则应及时纠偏。

5）在沉井（箱）下沉的同时继续制作沉井（箱）的上部结构，分节支模、绑钢筋、浇筑混凝土，沉井（箱）在井壁自重的作用下，逐渐下沉。

6）沉井（箱）下沉到设计标高后，用混凝土封底，浇筑钢筋混凝土底板，形成地下结构。

4.5 基础工程智能施工应用案例

下文以智能化技术在国家速滑馆桩基工程的应用为例进行介绍。

1. 工程概况

国家速滑馆位于北京市朝阳区奥林匹克公园西侧，国家网球中心南侧，总建筑面积 9.7 万 m^2，是 2022 年北京冬季奥运会承担速度滑冰项目比赛的重要奥运场馆，其效果图如图 4-27 所示。

速滑馆工程设计标高 ±0.000m，相当于绝对标高 49.000m。该工程桩基础分布如图 4-28 所示，其主场馆看台区域采用桩筏基础，基础桩采用机械钻孔灌注桩，共 654 根桩，其中抗拔桩 259 根，承压桩 395 根，桩径均为 1.00m。其基础桩工程工况复杂，众多桩基和集水坑沿建筑椭圆造型嵌套径向分布，而且工期紧张，这给桩基工程的施工带来极大的挑战。

图 4-27 国家速滑馆效果图

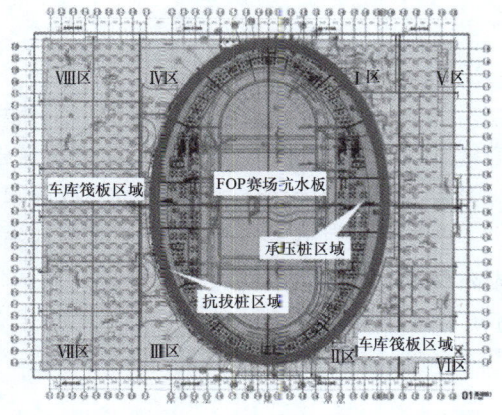

图 4-28 国家速滑馆桩基础分布示意图

2. 智能化技术应用情况

（1）精准编码技术　针对基础桩工况复杂且工期紧张的情况，为实现对桩基的精准高效的管理与施工，对 654 根不同类型的桩进行了编号，并在钢筋笼上粘贴对应编码牌。将桩、钢筋笼、护筒类型编码信息录入智能化施工组织管理系统，提高了桩基施工的准确率和组织管理效率。

（2）桩基施工信息化技术　该工程上部结构的变化和多样复杂建筑功能的要求，导致其基槽底分布有集水坑、电梯基坑和其他功能性基坑共计 135 个。这些基坑成群布置、彼此重叠，嵌套在不同标高的筏板上，工况复杂。

鉴于该工程的桩基工程和复杂的基槽三维关系，采用了桩基施工信息化技术。根据流水施工作业安排，对基槽进行了多手段、多角度、高效率的可视化分析，辅助开槽图的绘制和逐段交底。桩基施工信息化流程如图 4-29 所示。

（3）BIM 技术　针对基槽坑底标高复杂的工况，应用 Revit、SketchUp、Lumion 等 BIM 信息化工具解决技术难题，优化了结构形式。该工程需对基槽进行 60°放坡，逐个进行地形建模异常烦琐，因此应用参数化技术创建集水坑族，通过对基底模型进行剪切，批量进行集水坑创建，显著提高建模的速度与精度。通过 Revit 对后期模型进行调整，得到高精度基槽 BIM 模型（图 4-30）。以 Revit 模型为基础，应用 Lumion 对桩基工程进行三维可视化建模（图 4-31），进一步提高了工作效率和施工进度。

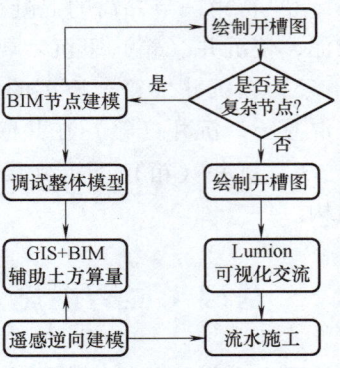

图 4-29　桩基施工信息化流程

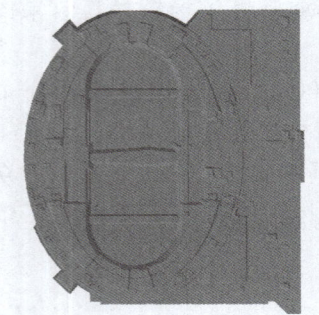

图 4-30　国家速滑馆基槽 BIM 模型

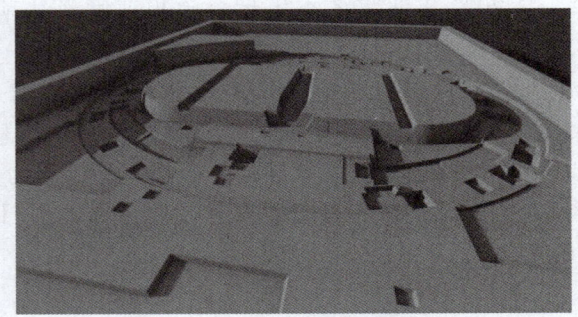

图 4-31　国家速滑馆基槽 Lumion 模型

（4）GIS 技术　地理信息系统（Geographic Information System，GIS）是一种重要的空间信息技术。GIS 的三维分析多是在数字高程模型（Digital Elevation Model，DEM）上进行的。DEM 用来表现工程所在区域的地表特征和空间属性。

该工程通过 ArcGis 软件对开槽前和清槽后的点、线、面域等要素进行高精度建模，生成高程模型、DEM。通过 3D Analyst 模块模拟空间坡度、坡向、地表径流等地貌信息，进行了开挖土方量的精确计算。

习　题

1. 在桩基施工准备阶段，确定预制桩的打桩顺序的依据是什么？
2. 静力压桩法施工预制桩的工艺流程是什么？
3. 灌注桩和预制桩相比，各自的优缺点是什么？
4. 长螺旋钻孔压灌混凝土后插钢筋笼灌注桩在工艺上跟常规螺旋钻孔灌注桩有何差别？有什么优点？
5. 泥浆护壁法成孔灌注桩施工中护筒的作用是什么？

6. 泥浆护壁成孔灌注桩施工中的正循环排渣法和反循环排渣法的区别和优缺点各是什么？
7. 在沉管灌注桩施工中，如何防止断桩、缩颈桩和吊脚桩？
8. 沉管灌注桩施工中的单打法、复打法和反插法的区别是什么？
9. 灌注桩后注浆的作用和工艺过程是什么？
10. 地下连续墙的作用、优缺点和工艺过程是什么？
11. 地下连续墙施工中导墙的作用是什么？
12. 基础工程中的智能化体现在哪几个方面？
13. 基础工程中哪部分可以进一步提高智能化水平？说明原因。

第 5 章 混凝土结构工程

混凝土结构是以混凝土为主制成的结构，在土木工程中占有重要的地位。它不仅应用量大面广，而且往往作为结构的主体，决定着结构的安全和寿命。它的施工，对整个工程的质量、工期、成本影响极大。

常用混凝土结构包括钢筋混凝土结构和预应力混凝土结构；按施工方法可分为现浇结构和装配式结构两种，前者的整体性好、抗震能力强、结构形体灵活、可不需大型的起重机械，但工期较长、受气候条件影响大。后者的构件常在工厂批量生产，具有施工工期短、质量可靠、机械化程度高、绿色环保等优点，但耗钢量较大，需大型起重运输设备。为了发挥长处，这两种方法在施工中往往兼而有之。

近年来，随着施工材料、方法、机具、工艺的改进和创新，混凝土结构施工朝着提高寿命、保证质量、加快进度和节能环保的方向快速发展。

本章内容涉及的主要规范：《建筑结构荷载规范》（GB 50009—2012）、《混凝土结构设计标准》（GB 50010—2010）（2024 年版）、《混凝土结构工程施工质量验收规范》（GB 50204—2015）、《装配式混凝土建筑技术标准》（GB/T 51231—2016）、《混凝土结构通用规范》（GB 55008—2021）。

5.1 钢筋工程

钢筋混凝土工程是混凝土结构的主要内容，由钢筋、模板和混凝土三个分项工程组成，其工艺流程如图 5-1 所示。在施工中三者要密切配合，才能确保工程质量和工期。

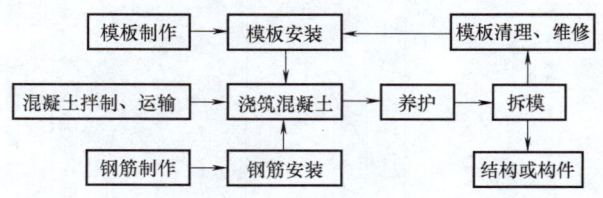

图 5-1 钢筋混凝土工程的主要工艺流程

钢筋混凝土结构所用的普通钢筋，可分为热轧钢筋、热处理钢筋和冷加工钢筋。热轧或热处理钢筋按屈服强度分为 300MPa、400MPa、500MPa 级三个等级，按表面形状分为光圆钢筋和带肋钢筋；直径 12mm 以下的钢筋来料多为盘圆，16mm 以上为直条。冷加工钢筋强度较高但脆性大，已很少使用。

5.1.1 钢筋的性能与检验

1. 钢筋的性能

施工中，需特别注意的钢筋性能主要包括冷作硬化、松弛和焊接性。

1）冷作硬化。在常温下，通过强力使钢材发生塑性变形，则钢材的强度、硬度可大大提高。根据这一性能，对钢筋进行冷拉、冷拔、冷轧等冷加工，可节约钢材。但由于钢筋脆性陡增而影响结构的延性，目前冷加工仅用于工厂制作高强钢丝和焊接网片钢筋，而现场则将其原理用于直螺纹连接等。

2）松弛。它是指在高应力状态下，钢筋的长度不变但其应力随时间推移逐渐减少的性能。但钢材的松弛是有限的，一旦完成将不再松弛。在预应力施工中应采取措施，以防止或减少该性能造成的预应力损失。

3）焊接性。钢筋均具有焊接性，但其焊接性差异较大。影响焊接性的主要因素包括钢材的强度或硬度、化学成分、焊接方法及环境等。一般强度越高的钢材越难以焊接；含碳、锰、硅、硫等越多越难以焊接，而含钛、铌多的钢材则易于焊接。

2. 钢筋质量检验

钢筋进场时，应检查产品合格证及出厂检验报告等质量证明文件、钢筋外观和抽样检验报告。

钢筋外观检查应全数进行，要求钢筋平直，无损伤，表面无裂纹、油污、颗粒状或片状老锈。抽样检验应按国家标准分批次、规格、品种，每5~60t抽取2根钢筋制作试件，通过试验检验其屈服强度、抗拉强度、伸长率、弯曲性能，并测试单位长度质量偏差，检验结果应符合相关标准规定。

抗震结构所用抗震钢筋的实测强屈比不得小于1.25；屈服强度实测值与标准值之比不大于1.3；最大力下总伸长率不小于9%。

当施工中发现钢筋脆断、焊接性不良或力学性能显著不正常等现象时，应对该批钢筋进行化学成分检验或其他专项检验。

5.1.2 钢筋的连接

钢筋的连接方法包括焊接、机械连接和搭接连接。连接的一般规定如下：

1）钢筋的接头宜设置在受力较小处；抗震设防结构的梁端、柱端箍筋加密区内不宜设置接头，且不得进行钢筋搭接。

2）同一纵向受力钢筋不宜设置两个或两个以上接头。

3）接头末端至钢筋弯起点的距离不应小于钢筋直径的10倍。

4）钢筋接头位置宜相互错开。当采用焊接或机械连接时，在同一连接区段（35倍钢筋直径且不小于500mm）内，受拉接头的面积百分率不应大于50%（图5-2）；受压接头，或避开框架梁端、柱端箍筋加密区的Ⅰ级机械接头不限。

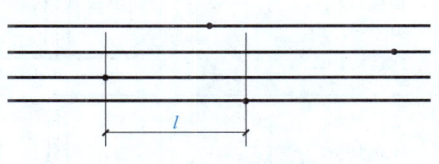

图 5-2 钢筋接头设置
注：所标区段内有接头的钢筋按两根计。

5）直接承受动力荷载的结构构件中，不宜

采用焊接接头；采用机械连接时，同区段内的接头量不应大于 50%。

1. 焊接连接

钢筋焊接常用方法及适用范围见表 5-1。

表 5-1 钢筋焊接常用方法及适用范围

焊接方法		接头形式	适用范围	
			钢筋牌号	钢筋直径/mm
闪光对焊			HPB300	8~22
			HRB400、500	8~40
			HRBF400、500	8~32
电弧焊	帮条双面焊	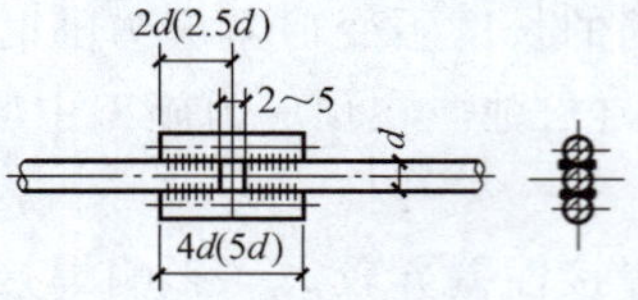	HPB300 HRB400、HRBF400 HRB500、HRBF500 RRB400W	10~22 10~40 10~32 10~25
	帮条单面焊			
	搭接双面焊			
	搭接单面焊			
	坡口平焊		HPB300 HRB400、HRBF400 HRB500、HRBF500 RRB400W	18~22 18~40 18~32 18~25
	钢筋与钢板搭接焊	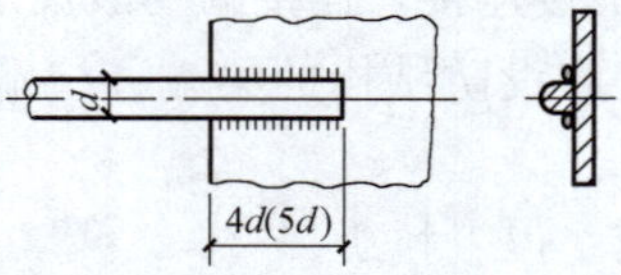	HPB300 HRB400、HRBF400 HRB500、HRBF500 RRB400W	8~22 8~40 8~32 8~25
	预埋件埋弧压力焊、埋弧螺柱焊	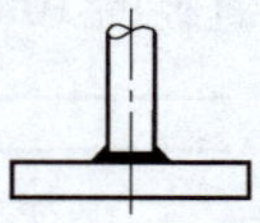	HPB300 HRB400、HRBF400	6~22 6~28
	预埋件穿孔塞焊	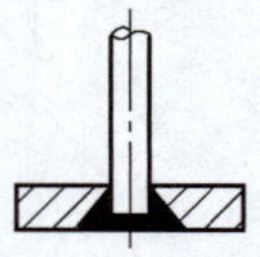	HPB300 HRB400、HRBF400 HRB500 RRB400W	20~22 20~32 20~28 20~28

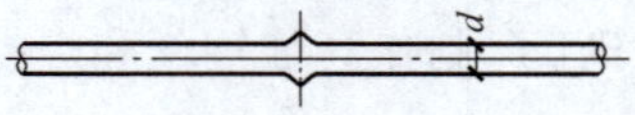

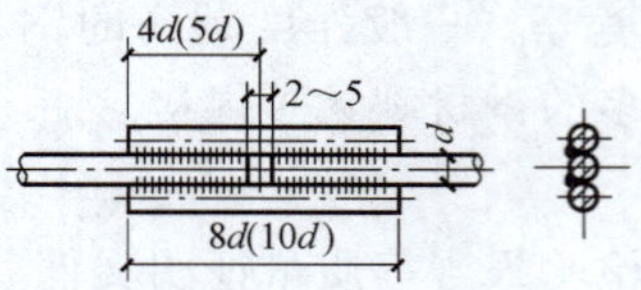

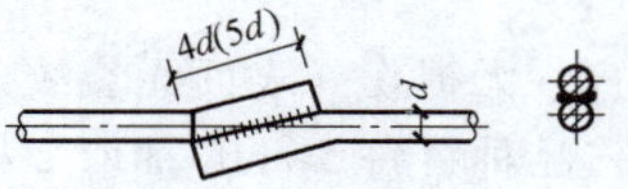

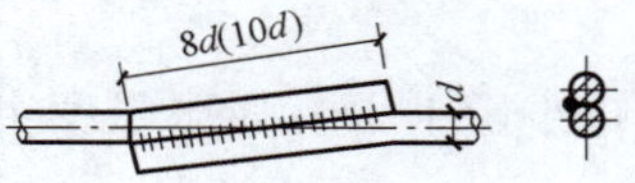

(续)

焊接方法	接头形式	适用范围	
		钢筋牌号	钢筋直径/mm
电渣压力焊		HPB300 HRB400 HRB500	12~22 12~32 12~32
电阻点焊		HPB300 HRB400、500 HRBF400、500	6~16 6~16 3~8

注：接头形式栏中，括号内的数据用于 HRB400、HRB500 钢筋，括号外数据用于 HPB300 钢筋。

焊工必须持相应焊接方法的考试合格证上岗操作，并经现场焊接工艺试验合格，方可正式焊接。当环境温度低于-5℃时应调整焊接参数或工艺，低于-20℃时不得进行焊接，雨、雪及大风天气应采取遮挡措施。直径大于 28mm 的热轧钢筋及细晶粒钢筋的焊接参数应经试验确定，余热处理钢筋不宜焊接。

（1）闪光对焊　闪光对焊是将两钢筋以对接形式安放在对焊机上，通以低电压的强电流，将其端部轻微接触，产生强烈闪光和飞溅，待接触点金属熔化，迅速施加顶锻力，使两根钢筋焊接到一起的压焊方法（图 5-3）。该法广泛用于直条粗钢筋下料前的接长或制作直径为 6~16mm 的闭口箍筋。焊接质量好，价格低廉，适用范围广，可减少料头、节约钢筋。

1）闪光对焊工艺。

① 连续闪光焊。该工艺是在闭合电源后，通过杠杆摇臂调整活动电极，使两钢筋总保持轻微接触，接触点很快熔化并产生火花，形成连续闪光现象。待接头烧平、闪去杂质和氧化膜、端头处于白热熔化状态时，施加轴向压力迅速顶锻，使两钢筋融合焊牢。该种工艺适于焊接直径小于等于 20mm 的 HPB300、HRB400 钢筋。直径大或强度高的钢筋可用以下工艺。

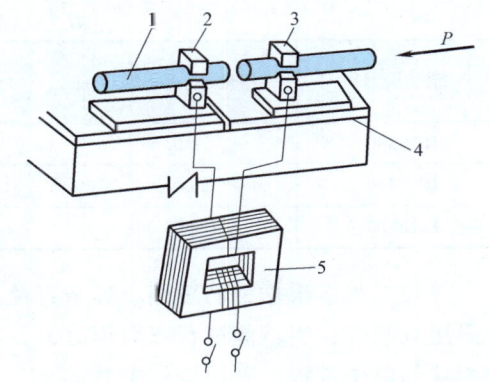

图 5-3　钢筋对焊示意图
1—钢筋　2—固定电极　3—活动电极
4—机座　5—焊接变压器

② 预热闪光焊。对于较粗且端面较平整的钢筋，在闪光焊之前，先反复将接头处做闭合和断开的动作，使钢筋通过本身的电阻预热，然后再连续闪光，烧化后加压顶锻。通过预热可增加热影响区，提高焊接质量。

③ 闪光-预热闪光焊。对于较粗且端面不平整的钢筋，应先通过连续闪光，将钢筋端部烧平后，再进行预热闪光焊。

需注意的是：含碳、锰、硅较高，焊接性较差的 500MPa 级钢筋，应控制焊接温度，并使热扩散区加长，以防接头局部过热造成脆断。焊接时宜用强电流焊接，焊后应对接头进行退火或高温回火的热处理，以改善接头的塑性。热处理的方法是：当对焊接头冷却至常温后松开夹具，放大钳口距离重新夹住钢筋，进行低频脉冲式通电加热（频率约 2 次/s，通电 5~7s），待钢筋表面呈橘红色停止即可。

2) 质量检验。

① 性能检验。在同一台班内,由同一焊工完成的 300 个相同钢筋接头作为一批。从每批成品中切取 6 个试件,3 个进行拉伸试验,3 个进行弯曲试验。如有一个不合格,则加倍取样,重做试验,如仍有一个不合格则该批接头为不合格品,需切除接头重焊。

② 外观检验。每批抽查 10% 的接头,且不得少于 10 个。接头处应有圆滑、带毛刺的镦粗,不得有裂纹;与电极接触处不得有明显的烧伤;接头的弯折不得大于 2°,轴线偏移不得大于钢筋直径的 10% 和 1mm。

(2) 电弧焊 电弧焊是利用弧焊机使焊条与焊件之间产生高温电弧,熔化焊条和焊件金属,待其凝固后便形成焊缝或接头。电弧焊广泛用于各种钢筋接头、焊制钢筋骨架、钢筋与钢板的焊接及结构安装的焊接。钢筋接头的常用形式有搭接焊、帮条焊、坡口焊等,见表 5-1。

电弧焊的设备包括焊接电源(弧焊机)、焊枪、焊把线和焊条。弧焊机有交流和直流两种,工地上常用交流弧焊机。焊条型号规格较多,如 E4303、E4315、E5016 等。其中,"E"表示焊条;前两位数字(如 43、50)表示熔敷金属抗拉强度的最小值(430N/mm²、500N/mm²);第三、四位数字(如 03、15、16)表示适用的焊接方位、电流种类及药皮类型。选择焊条时,强度型号取决于钢筋级别及接头形式(见表 5-2),药皮的类型取决于焊接环境,焊条直径应取决于焊件尺寸及焊机电流大小。

表 5-2 电弧焊的焊条选择

钢筋牌号	搭接焊、帮条焊	坡口焊、预埋件穿孔塞焊	窄间隙焊	钢筋与钢板搭接焊预埋件 T 形角焊
HPB300	E4303	E4303	E4316	E4303
HRB400	E5003	E5503	E5516	E5003
HRB500	E5503	E6003	E6016	E5503

焊接电流应根据钢筋级别、焊条直径、接头形式和焊接方位进行调整。搭接焊、帮条焊宜采用双面焊,当不能进行双面焊时,方可采用单面焊。焊接时,引弧应在垫板、帮条或形成焊缝的部位进行,不得烧伤主筋。

对采用搭接焊的钢筋,焊前应将端头的焊接段做适当弯折,以保证焊后钢筋同轴。

焊接后,焊缝表面的药皮结晶应清理干净,焊缝应均匀、无裂纹,钢筋表面无弧坑。当采用帮条焊或搭接焊时,焊缝长度 L 不应小于帮条或搭接长度;且单面焊时,HPB300 钢筋 $L \geqslant 8d$(d 为钢筋直径),HRB400~500 钢筋 $L \geqslant 10d$,双面焊时减半(见表 5-1)。焊缝高度 h 与宽度 b 要求如图 5-4 所示。

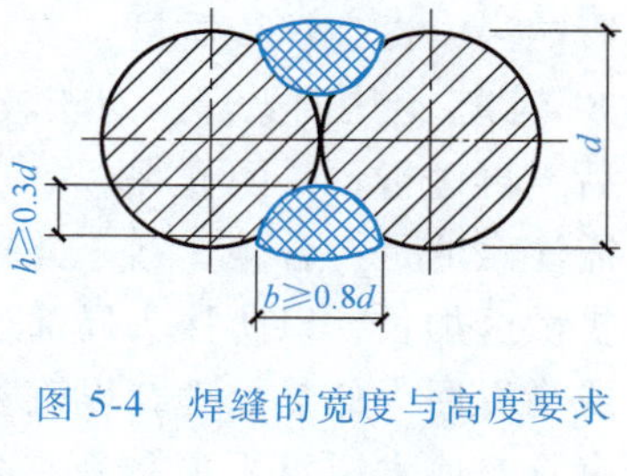

(3) 电渣压力焊 电渣压力焊是利用强电流将埋在焊药中的两钢筋端头熔化,然后施加压力使其熔合,如图 5-5 所示,用于柱、墙等竖向钢筋的接长。它比电弧焊工效高、成本低、质量好。

焊接前,应先将上下钢筋对正并用夹头夹牢,在上下钢筋间放引弧用的钢丝团,再装上焊剂盒,装满焊药将接头处埋住。接通电路,用手柄调整上下钢筋的间距将电弧引燃。钢筋端头及其周围焊剂

图 5-4 焊缝的宽度与高度要求

熔化后形成渣池。稳弧数秒后，用加压手柄下压上部钢筋，使其沉入渣池，电弧熄灭，利用电阻加热，经 20~40s，渣池有足够的液体后，迅速下压上部钢筋进行顶锻，以挤出溶化金属和熔渣，形成牢固的接头。冷却后拆除夹头卡具和焊剂盒，回收未熔化焊药并清除接头渣壳。

电渣压力焊要根据钢筋级别和直径选择适宜的焊接参数。开路电压不得低于380V，电极电压一般为40V，电流密度为 1~2A/mm²，通电时间为 25~40s。焊药常采用 HJ 431 焊剂。具体焊接参数见相关焊接规程。

电渣压力焊接头应有均匀焊包，其凸出钢筋表面的高度不得小于4mm；当钢筋直径为 28mm 及以上时不得小于 6mm。其他质量的检验与要求同闪光对焊，但不需进行弯曲试验。

（4）电阻点焊 电阻点焊用于钢丝或较细钢筋的交叉连接，常用来制作钢筋骨架或网片。其原理是利用钢筋交叉点电阻较大，在通电瞬间受热而熔化，并在电极的压力下焊合，如图 5-6 所示。

预制厂多使用台式点焊机，包括单点式和多点式。多点点焊机常用于宽大钢筋网片的联动焊接。施工现场多使用手提式点焊机。

点焊的主要工艺参数为：电流强度、通电时间和电极压力。参数选择取决于钢筋的直径和级别。焊点应有足够的相互压入深度，其值应为较小钢筋直径的 18%~25%。

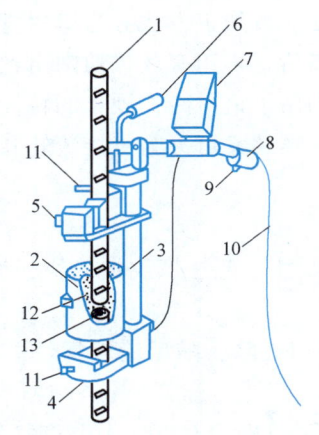

图 5-5 电渣压力焊单柱式机头
1—待接钢筋 2—焊剂盒 3—单导柱 4—固定夹头
5—活动夹头 6—加压手柄 7—监控仪表
8—操作把 9—开关 10—控制电缆
11—电极插座 12—焊药 13—钢丝团

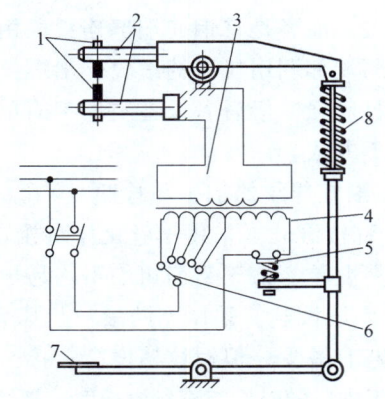

图 5-6 点焊机工作原理
1—电极 2—电极臂 3—变压器次级线圈
4—变压器初级线圈 5—断路器 6—变压器
调节开关 7—踏板 8—压紧机构

2. 机械连接

钢筋的机械连接是利用与连接件的咬合作用来传力的连接方法。它具有以下优点：接头质量稳定、可靠，操作简便，施工速度快，且不受气候、环境条件影响；无污染，无火灾隐患，施工安全等。机械连接广泛用于粗钢筋的连接。

（1）连接方法与接头等级 常用机械连接方法有直螺纹连接和冷挤压连接，适用范围见表 5-3。

表 5-3　常用钢筋机械连接方法及适用范围

机械连接方法		适用范围	
		钢筋牌号	钢筋直径/mm
冷挤压连接		HRB400、HRB500、RRB400、HRBF400、HRBF500	16～50
直螺纹连接	镦粗直螺纹	HRB400	
	滚轧直螺纹	HPB300、HRB400、HRB500、RRB400、HRBF400、HRBF500	

根据抗拉强度、残余变形、延性及承受反复拉压性能的差异，钢筋接头分为三个等级，各等级应满足的抗拉强度见表 5-4。工程中常采用Ⅱ级接头。

表 5-4　钢筋接头等级及其抗拉强度

接头等级	Ⅰ级	Ⅱ级	Ⅲ级
接头极限抗拉强度	$\geq f_{stk}$　钢筋拉断 或 $\geq 1.1 f_{stk}$　连接件破坏	$\geq f_{stk}$	$\geq 1.25 f_{yk}$

注：f_{stk} 为钢筋抗拉强度标准值；f_{yk} 为钢筋屈服强度标准值。

（2）直螺纹连接　直螺纹连接是在钢筋端部做出相同直径的丝扣螺纹，拧入内壁带有丝扣的高强度套管进行连接的方法。该法施工速度快，对环境要求低，接头强度高（可达到Ⅰ级接头标准）、价格适中，得到了广泛应用。

连接套筒均由工厂生产，钢筋螺纹则在施工现场加工。按加工方法分为镦粗直螺纹和滚轧直螺纹。前者是将钢筋端部连接段用液压设备挤压镦粗后，再用套丝机切削出丝扣。后者是将钢筋端部利用机床的滚轮轧出螺纹丝扣。二者均是利用了钢材冷作硬化的特性，使接头可与母材等强，但后者设备及加工简单，应用广泛。滚轧螺纹又可分为直接滚轧和剥肋滚轧两种加工方法。

1）滚轧螺纹的加工与检验。

① 直接滚轧。采用滚丝机床直接在钢筋端部滚轧出螺纹。此法螺纹加工快、设备简单，但螺纹精度差，由于钢筋粗细不均易导致螺纹直径差异。

② 剥肋滚轧。采用剥肋滚丝机床将钢筋的纵横肋剥切去除，随后滚轧螺纹。此法使钢筋断面略有减少，但螺纹精度高，接头质量稳定。

加工中应随时检查滚丝段长度、螺纹丝扣高度和质量，并立即拧上套筒，另端戴好保护帽。

2）现场连接施工。根据待接钢筋所在部位及转动难易情况，选用不同的套筒类型和螺纹旋向，安装方法如图 5-7 与图 5-8 所示。钢筋安装时可用管钳扳手拧紧，使钢筋丝头在套筒中央位置相互顶紧，其最小拧紧扭矩值要求见表 5-5。安装后应有露出套筒的螺纹，但不宜超过两圈。

表 5-5　直螺纹安装时的最小拧紧扭矩值

钢筋直径/mm	≤16	18～20	22～25	28～32	36～40
拧紧扭矩/N·m	100	200	260	320	360

丝头加工的质量及安装的拧紧扭矩应抽检不少于 10%。接头的质量检验以 500 个同批号、同种钢套筒及其接头为一批，不足 500 个仍为一批，随机截取三个试件做抗拉试验，若其中一个不合格，应加倍抽取试件进行复试。

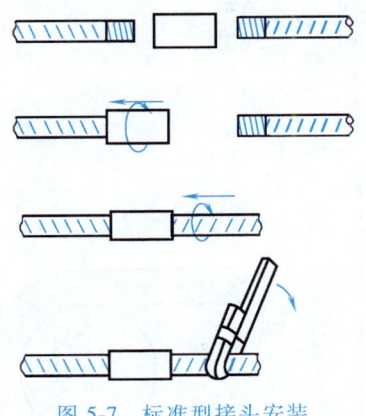

图 5-7 标准型接头安装

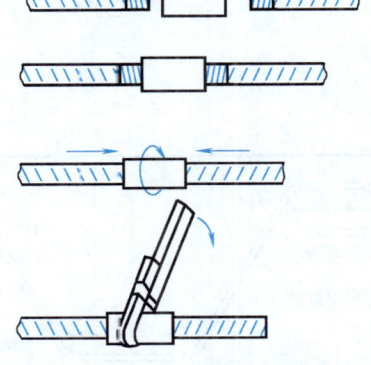

图 5-8 正反丝扣型接头安装

（3）冷挤压连接 该法是将两根待接钢筋均匀插入钢套筒后，用液压设备沿径向挤压套筒，使之产生塑性变形，通过套筒与钢筋肋纹的咬合力将两根钢筋连接成整体，如图 5-9 所示。这种接头质量稳定可靠，受力能力不低于母材；但只能连接带肋钢筋，施工速度较慢，操作强度大，套筒体型大且对其强度及塑性要求较高，故综合成本高。

连接时，钢筋表面应洁净，端头齐平，肋纹完整；钢筋插入套筒前应做标记，端头距套筒中点不宜多于 10mm，以确保连接长度，防止压空；钢筋与套筒同轴对正。挤压应从套筒中央逐道向端部进行，每端挤压点数量，随钢筋直径和等级增大而增多，一般每侧为 3~8

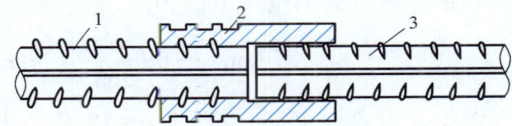

图 5-9 钢筋冷挤压连接
1—已挤压的钢筋 2—钢套筒 3—待挤压的钢筋

道。压痕深度为套筒外径的 10%~15%，压后套筒不得有肉眼可见裂纹。接头的质量检验批及要求同直螺纹连接。

5.1.3 钢筋的配料

钢筋配料是根据施工图计算构件中各号钢筋的下料长度、根数及质量，然后编制钢筋配料单，以此作为备料、加工、验收及结算的依据。

在施工图上，通过构件尺寸扣掉保护层厚度可以得到钢筋外包尺寸。钢筋弯折处的外包尺寸大于轴线尺寸，其差值称为量度差值。此外，在钢筋末端因构造要求所做的弯钩，其增加值未包含在外包尺寸之内。如图 5-10 所示，钢筋的下料长度 L 应为

L = 各段外包尺寸之和 − 各弯折处的量度差值 + 末端弯钩的增加值

1. 钢筋中间弯折处的量度差值

规范规定，钢筋弯折时其弯弧内径 D_1，对于 300MPa 级钢筋不应小于 $2.5d$（d 为钢筋直径）；对 400MPa 级不应小于 $4d$；对 500MPa 级不应小于 $6d$。如图 5-11 所示，若取 $D_1 = 5d$ 时，弯折角度为 α，钢筋弯折处的外包尺寸为折线 $A'B'$ 与 $B'C'$ 之和：

$$A'B' + B'C' = 2A'B' = 2(D_1/2 + d)\tan(\alpha/2) = 2\left(\frac{5d}{2} + d\right)\tan\frac{\alpha}{2} = 7d\tan\frac{\alpha}{2}$$

钢筋弯折处的轴线长度（$\overset{\frown}{ABC}$）为

$$\overset{\frown}{ABC}=\left(\frac{D_1}{2}+\frac{d}{2}\right)\frac{\alpha\pi}{180°}=(D_1+d)\frac{\alpha\pi}{360°}=6d\frac{\alpha\pi}{360°}$$

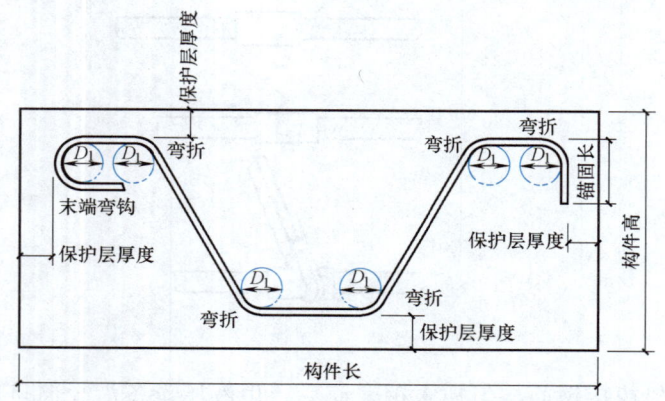

图 5-10　构件中钢筋外包尺寸与弯折、弯钩示意图

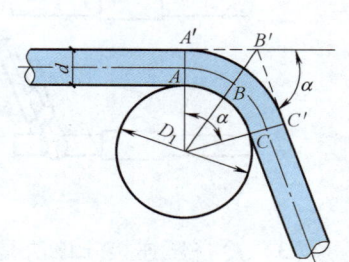

图 5-11　钢筋弯折处的外包尺寸与轴线长度示意图

则钢筋弯折处的量度差值为

$$7d\tan\frac{\alpha}{2}-6d\frac{\alpha\pi}{360°}=7d\tan\frac{\alpha}{2}-\frac{\alpha\pi d}{60°}=\left(7\tan\frac{\alpha}{2}-\frac{\alpha\pi}{60°}\right)d$$

例如，当弯折 45°时，即将 $\alpha=45°$ 代入上式，其量度差值为

$$\left(7\times\tan\frac{45}{2}-\frac{45}{60}\pi\right)d=\left(7\times0.414-\frac{3}{4}\times3.14\right)d=0.543d$$

常取 $0.5d$。

当 $D_1=5d$ 时，常用弯折角度的计算量度差值及取用值见表 5-6。

表 5-6　钢筋几种弯折角度的计算量度差值及取用值

弯折角度	量度差值	取用值
30°	0.306d	0.3d
45°	0.543d	0.5d
60°	0.9d	1d
90°	2.29d	2d

2. 钢筋末端弯钩增加值计算

规范规定，光圆受拉钢筋末端须做 180°弯钩，HPB300 钢筋的弯弧内直径 D 不应小于 $2.5d$（d 为钢筋直径），弯钩末端平直部分长度不宜小于 $3d$。从图 5-12 可知，弯成一个 180°标准弯钩所需的钢筋长度 AE' 为

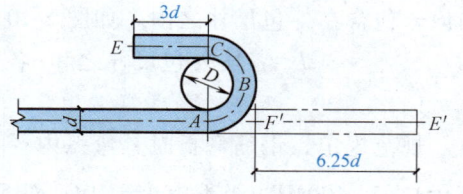

图 5-12　钢筋末端 180°弯钩长度计算示意图

$$AE'=\overset{\frown}{ABC}+CE=\frac{\pi}{2}(D+d)+3d$$

取 $D=2.5d$，则 $AE'=\frac{\pi}{2}(2.5d+d)+3d=8.5d$。因一般钢筋外包尺寸是由 A 量至 F'，则 $AF'=$

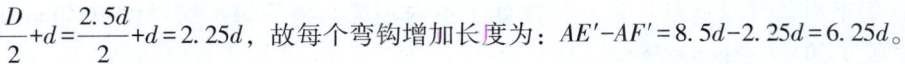

$\frac{D}{2}+d=\frac{2.5d}{2}+d=2.25d$,故每个弯钩增加长度为:$AE'-AF'=8.5d-2.25d=6.25d$。

3. 箍筋弯钩增加值

箍筋末端的弯钩形式如图 5-13 所示。对有抗震要求或受扭的结构,应按图 5-13a 加工。弯心直径 D 应满足相关要求且大于所箍各纵向钢筋的直径;弯钩平直段的长度,一般结构不小于 $5d$,对抗震和受扭的结构,不应小于 $10d$ 和 $75mm$。

箍筋每个弯钩增加值(图 5-14)为

90°:$(D/2+d/2)\pi/2-(D/2+d)$+平直段长

135°:$(D/2+d/2)3\pi/4-(D/2+d)$+平直段长

180°:$(D/2+d/2)\pi-(D/2+d)$+平直段长

对于 135°/135°弯钩的矩形箍筋,其下料长度可近似计算为:$L=$箍筋外包尺寸+2×平直段长度。

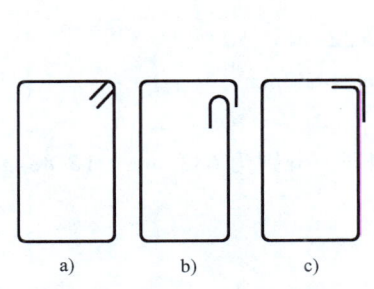

图 5-13 箍筋末端的弯钩形式

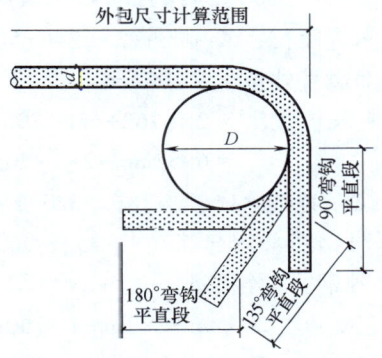

图 5-14 箍筋弯钩增加值计算简图

【例 5-1】 某房屋为抗震结构,有现浇钢筋混凝土主梁 L_1 共 5 根,配筋图如图 5-15 所示,③、④号钢筋为 45°弯起筋,试计算各种钢筋的下料长度及 5 根梁的钢筋总质量。

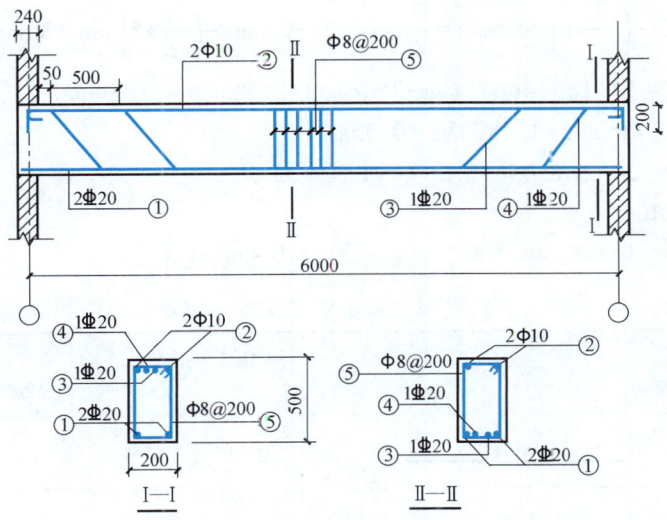

图 5-15 某梁配筋图

【解】 (1) 钢筋下料长度及质量计算　构件处于室内环境，箍筋保护层厚度取 20mm，梁主筋保护层厚度则为 20mm+8mm=28mm。

① 号钢筋（受拉主筋）：

下料长度：$L_① = 6000mm + 2 \times 120mm - 2 \times 28mm = 6184mm$

每根钢筋质量 = $(2.47 \times 6.184)kg = 15.27kg$

② 号钢筋（架立筋）：

外包尺寸：$6000mm + 2 \times 120mm - 2 \times 28mm = 6184mm$

下料长度：$L_② = 6184mm + 2 \times 6.25 \times 10mm = 6309mm$

每根钢筋质量：$(0.617 \times 6.309)kg = 3.89kg$

③ 号钢筋（弯起筋）：

外包尺寸分段计算：

端部平直段长：$240mm + 50mm + 500mm - 28mm = 762mm$

斜段长：$(500 - 2 \times 28)mm \times 1.414 = 444mm \times 1.414 = 628mm$

中间直段长：$6240mm - 2 \times (240 + 50 + 500 + 444)mm = 3772mm$

端部竖直外包长：200mm

下料长度：$L_③ = 2 \times (762 + 628 + 200)mm + 3772mm - 2 \times 2d - 4 \times 0.5d$
$= 6952mm - 2 \times 2 \times 20mm - 4 \times 0.5 \times 20mm = 6832mm$

每根钢筋质量：$(2.47 \times 6.832)kg = 16.88kg$

④ 号钢筋（弯起筋）：下料长度及质量与③号筋相同，分别为 6832mm、16.88kg。

⑤ 号钢筋（箍筋）：

外包宽度：$200mm - 2 \times 20mm = 160mm$

外包高度：$500mm - 2 \times 20mm = 460mm$

箍筋有三处 90°弯折，每个量度差值为：$2d = 2 \times 8mm = 16mm$

抗震结构，箍筋取 135°/135°形式，D 取 25mm；平直段长 $10d = 80mm$，已不小于 75mm。则每个弯钩增加值为

$$\frac{3}{8}\pi(D+d) - \left(\frac{D}{2}+d\right) + 80mm = \frac{3}{8} \times \pi \times (25+8)mm - \left(\frac{25}{2}+8\right)mm + 80mm = 98mm$$

下料长度：$L_⑤ = 2 \times (160 + 460)mm - 3 \times 16mm + 2 \times 98mm = 1388mm$

每根钢筋质量：$(0.395 \times 1.388)kg = 0.55kg$

箍筋根数：$[(6.24 - 2 \times 0.05)/0.2]根 + 1 根 = 32 根$

(2) 编制下料单

该种梁下料单见表 5-7，供计划、备料、加工及验收使用。

表 5-7　某工程主梁 L_1 钢筋下料单

构件名称	钢筋编号	钢筋简图	钢号与直径	下料长度/mm	单梁根数	合计根数	质量/kg
L_1 梁，共 5 根	①	6184	Φ20	6184	2	10	152.7
	②	6184	Φ10	6309	2	10	38.9

（续）

构件名称	钢筋编号	钢筋简图	钢号与直径	下料长度/mm	单梁根数	合计根数	质量/kg
L₁梁，共5根	③	200⌐762⌐628⌐3772 形	Φ20	6832	1	5	84.4
	④	200⌐262⌐628⌐4772 形	Φ20	6832	1	5	84.4
	⑤	160×460 箍筋	φ8	1388	32	160	88.0
钢筋质量合计							448.4

5.1.4 钢筋代换

在钢筋配料中如遇施工现场现有钢筋品种或规格与设计要求不符，需要代换时，可参照以下方法进行钢筋代换。

（1）代换原则

1）等强度代换：不同种类的钢筋代换，按抗拉强度值相等的原则进行代换。

2）等面积代换：相同种类和级别的钢筋代换，应按面积相等的原则进行代换。

（2）代换方法

1）等强度代换方法。如设计图中所用的钢筋设计强度为 f_{y1}，钢筋总面积为 A_{s1}，代换后的钢筋设计强度为 f_{y2}，钢筋总面积为 A_{s2}，则应使

$$A_{s1}f_{y1} \leqslant A_{s2}f_{y2}$$

$$n_1 \pi (d_1^2/4) f_{y1} \leqslant n_2 \pi (d_2^2/4) f_{y2}$$

$$n_2 \geqslant n_1 d_1^2 f_{y1} / (d_2^2 f_{y2})$$

式中　n_1——原设计钢筋根数；

　　　n_2——代换后钢筋根数；

　　　d_1——原设计钢筋直径；

　　　d_2——代换后钢筋直径。

2）等面积代换方法。

$$A_{s1} \leqslant A_{s2}$$

$$n_2 \geqslant n_1 d_1^2 / d_2^2$$

【例5-2】 某墙体设计配筋为 Φ14@200，施工现场现无此钢筋，拟用 Φ12 的钢筋代换，试计算代换后每米几根。

【解】 因钢筋的级别相同，所以可按面积相等的原则进行代换。

代换前墙体每米设计配筋的根数：

$$n_1 = (1000/200) \text{根} = 5 \text{根}$$

$$n_2 \geqslant n_1 d_1^2 / d_2^2 = (5 \times 14^2 / 12^2) \text{根} = 6.8 \text{根}$$

故取 $n_2 = 7$ 根，即代换后每米 7 根Φ12 的钢筋。

（3）钢筋代换注意事项　钢筋代换时，应征得设计单位同意，并应符合下列规定：

1) 对重要构件，如吊车梁、薄腹梁、桁架下弦等，不宜用光面钢筋代替变形钢筋，以免裂缝开展过大。

2) 钢筋代换后，应满足相关规范中所规定的钢筋间距、锚固长度、最小钢筋直径、根数等要求。

3) 当构件受裂缝宽度或挠度控制时，钢筋代换后应进行刚度、裂缝验算。

4) 梁的纵向受力钢筋与弯起钢筋应分别代换，以保证正截面与斜截面强度。偏心受压构件（如框架柱、有起重机的厂房柱、桁架上弦等）或偏心受拉构件做钢筋代换时，不取整个截面配筋量计算，应按受力面（受拉或受压）分别代换。

5) 有抗震要求的梁、柱和框架，不宜以强度等级较高的钢筋代换原设计中的钢筋。如必须代换时，尚应符合抗震对钢筋的要求。

6) 预制构件的吊环，必须采用未经冷拉的 HPB300 热轧钢筋制作，严禁以其他钢筋代换。

5.1.5　钢筋的加工与安装

1. 钢筋的加工

钢筋加工包括调直、除锈、切断、弯曲等，可采用单独机械或联动设备作业。经加工后，钢筋的形状、尺寸必须符合设计要求；表面应洁净、无损伤，油污和铁锈等应在使用前清除干净。

钢筋的调直宜采用机械方法。直径较小的钢筋（盘圆）可采用调直机进行调直（如 TQY4-4/14 型钢筋调直机，可调直 4～14mm 直径的钢筋，同时还具有除锈和自动切断功能），也可采用卷扬机拉直。粗钢筋还可采用锤直和扳直的方法调直。当采用抻拉方法调直钢筋时，HPB300 钢筋的拉伸率不宜大于 4%；HRB400、HRB500 带肋钢筋不宜大于 1%。调直过程中不得损伤带肋钢筋的横肋。调直后，钢筋的质量负偏差对 300MPa 级钢筋不得超过 10%，对 400MPa、500MPa 级钢筋不得超过 6%（直径 6～12mm 者为 8%）；且断后伸长率，对 300MPa、400MPa、500MPa 级钢筋分别不低于 21%、15%和 14%。

钢筋除锈常用电动除锈机或喷砂除锈。经调直机或抻拉调直的钢筋，一般不必再除锈，但有鳞片状锈斑者必须除锈。

钢筋下料时须按下料长度进行切断。切断可采用钢筋切断机剪切或切割机锯切。前者切断速度快，但端面呈马蹄状、不平整；对采用机械连接接头者应锯切。

钢筋弯曲常采用弯曲机或弯箍机进行。弯弧内直径，对 300MPa、400MPa、500MPa 级钢筋分别不小于 2.5 倍、4 倍、6 倍钢筋直径。弯曲时应先画线，以保证成品的尺寸和角度。对弯曲形状较为复杂的钢筋，应先放实样再进行弯曲。

2. 钢筋的安装

（1）搭接长度　钢筋绑扎连接是利用混凝土的黏结锚固作用及自身抗力来传递钢筋的应力。因此，必须满足搭接长度的要求。受拉钢筋的最小搭接长度应符合表 5-8 的规定且不应小于 300mm。对直径大于 25mm 的带肋钢筋，其最小搭接长度应按相应数值乘以系数 1.1；对一级、二级抗震设防的结构构件，应乘以 1.15，三级应乘以 1.05。

表 5-8 纵向受拉钢筋最小搭接长度

钢筋类型		混凝土强度等级							
		C20	C25	C30	C35	C40	C45	C50	C55	≥C60
光面	300MPa 级	48d	41d	37d	34d	31d	29d	28d	—	—
带肋	400MPa 级	—	48d	43d	39d	36d	34d	33d	31d	30d
	500MPa 级	—	58d	52d	47d	43d	41d	39d	38d	36d

注：d 为钢筋直径。两搭接筋的直径不等时，以较细者计算。

受压钢筋搭接长度取受拉钢筋搭接长度的 70%，但不应小于 200mm。

（2）搭接位置　钢筋的绑扎接头位置应相互错开（图 5-16）。在 1.3 倍搭接长度范围内，纵向钢筋搭接接头面积百分率为：梁、板类构件，不宜大于 25%；柱类，不宜大于 50%；不满足时，其搭接长度应乘以 1.15~1.35 的系数。

（3）钢筋净距　绑扎搭接处钢筋的净距 s 不应小于钢筋直径 d，且不应小于 25mm。

（4）箍筋的安装　箍筋的弯钩或焊点应均匀错开设置，起步筋距构件边缘宜为 50mm。受拉搭接区段的箍筋间距不应大于搭接钢筋较小直径的 5 倍，且不应大于 100mm；受压搭接区段不应大于 10 倍和 200mm。

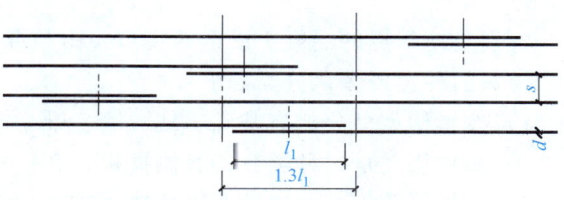

图 5-16　钢筋搭接位置错开及净距示意图

（5）保护层厚度控制　钢筋的混凝土保护层厚度是保证结构构件寿命的关键。当设计无具体要求时，最外层钢筋（含箍筋、构造筋、分布筋）的混凝土保护层厚度应符合表 5-9 的规定。当混凝土强度等级为 C25 及以下时，需增加 5mm。有混凝土垫层的基础，保护层最小厚度为 40mm。钢筋接头套筒的保护层不得少于钢筋保护层厚度的 0.75 倍和 15mm。

表 5-9 钢筋的混凝土保护层最小厚度　　　　　　　　　　（单位：mm）

环境等级	主要特征	板、墙、壳	梁、柱
一	室内干燥环境；无侵蚀静水	15	20
二 a	室内潮湿；非寒冷地区露天	20	25
二 b	干湿交替；寒冷地区露天	25	35
三 a	寒冷地区水位变动；海风	30	40
三 b	盐渍土；除冰盐作用；海岸	40	50

为保证保护层厚度，常用预制混凝土、水泥砂浆或塑料等垫块、卡环（图 5-17）等间隔件垫在钢筋与模板之间，其设置间距一般不大于 1m，采用梅花形布置。为防止间隔件窜动，需用细钢丝与钢筋扎牢。上下钢筋网片之间的间隔尺寸可用钢筋马凳或钢支架来控制。

a)
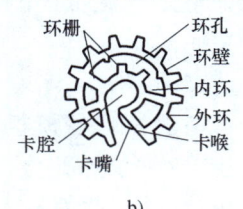
b)

图 5-17　控制保护层厚度的间隔件
a) 塑料垫块　b) 塑料卡环

5.1.6 钢筋的验收

钢筋工程属于隐蔽工程。在浇筑混凝土之前，施工单位应会同监理或建设单位、设计单位对钢筋及预埋件进行检查验收并做隐蔽工程记录。

验收时，应对照施工图检查钢筋的牌号、规格、数量、间距及连接方法是否正确，对负弯矩筋固定状况应特别注意，以防施工时踩倒。并注意检查钢筋接头位置及搭接长度、端头锚固长度是否满足要求，是否有变形、松脱和开焊的现象，保护层的保证措施是否可靠，钢筋表面有无油污或模板隔离剂，预埋件位置及数量是否正确，钢筋安装位置偏差是否在规范允许范围内。验收合格后，有关各方应在验收书上签字，以备存档查考。

5.2 模板工程

模板是使新浇的混凝土成形的模型，由与混凝土直接接触的面板及支撑、连接件组成。模板的种类较多，分类如下：

1）按结构类型分，有基础、柱、墙、梁、楼板、楼梯模板等。
2）按作用及承载种类分，有侧模板、底模板。
3）按构造及施工方法分有拼装式（如木模板、胶合板模板），组合式（如定型组合式钢模板、铝合金模板、钢框胶合板模板），工具式（如大模板、爬升模板、滑升模板、隧道移动模板），永久式（如压型钢板模板、混凝土薄板、叠合板）等。
4）按材料分，有木、钢、钢木、铝合金、胶合板、塑料、玻璃钢模板等。

目前木（竹）胶合板、钢模板占据主要地位，铝合金模板、塑料模板将得到快速发展。对模板的基本要求如下：

1）要保证结构和构件的形状、尺寸、位置准确和饰面效果。
2）具有足够的承载力、刚度和整体稳固性。
3）构造简单、装拆方便，且便于钢筋安装和混凝土浇筑、养护。
4）表面平整、拼缝严密，能满足混凝土内部及表面质量要求。
5）材料轻质、高强、耐用、环保，利于周转使用。

5.2.1 一般现浇构件的模板构造

1. 基础模板

基础模板主要由侧模及支撑构成，如图 5-18 所示。安装时，要满足各台阶的高度要求、保证整体浇筑且上下模板不发生相对位移。条形基础的上一台阶需采用吊木（图 5-19）或设置底部支撑。

2. 柱模板

一般矩形柱模板由四块拼板围成，如图 5-20 所示。外侧设置柱箍，以抵抗浇筑混凝土产生的侧压力，其间距主要取决于柱子高度和混凝土的坍落度，一般为 0.5~1.0m。对于截面较大的柱子，还应在截面中间设置对拉螺栓。为了保证柱子的位置和垂直度，模板周围应设置足够的支撑或拉杆。工具式圆柱模板自带可调支腿和操作平台，如图 5-21 所示。

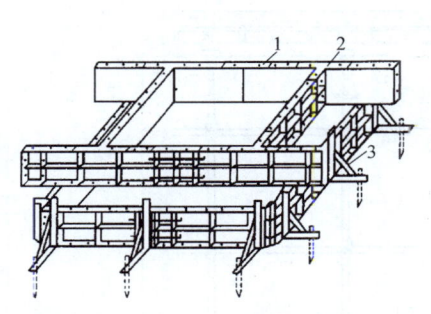

图 5-18　阶梯形柱基础模板

1—钢（铝）模板　2—T 形连接件　3—钢三角撑

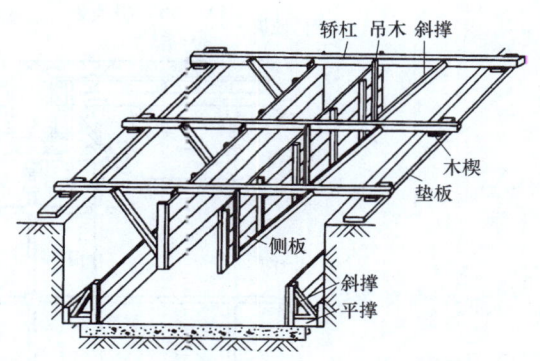

图 5-19　两个台阶的条形基础模板

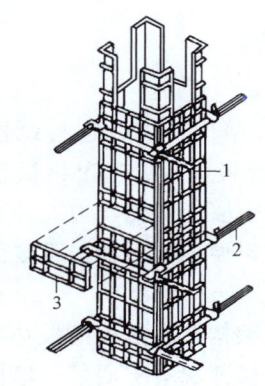

图 5-20　矩形柱模板

1—钢模板　2—柱箍　3—浇注孔盖板

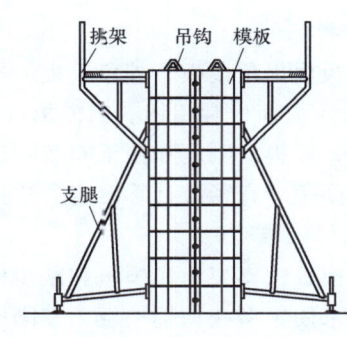

图 5-21　工具式圆柱模板

3. 梁、楼板模板

梁模板由底模及夹住底模的两片侧模组成。底模下应设有足够的支架，以承受压力并保证稳定；侧模外侧应设置斜撑（图 5-22），当梁高大于 600mm 时，其腰部还应增设对拉杆件，以抵抗新浇混凝土的侧压力。

楼板模板由支架、主次龙骨和面板组成，面板宜用大块模板（如覆膜胶合板）以减少接缝和提高平整度。

为了避免在钢筋和新浇混凝土重力作用下，由于模板及支架的压缩变形而使梁、板产生挠度，支模时应起拱。当梁、板的跨度大于等于 4m 时，跨中起拱高度应为跨度的 0.1%～0.3%。

一般梁、楼板模板的支架常采用落地式脚手架材料搭设。立杆纵距、横距均不应大于 1.5m，底部应设置不少于 50mm 厚的垫板，顶部使用可调高度的 U 形托（其螺杆插入钢管内的长度不少于 150mm，外露不大于 300mm）。立杆间应有足够的水平杆件纵横拉结，其底杆距地不宜大于 200mm，顶杆距梁、板底不宜大于 600mm，中间拉杆的间距不大于 1.8m。支架周边应连续设置竖向剪刀撑，中间剪刀撑的间距不宜大于 8m，以防整体失稳。

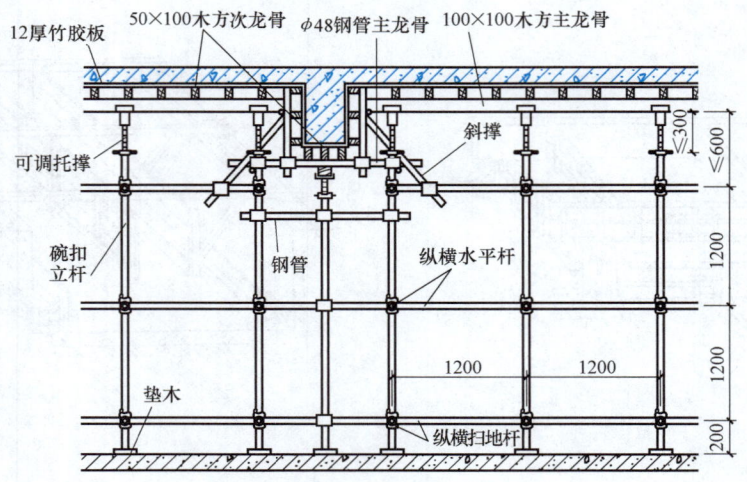

图 5-22　现浇梁及楼板模板

4. 墙模板

墙模板由内角模板、外角模板、平板模板、主肋（支撑结构）以及连接螺栓构成，如图 5-23 所示。面板常用钢、铝模板（含平模、角模）或胶合板模板，通过纵横钢肋组拼成大块模板，以提高刚度和便于安装。连接螺栓应能承受新浇混凝土的侧压力、冲击力及振捣荷载，其间距、直径应计算确定。连接螺栓上应套塑料管，以便拆模后抽出重复使用。

5. 楼梯模板

楼梯模板由支架、底模板和踏步模板构成。底模板及支架构造与楼板模板基本相同；踏步模板宜采用定型楼梯钢模板，其刚度好，支拆方便，易于保证混凝土质量。楼梯支模构造如图 5-24 所示。

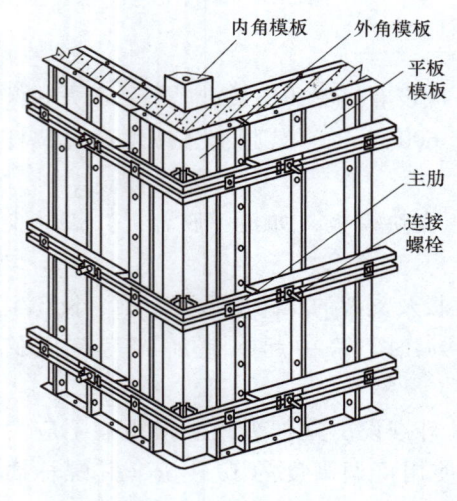

图 5-23　墙模板构造

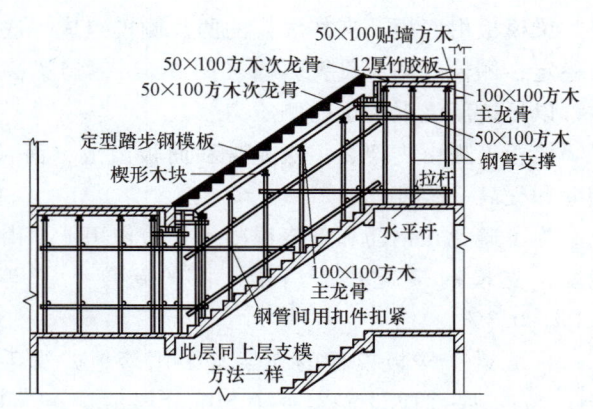

图 5-24　楼梯支模构造（未画下层支架）

5.2.2　组合式模板

组合式模板是由工厂制造、具有多种标准规格面板和相应配件的模板体系。其具有通用性强、装拆方便、周转次数多的特点。施工时，可按设计要求事先组拼成梁、柱、墙的大块模板，整体吊装就位；也可采用散装散拆方法。

1. 组合式钢模板

组合式钢模板是目前使用较广泛的一种通用性组合模板。按肋高分为 55、70、86 等系列（肋高大则刚度大、块体大）。组合式钢模板的部件主要由钢模板、连接件和支承件三部分组成。

（1）钢模板　钢模板采用 Q235 或低合金钢材制成，钢板厚度为 2.5mm，对于≥400mm 宽面钢模板应采用 2.75mm 或 3.0mm 钢板。钢模板主要包括平板模板、阳角模板、阴角模板、连接角模，如图 5-25 所示。

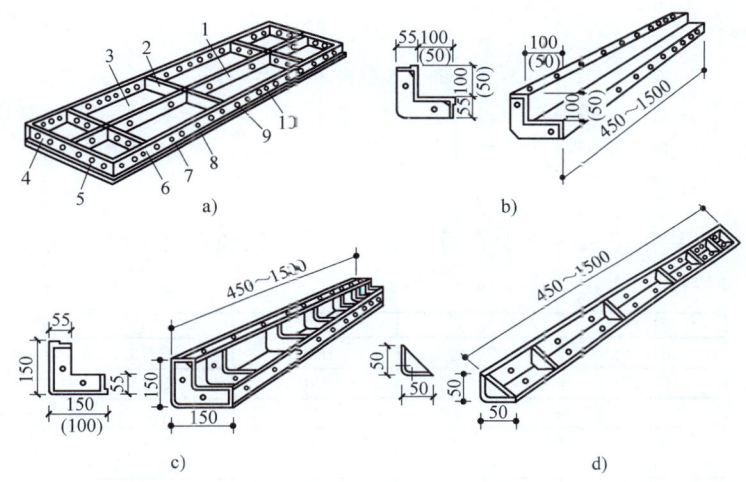

图 5-25　55 系列组合式定型钢模板构造形式
a) 平板模板　b) 阳角模板　c) 阴角模板　d) 连接角模
1—中纵肋　2—中横肋　3—面板　4—横肋　5—插销孔　6—纵肋
7—凸棱　8—凸鼓　9—U 形卡孔　10—钉子孔

结合我国建筑模数制，55 系列钢模板的肋高为 55mm，平板模板宽度有 300mm、250mm、200mm、150mm、100mm 五种规格，长度有 1500mm、1200mm、900mm、750mm、600mm、450mm 六种规格，可横竖拼装。当配板设计出现空缺，可用木枋补足。

平板模板与角模边框留有连接孔，孔距均为 150mm，以便连接。平板模板的代号为 P，如宽 300mm、长 1500mm 的平模，其代号为 P3015。

阴角模板的代号为 E，阳角模板的代号为 Y，连接角模的代号为 J。

（2）连接件　主要有 U 形卡、L 形插销、钩头螺栓、紧固螺栓、对拉螺栓等，如图 5-26 所示。

（3）支承件　支承件包括支承梁、板模板的托架、支撑桁架和顶撑及支撑墙模板的斜撑等。

（4）钢模配板与安装　由于同一面积的模板可以有不同的配板方案，而方案的优劣直接影响到工程速度、质量和成本。所以配板设计时要找出最佳方案。配板时应尽量采用大规格模板，减少木模嵌补量；模板的长边宜与结构的长边平行布置，最好采用错缝拼接，以提

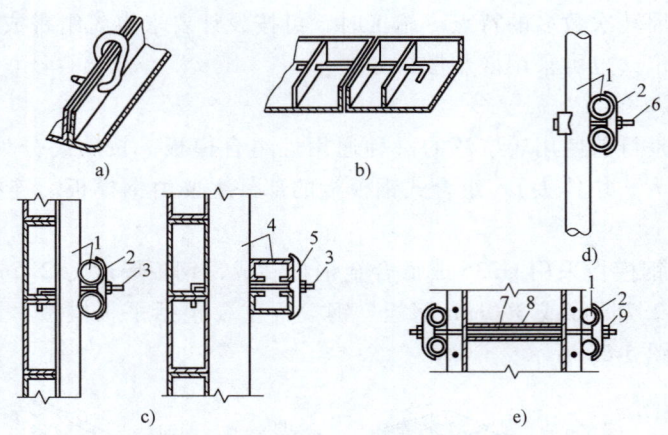

图 5-26 组合式钢模板的连接件

a）U 形卡连接　b）L 形插销连接　c）钩头螺栓连接　d）紧固螺栓连接　e）对拉螺栓连接

1—圆钢管钢楞　2—"3"形扣件　3—钩头螺栓　4—内卷边槽钢钢楞

5—蝶形扣件　6—紧固螺栓　7—对拉螺栓　8—塑料套管　9—螺母

高模板的整体性；每块钢模板应至少有两道钢楞支承，以免在接缝处出现弯折。配板方案选定之后，应绘制模板配板图，如图 5-27 所示。

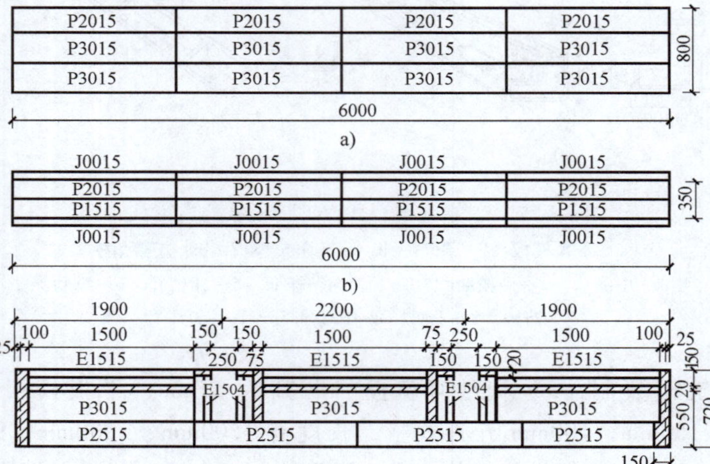

图 5-27 某边梁配板图

a）外侧模板　b）底模板　c）内侧模板

模板的支设方法主要有两种，即单块就位组装（散装）和预组拼安装。采用预组拼方法，可以提高工效和模板的安装质量。预组拼时，可分片组拼，也可整体组拼。

2. 组合式铝合金模板

组合式铝合金模板是新一代的绿色模板技术。它主要由模板系统、支撑系统、紧固系统、附件系统等构成，具有质量轻、刚度大、稳定性好、板面大、精度高、拆装方便、周转次数多、回收价值高、利于环保等特点。

该种模板常采用 3.2mm 厚平板与加强背肋制成。54 型铝合金模板共有 135 种规格，最大板面为 2700mm×900mm。

组合式铝合金模板以销连接为主，施工方便快捷。可将墙与楼板或梁与楼板模板拼装为一体，实现一次浇筑，且稳定性好，如图 5-28 所示。顶板模板和支撑系统实现了一体化设计，支撑杆件少，且可采用早拆技术，提高模板的周转率。

由于模板质量轻，可全人工拼装，也可以拼成中型或大型模板后，用机械吊装。组合式铝合金模板可作为柱、梁、墙、楼板的模板以及爬模等使用。

3. 钢框胶合板模板

钢框胶合板模板是由钢框和防水木胶合板或竹胶合板组成，如图 5-29 所示。胶合板平铺在钢框上，用沉头螺栓与钢框连牢。通过钢边框上的连接孔，可用连接件纵横连接，组装各种尺寸的模板。它具有定型组合钢模板的优点，且质量轻、易脱模、保温好、可打钉，能周转 50 次以上，还可翻转或更换面板。

图 5-28　铝合金模板支设的墙体、楼板模板

图 5-29　钢框胶合板模板组装的墙模

按肋高有 55、70、75 系列，模板的宽度有 300mm、600mm 两种，长度有 900mm、1200mm、1500mm、1800mm、2400mm 等。钢框胶合板模板可作为混凝土结构柱、梁、墙、楼板的模板。

4. 模板早拆体系

早拆原理是根据短跨支撑、早期拆模的思想，利用早拆柱头、立柱和丝杠组成的竖向支撑，使原设计的楼板跨度处于短跨（立柱间距<2m）受力状态，即可在其混凝土达到设计强度等级值的 50%后拆除模板，而竖向支撑原位保留。该体系可加快模板的周转速度，以减少楼板模板的用量；同时，又能够满足现浇结构保留支撑 2~3 层以上以分散、传递施工超载的需求。图 5-30 所示为组合式模板作为面板的早拆体系。在一般模板的基础上，增添早拆支撑调整器（早拆柱头）即可。拆模时，旋转早拆柱头的上手柄，将龙骨及楼板模板降落拆除，而支柱不动。此种早拆体系可节省模板和钢楞 2/3，具有良好的经济效益。

5.2.3　工具式模板

1. 大模板

大模板是用于墙体施工的大型工具式模板，具有施工速度快、机械化程度高、混凝土表观质量好等优点，但其通用性较差。其在剪力墙结构施工中应用最为广泛。

（1）大模板的构造　大模板由面板、主次肋、操作平台、稳定机构和附件组成，如图

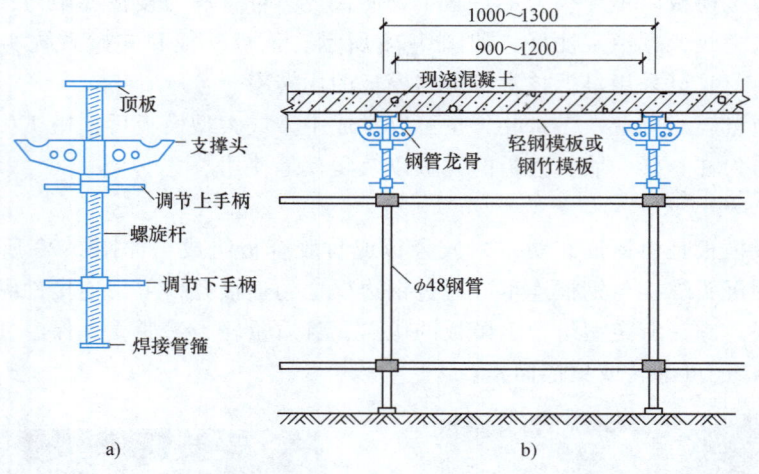

图 5-30 模板早拆体系
a) 早拆柱头 b) 早拆模板构造

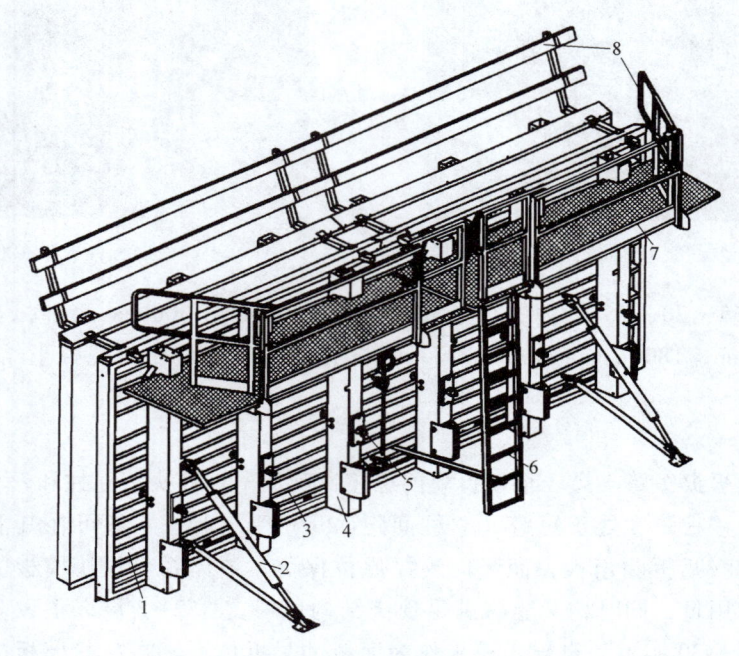

图 5-31 大模板构造与组装
1—面板 2—稳定机构 3—次肋 4—主肋 5—穿墙螺栓
6—爬梯 7—操作平台 8—栏杆

5-31 所示。下面主要介绍钢制大模板。

1）面板。面板常用 5~6mm 厚的钢板制成，表面平整光滑，拆模后墙表面可不再抹灰。

2）次肋。其作用是固定模板，保证模板的刚度，并将力传递到主肋上去。次肋可单向设置或双向设置，常用 8 号槽钢或钢管制作，间距一般为 300~500mm。

3）主肋。其作用是保证模板刚度，并作为穿墙螺栓的固定点，承受模板传来的水平力和垂直力。一般用背靠背的两根 8 号以上槽钢或铝、钢管制作，间距为 0.9~1.2m。

4）穿墙螺栓。其主要作用是承受主肋传来的混凝土侧压力并控制墙体厚度。为保证抽拆方便，穿墙螺栓常做成锥形（图 5-32），也可加设塑料套管。

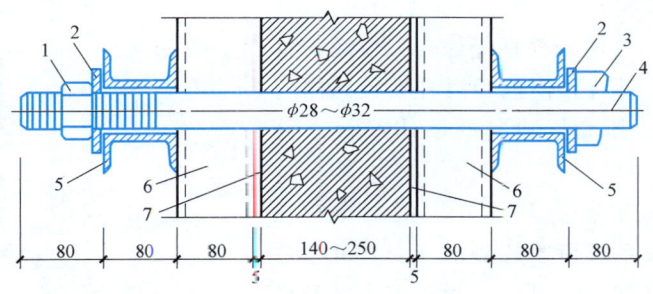

图 5-32　钢制大模板穿墙螺栓的连接构造
1—螺母　2—垫板　3—板消　4—螺杆　5—主肋　6—次肋　7—面板

5）稳定机构。其作用是调整模板的垂直度，并保证模板的稳定性。一般通过旋转花篮螺栓套管，即可达到调整模板垂直度的目的。

（2）大模板的安装与拆除　大模板停放时，应按照其自稳角度面对面放置，对没有稳定机构的模板应放在插放架内，避免倾覆伤人。在安装之前，应做好表面清理，并涂刷隔离剂。

大模板安装时，应按照布置图对号入座。按安装控制线调整位置，连接穿墙螺栓后，调整垂直度并做好缝隙处理。转角处用特制角模连接（图 5-33、图 5-34）。阳角模板与相邻平模之间，宜采用型钢直芯带和钢楔子连接，以保证连接点刚度和接缝严密。

混凝土浇筑后，达到 1~1.2MPa 以上强度方可拆除大模板。拆模时，应先解除穿墙螺栓，再旋转稳定机构的花篮螺栓套管使模板后仰脱模。塔式起重机起吊时要缓慢，防止碰撞墙体。

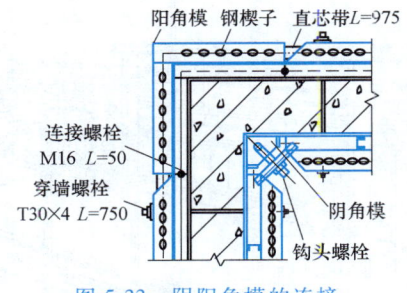

图 5-33　阴阳角模的连接　　　　图 5-34　丁字墙角模的连接

2. 爬升模板

爬升模板（即爬模），是将大块模板与爬升或提升系统结合而形成的模板体系，适用于现浇混凝土竖直或倾斜结构（如墙体、桥墩、塔柱等）施工。按上升方式分为爬架式、导轨式和顶升式等种类，目前已逐步形成"单块爬升""整体爬升"等工艺。前者适用于较大面积房屋的墙体施工，后者多用于筒、柱、墩的施工。

（1）组成与构造　爬升模板由大模板、爬架和爬升（提升）设备三部分组成。某导轨式液压爬升模板构造如图 5-35 所示。模板可通过爬升（提升）设备，随结构浇筑混凝土的升高而交替升高。爬架可利用提升葫芦与模板互爬，或利用导轨通过液压千斤顶爬升。

（2）特点与适用　爬升模板是综合大模板与滑升模板工艺和特点，具有大模板和滑升模板共同的优点，适用于高层、超高层建筑的墙体或核心筒施工。

爬架支撑点在施工层下 1~2 层，混凝土的强度易于满足承受模板系统荷载的要求（≥10MPa），故可加快施工速度（如 2d 一层）。由于带有爬升机构，减少了施工中吊运大模板的工作量；本身装有操作脚手架，施工时有可靠的安全围护，故不需搭设外脚手架。模板逐层分块安装，垂直度和平整度易于调整和控制，可避免施工误差的积累。但由于爬升模板的位置固定，无法实行分段流水施工，因此模板周转率低，配置量多于大模板。

3. 滑升模板

滑升模板简称滑模，它是随着混凝土的浇筑，通过千斤顶或提升机等设备，带动模板沿着混凝土表面向上滑动而逐步完成浇筑的模板装置。其主要用于现浇高耸的构筑物和建筑物，如剪力墙结构、筒体结构的墙体，尤以烟囱、水塔、筒仓、桥墩、沉井等更为适用。对有较多水平构件或截面变化频繁者，效果较差。

滑模仅需一次安装和一次拆除，可节省大量模板、脚手架材料和装拆用工用时，降低工程费用，加快施工进度。但滑模设备一次性投资较大，对施工技术和管理水平要求较高，质量控制难度较大。

（1）滑模的构造　滑模由模板系统、操作平台系统和提升系统三部分组成，如图 5-36 所示。

1）模板系统。模板系统由模板、围圈和提升架组成。为保证结构准确成形，模板应具备一定的强度和刚度，以承受新浇混凝土的侧压力、冲击力和滑升时与混凝土产生的摩阻力。模板的高度取决于滑升速度和混凝土达到出模强度（0.2~0.4MPa）所需要的时间，一般取

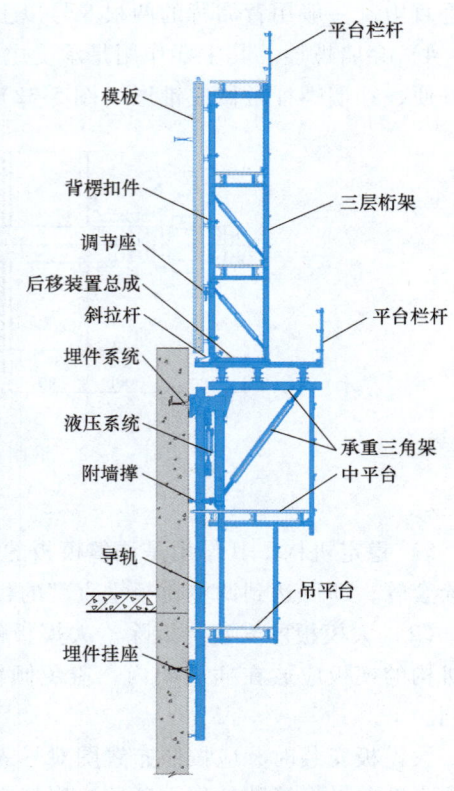

图 5-35　某导轨式液压爬升模板构造

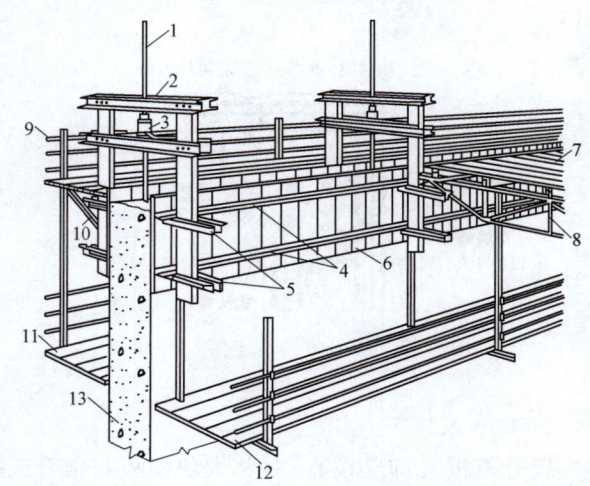

图 5-36　液压滑升模板组成示意图
1—支承杆　2—提升架　3—液压千斤顶　4—围圈
5—围圈支托　6—模板　7—操作平台　8—平台桁架
9—栏杆　10—外挑三脚架　11—外吊脚手
12—内吊脚手　13—混凝土墙体

1.0~1.2m。模板拼板宽度一般不超过500mm，多为钢模板或钢木混合模板。为保证刚度，模板背面设有加劲肋。相邻模板用螺栓或U形卡连接到一起，模板挂在或搭在围圈上。

为减小滑升摩阻力，便于混凝土脱模，内外模板应形成上口小、下口大的形式。一般单面倾斜度为 0.2%~0.5%。

围圈多用槽钢制作，其作用是固定模板和保证模板刚度，并将模板与提升架连接起来。当提升架上升时，通过围圈带动模板上升。

提升架的作用是固定围圈的位置，防止模板侧向变形，承受模板系统和操作平台系统传来的全部荷载，并将其传给千斤顶。提升架多用槽钢或工字钢制作。

2）操作平台系统。操作平台系统包括操作平台、内外吊脚手和外挑三脚架，承受施工时的荷载。操作平台系统应具有足够的强度、刚度和稳定性。操作平台系统多用型钢制作骨架，上铺木板制成。当采用滑一层墙体浇一层楼板工艺时，平台的中间部分应做成便于拆卸的活动式结构，以便现浇楼板的施工。

3）提升系统。常用提升系统包括支承杆、液压千斤顶等，是滑升模板的动力装置。支承杆既是千斤顶的导轨，又是整个滑升模板的承重支柱。其接头可采用丝扣连接、榫接或焊接，接头部位应处理光滑，以保证千斤顶顺利通过。

液压穿心式千斤顶有楔块卡头式和钢珠卡头式两种。它可以通过给油回油，沿支承杆单向上升，从而带动模板系统向上滑升。

（2）滑升工艺　滑升模板应根据混凝土凝结速度、出模强度、气温情况等，采用适宜的滑升速度。速度过快，会引起混凝土出模后流淌、坍落；过慢，因与混凝土黏结力过大，使滑升困难。滑升速度一般为 100~350mm/h。一般每滑升 300mm 高度浇筑一层混凝土。滑升时，要保证全部千斤顶同步上升，防止结构倾斜。

滑模主要用来浇筑竖向结构，如柱、墙等，而现浇楼板常采用逐层空滑法。此法是当墙体滑到上一层楼板板底标高后，将模板空滑至其下口脱离墙体一定高度后，吊走操作平台的活动平台板，进行楼板的支模、绑扎钢筋和浇筑混凝土工作，然后再继续滑升墙体，如此逐层进行。也可采用楼板后浇或最后降模施工。

4. 隧道移动模板

隧道移动模板是经过一次拼装后，可沿隧道水平移动，逐段完成浇筑混凝土的工具模板。当一段混凝土浇筑并有一定强度后，调节支撑下降并内缩模板，通过滚轮向前移动至下一个浇筑面，复位后再行浇筑。图 5-37 所示为隧道移动模板，其左侧为复位状态，右侧表示脱模移动状态。

5. 台模

台模（或称飞模、桌模）主要用来浇筑楼板，一般以一个房间为一块台模。台模由台面和台架组成。铝桁架式台模如图 5-38 所示。台面可由一整块模板组成，也可由组合式模板拼装而成。为便于拆模，台架支腿可做成伸缩式或折叠式，其底部带有轮子，待混凝土达到一定强度，下落台面，向外推出，吊至另一工作面。台模也可直接支撑在墙面或柱面，称为无脚式台模。

5.2.4　永久式模板

永久式模板是在浇筑混凝土时起模板作用，而施工后不需拆除，并可成为结构的一部

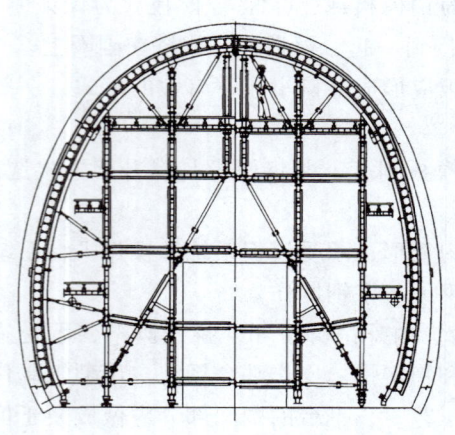

图 5-37 隧道移动模板

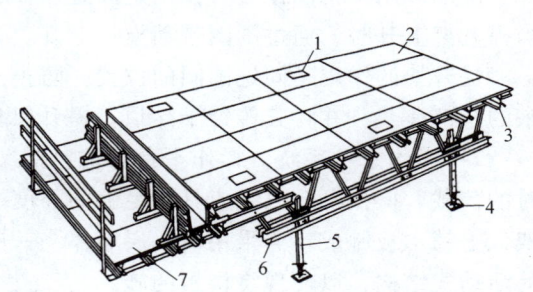

图 5-38 铝桁架式台模
1—吊点 2—胶合板面板 3—铝龙骨 4—底座
5—可调钢支腿 6—铝合金桁架 7—操作平台

分。其种类有压型钢板、混凝土薄板、玻纤水泥波形板等。其特点是施工简便、速度快，可减少大量支撑，不但节约材料，也可减少施工层之间的干扰和等待，从而缩短工期。

1. 压型钢板模板

压型钢板模板在钢框架结构的楼板施工中应用最为广泛，它是采用镀锌等防腐处理的薄钢板，经冷轧成具有开口或闭口梯形、燕尾形截面的槽状钢板（图5-39）。安装时，板块相互搭接，并通过栓钉与钢梁焊接，不但固定了模板，也能使混凝土楼板与钢框架连成一体，以提高结构的刚度。近几年，在压型钢板上焊接了钢筋桁架而使刚度大大提高的楼承板得到了进一步应用。

2. 混凝土薄板模板

混凝土薄板一般在构件厂预制，分为普通板和预应力板（图5-40）。它可以作为现浇楼板的永久性模板，也可与现浇混凝土结合而形成叠合板，构成受力结构。在预制薄板中配置楼板全部或部分钢筋，安装后绑扎构造筋或其余钢筋、浇筑混凝土叠合层即可。在装配整体式混凝土剪力墙结构、框架结构中广泛应用。

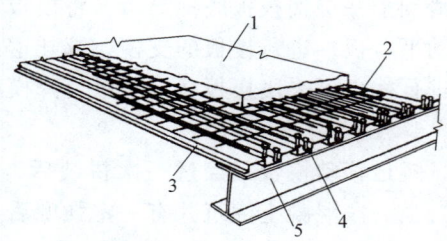

图 5-39 压型钢板组合楼板示意图
1—现浇混凝土楼板 2—钢筋 3—压型钢板
4—用栓钉与钢梁焊接 5—钢梁

混凝土薄板模板底面光滑，可以免除顶棚的抹灰作业。为了加强薄板与叠浇混凝土的结合，在薄板生产时，应采取设肋，或在板的上表面扫毛、压痕、凹坑（图5-41），以及增设抗剪钢筋等处理。

5.2.5 模板的设计

模板及支架应根据安装、使用和拆除等工况按规范进行设计，并满足承载力、刚度和整体稳固性要求。

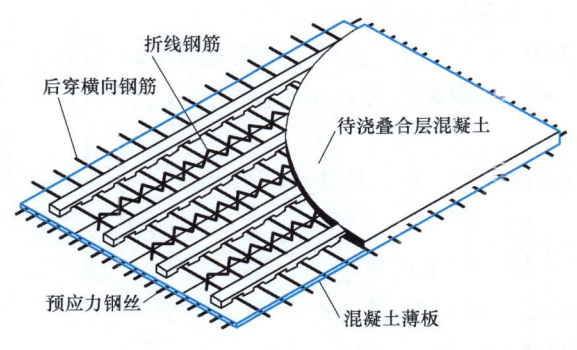

图 5-40 带肋预应力混凝土薄板

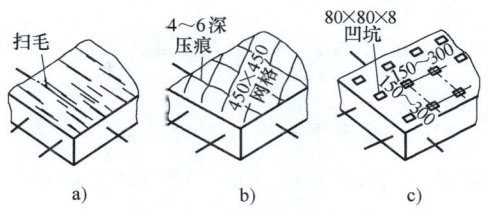

图 5-41 混凝土薄板的表面处理
a) 扫毛 b) 压痕 c) 凹坑

模板设计包括模板及支架的选型及构造设计、荷载及效应计算、承载力及刚度验算、抗倾覆验算、绘制模板及支架施工图等。

1. 模板及支架的荷载

（1）荷载标准值

1）模板及支架自重（G_1）。应根据模板施工图确定。梁、楼板模板及支架的自重标准值可按表 5-10 采用。

表 5-10 梁、楼板模板及支架的自重标准值　　　　　（单位：kN/m²）

项目名称	木模板	定型组合钢模板
无梁楼板的模板及小楞	0.3	0.5
有梁楼板模板（包含梁的模板）	0.5	0.75
楼板模板及支架（楼层高度为 4m 以下）	0.75	1.10

2）新浇混凝土的重力（G_2）。根据混凝土实际重度确定。普通混凝土可取 24kN/m³。

3）钢筋重力（G_3）。应根据施工图确定。对一般梁板结构，每立方米混凝土的钢筋含量可取：楼板 1.1kN，梁 1.5kN。

4）新浇混凝土的侧压力（G_4）。新浇混凝土对模板的侧压力与混凝土的骨料种类、坍落度、外加剂及浇筑速度等有关。当采用插入式振动器且在高度方向浇筑速度不大于 10m/h、混凝土坍落度不大于 180mm 时，新浇混凝土对模板的侧压力可按下列两式分别计算，并取其中的较小值：

$$F = 0.28 \gamma_c t_0 \beta V^{\frac{1}{2}} \tag{5-1}$$

$$F = \gamma_c H \tag{5-2}$$

式中　F——新浇混凝土作用于模板的最大侧压力标准值（kN/m²）；
　　　γ_c——混凝土的重度（kN/m³）；
　　　t_0——新浇混凝土的初凝时间（h），可按实测确定，当缺乏试验资料时，可采用 $t_0 = 200/(T+15)$ 计算，T 为混凝土的温度（℃）；
　　　β——混凝土坍落度影响修正系数，当坍落度为 50~90mm 时取 0.85，为 90~130mm 时取 0.9，为 130~180mm 时取 1.0；
　　　V——混凝土在高度方向的浇筑速度（m/h）；

H——混凝土侧压力计算位置处至新浇混凝土顶面的总高度（m）。

当浇筑速度大于 10m/h，或混凝土坍落度大于 180mm 时，侧压力可按式（5-2）计算。混凝土侧压力的计算分布图形如图 5-42 所示，其中 h 为有效压头高度，$h = F/\gamma_c$。

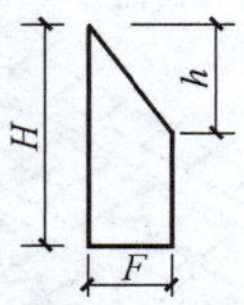

5）施工人员及设备荷载（Q_1）。可按实际情况计算，且不小于 2.5kN/m²。

6）混凝土下料产生的水平冲击荷载（Q_2）。施工中采用泵管、导管或溜槽、串筒下料，取 2kN/m²；用吊斗下料或小车直接倾倒时，取 4kN/m²。该荷载的作用范围可取为有效压头高度之内。

7）附加水平荷载（Q_3）。采用泵送混凝土或不均匀堆载等因素将对模板支架产生附加水平荷载。该荷载可取计算工况下竖向永久荷载标准值的 2%，并应作用在模板支架上端水平方向。

图 5-42 混凝土侧压力的计算分布图形
h—有效压头高度 H—模板内混凝土总高度 F—最大侧压力

8）风荷载（Q_4）。可按《建筑结构荷载规范》（GB 50009—2012）的有关规定确定，此时基本风压可按 10 年一遇取值，但不小于 0.2 kN/m²。

（2）荷载效应组合

1）荷载组合。进行模板及支架承载力计算时，其荷载可按表 5-11 组合确定，并应采用最不利者。而进行模板及支架刚度或变形验算时，则仅组合永久荷载（G_i）。

表 5-11 参与模板及支架承载力计算的各项荷载

计算内容		参与荷载项
模板	底面模板的承载力	$G_1+G_2+G_3+Q_1$
	侧面模板的承载力	G_4+Q_2
支架	支架水平杆及节点的承载力	$G_1+G_2+G_3+Q_1$
	立杆的承载力	$G_1+G_2+G_3+Q_1+Q_4$
	支架结构的整体稳定	$G_1+G_2+G_3+Q_1+Q_3$ $G_1+G_2+G_3+Q_1+Q_4$

2）设计荷载效应值（S）。模板及支架的荷载基本组合的效应设计值按下式计算：

$$S = 1.35\alpha \sum_{i \geq 1} S_{G_{ik}} + 1.4\psi_{cj} \sum_{j \geq 1} S_{Q_{jk}} \tag{5-3}$$

式中 $S_{G_{ik}}$——第 i 个永久荷载标准值产生的效应值；

$S_{Q_{jk}}$——第 j 个可变荷载标准值产生的效应值；

α——模板及支架的类型系数，侧模取 0.9，底模及支架取 1.0；

ψ_{cj}——第 j 个可变荷载的组合系数，宜取 $\psi_{cj} \geq 0.9$。

2. 模板及支架承载力计算要求

由于模板属于临时结构，模板及支架应按短暂设计状况进行承载力计算。计算其承受的荷载时，可根据结构的重要性，将荷载基本组合的效应设计值乘以 0.9~1 的折减系数。而对于模板及支架的承载能力，也需根据重复使用情况做适当折减。

3. 设计时应注意的问题

1）模板及支架的刚度验算规定。按永久荷载标准值计算的构件变形值，不得超过如下限值：

① 对结构表面外露的模板，为模板构件计算跨度的 1/400。
② 对结构表面隐蔽的模板，为模板构件计算跨度的 1/250。
③ 支架的轴向压缩变形或侧向挠度，为计算高度或计算跨度的 1/1000。
④ 清水混凝土的模板，应满足设计要求。

2）模板及支架的稳定性。首先要从构造上保证是稳定性结构。立柱必须有相互垂直的两个方向的撑拉杆件，长细比应符合要求。桁架的平面刚度不应过小，当支架高宽比大于 3 时，必须加强整体稳固措施，如应设置水平和垂直支撑、剪刀撑等。

对模板支架做抗倾覆验算时，安全系数不小于 1.4。

模板支架的钢构件容许最大长细比为：立柱及桁架 180；斜撑、剪刀撑 200；受拉杆件 350。

3）组合模板、大模板、爬升模板及滑升模板的设计尚应符合其相应规范的有关规定。

【例 5-3】 某工程地下室墙体高 3m，厚 180mm，宽 3.3m。拟用组合钢模板组拼。钢模板采用 55 系列 P3015、P2515、P1015 分两行竖排拼成。次龙骨采用 2 根 $\phi48mm\times3.5mm$ 钢管，间距为 750mm，主龙骨采用同一规格钢管，间距为 900mm。对拉螺栓采用 M20，间距为 750mm，如图 5-43 所示。

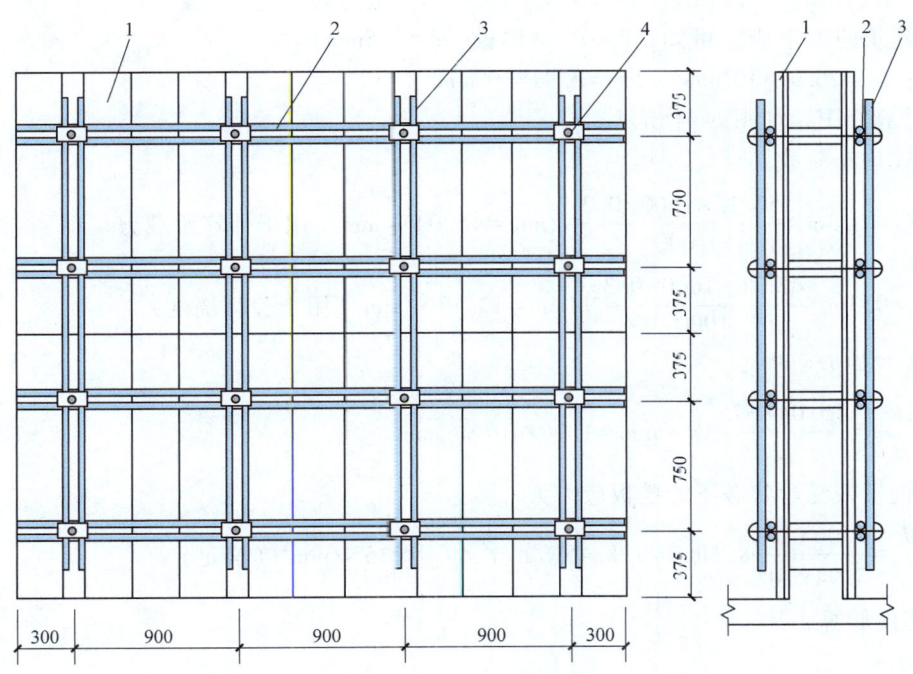

图 5-43 墙体组合钢模板拼装图
1—组合钢模板 2—次（内）龙骨 3—主（外）龙骨 4—对拉螺栓

混凝土重度为 24kN/m³，强度等级为 C30，坍落度为 90mm，采用泵管下料，浇筑速度为 1.8m/h，混凝土温度为 20℃，用插入式振捣器振捣。钢材抗拉强度设计值：Q235 钢为 215N/mm²，普通螺栓为 170N/mm²。钢模的允许挠度：面板为 1.5mm，主次龙骨为 3mm。试验算：钢模板、龙骨和对拉螺栓是否满足设计要求。

【解】 1. 荷载设计值

（1）混凝土侧压力标准值 按式（5-1）和式（5-2）计算。其中初凝时间 $t_0 = \dfrac{200}{20+15}\text{h} = 5.71\text{h}$；坍落度系数 $\beta = 0.85$。

$$F_1 = 0.28\gamma_c t_0 \beta V^{\frac{1}{2}} = 0.28 \times 24\text{kN/m}^3 \times 5.71\text{h} \times 0.85 \times 1.8^{\frac{1}{2}}\text{m/h} = 43.76\text{kN/m}^2$$

$$F_2 = \gamma_c H = 24\text{kN/m}^3 \times 3\text{m} = 72\text{kN/m}^2$$

取两者中小值，即 $F = 43.76\text{kN/m}^2$。

（2）混凝土下料时产生的水平冲击荷载 采用泵管下料，取 2kN/m^2。

（3）混凝土侧压力设计荷载组合效应值 按表 5-11 进行荷载组合，并按式（5-3）计算，得

$$F' = 1.35 \times 0.9 \times 43.76\text{kN/m}^2 + 1.4 \times 0.9 \times 2\text{kN/m}^2 = 55.69\text{kN/m}^2$$

因模板属于短暂性承载，对一般工程应乘以 0.9 重要性系数作为承载力设计值，则

$$F_{\text{设}} = 55.69\text{kN/m}^2 \times 0.9 = 50.12\text{kN/m}^2$$

2. 验算

（1）钢模板验算 以强度、刚度较差的大块模板进行验算。查《建筑施工手册》可知，P3015 钢模板（$\delta = 2.5\text{mm}$）截面特征：$I_{xj} = 26.97 \times 10^4\text{mm}^4$，$W_{xj} = 5.94 \times 10^3\text{mm}^3$。

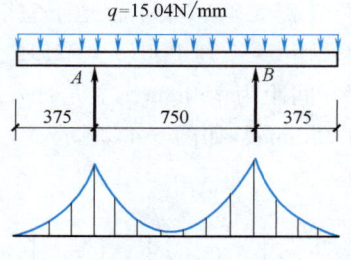

图 5-44 钢模板计算简图

1）计算简图，如图 5-44 所示。
化为线均布荷载：

$$q_1 = F_{\text{设}} \times 0.3\text{m} = \frac{50.12 \times 1000 \times 0.3}{1000}\text{N/mm} = 15.04\text{N/mm}（用于计算承载力）$$

$$q_2 = F \times 0.3\text{m} = \frac{43.76 \times 1000 \times 0.3}{1000}\text{N/mm} = 13.13\text{N/mm}（用于验算挠度）$$

2）抗弯强度验算：

$$M = \frac{q_1 m^2}{2} = \frac{15.04 \times 375^2}{2}\text{N} \cdot \text{mm} = 1.06 \times 10^6 \text{N} \cdot \text{mm}$$

组合钢模板受弯状态下的模板应力为

$$\sigma = \frac{M}{W_{xj}} = \frac{1.06 \times 10^6}{5.94 \times 10^3}\text{N/mm}^2 = 178.45\text{N/mm}^2 < f_m = 215\text{N/mm}^2（满足）$$

3）挠度验算：

$$\omega = \frac{q_2 m}{24EI_{xj}}(-l^3 + 6m^2 l + 3m^3)$$

$$= \frac{13.13 \times 375 \times (-750^3 + 6 \times 375^2 \times 750 + 3 \times 375^3)}{24 \times 2.06 \times 10^5 \times 26.97 \times 10^4}\text{mm}$$

$$= 1.36\text{mm} < [\omega] = 1.5\text{mm}（满足）$$

（2）次龙骨（双根 $\phi 48\text{mm} \times 3.5\text{mm}$ 钢管）验算 2 根 $\phi 48\text{mm} \times 3.5\text{mm}$ 钢管的截面特征为：$I = 2 \times 12.19 \times 10^4\text{mm}^4$，$W = 2 \times 5.08 \times 10^3\text{mm}^3$。

1)计算简图,如图 5-45 所示。

化为线均布荷载:

$$q_1 = F_{设} \times 0.75\text{m} = \frac{50.12 \times 1000 \times 0.75}{1000}\text{N/mm}$$

$$= 37.59\text{N/mm}（用于计算承载力）$$

$$q_2 = F \times 0.75\text{m} = \frac{43.76 \times 1000 \times 0.75}{1000}\text{N/mm}$$

$$= 32.82\text{N/mm}（用于验算挠度）$$

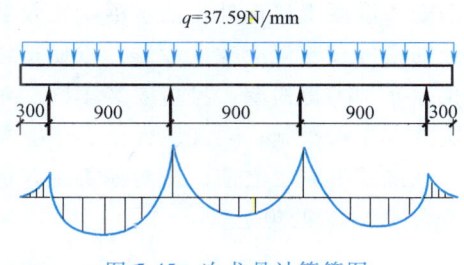

图 5-45 次龙骨计算简图

2)抗弯强度验算:由于次龙骨两端的伸臂长度(300mm)与基本跨度(900mm)之比 300/900=0.33<0.4,则伸臂端头挠度比基本跨度挠度小,故可按近似三跨连续梁计算。

$$M = 0.1 q_1 l^2 = 0.1 \times 37.59 \text{N/mm} \times 900^2 \text{mm}^2$$

抗弯承载能力:

$$\sigma = \frac{M}{W} = \frac{0.1 \times 37.59 \times 900^2}{2 \times 5.08 \times 10^3}\text{N/mm}^2 = 299.68\text{N/mm}^2 > f_m = 215\text{N/mm}^2（不满足）$$

改用 2 根 60mm×40mm×2.5mm 方钢管,其截面特征为:$I = 2 \times 21.88 \times 10^4 \text{mm}^4$,$W = 2 \times 7.29 \times 10^3 \text{mm}^3$,其抗弯承载能力:

$$\sigma = \frac{M}{W} = \frac{0.1 \times 37.59 \times 900^2}{2 \times 7.29 \times 10^3}\text{N/mm}^2 = 208.83\text{N/mm}^2 < f_m = 215\text{N/mm}^2（满足）$$

3)挠度验算:

$$\omega = \frac{0.677 \times q_2 l^4}{100 EI} = \frac{0.677 \times 32.82 \times 900^4}{100 \times 2.06 \times 10^5 \times 2 \times 21.88 \times 10^4}\text{mm} = 1.62\text{mm} < 3.0\text{mm}（满足）$$

(3)对拉螺栓验算 M20 螺栓净截面面积 $A = 241\text{mm}^2$。

1)对拉螺栓的拉力:

$$N = F_{设} \times 次龙骨间距 \times 主龙骨间距 = 50.12\text{kN/mm}^2 \times 0.75\text{mm} \times 0.9\text{mm} = 33.83\text{kN}$$

2)对拉螺栓的应力:

$$\sigma = \frac{N}{A} = \frac{33.83 \times 10^3}{241}\text{N/mm}^2 = 140.37\text{N/mm}^2 < 170\text{N/mm}^2（满足）$$

5.2.6 模板的安装与拆除

模板工程是极为重要且危险性较大的工程,因此在施工之前应进行设计并编制施工方案,对滑模、爬模等工具式模板及高大模板支架(支架高度超过 8m,跨度超过 18m,施工总荷载大于 10kN/m² 或线荷载大于 15kN/m 的梁、板模板)工程的施工方案,应进行技术论证。模板的材料及安装质量应符合国家标准及施工方案的要求。

1. 模板安装要求

模板安装前应先复核标高、轴线;墙、柱模板安装底面应找平,并弹出模板边线。安装现浇结构的上层模板及其支架时,下层楼板应具有足够的承载力,否则应加设支架且与上层对正。模板的起拱高度应满足施工方案的要求,接缝不应漏浆。涂刷模板隔离剂时,不得沾污钢筋和混凝土接槎处。清水混凝土及装饰混凝土工程应配制能达到设计效果的模板。后浇带处的模板及支架应独立设置,以便持续支撑和防止两侧结构损伤。固定在模板上的预埋件和预留孔洞不得遗漏,且应安装牢固。对安装在地基土上的支架应加设垫板,且地基土必须坚实并有排水措施;对冻胀性土,应有预防冻融措施。

在浇筑混凝土之前,应对模板工程进行验收。现浇结构模板安装的允许偏差及检验方法应符合表 5-12 的规定。

表 5-12 现浇结构模板安装的允许偏差及检验方法

项目		允许偏差/mm	检验方法
轴线位置		5	尺量
底模上表面标高		±5	水准仪或拉线、尺量
模板内部尺寸	基础	±10	尺量
	柱、墙、梁	±5	
	楼梯相邻踏步高差	5	
柱、墙垂直度	层高≤6m	8	经纬仪或吊线、尺量
	层高>6m	10	
相邻模板表面高差		2	尺量
表面平整度		5	2m 靠尺和塞尺量测

注:检查轴线位置时,当有纵横两个方向时,沿纵、横两个方向量测,并取其偏差的较大值。

2. 模板的拆除

拆除模板时,宜采取先支的后拆、后支的先拆,先拆非承重模板、后拆承重模板的顺序,并应从上向下进行拆除。现浇混凝土结构拆模时应符合下列规定:

1) 侧模应在混凝土强度能保证其表面及棱角不受损伤后,方可拆除。

2) 底模及其支架应在混凝土的强度达到设计要求后再拆除。当设计无具体要求时,与结构构件同条件养护的混凝土试件的抗压强度应满足:跨度小于等于 2m 的板,达到设计强度等级值的 50% 以上;跨度 2~8m 的板和跨度小于等于 8m 的梁、拱、壳,应达到 75%;跨度大于 8m 的梁、板、拱、壳以及任何跨度的悬臂构件,应达到 100%。

3) 多个楼层的梁板支架拆除,宜保持在施工层下有 2~3 个楼层的连续支撑,以分散和传递较大的施工荷载。

4) 对后张法施工的预应力混凝土构件,侧模宜在预应力钢筋张拉前拆除,底模及支架应在预应力建立后拆除。

5) 拆除模板时,不得强砸硬撬、损坏构件,不应对楼层形成冲击。拆下的模板和支架宜分散堆放并及时清运和修复。

5.3 混凝土工程

混凝土工程包括配料、搅拌、运输、浇灌、振捣和养护等工序。各工序具有紧密的联系和影响,必须保证每一工序的质量,以确保混凝土的强度、刚度、密实性和整体性。

5.3.1 混凝土的制备

1. 原材料质量与检查

1) 水泥进场时,应检查产品合格证、出厂检验报告,并抽样复验其强度、安定性及凝结时间等指标。同种水泥袋装者不超过200t、散装者不超过500t作为一个检验批。水泥出厂超过三个月时应进行复验,并按复验结果使用。

2) 骨料以400m³或600t为一检验批。检验颗粒级配、含泥量、泥块含量以及粗骨料中针片状含量等指标,必要时还应对骨料进行碱活性检验。砂中氯离子含量不得多于干砂质量的0.06%,对预应力混凝土不得多于0.02%。石子粒径,对一般构件不应超过其最小截面尺寸的1/4和3/4钢筋净距,对楼板则不超过板厚的1/3和40mm。

3) 饮用水可直接使用,使用其他水时应检验其成分;严禁使用海水。

2. 混凝土配制强度的确定

混凝土配合比设计应经试验确定。由于施工中干扰因素较多,为使混凝土强度保证率达到95%以上,实验室在进行配合比计算和确定时,对低于C60的混凝土应按下式确定配制强度:

$$f_{cu,0} = f_{cu,k} + 1.645\sigma \tag{5-4}$$

式中 $f_{cu,0}$——混凝土的配制强度(MPa);
$f_{cu,k}$——混凝土立方体抗压强度标准值(MPa);
σ——混凝土强度标准差(MPa)。

当不具备30组以上的近期同品种混凝土强度资料时,强度标准差 σ 可按表5-13取用。

表5-13 混凝土强度标准差 σ 值 （单位：MPa）

混凝土强度等级	≤C20	C25~C45	≥C50~C55
σ	4.0	5.0	6.0

当配置C60及以上强度的混凝土时,配制强度应按下式确定:

$$f_{cu,0} \geq 1.15 f_{cu,k} \tag{5-5}$$

3. 混凝土的施工配合比

混凝土的施工配合比是指在施工现场的实际投料比例,是根据实验室提供的实验配合比(骨料中不含水)及考虑现场砂石的含水率而确定的。

假设实验室配合比为:水泥:砂:石子 = 1:x:y,水胶比为 W。现场测得砂含水率为 W_x,石子含水率为 W_y,则施工配合比为

水泥:砂:石子:水 = 1:$x(1+W_x)$:$y(1+W_y)$:$(W-xW_x-yW_y)$

【例5-4】 某工程混凝土实验室配合比为1:2.18:3.62,水胶比 $W=0.55$,水泥用量为315kg/m³,现场实测砂石含水率分别为3%和1%,求施工配合比。如采用出料容量为350L的搅拌机,求搅拌每盘混凝土的各种材料投料量。

【解】 1) 混凝土施工配合比为

水泥:砂:石子:水 = 1:$x(1+W_x)$:$y(1+W_y)$:$(W-xW_x-yW_y)$
= 1:2.18×(1+3%):3.62×(1+1%):(0.55−2.18×3%−3.62×1%)
= 1:2.25:3.66:0.448

2）搅拌机每盘投料量为

水泥：（315×0.35）kg＝110kg，取 100kg（即 2 袋）

砂：100kg×2.25＝225kg

石子：100kg×3.66＝366kg

水：100kg×0.448＝44.8kg

拌制混凝土时，各种材料应准确称量，其偏差不得超过：水泥、矿物掺合料±2%，粗细骨料±3%，水、外加剂±1%，以保证拌合物的质量。

4. 混凝土搅拌机的选择

混凝土宜采用机械搅拌。搅拌机按搅拌原理可分为自落式和强制式两大类，其各自构造如图 5-46 所示。混凝土结构施工宜采用预拌混凝土，预拌厂都使用强制式搅拌机。

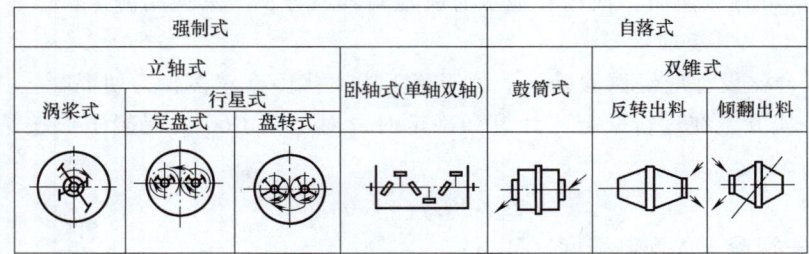

图 5-46　混凝土搅拌机类型

自落式搅拌机是依靠旋转的搅拌筒内壁上的弧形叶片将物料带到一定高度后自由落下而互相混合，拌和能力较差，只适宜搅拌流动性较大的普通混凝土。

强制式搅拌机是通过搅拌叶片的强行转动，推动物料旋转、剪切、交流而达到拌和的目的。其搅拌作用强烈，拌和质量好，生产效率高，操作简便、安全，但能耗大，叶片衬板磨损快。强制式搅拌机适于拌制各种混凝土。对于干硬性混凝土、轻骨料混凝土及高性能混凝土，必须用该类机械搅拌。

搅拌机的选择应根据混凝土工程量大小、坍落度、骨料种类及大小等来选定，在满足技术要求的同时也要考虑经济效益和节约能源、环境保护等问题。

5. 混凝土的拌制

为了获得均匀优质的混凝土拌合物，除需合理选择搅拌机外，还应严格控制原材料质量，正确确定搅拌制度，包括装料量、投料顺序和搅拌时间等。

（1）装料量　搅拌机一次能装各种材料的松散体积之和称为装料量。经搅拌后，各种材料由于互相填补空隙而使总体积变小，即出料量小于装料量。一般出料系数为 0.5~0.75。搅拌机不宜超量装料，如超过 10%，将会因搅拌空间不足而影响拌合物的均匀性。反之，装料过少又降低了生产率。因此必须根据搅拌机的出料量和施工配合比计算各种材料的投料量。

（2）投料顺序　它是指各种材料投入搅拌机的先后顺序。投料顺序将影响到混凝土的搅拌质量、搅拌机的磨损程度、拌合物与机械内壁的黏结程度，以及能否改善操作环境等问题。有以下三种投料顺序：

1）一次投料法：是在上料斗中先装石子，再装水泥和砂，然后一次投入搅拌筒内，水泥夹在石子和砂子之间，减少飞扬。上水泥和砂先进入搅拌筒内形成水泥砂浆，可缩短包裹石子的时间，对于出料口在下部的立轴强制式搅拌机，为防止漏水，应在投入原料的同时，缓慢均匀地加水。

2）二次投料法：也叫砂浆裹石法，是先投入砂、水泥、水，待搅拌1min左右后再投入石子、再搅拌1min左右。此方法可避免水向石子表面集聚的不良影响，水泥包裹砂子，水泥颗粒分散性好，泌水性小，可提高混凝土的强度。

3）两次加水法：也叫造壳法，是先将全部石子、砂和70%的拌和水倒入搅拌机，拌和15s，使骨料湿润后再倒入全部水泥进行造壳搅拌30s左右，然后加入30%的拌和水再搅拌60s左右即可。较前两者具有提高混凝土强度或节约水泥的优点。

粉煤灰、矿粉等掺合料宜与水泥同步投料。液体外加剂宜滞后于水和水泥投料，粉状外加剂宜溶解后再投料。

（3）搅拌时间　它是指全部材料装入搅拌筒中起至开始卸料止的时间，过长或过短都会影响到混凝土的质量。当采用强制式搅拌机搅拌混凝土时，最短时间应满足表5-14的规定。当使用自落式搅拌机时，应各增加30s；当掺有外加剂或矿物掺合料时，搅拌时间应适当延长。

表5-14　强制式搅拌机搅拌混凝土的最短时间　　　　　　　　　　（单位：s）

混凝土坍落度/mm	搅拌机出料量/L		
	<250	250~500	>500
≤40	60	90	120
>40且<100	60	60	90
≥100	60		

5.3.2　混凝土的运输

1. 对混凝土运输的基本要求

1）在运输中应避免产生分层离析现象，否则要在浇筑前进行二次搅拌。

2）运输容器及管道、溜槽应严密、不漏浆、不吸水，保证通畅，并满足环境要求。

3）尽量缩短运输时间，以减少混凝土性能的变化。

4）连续浇筑时，运输能力应能保证浇筑强度（单位时间浇筑量）的要求。

2. 运输工具的选择

混凝土的运输可分为地面水平运输、垂直运输和楼面水平运输。

1）地面水平运输。当采用预拌混凝土或运距较远时，最好采用混凝土搅拌运输车。该车在运输过程中，搅拌筒可缓慢转动而进行拌和扰动，能防止混凝土离析。当距离过远时，可装入干料，在到达浇筑现场前10~15min放入搅拌水，边行走边进行搅拌。当现场搅拌混凝土时，可采用载重1t左右、容量为400L的小型机动翻斗车或手推车运输。

2）垂直运输。可采用塔式起重机配合混凝土吊斗运输并完成浇灌。当混凝土量较大时，宜采用泵送运输。

3）楼面水平运输。多采用混凝土泵通过布料杆运输布料，塔式起重机也可兼顾楼面水平运输，少量时可用双轮手推车。

3. 混凝土泵送运输

泵送运输是以混凝土泵为动力，通过管道、布料杆，将混凝土直接运至浇筑地点，能兼顾垂直运输与水平运输。与混凝土运输车相配合，可快速地完成混凝土运输、浇筑任务。混凝土泵按其移动方式，可分为拖式、车载式和泵车。将混凝土泵装在汽车上即为车载泵，再装布料杆便成为混凝土泵车（图5-47）。

目前混凝土泵常用液压泵，它是利用液压控制两个往复运动的柱塞，交替地将混凝土吸入和压出而连续输送混凝土。其工作原理如图5-48所示。

混凝土输送管一般为钢管。内径为75~200mm，常用125mm。当混凝土粗骨料最大粒径为25~40mm时，宜使用150mm直径的泵管。每段直管的标准长度有4m、3m、2m、1m、0.5m等数种，用快速接头连接。并配有90°、45°等不同角度的弯管，以便管道转弯。弯管、锥形管和软管的流动阻力大，计算输送距离时应换算成相当的水平距离。垂直运输高度超过100m时，泵端管根处应设止逆阀，以防停泵时混凝土倒流。

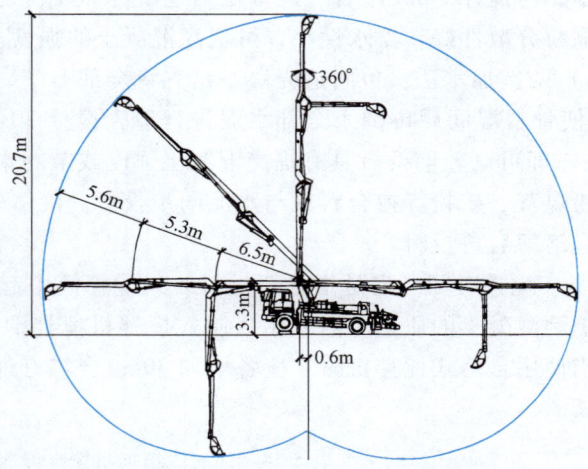

图5-47 三折叠式泵车的浇筑范围示意图

为充分发挥混凝土泵的效率、降低劳动强度，对拖式和车载式泵，应在浇筑地点设置布料机，将输送来的混凝土灌注或摊铺入模。立柱式布料机有移置式、管柱式和爬升式。其臂架和末端输送管都能做360°回转。移置式布料机（图5-49）可由人工拉动其臂杆回转，完成回转半径控制范围内各部位混凝土的浇筑，在解开连接泵管、取下平衡重后，可利用塔式起重机移动位置，安装后再行浇筑；其使用较为灵活，但机械化程度较低。

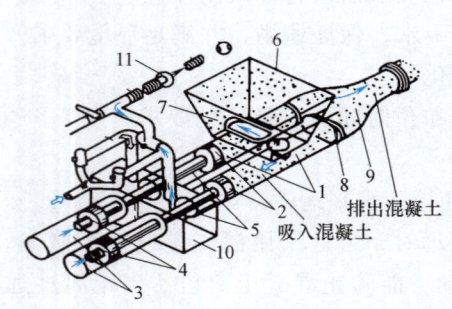

图5-48 液压活塞式混凝土泵工作原理图
1—混凝土缸 2—活塞 3—液压缸 4—液压活塞
5—活塞杆 6—料斗 7—进料阀门 8—出料阀门 9—Y形管 10—水箱 11—水洗系统

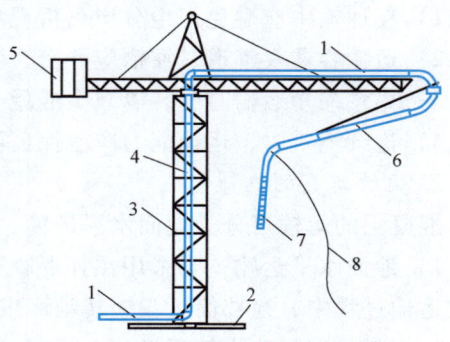

图5-49 移置式布料机
1—水平泵管 2—底座 3—塔架 4—竖向泵管
5—平衡重 6—可转动泵管 7—软管 8—拉绳

泵送混凝土配制时应符合下列规定：骨料最大粒径与输送管内径之比不宜大于1∶4；

通过 0.315mm 筛孔的砂不应少于 15%；砂率宜控制在 35%~45%；最小胶凝材料用量为 300kg/m³；混凝土的坍落度宜为 80~180mm；混凝土内宜掺加适量的外加剂以改善混凝土的流动性。

泵送施工时，应先输送部分水泥浆或水泥砂浆润滑管路。混凝土输送完毕后应及时清洗管路。输送管线宜直，转弯宜缓，接头严密。混凝土供应应尽量保证泵送连续，以避免管道黏附堵塞。如预计泵送中断超过 45min，应立即用压力水或其他方法将混凝土清出管道。混凝土输送完毕应以水压送，并完成管道冲洗。

泵送混凝土浇筑速度快，对模板侧压力较大，模板系统要有较高的强度和稳定性。由于水泥用量较大，要注意浇筑后的养护，防止龟裂。

5.3.3 混凝土的浇筑

1. 准备工作

浇筑混凝土前应做好必要的准备工作。对模板及其支架、钢筋、预埋件和预埋管线等必须进行检查，做好隐蔽工程的验收和技术复核，符合要求后方可浇筑混凝土。

浇筑混凝土前，应将模板内或垫层上的杂物、钢筋上的油污等清理干净。对模板的缝隙及孔洞应予堵严。对表面干燥的地基、垫层、模板应洒水湿润，现场温度高于 35℃ 时对金属模板宜洒水降温，洒水后均不得留有积水。

对操作人员应做好分工和技术交底，检查并确认现场具备的实施条件。

2. 浇筑的一般规定

1）混凝土拌合物入模温度不应低于 5℃，且不应高于 35℃。混凝土运输、输送、浇筑过程中严禁加水。

2）混凝土浇筑倾落高度：当骨料粒径在 25mm 及以下时，不得超过 6m；骨料粒径大于 25mm 时，不得超过 3m。否则应使用串筒、溜管、溜槽等，以防下落动能大的粗骨料积聚在结构底部，造成混凝土分层离析。

3）不宜在降雨雪时露天浇筑。必须浇筑时，应采取确保混凝土质量的有效措施。

4）对非自密实混凝土必须分层浇灌、分层捣实。每层浇筑的厚度依振捣方法而定：采取插入式振捣时，不超过振动棒长度的 1.25 倍；表面式振捣时，不超过 200mm。

5）混凝土运输、输送入模的过程应保证混凝土连续浇筑。按规范要求，混凝土从运输到输送入模的延续时间宜按表 5-15 的规定控制；若在运输、输送及浇筑中出现间歇，其总的时间也应以表 5-15 的规定时间加 90min 为限。

表 5-15 混凝土从运输到输送入模的延续时间　　　　　　　　　　（单位：min）

条件	气温	
	≤25℃	>25℃
不掺外加剂	90	60
掺外加剂	150	120

6）同一结构或构件混凝土宜连续浇筑，即各层、块之间不得出现初凝现象。如分层浇筑时，上层混凝土应在下层混凝土初凝之前浇筑完毕。当预计超过时应留置施工缝。

7）浇筑后的混凝土，其强度应至少达到 1.2MPa 以上方可上人作业。

3. 施工缝与后浇带的留设及处理

(1) 施工缝　施工缝是指由于设计要求或施工需要分段浇筑而在先、后浇筑的混凝土之间所形成的接缝。施工缝处由于连接较差，特别是粗骨料不能相互嵌固，抗剪强度受到很大影响。

1) 施工缝的位置。施工缝应在混凝土浇筑之前确定，并宜留置在结构受剪力较小且便于施工的位置。规定如下：

① 柱的水平施工缝，柱底可留置在基础或楼层结构顶面及以上100mm范围内，柱顶可留在梁或柱帽下的50mm范围内（图5-50）。

② 梁与板应同时浇筑，但当梁断面过大时可先浇筑梁，将水平施工缝留置在板底面以下20mm内。

③ 单向板的垂直施工缝可留置在平行于短边的任何位置。

④ 有主次梁的楼盖宜顺着次梁方向浇筑，垂直施工缝应留置在次梁中间的1/3跨度范围内（图5-51）。实际工程中，常留在弯矩也较小的1/3跨度处。

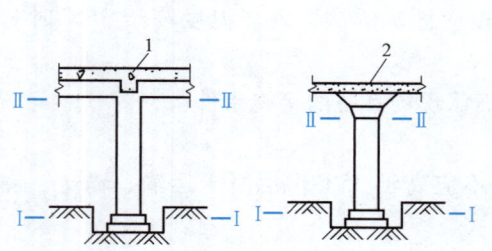

图5-50　浇筑柱的施工缝位置
1—肋形楼盖　2—无梁楼盖
注：Ⅰ—Ⅰ、Ⅱ—Ⅱ表示施工缝位置

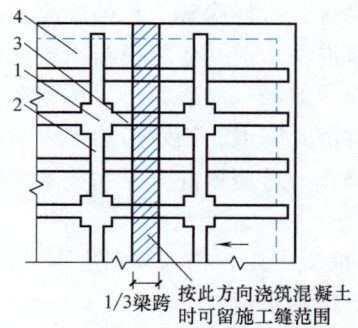

图5-51　有主次梁楼盖的施工缝位置
1—柱　2—主梁　3—次梁　4—楼板

⑤ 墙的水平施工缝，墙底可留在基础或楼层结构顶面及以上300mm范围内，墙顶可留在距水平构件50mm范围内；竖向施工缝宜设置在门洞口过梁的跨中1/3范围内，也可留设在纵横墙交接处。

⑥ 受力复杂或有防水抗渗要求的结构构件、特殊结构部位，留设施工缝应经设计单位确认。

2) 留设方法。水平施工缝应在浇筑混凝土前，在钢筋或模板上弹出浇筑控制线。垂直施工缝应采取支模板或固定快易收口网、钢板网、钢丝网等封挡，以保证缝口垂直。

3) 接缝处理。在施工缝处继续浇筑混凝土时，应符合下列规定：

① 已浇筑的混凝土强度不应低于1.2MPa。

② 结合面应提前进行粗糙处理，清除浮浆、松动石子以及软弱混凝土层，并经冲洗湿润，但不得有积水。

③ 接缝时，宜先铺10~30mm厚与混凝土浆液同成分的水泥砂浆接浆层，随即浇筑混凝土。

④ 浇混凝土时应细致捣实，使新旧混凝土紧密结合，但不得碰触原混凝土。

（2）后浇带 后浇带是既满足混凝土结构变形需要又能保证刚性连接的接缝，用于不允许设置变形缝且后期变形趋于稳定的结构。后浇带包括收缩后浇带和沉降后浇带。前者是为了避免面积或体型原因造成混凝土收缩开裂，后者是为了避免高度或质量差异过大而造成沉降开裂。

后浇带应留设在受力及变形较小处。宽度一般为 0.7~1.2m，钢筋不断。梁、板的后浇带常留在其 1/3 跨度处，可采用支设模板留出。后浇带处梁板的底模及支架应单独支设，以便既不妨碍其他部位拆模，又能使后浇带部位保持支撑，以防其两侧结构受到损伤。

后浇带的封闭时间应待混凝土收缩或结构沉降基本完成，且不得少于 14d，并应经设计单位认可后进行。按施工缝处理后，宜浇筑高一个等级的减缩混凝土，并加强养护。

4. 框架、剪力墙结构的浇筑

同一施工段内，每排柱子应由外向内对称地顺序浇筑，不应自一端向另一端顺序推进，以防柱子模板向一侧推移倾斜，造成误差积累过大而难以纠正。

为防止混凝土墙、柱"烂根"（根部出现蜂窝、麻面、漏筋、漏石、孔洞等现象），在浇筑混凝土前，除了对模板根部缝隙进行封堵外，还应在底部先浇筑 20~30mm 厚与所浇筑混凝土浆液同成分的水泥砂浆，然后再浇筑混凝土，并加强根部振捣。

应控制每层浇筑厚度，以保证振捣密实。

竖向构件（柱子、墙体）与水平构件（梁、板）宜分两次浇筑，做好施工缝留设与处理。若欲将柱墙与梁板一次浇筑完毕，不留施工缝时，则应在柱墙浇筑完毕后停歇 1~1.5h，待其混凝土初步沉实后，再浇筑上面的梁板结构，以防柱墙与梁板之间由于沉降、泌水不同而产生缝隙。

对有窗口的剪力墙，在窗口下部应薄层慢浇、加强振捣、排净空气，以防出现孔洞。窗口两侧应对称下料，以防压斜窗口模板。

当柱、墙混凝土强度比梁、板混凝土高两个等级及以上时，必须保证节点为高强度等级混凝土。施工时，应先在距柱、墙边缘不少于 500mm 的梁、板内（图 5-52），用快易收口网或钢丝网等进行分隔；然后先浇节点的高强度等级混凝土，在其初凝前，及时浇筑梁板混凝土。

梁混凝土宜自两端节点向跨中用走浆法浇筑。楼板混凝土浇筑应拉线控制厚度和标高。在混凝土初凝前和终凝前，应分别对混凝土裸露表面进行抹面处理。

5. 大体积混凝土的浇筑

大体积混凝土是指结构或构件的最小边长尺寸在 1m 以上，或可能由于温度变形而开裂的混凝土。在工业与民用建筑中多为设备基础、桩基承台或基础底板等。

由于基础的整体性要求高，大体积混凝土需连续浇筑，一气呵成，不留施工缝。施工工艺上既要做到分层浇筑、分层捣实，又必须保证上下层混凝

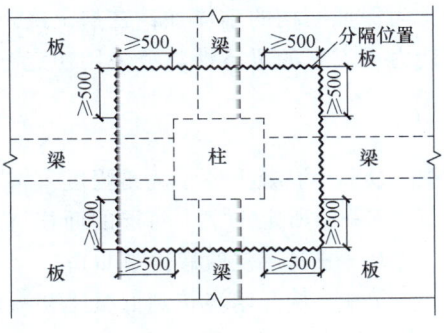

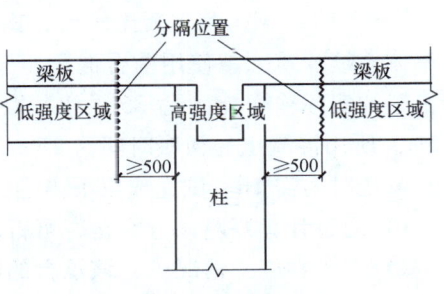

图 5-52 高低强度混凝土的分隔

土在初凝之前结合好，不致形成"冷缝"。在特殊的情况下方可留设施工缝或后浇带。

（1）浇筑方案的确定　大体积混凝土常用的浇筑方案有全面水平分层、分块分层和斜面分层（图5-53），应根据结构形状、大小、钢筋疏密、混凝土供应等具体情况进行选用，一般宜采用斜面分层法。

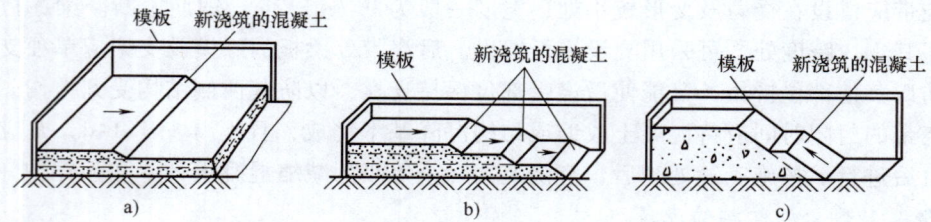

图5-53　大体积混凝土浇筑方案
a）全面水平分层　b）分块分层　c）斜面分层

1）全面水平分层：是在整个基础内按水平分层浇筑混凝土。要做到第一层全部浇筑完毕后浇筑第二层时，所到之处的第一层混凝土均未初凝，如此逐层进行，直至浇筑完毕。这种方案适用于结构的平面尺寸不太大的工程。

2）分块分层：适用于厚度不太大而面积较大的结构，混凝土从底层开始浇筑，进行一定距离（一个段长）后回来浇筑第二层；如此依次向前浇筑各层段。

3）斜面分层：适用于结构长度较大的工程，是目前大型建筑基础底板或承台最常用的方法。当结构宽度较大时，可采用多台机械分条同步浇筑，使其形成连续整体。分条宽度不宜大于10m，每条的振捣应从浇筑层斜面的下端开始，逐渐上移，或在不同高度处分区振捣，以保证混凝土施工质量。

大体积混凝土浇筑的分层厚度取决于振动器的棒长和振动力的大小，也需考虑混凝土的供应能力和可能浇筑量的多少，一般不宜超过500mm。

为保证结构的整体性，在初定浇筑方案后要计算混凝土的浇筑强度Q，以检验在现有供应能力下方案的可行性，或采用初定方案时确定资源配置。

$$Q = \frac{FH}{T} \tag{5-6}$$

式中　Q——混凝土最小浇筑强度（m^3/h）；

　　　F——所定方案中每层的面积（m^2）；

　　　H——每层浇筑厚度（m）；

　　　T——从开始浇筑到混凝土初凝的延续时间（初凝时间-运输及等待时间）（h）。

【例5-5】　某工程混凝土承台，南北长30m，东西宽28m，厚1.5m，为C30混凝土，要求整体连续浇筑。拟使用两台混凝土泵车（各负责一半宽度）从南向北平行等速浇灌，每台泵车的实际输送能力为35m^3/h。拟采取斜面分层浇筑方案，斜面坡度为1∶6，每层厚0.5m。所用混凝土的初凝时间为3h。配备充足的混凝土搅拌运输车供料，混凝土的地面运输及泵送时间需1h。试完成以下内容：

1）通过计算判断该方案是否可行。

2）在正常施工情况下，该承台的浇筑时间。

3）允许的最长浇筑时间（不出现冷缝的时间）。

【解】 1）计算保证整体性的最小浇筑强度，判断方案可行性：每台泵浇筑宽度14m，正常层每层长度为 $(1.5^2+9^2)^{0.5}$ m = 9.12m，最小浇筑强度

$$Q = \frac{FH}{T} = \frac{14 \times 9.12 \times 0.5}{3-1} \text{m}^3/\text{h} = 31.92 \text{m}^3/\text{h}$$

泵车输送能力 35 m³/h > Q = 31.92m³/h，该方案可行。

2）在正常施工情况下，该承台的浇筑时间为

$$T_1 = (30 \times 14 \times 1.5/35) \text{h} = 18\text{h}$$

3）允许的最长浇筑时间（超过此时间，内部肯定存在"冷缝"缺陷）：

$$T_2 = (30 \times 14 \times 1.5/31.92) \text{h} = 19.74\text{h}$$

（2）防止开裂的措施　大体积混凝土浇筑的一个关键问题是易于开裂。在升温阶段，由于水泥进行水化反应会放出大量热能。内部热量不断积聚而升温，而结构表面散热快温度低，当内外温差超过25℃时，混凝土结构将产生表面开裂。此外，在混凝土水化反应接近完成的降温阶段，由于体积收缩受到地基土、垫层、钢筋或桩等的约束，使结构受到很大的拉应力，当其超过当时混凝土的极限抗拉强度时，混凝土会被拉裂，甚至裂缝会贯穿整个混凝土截面，造成断裂。

要防止大体积混凝土浇筑后产生裂缝，需尽量减少水化热，避免水化热的积聚，避免过早过快降温。为此，首先应选用低水化热的水泥（如矿渣、火山灰、粉煤灰类水泥）；掺入适量的粉煤灰以减少水泥用量；扩大浇筑面和散热面，降低浇筑速度或减小浇筑层厚度，在低温时浇筑。必要时采取人工降温措施。如采用风冷却；用冰水拌制混凝土；在混凝土内部埋设冷却水管，用循环水来降低混凝土温度等。控制入模温度不高于30℃，最大温升不超过50℃；在混凝土浇筑后，采取保温措施，延缓降温时间，提高混凝土的抗拉能力，减少收缩阻力等。

此外，现代施工中，对超长体型（长度超过伸缩缝最大间距限值）的混凝土结构或构件，为避免温度裂缝，常采用留设后浇带、设置膨胀加强带、采用跳仓法施工（图5-54）等措施。留设温度后浇带时，需待两侧混凝土收缩完成且龄期不少于14d后，补浇强度高一等级的微膨胀混凝土。膨胀加强带是结构浇筑时，在需设置后浇带处浇筑宽约2m的膨胀型混凝土带。以补偿两侧混凝土的收缩而避免裂缝。膨胀加强带可用于长度不大于60m的超长底板、墙体，或长度不大于120m的超长楼板。采用跳仓法施工时，分仓缝位置宜设置在柱网尺寸中部1/3范围内，仓最大尺寸不宜大于40m，相邻仓混凝土浇筑时间间隔不应少于7d。

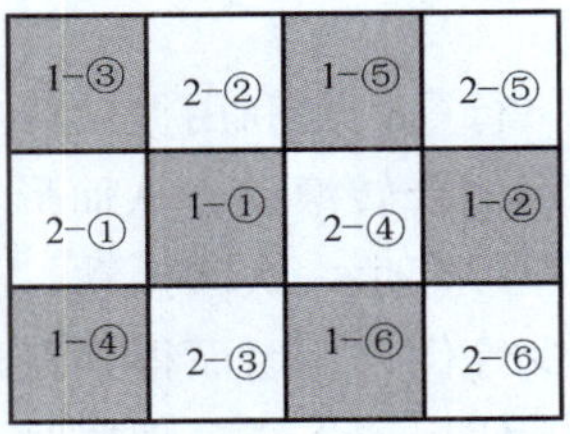

图5-54　跳仓法施工顺序示意图

6. 混凝土的密实成型

混凝土应具有足够的密实度，才能达到设计要求的强度、抗冻性、抗渗性和耐久性。

混凝土密实成型的方法主要有机械法、自流法和脱水法三种：机械法是通过振动、挤压或离心作用等克服拌合物的黏着力和内摩擦力而使之密实并成型；自流法是通过在拌合物中掺高性能减水剂、增大坍落度等措施，使其自身流动而成型；脱水法是先在拌合物中增加用水量以提高流动性、便于成型，然后通过真空吸水或使用透水模板，将多余的水分和空气排出而密实成型。工程中应用最多的是振捣密实。

（1）机械振捣密实成型　机械振捣密实的原理是通过机械振动，使混凝土黏结力和骨

料间的摩擦力减小,流动性增加,骨料在自重作用下下降,气泡逸出,孔隙减少,使混凝土密实地充满模板内的全部空间,达到密实、成型的目的。

振动捣实机械的类型可分为内部(插入式)振动器、外部(附着式)振动器、表面(平板式)振动器和振动台(图5-55)。在施工现场,主要是应用插入式振动器和平板式振动器。

1)插入式振动器。它又称内部振动器,由电动机、软轴和振动棒三部分组成。振动棒是工作部分,棒管内安装着偏心振子,在电动机驱动下,偏心振子的离心力使整个棒体产生圆振动。工作时,将它插入混凝土中,可把振动能量直接传给混凝土,故振实效率高。插入式振动器适用于基础、柱、梁、墙等深度或厚度较大的结构构件的混凝土捣实。

按振动棒激振原理的不同,插入式振动器可分为偏心轴式和行星滚锥式(简称行星式)两种(图5-56)。偏心轴式的激振原理是利用安装在振动棒中心具有偏心质量的转轴,在做高速旋转时所产生的离心力使振动棒产生圆振动。由于其振动器的频率低(5000~8000次/min)、软轴磨损较大,已逐渐被行星式所取代。

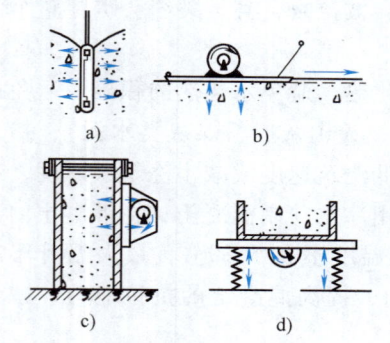

图5-55 振捣机械类型

a)内部振动器 b)表面振动器 c)外部振动器 d)振动台

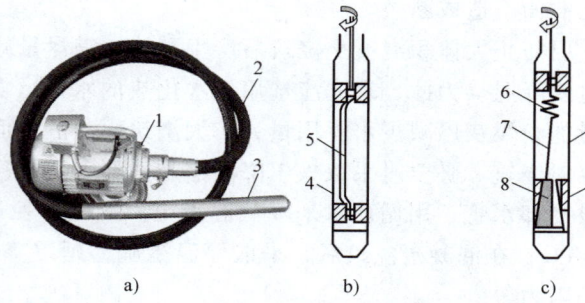

图5-56 插入式振动器构成及原理图

a)外形 b)偏心轴式振动器原理 c)行星式振动器原理
1—电动机 2—软轴 3—振动棒 4—振动棒外壳 5—偏心转轴
6—挠性联轴节 7—滚动轴 8—滚锥 9—滚道

行星式是利用振动棒中一端空悬的滚锥,在它自转时,还能沿棒壳内的圆锥面(即滚道)做公转滚动,从而形成行星运动。自转一周可公转若干周,而每公转一周,振动棒壳体即可产生一次圆振动,故振动频率可达1.2~1.9万次/min。它具有振捣效率高、机械磨损少等优点,因而得到普遍的应用。

使用插入式振动器时,要使振动棒自然地垂直沉入混凝土中。为使上下层混凝土结合成整体,振动棒应插入下一层混凝土中不少于50mm。振捣时,应将棒上下抽动,以保证混凝土上下振捣均匀。应避免振动棒碰撞钢筋、模板和埋设物。

振动棒各插点的间距不得超过振动棒有效作用半径R(一般取棒半径的8~10倍)的1.4倍,振动棒与模板的距离不应大于$0.5R$。插点的布置方式有行列式与交错式两种(图5-57),其中交错式重叠、搭接较多,振捣效果较好。振动棒在各插点的振动时间,以混凝土表面基本平坦、不再明显塌陷、泛出水泥浆、不再冒气泡为止。

2)平板式振动器。它是将带有偏心块的电动机固定在平板上而成,适用于捣实楼板、地坪等平面面积大而厚度较小的混凝土构件。振捣时,每次移动的间距应保证底板能与上次振捣区域重叠 50mm 左右，以防漏振。

（2）自密实混凝土 自密实混凝土又称免振混凝土，是通过外加剂（包括高性能减水剂、超塑化剂、稳定剂等）、超细矿物粉等胶结材料和粗细骨料的搭配以及配合比的精心设计，使混凝土拌合物屈服剪应力减小到适宜范围，同时又具有足够的塑性黏度，使骨料悬浮于水泥浆中，不出现离析和泌水等问题，在不用外力振捣的条件下通过自重作用实现自由流淌，充分填充模板内的空间而形成密实且均匀的结构体。

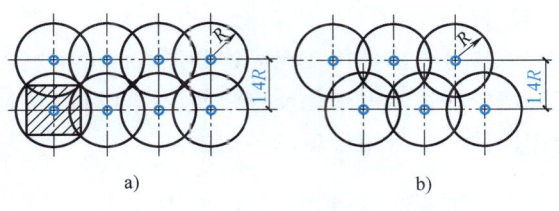

图 5-57 插点的布置
a）行列式 b）交错式

配合比设计及配制时，应重点控制拌合物的工作性（主要包括黏聚性、流动性和保水性），着重解决好混凝土的高工作性与混凝土硬化强度及耐久性的矛盾。自密实混凝土的工作性能宜为：坍落度 250~270mm，扩展度 550~700mm，流过高差 ≤15mm。骨料最大粒径不宜大于 20mm。浇筑前确定好布料点和下料间距；浇筑时应控制浇筑速度和单次下料量，并应分层浇筑至设计标高，防止模板受损。

5.3.4 混凝土的养护

混凝土的养护是指混凝土浇筑后，在硬化过程中进行温度和湿度环境的控制，使其达到设计强度。混凝土养护的主要方法有自然养护和人工环境养护（如蒸汽养护）。施工现场多采用自然养护法，构件厂常用蒸汽养护法。

1. 自然养护

自然养护是通过洒水、覆盖、喷涂养护剂等方法，使混凝土在规定的时间内保持足够的温湿状态，使其强度得以增长。养护方式应考虑现场条件、环境温湿度、构件特点、技术要求、施工操作等因素合理选择，可单独使用或复合使用。

覆盖法是在混凝土裸露表面覆盖塑料薄膜，或塑料薄膜加岩棉被、加草帘等保温材料。养护剂法是将养护剂喷涂在已凝结的混凝土表面，溶剂挥发后形成可消失的薄膜来保湿，常用于大面积结构或不易覆盖者（如墙体）。

混凝土的自然养护应符合如下规定：

1）混凝土终凝抹面后，应据其性能及所处环境及时进行养护，防止失水开裂。对高性能混凝土宜在浇筑时即开始喷雾保湿。

2）混凝土的养护时间：硅酸盐水泥、普通硅酸盐水泥或矿渣硅酸盐水泥拌制的混凝土，不得少于 7d；采用缓凝型外加剂或大掺量矿物掺合料配制的混凝土、大体积混凝土、后浇带、抗渗混凝土以及 C60 以上混凝土不得少于 14d；地下室底层和结构首层的柱、墙混凝土宜适当增加养护时间，且带模养护不宜少于 3d。

3）洒水养护的洒水次数，应能保持混凝土始终处于湿润状态。养护用水应与拌制用水相同；当日最低温度低于 5℃ 时，不应采用洒水养护。

4）采用塑料薄膜覆盖养护时，应覆盖严密，并应保持薄膜内有凝结水。

5）喷涂养护剂养护时，其保湿效果应通过试验检验。喷涂应均匀无遗漏。

6）混凝土强度达到 1.2MPa 前，不得上人施工。

2. 蒸汽养护

该法是将构件放在充满饱和蒸汽的养护室内或就地覆盖围挡后通入蒸汽,在较高的温湿度环境中加速水泥水化反应,使混凝土强度快速增长的养护方法。蒸汽养护主要用于构件厂制作构件,也可用于现场冬期施工。

5.3.5 混凝土冬期施工

1. 冬期施工原理

根据当地多年气象资料,当室外日平均气温连续 5d 稳定低于 5℃ 时,混凝土工程应采取冬期施工措施,并应及时采取气温突然下降的防冻措施。

冻结对早期混凝土将造成严重危害。其主要原因是混凝土内部的水结冰后体积膨胀,冰晶应力使强度还很低的混凝土内部产生无法弥补的微裂纹;导热性强的钢筋、粗骨料表面易形成冰膜,削弱了砂浆与石子、混凝土与钢筋间的握裹力,导致混凝土最终强度损失。试验证明,混凝土遭冻时间越早,水胶比越大,则强度损失越多,反之则少。

混凝土受冻后,当温度恢复至正温时其强度还能继续增长。当混凝土达到某一初期强度值后遭到冻结,解冻后再经 28d 标养,其强度如能达到设计强度等级值的 95% 以上时,则受冻前的初期强度值即称为混凝土的允许受冻临界强度。规范规定见表 5-16。

表 5-16 混凝土受冻临界强度规定

混凝土种类	受冻临界强度
用硅酸盐、普硅水泥配制的混凝土	30%设计强度等级值
用矿渣硅酸盐等水泥配制的混凝土	40%设计强度等级值
抗渗混凝土	50%设计强度等级值
有抗冻耐久性要求的混凝土	70%设计强度等级值

注:当施工需提高混凝土强度等级时,应按提高后的强度等级确定受冻临界强度。

2. 冬期施工要求与方法

(1) 原材料的选择及要求

1) 水泥。应优先选用水化热高、早期强度高的水泥,如硅酸盐或普通硅酸盐水泥,水泥用量不少于 $280kg/m^3$,水胶比不大于 0.55。

2) 骨料。不得含有冰雪和冻块;当掺用含钾、钠离子的防冻剂时,不得混有活性骨料。

3) 外加剂。不宜使用氯盐类防冻剂;对抗冻性要求高的混凝土,宜使用引气剂或减水剂。

(2) 原材料的加热 冬期施工常用热拌混凝土。在拌制前应优先考虑对水进行加热,当其不能满足要求时,再对骨料进行加热。水泥不得加热,宜运至暖棚中存放。水及骨料的加热温度,应根据热工计算确定,但不得超过表 5-17 的规定。在任何情况下,水泥都不得与 80℃ 以上的水直接接触,以避免出现"假凝"现象。

(3) 混凝土的搅拌 在混凝土搅拌前,先用热水或蒸汽冲洗、预热搅拌机。搅拌投料顺序是:当水温不高于表 5-17 的规定时,可将水泥和骨料先投入,干拌均匀后再加入水,直至搅拌均匀为止;否则应先投入骨料和热水,拌至温度下降后再投入水泥。

表 5-17　拌和水及骨料加热最高温度　　　　　　　　　　（单位：℃）

普通硅酸盐水泥、矿渣硅酸盐水泥的强度等级	拌和水	骨料
42.5 以下	80	60
42.5 及以上	60	40

混凝土的搅拌时间应较常温延长 50%；拌合物的出机温度不宜低于 10℃。

（4）混凝土运输和浇筑　运输混凝土所用的容器应有保温措施，运输时间应尽量缩短，保证混凝土的入模温度不低于 5℃。混凝土在浇筑前，应清除模板和钢筋上的冰雪和污垢；不得在强冻胀性地基上浇筑；当在弱冻胀性地基上浇筑时，基土不得遭冻。当分层浇筑大体积混凝土时，已浇筑层在被上一层覆盖前，不得低于按热工计算要求的温度，且不得低于 2℃。

（5）混凝土养护方法　冬期施工混凝土的养护方法，一般要经过技术经济比较确定。在免遭冻害的前提下，选择质量优、费用低、污染小且简单易行的方法。

1）蓄热养护法。该法是利用原材料加热及水泥水化放热，并采取适当保温措施延缓混凝土冷却，在混凝土温度降到 0℃ 前达到受冻临界强度。该法具有施工简单、节省能源、费用低等特点，适用于室外最低温度不低于 -15℃ 时，地面以下的工程或表面系数（表面积/体积）不大于 $5m^{-1}$ 的结构。当表面系数较大（$5\sim15m^{-1}$）时，可在混凝土中掺加具有减水、引气功能的早强剂而构成综合蓄热法。

蓄热养护法的关键要素是：混凝土的入模温度、围护层的总传热系数和水泥水化热值。采用该法时，宜使用水化热高的水泥，适量掺用早强剂，提高入模温度。采用导热系数小、价廉耐用且具有一定防火性能的保温材料（如岩棉被），应加强棱角处覆盖。

2）外加剂法。该法是通过外加剂抗冻、早强、催化、减水等功能，降低混凝土的冰点，在负温下能继续硬化，尽早达到要求的强度。使用该法应做好试验检验工作，避免不同类型外加剂间的相互影响，防止产生不利作用和环境污染，且保证混凝土入模、初始温度符合要求。

3）加热养护法。

① 蒸汽养护法。蒸汽养护法是利用蒸汽对混凝土进行加热，以达到受冻临界强度。该法效果好，但费用较高，包括蒸汽室法、蒸汽套法、毛细管法和构件内部通汽法等。

使用该法，应得到设计同意，并严格控制温度和升降温速度。混凝土加热养护前的温度不得低于 2℃；当加热温度需在 40℃ 以上时，应采取防止产生较大温度应力的措施。

② 电热养护法。电热养护法分为电极法和电热器法两种。电极法是在新浇筑的混凝土中，事先按一定间距埋入电极，利用混凝土本身的电阻或电极钢筋的电阻将电能转变为热能进行加热养护。电热器法是利用各种电加热器（如电热毯、工频涡流、线圈感应、红外线辐射等）对混凝土加热养护，此法要注意防止混凝土早期脱水，最好在表面覆盖一层塑料薄膜。

4）暖棚法。暖棚法是在建筑物或构件周围搭起暖棚，棚内设置热源，以维持棚内不低于 5℃ 的环境，使混凝土养护硬化。此法施工操作与常温无异，但搭设暖棚耗资大、耗能多，且仅适用于建筑面积不大而混凝土工程又很集中的工程，在地下及基坑中施工使用较多。

(6) 质量控制　冬期施工应加强混凝土温度的监测，以便及时采取措施，保证混凝土安全达到受冻临界强度。因此，要按规范要求布置和留设测温孔或安装测温设备、安排专人监测。每次留置混凝土抗压强度试件时，应增加不少于2组同条件养护试件，以检查受冻时的强度和最终强度。

5.3.6 混凝土质量检查

混凝土的质量检查包括施工过程中的质量检查及成品的强度、外观检查。

1. 施工过程中的质量检查

在拌制和浇筑过程中，对拌制混凝土所用原材料的品种、规格和用量的检查，每一工作班至少两次；当混凝土配合比由于外界影响有变动时，应及时检查并调整；混凝土的搅拌时间，应随时检查。

2. 混凝土试块的留置

为了检查混凝土强度等级是否达到设计或施工阶段的要求，应制作试块，进行抗压强度试验。试块的尺寸及强度的尺寸换算系数见表5-18。

表5-18　混凝土试块尺寸及强度的尺寸换算系数

骨料最大粒径/mm	试件尺寸	强度的尺寸换算系数
≤31.5	100mm×100mm×100mm	0.95
≤40	150mm×150mm×150mm	1.00
≤63	200mm×200mm×200mm	1.05

注：对C60及以上的混凝土试块，其强度的尺寸换算系数可通过试验确定。

（1）检查混凝土是否达到设计强度等级　检查方法是，制作标准养护试块，经28d养护后做抗压强度试验。其结果作为确定结构或构件的混凝土强度是否达到设计要求的依据。

标准养护试块，应在浇筑地点随机取样制作。其组数，应按下列规定留置：

1）每个工作班、每一楼层、每拌制100盘、每100m^{3}的同配合比的混凝土，取样均不得少于一次。

2）每次取样应至少留置一组（3个）标准试块。每组试块应在同盘混凝土中取样制作。

（2）检查各施工阶段混凝土的实体强度　为了确定结构或构件能否拆模、运输、吊装、施加预应力或临时负荷等，或应结构实体验收要求，尚应留置与结构或构件同条件下养护的试块。其数量按实际需要确定，但不得少于3组。取样应均匀分布在施工周期内。

3. 混凝土强度的评定

（1）每组试块强度代表值的确定　混凝土强度应分批进行验收。同一验收批的混凝土应由强度等级、龄期、生产工艺和配合比相同的混凝土组成。每一验收批的混凝土强度，应以同批内各组标准试块的强度代表值来评定。每组试块的强度代表值按以下规定确定：

1）取三个试块试验结果的平均值，作为该组试块的强度代表值。

2）当三个试块中的最大或最小的强度值，与中间值相比超过15%时，取中间值代表该组混凝土试块的强度。

3）当三个试块中最大和最小的强度值，与中间值相比均超过15%时，该组试块作废。

（2）混凝土强度评定方法　根据混凝土生产情况，在混凝土强度检验评定时，有以下

三种评定方法:

1) 标准差已知统计法。当混凝土的生产条件在较长时间内能保持一致,且同一品种混凝土的强度变异性能保持稳定时,由连续的三组试块代表一个验收批进行评定。

2) 标准差未知统计法。当混凝土的生产条件不能满足上述规定,或在前一个检验期内的同一品种混凝土没有足够的数据用以确定标准差时,应由不少于10组的试块代表一个验收批,进行强度评定。

3) 非统计法。对零星生产的预制构件的混凝土或现场搅拌的批量不大的混凝土,可采用非统计法评定。此时,验收批混凝土的强度必须满足:同一验收批混凝土立方体抗压强度平均值不低于1.15倍设计标准值,且其中最小值不低于95%设计标准值。

4. 外观质量检查与处理

(1) 检查内容与偏差要求 现浇钢筋混凝土拆模后应检查构件的轴线位置、标高、截面尺寸、表面平整度、垂直度、外观缺陷、连接及构造做法;预埋件数量、位置;结构的轴线位置、标高、全高垂直度等。现浇结构尺寸允许偏差和检验方法应符合表5-19的规定。

表5-19 现浇结构尺寸允许偏差和检验方法

项目			允许偏差/mm	检验方法
轴线位置	整体基础		15	经纬仪及尺量
	独立基础		10	
	柱、墙、梁		8	尺量
垂直度	层高	≤6m	10	经纬仪或吊线、尺量
		>6m	12	
	全高	≤300m	$H/30000+20$	经纬仪、尺量
		>300m	$H/10000$ 且 ≤80	
标高	层高		±10	水准仪或拉线、尺量
	全高		±30	
截面尺寸	基础		15,-10	尺量
	柱、梁、板、墙		10,-5	
	楼梯相邻踏步高差		6	
电梯井	中心位置		10	尺量
	长、宽尺寸		25,0	
表面平整度			8	2m靠尺和塞尺量测
预埋件中心位置	预埋板		10	尺量
	预埋螺栓		5	
	预埋管		5	
预留洞、孔中心线位置			15	尺量

注:1. 检查柱轴线、中心线位置时,沿纵、横两个方向量测,并取其中偏差的较大值。
2. H 为全高,单位为mm。

(2) 外观缺陷与处理 纵向受力钢筋有露筋,构件主要受力部位有蜂窝、孔洞、夹渣、疏松、裂缝,连接部位有影响传力性能的缺陷,清水混凝土有影响使用功能或装饰效果的外形、外表缺陷均属于严重缺陷。在此之外的、不影响受力和使用功能的外观和尺寸偏差等属于一般缺陷。

对严重缺陷，应由施工单位提出技术处理方案，经监理单位认可后进行处理；对裂缝或连接部位的严重缺陷及其他影响结构安全的严重缺陷，技术处理方案尚应经设计单位认可。对一般缺陷，施工单位可按技术处理方案进行处理。

5. 结构实体检验

混凝土结构工程验收时，应对涉及结构安全的有代表性部位进行结构实体质量检验。检验内容主要包括混凝土强度、钢筋保护层厚度、结构位置与尺寸偏差等。

结构实体检验应由施工单位制定专项方案，并经监理单位审批并组织实施和过程见证。结构实体检验项目除结构位置与尺寸偏差外，均应由具有相应资质的检测机构完成。其中混凝土强度应检验同条件养护的试块，其龄期按正温下日平均温度逐日累计应达到 600℃·d，且不应小于 14d。当缺乏同条件养护试块或其强度不符合要求时，可采用回弹-取芯法进行检验。

5.4 预应力混凝土工程

预应力混凝土结构是在结构或构件承受设计荷载之前，预先对混凝土的受拉区施加压应力，以改善受力性能和使用功能的结构形式。通过施加预应力，可以提高结构或构件的刚度、抗裂性和耐久性，增加结构的稳定性和整体性；能有效地发挥高强材料的作用，结构跨度大、自重轻，构件截面小、材料省，结构变形小、抗裂度高、耐久性好，有较好的综合经济效益。

预应力混凝土按张拉预应力筋与浇筑混凝土的顺序不同，分为先张法施工和后张法施工；按预应力筋与混凝土的结合状态，分为有黏结、无黏结及缓黏结等。

5.4.1 先张法施工

先张法施工是先在台座上张拉并固定预应力筋，然后浇筑混凝土，养护至设计强度的 75% 以上后进行放张，预应力筋回弹即对构件混凝土施加预压应力。先张法施工过程如图 5-58 所示。

先张法具有钢筋和混凝土之间黏结可靠、构件整体性好、节省锚具、经济效益高等优点；缺点是生产占地面积大，养护要求高，必须有承载能力强且刚度大的台座。因此先张法仅适用于构件厂生产中小型构件。

1. 材料、设备与机具

（1）材料 预应力混凝土结构或构件的预压应力来自预应力筋的回弹力，因此对预应力筋的要求较高，包括高强度、低松弛、与混凝土黏结性能好等。目前以高强钢材为主，碳纤维、纤维增强树脂等非预应力筋也开始探索性使用。同时，预应力结构或构件所用的混凝土也应协调配套，其强度等级不应低于 C30（宜 C40 以上），以提供足够的抗压支撑力。

预应力筋按材料类型可分为预应力钢丝、钢绞线和预应力螺纹钢筋。预应力筋进场时应检查规格、尺寸、外观及质量证明文件，并抽样复验。在运输、存放、加工、安装过程中，应采取防止损伤、锈蚀、污染等措施。

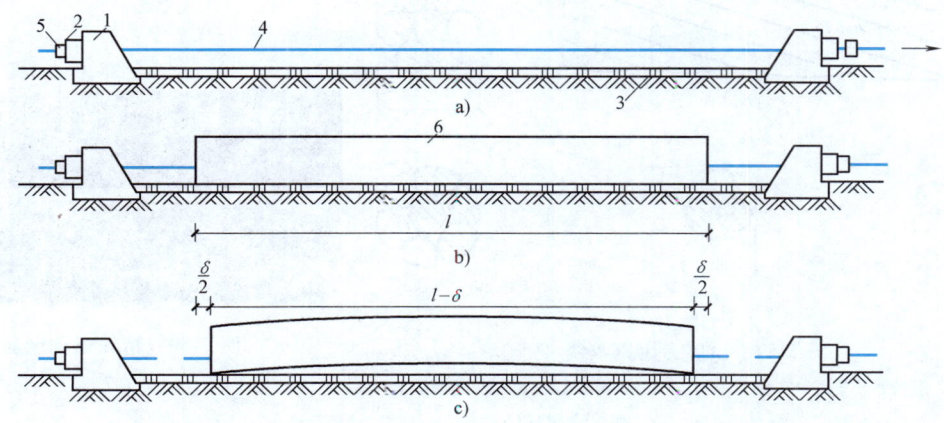

图 5-58 先张法施工过程示意图
a) 张拉、固定预应力筋 b) 浇筑、养护混凝土构件 c) 切断预应力筋
1—台座 2—横梁 3—台面 4—预应力筋 5—锚固夹具 6—混凝土构件

1) 预应力钢丝。常用预应力钢丝包括中强度预应力钢丝和消除应力钢丝两类。

中强度预应力钢丝是将低碳钢通过冷拔、冷轧等冷加工或再进行稳定化热处理制成,其强度级别为 800~1370MPa,常加工成螺旋肋或刻痕等形式以提高锚固性能,宜用于先张法施工的构件。由于预应力钢丝存在脆性大、残余应力大等弱点,故较少使用。

消除应力钢丝是将高碳钢盘条经淬火、酸洗、拉拔和回火处理制成,其极限强度为 1470~1860MPa,钢丝直径一般为 3~8mm。其中直径 3~4mm 的钢丝主要用于先张法,5~8mm 用于后张法。

2) 钢绞线。预应力用钢绞线(图 5-59)是将冷拉钢丝在绞线机上绞和,并经回火消除应力处理而成。钢绞线的强度高(极限强度 1570~1960MPa),柔性较好,施工方便,应用极为广泛。

钢绞线除强度等级差异外,根据加工要求又可分为标准型、刻痕和模拔等形式。

① 标准型钢绞线 由冷拉光圆钢丝捻制,常用低松弛钢绞线。其力学性能优异、质量稳定、价格适中,是用途最广、用量最大的一种预应力筋。

② 刻痕钢绞线由刻痕钢丝捻制而成,与混凝土的握裹力强,其力学性能与低松弛钢绞线相同。

③ 模拔钢绞线是在捻制成型后,再经模拔处理制成。钢绞线内的钢丝在模拔时被挤压,各根钢丝间呈面接触,使钢绞线的密度提高(约 18%),外径缩小,故可减少占用孔道断面;且与锚具的接触面积增大,提高锚固效率。

3) 预应力螺纹钢筋。预应力螺纹钢筋也称为精轧螺纹钢筋(图 5-60),其表面热轧成不连续的外螺纹,可用带有内螺纹的套筒连接或螺母锚固。其直径有 18mm、25mm、32mm、40mm、50mm 几种,按屈服强度分为 785MPa、930MPa、1080MPa 三个等级,以代号 "PSB" 加上规定屈服强度值表示。这种钢筋具有强度较高、锚固及接长简单、无须焊接、施工方便等优点。

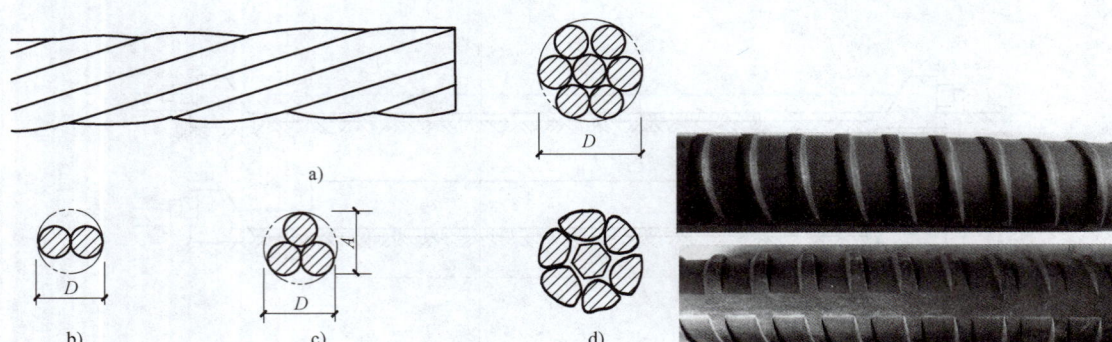

图 5-59 预应力用钢绞线　　　　　　　图 5-60 精轧螺纹钢筋
a) 1×7 钢绞线　b) 1×2 钢绞线　c) 1×3 钢绞线　d) 模拔钢绞线
D—钢绞线公称直径　A—1×3 钢绞线测量尺寸

（2）台座　台座是先张法生产的主要设备，将承受预应力筋的全部张拉力，故应有足够的强度、刚度和稳定性。

台座种类有固定于地面的墩式、槽式，也可利用特制的钢模板作为台座。

1）墩式台座。墩式台座主要靠台座自重和土压力来平衡张拉力及其引起的倾覆力矩。其基本形式有重力式（图 5-61）和构架式（图 5-62）等。其长度一般为 100~150m，张拉一次预应力筋可生产多个构件（长线台座），不但能减少张拉的工作量，还可减少应力损失。墩式台座常用于生产屋架、空心板、平板等中小型构件。

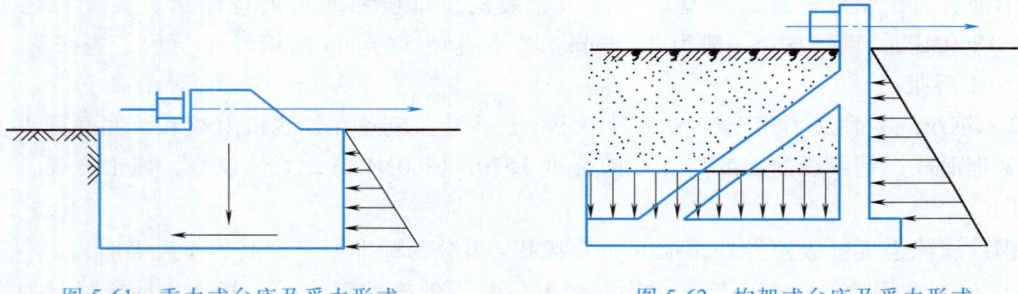

图 5-61 重力式台座及受力形式　　　　　图 5-62 构架式台座及受力形式

2）槽式台座。它具有通长的钢筋混凝土压杆（图 5-63），故可承受较大的张拉力和倾覆力矩。由于压杆上加砌砖墙等形成槽状，便于覆盖进行蒸汽养护。槽式台座常用于生产梁、屋架等预应力较大的构件或双向预应力构件。

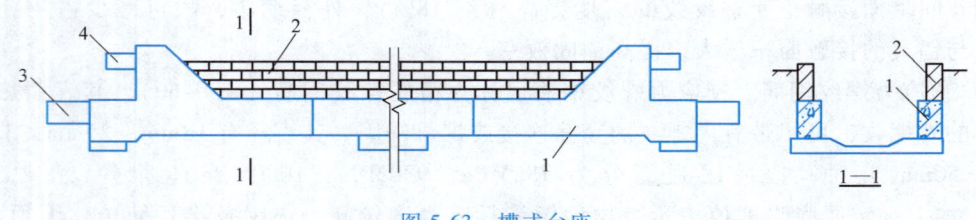

图 5-63 槽式台座
1—钢筋混凝土压杆　2—砖墙　3—下横梁　4—上横梁

3）钢模台座。它是将具有足够刚度的钢模板作为预应力筋的锚固支座，一块模板中可制作1个或几个构件。便于移位和吊运至蒸汽池养护，常在流水线上使用。钢模台座主要用于楼板、管桩、轨枕等较小构件的制作。

（3）张拉机具与夹具　预应力张拉常采用液压千斤顶作为主要设备，并使用悬吊、支撑、连接等配套组件。夹具是在先张法施工中用于夹持或固定预应力筋的工具，可重复使用。将预应力筋与张拉机械相连的夹持工具称为张拉夹具，张拉后将预应力筋固定于台座的称为锚固夹具。应根据预应力筋种类及数量、张拉与锚固方式不同，选用相应的机具和夹具。

1）单根钢筋张拉。单根螺纹钢筋的张拉常用拉杆式千斤顶（图5-64）。张拉时，将千斤顶的螺母与钢筋螺纹旋紧而连接。张拉后，通过垫板和拧紧的螺母（图5-65）锚固于台座横梁上。

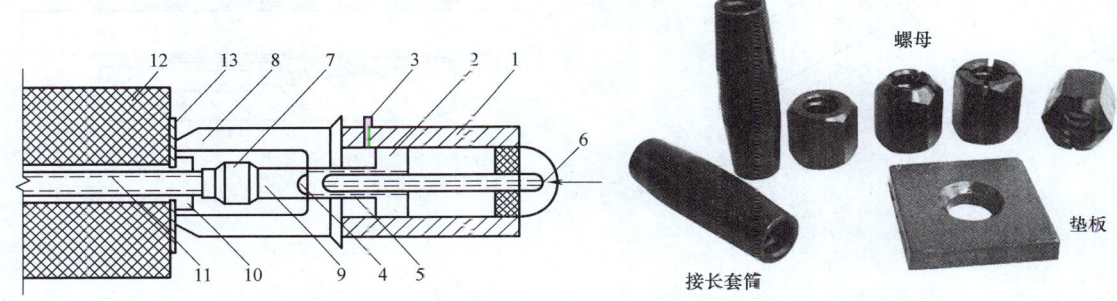

图5-64　拉杆式千斤顶张拉单根螺纹钢筋原理图
1—主缸　2—主缸活塞　3—主缸进油孔　4—副缸
5—副缸活塞　6—副缸进油孔　7—连接器　8—传力架
9—拉杆　10—螺母　11—预应力筋　12—台座横梁
13—钢板

图5-65　螺母锚具与接长套筒

2）多根钢筋成组张拉。张拉成组的多根钢筋或钢绞线时，可采用三横梁装置，通过台座式液压千斤顶顶推张拉横梁进行张拉，如图5-66所示。其张拉夹具固定于张拉横梁上；张拉后，将锚固夹具锁固于前横梁上。

所用锚固夹具，对螺纹钢筋可采用螺母锚具；对非螺纹钢筋可采用套筒夹片锚具（图5-67），通过楔形原理夹持住预应力筋。施工中应使各钢筋锚固长度及松紧程度一致。

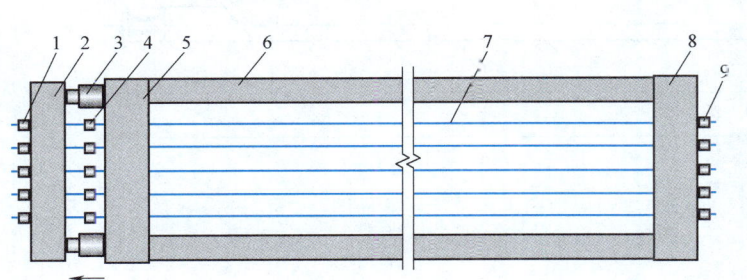

图5-66　三横梁张拉装置示意图（张拉中）
1—张拉端锚固夹具　2—张拉横梁　3—台座式液压千斤顶　4—待锁紧锚固夹具
5—前横梁　6—台座传力柱　7—预应力筋　8—后横梁　9—固定端锚固夹具

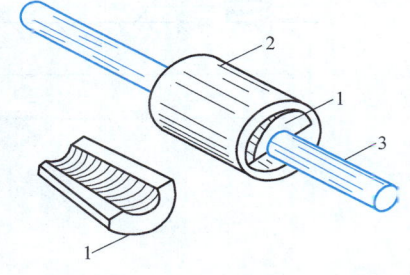

图5-67　圆套筒二片式夹具
1—夹片　2—套筒　3—预应力筋

3)钢丝张拉。钢丝常采用多根成组张拉。先将钢丝进行冷镦头,固定于模板端部的梳筋板夹具(图5-68,楼板用)上,用千斤顶依托钢模横梁,用张拉抓钩拉动梳筋板,再通过螺母锚固于钢模横梁上。当采取单根张拉时,可使用夹片夹具(图5-69)。

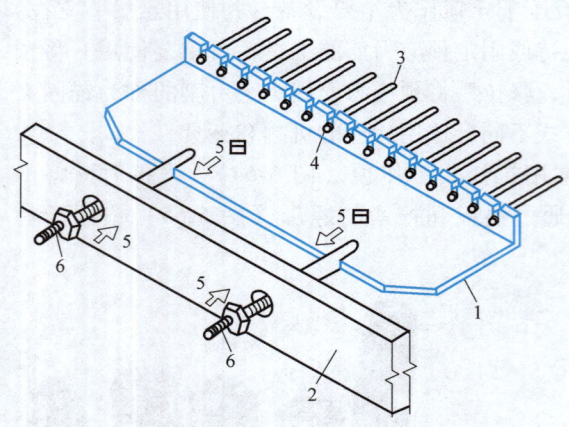
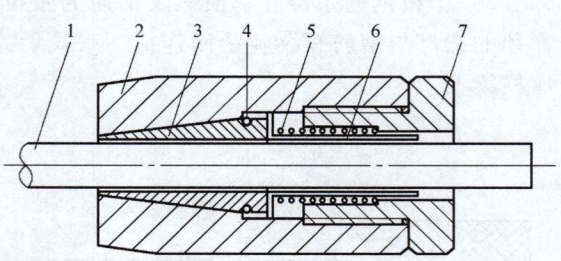

图 5-68 钢模上张拉用的梳筋板夹具
1—梳筋板 2—钢横梁 3—钢丝 4—镦头 5—千斤顶张拉时抓钩孔及支撑位置示意 6—固定用螺母

图 5-69 单根钢丝夹片夹具
1—钢丝 2—套筒 3—夹片 4—钢丝圈 5—弹簧圈 6—顶杆 7—顶盖

2. 先张法施工工艺

(1) 预应力筋下料　先张法长线台座上的预应力筋(图5-70),根据张拉装置不同,可采取单根张拉方式或整体张拉方式。其下料长度 L 按下式计算:

$$L = l_1 + l_2 + l_3 - l_4 - l_5 \tag{5-7}$$

式中　l_1——长线台座长度;

l_2——张拉装置长度(含外露预应力筋长度);

l_3——固定端所需长度;

l_4、l_5——张拉端、固定端工具式拉杆长度。

若预应力筋直接在钢横梁上张拉和锚固,则取消公式中 l_4 和 l_5 值。

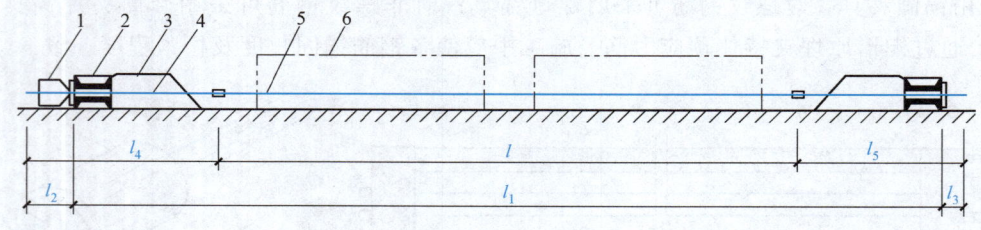

图 5-70 长线台座预应力筋下料长度计算简图
1—张拉装置 2—钢横梁 3—台座 4—工具式拉杆 5—预应力筋 6—待浇筑混凝土构件

(2) 预应力筋张拉　预应力筋的张拉应根据设计要求严格按张拉程序进行。

1) 张拉控制应力。根据《混凝土结构设计标准》(GB 50010—2010)(2024年版)的规定,预应力筋的张拉控制应力 σ_{con} 应满足表5-20的要求。

表 5-20 张拉控制应力和超张拉最大应力限值

项次	预应力筋种类	张拉控制应力 σ_{con}	超张拉最大应力限值 σ_{max}
1	消除应力钢丝、钢绞线	$0.75 f_{ptk}$	$0.80 f_{ptk}$
2	中强度预应力钢丝	$0.70 f_{ptk}$	$0.75 f_{ptk}$
3	预应力螺纹钢筋	$0.85 f_{pyk}$	$0.90 f_{pyk}$

注：f_{ptk} 为预应力筋极限抗拉强度标准值；f_{pyk} 为预应力筋屈服强度标准值。

2）张拉程序。预应力筋张拉一般可按下列程序进行：$0 \to 1.05\sigma_{con} \xrightarrow{\text{持荷 2min}} \sigma_{con} \to$ 固定；或 $0 \to 1.03\sigma_{con} \to$ 固定。

上述张拉程序中，都有超过张拉控制应力的步骤，其目的是减少预应力筋松弛造成的预应力损失。在高应力状态下，钢筋在 1min 内可完成应力松弛约 50%，24h 可完成 80%。前者，先超张拉 5%σ_{con}，经持荷 2min 再调整到控制应力，则可减少大部分松弛损失，建立的预应力值较为准确，但工效较低，且所用锚夹具应能允许反复拆装或调整；后者，将 3%σ_{con} 作为松弛损失的补偿，其特点则与前一张拉程序相反。

3）张拉施工要点。预应力筋的张拉应根据设计要求的控制应力及程序进行。张拉要点如下：

① 做好材料、设备检查，并做好预应力筋张拉记录。

② 在已张拉钢筋（丝）后进行其他钢筋绑扎、预埋件安装、模板安装以及混凝土浇筑等操作时，要防止踩踏、敲击或碰撞预应力筋。

③ 单根张拉时，应从台座中间向两侧对称进行，以防偏心损坏台座。多根成组张拉时，应用测力计抽查钢筋的应力，保证各预应力筋的初应力一致。

④ 张拉要缓慢进行；顶紧夹片时，用力不要过猛，以防钢丝折断；在拧紧螺母时，应注意压力表读数始终保持所需的张拉力。

⑤ 预应力筋张拉完毕后，与设计位置的偏差不得大于 5mm，也不得大于构件截面最短边长的 4%。

⑥ 冬期施工张拉时，环境温度不得低于 −15℃。

⑦ 台座两端应有防护设施，端头严禁站人，也不准进入台座。

（3）混凝土施工　预应力筋张拉完成后，应及时浇筑混凝土。混凝土应采用低水胶比，控制水泥用量和骨料级配以减少收缩和徐变，降低预应力损失。混凝土的浇筑必须一次完成，不得留设施工缝。应振捣密实，注意加强端部的振捣，并防止振捣设备碰触预应力筋。

混凝土可采用自然养护或蒸汽养护。若进行蒸汽养护，应采用二次升温法，即控制初期升温速度，使蒸汽与构件间的温差不超过 20℃，以免预应力筋膨胀而台座长度无变化所引起的预应力损失；当混凝土强度达到 10MPa 以上后，方可转入正常蒸养温度。

（4）预应力筋放张　预应力筋放张是将台座所承受的钢筋回弹力转移给预制构件，使其成为预应力构件的过程。放张时，应避免构件或钢筋受到损伤，减少预应力损失。

1）放张要求。放张预应力筋时，混凝土强度必须达到设计要求值。当设计无要求时，不得低于混凝土设计强度等级值的 75%。以减少预应力筋滑动等引起的预应力损失。

2）放张顺序。预应力筋的放张应按设计规定的顺序进行。若设计无规定，可按下列要求进行：

① 轴心受预压的构件（如拉杆、桩等），所有预应力筋应同时放张。

② 偏心受预压的构件（如梁等），应先同时放张预压力较小区域的预应力筋，再同时放张预压力较大区域的预应力筋。

③ 如不能满足前两项要求时，应分阶段、对称、交错地放张，以避免在放张过程中构件弯曲、混凝土裂纹和预应力筋断裂。

3）放张方法。

① 板类构件。宜从生产线中间处开始放张，以减少回弹量且有利于脱模；对每一块板，应从两侧向中间对称放张。其钢丝或细钢筋，可直接用钢丝钳剪断或切割机锯断。

② 粗钢筋放张。放张应缓慢进行，以防击碎端部混凝土，目前常采用千斤顶放张。放张时，对单根钢筋应拉动钢筋、松开螺母，然后缓慢回油放松；对成组张拉者应推动钢梁、退出夹片，再缓慢回油放松。

5.4.2 后张法施工

后张法是先制作结构或构件，待其混凝土达到一定强度后，张拉预应力筋的方法，如图5-71 所示。该法直接在结构构件上进行预应力张拉，不需要台座，灵活性大；但锚具需留在结构体上，费用较高，工艺较复杂。它是现场进行预应力混凝土结构施工的必用方法，也用于构件厂制作桥梁等大型预应力构件。

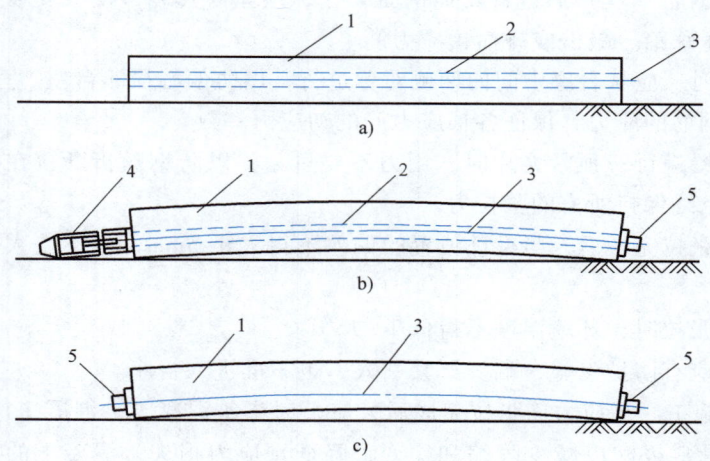

图 5-71 后张有黏结预应力施工过程示意图
a）制作混凝土构件 b）张拉预应力筋 c）锚固及孔道灌浆
1—混凝土构件 2—预留孔道 3—预应力筋 4—千斤顶 5—锚具

1. 机具设备

（1）锚具及连接器 锚具是在后张法结构或构件中，为保持预应力筋的拉力并将其传递给混凝土的永久性锚固装置。锚具有多种类型，可据预应力筋的种类，按表 5-21 选用。

常用的锚具按锚固机理分为支承式（如螺母锚具和镦头锚具）、夹片式（由锚环和夹片组成，分为块状夹片锚具和包裹式夹片锚具两类）、握裹式（如挤压锚具和压花锚具）和锥塞式（如钢质锥形锚具）等几大类。下面，据预应力筋种类介绍相应的锚具。

表 5-21　常用锚具的选用

预应力筋种类	张拉端	固定端	
		安装在结构外部	安装在结构内部
钢绞线	夹片锚具 压接锚具	夹片锚具 挤压锚具 压接锚具	压花锚具 挤压锚具
钢丝束	镦头锚具 冷（热）铸锚	冷（热）铸锚	镦头锚具
精轧螺纹钢筋	螺母锚具	螺母锚具	螺母锚具

1）螺纹钢筋锚具。采用精轧螺纹钢筋作为预应力筋者，其张拉端和非张拉端均可使用螺母锚具（图 5-65）。它由螺母和垫板构成，一般采用 45 号钢制作。预应力筋需接长时，可使用螺纹接长套筒。装配形式如图 5-72 所示。

2）钢丝锚具。

① 镦头锚具。单根钢丝或钢丝束预应力筋均可使用镦头锚具。高强钢丝的镦头宜采用冷镦，镦头的强度应不低于钢丝强度标准值的 98%。钢丝束镦头锚具分 A 型与 B 型。A 型由锚杯与螺母组成，可用于张拉端；B 型为锚板，用于固定端，其构造如图 5-73 所示。

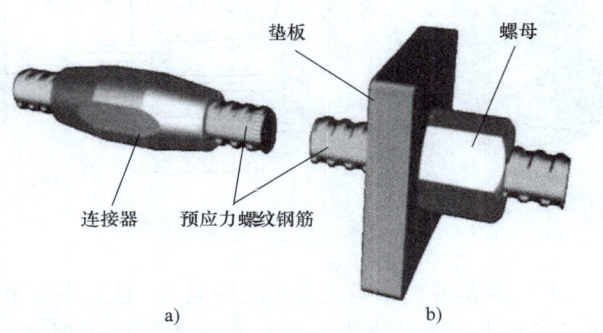

图 5-72　螺纹钢筋的锚固与接长装配形式
a）接长　b）锚固

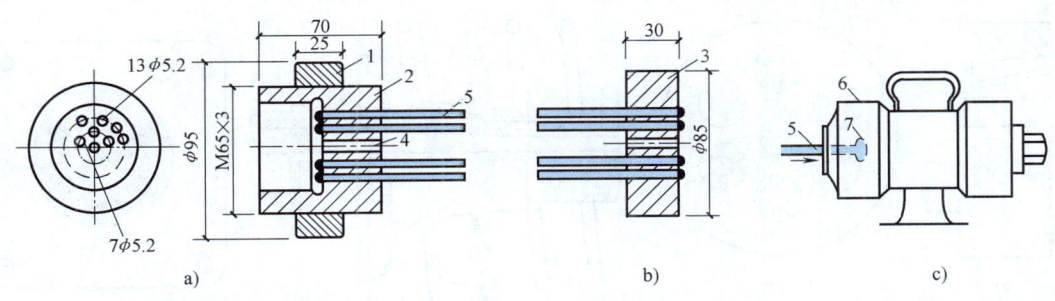

图 5-73　镦头锚具构造与镦头机具
a）张拉端锚杯与固定螺母　b）固定端锚板　c）液玉冷镦器
1—螺母　2—锚杯　3—锚板　4—排气注浆孔　5—钢丝　6—冷镦器　7—镦粗头

② 钢质锥形锚具。该种锚具由锚杯和锚塞组成（图 5-74），用于锚固钢丝束。其尺寸较小，便于分散布置。缺点是易产生单根滑丝现象且很难补救，钢丝回缩量较大，故应力损失也大。

除上述几种形式的锚具之外，对钢丝束还可以采用铸锚。其工作原理与镦头锚具类似，是将钢丝束的端部铸在锚杯里。铸锚分为冷铸锚和热铸锚，前者一般通过有机结合剂锚固，后者则通过向锚杯里浇注低熔点合金锚固。

3) 钢绞线锚具。

① 张拉端。钢绞线作为预应力筋时，张拉端常用夹片锚具和压接锚具。

a. 夹片锚具。该类锚具由锚环与楔形夹片组成。夹片包裹并夹持住预应力筋，利用楔形原理挤紧锁固。按夹片的数量分为两夹片式或三夹片式，夹片的开缝形式有斜开缝和直开缝。按照一个锚环（或称锚板）可锚固钢绞线的数量又分为单孔式和多孔式。

a) 单孔锚具。它由一个圆锥形孔的锚环（套筒）和两或三个夹片组成，适用于单根钢绞线的锚固，如图5-75所示。

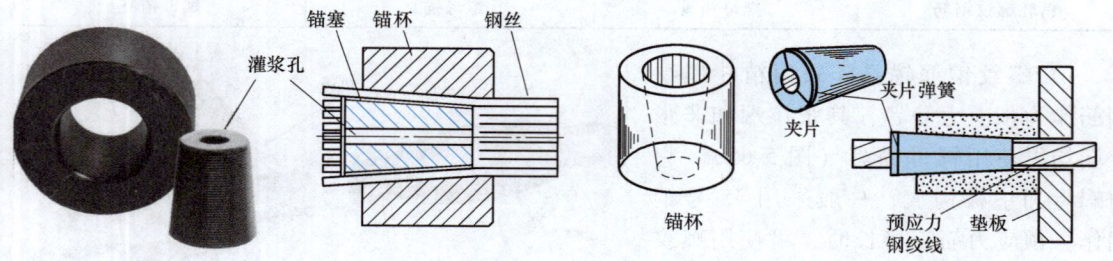

图5-74　钢质锥形锚具及装配图　　　　图5-75　单孔三夹片锚具构成与装配图

b) 多孔圆形锚具（XM型锚具）。它是由开有多个锥形孔的圆形锚板和多组夹片构成，利用每孔内的夹片来夹持一根预应力筋的楔紧式锚具，如图5-76所示。其特点是每根预应力筋都是分开锚固的，某根钢绞线的锚固失效，不会引发整体失效。该类锚具适用于锚固3~51根钢绞线，也可锚固钢丝束。

多孔圆形锚具常采用将端头垫板与喇叭管铸成整体的锚座，以分散端部混凝土局部压力，保证孔道严密和便于灌浆。其装配构造如图5-77所示。

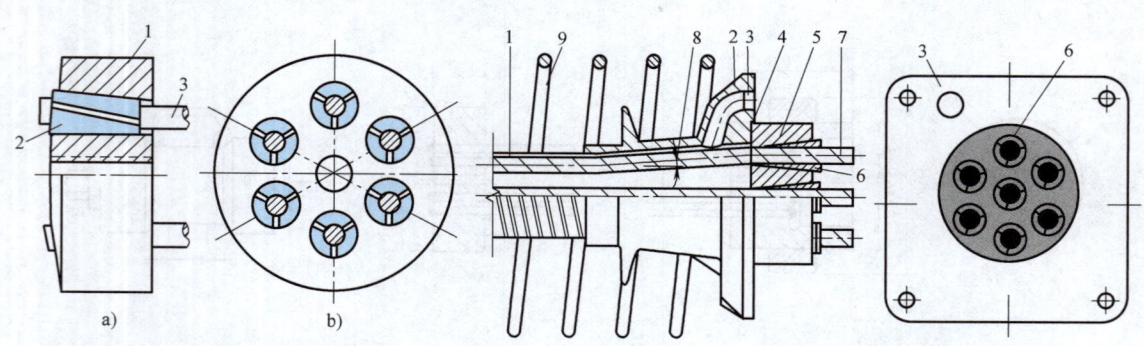

图5-76　XM型锚具　　　　　　　　图5-77　多孔圆形锚具装配结构
　　a) 装配图　b) 锚板　　　　　　　1—波纹管　2—喇叭管锚垫板　3—灌浆孔　4—对中企口　5—锚板
1—锚板　2—夹片　3—钢绞线　　　6—夹片　7—钢绞线　8—钢绞线折角　9—螺旋箍筋

c) 多孔扁形锚具（BM型锚具）。BM型锚具是一种新型的多孔夹片式扁形群锚，简称扁锚。它由扁锚板、扁形喇叭管锚垫板及扁形波纹管等组成，构造如图5-78所示。

由于张拉槽口扁小，可用于低高度箱梁、槽形梁、肋梁、空心板等较薄的混凝土结构构件。张拉时有配套的液压千斤顶。钢绞线单根张拉，施工方便。

b. 压接锚具。压接锚具是一种压于通过压力将螺柱或其他形式的锚固件固定在混凝土或类似材料中的装置。

② 非张拉端。钢绞线束的非张拉端（固定端）的锚固，有挤压锚具和压花锚具。

a. 挤压锚具。挤压锚具是利用液压压头机将套筒挤紧在钢绞线端头，并通过垫板锚固预应力筋，如图 5-79 所示。挤压锚具适用于受力大或端部尺寸受限的情况。安装时要保证套筒与垫板顶紧。

b. 压花锚具。压花锚具是利用液压压花机将钢绞线端头压成梨形散花状的一种锚具，如图 5-80 所示。

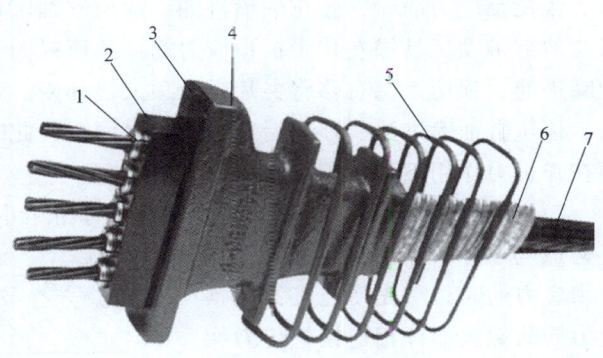

图 5-78　BM 型锚具
1—夹片　2—扁锚板　3—注浆孔　4—扁形喇叭管锚垫板
5—加强箍筋　6—扁形波纹管　7—钢绞线

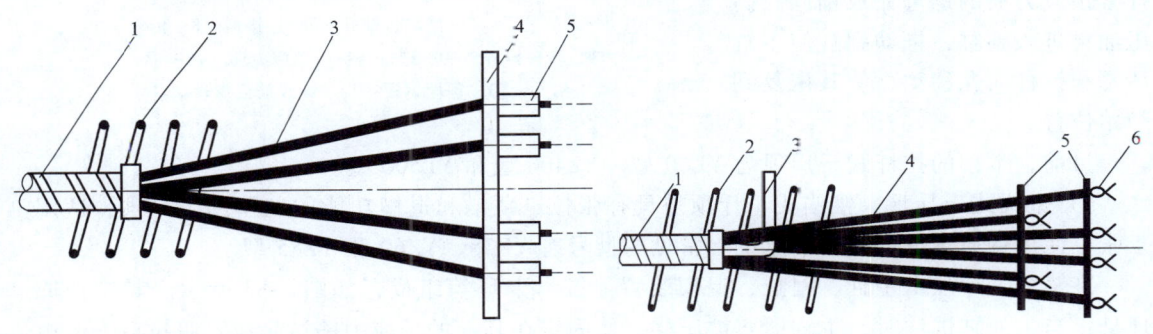

图 5-79　挤压锚具
1—波纹管　2—螺旋筋　3—钢绞线　4—钢垫板
5—挤压套筒

图 5-80　压花锚具
1—波纹管　2—螺旋筋　3—灌浆管　4—钢绞线
5—钢筋支架　6—梨形自锚头

（2）后张法张拉设备　后张法的张拉设备由液压千斤顶、高压油泵、悬吊支架和控制系统组成。常用的液压千斤顶有穿心式、拉杆式、锥锚式和前置内卡式。

1）穿心式千斤顶。穿心式千斤顶是将预应力筋穿过中心孔而锚固于尾部，利用双液缸完成预应力筋张拉和顶紧锚具夹片的双作用千斤顶。穿心式千斤顶适用需要顶压的锚具，配上撑脚与拉杆后，也可用于螺杆锚具和镦头锚具。该系列产品有 YC20D、YC60、YCl20 和 YC200 等型号。

YC60 型千斤顶的最大张拉力为 600kN，其构造与安装如图 5-81 所

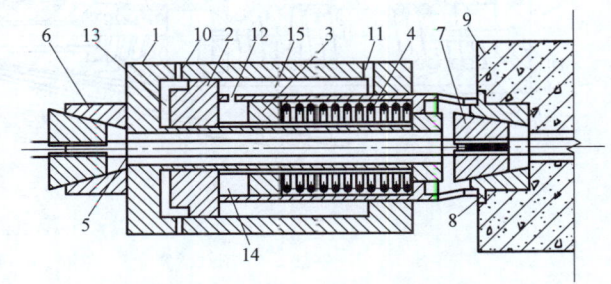

图 5-81　YC60 型千斤顶构造与安装
1—张拉油缸　2—顶压油缸　3—顶压活塞　4—回程弹簧　5—预应力筋
6—工具锚　7—楔块　8—锚环　9—构件　10—张拉缸油嘴
11—顶压缸油嘴　12—油孔　13—张拉工作油室
14—顶压工作油室　15—张拉回程油室

示。张拉预应力筋时，张拉油嘴进油、顶压缸油嘴回油，顶压油缸带动撑脚右移顶住锚环；张拉油缸带动工具锚左移张拉预应力筋。顶压锚固时，在保持张拉力稳定的条件下，顶压缸油嘴进油，顶压活塞右移将夹片强力顶入锚环内。张拉缸采用液压回程，此时张拉缸油嘴回油、顶压缸油嘴进油。顶压活塞采用弹簧回程，此时张拉缸和顶压缸油嘴同时回油，顶压活塞在弹簧力作用下回程复位。

2）拉杆式千斤顶。拉杆式千斤顶适用于张拉使用螺母锚具、镦头锚具等的预应力筋。其构造与安装如图 5-82 所示。张拉预应力筋时，首先使连接器与预应力筋的螺丝端杆相连接，传力架支撑在构件端部的预埋钢板上。高压油进入主缸时，则推动主缸活塞向右移动，并带动拉杆和连接器以及螺丝端杆同时向右移动，对预应力筋进行张拉。达到设定拉力时，拧紧预应力筋的螺母完成锚固。高压油再进入副缸，推动副缸使主缸活塞和拉杆向左移动，使其恢复到初始位置。

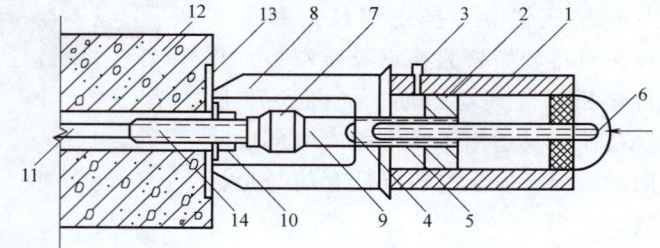

图 5-82　拉杆式千斤顶构造与安装
1—主缸　2—主缸活塞　3—主缸进油孔　4—副缸
5—副缸活塞　6—副缸进油孔　7—连接器　8—传力架　9—拉杆　10—螺母　11—预应力筋　12—混凝土构件　13—预埋钢板　14—螺纹筋或螺丝端杆

目前，常用的拉杆式千斤顶为 YL60 型、YL400 型和 YL500 型。

3）锥锚式千斤顶。锥锚式千斤顶是具有张拉、顶锚和退楔功能的三作用千斤顶，适用于张拉使用钢质锥形锚具的钢丝束。常见的型号有 YZ38、YZ60 和 YZ85 型。

锥锚式千斤顶由主缸、副缸、退楔装置、锥形卡环等组成，如图 5-83 所示。其工作原理是：当主油缸进油时，主缸活塞被压移，使固定在其上的预应力筋被张拉；张拉后，改由副油缸进油，其活塞将锚塞顶入锚环中；主缸、副缸同时回油，活塞在弹簧作用下回程复位。

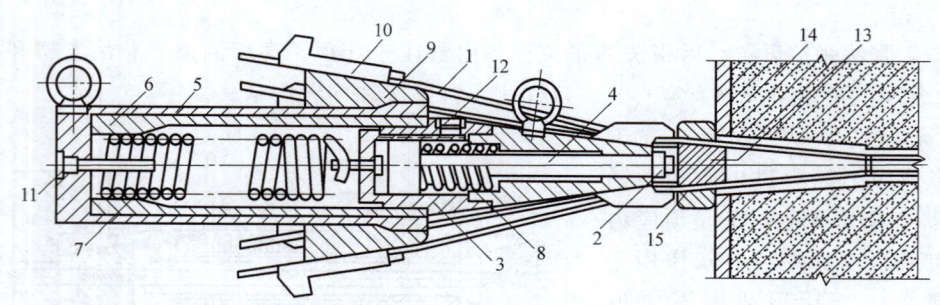

图 5-83　锥锚式千斤顶构造
1—预应力筋　2—预压头　3—副缸　4—副缸活塞　5—主缸　6—主缸活塞　7—主缸拉力弹簧　8—副缸压力弹簧　9—锥形卡环　10—楔块　11—主缸油嘴　12—副缸油嘴　13—锚塞　14—构件　15—锚环

4）前置内卡式千斤顶。它是将工具锚安装在前端体内的穿心式千斤顶。由于工作夹具在千斤顶前端，只要钢绞线外露 200mm 以上即可张拉。其优点是节约预应力筋、小巧灵活、操作简单快捷、张拉时可自锁锚固、使用安全可靠、效率高。适用于单根钢绞线张拉或多孔锚具单根张拉。其构造如图 5-84 所示。

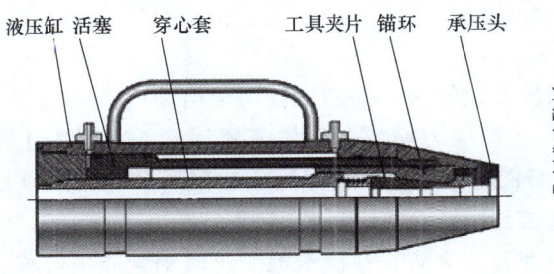
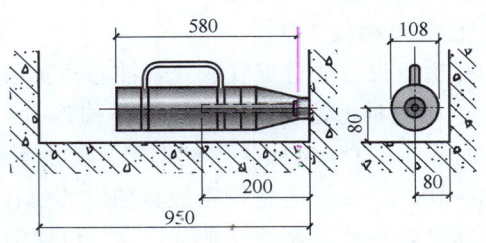

图 5-84 前置内卡式千斤顶构造及工作空间示意图

5）大孔径穿心式千斤顶。大孔径穿心式千斤顶主要用于群锚钢绞线束的整体张拉，YDC 系列外形如图 5-85 所示。该类千斤顶有多种型号，张拉力为 650~12000kN，穿心孔径为 72~280mm，外形尺寸为 φ200mm×300mm ~ φ720mm×900mm，每次张拉行程为 200mm。不但张拉力大、操作简单，而且性能可靠。张拉安装构造如图 5-86 所示。

图 5-85 大孔径穿心式千斤顶
（YDC 系列）

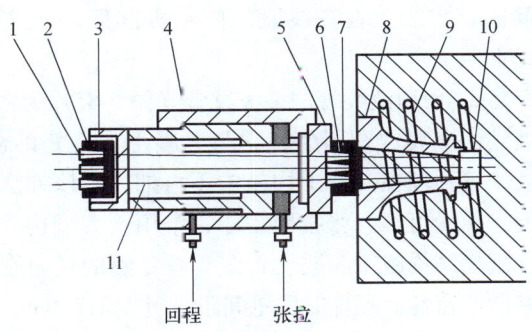

图 5-86 大孔径穿心式千斤顶张拉安装构造示意图
1—工具夹片 2—工具锚杯 3—过渡套 4—千斤顶
5—限位板 6—工作夹片 7—工作锚杯 8—锚垫
板 9—螺旋筋 10—波纹管 11—预应力筋

张拉机具设备及仪表，应定期维护和校验。张拉设备应配套标定，并配套使用。张拉设备的标定期限不应超过半年。当在使用过程中出现反常现象时或在千斤顶检修后，应重新标定。

2. 后张法施工工艺

后张法施工，可分为有黏结、无黏结和缓黏结预应力施工三种。

（1）后张有黏结预应力施工 其施工过程如图 5-71 所示。混凝土结构或构件制作时，在预应力筋部位预先留设孔道，然后浇筑混凝土并进行养护；制作预应力筋并将其穿入孔道；待混凝土达到设计要求的强度后，张拉预应力筋并用锚具锚固；最后进行孔道灌浆与封锚。这种施工方法通过孔道灌浆，使预应力筋与混凝土相互黏结，提高了结构或构件的整体性、锚固的可靠性与耐久性，广泛用于主要承重构件或结构。

1) 孔道留设。孔道留设位置应准确、内壁光滑，端部预埋钢板应与孔道中心线垂直。孔道的直径应比预应力钢筋（束）及连接器外径大 6~15mm，截面面积为钢筋的 3~4 倍，以利于预应力筋穿入、张拉和注浆黏结。在留设曲线孔道时，对峰谷差大于 300mm 且为普通灌浆者还应留设排气孔。

① 孔道留设方法。

孔道留设方法有钢管或胶管抽芯法及预埋波纹管法，抽芯法仅用于构件厂。

a. 钢管抽芯法。该法是在制作构件时，在预应力筋位置预先安置钢管，在混凝土浇筑后，每隔 10~15min 慢慢转动钢管，使之不与混凝土黏结，待混凝土初凝后、终凝前（浇筑后 80~100℃·h）再将钢管旋转抽出的留孔方法。

钢管要平直，表面要光滑，安放位置须准确。为防止在浇筑混凝土时钢管产生位移，需用钢筋井字架固定钢管，其间距不超过 1m。钢管长度一般不超过 15m，外露长度不少于 0.5m，以便旋转和抽管。较长构件可用两根钢管用木塞对接，且接头处外包长度为 30~40cm 的金属套管。钢管抽芯法仅适用于留设直线孔道。

抽管顺序宜先上后下，可用人工或卷扬机边转边抽，应速度均匀、与孔道成一条直线。

b. 胶管抽芯法。它是在绑扎构件钢筋时，在预应力筋位置处安装固定胶管，待混凝土终凝后（浇完 200℃·h）拔出的留孔方法，既可以留设直线孔道，也可以留设曲线孔道。

胶管常采用衬有钢丝网的厚壁胶管，利用其弹性易于拔出。胶管用钢筋井字架与其他钢筋固定牢靠。在直线段，固定点间距不大于 0.5m，曲线段应适当加密。抽管宜先上后下，先曲后直。

c. 预埋波纹管法。波纹管（图 5-87）为特制的带波纹的金属或塑料管，它与混凝土有良好的黏结力。波纹管预埋在混凝土构件中不再抽出，该方法施工方便、质量可靠、张拉阻力小，常用于大型构件，更适合现场结构施工。波纹管应具有足够的径向刚度和良好的严密性。预埋时固定间距不得大于 0.8m。

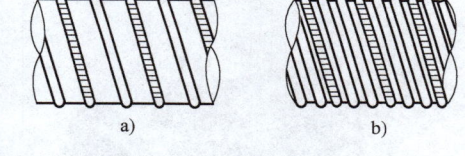

图 5-87 波纹管
a) 单波纹管 b) 双波纹管

② 灌浆孔、排气孔和泌水孔留设。孔道留设时应设置灌浆孔和排气孔。构件两端可利用锚具或锚垫板上的留孔，中间部位需利用灌浆管引至构件外。孔径不宜小于 20mm。对抽芯成型孔道，灌浆孔和排气孔的间距不宜大于 12m。

曲线预应力筋孔道的每个波峰处，应设置泌水管，其间距不大于 30m，伸出构件顶面的高度不宜小于 0.3m，泌水管也可兼作灌浆孔和排气孔（图 5-88）。波峰应留在孔道顶部，而波谷则应从孔道侧面引出。对现浇预应力结构金属波纹管，可用带嘴的塑料弧形压板接塑料管留设（图 5-89）；一般预制构件的灌浆孔，也可采用木塞留设。

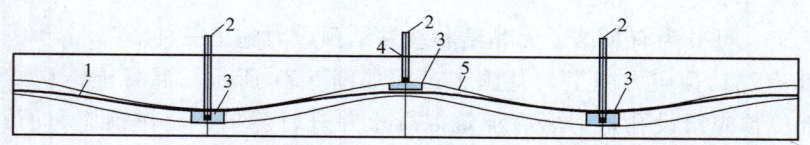

图 5-88 排气孔设置及做法
1—预应力筋 2—排气孔 3—弧形盖板 4—塑料管 5—波形管孔道

2）预应力筋制作。预应力筋下料应采用砂轮锯或切断机切断，下料长度应经计算确定。

① 钢绞线束。钢绞线一般成盘状供应。先开盘，然后按照计算下料长度切断。切断前，应在切口两侧各 50mm 处用铅丝绑扎，以免松散。

采用夹片锚具时，钢绞线束的下料长度 L（图 5-90），按下列公式计算：

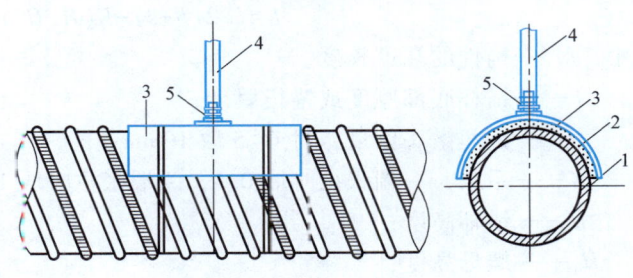

图 5-89　波纹管上留孔构造

1—波纹管　2—海绵垫　3—塑料弧形盖板　4—塑料管　5—固定卡子

两端张拉：$\qquad L = l + 2(l_1 + l_2 + l_3 + 100\text{mm})$ （5-8）

一端张拉：$\qquad L = l + 2(l_1 + 100\text{mm}) + l_2 + l_3$ （5-9）

式中　l——构件的孔道长度，对抛物线形孔道长度 l_p，可按 $l_p = \left(1 + \dfrac{8h^2}{3l^2}\right)l$ 计算；

l_1——夹片式工作锚厚度；

l_2——穿心式千斤顶长度，当采用前置内卡式千斤顶时，仅算至千斤顶体内工具锚处；

l_3——夹片式工具锚厚度；

h——预应力筋抛物线的矢高。

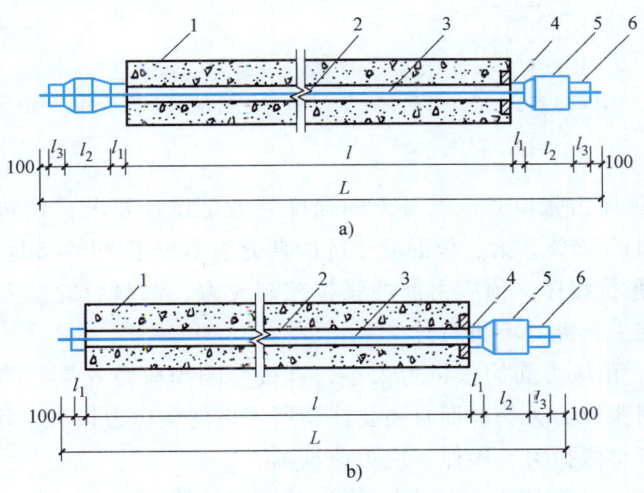

图 5-90　钢绞线束下料长度计算简图

a）两端张拉　b）一端张拉

1—混凝土构件　2—孔道　3—预应力钢筋　4、6—夹片式工作锚　5—穿心式千斤顶

② 钢丝束。钢丝束两端均采用镦头锚具（图 5-91）时，同一束钢丝长度应一致，最大差值不得超过钢丝长度的 1/5000，且不得大于 5mm；当成组张拉长度不大于 10m 的钢丝时，各钢丝的极差不得大于 2mm。为了保证下料长度准确，应采用应力下料，常用控制应力取 300N/mm²。钢丝的下料长度 L 可按钢丝束张拉后螺母位于锚杯中部计算，公式如下：

$$L = l + 2(h+s) - K(H-H_1) - \Delta L - c \tag{5-10}$$

式中 l——构件的孔道长度；

h——锚杯底部厚度或锚板厚度；

s——钢丝镦头留量，对 $\Phi^P 5$ 取 $10mm$；

K——系数，一端张拉时取 0.5，两端张拉时取 1.0；

H——锚杯高度；

H_1——螺母高度；

ΔL——钢丝束张拉伸长值；

c——张拉时构件混凝土的弹性压缩值。

钢丝下料后应进行编束，以免扭结缠绕。安装锚具后用液压镦头器进行冷镦头。镦头的直径不得小于钢丝直径的 1.5 倍，高度不小于钢丝直径。

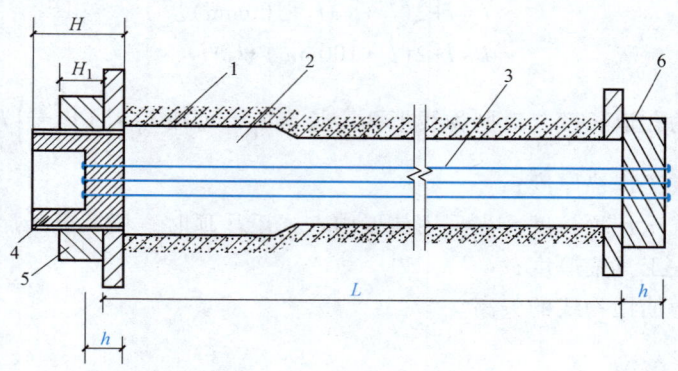

图 5-91 采用镦头锚具时钢丝束下料长度计算简图
1—混凝土构件 2—孔道 3—钢丝束 4—锚杯 5—螺母 6—锚板

3）预应力筋张拉。

① 张拉条件。预应力张拉时，混凝土的强度应满足设计要求，且同条件养护的试块强度不低于强度等级值的 75%，梁、板混凝土的龄期分别不少于 7d 和 5d。

② 张拉应力与张拉程序。预应力筋的张拉控制应力、调整后的最大应力限值及常用的张拉程序同先张法施工，此处不再赘述。

③ 张拉力计算。预应力筋的张拉力大小，直接影响预应力效果。因此，设计人员不仅要在设计图上要标明张拉力大小，而且还要注明所考虑的预应力损失项目与取值，以便施工人员根据实际情况调整张拉力，确保预应力值准确。

a. 预应力筋张拉力。预应力筋的张拉力 P_j 按下式计算：

$$P_j = \sigma_{con} A_p \tag{5-11}$$

式中 σ_{con}——预应力筋的张拉控制应力；

A_p——预应力筋的截面面积。

预应力筋的张拉控制应力应符合设计要求。施工时如需超张拉，其调整后的最大应力不宜超过表 5-20 的限值。

b. 预应力损失。根据预应力筋应力损失发生的时间可分为瞬间损失和长期损失。张拉阶段瞬间损失包括孔道摩擦损失、锚固损失、弹性压缩损失等；张拉以后长期损失包括预应力筋应力松弛损失和混凝土收缩徐变损失等。对先张法施工，有时还有热养护损失；对后张法施工，还有锚口摩擦损失、变角张拉损失等；对平卧重叠生产的构件，还有叠层摩阻损失。

上述预应力损失的主要项目（孔道摩擦损失、锚固损失、应力松弛损失、收缩徐变损失等），设计时都计算在内。当施工条件变化时，应复算预应力损失值，调整张拉力。

④ 张拉顺序。预应力筋的张拉顺序应符合设计要求，并根据结构受力特点及操作安全，同时要考虑均匀、对称的原则来确定。对现浇预应力混凝土楼盖，宜先楼板、次梁，再张拉主梁预应力筋；对预制屋架等叠浇构件，应从上至下逐层张拉，逐层加大拉应力，但顶底相差不得超过 5%，如不能满足，应在移开上部构件后，进行二次补强。

⑤ 张拉要求。根据预应力混凝土结构的特点、预应力筋形状与长度，以及施工方法的不同，预应力筋张拉要求如下：

a. 采用应力控制法张拉时，应校核最大张拉力下预应力筋的伸长值。实测伸长值与计算伸长值的偏差应在 ±6% 以内，否则应查明原因并采取措施后再张拉。必要时，应测定孔道摩擦系数并根据实测结果调整张拉控制力。

b. 张拉方式。较短的预应力筋可一端张拉；对长度大于 20m 的曲线预应力筋和长度大于 35m 的直线预应力筋，应两端张拉，以减少预应力损失。两端张拉可两端同时进行，也可一端张拉锚固后，在另一端补足。当预应力筋长超过 50m 时，宜采取分段张拉和锚固措施。

c. 对配有多束预应力筋的构件或结构应分批、对称进行张拉。此时应考虑，后批预应力筋张拉所产生的混凝土弹性压缩对先批造成的预应力损失，所以先批的张拉力，应加上该弹性压缩损失值。

4）孔道灌浆。预应力筋张拉后，对腐蚀极为敏感，应及时进行孔道灌浆，以防预应力筋锈蚀，提高预应力筋与混凝土间的黏结，也有利于结构的整体性和耐久性。灌浆应饱满、密实。

① 灌浆材料。灌浆所用的水泥浆，应具备强度高、黏结力大、流动性大、干缩性及泌水性小等特点。因此，配制水泥浆常采用强度等级不低于 42.5 级的普通硅酸盐水泥（泌水率小），水胶比不得大于 0.45；普通灌浆稠度宜为 12~20s，真空灌浆宜为 18~25s；搅拌后 3h 泌水率宜为 0，且不应大于 1%，泌水应在 24h 内全部被水泥浆吸收。浆体的强度不得低于 30MPa。为了增加灌浆的密实度和强度，可使用对预应力筋无锈蚀作用的膨胀剂和减水剂，但 24h 的膨胀率应不大于 6%，采用真空灌浆工艺时不应大于 3%。

② 灌浆施工。灌浆前应全面检查构件孔道及灌浆孔、泌水孔、排气孔是否畅通。对抽芯孔道可采用压力水冲洗；对预埋管孔道可采用压缩空气清孔。灌浆前，应采用水泥浆或水泥砂浆封闭锚具缝隙。封堵材料的抗压强度大于 10MPa 后方可灌浆。

灌浆顺序宜先灌下层孔道，后灌上层孔道，以免漏浆堵塞；直线孔道灌浆，应从构件的一端到另一端；曲线孔道灌浆，应从孔道最低处开始向两端进行。

灌浆应缓慢均匀地进行，不得中断，并应排气通畅，在孔道两端冒出浓浆并封闭排气孔后，宜再继续加压至 0.5~0.7MPa，稳压 1~2min 后封闭灌浆孔。

水泥浆拌制后至灌浆完毕的时间不得超过 30min。较长的孔道宜采用真空辅助灌浆。

5）封锚。张拉后应切除多余预应力筋，其露出锚具的长度应不小于 1.5 倍预应力筋直径和 30mm，宜采用机械切割。灌浆后，按照设计要求进行封端处理。对凹入式锚固区，常用微胀混凝土或低收缩防水砂浆密封。对凸出式锚固区，可采用外包钢筋混凝土圈梁封闭。锚具的保护层厚度不得小于 50mm。预应力筋的保护层厚度，正常环境下不小于 20mm，易受腐蚀的环境下不小于 50mm。

（2）后张无黏结预应力施工　无黏结预应力是后张法预应力的一个分支，是指预应力筋不与混凝土接触、而通过锚具传递预应力的方法。施工时，把无黏结预应力筋安装固定在模板内，然后再浇筑混凝土，待混凝土达到要求的强度时，进行预应力张拉和锚固。与后张有黏结预应力相比，占用空间小，施工简单，无须预留孔道和孔道灌浆；在受力方面，当荷载作用于结构构件不同位置时，预应力筋可自行调整使各部位的应力基本相同。但构件整体性略差；预应力完全依靠锚具传递，因此对锚具要求高。该法在现浇楼板中应用最为广泛。

1）无黏结预应力筋。无黏结预应力筋由预应力筋、涂料层和护套组成，如图 5-92 所示。其预应力筋一般采用钢绞线、钢丝等柔性较好的钢材制作。

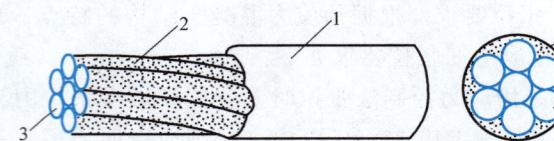

图 5-92　无黏结预应力筋
1—护套　2—涂料层　3—预应力筋

涂料层主要起润滑、防腐蚀作用，且有较好的耐高低温和耐久性。常用油脂、环氧树脂等。护套材料应具有足够的刚度、强度及韧性，且能防水抗蚀，低温不脆化，高温化学稳定性好。护套材料常用高密度的聚乙烯或聚丙烯，其厚度不得小于 0.7mm。材料进场后，应成盘立放，避免挤压和暴晒。

2）无黏结预应力筋的铺设。

① 铺设顺序。无黏结预应力筋的铺设，通常是在底部钢筋铺设后进行，并按先低后高的顺序铺设，避免两个方向的无黏结预应力筋相互穿插编结。

② 就位固定。应按设计要求的位置进行固定。竖向位置，宜用支撑钢筋或钢筋马凳控制，其间距为 1～2m。水平位置应保持顺直。在支座部位，无黏结预应力筋可直接绑扎在梁或墙的顶部钢筋上。

③ 端部固定做法。应按施工图所标预应力筋的位置，将张拉端的模板钻孔。张拉端的承压板钉固在端模板上或焊在钢筋上（图 5-93a）；当张拉端采用凹入式做法时，可采用泡沫塑料或塑料穴模等形成凹口（图 5-93b）。固定端（图 5-93c）锚座应与其他钢筋绑扎或焊接固定，并使挤压锚具的套筒与锚座顶紧。若预应力筋为曲线或折线形式时，曲线段的起始

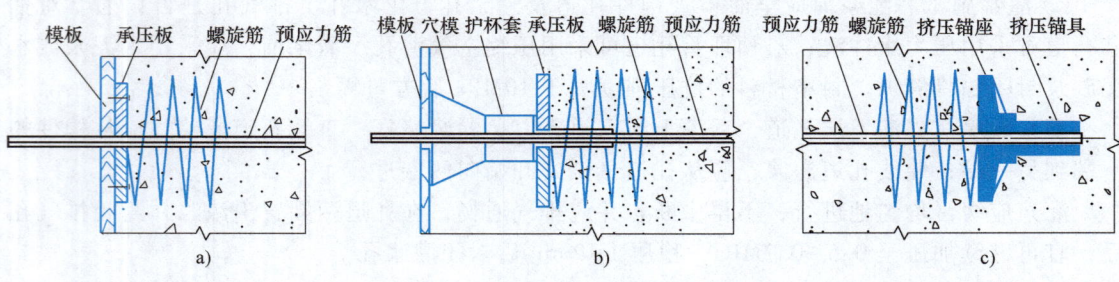

图 5-93　端部固定做法
a）张拉端承压板与模板　b）张拉端用塑料穴模　c）固定端锚具组装

点至张拉锚固点应有不小于300mm的直线段,固定承压板时应保证与预应力筋垂直。

3）混凝土浇筑。无黏结预应力筋应经隐蔽工程验收合格后,方可浇筑混凝土。无黏结预应力筋的护套不得有破损。混凝土浇筑时,严禁踏压碰撞无黏结预应力筋、支撑钢筋及端部预埋件；张拉端与固定端混凝土应仔细捣实。

4）无黏结预应力筋的张拉。张拉前应清理承压板表面,并检查承压板后面的混凝土质量。混凝土楼盖结构,宜先张拉楼板,后张拉次梁、主梁。板中的无黏结预应力筋,可依次张拉。梁中的无黏结预应力筋宜对称张拉。张拉时一般采用前置内卡式千斤顶单根张拉,并用单孔夹片锚具锚固。

无黏结曲线预应力筋的长度超过40m时,宜采取两端张拉；当超过50m时,宜采取分段张拉。

5）端部处理。无黏结预应力筋张拉完成后,应及时对锚固区进行保护。锚固区必须有严格的密封防护措施,严防水汽进入产生锈蚀。

先切除多余的预应力筋,使锚固后的外露长度不小于30mm,多余部分用砂轮锯或液压剪切割,不得用热熔法切割。在锚具与承压板表面涂防锈漆或环氧涂料、锚具端头涂防腐润滑油脂后,罩上封端塑料盖帽,再用微胀混凝土或低收缩防水砂浆密封（图5-94）。

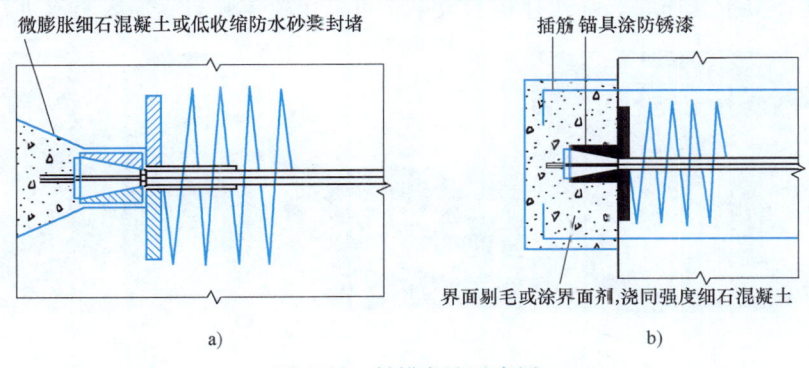

图5-94 封锚方法示意图
a) 凹口式的封锚处理 b) 外露式的封锚处理

（3）后张缓黏结预应力施工 缓黏结预应力是一种新的后张法预应力施工技术。它综合了无黏结预应力与有黏结预应力各自的优点。预应力筋截面小、布筋自由、使用方便、张拉阻力小、无须留设孔道和压浆,又具有构件整体性好、锚固能力及抗腐蚀性强等优点。

缓黏结预应力筋（图5-95）的作用机理是在预应力筋的外侧包裹一种特殊的缓凝砂浆或胶黏剂,这种砂浆或胶黏剂在5~40℃密闭条件下,能够根据工程实际需要,在一定时期内不凝结,以满足施工现场张拉预应力筋的时间要求。其后开始逐渐硬化,并对预应力筋产生握裹、保护作用,并能最终达到一定的抗压强度。

缓黏结预应力施工工艺与无黏结预应力施工工艺基本相同,不再赘述。

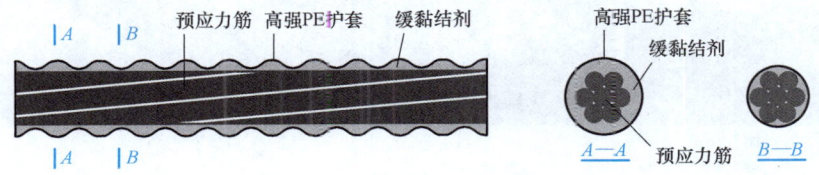

图5-95 缓黏结预应力筋剖面图

5.5　装配式混凝土结构施工

5.5.1　预制构件的制备

混凝土预制构件类型多达上百种，常用构件也有几十种，这些构件大致分为六大类：楼梯、楼板、剪力墙结构的墙板、框架结构的柱梁及剪力墙结构的连梁、外挂墙板和其他预制构件。

1. 常用预制构件

（1）预制柱　预制柱（图 5-96）主要应用于装配整体式框架结构，竖向采用套筒灌浆连接，通常与叠合板、叠合梁组合使用，节点处采取现浇混凝土的连接模式，预制柱作为竖向主要承重构件，其制作须严格按照设计要求进行。

预制柱一般在工厂固定模台上进行制作，钢筋笼在固定模台内侧进行绑扎安装，柱底纵向钢筋安装连接钢套筒。预制柱侧模可固定在模台台面钢板上，一端模固定外露钢筋，另一端模固定钢筋连接钢套筒。为加快柱预制效率，可采用覆盖膜布、通入蒸汽进行养护。

a)　　　　　　　　　　　　　　b)　　　　　　　　　　　　　　c)

图 5-96　预柱

（2）预制梁　预制梁一般在工厂固定模台上进行生产。梁钢筋安装时，端部钢筋根据设计要求做 90°弯钩或做端锚。梁端部模板应根据深化设计图要求，与不同的剪力键槽槽型相匹配。对于先张法预应力预制梁，在台座上先张拉钢绞线至设计值，并分节段绑扎梁内普通钢筋，浇筑混凝土并养护达到设计要求的强度后进行整体放张，拆模并将预制梁构件吊运至堆放场地，如图 5-97 所示。

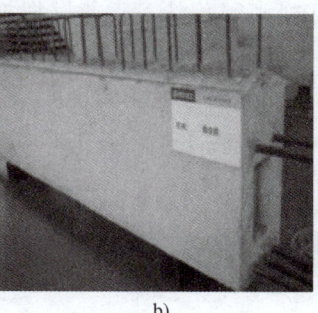
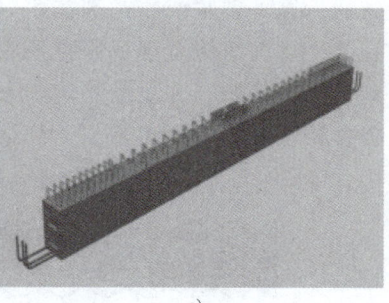

a)　　　　　　　　　　　　　　b)　　　　　　　　　　　　　　c)

图 5-97　预制梁

（3）预制板 预制混凝土叠合板主要分为普通钢筋桁架预制叠合板和预应力混凝土叠合板，普通钢筋桁架预制叠合板一般可分为单向板和双向板，其结构平面形式简单，厚度一般不得小于6cm，在完成叠合层浇筑前属于半成品，处于不稳定状态，所以出现裂缝是预制叠合板最常见的质量通病之一。预应力叠合楼板结合了现浇楼板和普通预制楼板的双重优点，预应力叠合板与普通叠合板相比较具有抗裂性能高、施工安装方便可节约工期、板底平整性好可不需粉刷、尺寸可不受模数限制、节约材料等特点。

常用的预制板（图5-98）有两类：一类为预制钢筋桁架底板，混凝土强度为C30~C40，一般在流水线上预制；另一类为先张法预应力底板，混凝土强度不低于C40，一般在先张法预应力台座上预制。

a)   b)

图5-98 预制板

（4）预制墙板 预制墙板主要分为预制内墙板、预制外墙板、预制轻质隔墙板、预制外挂墙板等，其中外墙板一般为夹芯保温墙板，在生产工艺上略显复杂，以下对预制内墙板、预制外墙板进行简单的介绍。

1）预制内墙板。预制内墙板通常用于剪力墙结构，如图5-99所示，根据《装配式混凝土建筑技术标准》（GB/T 51231—2016）的相关规定，抗震设防烈度为7度的地区，当预制剪力墙构件底部承担的总剪力大于该层总剪力的80%时，其建筑高度不得超过100m。因此，相对于现浇结构，装配整体式剪力墙结构的高度在一定程度上受到限制。对于预制内墙板在实际施工过程中一般横向节点采用支模现浇方式进行，纵向连接一般采用套筒灌浆连接或浆锚搭接的方式。

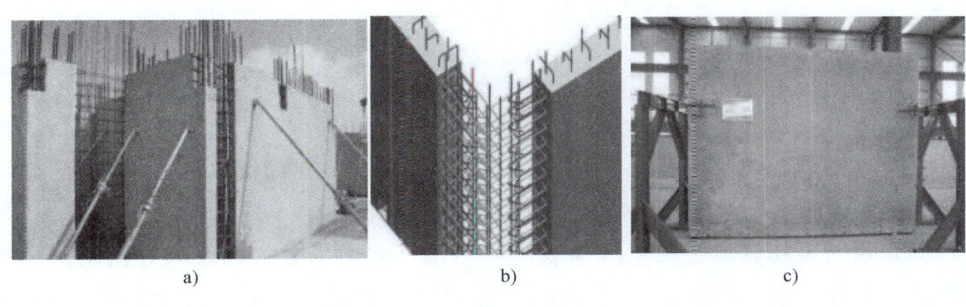

a)   b)   c)

图5-99 预制内墙板

2）预制外墙板。与预制内墙板类似，预制外墙板在实际施工过程中，横向节点连接方式通常采用后浇的方式，纵向主要采用套筒灌浆连接或浆锚搭接。不同的是预制夹芯外墙板在拼缝处理上要求较高，处理不当则可能出现渗漏等质量问题。预制外墙板如图 5-100 所示。目前，外墙板的拼缝处理通常采用构造防水和防水材料封堵处理。

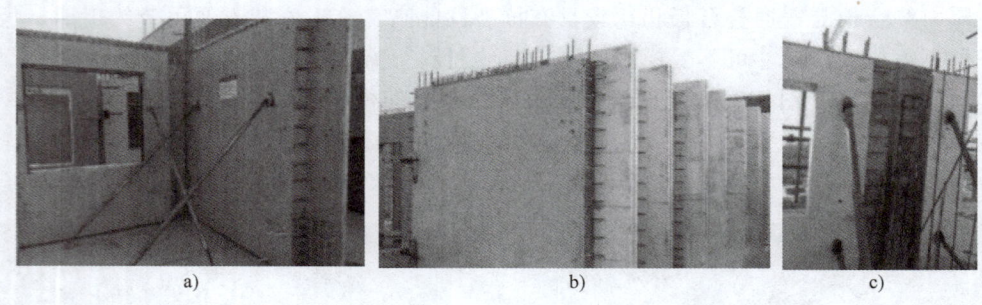

图 5-100　预制外墙板

（5）预制异形构件　装配式建筑用预制异形构件，一方面，在形状上相较于"一"字形构件来说，外观不规则；另一方面，在生产工艺上，异形构件的生产工艺更为复杂，在生产流水节拍的控制上难度较大，常见的预制异形构件主要包括预制阳台、预制凸窗、预制空调板等。以预制阳台为例进行说明。

如图 5-101 所示，目前在异形构件中使用频次较高，主要为全预制阳台，在部分项目中，也出现了部分叠合阳台（半预制）。全预制阳台的表面平整度可以和模具的表面一样平或者做成凹陷的效果，地面坡度和排水口也在工厂预制完成。传统阳台结构一般为挑梁式或挑板式现浇钢筋混凝土结构，现场工作量大，且工期长。采用预制生产方式可以更好地完成阳台所需功能属性，更能够简单快速地实现阳台的造型艺术，大大降低了现场施工作业的难度，减少了不必要的作业量。

图 5-101　预制阳台

2. 预制构件的制作工艺

预制构件的制作工艺较为复杂，主要包含固定模台、模具组装、涂刷脱模剂、缓凝剂、钢筋入模、预埋件、连接件、孔眼定位、混凝土浇筑和振捣、养护及脱模等过程。

（1）固定模台及模具组装工艺　预制构件制作工艺通常分为固定式和流动式两类。固定式包括固定模台工艺、立模工艺和预应力工艺等；流动式包括流动模台工艺和自动流水线工艺等。不同制作工艺的适用范围各有不同。

固定模台既可以是一块平整度较高的钢结构平台，也可以是高平整度高强度的水泥基材料平台。固定模台工艺是指以固定模台作为预制构件的底模，在模台上固定预制构件侧模，组合成完整的模具工艺形式。

固定模台工艺（图 5-102）是预制构件制作中应用最广的工艺，可制作各种标准化构件、非标准化构件和异形构件（包括柱、梁、叠合梁、后张法预应力梁、叠合楼板、剪力墙板、夹芯保温剪力墙板、外挂墙板、楼梯、阳台板、飘窗、空调板及曲面造型构件等）。

基本要求：

1）组装模具前要清理干净模台与模具。

2）组装模具前每一块模板上要均匀喷涂脱模剂，包括连接部位。对于有粗糙面要求的模具面，如果采用缓凝剂方式，须涂刷缓凝剂。

3）模具组装要稳定牢固。

4）应选择正确的模具进行拼装，在拼装部位粘贴密封条以防止漏浆。

5）在固定模台上组装模具，模具与模台连接应选用螺栓和定位销，如图 5-103 所示。

6）组装模具应按照组装顺序，对于需要先吊入钢筋骨架的构件，在吊入钢筋骨架后再组装模具。

7）组装完成的模具应对照图样自检，然后由质检员复检。

图 5-102　固定模台工艺

图 5-103　固定模台模具组装

（2）流动模台工艺　流动模台工艺（图 5-104）是将标准定制的模台放置在滚轴或轨道上，使其能在各个工位循环流转。首先在组模区组模；然后移动到放置钢筋骨架和预埋件的作业区段，进行钢筋骨架和预埋件入模作业；再移动到浇筑振捣平台上进行混凝土浇筑；完成浇筑后模台下的平台振动，对混凝土进行振捣；之后，模台移动到养护窑进行预制构件养护；构件养护结束出窑后移到脱模区脱模，进行必要的修补作业后，再将构件运送到存放区存放。

流动模台工艺与固定模台工艺相比较

图 5-104　流动模台工艺

适用范围窄、通用性低，可制作非预应力的标准化板类预制构件，包括叠合楼板、剪力墙外墙板、剪力墙内墙板、夹芯保温剪力墙板、外挂墙板、双面叠合剪力墙板和内隔墙板等。

机械手组模时将模具库的边模取出，由组模机械手将边模按照放好的边线逐个摆放，并按下磁力盒开关把边模通过磁力与模台连接牢固。

人工组装一些复杂非标准的模具，机械手不方便的模具，如门窗洞口的木模等。

模具的组装应符合下列要求：

1）模板的接缝应严密。
2）模具内不应有杂物、积水或冰雪等。
3）模板与混凝土的接触面应平整、清洁。
4）组模前应检查模具各部件、部位是否洁净，脱模剂喷涂是否均匀。
5）模具组装完成后尺寸允许偏差应符合要求。

（3）涂刷脱模剂和缓凝剂

1）涂刷前要检查模具是否干净。
2）脱模剂种类：常用脱模剂有两种材质，即油性和水性，制作装配构件应选用对产品表面没有污染的脱模剂。
3）自动涂刷：流水线配有自动喷涂脱模剂设备，模台运转到该工位后，设备启动开始喷涂脱模剂，设备上有多个喷嘴保证模台每个地方都均匀喷到，模台离开设备工作面后设备自动关闭。喷涂设备上适用的脱模剂为水性或者油性，不适合蜡质脱模剂。
4）人工涂刷：人工涂抹脱模剂要使用干净的抹布或海绵，涂抹均匀后模具表面不允许有明显的痕迹、不允许有堆积和漏涂等现象。
5）其他要求：脱模剂喷涂后不要马上作业，应当待脱模剂成膜后再进行下一道工序。

若模具面需要形成粗糙面，可在模具上涂刷缓凝剂，混凝土脱模后再用水冲洗去除表面没有凝固的灰浆，形成粗糙面。涂刷缓凝剂须做到：

1）宜选用专业厂家生产的粗糙面专用缓凝剂。
2）按照设计要求的粗糙面部位涂刷。
3）按照产品使用要求进行涂刷。

（4）钢筋入模

1）钢筋骨架尺寸与位置允许偏差。钢筋入模有两种方式：一种是生产板类构件全自动入模；另一种是通过起重机人工入模。无论采用何种方式入模，钢筋网片或钢筋骨架允许偏差应符合表5-22的要求。

表5-22 钢筋网片或钢筋骨架允许偏差

项目		允许偏差/mm	检验方法
绑扎钢筋网	长、宽	±10	钢尺检查
	网眼尺寸	±20	钢尺量连续三档,取最大值
绑扎钢筋骨架	长	±10	钢尺检查
	宽、高	±5	钢尺检查
	钢筋间距	±10	钢尺量两端、中间各一点

（续）

项目			允许偏差/mm	检验方法
受力钢筋	位置		±5	钢尺量测两端、中间各一点，取较大值
	排距		±5	
	保护层	柱、梁	±5	钢尺检查
		楼板、外墙板楼梯、阳台板	5, -3	钢尺检查
绑扎钢筋、横向钢筋间距			±20	钢尺量连续三档，取最大值
箍筋间距			±20	钢尺量连续三档，取最大值
钢筋弯起点位置			±20	钢尺检查

2）保护层厚度。保护层不宜用金属间隔件。常用钢筋保护层间隔件（图 5-105）有水泥、塑料和金属三种材质，预制构件保护层不宜用金属间隔件。

钢筋保护层厚度应符合规范及设计要求，钢筋入模前应将钢筋保护层间隔件固定好。保护层间隔件间距与构件高度、钢筋质量有关，应按《混凝土结构设计标准》（GB 50010—2010）（2024 年版）有关规定布置，且不宜小于 300mm。

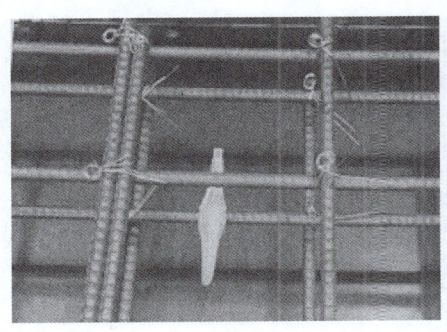 

a)　　　　　　　　　　　　　　　　b)

图 5-105　钢筋保护层塑料间隔件

3）出筋控制。从模具伸出的钢筋位置、数量、尺寸等要符合图样要求，并严格控制质量。出筋位置、尺寸要有专用的固定架来固定，如图 5-106 所示。

4）套筒、波纹管、浆锚孔内模及螺旋筋安装。

① 套筒、波纹管、浆锚孔内模的数量和位置要确保正确。

② 套筒与受力钢筋连接，钢筋要伸入套筒定位销处；套筒另一端与模具上的定位螺栓连接牢固。

③ 波纹管与钢筋绑扎连接牢固，端部与模具上的定位螺栓连接牢固。

④ 浆锚孔内模与模具上的定位螺栓连接牢固。

⑤ 要保证套筒、波纹管、浆锚孔内模的位置精度，方向垂直。

⑥ 保证注浆口、出浆口方向正确；如需要导管引出，与导管接口应严密牢固，导管固定牢固。

⑦ 注浆口、出浆口做临时封堵。

⑧ 浆锚孔螺旋钢筋位置正确，与钢筋骨架连接牢固。

（5）预埋件、连接件、孔眼定位　预制构件中的预埋件及预留孔洞的形状尺寸和中线定位偏差非常重要，生产时应按要求进行逐个检验。

定位方法应当在模具设计阶段考虑周全，增加固定辅助设施。尤其要注意控制灌浆套筒及连接用钢筋的位置及垂直度。需要在模具上开孔固定预埋件及预埋螺栓的，应由模具厂家按照图样要求使用激光切割机或钻床开孔，严禁工厂使用气焊自行开孔。

预埋件要固定牢固，防止浇筑混凝土振捣过程中松动偏位，质检员要专项检查，固定在模具上的预埋件、预留孔洞中心位置允许偏差见表5-23。

图 5-106　钢筋出筋定位

表 5-23　预埋件、预留孔洞中心位置的允许偏差

项次	检查项目及内容	允许偏差/mm	检验方法
1	预埋件、插筋、吊环预留孔洞中线位置	3	用钢尺量
2	预埋螺栓、螺母中心线位置	2	用钢尺量
3	灌浆套筒中心线位置	1	用钢尺量

注：来自《装配式混凝土结构技术规程》（JGJ 1—2014）。

（6）混凝土浇筑与振捣

1）混凝土入模（浇筑）。

① 喂料斗半自动入模。人工通过操作布料机前后左右移动来完成混凝土的浇筑，混凝土浇筑量通过人工计算或者经验来控制。喂料斗半自动入模是目前国内流水线上最常用的浇筑入模方式，如图5-107所示。

② 料斗人工入模。人工通过控制起重机前后来移动料斗完成混凝土浇筑。人工入模（图5-108）适用在异形构件及固定模台的生产线上，且浇筑点、浇筑时间不固定，浇筑量完全通过人工控制，优点是机动灵活、造价低。

③ 喂料斗自动入模。布料机根据计算机传送过来的信息，自动识别图样以及模具，从而自动完成布料机的移动和布料，工人通过观察布料机上显示的数据，以此来判断布料机的混凝土量，随时补充，如图5-109和图5-110所示。混凝土浇筑遇到窗洞口自动关闭卸料口防止混凝土误浇筑。

无论采用何种入模方式，浇筑混凝土时应符合下列要求：

① 混凝土浇筑前应当做好检查，检查内容：混凝土坍落度、温度、含气量等，并且拍照存档。

② 浇筑混凝土应均匀连续，从模具一端开始。

③ 投料高度不宜超过500mm。

④ 浇筑过程中应有效控制混凝土的均匀性、密实性和整体性。

⑤ 混凝土浇筑应在混凝土初凝前全部完成。

⑥ 混凝土应边浇筑边振捣。

⑦ 冬季混凝土入模温度不应低于5℃。

⑧ 混凝土浇筑前应制作同条件养护试块。

2）混凝土振捣。预制构件振捣与现浇不同，由于套管、预埋件多，普通振动棒可能下不去，应选用超细振动棒或者手提式振动棒。

图 5-107　喂料斗半自动入模

图 5-108　人工入模

图 5-109　喂料斗自动入模（一）

图 5-110　喂料斗自动入模（二）

固定模台振动棒振捣混凝土应符合下列规定：

① 应按分层浇筑厚度分别振捣。振动棒的前端应插入前一层混凝土中，插入深度不小于 50mm。

② 振动棒应垂直于混凝土表面并快插慢拔均匀振捣；当混凝土表面无明显塌陷、有水泥浆出现、不再冒气泡时，应当结束该部位振捣。

③ 振动棒与模板的距离不应大于振动棒作用半径的一半；振捣插点间距不应大于振动棒作用半径的 1.4 倍。

④ 钢筋密集区、预埋件及套筒部位应当选用小型振动棒振捣，并且加密振捣点和延长振捣时间。

⑤ 反打石材、瓷砖等墙板振捣时应注意防止振动损伤石材或瓷砖。

（7）养护与脱模　养护（图 5-111）是保证混凝土质量的重要环节，对混凝土的强度、抗冻性、耐久性有很大的影响。混凝土养护有三种方式：常温、蒸汽、养护剂养护。

预制混凝土构件一般采用蒸汽（或加温）养护。蒸汽（或加温）养护可以缩短养护时间，快速脱模，提高效率，减少模具和生产设施的投入，其基本要求如下：

1）采用蒸汽养护时，应分为静养、升温、恒温和降温四个阶段。

2）静养时间根据外界温度一般为 2~3h。

3）升温速度宜为每小时 10~20℃。

4）降温速度不宜超过每小时 10℃。

5）柱、梁等较厚的预制构件养护最高温度宜控制在 40℃，楼板、墙板等较薄的构件最高温度应控制在 60℃以下，持续时间不小于 4h。

6）当构件表面温度与外界温差不大于 20℃时，方可撤除养护措施进行脱模。

脱模的基本要求如下：

1）预制构件脱模起吊时混凝土强度应达到设计图和规范要求的脱模强度，且不宜小于 15MPa。构件强度依据实验室同批次、同条件养护的混凝土试块抗压强度。

2）构件脱模应严格按照顺序拆模，严禁用振动、敲打方式拆模。

3）构件脱模时应仔细检查确认构件与模具之间的连接部分完全拆除后方可起吊。

4）构件起吊应平稳，楼板应采用专用多点吊架进行起吊，复杂构件应采用专门的吊架进行起吊。

5）脱模后的构件运输到质检区待检。

图 5-111　养护窑集中养护

3. 预制构件与制作工艺的对应关系

不同的制作工艺适用的预制构件范围各有不同，其优缺点、性价比以及在国内的普及程度也各有不同。表 5-24 则给出了预制构件与制作工艺的对应关系。

表 5-24　预制构件与制作工艺的对应关系

制作工艺	可制作构件的范围	优点	缺点	性价比	在国内的普及程度
固定模台工艺	梁、叠合梁、莲藕梁、柱梁一体、柱、楼板；叠合楼板、内墙板、外墙板、折板、曲面板、楼梯板、阳台板、飘窗、"三明治"墙板、各种异形构件等	投资少、见效快、适宜产品丰富、灵活	占地面积大（比流动模台大 30%左右）、人工用量多、养护耗能高	最高	普遍使用
立模工艺	内墙板、材料单一的墙板、柱、楼梯板	占地面积小、产品两面光滑、降低模具成本、不用翻转环节	适用范围小	较低	较少使用
流动模台工艺	叠合楼板、内隔墙板、剪力墙板、"三明治"墙板、装饰一体化板	解决了集中养护，人员岗位固定，降低人员劳动强度，单一产品产量高，方便管理，产能高	适宜范围窄、用工多、效率低、占地多、钢筋需要人工加工	适中	较多使用
自动流水线工艺	叠合楼板、内隔墙板、双层叠合墙板	自动化程度高、产量高、用工少、智能化制造	使用范围太窄、造价高、投资回报周期长	较低	较少使用
预应力工艺	单独适应于预应力产品	一般用于有预应力要求的大跨度普通楼板、空心楼板等	仅适用于预应力产品，局限性较大	较高	专用工艺

5.5.2 预制构件的流水线生产

装配式混凝土结构构件通常采用工厂化预制,工厂化预制是装配式混凝土结构的重要特色。流水线工艺最适合生产标准化板类构件,如叠合楼板、内隔墙板、不带装饰层的外墙板、双层墙板等。

1. 预制构件工厂

预制构件工厂一般由混凝土搅拌设备、钢筋加工生产线、构件预制生产线及构件存储区等组成,以完成构件制作、养护及存储等综合功能。典型的预制构件工厂内各生产线的功能分区如图 5-112 所示。

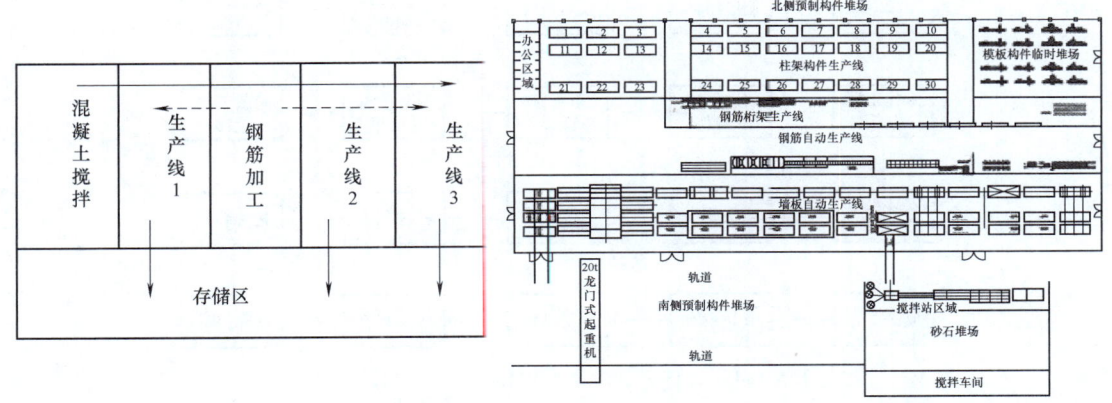

图 5-112　典型的预制构件工厂内各生产线的功能分区

预制构件工厂内的系统化生产线由系列自动化生产设备组成,包括钢筋加工设备、预制底板和预制墙板流水线生产线设备、混凝土制备搅拌设备、中央控制室等。

对于预制构件生产线,生产工艺主要分为固定模台法和流动模台法(也称流水线)两种。预制墙板和叠合楼板底板类厚度小于 400mm 的平面构件大多采用流动模台法生产,该方法可组织为流水自动化生产线,即各生产工序依靠专业自动化设备进行有序生产,并按一定的生产节奏在生产线上行走,最终经过立体养护窑养护成形,从而形成完整的流水作业。柱、梁、楼梯、阳台等尺寸较大和非规则构件在传统的固定模台上进行预制生产,该类构件以手工操作为主,用工量偏大。

2. 预制构件的生产工艺

预制构件的生产工艺与其类型有关,从成形方式来区分主要有一次成形构件和多次成形构件,下面通过图表的形式分别介绍一次成形构件以及"三明治"墙板类的两次成形构件。

(1) 一次成形构件生产工艺流程　一次成形构件的生产工艺流程如图 5-113 所示。

(2) 两次成形构件生产工艺流程　两次成形构件生产工艺主要用于带保温系统的预制构件,常见的构件为预制保温外墙板,即"三明治"墙板,此类构件在生产过程中有正打与反打两种工艺。反打工艺一般指的是装修一体化上的预制外墙施工工艺(如反打瓷砖、面砖外墙),以下介绍反打工艺两次成形构件的生产工艺流程,具体如图 5-114 所示。

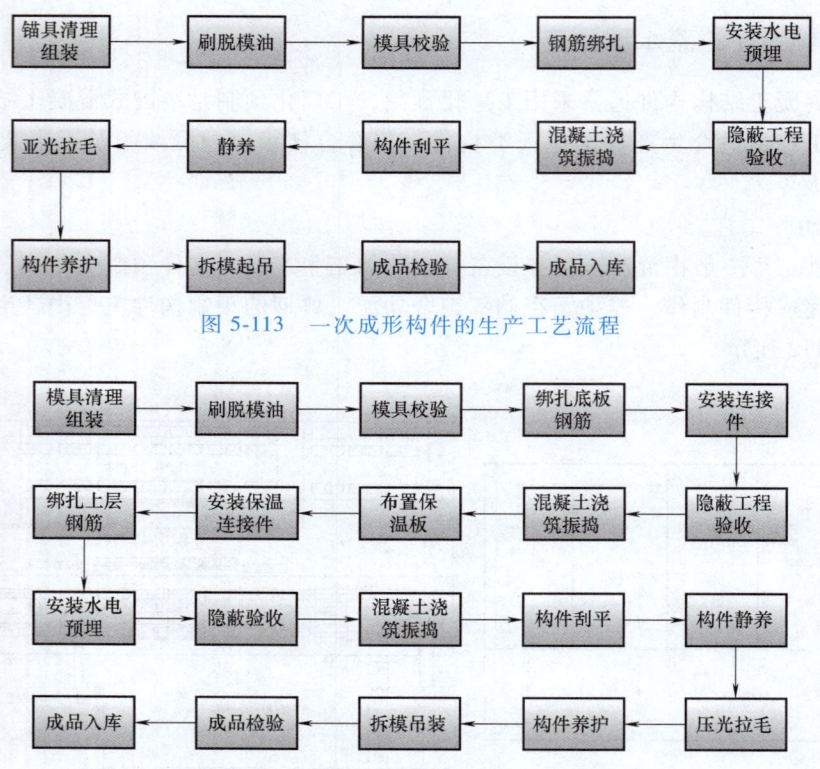

图 5-113 一次成形构件的生产工艺流程

图 5-114 反打工艺两次成形构件的生产工艺流程

5.5.3 预制构件的运输

预制构件脱模后,需运到质检修补区进行质检、修补或表面处理,之后再运到堆放区。构件预制完成并经质量验收合格后,将存放在工厂内专用场地上,为避免二次运输,存放场地一般设在靠近预制构件的生产线及龙门起重机等起重机械所能达到的起重范围内。构件存放应考虑其种类、规格、运输时间、次序等因素进行合理布置,充分利用场地,有效利用起吊与运输设备。

1. 典型预制构件的存放与运输

(1) 预制楼板、楼梯的存放与运输 预制楼板和楼梯一般采用叠放的存放方式,场地应平整、坚实且排水良好,宜采用混凝土硬化地面。最下层构件应用木方等垫实,预埋吊件向上,标志向外。各层间用 100mm×100mm 的长方木或 100mm×100mm×200mm 的木垫块垫实,各层垫木或垫块应在同一垂直线上,避免下层预制构件产生弯曲变形。垫木或垫块在构件下的位置宜与脱模、吊装时的起吊位置一致;垫木或垫块应铺设平整、牢固、坚实,堆垛层数应根据构件与垫木或垫块的承载能力及堆垛的稳定性确定。预制楼板和楼梯运输过程中仍然采用叠放方式,要求与存放相同,如图 5-115 所示。

(2) 预制墙板的存放与运输 预制墙板一般采用专门设计的插放架或靠放架并立放的存放方式,运输过程中同样宜采用立放方式。插放架、靠放架应有足够的强度和刚度,并需支垫稳固。对于采用靠放架立放的构件,宜对称靠放且外饰面朝外,其倾斜角度宜与地面保持大于 80°,并对称靠放,构件上部宜采用木垫块隔离。

a)　　　　　　　　　　　　　b)　　　　　　　　　　　　　c)

图 5-115　预制楼板、楼梯的存放与运输

a）楼板存放　b）楼梯存放　c）楼板运输

（3）预制柱、梁的存放与运输　预制柱与预制梁等细长线形构件在存放与运输过程中宜平放，并采用两道垫木支撑。

2. 预制构件存放的一般要求

预制混凝土构件生产完成并经成品检查合格后，需要调入成品库进行储存，对于预制混凝土构件的存放，需要严格按照相关要求进行堆放，若堆放不当则容易引起构件出现质量问题，或者出现安全隐患导致安全事故发生。预制混凝土构件存放要求如下：

1）车间临时存放。存放区内主要存放出窑后需要检查、修复和临时存放的构件，特别是蒸养构件出窑后，应静置一段时间后，方可转移到室外进行堆放。车间存放区内根据立式、平式存放构件，划分出不同的存放区域。存放区内设置构件存放专用支架、专用托架，车间内构件临时存放区与生产区之间要画出并标明明显的分隔界限。

2）构件堆场存放。在车间内检查合格后，采用专用构件转运车、随车起重运输车、改装的平板车运至室外堆场分类进行存放，在堆场内的每条存放单元内划分成不同的存放区，用于存放不同的预制混凝土构件。

根据堆场每跨宽度，在堆场内呈线形设置预制混凝土构件专用钢结构存放架，每跨可设 2~3 排存放架，存放架距离龙门起重机轨道 4~5m。在钢结构存放架上，每隔 40cm 设置一个可穿过钢管的孔道，上下两排，错开布置。根据墙板厚度选择上下临近孔道，插入无缝钢管卡住墙板。另外，墙板立式存放时重心较高，故存放时必须考虑紧固措施（一般楔形木加固），防止在存放过程中因外力，造成墙板倾倒而使预制混凝土构件破坏，造成重大的损失。构件堆场存放如图 5-116 所示。

图 5-116　构件堆场存放

3）分类堆放。构件在车间内选择不同的堆放方式时，首先保证构件的结构安全，其次考虑运输的方便和构件存放、吊装时的便捷。在车间堆放同类型构件时，应按照不同工程项

目、楼号、楼层进行分类存放，构件底部应放置两根通长方木，以防构件与硬化地面接触造成构件缺棱掉角，同时两个相邻构件之间也应设置方木，防止构件起吊时对相邻构件造成损坏。分类堆放如图5-117所示。

图5-117　分类堆放

3. 预制构件吊运作业

吊运作业是指构件在车间、场地间用起重机、龙门起重机，小型构件用叉车进行的短距离吊运，其作业要点是：

1) 吊运线路应事先设计，吊运路线应避开工人作业区域，起重机司机应当参加设计吊运路线，确定后应当向司机交底。

2) 吊索吊具与构件要拧固结实。

3) 吊运速度应当控制，避免构件大幅度摆动。

4) 吊运路线下禁止工人作业。

5) 吊运高度要高于设备和人员。

6) 吊运过程中要有指挥人员。

7) 航式起重机要打开警报器。

4. 质检、修补区

预制工厂应设置预制构件质检、修补区。

1) 质检、修补区应光线明亮，北方冬季应布置在车间内。

2) 水平放置的构件，如楼板、柱子、梁、阳台板等，应放在架子上进行质量检查和修补，以便看到底面。装饰一体化墙板应检查浇筑面后翻转180°使装饰面朝上进行检查、修补。

3) 立式存放的墙板应在靠放架上检查。

4) 预制构件经检查修补或表面处理完成后才能码垛堆放或集中立式堆放。

5）套筒、浆锚孔、莲藕梁钢筋孔宜模拟现场检查区，即按照图样下部构件伸出钢筋的实际情况，用钢板和钢筋焊成检查模板，固定在地面，吊起构件套入，如果套入顺畅，表明没有问题，如果套不进去，进行分析处理，并检查整改模具固定套筒与孔内模的装置。

6）检查修补架的要求：结实牢固且满足支撑构件的要求。架子隔垫位置应当按照设计要求布置。垫方上应铺设保护橡胶垫。

5. 预制构件运输要求

预制构件厂家对大型预制构件的装车固定等方式经验不足，对所装预制构件的固定不足，容易倾倒。

1）运输线路须事先与货车驾驶员共同勘察，有没有过街桥梁、隧道、电线等对高度的限制，有没有大车无法转弯的急弯或限制质量的桥梁等。

2）制订预制构件的运输方案（运输时间、路线、次序），针对超高、超宽、形状特殊的大型构件要求专门的质量安全保证措施。

3）选择的运输车辆满足构件的质量和尺寸要求。宜采用低平板车。目前已经有运转墙板的专用车辆。

4）对驾驶员进行运输要求交底，不得急制动、急提速，转弯要缓慢等。

5）第一车应当派出车辆在运输车后面随行，观察构件稳定情况。

6）预制构件的运输根据施工安装顺序来制订，如有施工现场在车辆禁行区域应选择夜间运输，并要保证夜间行车安全。

5.5.4 预制构件的安装

1. 装配式混凝土框架结构

装配式混凝土框架结构的安装顺序一般为柱→主梁→次梁→楼板。柱吊装后，先安装下部纵筋位置低的梁。叠合板安装后，进行节点处柱子箍筋、梁及板上部钢筋的绑扎安装。接头混凝土宜与梁、板叠合层连续浇筑。

（1）柱的吊装 预制柱常采用一点直吊绑扎。柱子较长时，可采用两点绑扎，但应对吊点位置进行强度和抗裂度验算。

柱的起吊方法也有旋转法和滑行法两种。应做好柱底的保护工作，或采用双机抬吊、空中转体等方法。

柱的临时固定与校正常用可调钢管支撑（图5-118），也可采用钢丝绳和千斤顶、捯链等辅助作业。可调钢管支撑的上端应与套在柱上的夹箍或埋件相连，位置距柱根宜为2/3柱高以上，且不得低于1/2柱高；下端与梁板上的预埋件相连，旋转中间节钢管产生推力或拉力而校正柱的垂直度。校正时应以底层柱的根部中心线为准，避免误差积累。

（2）梁、板吊装图 梁常预制成叠合梁（图5-119），并做成槽形或端部带有键槽，以加强连接。板常用预制叠合板（图5-120），分有、无钢筋桁架和预应力等多种，有钢筋桁架和预应力构件刚度好、不易开裂。梁、板均设有预埋吊环，其位置应在距端部1/6～1/5跨度处。安装前，先清理、检查构件并弹线，按设计要求位置搭设临时支架。吊装时，吊索与水平面夹角不宜小于60°，且不应小于45°。安放就位时，搁置长度应满足设计要求，底部可设置厚度不大于20mm的坐浆或垫块。校准位置并做好临时固定后方可摘钩。

图 5-118　预制成两层高的柱子起吊与就位

图 5-119　叠合梁的吊装

图 5-120　叠合板的吊装

（3）接头施工连接

1）柱、墙纵筋的连接。柱、墙接头首先应能传递轴向压力，其次是弯矩和剪力，主要形式有套筒灌浆、螺栓连接。

套筒灌浆连接（图 5-121）是目前竖向构件钢筋连接的主要方式，是在构件底端的钢筋端头设置套筒。套筒上设有注浆孔和出浆孔，均以 PVC 管引出构件。构件纵筋与套筒可直螺纹连接或待以后灌浆连接（即半注浆连接或全注浆连接）。构件安装时，经对位下落，下层构件钢筋进入套筒

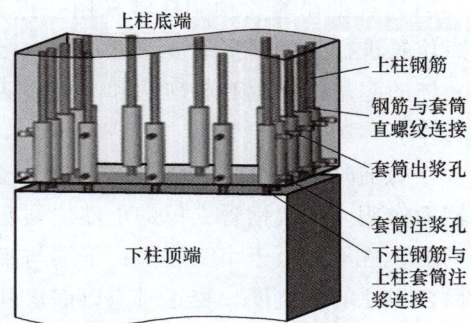

图 5-121　柱子套筒灌浆连接构造示意图

内。构件柱子套筒灌浆连接构造示意校正后，向套筒内压注专用浆液形成整体。灌浆前应将柱、墙接缝周边封闭，浆液应从下口压入，上口流出后要及时用胶塞封堵，必要时可分仓进行灌浆。灌浆料拌和后应在 30min 内用完，施工时温度不得低于 5℃，养护温度不低于 10℃。

螺栓连接（图 5-122）是在柱或墙纵筋底端焊有钢制连接座，柱、墙根部留凹槽使其外露。安装下落时，下部柱、墙的螺纹钢筋或预埋螺栓插入连接座孔，拧上螺母而成。再通过灌浆充填缝隙并封堵凹槽。柱、墙安装前，应对支座表面抄平、设置垫块或调节下柱螺杆上的支撑螺母。

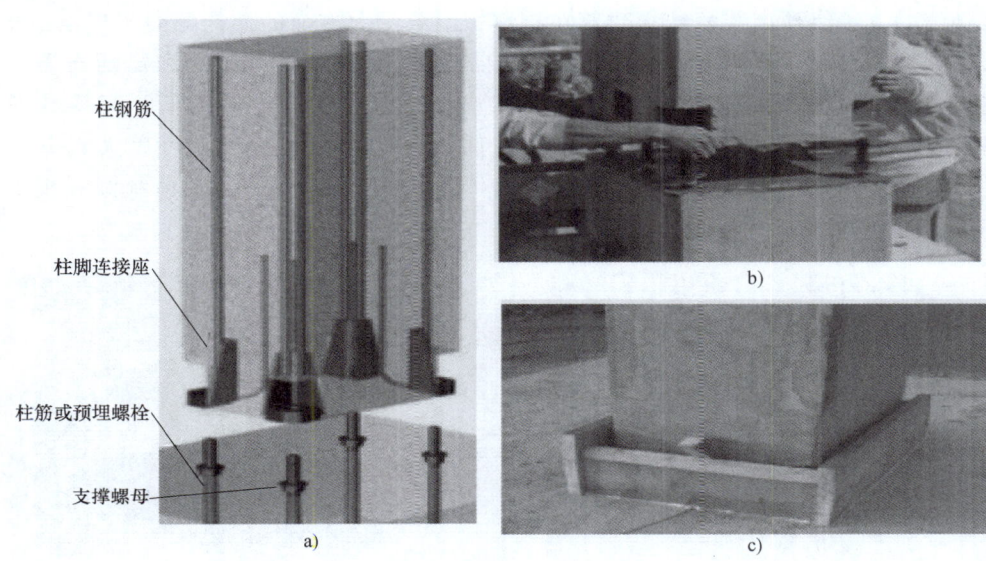

图 5-122　柱子螺栓连接

2）梁、柱节点连接。梁和柱子的节点连接是关系到结构强度、刚度和抗震性能的重要环节，常通过现浇节点来构成整体式接头，如图 5-123 所示。

梁搭在柱上一般不少于 15mm，安装梁时其底部应坐浆或设置垫块，厚度不宜大于 20mm，不应大于 30mm。梁钢筋应锚入节点足够的长度，连续梁的钢筋常采用焊接连接或全注浆套筒连接。节点处柱箍筋需加密。接头所浇混凝土的强度等级，应不低于各构件的混凝土设计强度，骨料粒径不大于连接处最小尺寸的 1/4。浇筑前应清理和润湿，浇筑过程中应确保捣实，必要时可掺微膨胀剂及早强剂，以避免开裂和提早进行上层的施工。此外，还可以在预制梁、柱中留孔，安装后通过施加预应力形成预压型接头。

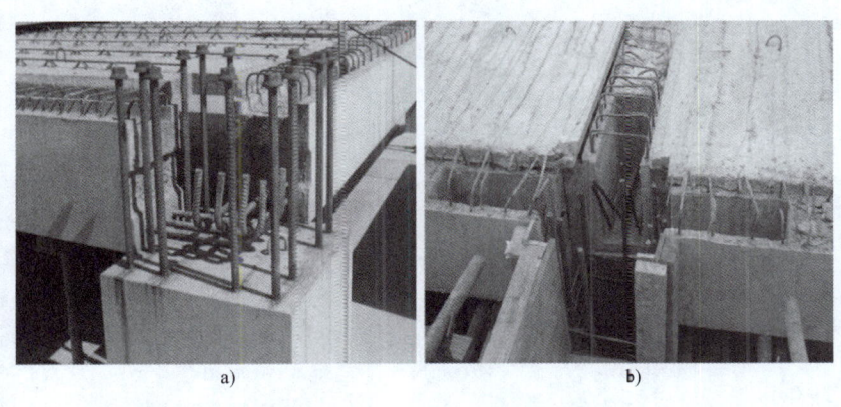

图 5-123　整体式框架结构接头

2. 装配式混凝土剪力墙结构

装配式混凝土剪力墙结构是目前国内应用较多的一种装配整体式混凝土结构，主要由预制墙板、叠合楼板、叠合梁、预制楼梯及阳台等混凝土预制构件组成，在施工现场拼装后，通过墙板间竖向连接缝现浇，上下墙板间主要竖向受力，采用钢筋灌浆套筒连接以及楼面梁板叠合现浇的方法使预制装配结构建筑在抗震、承载受力方面的性能等同于现浇结构，即"等同现浇"。该体系的优点是在满足住宅功能的前提下能够自由布局和灵活布置，减少宽柱对建筑功能的影响，同时兼备施工速度快、建造质量高、成本低、可持续发展以及居住健康和安全性高的特点。按照竖向构件的现浇部位和程度，可以大致分为全预制剪力墙体系（图 5-124）、双面叠合剪力墙体系（图 5-125）、EVE 预制圆孔板剪力墙体系（图 5-126）等。

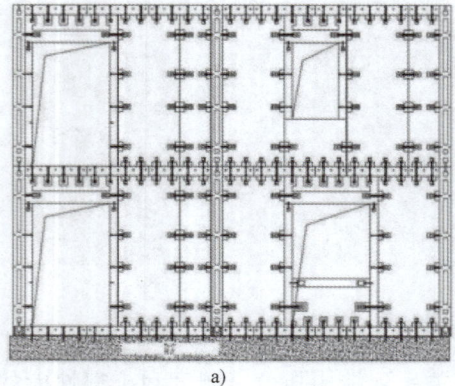

a)　　　　　　　　　　　　　　　　b)

图 5-124　全预制剪力墙体系

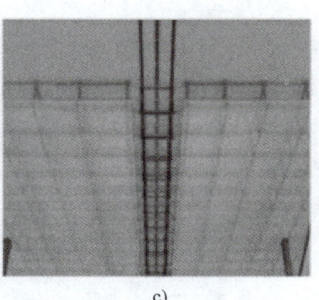

a)　　　　　　　　　　b)　　　　　　　　　　c)

图 5-125　双面叠合剪力墙体系

a) 空心墙 L 形连接　b) 空心墙 T 形连接　c) 空心墙一字形连接

图 5-126　EVE 预制圆孔板剪力墙体系

全预制剪力墙体系是指全部墙片均为预制，连接节点部分现浇的剪力墙结构体系。因此，现浇节点部位的连接方式对结构整体性能会产生很大影响。当前工程中较为成熟的连接方式主要有套筒灌浆连接、浆锚搭接连接、底部预留后浇区等。其中，浆锚搭接连接包括螺旋箍筋约束浆锚搭接连接、金属波纹管浆锚搭接连接和其他采用预留孔洞插筋后灌浆的间接搭接连接方式。

双面叠合剪力墙最早源于德国，具有预制构件自重轻、便于运输与吊装、综合经济成本较低等特点，应用前景良好。双面叠合剪力墙体系具有与现浇剪力墙相近的平面内和平面外抗震性能，一字形边缘构件采用双面叠合构造对剪力墙的抗震性能影响较小，双面叠合剪力墙技术以 SPCS 结构体系为代表，空腔后浇剪力墙是由成形钢筋笼及两侧预制墙板组成。待预制构件现场安装就位后，在空腔内浇筑混凝土，并通过连接构造措施，使现浇混凝土与预制构件形成整体，共同承受竖向和水平作用的墙体。空腔后浇剪力墙钢筋笼采用机械焊接钢筋网片构造，配套钢筋自动化焊接生产装备，可实现大规模工业化、自动化生产需要，节省人工，降低综合生产成本；生产效率高，构件外表面光滑、平整免抹灰。SPCS 空腔预制墙构件具有质量轻、板块大、拼缝少、施工快等优势。

EVE 预制圆孔板剪力墙体系主要通过预制剪力墙板中的预成圆孔，上下层剪力墙通过在预成圆孔中设置连接钢筋并后浇混凝土连接成形的预制剪力墙体系。墙板由标准钢筋网片、混凝土组成（外墙增加保温），经在标准的模具内进行混凝土浇筑而成。

大型墙板的安装方法有储存吊装法和直接吊装法两种。

储存吊装法是将构件在吊装前按型号、数量配套运往现场，在起重机有效工作范围内储存堆放，一般储存 1~2 层楼用的构配件。此法能保证安装工作连续进行，但占用场地多。

直接吊装法为随运随吊，墙板按顺序配套运往现场，直接从运输汽车上吊到建筑物上安装。此法可减少构件堆场，但运输车辆必须保证连续供应，否则会造成吊装间断。

（1）安装前的准备

1）墙板堆放：应使用有足够刚度的插放架或靠放架，并支垫稳固，防止倾倒和下沉。外墙板的外饰面应朝外，对连接止水条、高低口、墙体转角等薄弱部位应加强保护。

2）抄平放线：首层可根据标准桩与经纬仪定出房屋的纵横控制轴线，然后根据控制轴线定出其他轴线。二层以上的墙板轴线用经纬仪由基础墙轴线标志直接往上引。首层标高可用水准仪根据水平控制桩进行抄平，二层以上各层标高可用钢尺及水准仪在墙板顶面以下 100mm 处测设标高线，以控制楼板标高。

3）铺灰墩（灰饼）：为控制墙板底面标高，墙板吊装前应在墙板两侧边线内两端铺设灰墩（灰饼），以控制墙底面标高。灰墩宽度与墙板厚度相同，长度应视墙板的质量而定。吊装墙板时，在相邻灰墩间铺以略高于灰墩的湿砂浆，这样可使墙板下部接缝密实。灰墩及坐浆总厚度不宜大于 20mm。

（2）安装顺序　墙板的安装顺序，应根据房屋的构造特点和现场具体情况而定，一般多采用逐间封闭法吊装（图 5-127）。为减小误差积累，从建筑物中间某一个开间开始，按先安内墙、后安外墙的顺序逐间封闭。逐间闭合后，随即焊接固定，以保证施工期间的整体稳定性。也可先安装外墙，再分段安装内墙和叠合板，但外墙应有可靠的拉结、支撑及快速固定措施。

一段墙板吊装完成后，就可浇灌各墙板之间的立缝，或现浇内墙混凝土与外墙板形成整

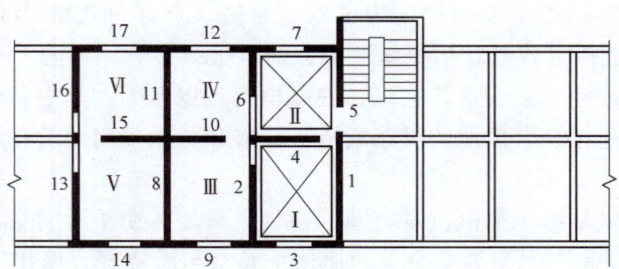

图 5-127　逐间封闭法吊装墙板

1,2,3,…,17—墙板安装顺序　Ⅰ,Ⅱ,Ⅲ,…,Ⅵ—逐间封闭顺序　☒—标准间

体。拆除接缝或墙体模板后，安装叠合板支架，吊装叠合板、阳台板及楼梯构件。然后进行管线安装及构造钢筋绑扎及焊接，再浇筑叠合层混凝土。

（3）吊装要求　宜采用横吊梁等专用吊具，以保护构件，满足吊索与水平面夹角要求。墙板安装就位后，采用可调钢管支撑与楼层拉结固定，每块墙板不少于 2 道，墙板长于 4m 者应增加支撑。待内墙及接头处混凝土达到设计强度后方可拆除支撑。

预制叠合板、阳台板、楼梯安装时，可采用钢管支架、单支顶（也称为单点吊顶）或门架等支架形式，其具体构造应通过计算确定。支撑体系拆除时应满足底模拆除时的混凝土强度要求。

（4）专项预制剪力墙安装

1）定位坐浆。根据测量放线确定墙板位置，并在相应位置做 20mm 的坐垫砂浆，在砂浆靠近外叶墙部位放置一通长硬质橡胶条（10mm 宽）。剪力墙安装底座如图 5-128 所示。预制构件连接部位坐垫砂浆的强度等级不应低于被连接构件混凝土强度等级且应满足下列要求：砂浆流动度达到 130~170mm，抗压强度（1d）不低于 30MPa。

2）剪力墙的吊装。用塔式起重机将外墙板吊起，待板的底边升至距地面 50cm 时略停顿，再次检查吊挂是否牢固，继续提升使之慢慢靠近安装作业面。在距作业层上方 60cm 左右略停顿，施工人员可以手扶墙板，控制墙板下落方向。墙板在此缓慢下降，待到距预埋钢筋顶部 2cm 处，墙两侧挂线坠对准地面上的控制线，预制墙板底部套筒位置与地面预埋钢筋位置对准后，将墙板缓缓下降，使之平稳就位，如图 5-129 所示。快速利用螺栓将预制墙体的斜支撑杆安装在预制墙板及现浇板上的螺栓连接件上，快速调节，保证墙板的大概竖直。

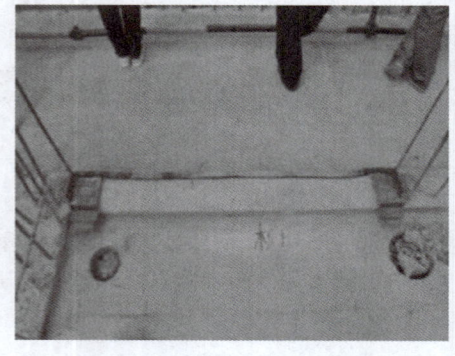

图 5-128　剪力墙安装底座

图 5-129　剪力墙吊装

3) 斜支撑的安装。斜支撑能够提高墙板在小震下的抗侧刚度，且安装时还可进行微调操作。斜支撑安装（图5-130）需采用可调节长度的螺杆，调节长度不小于300mm。垂直墙板方向（Y向）校正，可利用短钢管斜撑调节杆，对墙板根部进行微调来控制Y向的位置。平行墙板方向（X向）校正，可通过在楼板面上弹出墙板位置线及控制轴线来进行墙板位置校正，墙板按照位置线就位后，若有偏差需要调节，则可利用小型千斤顶在墙板侧面进行微调。墙板水平标高（Z向）校正，可通过在下层，预先通过水平仪进行调节到预定的标高位置，另外吊装时还通过墙板上弹出的水平控制标高线来调节，墙板吊装时直接就位至钢板上，以此来控制墙板水平标高。

图5-130　斜支撑安装

4) 灌浆施工。在装配式结构中，钢筋连接采用钢筋灌浆直螺纹连接接头。套筒及一侧钢筋直螺纹连接后预埋在预制墙板底部，另一侧的钢筋预埋在下层预制墙板的顶部，墙板安装时墙顶部钢筋插入上层墙底部的套筒内，然后对连接套筒通过灌浆孔进行灌浆处理，完成上下墙板内钢筋的连接，如图5-131、图5-132所示。

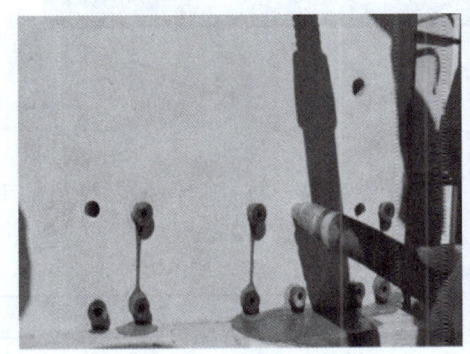

图5-131　剪力墙注浆

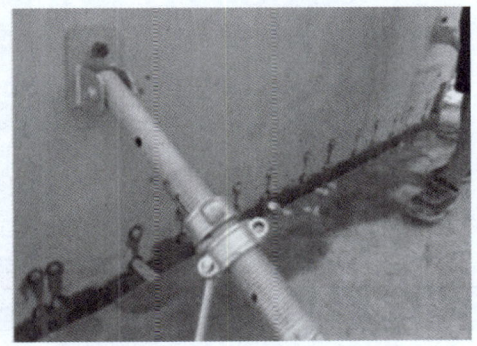

图5-132　封堵注浆孔

灌浆前应清扫楼板表面，不得有碎石、浮浆、灰尘、油污和脱模剂等杂物；灌浆前24h，楼板表面应充分湿润；灌浆前1h，应吸干积水。

目前使用较多的是机械搅拌方式，搅拌时间一般为1~2min，采用人工搅拌时，应先加入2/3的用水量拌和2min，其后加入剩余水量搅拌至均匀（标准稠度加水量为12%~14%）。浆料应从一侧灌入，直至另一侧溢出为止，以利于排出设备机座与混凝土基础之间的空气，使灌浆充实，不得从四侧同时进行灌浆。灌浆开始后，必须连续进行，不能间断，并应尽可能缩短灌浆时间。充填完毕后4h内不得移动套筒，灌浆材料充填操作结束后1d内不得施加振动、冲击等影响。

5.6　混凝土结构工程智能施工应用案例

下面以北京终端管制中心工程BIM应用（节选）为例进行介绍。

1. 工程概况

北京终端管制中心工程位于北京市顺义区。本工程土建工程建设分为生产区域与后勤保障区域，生产区域由管制主楼、管制附楼、管制训练楼组成，后勤保障区域由管制学院宿舍、食堂及活动中心、动力能源中心组成。项目总建筑面积为66079.94m^2。

2. 混凝土结构工程智能施工应用

（1）铝合金可调式柱箍

1）应用内容。本工程主要为框架结构，共有约1820根框架柱，规格尺寸多。框架柱采用铝合金模板。为了提高模板安装效率，设计了铝合金独立可调式柱箍（图5-133）。

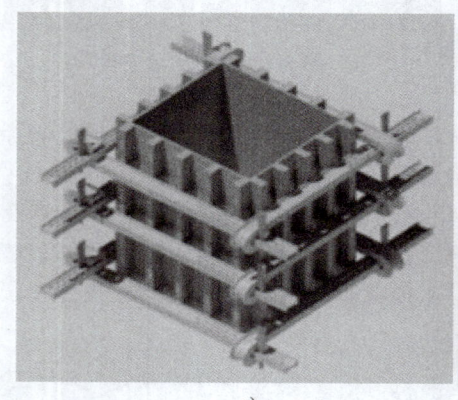

a)　　　　　　　　　　　　　　　　b)

图5-133　铝合金可调式柱箍
a）柱箍模型　b）现场使用情况

根据设计方案建立BIM模型，根据现场情况明确柱箍各参数，将柱箍模型、导出的IFC文件及相应数量要求交由厂家生产。可调式铝合金柱箍的规格见表5-25。

表5-25　可调式铝合金柱箍的规格

名称	尺寸/mm	名称	尺寸/mm
可调式铝合金柱箍	400~600	可调式铝合金柱箍	700~1000
	500~800		900~1200

统计各类框架柱的数量，并利用BIM进行模板设计，最终确定铝合金模板配置方案：竖向高度采用2600mm、1100mm、400mm三种尺寸，横向宽度采用400mm、300mm、100mm三种尺寸，共9种规格的模板进行组拼，以减少模板种类和非标板比例。矩形柱每面模板的配置见表5-26，组拼排布见图5-134。

表5-26　模板的配置表

竖向配置方案			
柱高/mm	配置方案/mm	模板高度/mm	控制浇筑标高差/mm
4400	2600+400+1100+400	4500	100
3900	2600+1100+400	4100	200
3600、3500	2600+1100	3700	100、200
3000	2600+400	3000	0~50

(续)

横向配置方案		横向配置方案	
柱宽/mm	配置方案/mm	柱宽/mm	配置方案/mm
600	300+300	900	400+400+100
700	400+300	1000	400+300+300
800	400+300+100		

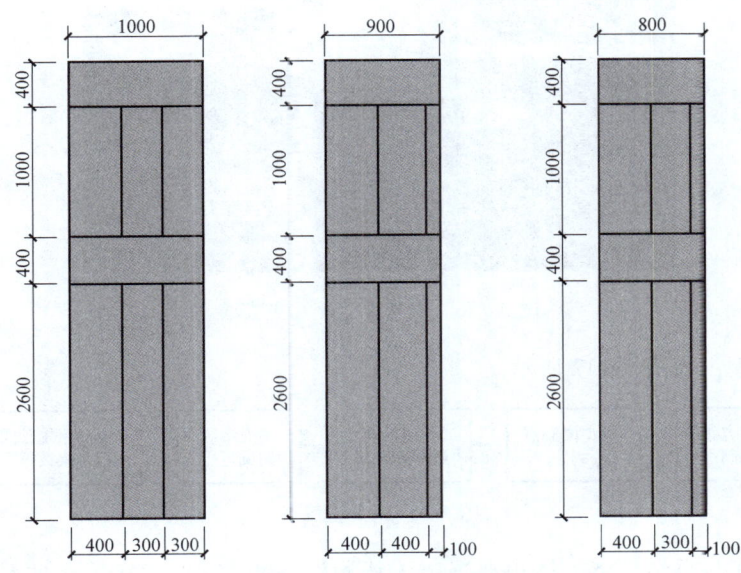

图 5-134 柱模板组拼排布图

2）实施流程。铝合金独立柱可调式柱箍实施流程如图 5-135 所示。

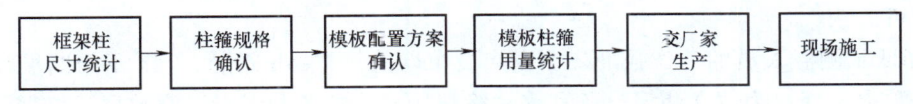

图 5-135 柱箍实施流程

3）应用概述与总结。这项设计的使用取得了显著成效：

进度：每层工期缩减 1~2d，对于单层工效的提升达到 16%。

成本：节约材料，避免了木材的使用，且不用对拉螺栓等周转材料；仅填补对拉螺栓孔洞一项，节约人工费约 4.1 万元。

质量：柱面美观、有较好的平整度、垂直度，施工质量可靠且易于控制。现场实测相邻面板拼缝高低差为 0.4mm，相邻面板拼缝间隙为 0.6mm。

（2）大体积混凝土无线测温系统的开发

1）应用内容。把项目部自主开发的大体积混凝土无线测温系统与 4D BIM 云平台中的轻量化模型相结合，将测温点与 BIM 模型绑定，测温点所在位置、各截面实时温度、测温点周边环境温度、测温点从测温开始的温度变化曲线均实时地展示在计算机屏幕上，监测温度和温差超过预设值时监控设备会发出声音报警，所有记录的数据均存储在云端数据库，方便查询检索。测温点的安装如图 5-136 所示。

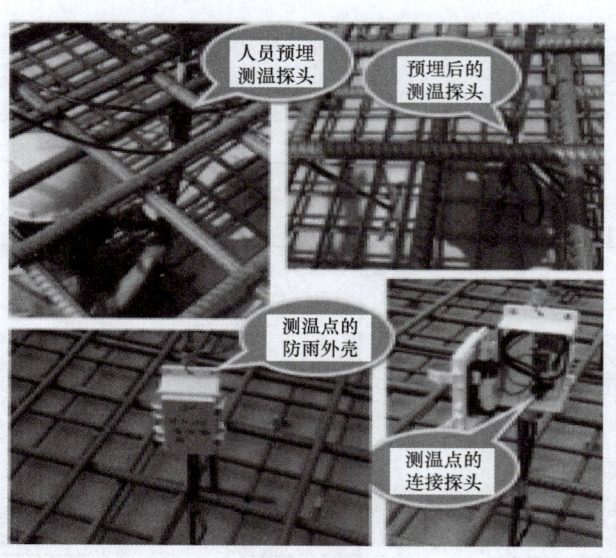

图 5-136 现场无线测温点安装

2）实施流程，如图 5-137 所示。

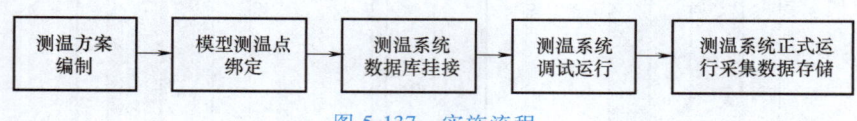

图 5-137 实施流程

3）应用概述与总结。将大体积混凝土无线测温系统与 4D BIM 平台的轻量化模型相结合具有以下优点：

① 减少了测温人员数量。测温人员由以前 3 人 3 班倒，减少到 1 人进行测温系统的日常维护即可。

② 降低了测温人员的工作强度。测温人员由以前每 1~4h 间隔、24h 不间断循环现场采集测温点数据，变更为值守测温设备和移动终端所显示的各测温点温度数据，根据测温节点电池电量显示更换电池以保证测温系统正常运行即可。

③ 测温数据实时显示。直观地展示了测温点的具体部位和对应测温点的温度曲线。

④ 每个测温点温度、温差超过预设温度和差值时会及时自动报警并将报警信息发送至预设的移动终端，方便技术人员实时掌握准确的混凝土温度变化信息，以便及时采取有效措施，保证大体积混凝土的施工质量。

⑤ 测温数据备份至云端测温数据库中，方便技术人员查看历史测温记录。

(3) 混凝土施工质量控制　混凝土施工质量控制是整个工程质量的重点之一，项目采用激光地面整平机和混凝土无线测温技术、循环水冷却技术，保障基础大体积混凝土的施工质量。

1）激光地面整平机的应用，使混凝土摊铺、振捣、找平、提浆、抹面机械化，速度快、精度高、混凝土密实度好，较传统工艺有较大优势（见表 5-27）。

2）混凝土无线测温与循环水冷却技术。动力能源中心基础底板长 67.7m，宽 33.6m，厚 2m，所需混凝土方量：一区 2667m^3，二区 2196m^3。为防止开裂，混凝土结构构件表面以内40~100mm位置处的温度与混凝土结构构件表面和内部的温度差值均不宜大于25℃。

表5-27 激光整平与传统工艺对比

对比内容	激光整平机施工	传统工艺施工
效率	班组需8人，单班可完成3000~5000m²	班组需15人，单班月工作量700m²
平整度	<3mm［符合北京市《建筑结构长城杯工程质量评审标准》（DB11/T 1074—2014）要求］	与工人技术水平有关，偶然性大

项目采用混凝土无线测温与循环水冷却技术控制大体积混凝土温度。根据施工方案中测温点布置要求，在模型上选取33个测温点，混凝土浇筑后对测温点混凝土内外温差定时测量，超过20℃时自动启动循环水冷却降温（图5-138），使其降至20℃以下。测温仪再通过GPRS将测温数据发送到云端服务器，项目部可通过计算机客户端下载数据。通过此方式实时掌控混凝土温度变化，且保证了测温数据的精准性。

图5-138 现场冷却水管设置

习 题

一、问答题

1. 试述钢筋进场检验的内容与要求。
2. 钢筋有哪些连接方法？一般要求有哪些？
3. 试述闪光对焊工艺种类与适用范围，质量检查的内容与要求。
4. 电弧焊连接钢筋的接头形式，对焊缝各有哪些要求？
5. 钢筋代换时应注意哪些问题？
6. 钢筋的机械连接方法有哪些？各自特点及适用范围如何。
7. 钢筋直螺纹连接的位置及质量要求有哪些？
8. 梁、板、柱钢筋的保护层厚度如何保证？
9. 对模板的基本要求有哪些？
10. 柱、梁、板、墙，钢筋绑扎与模板安装的先后顺序各如何？
11. 梁、板模板为什么要起拱？怎样起拱？起多少？
12. 内外全现浇结构用大模板施工时，其外墙外侧模板如何安装？
13. 现浇楼板何时拆除底模和支撑？为什么要保持支撑二至三层以上？
14. 模板拆除时，对混凝土强度有何要求？
15. 现场混凝土的搅拌、运输、浇筑常使用哪些机具？
16. 对混凝土运输的基本要求有哪些？
17. 混凝土泵送运输时，泵管如何选择和布置？对混凝土有何要求？
18. 防止混凝土柱"烂根"的措施有哪些？

19. 混凝土每层浇筑厚度如何确定？振捣的方法及要求有哪些？
20. 试述确定混凝土施工缝留设位置的原则，接缝的时间与施工要求。
21. 大体积混凝土的浇筑方法及要点有哪些？
22. 框架结构浇筑顺序如何？当梁、柱采用不同强度等级的混凝土时，应如何施工？
23. 混凝土浇筑后，何时需开始养护？养护多少时间？何时允许上人继续作业？
24. 混凝土冬期施工的方法有哪些？主要适用范围如何？冬期施工材料加热温度有何要求？
25. 试述混凝土受冻临界强度的意义与要求。
26. 试述预应力混凝土先张法与后张法在施工顺序上的区别，各自特点及适用范围。
27. 张拉钢筋的程序一般有哪几种？为什么要进行超张拉？
28. 先张法施工时，预应力筋放张需注意哪些问题？放张的方法有哪些？
29. 简述后张法施工的工艺过程。
30. 后张法施工的孔道留设方法有哪些？应注意哪些问题？
31. 什么是应力松弛？在后张法中如何避免或减少预应力筋的应力损失？
32. 分批张拉预应力筋时，如何弥补混凝土弹性压缩应力损失？
33. 预应力筋的张拉顺序与要求有哪些？
34. 无黏结预应力筋铺放定位应如何进行？
35. 预制装配式钢筋混凝土框架-剪力墙结构建筑有哪些优缺点？
36. 预制钢筋混凝土叠合楼板具有哪些构造特点？
37. 简述 PC 外墙板生产工艺流程。
38. 预制构件生产所用模具在组装时有哪些要求？
39. 预制构件蒸汽养护应满足怎样的蒸养顺序？
40. 应如何完成 PC 外墙板的脱模与起吊？
41. 预制外墙板采用工厂化预制的方式与传统工艺相比，具有哪些优势？
42. 塔式起重机的选用与安装应满足哪些要求？
43. 简述 PC 构件吊装施工流程。
44. 简述预制楼梯施工操作的步骤与要求。
45. 预制构件在装饰阶段应采取哪些保护措施？
46. 装配式混凝土结构常用预制构件有哪些？
47. 预制柱吊升方法有几种？
48. 简述预制构件的成形方法。
49. 简述装配式预制混凝土构件的浇筑及表面处理。
50. 如何进行预制构件的运输？
51. 预制混凝土构件堆场的布置原则是什么？
52. 预制混凝土构件的连接方式有哪些？
53. 简述装配式建筑的适用范围。

二、计算题

1. 计算图 5-139 所示梁的钢筋下料长度（抗震结构），并绘制出配料单。该梁共 10 根。
注：各种钢筋单位长度的质量为：Φ8（0.395kg/m），Φ12（0.888kg/m），Φ22（2.98kg/

m），⌀25（3.85kg/m）。

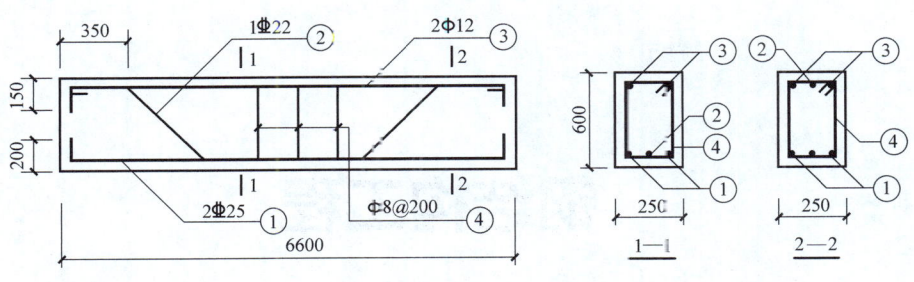

图 5-139 某梁配筋图

2. 某钢筋混凝土梁主筋原设计采用 HRB335 级 4 根直径 18mm 的钢筋，现无此种钢筋，拟用 HRB400 级钢筋代换，试计算需代换钢筋面积、直径和根数。注：HRB335 和 HRB400 级钢筋的抗拉强度设计值分别为 300 和 360N/mm²。

3. 某混凝土墙高 4m，采用坍落度为 150mm 的普通混凝土，浇筑速度为 2m/h，浇筑入模温度为 22℃。试计算模板的设计荷载组合效应值及侧压力的有效压头高度。

4. 某 C30 混凝土的试验配合比为 1 2.11：3.65，水胶比为 0.56，水泥用量为 320kg/m³，现场砂石含水率分别为 4% 和 2%。若用出料容量为 350L 的搅拌机拌制混凝土，求施工配合比及每盘配料量（用散装水泥）。

5. 某混凝土设备基础：长×宽×厚＝15m×4m×3.2m，要求整体连续浇筑，拟采取全面水平分层浇筑方案。现有 3 台搅拌机，每台生产率为 6m³/h，若混凝土的初凝时间为 3h，运输时间为 0.5h，每层浇筑厚度为 400mm，试确定：

（1）此方案是否可行。

（2）搅拌机最少应开动几台。

（3）该设备基础浇筑的可能最短时间与允许的最长时间。

6. 今有三组混凝土试块，其强度分别为 18.5MPa、20.3MPa、21.8MPa；16.2MPa、20.1MPa、24.6MPa；17.5MPa、20.4MPa、25.2MPa。试求各组试块的强度代表值。

7. 某预应力混凝土构件用先张法工艺制作，采用直径 5mm 的高强钢丝作为预应力筋，其标准强度值 $f_{ptk}=1570N/mm^2$，使用梳筋板镦头夹具，每次张拉 6 根，张拉程序为：0→$1.03\sigma_{con}$，试根据规定的控制应力求每次张拉力。

8. 某预应力混凝土构件采用有黏结后张法施工，所留设孔道为抛物线形，其水平长度为 23.6m，孔道抛物线矢高 0.7m，采用钢绞线束作为预应力筋，拟用 YCQ100 型千斤顶两端张拉。千斤顶外形尺寸为 $\phi258mm×440mm$，其夹片式工具锚厚度为 50mm，工作锚厚度为 60mm，试计算钢绞线束的下料长度。

9. 某工程跨度为 15m 的空心楼板，采用后张法施工，设计采用标准强度 $f_{ptk}=1860MPa$ 的高强低松弛钢绞线作为无黏结预应力筋，公称直径为 15.2mm，公称面积 $A_g=140mm^2$；弹性模量 $E_g=1.95×10^5MPa$。试确定张拉程序并计算张拉力。

第 6 章

钢结构工程

钢结构工程是以钢材构件为主的结构，主要由型钢和钢板等制成的钢梁、钢柱、钢桁架等构件组成，各构件或部件之间通常采用焊缝、螺栓或铆钉连接，是主要的建筑结构类型之一。因其自重较轻，且施工简便，广泛应用于大型厂房、桥梁、场馆、超高层等领域。

钢结构安装工程的主要特点是：预制构件的类型和质量直接影响吊装进度；吊装方法及起重机械的选择是关键；应对构件或结构进行吊装强度和稳定性验算；高处作业多，应制定有效技术措施，加强安全管理。

本章涉及的规范主要有《钢结构工程施工质量验收标准》（GB 50205—2020）、《钢结构焊接规范》（GB 50661—2011）、《钢结构工程施工规范》（GB 50755—2012）、《钢结构通用规范》（GB 55006—2021）、《空间网格结构技术规程》（JGJ 7—2010）。

6.1 钢结构制作与安装

钢结构工程实施前，应有经施工单位技术负责人审批的施工组织设计、与其配套的专项施工方案等技术文件，并按有关规定报送监理工程师或业主代表；重要钢结构工程的施工技术方案和安全应急预案，应组织专家评审。

6.1.1 钢结构工厂制作加工

1. 材料要求

（1）钢材 钢结构工程所用的材料应符合设计文件和国家现行有关标准的规定，应具有质量合格证明文件，并应经进场检验合格后使用。钢材的进场验收，除应符合《钢结构工程施工规范》的规定外，尚应符合《钢结构工程施工质量验收标准》的有关规定。对属于下列情况之一的钢材，应进行抽样复验：

1）国外进口钢材。
2）钢材混批。
3）板厚等于或大于 40mm，且设计有 Z 向性能要求的厚板。
4）建筑结构安全等级为一级，大跨度钢结构中主要受力构件所采用的钢材。
5）设计有复验要求的钢材。
6）对质量有疑义的钢材。

（2）焊接材料 焊接材料的品种、规格、性能等应符合国家现行有关产品标准和设计要求。焊条、焊丝、焊剂、电渣焊熔嘴等焊接材料应与设计选用的钢材相匹配,且应符合《钢结构焊接规范》的有关规定。

用于重要焊缝的焊接材料,或对质量合格证明文件有疑义的焊接材料,应进行抽样复验,复验时焊丝宜按五个批(相当炉批)取一组试验,焊条宜按三个批(相当炉批)取一组试验。

(3)紧固件 钢结构连接用的普通螺栓、高强度大六角头螺栓连接副、扭剪型高强度螺栓连接副等紧固件,应符合标准规定。高强度大六角头螺栓连接副和扭剪型高强度螺栓连接副,应分别有扭矩系数和紧固轴力(预拉力)的出厂合格检验报告,并随箱带。当高强度螺栓连接副保管时间超过 6 个月后使用时,应按相关要求重新进行扭矩系数或紧固轴力试验,并应在合格后再使用。

普通螺栓作为永久性连接螺栓,且设计文件要求或对其质量有疑义时,应进行螺栓实物最小拉力载荷复验,复验时每一规格螺栓应抽查 8 个。

(4)涂装材料 钢结构防腐涂料、稀释剂和固化剂,应按设计文件和国家现行有关产品标准的规定选用,其品种、规格、性能等应符合设计文件及国家现行有关产品标准的要求。

2. 钢结构加工与制作

钢结构制作的工序较多,主要包括原材料进厂、放样、号料、零部件加工、组装、焊接、检测、除锈、涂装、包装直至发运等。由于制造厂设备能力、构件制作以及指定工艺流程各有不同,所以对加工顺序要合理安排,尽可能避免减少工件倒流,减少来回吊运时间。一般的大流水作业工艺流程如图 5-1 所示。

零件及部件加工前,应熟悉设计文件和施工详图,应做好各道工序的工艺准备,并应结合加工的实际情况,编制加工工艺文件。

(1)钢结构智能生产线体系 "智能制钢生产线"主要由生产硬件、网络和大数据技术组成。其中"智能制钢生产线"的生产硬件包括智能设备模块、仓库物流模块。

智能设备模块包括先进的制造技术、先进的检测技术和自动控制技术等小模块。先进的制造技术是智能制造系统的主要知识来源,代表了制造业的技术水平。先进的检测技术可以实时显示钢结构制造过程的制造状态,准确收集钢结构的各种生产数据,解决生产过程中出现的各种问题。自动控制技术是对钢结构生产全过程的全面控制。

仓库物流模块的功能包括全流程生产监

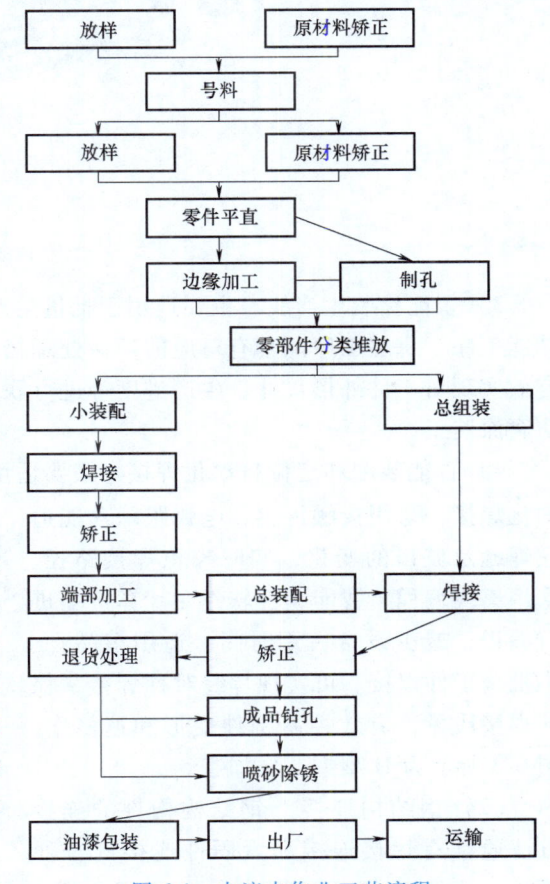

图 6-1 大流水作业工艺流程

控、生产物料储存管理、生产物料配送和卸载小模块。确保根据生产流程中规定的数量,在生产线上及时供应钢材。

目前,我国钢结构工程尚未实现全标准化,导致全生产线实现自动化还比较困难,国内钢结构企业实现自动化生产的往往是局部工序,主要表现在 H 型钢智能化生产线、H 型钢二次加工智能化生产线、智能涂装生产线以及智能装配和定位自动化焊接等。下面对这几方面进行简要介绍。

1) H 型钢智能化生产线。该自动化生产线主要由组立机、焊接机器人、龙门焊机、矫正机组成,为提高功效,过程涉及大量使用传送轨道、移钢机、翻转架等。为实现自动化生产,还大量使用各类传感器,对各环节进行监控、跟踪和实施纠偏,全线生产操作人员数量可低至 4 人,可实现 H 型钢年产量 1.5×10^4 t。

2) H 型钢二次加工智能化生产线(图 6-2)。主要由数控带锯床、数控三维钻床、数控锁口机组成,并配套采用移钢机和传送轨道组成。全程实现自动化切割、钻孔和锁口切割,全线生产操作人员数量可低至 2 人(传统单机作业操作人数一般 8 人以上),一套 H 型钢二次加工智能化生产线年产量在 3×10^4 t 以上。

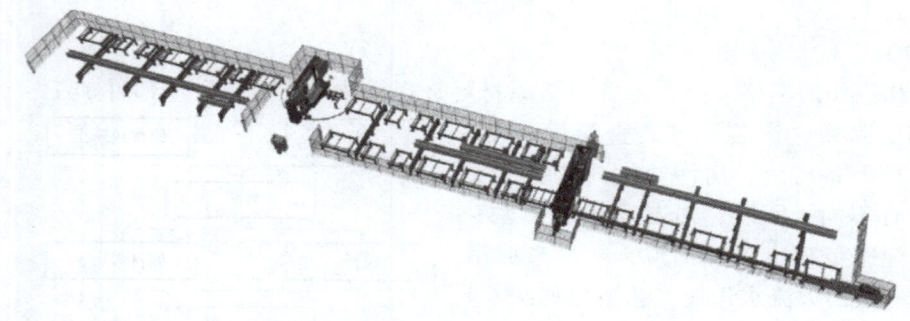

图 6-2 H 型钢二次加工智能化生产线

3) 智能涂装生产线。主要适用于批量生产的工件,其主要包括除锈、喷涂、烘干三大功能工序,每道工序配套有对应的环保处理措施。过程中利用激光扫描、红外线监控技术,有效实现对工件外形尺寸、生产进度等进行联动控制。目前大量应用的是预处理工序和零件防腐涂装工序。

4) 智能装配和定位自动化焊接。主要适用于对 H 型钢、箱形结构的牛腿装配和定位自动化焊接,采用接触传感、电弧跟踪功能适应焊缝及坡口的变化,实时校正焊接路径。采用离线编程、智能编程软件在计算机端进行编程,减少设备占用时间,适用多品种、小批量工件焊接。可实现焊缝对称焊接,保证焊接质量,有效控制构件变形和返修率。图 6-3 所示为 H 型钢二次加工。

(2) 钢结构连接 钢结构构件的连接方法通常有焊接连接和紧固件连接(普通螺栓、高强度螺栓、铆钉、自攻螺钉等)

图 6-3 H 型钢二次加工

两种。钢结构焊接广泛应用于板间、零件、部件、构件之间的各种连接；栓接多用于轻钢结构、桥梁结构、组合结构等。

1）焊接连接。焊接连接钢结构常用的焊接方法有手工电弧焊、埋弧焊、电渣焊、二氧化碳气体保护焊、栓焊等，见表6-1。施工中，根据具体施工条件、要求及相关情况进行选择。

表6-1 钢结构常用的焊接方法、特点及适用范围

焊接方法		特点	适用范围
手工电弧焊	直流焊机	焊接电流稳定,适用于各种焊条	要求较高的钢结构
	交流焊机	设备简易,操作灵活,可进行各种位置的焊接	普通钢结构
自动埋弧焊		电弧移动由专门机构控制完成,生产效率高、焊接质量好、表面光滑美观、操作容易、焊接时无弧光、有害气体少	长度较长的对接或贴角焊缝
半自动埋弧焊		电弧移动是依靠手工操纵,操作较灵活	长度较短、弯曲焊缝
二氧化碳气体保护焊		利用CO_2气体作为电弧的保护介质,生产效率高、焊接质量好、成本低、易于自动化,可进行全位置焊接	用于薄钢板
电渣焊		可焊的工件厚度大（从30mm到大于1000mm）,生产率高。电渣焊接头由于加热及冷却均较慢,热影响区宽、显微组织粗大、韧性差,因此焊接以后一般需进行正火处理	主要用于在断面对接接头及丁字接头的焊接

焊缝的质量等级不同，其检验的方法和数量也不相同，可参见表6-2的规定。具体检查方式应参考《钢结构焊接规范》（GB 50661—2011）。对于不同类型的焊接接头和不同的材料，可以根据设计要求或有关规定，选择一种或几种检验方法，以确保质量。

表6-2 焊缝不同质量等级的检查方法

焊缝质量等级	检查方法	检查数量	备注
一级	外观检查	全部	有疑点时用磁粉复验
	超声波检查	全部	
	X射线检查	抽查焊缝长度的2%,应至少有一张底片	缺陷超出规范规定时,应加倍透照,如不合格,应100%透照
二级	外观检查	全部	有疑点时,用X射线透照复验,如发现有超标缺陷,应用超声波全部检查
	超声波检查	抽查焊缝长度的50%	
三级	外观检查	全部	

栓钉焊接后应进行弯曲试验抽查，栓钉弯曲30°后焊缝和热影响区不得有肉眼可见的裂纹。

2）紧固件连接。紧固件连接是一种通过螺栓、铆钉等紧固件产生紧固力，从而使被连接件连接为一体的连接方法。紧固件连接包括铆接和螺栓连接两种，其中螺栓连接又可分为普通螺栓连接和高强度螺栓连接。

钢结构普通螺栓连接就是将螺栓、螺母垫圈机械地和连接件连接在一起形成的一种连接形式。按照普通螺栓的形式，可以将其分为六角头螺栓、双头螺栓和地脚螺栓等，如图6-4所示。

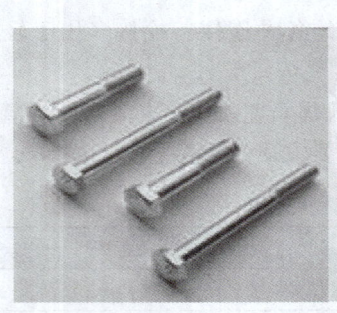  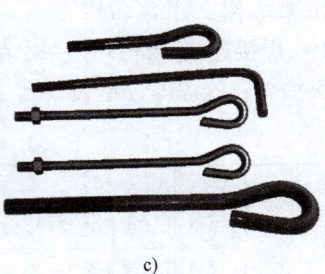

a)   b)   c)

图 6-4 普通螺栓种类

a) 六角头螺栓 b) 双头螺栓 c) 地脚螺栓

普通螺栓对其紧固轴力以操作者的手感及连接接头的外形控制为准。考虑到螺栓受力均匀，应尽量减少连接件变形对紧固轴力的影响，保证各节点连接螺栓的质量，螺栓紧固必须从中心开始，对称施拧；对大型接头应采用复拧，即两次紧固法，以保证各螺栓受力均匀。施拧时的紧固轴力应不超过相应的规定。

高强度螺栓连接是继铆接连接之后发展起来的一种新型钢结构连接形式，它已发展成当今钢结构连接的主要手段之一。高强度螺栓是用优质碳素钢或低合金钢材料制成的一种特殊螺栓，由于螺栓的强度高，故称高强度螺栓，如图 6-5 所示。高强度螺栓连接具有安装简便、迅速、能装能拆和承压高、受力性能好、安全可靠等优点。

在高强度螺栓紧固过程中，应检查高强度螺栓的种类、等级、规格、长度、外观质量、紧固顺序等。

紧固顺序应从节点中心向边缘依次进行，防止节点中螺栓预拉力损失不均，影响连接的刚度。紧固时，要分初拧和终拧两次紧固，对于大型节点，可分为初拧、

a)   b)

图 6-5 高强度螺栓

a) 大六角头 b) 扭剪型

复拧和终拧，进行初拧、复拧的目的是使摩擦面能密贴，且螺栓受力均匀。初拧轴力宜为 60%~80% 标准轴力，最低不小于 30% 的标准轴力，复拧扭矩值等于初拧扭矩值；终拧轴力为标准轴力。

对于常用螺栓（M20、M22、M24），初拧扭矩宜为 200~300N·m；终拧是在初拧的基础上，将螺母拧转一定的角度，使螺栓轴向力达到施工预拉力。在螺栓安装当天，螺栓需终拧完毕。防止螺纹被沾污和生锈，引起扭矩系数值发生变化。

3. 钢构件预拼装

钢构件预拼装是按照安装顺序和工艺要求，在结构安装前进行的钢构件组拼。其目的是检验构件制作精度及整体效果等，以便及时调整工艺和消除误差，确保现场安装顺畅、满足质量要求。当同一类型构件较多时，可选择一定数量有代表性的构件进行预拼装。

预拼装可采用实体预拼装或仿真模拟预拼装。前者是在预拼装胎架上，采用工装板或冲钉、临时螺栓等进行组拼；后者则是根据深化设计模型，利用计算机仿真软件准确模拟。

钢构件预拼装的允许偏差见表 6-3。

表 6-3 钢构件预拼装的允许偏差　　　　　　　　　　　（单位：mm）

构件类型	项目		允许偏差	检验方法
多节柱	预拼装单元总长		±5.0	用钢尺检查
	预拼装单元弯曲矢高		$L/1500$，且 ≤1.0	用拉线和钢尺检查
	接口错边		2.0	用焊缝量规检查
	预拼装单元柱身扭曲		$h/200$，且 ≤5.0	用拉线、吊线和钢尺检查
	顶紧面至任意牛腿距离		±2.0	
梁、桁架	跨度最外两端安装孔或两端支撑面最外侧距离		5.0 −10.0	用钢尺检查
	接口截面错位		2.0	用焊缝量规检查
	拱度	设计要求起拱	±$L/5000$	用拉线和钢尺检查
		设计未要求起拱	$L/2000$ 0	
	节点处杆件轴线错位		4.0	画线后用钢尺检查
管构件	预拼装单元总长		±5.0	用钢尺检查
	预拼装单元弯曲矢高		$L/1500$，且 ≤10.0	用拉线和钢尺检查
	对口错边		$t/10$，且 ≤3.0	用焊缝量规检查
	坡口间隙		2.0 −1.0	
构件平面总体预拼装	各楼层柱距		±4.0	用钢尺检查
	相邻楼层梁与梁之间的距离		±3.0	
	各层间框架梁对角线之差		$H/2000$，且 ≤5.0	
	任意梁对角线之差		$\sum H/2000$，且 ≤8.0	

（1）实体预拼装技术　实体预拼装技术，即根据绘制好的地样线，结合构件实际情况，进行预拼装胎架搭设。胎架搭设完毕后，按一定顺序在胎架上相应放置实际构件。构件放置完毕后，对应地样线进行整体调整，通过检测各控制点的尺寸偏差及各对应端口间的错边与间隙情况，掌握构件制作精度。通过连接板及安装螺栓的预拼装检查螺栓孔精度，保证现场构件顺利安装。实体预拼装方法通常有整体预拼装法和累积连续预拼装法等。

1）整体预拼装法（图 6-6）：将需进行预拼装范围的全部构件，按深化图所示的平面（空间）位置，在工厂借助拼装胎架进行整体拼装，所有连接部位的焊缝均采用临时工装连接板给予固定。

图 6-6　整体预拼装

2）累积连续预拼装法（图 6-7）：如果预拼装范围较大，拼装场地有限，可将预拼装范围划分为若干个拼装单元，各单元内的构件可分别进行预拼装，位于相邻两单元间的构件应分别参与 2 个单元的预拼装。

（2）模拟预拼装技术　目前，模拟预拼装技术主要应用于大跨度空间桁架、超高层多腔体巨柱、复杂多分枝节点及空间弯扭构件等。模拟预拼装主要采用全站仪和三维激光扫描仪等测量技术。

1）全站仪测量模拟预拼装技术。在 BIM 模型（深化设计模型）中指定预拼装构件，并选取预拼装构件的关键测控点，测控点的选择可通过深化设计软件二次开发实现自动选择，一般选择构件端部的现场对接接口和螺栓孔位置，软件可根据深化设计模型零件属性进行自动判别。预拼装构件测控

图 6-7　累积连续预拼装

点选取完毕后，在模型中可直观地显示每个点的位置，如图 6-8 所示。测控点确定后，在软件中自动输出理论测量点图样，供测量员对照查看，然后进行构件实测。构件实测前，需预先确定全站仪站位，如何以最少的站位完成构件测量，并减少累积误差，是确定全站仪站位的关键因素。基于遗传算法的全站仪智能站位算法，为现场实测全站仪的站位提供有效的参考依据。实测完成后，将实测坐标数据输入软件，并把各构件局部坐标转换为整体坐标，与理论模型构件坐标进行对比，软件可输出图表误差分析报告。同时，还可将各构件依次输入软件，与预拼装整体单元进行对比分析。

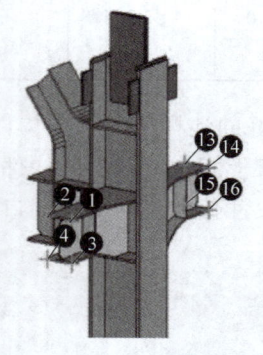

图 6-8　自动选取测控点

图 6-9　单根构件点云模型

2）三维激光扫描仪测量模拟预拼装技术。三维激光扫描仪测量模拟预拼装技术的基本原理是通过三维激光扫描仪对实体构件扫描形成点云模型，通过相关软件进行拼接、拟合、降噪等处理，形成构件数字模型。结合设计模型，通过相关软件协作，最终在计算机中完成预拼装。三维激光扫描仪测量模拟预拼装主要分为两部分：外业扫描和数据处理。

外业扫描主要是通过仪器对实体构件扫描获取点云模型，如图 6-9 所示。扫描构件前需确定仪器设站方案及标靶位置。设站距离一般控制在 15m 以内，每站相同标靶≥3 个，标靶应设置在仪器视野范围之内。做好扫描前的各项准备后，开始对构件进行粗扫、精扫，确定

测控点的具体坐标。

数据处理主要是对构件的点云模型进行降噪、拼接、拟合等处理。如预拼装整榀桁架，则需将各单根构件的点云模型进行拼接处理，即将各单根构件的点云模型进行坐标转换导入软件内组合拼接，形成整榀桁架的点云模型（图 6-10），然后与理论模型进行对比，即可分析整体预拼装误差。

4. 钢构件运输和堆放

现在钢构件的运输一般多用汽车。钢构件制作单位应按照编制好的运输方案，组织运输车辆、起重机械及相关配套设施等，并及时追踪动态，反馈信息，建立车辆调配台账，保证钢构件安全按时到达。

钢构件运输应满足的基本要求有：

1）钢构件的垫点和装卸车时的吊点，不论上车运输还是卸车堆放，都应按要求进行。构件之间的垫木要在同一条垂直直线上，且厚度相等。

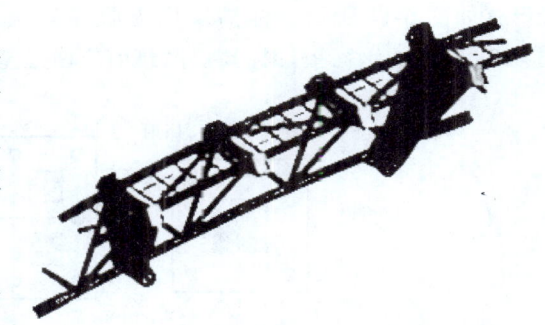

图 6-10 整榀桁架点云模型

2）构件在运输时要固定牢靠，以防在运输中途倾倒。对于屋架等重心较高、支撑面较窄的构件，应用支架固定。

3）根据吊装顺序，先吊先运，保证配套供应。

钢构件堆放场地内应备有足够的垫木、垫块，使构件得以放平、放稳，以防构件因堆放方法不正确而产生变形。

钢构件产品不得直接放在地上，应垫高 200mm 以上。

构件叠层堆放时，一般柱子不超过 2 层，梁不超过 3 层，大型屋面板、圆孔板不超过 8 层，楼板、楼梯板不超过 6 层，钢屋架平放不超过 3 层，钢檩条不超过 6 层，钢结构堆垛高度一般不超过 2m，堆垛间需留 2m 宽通道。

6.1.2 装配式钢结构施工

钢结构工程大部分工作在构件加工厂完成。其构件制作质量特别是尺寸精度直接影响钢结构的现场安装。钢构件在工厂加工制作的基本流程包括：施工详图设计（深化设计）和编制施工指导书→原材料矫正、放样、号料和切割→边缘加工和制孔→小装配、焊接和矫正→总装配、焊接和矫正→端部加工及摩擦面处理→除锈和涂装。现代化的加工大量使用计算机辅助制造系统，将三维设计软件生成的数据和信息通过局域网传输到相应数控设备，完成号料、切割、制孔、焊接和预拼装等各道工序。不仅加工速度快、质量好、精度高，还能简化设计、完成复杂构件的加工制作。

安装前，应做好构件检查、弹线编号、吊具及工具、焊机、应力核算及临时加固等准备工作。

1. 柱基准备及柱底灌浆

第一节钢柱一般直接安装在钢筋混凝土柱基上，通过预先埋设的地脚螺栓固定。埋设时，应用套板控制螺栓之间的距离，立固定支架控制螺栓群位置，以保证位置准确。地脚螺栓的预埋方法有直埋法和套管法两种。直埋法是在绑扎柱基钢筋时即将螺栓就位,与钢筋焊接固定后浇筑混凝土。套管法是先安装直径为螺栓直径3~4倍的套管,浇筑混凝土后,在套管内插入螺栓,对位后通过附件和焊接固定,并在孔内注浆锚固螺栓。

为了精确控制上部结构的标高,基础浇筑时需预留50mm高的调整间隙。在钢柱吊装前,根据实测基础及钢柱的实际制作尺寸,在基础表面浇筑临时支撑标高块进行调整,其设置形式如图6-11所示。标高块用无收缩砂浆,立模浇筑,强度不低于30MPa,表面埋设16~20mm厚的钢面板。标高块浇筑前应凿毛基础表面,以增加黏结力。

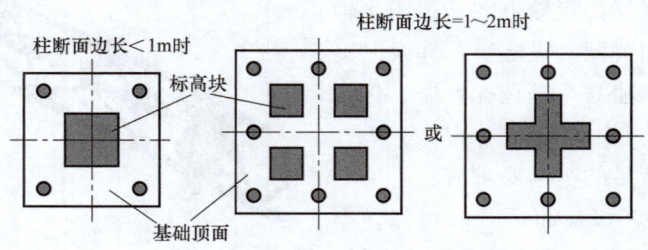

图6-11 临时支撑标高块的设置

待第一节钢柱吊装、校正、锚固螺栓固定后,进行柱底灌浆。灌浆前应在钢柱底板四周立模板(图6-12),用水清洗基础表面但不得积水,灌浆应从一边连续进行,灌浆后做好养护。

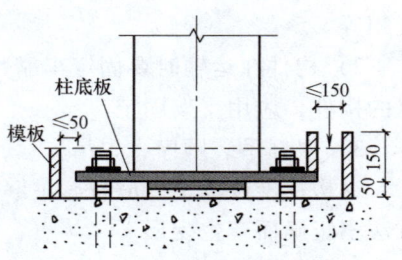

图6-12 柱底灌浆示意

2. 吊装与校正

钢结构安装时,先安装一个流水段的一节柱,随即安装主梁,迅速形成空间结构单元。安装顺序的确定应考虑安装过程中的整体稳定性和对称性,一般由中央向四周扩展,可减少焊接误差。某高层钢结构工程安装顺序如图6-13所示。柱与柱、主梁与柱的接头处用临时螺栓连接,其数量应根据安装过程所承担的荷载计算确定,但每个节点不应少于安装孔总数的1/3和2个。

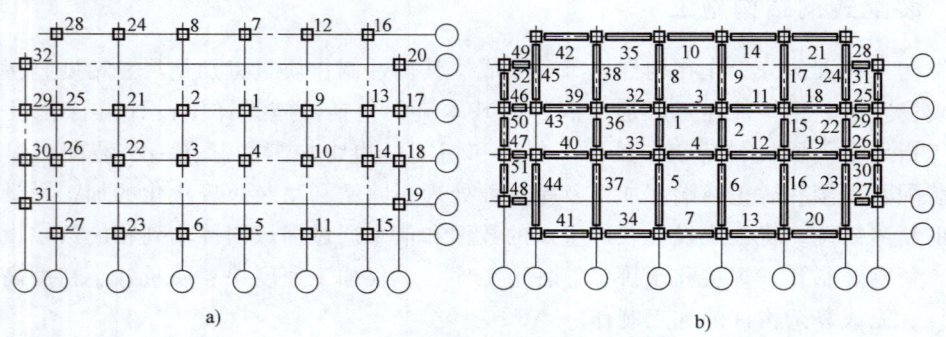

图6-13 某高层钢结构工程安装顺序
a)柱子安装顺序 b)主梁安装顺序

钢结构的柱、梁、支撑等主要构件吊装就位后,应立即进行校正。校正时应考虑风力、温差、日照等外界环境和焊接变形等因素的影响。一般柱子的垂直偏差要校正到±0,安装主梁时，要根据焊缝收缩量预留焊缝变形量。

（1）钢柱　钢柱多为 H 形截面或箱形截面，为减少连接和加快吊装速度，多制作成 2~3 层一节。分节位置宜在梁顶标高以上 1~1.3m 处，节与节之间用坡口焊连接。

在第一节钢柱吊装前，应在预埋的地脚螺栓上加设保护套或使用导入器，以防钢柱就位时碰坏螺栓丝牙。

钢柱的吊点设在吊耳处（柱子制作时焊好吊耳，用于吊装和临时固定，焊接固定后割除）。吊装时，根据柱子的质量和起重机能力，可用双机抬吊或单机吊装（图6-14）。单机吊装时需在柱子根部垫以垫木，用旋转法起吊，严禁柱根拖地。双机抬吊时，将柱吊离地面后在空中回直。

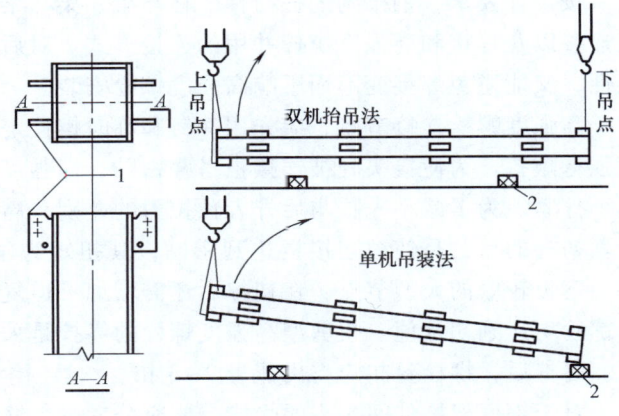

图 6-14　钢柱吊装
1—吊耳　2—垫木

钢柱就位后，先初步调整标高、位移和垂直度，然后紧固地脚螺栓或在上下柱的耳板间加连接板，并穿入螺栓进行临时固定，再拆除吊索。

一个楼层钢柱吊装完成后，以转角处柱子作为基准柱，用激光经纬仪观测调整。激光经纬仪一般设在地下室底板上的基准点处，各层楼板留洞，在柱顶固定测量目标（图6-15）；其他柱则依据基准柱拉设钢丝，组成平面封闭状网格，用钢尺量测，进行偏差调整（图6-16）。校正方法常用钢楔法、千斤顶法和倒链法。

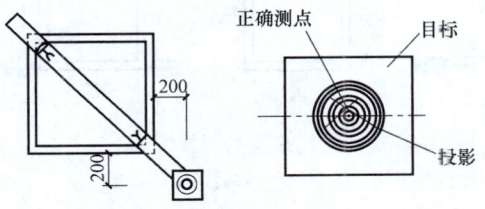

图 6-15　钢柱柱顶设置的激光测量目标

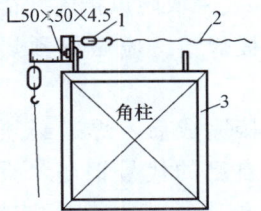

图 6-16　钢柱校正用钢丝
1—花篮螺栓　2—钢丝　3—角柱

（2）钢梁　钢梁在吊装前，应检查柱子间距和牛腿标高；对于采用高强度螺栓连接者，需检查梁、柱端及连接板的抗滑移系数能否满足设计要求，不足时，需进行打磨或喷砂、喷丸、酸洗处理；主梁吊装前，应安装扶手杆和扶手绳，待吊装就位后，将绳与钢柱系牢，以保证施工人员安全。

钢梁采用两点吊，一般在钢梁上翼缘处开孔作为吊点。吊点位置取决于钢梁的跨度。吊装就位后应立即进行临时固定连接。为加快吊装速度，对质量较轻的次梁和小梁常使用多头吊索，一次吊装数根。有时可将梁、柱在地面组装成排架后进行整体吊装，可减少高处作业，提高安装质量并加快吊装速度。

安装主梁时，要根据焊缝收缩量预留焊缝变形量，做好柱子垂直度的检测。

钢楼板或压型钢板安装应与结构同步进行。安装楼层压型钢板时，应先在梁上画出安装位置线。铺放压型钢板时,要搭接合格、槽口对正,以保证现浇板中钢筋顺利通过。然后按照设计要求焊接足够的栓钉。

3. 连接与固定

按设计要求,钢结构的柱与柱、柱与梁、梁与梁的连接,一般采用高强度螺栓连接、焊接连接以及焊接和高强度螺栓并用的连接方式。对后者应先栓后焊,既可及时提高结构的稳定性,又能避免焊接变形而影响高强度螺栓安装。

高强度螺栓连接节点,应先用冲钉和临时螺栓定位、调整。高强度螺栓应自由穿入,严禁强行敲打。为使接头处被连接板搭叠密贴,高强度螺栓的拧紧应从螺栓群中央顺序向外,逐个拧紧。为了减小先拧与后拧者预拉力的差别,高强度螺栓的拧紧应分初拧和终拧两步进行。初拧的目的是使被连接板达到密贴,其扭矩为施工扭矩的50%左右。对于螺栓数量较多、钢板较厚的大型节点,在初拧后还需增加一道复拧工序,其扭矩仍等于初拧扭矩,以保证螺栓均达到初拧值。扭剪型高强度螺栓的终拧是采用专用电动扳手拧掉螺栓尾部梅花头即可。终拧后,螺栓丝扣应露出螺母2~3扣。

对于钢框架构件间接头的焊接,要充分考虑焊缝收缩变形的影响。从建筑平面上看,各接头的焊接可以从柱网中央向四周扩散进行,或由四个角区向柱网中央集中进行;若建筑平面呈长条形,可分成若干单元分头进行,留下适量的调节跨。

柱与柱的接头焊接也应遵循对称原则,由两个焊工在对面以相等速度对称进行焊接(图6-17)。H型钢的梁与柱、梁与梁的接头,先焊下部翼缘板,后焊上部翼缘板。一根梁的两个端头先焊一个端头,等一端焊缝冷却达到常温后,再焊另一个端头。

施工现场接头的焊接常采用CO_2气体保护焊或手工电弧焊。当风力大于3m/s时,要采取防风措施才能进行焊接。对厚板焊接,应做好预热和后热处理。

接头焊接完成后,焊工必须在焊缝附近打上自己的代号钢印。检查人员对焊缝做外观检查和超声波检查。

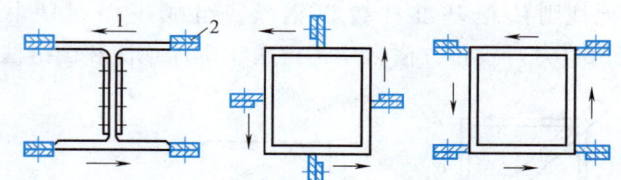

图6-17 柱与柱接头的焊接方向
1—焊接方向 2—耳板及临时固定连接板

凡不合格的焊缝在清除后,应以同样的焊接工艺进行补焊,一条焊缝修理不得超过2次。

4. 多层、高层钢结构安装要点

1) 多层及高层钢结构安装的主要节点有柱-柱连接、柱-梁连接、梁-梁连接等。安装时,在每层的柱与梁调整到符合安装标准后方可终拧高强度螺栓和施焊;必须控制楼面的施工荷载,严禁在楼面堆放构件,严禁施工荷载(包括冰雪荷载)超过梁和楼板的承载能力。

2) 柱、梁、支撑等构件的长度尺寸应包括焊接收缩余量等变形值。多层及高层钢结构的柱与柱、主梁与柱的接头,一般用焊接方法连接,焊缝的收缩值以及荷载对柱的压缩变形,对建筑物的外形尺寸有一定的影响。因此,柱与主梁的制作长度要做如下考虑:对柱要考虑荷载对柱的压缩变形值和接头焊缝的收缩变形值;对梁要考虑焊缝的收缩变形值。

3) 钢柱安装前应对下一节柱的标高与轴线进行复检。安装前,应在地面把钢爬梯等装在钢柱上,供登高作业用。钢柱两端设置临时固定用的连接板(图6-18);上下节钢柱对准后,即用螺栓与连接板作临时固定。待钢柱永久对接完成验收合格后,再将连接板割除。

钢梁安装前一般对钢柱上的连接件或混凝土核心筒壁上的埋件进行预检。预检内容包括检查连接件平整度、摩擦面、螺栓孔。对埋件的检查内容包括位置和平整度。安装到位后，先用与螺栓同直径的冲钉定位，然后用与永久螺栓同直径的普通螺栓作临时固定，普通螺栓的数量不少于节点螺栓总数的 1/3，且不少于 2 个。临时固定完成后，方可拆除吊梁索具。待校正后对称进行栓接或焊接固定。钢框架结构吊装示例如图 6-19 所示。

4）多层及高层钢结构安装中，建筑物的高度可以按相对标高控制，也可按设计标高控制，在安装前要先决定用哪一种方法。

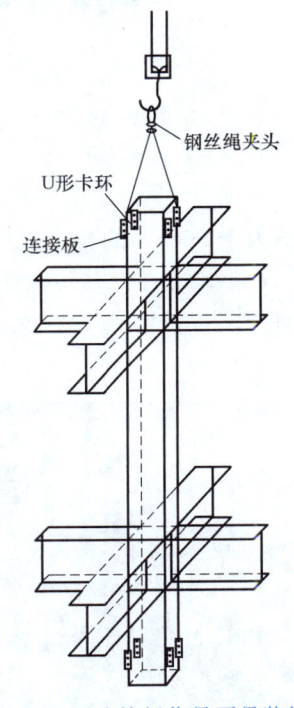

图 6-18 用连接板作吊耳吊装钢柱

图 6-19 钢框架结构吊装示例

6.2 预应力钢结构施工

6.2.1 概述

预应力空间钢结构是国内外现代大型公用建筑物中广泛采用的一种屋盖承重结构形式。它是在三维结构中引入预应力而形成的新结构体系，其中，又分传统型和创新型两大类。前者如预应力平板网架、预应力网壳，后者如张弦穹顶、索穹顶等。由于这类结构既具有空间结构的科学性，又具有预应力钢结构的优越性，所以成为工程结构学科中的现代优秀承重体系。

6.2.2 预应力钢结构张拉设备

对预应力钢索锚固在钢结构或混凝土支撑结构上，可采用常规的单根张拉千斤顶或整束

张拉千斤顶。对预应力钢索的两端安装在铰支座轴销上的情况,开发出多种专用张拉设备,分述于下:

1)倒链与传感器测力:用于轻型钢丝束体系,拉力不大于50kN。

2)测力扳手与大扭矩液压扳手(图6-20):前者拉力不大于40kN;后者拉力不大于100kN。测力扳手与大扭矩液压扳手适用于一般的预应力拉索支撑等。

3)专用张拉装置:可以用一种带叉耳的双螺杆传力架,利用两台液压千斤顶张拉,拧螺母锁紧钢索,适用于拉力不大于500kN的各类斜拉索。

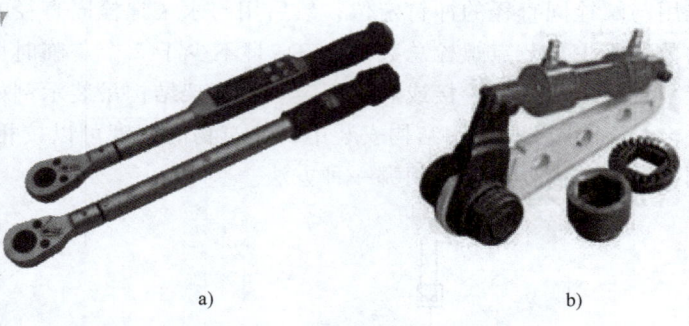

图6-20 测力扳手与大扭矩液压扳手
a)测力扳手 b)大扭矩液压扳手

4)专用四缸液压千斤顶装置:采用一种用4台液压千斤顶组成的传力架卡住两根钢棒的连接部位进行张拉,如图6-21所示,用卡链式扳手将连接套筒锁紧,其拉力可达1000kN,适用于大吨位钢棒支撑与钢棒拉索。

6.2.3 预应力钢索与锚固体系

对体内布置的预应力钢索,通常采用钢绞线束;其张拉端采用夹片锚具,固定端采用挤压锚具。近几年来,结合工程需要,开发出多种体外预应力拉索与锚固体系,分述于下:

(1)轻型钢丝拉索体系 由钢丝束、镦头锚具、调节螺杆、带叉耳的索帽等组成;钢丝束涂防腐油脂裹麻布各两道或采用镀锌钢丝,外套钢管刷防锈漆。该体系仅用于小型工程现场自行制作。

图6-21 钢棒张拉千斤顶

(2)钢丝束冷铸锚具拉索体系 由平行扭绞镀锌钢丝束和热铸锚具组成;外包高密度聚乙烯护套(内层为黑色防老化护套,外层为淡灰白色护套)。该体系适用于重型斜拉索。

冷铸锚具主要由锚杯、锚板、锚固螺母和冷铸填料等部分构成,如图6-22所示。冷铸填料一般由环氧树脂、钢球、矿粉、固化剂和增韧剂等组成。该体系主要用于锚固平行钢丝束。

(3)钢丝束热铸锚具拉索体系 其组成与钢丝束冷铸锚具拉索体系相同,但采用热铸锚具。热铸料常采用锌铜合金,浇铸时温度不得高于460℃。该体系用途广泛,工厂化生产。

(4)单根钢绞线拉索体系 该体系直接采用镀锌钢绞线,包覆厚度大于1mm的高密度聚乙烯套管;夹片锚具有外螺纹,可调整索力;也可采用大直径铝包钢绞线与冷压接螺杆锚

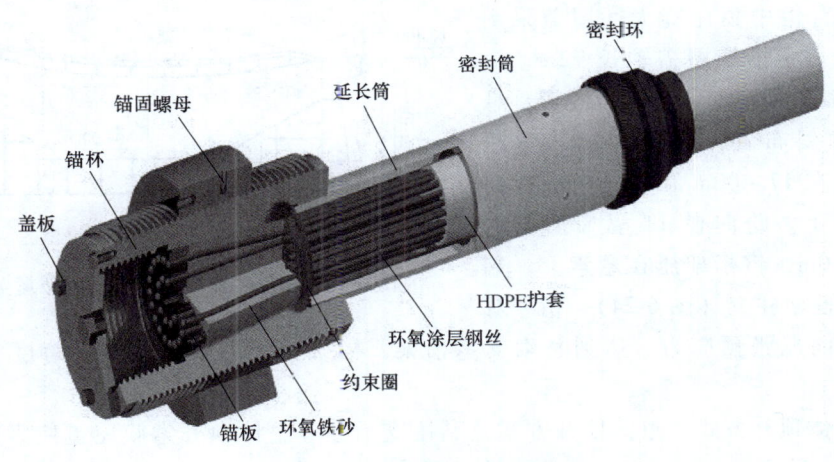

图 6-22 冷铸锚构造示意图

具组成。该体系适用于索网结构等。

（5）钢绞线群锚拉索体系　该体系由镀锌钢绞线或无黏结钢绞线组成，再整束外套钢管或高密度聚乙烯管。为使拉索固定端与铰支座连接，配有挤压锚具的锚杯与叉耳、索帽。拉索张拉端可穿过锚箱或柱头，利用低应力状态下使用的夹片锚具锚固，并配有防松装置。该体系适用于各类斜拉索。

6.2.4　施加预应力方式

钢结构施加预应力方式可分为直接张拉方式、整体下压方式和整体顶升方式等。

（1）直接张拉方式　直接张拉方式是采用张拉设备直接张拉预应力筋与拉索的最常用的一种张拉方式，适用于各类预应力桁架、网壳、索网、斜拉结构等。

张拉成形方式是在直接张拉方式的基础上发展起来的，通过张拉预应力筋使整个屋盖结构起拱成形，不需要起重设备。广州白云机场飞机库预应力钢拱结构如图 6-23 所示。

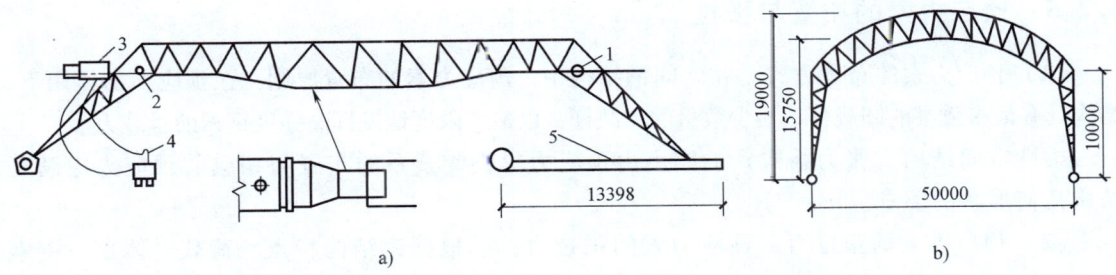

图 6-23　广州白云机场飞机库预应力钢拱结构
a）张拉前　b）张拉后
1—固定端锚具　2—张拉端锚具　3—千斤顶　4—油泵　5—滑道

（2）整体下压方式　整体下压方式是利用屋盖桁架等整体下压在钢索上，使钢索受到横向压力而建立预应力的一种张拉方式。例如，安徽体育馆（图 6-24）、上海杨浦体育馆、潮州体育馆等索桁架结构体系。

安徽体育馆中央比赛大厅屋盖采用索桁架结构。索桁架屋盖轴长72m，横向跨度为45.8～53.4m，呈八角棱形。悬索沿轴向倾斜布置，长72.52m，索距1.5m，锚固在17.400m和22.000m标高的水平横梁上。跨向设11榀梯形钢桁架，间距6.0m，钢桁架压在悬索上，端支座固定在框架柱上（图6-24）。桁架对

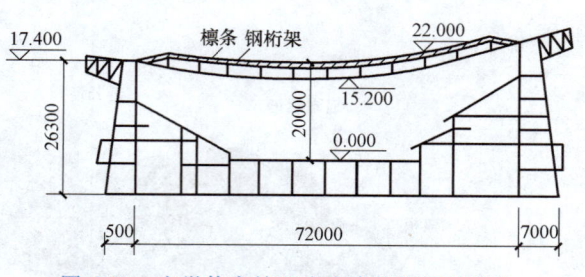

图6-24　安徽体育馆预应力索桁架屋盖结构

悬索加以横向压张预应力，达到悬索支承桁架，桁架稳定悬索，形成大跨度空间索桁架结构。

（3）整体顶升方式　整体顶升方式是利用支承柱等整体顶升索膜屋盖使索膜受拉而建立预应力的一种张拉方式。例如，深圳欢乐谷中心剧场索膜穹顶（图6-25）、秦皇岛体育馆双层索膜结构等。

深圳欢乐谷中心剧场索膜穹顶施加预应力，是利用柱脚处设置千斤顶顶升钢柱达到的（图6-26），顶升距离为800mm。整个顶升过程中，采用位移与应力双控制，保证了结构体系最终形状与应力状态的正确性。

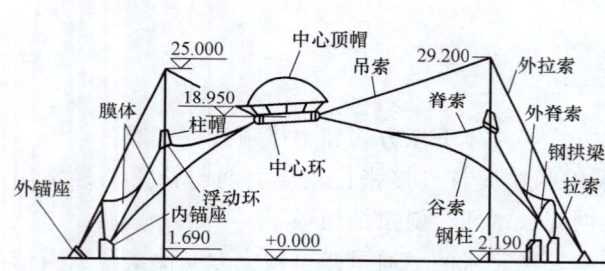

图6-25　深圳欢乐谷中心剧场索膜穹顶

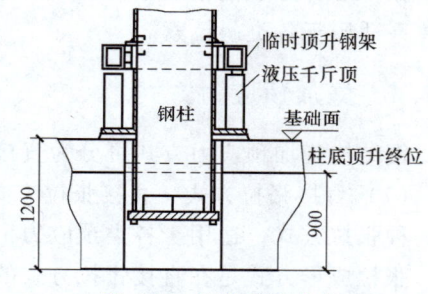

图6-26　钢柱柱底节点

6.2.5　预应力索的布置与张拉

（1）预应力索的布置方式　在空间钢结构中，预应力索的布置原则：在预应力的作用下，结构具有最多数量的卸载杆，最少数量的增载杆，以最大限度地发挥高强度钢索的承载力。

柔性空间结构（张力结构）的刚度由预应力提供。索系的布置与相应的预应力应满足结构几何形状的要求。

（2）预应力索的张拉力　预应力索的张拉，应根据钢结构特点、荷载、体形、钢索布置等确定。对体内布置的钢索，张拉应力可取（0.6～0.7）f_{ptk}。对体外索、下弦拉索、斜拉索等，设计索的张拉应力通常为（0.2～0.4）f_{ptk}。

对索桁架，钢索只能承受轴向拉力。在最不利荷载作用下，索单元中不允许出现压力，一般应保留一定的拉力值，以确保索桁架正常工作。

在空间结构中，张拉力的大小与张拉顺序，对结构变形很敏感，有时需要由变形限值控制。采用计算机模拟分析，可合理确定张拉顺序与分批拉力。

近几年开发的多次预应力，每增加一次恒荷载施加一次预应力。这样，可以将作用于基

本结构的荷载引起的内力最大限度地转移到钢索上,获得最大的经济效果。

(3) 预应力索的施工要求

1) 施工前应对钢索、锚具及零配件的出厂报告、产品质量保证书、检测报告,以及索体长度、直径、品种、规格、色泽、数量等进行验收,验收合格后再进行预应力施工。

2) 预应力索结构施工张拉前,应进行全过程施工阶段结构分析,并应以分析结果为依据确定张拉顺序,编制索的施工专项方案。

3) 预应力索结构施工张拉前,应进行钢结构分项验收,验收合格后方可进行预应力张拉施工。

4) 预应力索张拉应符合分阶段、分级、对称、缓慢匀速、同步加载的原则,并应根据结构和材料特点确定张拉的要求。

5) 预应力索结构宜进行索力和结构变形监测,并应形成监测报告。

6) 钢棒拉索体系:由圆钢棒与端螺杆组成;或圆钢棒、端叉耳或耳板、锥形锁紧螺母与调节套筒组成,最大拉力可达 1000kN。该体系适用于大型铰接钢排架之间的抗风支撑或斜拉结构的拉索等。

6.2.6 预应力钢结构智能化施工

在预应力钢结构施工过程中,由于存在结构的不完整性、材料性质的时变性、所受荷载的复杂性及结构抗力的不成熟性,导致施工阶段的安全风险最高。基于对结构安全性能分析的特点,在结构安全状态的评估过程中需要对比多维度的结构数据的变化,这是引起结构状态变化的外因和内因。施工过程中预应力钢结构安全性能基本影响因素的内在关系如图 6-27 所示。

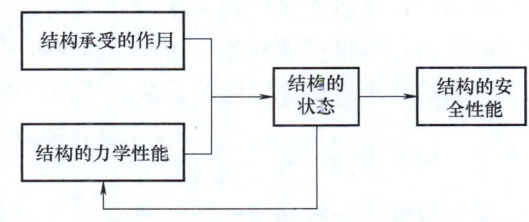

图 6-27 预应力钢结构安全性能基本影响因素的内在关系

结合安全分析所需的信息,在数字孪生的理念下通过时间轴串联起面向结构安全分析的挖掘过去、感知现在和预测未来。在结构安全智能分析的背景下赋予数字孪生空间、时间、应用等维度新内涵,形成数字孪生的 3 个演进阶段,构建面向智能化分析的数字孪生建模框架,如图 6-28 所示。

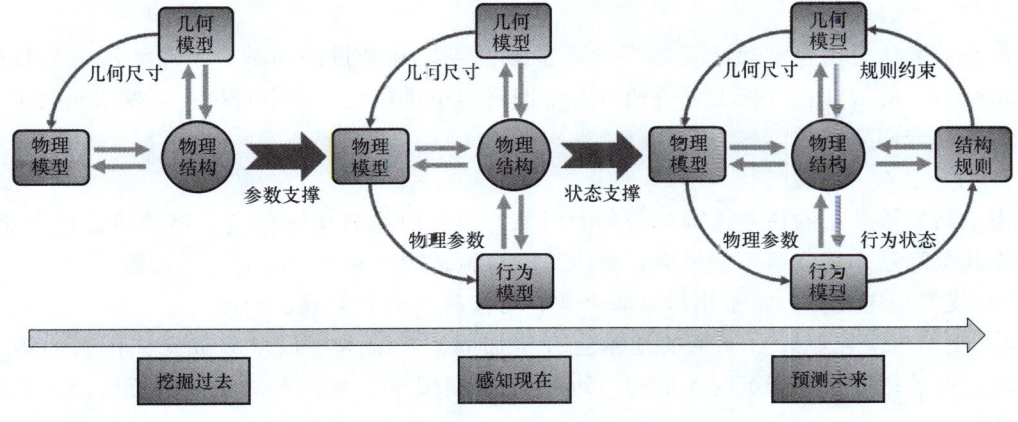

图 6-28 面向智能化分析的数字孪生建模框架

在面向智能化分析的数字孪生建模框架中,按照时间维度的变化,将施工过程分为3个阶段。针对已经完成的施工步,由几何模型和物理模型对物理结构进行数据的挖掘,为当前施工步的孪生模型提供参数支撑。在当前施工步中,结合捕捉的孪生信息,在行为模型中进行结构状态的分析,为预测结构的安全性能提供状态支撑。最终在分析结构安全性能过程中,结合相关的规范标准修正结构的几何尺寸及物理参数,实现对结构施工安全状态的闭环控制。在数字孪生建模框架的驱动下,可以实现结构在施工过程中安全状态的智能化评估。如图6-29所示,通过对施工现场的实时监控,更新建造模型,验证前瞻性计划可行性,预测可能发生的异常或冲突,并做出调整。

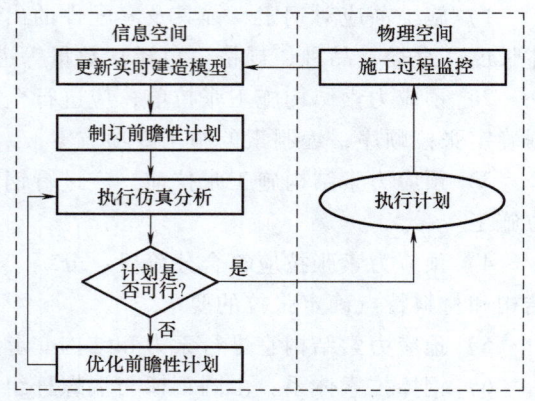

图6-29 基于数字孪生技术的实时仿真分析

6.3 大跨度空间结构施工

空间结构是由许多杆件沿平面或立面按一定规律组成的大跨度屋盖结构,一般采用钢管、型钢通过焊接或螺栓连接而成。由于杆件之间互相支撑,所以结构的稳定性好,空间刚度大,能承受来自各个方向的荷载。下面以网架结构为例,介绍常用的空间结构安装方法。

6.3.1 高空散装法

高空散装法是将网架的杆件和节点(或小拼单元)直接在高空设计位置上,组拼成整体。该方法适用于螺栓球节点或高强度螺栓连接的各类网架,并宜采用少支架的悬挑施工方法。焊接连接的网架采用高空散装法施工时,不易控制标高和轴线,另外还需采取防火措施。

高空散装法的优点是不需要大型起重运输设备即可完成拼装;缺点为现场及高处作业量大,同时需要大量的支架材料。

1. 工艺特点

高空散装法分为全支架法(即搭设满堂脚手架)和悬挑法两种。全支架法可将每根杆件、每个节点的散件在支架上总拼或以一个网格为小拼单元在高空总拼;悬挑法是为了节省支架,将部分网架悬挑。

2. 拼装支架

用于高空散装法的拼装支架必须牢固可靠,设计时应对单肢稳定、整体稳定进行验算,并估算其沉降量。沉降量不宜过大,并应采取措施,能在施工中随时进行调整。

1)支架稳定验算。常采用满堂脚手架,可按脚手架有关规定验算。

2)支架沉降控制。对支架的地基应夯实加固,并铺木垫板以分散支柱传来的集中荷载。高空散装法要求支架沉降不超过5mm。大型网架施工时,可对支架进行试压,以取得有关资料。

3）支架拆除。支架拆除应从中央逐圈向外分批进行，每圈下降速度必须一致。对于大型网架，应根据自重挠度分批进行拆除。

3. 螺栓球节点网架拼装

螺栓球节点网架的安装精度由工厂保证，现场无法进行大量调整。高空拼装时，一般从一端开始，以一个网格为一排，逐排前进。拼装顺序为：下弦节点→下弦杆→腹杆及上弦节点→上弦杆→校正→全部拧紧螺栓。校正前，螺栓均不拧紧。图6-30所示为上海银河宾馆多功能大厅拼装实例。

6.3.2 分条（分块）吊装法

分条（分块）吊装法是将网架从平面分割成若干条状或块状单元，每个条（块）状单元在地面拼装后，再由起重机吊装到设计位置总拼成整体。

1. 工艺特点

由于条（块）状单元是在地面拼装，因而高处作业量较高空散装法大为减少，拼装支架也减少很多，又能利用较小的起重设备，故较经济。这种安装方法适用于分割后网架的刚度和受力状况改变较小的各类中小型网架，如两向正交正放四角锥、正放抽空四角锥等网架。

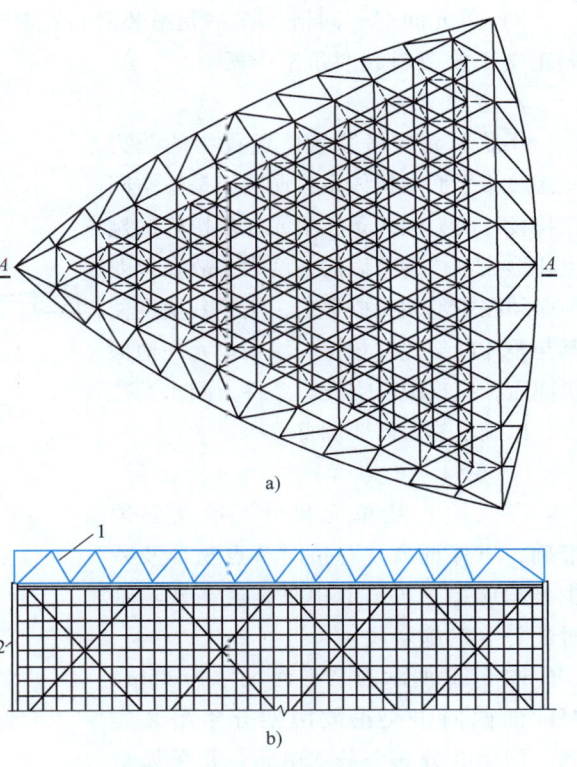

图6-30 上海银河宾馆多功能大厅拼装实例
a）平面图 b）A—A剖面图
1—网架 2—拼装支架

2. 条（块）状单元划分

网架分割成条（块）状单元后，其自身应是几何不变体系，同时还应有足够的刚度，否则应采取临时加固措施。对于正放类网架，分成条（块）状单元后，一般不需要加固。但对于斜放类网架，分成条（块）状单元后，由于上（下）弦为菱形结构可变体系，必须加固后方可吊装，增加了施工费用，因此这类网架宜整体安装或高空散装。条（块）状单元有如下几种分割方法：

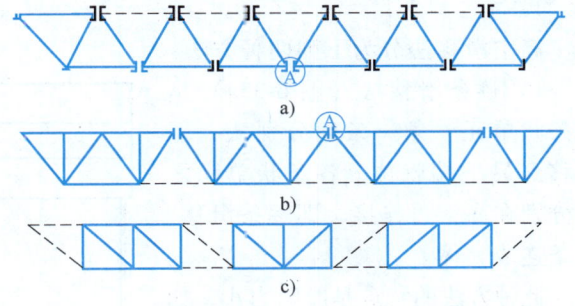

图6-31 网架条（块）状单元划分方法
注：A表示剖分式安装节点。

1）单元相互靠紧，下弦用双角钢分在两个单元上（图6-31a），可用于正放四角锥网架。

2）单元相互靠紧，上弦用剖分式安装节点连接（图6-31b），可用于斜放四角锥网架。

3) 单元间空一网格,在单元吊装后再在高空将此空格拼成整体(图 6-31c),可用于两向正交正放或斜放四角锥网架。

3. 挠度控制

条状单元在吊装就位过程中的受力状态属于平面结构体系,而网架是按空间结构设计的,因此条状单元在总拼前的挠度比形成整体网架后的挠度大,故在合龙前必须在中部用支撑顶起,调整其挠度使其与整体网架挠度相符。块状单元在地面拼成后,应模拟高空支承条件,测出其挠度,以确定是否需要调整。

4. 条(块)状单元几何尺寸控制

条(块)状单元尺寸、形状必须准确,以保证高空总拼时节点吻合及减少累积误差,可采取预拼装或在现场临时配杆等措施解决。

图 6-32 所示为某平面尺寸为 45m×45m 的两向正交正放网架分条吊装实例。网架共分 3 个条状单元,每条质量分别为 15t、17t、15t,由两台起重机抬吊一单元进行吊装,条状单元间空一网格在总拼时进行高空连接。由于施工场

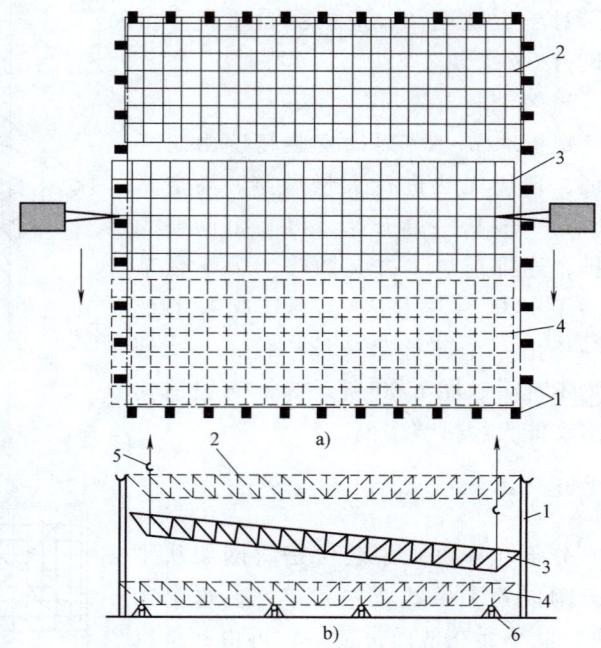

图 6-32 网架分条吊装工程实例
a) 平面图 b) 立剖面图
1—柱 2—已吊装就位条 3—正在吊装条 4—已拼装待吊条 5—起重机吊钩 6—拼装支架

地十分狭小,以致条状单元只能在建筑物内制作,吊装时倾斜起吊后就位,总拼前用钢管加千斤顶调整挠度,利用装修脚手架连接单元间杆件。

6.3.3 高空滑移法

高空滑移法是将网架条状单元在建筑物一端拼装,并通过轨道滑移到设计位置的安装方法。

1. 工艺特点

高空滑移法分为下列两种方法:

1) 逐条滑移法(图 6-33a)是将条状单元一条一条地分别从一端滑移到另一端就位,各条状单元之间分别在高空再连接,即逐条滑移,逐条连成整体。

此种方法的特点是摩阻力小,如装上滚轮,当小跨度时可不必用机械牵引,用撬棍即可撬动,但单元之间的连接需要脚手架。

2) 累积滑移法(图 6-33b)是先

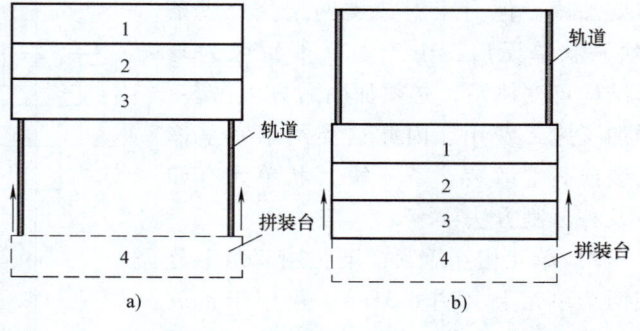

图 6-33 高空滑移法的分类
a) 逐条滑移法 b) 累积滑移法

将条状单元滑移一段距离后，连接第二条单元，两条单元一起再滑移一段距离，再接第三条，三条又一起滑移一段距离，如此循环操作直至接上最后一条单元将整体网架滑移至设计位置。

此种方法的特点是需在建筑物一端搭设拼装平台架，牵引力逐次加大，要求滑移速度较慢（约为1m/min），现常采用液压爬行器（爬行机器人）进行推移。

高空滑移法按摩擦方式的不同可分为滑动摩擦式和滚动摩擦式（即在网架上安装有滚轮）两种。网架条状单元可以在地面或高空制作。

高空滑移法的主要优点是设备简单，不需要大型起重设备，成本低。特别在场地狭小或跨越其他结构、设备等与起重机无法进入时更为合适。网架的滑移可与其他土建工程平行作业，而使总工期缩短。如体育馆或剧场等土建、装修及设备安装等工程量较大的建筑，更能发挥其经济效益。端部拼装支架最好利用室外的建筑物或搭设在室外，以便空出室内更多的空间给其他工程平行作业。在条件不允许时才搭设在室内的一端。

图6-34所示为高空滑移法工程结构实例。该工程平面尺寸为45m×55m，斜放四角锥网架，沿长跨方向分为7条。为便于运输，沿短跨方向又分为2条，每条尺寸为22.50m×7.86m，重7~9t，单元在室内高空平台上直接拼装。

2. 滑移装置

1）滑轨。滑移用的轨道有多种形式（图6-35），对于中小型网架可用圆钢、扁钢、角钢或小槽钢构成，对于大型网架可用钢轨、工字钢、槽钢等构成。滑轨可用焊接或螺栓固定于梁上。其安装水平度及接头要求与吊车梁轨道相同。滑轨标高宜与网架支座同高，这样拆除滑轨较方便。采用滚动摩擦式滑移时，滚轮也可装于侧边，以便拆除滑轨及安装网架支座。

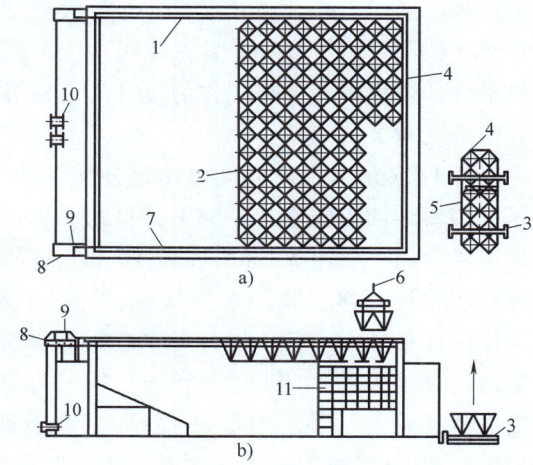

图6-34　高空滑移法工程结构实例
a）平面　b）剖面
1—天沟梁及滑轨　2—网架　3—拖车架　4—条状单元
5—临时加固杆件　6—起重机吊钩　7—牵引绳　8—反力架　9—牵引滑轮组　10—卷扬机　11—拼装平台架

2）导向轮。导向轮为滑移安全保险装置，一般设在导轨内侧，在正常滑移时导向轮与导轨脱开，其间隙为10~20mm，只有当同步差或拼装偏差超出规定值较大时才会碰上（图6-36）。

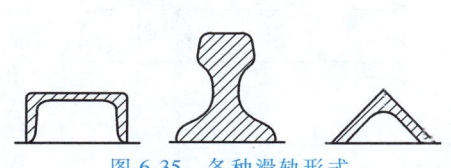

图6-35　各种滑轨形式

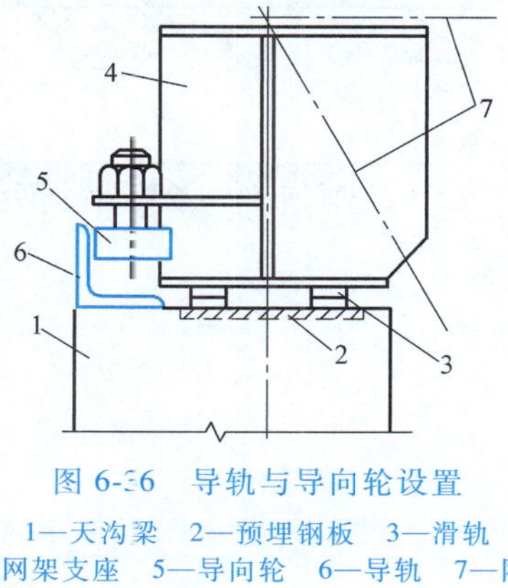

图6-36　导轨与导向轮设置
1—天沟梁　2—预埋钢板　3—滑轨
4—网架支座　5—导向轮　6—导轨　7—网架

6.3.4 整体提升及顶升法

将网架在地面就位拼成整体,用起重设备垂直地将网架整体提(顶)升至设计标高并固定的方法,称为整体提(顶)升法。

提升法和顶升法的共同优点是可以将屋面板、防水层、顶棚、供暖通风与电气设备等全部在地面或最有利的高度施工,从而大大节省施工费用;同时,提(顶)升设备较小,效益较高。提升法适用于周边支承或点支承网架,顶升法则适用于支点较少的点支承网架的安装。

1. 整体提升法

整体提升的概念是起重设备位于网架的上面,通过吊杆将网架提升至设计标高。可利用结构柱作为提升网架的临时支承结构,也可另设格构式提升架或钢管支柱。提升设备可用提升千斤顶、通用千斤顶或升板机。对于大中型网架,提升点位置宜与网架支座相同或接近,中小型网架则可略有变动,数量也可减少,但应进行施工验算。有时也可利用网架为滑模或提模平台,劲性钢骨架柱子作为提升架,柱混凝土随网架提升而逐渐浇筑完成,这种方法俗称升网滑(提)模法。

图 6-37 所示为用升板机整体提升网架的工程实例。该工程平面尺寸为 44.0m×60.5m,屋盖选用斜放四角锥网架,网架自重约 110t,设计时考虑了提升工艺要求,将支座搁置在柱间框架梁中间,柱距 5.5m,柱高 16.2m。提升前将网架就位总拼,并安装好部分屋面板。接着在所有柱上都安装一台升板机,吊杆下端则钩挂在框架梁上。柱每隔 1.8m 有一停歇孔,作倒换吊杆用。整个提升工作进行得较顺利,提升点间最大升差为 16mm,小于《空间网格结构技术规程》(JGJ 7—2010)规定的 30 mm,这种提升工艺的主要问题是网架相邻支座反力相差较大(最大相差约 15kN),提升时可能出现提升机故障或倾斜。提升前在框架梁端用两根 10 号槽钢连接,并对 1/4 网架吊杆的应力进行跟踪测量,检测结果表明每个升板机的一对吊杆受力基本相等。吊杆内力能自行调整。

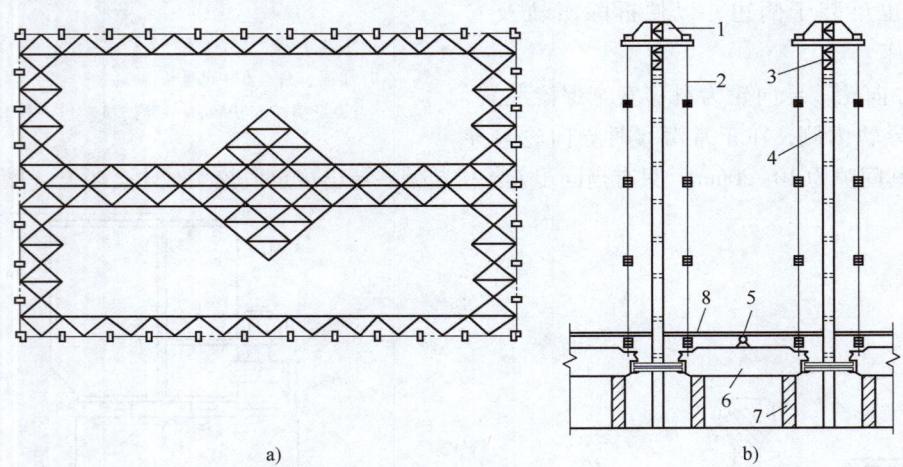

图 6-37 升板机整体提升网架工程实例

a) 平面 b) 局部侧面

1—升板机 2—提升吊杆 3—接高钢柱 4—柱 5—网架 6—框架梁 7—支墩 8—屋面板

2. 整体顶升法

顶升的概念是千斤顶位于网架之下，一般是利用结构柱作为网架顶升的临时支承结构。

图 6-38 所示为某六点支承的抽空四角锥网架，平面尺寸为 59.4m×40.5m，网架重约 45t，用六台起重能力为 320kN 的通用液压千斤顶，采用顶升法将网架顶升至 8.7m 高。

为了便于在地面整体拼装而不搭设拼装支架，采用了与网架同高的伞形柱帽。由四根角钢组成的柱子从腹杆间隙中穿过，千斤顶的使用行程为 150mm（最大行程为 180mm）。根据千斤顶的尺寸、行程、横梁尺寸等确定上下临时缀板的距离为 420mm，缀板作为搁置横梁、千斤顶和球支座用。即顶升一个循环的总高度为 420mm。千斤顶共分三次（150mm+150mm+120mm）顶升到该高度，顶升容许不同步值为 1/1000 支点距离（即 24.3mm）。顶升时用等步法（每步 50mm）观测控制同步。图 6-39 所示为顶升过程图。

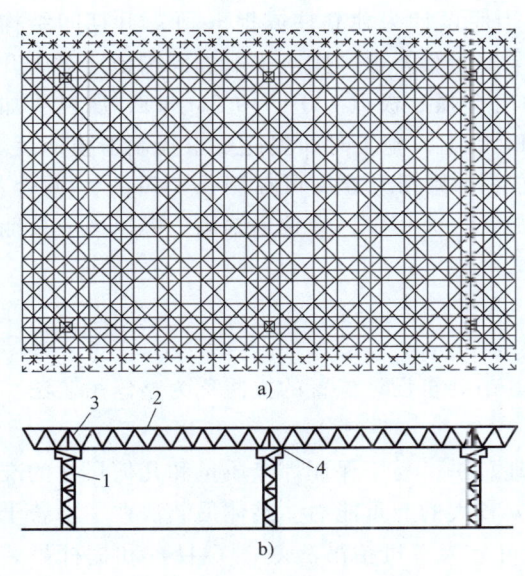

图 6-38 某网架顶升施工图
a）平面 b）立面
1—柱 2—网架 3—柱帽 4—球支座

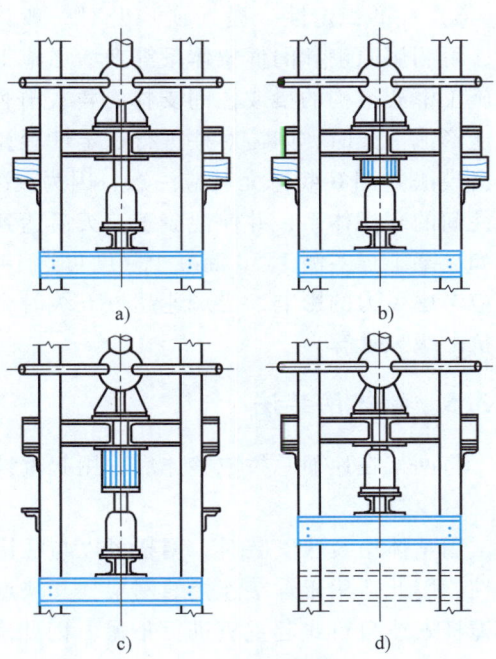

图 6-39 顶升过程图
a）顶升 150mm，两侧垫方形垫块
b）回油，垫匯垫块 c）重复 a）、b）循环后，垫两块垫块，顶升一个冲程，安装两侧上缀板
d）回油，下缀板升一级

3. 施工要点

1）提（顶）升设备布置及负荷能力。提（顶）升设备的布置原则是：

① 网架提（顶）升时的受力情况应尽量与设计的受力情况类似。

② 每个提（顶）升设备所承受的荷载尽可能接近。

为了安全使用设备，必须将设备的额定起重量乘以折减系数，作为使用负荷。当提升时，升板机取 0.7~0.8，液压千斤顶取 0.5~0.6。顶升时，液压千斤顶取 0.4~0.6。

2）同步控制。网架在提（顶）升过程中各吊点的提（顶）升差异，将对网架结构的内力、提（顶）升设备的负荷及网架偏移产生影响。《空间网格结构技术规程》（JGJ 7—2010）规定当用升板机提升时，允许升差为相邻提升点距离的1/400，且不大于15mm。

顶升法规定的允许升差值较提升法严。这是因为顶升的升差不仅引起杆力增加，还会引起网架随机性的偏移，一旦网架偏移较大，就很难纠偏。因此，顶升时的同步控制主要是为了减少网架的偏移，其次才是为了避免引起过大的附加内力。而提升时升差虽也会造成网架偏移，但危险程度要小。

顶升时应以预防偏移为主，严格控制升差并设置导轨。导轨不仅能保证网架垂直上升，而且还是一种安全装置。导轨可利用结构柱或单独设置。当网架的偏移值达到需要纠正的程度时，可采用将千斤顶垫斜，另加千斤顶横顶或人为造成反升差等逐步纠正，严禁操之过急，以免发生事故。

3）柱的稳定性。提（顶）升时一般均用结构柱作为提（顶）升时临时支承结构，因此，可利用原设计的框架体系等来增加施工期间柱的刚度。例如，当网架升到一定高度后，先施工框架结构的梁或柱间支撑，再提升网架。当原设计为独立柱或提（顶）升期间结构不能形成框架时，则需对柱进行稳定性验算。如果稳定性不够，则应采取加固措施。对于升网滑模法（图6-40）尤其应注意，因为混凝土的出模强度极低（0.1~0.3MPa），所以要加强柱间的支撑体系，并使混凝土三天后达到10MPa以上，施工时即据此要求控制滑模速度。例如，某工程实测1.5d混凝土强度可达14MPa左右，则滑升速度可控制在1.3m/d。此外，还应考虑风力的影响，当风速超过五级时应停止施工，并用缆风绳拉紧锚固，缆风绳应按能抵抗七级风计算。

6.3.5　整体吊装法

将网架在地面总拼成整体后，用起重设备将其吊装至设计位置的方法称为整体吊装法。

1. 工艺特点

用整体吊装法安装时，网架可以与柱错位就地总拼，易于保证焊接质量和几何尺寸的准确性，因此适用于焊接连接的网架。其缺点是需要较大的起重能力。整体吊装法往往由若干台桅杆式或自行式起重机进行抬吊。因此大致上可分为多机抬吊法（图6-41）和桅杆吊装法（图6-42）两类。吊装时，先将网架抬吊至高空，再进行旋转或平移到设计位置。需合理选择吊点，并注意起重机械的同步与协调控制。由于桅杆的起重量大，故大型网架多用此法，但需大量的钢丝绳、大型卷扬机及劳动力。

2. 空中移位

当采用多根桅杆吊装时，会出现网架在空中移位的问题，其原理是利用每根桅杆两侧起重滑轮组中产生水平分力不等（即水平合力不等于零），而推动网架移动。当网架垂直提升时（图6-43a），桅杆两侧滑轮组夹角相等，两侧滑轮组受力相等（$T_1=T_2$），水平力也相等（$H_1=H_2$）。网架在空中移位时（图6-43b），每根桅杆的同一侧滑轮组钢丝绳徐徐放松，而另一侧滑轮组不动。此时右侧钢丝绳因松弛而拉力T_2变小，左边则由于网架重力作用相应增大，水平分力也不等，即$H_1>H_2$，这就打破了平衡状态，网架就朝H_1所指的方向移动。至放松的滑轮组停止放松后，重新处于拉紧状态，则$H_1=H_2$，网架恢复平衡（图6-43c），移动也即停止。此时的力平衡方程式为

$$T_1\sin\alpha_1+T_2\sin\alpha_2=Q$$

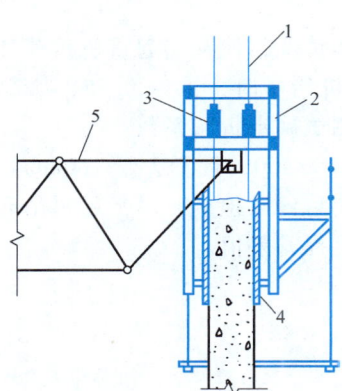

图 6-40 升网滑模法

1—支承杆 2—提升架 3—液压千斤顶 4—模板 5—网架

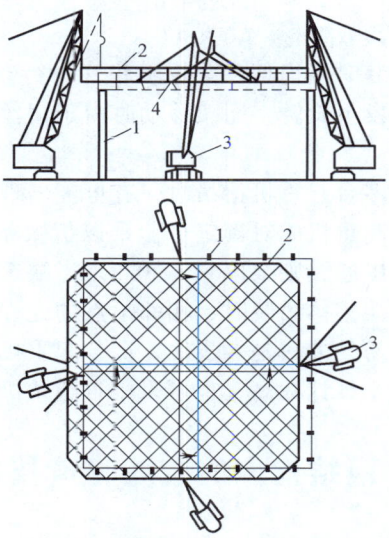

图 6-41 多机抬吊法

1—柱 2—网架 3—履带式起重机 4—吊点

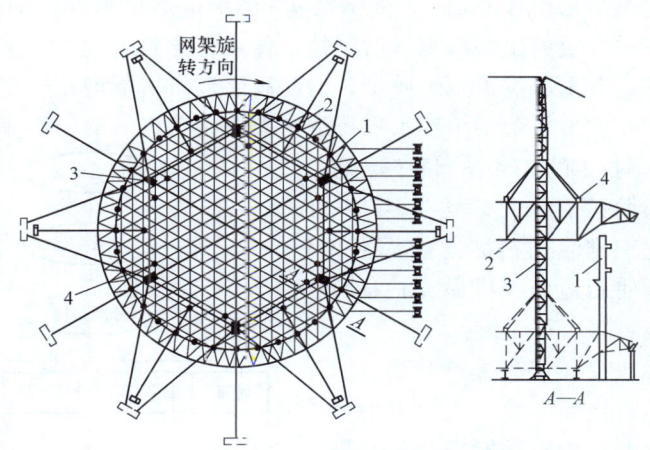

图 6-42 桅杆吊装法

1—柱 2—网架 3—桅杆 4—吊点

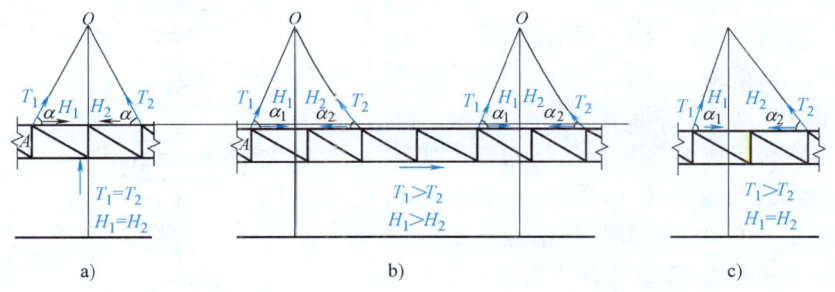

图 6-43 空中移位原理图

a) 垂直提升, 水平分力相等 b) 空中移位, 水平分力不等 c) 移位后恢复平衡状态

$$T_1 \sin\alpha_1 = T_2 \sin\alpha_2$$

因为 $\alpha_1 > \alpha_2$，故 $T_1 > T_2$。

吊装时当桅杆各滑轮组相互平行布置，则网架发生平移；如各滑轮组布置在同一圆周上，则发生旋转。网架移动时由于钢丝绳的放松，网架会产生少量下降。

3. 负荷折减系数与同步控制

当多台起重机抬吊时，有可能出现快慢、先后不同步情况，使某些起重机负荷加大，因此每台起重机应对额定负荷乘以折减系数，当四台起重机抬吊时，乘以 0.75，如起重机两两吊点串通，则乘以 0.8~0.9。当缺乏经验时应做现场测试确定折减系数。

网架整体吊装时，相邻吊点的允许高差为吊点距离的 1/400，且不大于 100mm。同步控制最简易的方法是等步法，即各起重机同时吊升一段距离后停歇检查，吊平后再吊升一段距离，直至设计标高，也可采用自整角机同步指示装置观测提升差值。

6.4 钢结构中的智能测量技术

在钢结构工程制作与安装过程中，测量是一项专业性较强又非常重要的工作，测量精度的高低直接影响钢结构的安装质量，是衡量钢结构质量的一个重要指标。随着科技发展，采用精确化程度高的智能测量技术是保证复杂工程施工顺利开展的必要条件。比如目前在大型复杂钢结构超高层建筑多采用核心筒+外框钢结构+楼承板结构形式，但由于现有国内大多数加工锻造厂缺少先进有效的误差检测、监测技术体系，导致钢构件加工、拼装、累积等误差，并造成废料返工，严重影响了施工质量，给超高层建筑留下潜在安全隐患。此处重点介绍三维激光扫描技术在大型复杂钢结构工程建造中助力施工进展的应用流程。

基于三维激光扫描技术的 BIM 预制验证流程：

首先，通过现场勘察了解大型复杂钢结构的结构形式，合理选配三维激光扫描设备。在事先 BIM 预制验证中主要使用地面三维激光扫描仪及激光跟踪仪进行隐蔽盲区特征量测。

其次，利用靶标或特征信息进行分块点云融合、格式转换、赋色，当数据量太大时可对融合后点云数据进行重分割。BIM 预制模型要在同一框架下与实际扫描点云数据进行比对。以 Revit 软件下 BIM 模型为例，可以选择实体导出 CAD 格式，继而与修整后的点云进行最佳拟合并进行三维误差分析。根据偏差结果，及时对钢构件及下一步工程建造计划进行调整。

最后，为顺利实现大型复杂钢结构部件实际扫描三维激光点云数据与 Revit 软件下 BIM 预制模型的坐标统一，可将三维激光扫描点云数据进行坐标系转换、逆向建模等处理，将 Revit 支持的三维模型数据导入并进行误差分析。钢构件三维激光扫描工艺流程如图 6-44 所示。

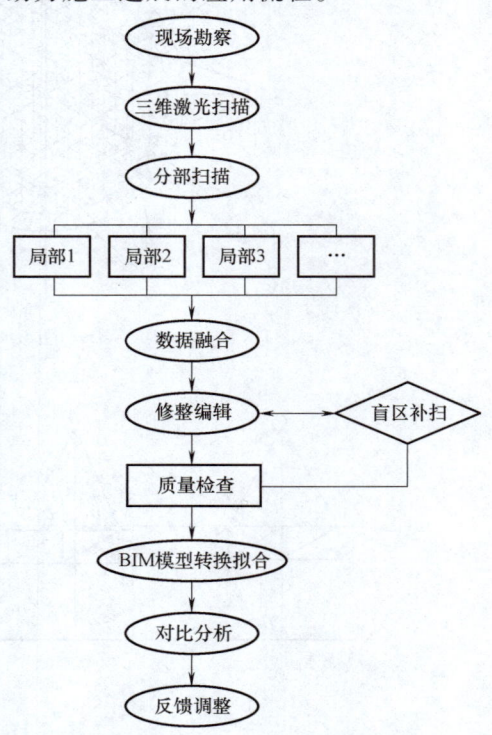

图 6-44 钢构件三维激光扫描工艺流程

6.5 钢结构工程智能施工应用案例

下面以北京大兴国际机场旅客航站楼及综合换乘中心(核心区)工程为例进行介绍。

1. 项目概况

北京大兴国际机场位于永定河北岸,北京市大兴区礼贤镇、榆垡镇和河北省廊坊市广阳区之间,北距天安门 46km,西距京九铁路 4.3km,南距永定河北岸大堤约 1km,距首都国际机场 67km,属于国家重点工程。新机场整体效果图如图 6-45 所示。

图 6-45　新机场整体效果图

航站楼核心区为整个航站楼的主要功能区,地下 2 层、地上 5 层,地下二层为高速铁路通道、地铁及轻轨通道的咽喉区段,地下一层为行李传送通道、机电管廊系统和预留的捷运通道,地上一至五层主要为进港、出港、办票、安检、行李提取等功能区。航站楼立体楼层关系图如图 6-46 所示。

图 6-46　航站楼立体楼层关系图

235

2. 钢结构智能施工技术应用

（1）施工模拟

1）BIM+场地布置优化。本工程利用 BIM 技术进行场地布置（图 6-47），综合考虑办公楼、宿舍楼、食堂、活动区、道路、给水排水、排污系统、供电方案、空调系统、弱电方案等，最大限度地利用场地空间。

图 6-47　施工现场布置图

2）施工方案交底。本工程根据施工方案和技术交底内容创建相应 BIM 模型，并根据 BIM 模型对方案和交底进行论证和改进，最终将方案、工艺模拟动画和各安装工序三维图片与传统施工方案和交底结合形成可视化交底记录下发各施工单位并进行宣贯，使方案和交底更易读、易懂，使方案和交底更明确，减少因交底内容不清等原因造成现场拆改、返工以及扯皮现象，进而在很大程度上保证施工质量和施工进度。

以栈桥施工模拟为例（图 6-48），为了加快施工进度，针对项目平面尺寸大，塔式起重机运力有限，经过研究拟创新性地采用栈桥施工法进行水平运输，在钢栈桥施工前，利用 BIM 技术的可模拟性，在软件中对钢栈桥进行了预拼装，检验拼装工序的合理性，为钢栈桥在完成后的使用过程中的安全、能效提供了保障。

3）BIM 辅助超大钢结构屋盖施工。航站楼核心区屋盖为不规则自由曲面空间网格钢结构（图 6-49），投影面积约 18 万 m^2，钢结构体量超过 5 万 t。钢构件主要采用圆钢管，节点为焊接球，部分受力较大部位采用铸钢节点。屋盖网架杆件总数量约 63450 根，球节点约 12300 个，在天窗范围内采用桁架结构联系，屋盖顶盖标高最高处为 50m，最大起伏高差约 30m，屋盖结构厚度为 2～8m，北侧悬挑最大为 47m，根部结构高度为 7m，钢结构主要材质为 Q355、Q390、Q460 等系列。屋盖钢结构设计结合放射型的平面功能，在核心区中央大厅设置六组 C 形柱，形成直径 180m 的中心区空间，跨度较大的北中心区加设两组

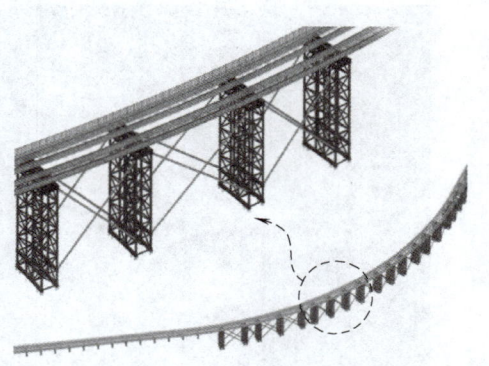

图 6-48　栈桥 BIM 模拟图

C 形柱减少屋盖结构跨度；北侧幕墙为支撑框架，为屋盖提供竖向支承及抗侧刚度，与 C 形柱对应设置支撑筒，支撑筒顶与屋盖连接处采用固定铰或滑动铰等连接方式，为主楼核心区屋盖提供可靠的竖向支承和水平刚度。

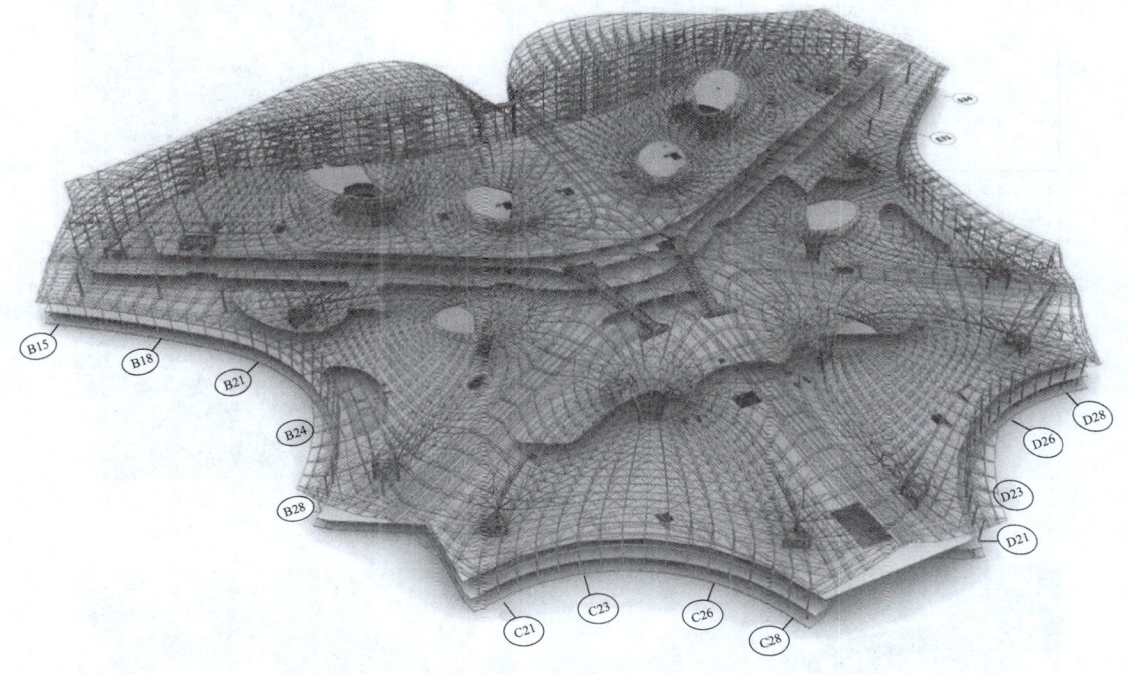

图 6-49　钢网架屋盖三维图

屋盖覆盖面积大、造型复杂，结构单元重大，每种钢结构施工方法都有很多施工难点需要克服，没有单一的安装方法具有先天的契合性。并且南北钢结构分区之间存在连接面交接，施工工作面较多，8 个区存在同时施工现象，施工人员数量多，标段内各专业存在穿插，标段外隧道等工程对钢结构运输通道造成很大影响。针对本工程施工工期紧、结构体量大、结构复杂、施工条件差等不利因素，采用 BIM 技术对钢网架的施工方案进行模拟和比选，利用专业软件对节点进行有限元计算（图 6-50）、结构整体变形计算，从工程进度、施工质量等方面综合考虑后，确定"分区独立施工、独立卸载、总体合龙"的总体施工思路和钢结构屋盖拼装方案。做到了技术先行，提前发觉并预防施工过程中存在的各种问题，杜绝了因设计考虑不周而引起的返工现象，节约施工成本，提高施工效率。钢网架屋盖施工方案模拟图如图 6-51 所示。

（2）预制加工

1）基于物联网二维码的物料管理系统。本工程工程量巨大，以钢结构为例屋盖网架杆件总数量约 63450 根，球节点约 12300 个。如何管理物料，保证物料堆场准确，减少二次搬运，材料可准确查找，安装位置准确是本工程的重点和难点。

针对该问题项目部开发了物料管理系统，在深化设计阶段对物料进行编码，做到一件一码、一车一码，从设计、出厂、进场验收、现场安装做到有迹可查。图 6-52 所示为钢结构物料二维码管理。

2）BIM+机房模块化预制安装。本工程 B1 层 AL 区换热机房和生活热水机房采用了模

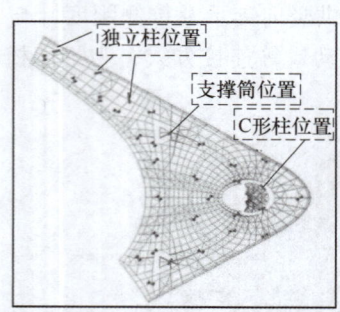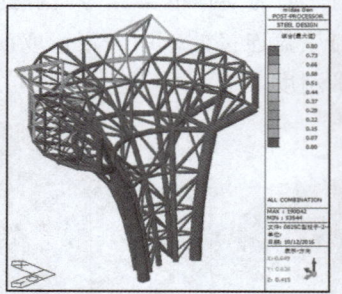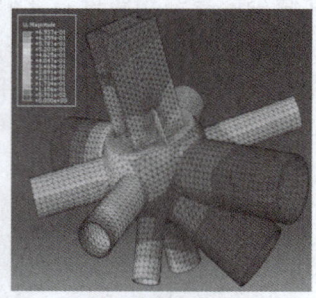
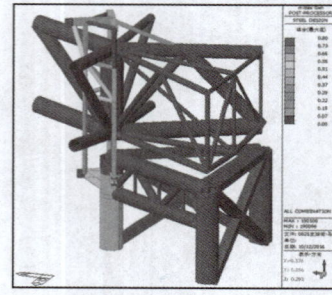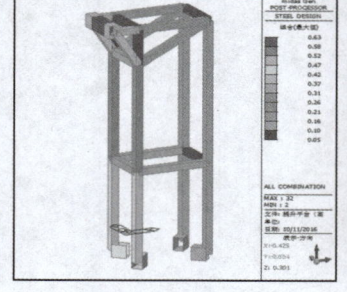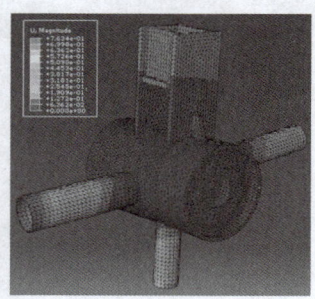

图 6-50　节点计算过程截图

图 6-51　钢网架屋盖施工方案模拟图

块化预制安装技术。

施工前对实际建筑结构进行三维扫描形成实体模型,结合实体模型对机房进行深化设计形成 BIM 模型,依照 BIM 模型进行标准件划分、工厂预制化以及物流信息管理,最终实现现场快速装配。图 6-53 和图 6-54 所示为机房模块工厂预制加工图片及热交换站分系统模块组装完成后的照片,通过粗略测算,预制化模块技术比传统的安装技术节省机房面积 140m^2,节省工期、管材、型材等约 1/3。

3)进度管理。本工程应用 BIM 5D 进行进度管理(图 6-55),通过将 BIM 模型与进度进化相关联,实现对施工进度的精细化管理,便于管理人员对资源的合理分配和对进度计划

第6章 钢结构工程

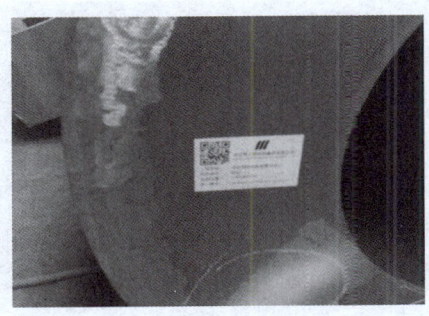

图 6-52 钢结构物料二维码管理

图 6-53 机房模块工厂预制加工

图 6-54 热交换站分系统模块组装完成效果

的调整，保证工程进度在一个可控的范围。

4）预算与成本管理。本工程应用 BIM 5D 进行商务管理（图 6-56），通过 GFC 接口将 BIM 模型导入算量软件，直接生成算量模型，实现模型的算量功能，避免了重复建模增加的人力和时间投入，大大提高了各专业的算量效率，并为多家参施队伍的结算提供了有效保障。

5）质量与安全管理。本工程应用 BIM 5D 进行质量、安全管理（图 6-57），施工现场发现的质量安全问题可通过手机端将问题照片及描述上传至平台 BIM 模型的相应位置，并可标记责任单位和整改期限，同时平台会把此问题推送至该责任单位的终端并提示，问题及整改信息一目了然，并为工程结算和奖惩决策提供了准确的记录数据。

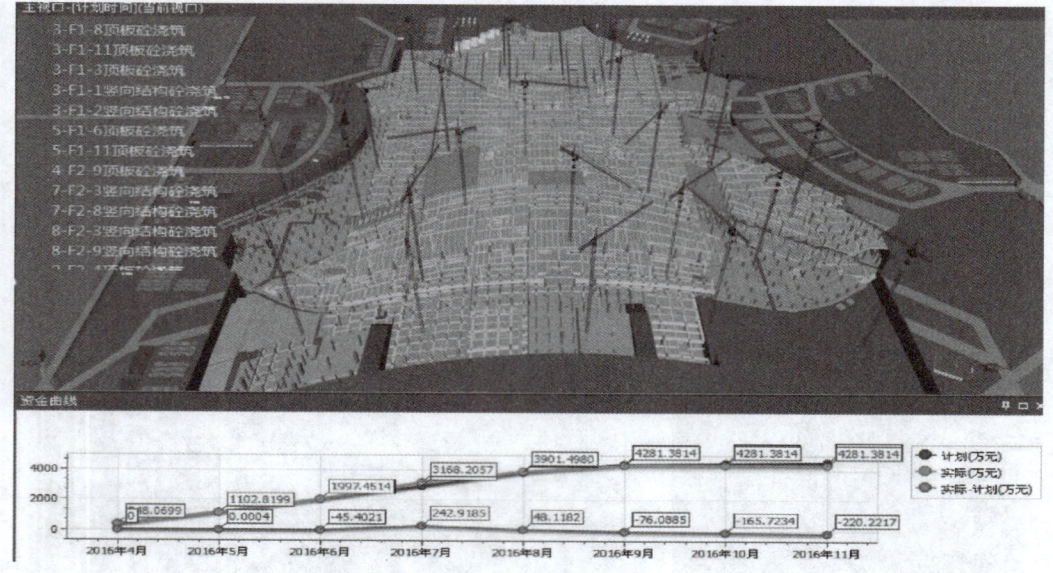

图 6-55　进度管理应用

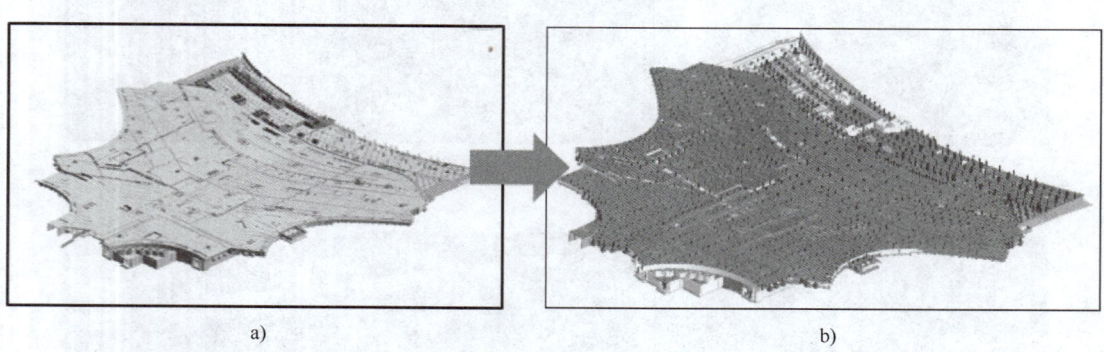

图 6-56　商务管理应用
a）Revit 模型　b）GCL 模型

图 6-57　质量、安全管理应用

习 题

1. 钢结构主要连接方法有哪些？有何特点？
2. 钢结构主要有哪些结构形式？钢结构的基本构件有哪几种类型？
3. 焊接位置对焊接质量有何影响？
4. 预应力钢结构的锚固体系有哪些？
5. 简述预应力钢结构的预应力施加方式与施工要求。
6. 简述钢结构构件的组装方法及适用范围。
7. 空间网架结构的吊装方法有哪些？各自的适用范围是什么？
8. 试举例说明智能施工在钢结构工程中的应用。
9. 简述智能施工在钢结构工程领域的发展前景。

第 7 章

砌 筑 工 程

砌筑是指用砂浆等胶凝材料将砖、石、砌块等块材垒砌成坚固砌体的施工。在土木工程中，砖、石砌筑历史悠久，由于具有取材方便、造价低廉、施工工艺简单等特点，有的地区仍然较多使用。随着国家可持续发展战略的实施，为了保护环境、节省资源、节约能源、提高居住舒适度，近十几年来，以天然材料或工业废料为主制作的各种砌块被广泛使用。以砌块代替黏土砖是建筑物墙体改革的一个重要途径。本章涉及的主要规范：《砌体结构工程施工质量验收规范》（GB 50203—2011）、《混凝土小型空心砌块建筑技术规程》（JGJ/T 14—2011）、《蒸压加气混凝土制品应用技术标准》（JGJ/T 17—2020）等。

7.1 砌体工程材料

砌体工程所使用的材料包括块体和砂浆。块体为骨架材料，砂浆为黏结材料。

7.1.1 块体

块体分为砖、砌块与石块三大类。

1. 砖

根据使用材料和制作方法的不同，砌筑用砖分为以下几种：

（1）烧结普通砖　烧结普通砖是以黏土、页岩、煤矸石和粉煤灰为主要原料，经过焙烧而成的实心或孔洞率不大于15%的砖。其规格为240mm×115mm×53mm，即4块砖长加上4个灰缝、8块砖宽加上8个灰缝、16块砖厚加上16个灰缝（简称4顺、8丁、16线）均为1m。强度等级可以分为MU30、MU25、MU20、MU15、MU10。

（2）蒸压灰砂砖和粉煤灰砖　蒸压灰砂砖是以石灰和砂为主要原料，蒸压粉煤灰砖是以粉煤灰、石灰为主要原料，经坯料制备、压制成形、蒸压养护而成的实心砖。其规格尺寸均为240mm×115mm×53mm，强度等级分为MU25、MU20、MU15、MU10。

（3）烧结多孔砖　烧结多孔砖是以黏土、页岩、煤矸石、粉煤灰、淤泥及其他固体废弃物等为主要原料，经过焙烧而成，孔洞率≥25%。孔为矩形孔或矩形条孔，孔尺寸小而数量多，主要用于建筑物承重部位，简称多孔砖。

多孔砖规格尺寸为：290mm、240mm、190mm、180mm、140mm、115mm、90mm。根据抗压强度分为MU30、MU25、MU20、MU15、MU10五个等级。密度等级分为1300、1200、1100、1000四个等级。其外形如图7-1所示。

另外，还有以黏土、页岩、煤矸石、粉煤灰为主要原料，经焙烧而成，孔洞率≥40%，主要用于建筑物非承重部位的空心砖。

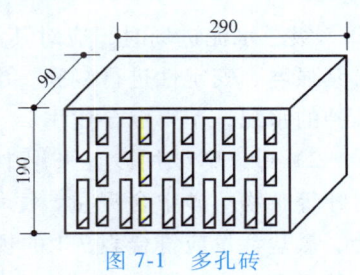

图 7-1 多孔砖

2. 砌块

砌块代替黏土砖作为建筑物墙体材料，是墙体改革的一个重要途径。砌块以天然材料或工业废料为原材料制成，主要特点是施工简便，工人的劳动强度较低，生产效率较高。

砌块按使用目的可以分为承重砌块与非承重砌块（包括隔墙砌块和保温砌块）；按是否有孔洞可以分为实心砌块与空心砌块；按块体大小可以分为小型砌块（块体高度小于380mm）、中型砌块（块体高度为380～980mm）和大型砌块（块体高度大于980mm）；按使用的原材料可以分为普通混凝土砌块、轻骨料混凝土砌块、蒸压加气混凝土砌块等。

建筑工程常用的砌块是小型砌块，包括普通混凝土小型空心砌块、轻骨料混凝土小型空心砌块、蒸压加气混凝土砌块等。

（1）普通混凝土小型空心砌块　它是用水泥、砂、碎石或卵碎石、水为原料制作而成的，简称普通小砌块。普通混凝土小型空心砌块按其强度分为 MU20、MU15、MU10、MU7.5 和 MU5 五个等级。

（2）轻骨料混凝土小型空心砌块　它是以水泥、轻骨料、砂、水等预制而成的，其中轻骨料品种包括浮石、煤渣、火山渣、自然煤矸石、陶粒等，简称轻骨料小砌块。轻骨料混凝土小型空心砌块按其强度分为 MU15、MU10、MU7.5、MU5 和 MU3.5 五个等级。

普通混凝土小型空心砌块和轻骨料混凝土小型空心砌块总称混凝土小型空心砌块，有的简称小砌块。主规格尺寸为 390mm×190mm×190mm。其外形如图 7-2 所示。

（3）蒸压加气混凝土砌块　它是以水泥、矿渣、砂、石灰等为主要原料，加入发气剂，经搅拌成形、蒸压养护而成的实心砌块，简称加气砌块。一般长度为 600mm，高度为 200mm、250mm、300mm；其宽度，一种系列从 50mm 起，以 25mm 递增，另一种系列从 60mm 起，以 60mm 递增。按其抗压强度分为 A0.8、A1.5、A2.5、A3.5、A5.0 五个等级，按其体积密度分为 B035、B04、B05、B06、B07 五个等级。

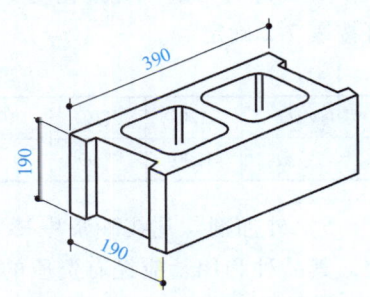

图 7-2 混凝土小型空心砌块

3. 石块

砌筑用石有毛石和料石两类。毛石又分为乱毛石和平毛石。乱毛石是指形状不规则的石块；平毛石是指形状不规则，但有两个大致平行平面的石块。毛石的厚度不宜小于 150mm。

料石按其加工面的平整度分为细料石、粗料石和毛料石三种。其宽度、厚度均不宜小于 200mm，长度不宜大于厚度的 4 倍。

石材的强度等级划分为 MU100、MU80、MU60、MU50、MU40、MU30、MU20。

7.1.2　砂浆

1. 原材料要求

1）水泥。水泥砂浆采用的水泥，其强度等级不宜大于 32.5 级；混合砂浆时，不宜大于

42.5 级。水泥进场时,应对其品种、等级、包装或散装仓号、出厂日期等进行检查,并应对其强度、安定性进行复验。出厂超过 3 个月时,应复查试验,并按其复验结果使用。不同品种的水泥,不得混合使用。

2)砂。砂浆用砂宜采用中砂,其中毛石砌体宜用粗砂。砂应过筛,且不应混有草根、树叶等杂物。砂中含泥量,泥块含量、石粉含量及云母、轻物质、有机物、硫化物、硫酸盐、氯盐含量应符合表 7-1 的规定。人工砂、山砂及特细砂,应经试配能满足砌筑砂浆技术条件要求。

表 7-1 砂杂质含量

项目	指标	项目	指标
泥	≤5.0%	有机物(用比色法试验)	合格
泥块	≤2.0%	硫化物及硫酸盐(折算成 SO_3 按质量计)	≤1.0%
云母	≤2.0%	氯化物(以氯离子计)	≤0.06%
轻物质	≤1.0%	—	—

注:含量按质量计。

3)水。不得含有害物质,应符合《混凝土用水标准》(JGJ 63—2006)的有关规定。

4)外掺料。砂浆中的外掺料包括粉煤灰、建筑生石灰、建筑生石灰粉及石灰膏等。粉煤灰、建筑生石灰、建筑生石灰粉的品质指标应符合现行行业标准的有关规定。建筑生石灰、建筑生石灰粉熟化成石灰膏,其熟化时间分别不得少于 7d 和 2d。沉淀池中储存的石灰膏应防止干燥、冻结和污染,严禁使用脱水硬化的石灰膏。建筑生石灰粉、消石灰粉不得替代石灰膏配制水泥石灰砂浆。

石灰膏的用量,应按稠度 120mm±5mm 计量,现场施工中石灰膏不同稠度的换算系数,可按表 7-2 确定。

表 7-2 石灰膏不同稠度的换算系数

稠度/mm	120	110	100	90	80	70	60	50	40	30
换算系数	1.00	0.99	0.97	0.95	0.93	0.92	0.90	0.88	0.87	0.86

5)外加剂。凡在砂浆中掺入的砌筑砂浆增塑剂、早强剂、缓凝剂、防冻剂、防水剂等,其品种和用量应经有资质的检测单位检验和试配确定。外加剂的技术性能应符合国家现行有关标准的质量要求。

2. 砂浆的性能

砌筑砂浆可分为水泥砂浆、混合砂浆和非水泥砂浆三类。其性能与用途如下:

1)水泥砂浆:强度高,但流动性和保水性较差,其砌体强度低于相同条件下用混合砂浆砌筑的砌体强度,常用于要求高强度砂浆、地下及处于潮湿环境下的砌体。

2)混合砂浆:由于掺入塑性外掺料(如石灰膏、粉煤灰等),既可节约水泥,又可提高砂浆的可塑性,是一般砌体中最常使用的砂浆类型。

3)非水泥砂浆:包括石灰砂浆、黏土砂浆等,由于强度较低,通常仅用于临时设施或简易建筑等。

砌筑砂浆按强度分为 M15、M10、M7.5、M5 和 M2.5 五个等级。砂浆强度以标准养护 28d 的试块抗压强度为准。同一验收批砂浆试块强度平均值应大于或等于设计强度等级值的

1.10 倍，且最小一组的平均值应大于或等于设计强度等级值的 85%。砂浆试块应在砂浆搅拌机出料口或在湿拌砂浆的储存容器出料口随机取样制作（现场搅拌的砂浆、同盘砂浆只应制作 1 组试块）。

砌筑砂浆的验收批，同一类型、强度等级的砂浆试块不应少于 3 组。每一检验批且不超过 250m³ 砌体的各种类型及强度等级的普通砌筑砂浆，每台搅拌机应至少抽检 1 次。验收批的预拌砂浆、蒸压加气混凝土砌块专用砂浆，抽检可为 3 组。

砂浆应具有良好的流动性和保水性。流动性好的砂浆便于操作，易使灰缝平整、密实，从而可以提高砌筑效率、保证砌体质量。砂浆的流动性是以稠度表示的。稠度的测定值是用标准锥体沉入砂浆的深度表示的，沉入度越大，稠度越大，流动性越好。一般来说，对于干燥及吸水性强的块体，砂浆稠度应采用较大值；对于潮湿、密实、吸水性差的块体宜采用较小值。砌筑砂浆的稠度宜按表 7-3 的规定采用。应根据块料类别和性能，选用匹配的砌筑砂浆。

表 7-3 砌筑砂浆的稠度

砌体种类	砂浆稠度/mm
烧结普通砖砌体、蒸压粉煤灰砖砌体	70~90
烧结多孔砖、空心砖砌体、轻骨料混凝土小型空心砌块砌体、蒸压加气混凝土砌块砌体	60~80
混凝土实心砖、混凝土多孔砖砌体、普通混凝土小型空心砌块砌体、蒸压灰砂砖砌体	50~70
石砌体	30~50

保水性是指砂浆中的水分与胶凝材料及骨料分离快慢的程度。保水性差的砂浆，在运输过程中，易产生泌水和离析现象从而降低其流动性，影响砌筑。在砌筑过程中，水分很快会被块体吸收，失水过多造成砂浆不能正常硬化，与块体的黏结力低，从而会降低砌体强度。砌筑砂浆的保水性以分层度体现，一般不得大于 30mm。

3. 砂浆的拌制

砌筑砂浆应进行配合比设计和试配。当砌筑砂浆的组成材料有变更时，应重新确定其配合比。施工中不应采用强度等级小于 M5 的水泥砂浆替代同强度等级的混合砂浆，如需替代，应将水泥砂浆提高一个强度等级。

拌制砂浆时，各组分材料应采用质量计量。水泥及各种外加剂配料的允许偏差为 ±2%；砂、粉煤灰、石灰膏等配料的允许偏差为 ±5%。砌筑砂浆应采用机械搅拌，搅拌机械包括活门卸料式、倾翻卸料式或立式搅拌机，其出料容量一般为 200L。搅拌时间自投料完起算：水泥砂浆和混合砂浆不得少于 120s；水泥粉煤灰砂浆或掺用外加剂的砂浆不得少于 180s；掺增塑剂的砂浆，其搅拌方式、搅拌时间应符合《砌筑砂浆增塑剂》（JG/T 64—2004）的有关规定；干混砂浆及加气混凝土砌块专用砂浆宜按掺用外加剂的砂浆确定搅拌时间或按产品说明书采用。

拌制砂浆时，应先将砂与水泥、粉煤灰干拌均匀，再加外掺料（如石灰膏、黏土膏）和水拌和均匀。外加剂不得直接投入拌制的砂浆中，应先将其按规定浓度溶于水中，在拌和水投入时投入外加剂溶液。

砂浆拌制后，除直接使用外必须储存在不吸水的专用容器内，并根据气候条件采取遮阳、保温、防雨雪、防冻结等措施，使用中不得随意掺入其他黏结剂、骨料、混合物。

4. 砂浆的使用

砂浆应随拌随用，拌制的砂浆应在 3h 内使用完毕；当施工期间最高气温超过 30℃ 时，应在 2h 内使用完毕。预拌砂浆及蒸压加气混凝土砌块专用砂浆的使用时间应按照产品说明书确定。

7.2 砌体结构施工

7.2.1 施工准备

砖和砂浆的强度等级必须符合设计要求。用于清水砖墙、柱表面的砖，应边角整齐、色泽均匀。有冻胀环境和条件的地区，地面以下或防潮层以下的砌体，不应采用多孔砖。蒸压灰砂砖、蒸压粉煤灰砖的产品龄期不应小于 28d。

砖在运输装卸过程中，严禁倾倒和抛掷。现场应分类堆放整齐，堆置高度不宜超过 2m。

砌筑砖砌体时，砖应提前 1~2d 适度湿润，以免砖过多吸收砂浆中的水分而影响其黏结力，同时也可除去砖面上的粉末。但浇水不宜太多，否则会发生"跑浆"现象。对烧结普通砖、烧结多孔砖的相对含水率（含水率与吸水率的比值）宜为 60%~70%；蒸压灰砂砖、蒸压粉煤灰砖的相对含水率宜为 40%~50%。现场检验相对含水率常采用断砖法，当砖截面四周融水深度为 15~20mm 时，视为符合要求。

砌筑前，必须按施工组织设计要求，组织垂直运输机械、水平运输机械、砂浆搅拌机械进场、安装与调试等工作，同时还要准备好脚手架和砌筑工具（如瓦刀、托线板等）。

7.2.2 施工工艺

1. 砖基础

砖基础包括下部的大放脚和上部的基础墙。大放脚有等高式与间隔式。等高式大放脚是每砌两皮砖，两边各收进 1/4 砖长（60mm）；间隔式大放脚是每砌两皮砖及一皮砖，轮流两边各收进 1/4 砖长（60mm），最下面应为两皮砖。砖基础大放脚如图 7-3 所示。

1）砖基础大放脚一般采用一顺一丁的砌筑形式。大放脚最下一皮砖及墙基的最上一皮砖（防潮层下面一皮砖）应以丁砖为主。

2）基础的防潮层。当设计无具体要求时，宜采用掺适量防水剂的 1：2 水泥砂浆铺设，其厚度宜为 20mm；防潮层的位置宜在室内地面标高以下一皮砖处。

3）砌完基础且有一定强度后，两侧应同时回填土，以防基础侧移发生事故。

2. 砖墙

（1）组砌方式与构造要求

1）对于普通砖墙，根据其厚度不同，可采用全顺、两平一侧、全丁、一顺一丁、梅花丁的组砌形式，如图 7-4 所示。

全顺是指各皮砖均顺砌、上下皮垂直灰缝相互错开半砖长（120mm），适合于砌半砖厚墙；两平一侧适合于砌 3/4 砖厚（180mm）墙；全丁适合于砌一砖厚（240mm）以上的墙体，特别是烟囱、水塔等圆弧墙；一顺一丁适合于砌一砖及一砖以上厚墙；梅花丁是指同皮中顺砖与丁砖

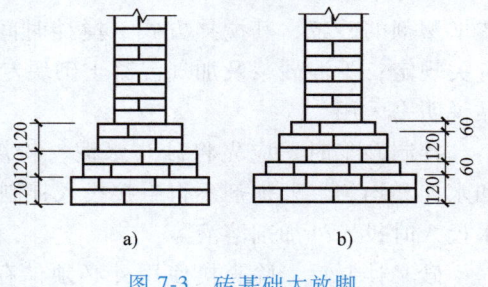

图 7-3 砖基础大放脚
a) 等高式 b) 间隔式

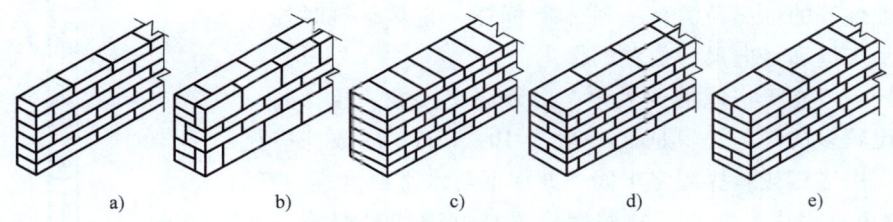

图 7-4　普通砖墙组砌形式

a) 全顺　b) 两平一侧　c) 全丁　d) 一顺一丁　e) 梅花丁

相间，上下皮垂直灰缝相互错开 1/4 砖长，适合于砌一砖厚墙。一顺一丁和梅花丁形式整体性好，是抗震结构常采用的形式。

2）多孔砖墙。方形多孔砖采用全顺砌法，其手抓孔应平行于墙面，上下皮垂直灰缝相互错开半砖长；矩形多孔砖宜采用一顺一丁或梅花丁的砌筑形式，如图 7-5 所示。砖柱不得采用包心砌法。上下皮垂直灰缝相互错开 1/4 砖长。多孔砖的孔洞应垂直于受压面砌筑。

3）空心砖墙应采用孔洞呈水平方向侧砌的方法，上下皮垂直灰缝相互错开 1/2 砖长。在与烧结普通砖墙交接处，应每隔两皮空心砖设置 2Φ6 钢筋作为拉结筋，其长度不小于空心砖长 +240mm，如图 7-6 所示。在交接处、转角处不得留槎，空心砖与普通砖应同时砌筑。不得对空心砖墙进行砍凿。

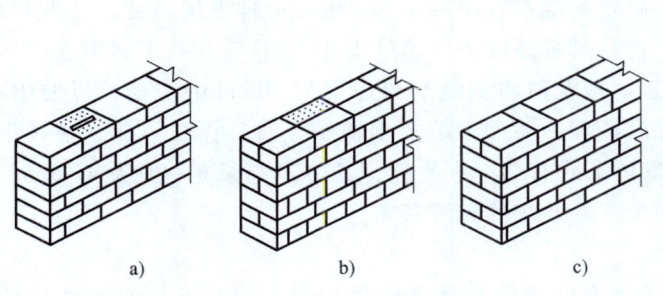

图 7-5　多孔砖墙组砌形式

a) 全顺（方形砖）　b) 一顺一丁（矩形砖）　c) 梅花丁（矩形砖）

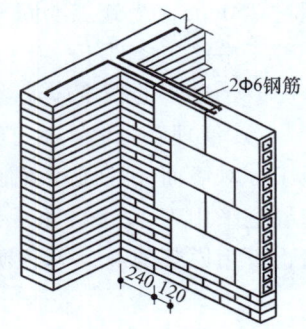

图 7-6　空心砖墙与普通砖墙交接

（2）砌筑施工工艺　砖墙的砌筑施工工艺包括抄平、弹线、摆砖样、立皮数杆、盘角、挂线、砌砖、清理及勾缝等。

1）抄平。砌墙前，应在基础顶面或楼面上定出各层标高，并用 M7.5 水泥砂浆或 C20 细石混凝土找平，使砖墙底部标高符合设计要求。抄平时，要做到外墙上、下层之间不出现明显的接缝痕迹。

2）弹线。根据龙门板上给出的轴线及图样上标注的墙体尺寸，在基础顶面上用墨线弹出墙的轴线和墙的宽度线，并标出门窗洞口位置。二层以上墙的轴线可以用经纬仪或垂球上引。

3）摆砖样。摆砖样是在弹线的基面上按照选定的组砌方式用"干砖"试摆，以尽可能减少砍砖，且使砌体灰缝均匀、组砌合理有序。

4）立皮数杆。皮数杆（图 7-7）是指在其上划有每皮砖的厚度以及门窗洞口、过梁、楼板、预埋件等的标高位置的一种木制标杆。它是砌筑时控制砌体水平灰缝和竖向尺寸位置的标志。

皮数杆一般立于房屋的四大角、内外墙交接处、楼梯间以及洞口比较多的地方，其间距一般为 10~15m。皮数杆应抄平竖立，用锚钉或斜撑固定牢固，并保证与水平面垂直。

5）盘角、挂线。按照干砖试摆位置挂好通线砌好第一皮砖，接着就进行盘角。盘角是先由技术水平较高的工人砌筑大角部位，挂线后，一般工人按线砌筑中间墙体。盘角砌筑应随时用线锤和托线板检查墙角是否垂直平整，砖层灰缝厚度是否符合皮数杆要求，做到"三皮一吊，五皮一靠"。盘角超前墙体的高度不得多于 5 皮砖，且与墙体斜槎连接。

在盘角后，应在墙侧挂上准线，作为墙身砌筑的依据。对 240mm 及其以下厚度的墙体可单面挂线；370mm 及以上厚度的墙体应双面挂线。

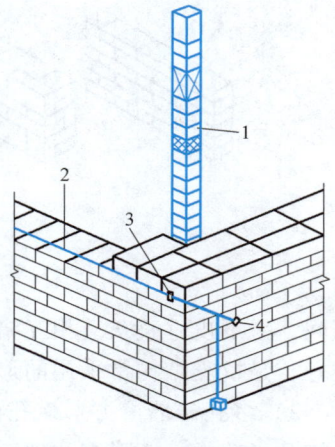

图 7-7 皮数杆及挂线示意图
1—皮数杆　2—准线
3—竹片　4—圆钉

6）砌砖。砌砖的常用方法有"三一"砌筑法和铺浆法两种。"三一"砌筑法是指一铲灰、一块砖、一揉压的砌筑方法。用这种方法砌砖质量高于铺浆法。铺浆法是指把砂浆摊铺一定长度后，放上砖并挤出砂浆的砌筑方法。铺浆长度不得超过 750mm，当施工期间气温超过 30℃ 时，不得超过 500mm。

正常施工条件下，砖砌体每日砌筑高度不宜超过 1.5m 或一步脚手架高度。冬期和雨天施工时，砂浆的稠度应适当减小，每日砌筑高度不宜超过 1.2m，且应在收工时覆盖砌体。

7）清理及勾缝。对于清水砖墙，应及时将灰缝划出深度为 10mm 的沟槽，以便于勾缝施工。对墙面、柱面及落地灰应及时清理。墙面勾缝要求横平竖直、深浅一致、搭接平顺。勾缝宜采用 1∶1.5 的水泥砂浆。缝的形式有凹缝和平缝，其中凹缝深度一般为 4~5mm。内墙也可用原浆勾缝，但必须随砌随勾，并使灰缝光滑密实。

3. 砌筑要求

（1）楼层标高的控制　楼层或楼面标高应在楼梯间吊钢尺，用水准仪直接读取传递。每层楼的墙体砌到一定高度后，用水准仪在各内墙面分别进行抄平，并在墙面上弹出离室内地面高 500mm 的水平线，俗称"50 线"，以控制后续施工各部位的高度。

（2）施工洞口的留设　砖砌体施工时，为了方便后续装修阶段的材料运输与人员通行，常需要在墙上留置临时施工洞口。其侧边离交接处墙面不应小于 500mm，洞口净宽度不应超过 1m。在抗震设防烈度为 9 度的地区，施工洞口位置应会同设计单位确定。

墙体中的设备管道、沟槽、脚手眼、预埋件等，应于砌筑时正确留出或预埋，未经设计同意，不得打凿墙体和在墙体上开凿水平沟槽。宽度超过 300mm 的洞口上部，应设置钢筋混凝土过梁。不应在截面长边小于 500mm 的承重墙体、独立柱内埋设管线。

（3）减少不均匀沉降　沉降不均匀将导致墙体开裂，施工时要严加注意。若相邻房屋高差较大时，应先建高层部分；分段施工时，砌体相邻施工段的高度差，不得超过一个楼层，也不得大于 4m；施工段的分段位置，宜设在伸缩缝、沉降缝、防震缝、构造柱或门窗洞口处；柱和墙上严禁施加大的集中荷载（如架设起重机），以免减少灰缝变形而导致砌体沉降。

(4) 构造柱施工　构造柱与墙体的连接处应砌成马牙槎。马牙槎应先退后进，预留的拉结筋位置正确，施工中不得任意弯折。每一马牙槎高度不应超过300mm，沿墙高每500mm设置2ϕ6水平拉结筋，钢筋每边伸入墙内不宜小于1m，如图7-8所示。

构造柱的施工程序是先砌墙后浇筑混凝土。构造柱两侧模板必须紧贴墙面，支撑牢固。构造柱混凝土保护层宜为20mm，且不应小于15mm。浇筑构造柱混凝土前，应清除落地灰、砖渣等杂物，并将砌体留槎部位和模板浇水湿润。在结合面处先注入50~100mm厚与混凝土同成分的水泥砂浆，再分段浇筑。采用插入式振捣棒振捣混凝土，振捣时应避免触碰砖墙。

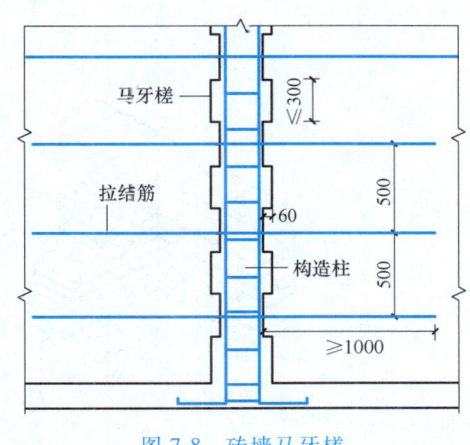

图7-8　砖墙马牙槎

7.2.3　质量要求

1) 横平竖直。砖砌体的灰缝应横平竖直，厚薄均匀。水平灰缝厚度及竖向灰缝宽度不应小于8mm，也不应大于12mm，宜为10mm。

2) 砂浆饱满。砖墙水平灰缝的砂浆饱满度用百格网检查，不得低于80%；竖向灰缝不应出现瞎缝、透明缝和假缝。砖柱的水平灰缝和竖向灰缝砂浆饱满度不得低于90%。影响砂浆饱满度的主要因素包括砖的含水率、砂浆的和易性、砌筑方法等。

脚手眼补砌时，应清除脚手眼内掉落的砂浆、灰尘。脚手眼处砖及填塞用砖应湿润，并填实砂浆。

3) 上下错缝。砖砌体的砖块之间要错缝搭砌，错缝或搭砌长度一般不小于60mm。清水砖墙、窗间墙无通缝；混水墙中不得有长度大于300mm的通缝，长200~300mm的通缝每间不超过3处，且不得位于同一面墙上。240mm厚承重墙的每层墙的最上一皮砖，砖砌体的台阶水平面上及挑出层的外皮砖，应整砖丁砌。

4) 接槎可靠。砖砌体的转角处和交接处应同时砌筑，严禁无可靠措施的内外墙分砌施工。在抗震设防烈度为8度及8度以上地区，对不能同时砌筑而又必须留置的临时间断处应砌成斜槎。普通砖砌体的斜槎水平投影长度不应小于高度的2/3；多孔砖砌体的斜槎长高比不应小于1/2；斜槎高度不得超过一步脚手架的高度，如图7-9a所示。

抗震设防烈度不超过7度的地区，当临时间断处不能留斜槎时，除转角处外，可留直槎，且应加设拉结筋。其数量为每120mm墙厚放置1ϕ6，且每道不少于2根；间距沿墙高不应超过500mm，且竖向间距偏差不应超过100mm；埋入长度从留槎处算起每边均不应小于500mm，对抗震设防烈度为6度、7度的地区，不应小于1000mm；末端应有90°弯钩，如图7-9b所示。

接槎处补砌时，必须将表面清理干净，洒水湿润，并填实砂浆，保持灰缝平直。

5) 砖砌体尺寸、位置的允许偏差及检验方法应符合《砌体结构工程施工质量验收规范》(GB 50203—2011)的有关规定。

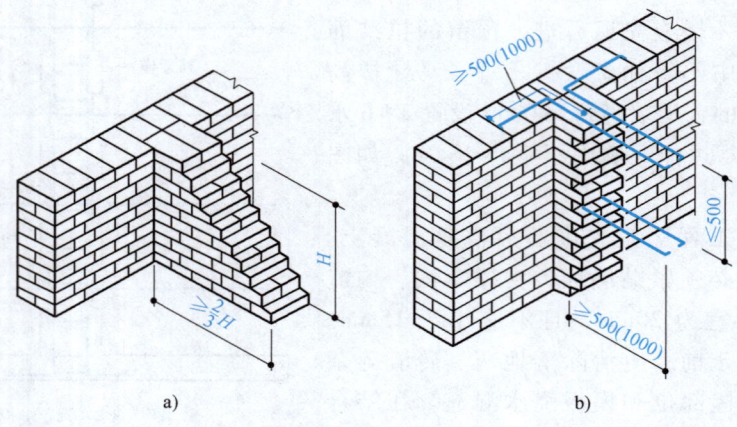

图 7-9 砖墙留槎要求
a) 斜槎　b) 直槎

7.3 砌体填充墙施工

7.3.1 施工准备

砌体工程施工前，应编制砌体工程施工方案。冬期施工应有完整的冬期施工方案。

1. 材料准备

1) 砌块和砂浆的强度应符合设计要求；施工时，砌块的产品龄期不应小于 28d。

2) 砂浆宜选用专用的砌筑砂浆。由于加入了外加剂，增加了和易性和流动性，易保证竖缝饱满、黏结力强和墙体不开裂。小砌块砌体的砌筑砂浆强度等级不得低于 M5。

3) 砌块砌体不应与其他块体混砌，不同强度等级的同类块体也不得混砌。承重墙体严禁使用断裂小砌块。

4) 砌块进场后应按品种、规格型号、强度等级分别码放整齐。堆置高度不宜超过 2m。堆放场地应有防潮措施。蒸压加气混凝土砌块应防止雨淋。

5) 普通混凝土小型空心砌块、吸水率较小的轻骨料混凝土小型空心砌块及采用专用砂浆砌筑的蒸压加气混凝土砌块，砌筑前可不浇水湿润，如遇天气炎热干燥时可稍喷水湿润。对吸水率较大的轻骨料混凝土小型空心砌块应提前 1~2d 浇水湿润。对采用普通砂浆砌筑的蒸压加气混凝土砌块，在砌筑当天向砌筑面喷水湿润。

砌块的相对含水率宜为 40%~50%。雨天及小砌块表面有浮水时，不得施工。

6) 加气混凝土砌块不宜用在：建筑物外墙部分 ±0.000 以下；长期浸水或经常干湿交替部位；受酸碱化学物质侵蚀的环境；经常处在 80℃ 以上的高温环境；易受冻融部位。

2. 编绘砌块排块图

砌块砌体施工前，应按房屋设计图编绘砌块平、立面排块图（图 7-10），以便指导砌块准备和砌筑施工。砌块排列应错缝搭接，并以主规格砌块为主。

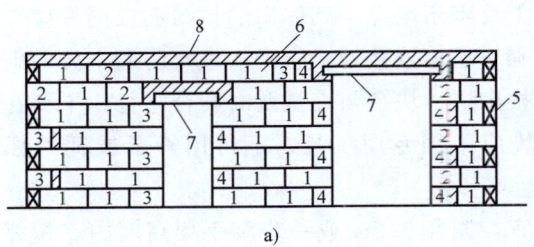
a)

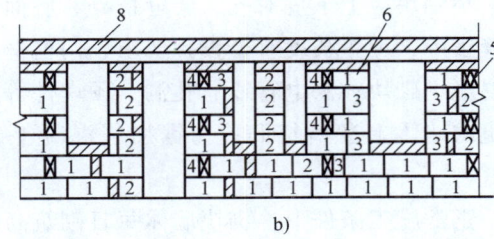
b)

图 7-10 砌块排块图

a) 内隔墙 b) 纵墙

1—主规格砌块 2、3、4—副规格砌块 5—丁砌块 6—顺砌块 7—过梁 8—镶砖

7.3.2 施工工艺

砌块砌筑的施工工艺包括：抄平弹线、基层处理、立皮数杆、挂线、砌筑、勾缝、清理等。

1. 抄平弹线

砌筑前先将基础顶面或楼层结构面清理干净，抄平放线。依据图样放出第一批砌块的轴线、墙体边线及门窗洞口位置线。

当填充墙与主体结构墙、柱、梁、板之间的拉结筋采用后植筋时，在墙体位置线放好线后，按相关技术规范要求，进行拉结筋植筋施工。

2. 基层处理

按标高线用砂浆找平砌筑基层。当最下一皮砌块的水平灰缝厚度大于20mm时，应用豆石混凝土找平。砌筑小砌块时，应清除芯柱用小砌块孔洞底部的毛边。用普通混凝土小型空心砌块砌筑墙体时，底层室内地面以下或防潮层以下应采用强度等级不低于C20的混凝土灌实小砌块的孔洞。用轻骨料混凝土小型空心砌块和蒸压加气混凝土砌块砌筑厨房、卫生间、浴室等处墙体时，墙底部宜现浇混凝土坎台，其高度宜为150mm。

3. 立皮数杆和挂线

皮数杆竖立在墙的转角处和交接处，间距宜小于15m。砌筑皮数、灰缝厚度、标高应与皮数杆相应标志一致。砌块上沿挂线，墙体厚度为一块砌块宽时，单面挂线。

4. 砌筑

每层砌筑应从转角处或定位砌块处开始，按照图样和砌块排块图进行砌筑。砌块墙的组砌形式只有全顺式一种，如图 7-11 所示。

砌块砌筑一般采用铺浆法，即先用大铲或瓦刀在墙上摊铺砂浆，铺浆长度宜比一块砌块的长度稍长，再将砌块端面朝上满铺砂浆，然后双手端起砌块，将砌块上墙放在砂浆上进行挤压，同时校正好位置尺寸。缺浆处应补浆插捣压实，最后随手刮去挤出的砂浆。

砂浆随用随铺，砌块逐块铺砌。砌筑上跟线、下跟棱。内外墙同时砌筑，纵横墙交错搭

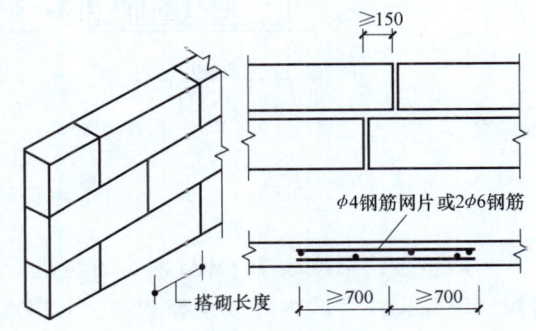

图 7-11 砌块墙组砌形式

251

接。小砌块应上下皮对孔,错缝搭砌,底面朝上反砌于墙上。砌体中的拉结筋或网片应置于灰缝正中,埋置长度符合设计要求;门窗框与砌块墙体连接处,应砌入埋有防腐木砖的砌块或混凝土砌块;水电管线、孔洞、预埋件等应按砌块排块图与砌筑及时配合进行,不得在已砌筑的墙体上凿槽打洞;切锯加气混凝土砌块应采用专用工具,不得用斧子或瓦刀任意砍劈。

正常施工条件下,砌块墙体每日砌筑高度宜控制在1.5m或一步脚手架高度内。相邻施工段的砌筑高差不得超过一个楼层高度,也不应大于4m。

填充墙与承重主体结构间的空(缝)隙部位施工,应在填充墙砌筑14d后进行。其连接构造应符合设计要求。

5. 勾缝

每步架墙砌筑完,在砂浆初凝前,用原浆做勾缝处理。灰缝宜凹进墙面2mm。

7.3.3　构造柱、圈梁、混凝土带、芯柱等施工

1)构造柱的纵向钢筋均应贯通墙身,与墙体的连接处应砌成马牙槎。圈梁、现浇混凝土带及墙体拉结筋,应与主体结构可靠连接。当连接钢筋采用化学植筋的连接方式时,应按相关技术要求进行操作,并应进行实体检测。

2)墙体中的拉结筋或网片应置于灰缝砂浆中间,埋置长度应符合设计要求。竖向位置偏差不应超过一皮高度。水平灰缝厚度应大于钢筋直径4mm以上。拉结筋两端应设弯钩,砌体外露面砂浆保护层的厚度不应小于15mm。

3)对于混凝土小型空心砌块砌体,应在外墙转角处、楼梯间四角的纵横墙交接处等部位的三个孔洞,设置素混凝土芯柱;五层以上的房屋,则应为钢筋混凝土芯柱(图7-12);芯柱在楼盖处应贯通;不得削弱芯柱截面尺寸,芯柱混凝土不得漏灌。

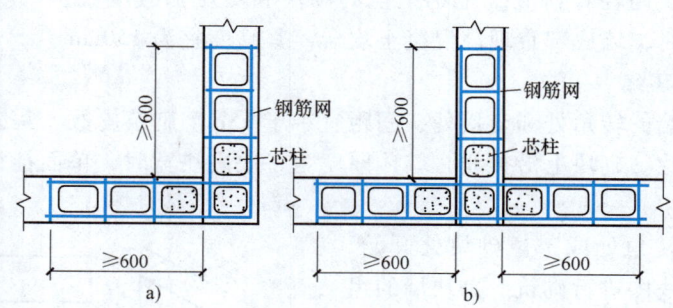

图7-12　钢筋混凝土芯柱
a)转角处　b)交接处

当砌筑砂浆强度大于1MPa时,方可进行芯柱混凝土浇筑。浇筑前,应先从柱脚留设的清扫口清除砌块孔洞内的砂浆等杂物,并用水冲淋孔壁,排出积水后再用混凝土预制块封闭清扫口;先注入适量与芯柱混凝土相同的去石子水泥砂浆,再浇筑混凝土。

芯柱混凝土应分段浇筑并捣实密实。每次浇筑的高度宜为半个楼层,但不应大于1.8m;每浇筑400～500mm高度,用小直径插入式振捣棒振捣一次,或边浇筑边捣实。

7.3.4　砌块砌体质量要求

1）灰缝砂浆饱满度。混凝土小型空心砌块砌体水平灰缝和竖向灰缝均不得小于砌块净面积的90%；填充墙中蒸压加气混凝土砌块、轻骨料混凝土小型空心砌块砌体的水平灰缝和竖向灰缝均不得小于80%。

2）灰缝厚度和宽度。砌体灰缝应横平竖直、均匀、密实，厚度和宽度正确。混凝土小型空心砌块砌体的水平灰缝厚度和竖向灰缝宽度一般均为8~12mm，宜为10mm。蒸压加气混凝土砌块砌体，一般水平灰缝厚度和竖向灰缝宽度不应超过15mm，当采用专用砂浆砌筑时水平灰缝厚度和竖向灰缝宽度宜为3~4mm。

3）墙体转角处和纵横墙交接处应同时咬槎砌筑。临时间断处应留槎砌筑。斜槎水平投影长度不应小于斜槎高度。施工洞口可预留直槎，但在洞口砌筑和补砌时，应在直槎上下搭砌的小砌块孔洞内用强度等级不低于C20的混凝土灌实。

4）错缝搭砌。混凝土小型空心砌块墙体应孔对孔、肋对肋错缝搭砌。搭砌长度不宜小于砌块长度的1/3，且不小于90mm。个别部位不能满足要求时，应在水平灰缝中设置拉结筋或钢筋网片（图7-11）；蒸压加气混凝土砌块搭砌长度不小于砌块长度的1/3；竖向通缝不应大于2皮。

5）砌块砌体的尺寸、位置的允许偏差及检验方法应符合规范规定。

7.4　砌筑工程智能施工应用案例

近几年智能建筑工程施工技术，在国内外工程施工中得到了快速发展。很多工程项目开始尝试运用基于BIM+物联网的新型无人化数字施工技术和自动砌筑施工技术，使用砌墙机器人，进行砌筑工程施工。砌墙机器人是集计算机软件、电气自动化、信息化、机械制造等新技术于一体的自动智能建造装备，如图7-13~图7-15所示。

砌筑工程一直是房建工程施工过程中自动化水平较低的一个工种，存在大量重复性劳动，消耗大量的人工和时间，工程质量也很难保证。传统施工由于完全靠工人进行砌筑，BIM技术基本上没有发挥作用的空间。将BIM技术与物联网技术结合，搭建无人化智能砌筑系统，由砌筑机器人作为输出终端，可以充分发挥BIM技术数字化信息的作用，实现无人化施工。系统通过WSN、ZigBee、RFID等传输技术建立砌筑机器人的实时定位和其他数据信息的采集和上传，在BIM数据处理中心将周边环境的BIM数据与施工过程中的其他相关数据信息综合起来进行分析、判断、指引，实时准确地发布砌筑信息，指导施工机械启动相应施工工序及步骤。目前已经初步得到验证的砌筑机器人包括美国Construction Robotics公司的SAM（Semi-automated Mason）系统、ETH Zurich公司的In-situ Fabricator系统，以及澳大利亚Fast brick Robotics公司的Hadrian109砌筑机器人系统。

砌筑前，先将施工图、施工规范、标准数据输入计算机，计算机生成模型后，再将数据传导到砌墙机器人，砌墙机器人就能按照设计和施工规范要求，进行砌筑施工。

它主要由带砖块吸附功能的机械臂、传送带自动上砖、自动泵送砂浆等部分组成。通过计算机程序、传感器，采用精准自动定位技术和虚拟砌筑技术，实现砌墙机器人模拟人工取砖、抹砂浆、揉压砌筑等施工工艺。此外，砌墙机器人还能修正砌块位置、调整砂浆等工作。它几乎能做到零误差,确保砌体灰缝平直、砂浆饱满、砖块位置精准。

随着科学技术的发展,人们将会研发出更多的智能建造施工技术、装备,以及新型砌筑材料,应用到工程砌筑施工中,从而能有效地提升砌筑工程的施工质量,减轻人工砌筑的劳动强度,同时也会大大地提高砌筑工程施工效率。

图 7-13 砌墙机器人(一)

图 7-14 砌墙机器人(二)

图 7-15 砌墙机器人(三)

习　　题

1. 砌筑常用的砖和砌块有哪些?
2. 砌筑砂浆对原材料有哪些要求?
3. 轻骨料混凝土小型空心砌块和蒸压加气混凝土砌块砌筑时,砌筑砂浆的稠度值各应是多少?
4. 砌筑砂浆的搅拌和使用时间是如何规定和要求的?
5. 砖基础大放脚一般采用的砌筑形式是什么?
6. 试述多孔砖的砌筑方式及其要求。
7. 砖砌体的施工工艺流程有哪些?立皮数杆的作用是什么?一般应立在什么位置?
8. 什么是"三一"砌筑法?什么是马牙槎?
9. 砌筑时,施工洞口留设应注意什么?
10. 砖砌体的质量要求主要有哪些?

11. 砌块运输和堆放时应注意什么？施工时对块体的相对含水率有何要求？
12. 砌块排块图的作用和绘制依据是什么？
13. 用轻骨料混凝土小型空心砌块砌筑厨房、卫生间墙体时，其底部应如何处理？
14. 用砌块砌筑填充墙时，墙体灰缝砂浆饱满度要求是多少？如何检验？
15. 用砌块砌筑填充墙时，其搭砌长度有什么要求？
16. 填充墙砌块砌体的水平灰缝厚度和竖向灰缝宽度各是多少？
17. 试述芯柱混凝土浇筑的施工要点。

第8章

防水工程

防水工程涉及建（构）筑物的多重部位，且构造、材料、做法众多，其工程质量优劣直接影响到建（构）筑物的使用寿命、生产生活环境及卫生条件。按部位分为地下结构防水，建筑屋面、外墙和楼地面防水，桥梁、隧道防水，以及水池、水塔等储水构筑物的防水；按构造做法又可分为结构自防水和附加防水层防水。根据《建筑与市政工程防水通用规范》（GB 55030—2022）的规定，工程按其防水功能重要程度分为甲类、乙类和丙类；按使用环境类别划分为Ⅰ类、Ⅱ类和Ⅲ类。

当前，基于 BIM 的信息技术和智能建造技术在工程中的应用日益深入，在防水卷材施工中可利用 BIM 技术可视化、模拟性等特点，直观形象地展示施工工艺过程，并针对特殊部位模拟不同铺贴方式，根据模型测定材料损耗量，从而优选铺贴方案；此外，新型智能型自动摊铺防水卷材机车，集控制、行走、轨迹校正、卷材及地面加热、压实摊铺于一体，具有提高功效、减少人工、提高施工质量和降低能耗等优异的技术特点，在工程应用中效益显著。

主要规范：《地下工程防水技术规范》（GB 50108—2008）、《建筑与市政工程防水通用规范》《屋面工程技术规范》（GB 50345—2012）等。

8.1 地下防水工程

地下防水工程是防止地下水对地下构筑物或建筑基础的浸透、保证地下空间使用功能正常发挥的一项重要工程。由于地下水具有一定压力的长期作用，而结构又存在变形缝、施工缝等众多薄弱部位，因此对施工质量要求高；此外，地下防水施工的环境较差、敞露及拖延时间长、受气候及水文条件影响大、成品保护难，加大了技术和保证质量的难度。

8.1.1 概述

地下工程防水的设计和施工应遵循"防、排、截、堵相结合，刚柔相济，因地制宜，综合治理"的原则。地下工程的防水方案，常根据使用要求、自然环境条件及结构形式等因素确定。对仅有上层滞水且防水要求较高的工程，应采用"以防为主、防排结合"的方案；在有较好的排水条件或防水质量难于保证的情况下，应优先考虑"排水"方案，常采用的排水方法有盲沟法和渗排水层法；而大量工程则为"防水"方案。

常用地下工程防水构造及主要材料如图 8-1 所示，目前多采用混凝土结构自防水+卷材或涂膜柔性防水层的刚柔结合做法。建筑物的地下室多为一、二级防水,常采用两道或多道设防的防水构造。

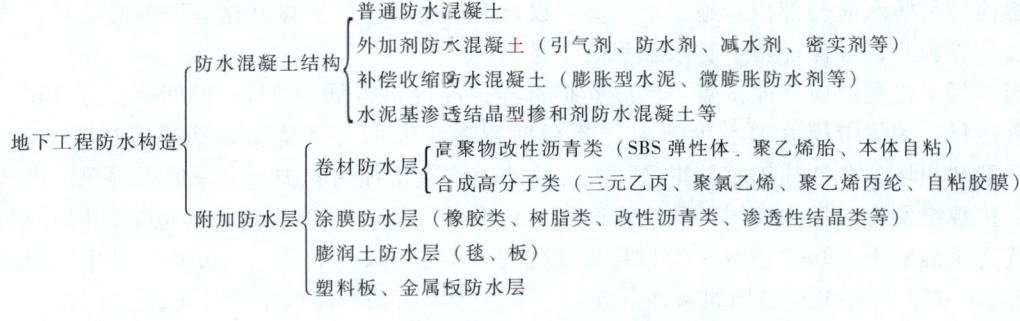

图 8-1 常用地下工程防水构造及主要材料

8.1.2 混凝土结构自防水施工

混凝土结构自防水是通过调整配合比或掺加外加剂、掺合料,以提高自身的密实性和抗渗性的特种混凝土。它兼有承重、围护和防水等功能,且耐久性、耐腐蚀性强。防水混凝土结构的厚度不得小于250mm,裂缝宽度不应大于结构允许限值,并不应贯通;迎水面钢筋的保护层厚度不应小于50mm。

1. 防水混凝土的种类与抗渗等级

防水混凝土有多个品种。普通防水混凝土是通过降低水灰比、增加水泥用量和砂率、石子粒径小及精细施工,从而减少毛细孔的数量和直径、减少混凝土内部的缝隙和孔隙,提高混凝土的密实性和抗渗性。外加剂防水混凝土是在普通防水混凝土的基础上,掺入引气剂、减水剂、密实剂、防水剂等材料,进一步阻塞、减小混凝土的毛细孔道。补偿收缩防水混凝土不但能减少毛细孔道,还能通过补偿收缩而避免宏观开裂,是最常用的品种。

防水混凝土的抗渗能力用抗渗等级表示,它反映了混凝土在不渗漏时的允许水压值。其设计抗渗等级依据工程防水等级而定(见表8-1),最低为P6(抗渗压力0.6MPa)。

表 8-1 明挖法地下工程防水混凝土最低抗渗等级

防水等级	市政工程现浇混凝土结构	建筑工程现浇混凝土结构	装配式衬砌
一级	P8	P8	P10
二级	P6	P8	P10
三级	P6	P6	P8

防水混凝土的配合比应通过试验确定。为了保证施工后的可靠性,在进行防水混凝土试配时,其抗渗等级应比设计要求提高0.2MPa。

2. 防水混凝土施工要求

防水混凝土应尽量连续浇筑,使其成为封闭的整体。当在大型地下工程中,竖向结构与水平结构难以实现连续浇筑时,宜采用底板→底层墙体→底层顶板→墙体→……分几个部位浇筑的程序。基础底板面积较大,宜采取分区段分层浇筑;墙体高度大,宜分层交圈浇筑,并保证上下层的连续。对大体积混凝土应制定可靠的综合措施以防开裂,确保其抗渗性能。

浇筑时,应控制倾落高度,防止分层离析;应分层浇筑,每层厚度不得大于500mm;

采用机械振捣，并避免漏振、欠振和过振。

防水混凝土结构的混凝土施工缝、结构变形缝、后浇带、穿墙管道、预埋件、预留孔及穿墙螺栓等是防水薄弱部位。施工中，应按设计及规范要求认真做好这些细部的处理，并进行全数检查验收，以保证整个防水工程的质量。

当混凝土终凝后应立即覆盖、保湿养护，养护温度不得低于5℃，时间不少于14d。拆模不宜过早，墙体带模养护不少于3d。拆模时混凝土表面与环境温差不得超过15~20℃，防止开裂和损坏。冬期施工时不得采用电热法或蒸汽直接加热养护，应采取保湿保温措施。

应按规定留置抗压强度试件和抗渗试件。抗渗试件应在浇筑地点与其他试件同时制作，每连续浇筑混凝土500m³留置一组，且每项工程不得少于2组，每组为6块。其中一组进行28d标准养护，另一组与结构同条件下养护，其抗渗等级均不应低于设计等级。

8.1.3 卷材防水层施工

1. 材料要求

卷材防水是地下防水工程的主要做法，常采用高聚物改性沥青防水卷材、合成高分子防水卷材等，以满足耐久性、抗拉及变形性能要求。根据设计要求确定的卷材品种、规格，进场应检查外观质量、核实出厂合格证及质量检测报告，并按规定进行现场抽样复检，合格后方准使用。常用卷材的性能见表8-2、表8-3。

表8-2 高聚物改性沥青防水卷材的主要物理性能要求

物理性能		弹性体改性沥青防水卷材			自粘聚合物改性沥青防水卷材	
		聚酯毡胎体	玻纤毡胎体	聚乙烯膜胎体	聚酯毡胎体	无胎体
可溶物含量/(g/m²)		3mm厚≥2100 4mm厚≥2900			3mm厚≥2100	—
抗拉性能	拉力/(N/50mm)	≥800 （纵横向）	≥500 （纵横向）	≥140（纵向） ≥120（横向）	≥450 （纵横向）	≥180 （纵横向）
	延伸率(%)	最大拉力时 ≥40 （纵横向）	—	断裂时 ≥250（纵横向）	最大拉力时 ≥30 （纵横向）	断裂时 ≥180 （纵横向）
低温柔度/℃		-25,无裂纹				
热老化后低温柔度/℃		-20,无裂纹			-22,无裂纹	
不透水性		压力0.3MPa,保持时间120min,不透水				

表8-3 合成高分子防水卷材的主要物理性能要求

物理性能	三元乙丙橡胶 防水卷材	聚氯乙烯 防水卷材	聚乙烯丙纶 复合防水卷材	高分子自粘胶膜 防水卷材
断裂拉伸强度(≥)	7.5MPa	12MPa	60N/10mm	100N/10mm
断裂伸长率(≥)	450%	250%	300%	400%
撕裂强度(≥)	25kN/m	40kN/m	20N/10mm	120N/10mm
复合强度 （表层与芯层）	≥25kN/m	≥40kN/m	≥20N/10mm	≥120N/10mm

(续)

物理性能	三元乙丙橡胶防水卷材	聚氯乙烯防水卷材	聚乙烯丙纶复合防水卷材	高分子自粘胶膜防水卷材
低温弯折性	-40℃,无裂纹	-20℃,无裂纹	-20℃,无裂纹	-20℃,无裂纹
不透水性		压力 0.3MPa,保持时间 120min,不透水		

2. 施工工艺

工艺流程为:基层清理→涂布基层处理剂→细部增强处理→铺贴卷材→保护层施工。

(1) 基层处理

1) 卷材防水层的基层必须坚实、平整、干燥、洁净。对凹凸不平的基体表面应抹水泥砂浆找平层;平整的混凝土表面若有气孔、麻面,可用加膨胀剂的水泥砂浆填平。找平层应做好养护,防止出现空鼓和起砂现象。

2) 各部位的阴阳角均应做成圆弧或折角,避免卷材折裂。

3) 防水层施工时,其基层含水率一般应低于 9%。检查时可在基层表面铺设 1m×1m 的防水卷材,静置 3~4h 后掀开,若基层表面及卷材内表面均无水印,即可视为含水率达到要求。

4) 铺贴防水卷材前,应在基面上涂布基层处理剂,以加强卷材与基体的黏结。所用材料要与卷材及其黏结材料的材性相容。涂刷应均匀、不露底。

5) 复杂部位增强处理。基层处理剂干燥后,先在管根、转角处、变形缝、施工缝等部位铺贴卷材加强层,做增强处理。

(2) 防水层施工

1) 基本要求。

① 卷材搭接处和接头部位应粘贴牢固,接缝口应封严或采用材性相容的密封材料封缝。

② 接头应有足够的搭接长度,且相互错开,如图 8-2 所示。

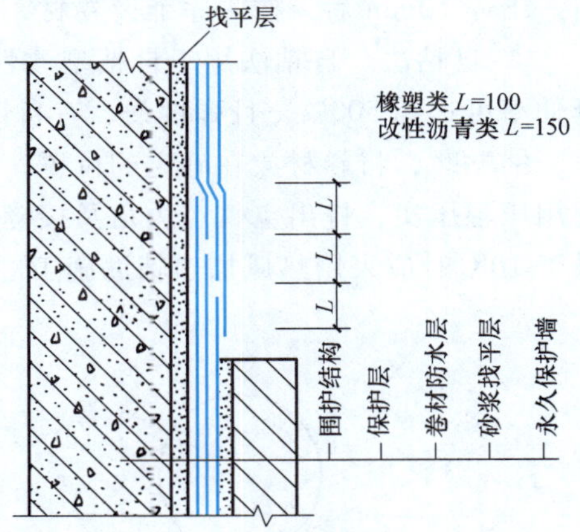

③ 上下层卷材的接缝位置应均匀错开。卷材不得相互垂直铺贴。

图 8-2 墙面卷材防水层错槎接缝

④ 不同品种防水卷材的搭接宽度,应符合表 8-4 的规定。

表 8-4 防水卷材搭接宽度

卷材品种	搭接宽度/mm
弹性体改性沥青防水卷材	100
改性沥青聚乙烯防水卷材	100
自粘聚合物改性沥青防水卷料	80
三元乙丙橡胶防水卷材	100/80(胶黏剂/胶粘带)
聚氯乙烯防水卷材	60/30(单焊缝/双焊缝)
	100(胶黏剂)

(续)

卷材品种	搭接宽度/mm
聚乙烯丙纶复合防水卷材	100（黏结料）
高分子自粘胶膜防水卷材	80（自粘胶/胶粘带）

2）改性沥青卷材防水层粘贴。此类卷材常采用 SBS 等高聚物改性沥青防水卷材，选用热熔法、冷粘法或自粘法等进行粘贴。主要工艺与要求如下：

① 热熔法。热熔法是利用火焰加热卷材底面及基层处理剂，熔化后铺贴并压实。该法施工简便、粘贴牢固、使用广泛，可在环境温度不低于 -10℃ 时施工；但易造成污染或火灾隐患。

铺贴时，先将卷材放在铺贴位置上，打开 1m 左右长度，用汽油喷灯或燃气具的火炬烘烤卷材的底面，沥青熔融后粘贴固定在基层表面。端部固定后，将未粘贴部分卷好，用火炬对准卷材卷与基层表面夹角（图 8-3），并保持喷枪嘴距角顶 0.5m 左右，边熔融卷材和基层，边向前缓慢滚铺，随即用压辊排除空气并压实。滚铺时，卷材接缝部位必须有沥青热熔胶溢出，并随即刮封接口，使接缝粘贴严密。

② 冷粘法。冷粘法是利用改性沥青冷黏结剂粘贴卷材，可在温度不低于 5℃ 时施工。铺贴时，把搅拌均匀的冷黏结剂均匀涂刷在基层上，涂刷宽度略大于卷材幅宽，厚度 1mm 左右。干燥 10min 后，按顺序铺设卷材，并用压辊由中心向两侧滚压排气，使其粘牢。

③ 自粘法。自粘法用于自粘型改性沥青卷材。该类卷材分有胎和无胎两种，无胎型的延伸率可达到 500%，且弹性强、有自恢复功能，施工方便，防水效果好。

铺贴时，将卷材放在确定的位置，经揭纸、粘头后，随揭隔离纸随滚铺卷材（图 8-4），并用压辊压实，排出空气。边角及接缝处要反复压实粘牢；环境温度不得低于 5℃，且温度低于 10℃ 时应采用热风加热辅助施工。

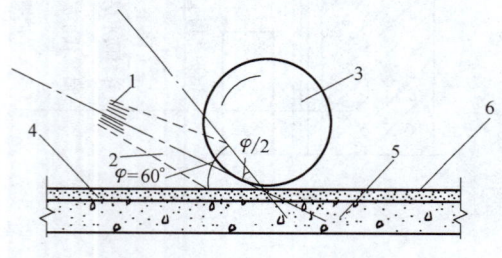

图 8-3　热熔火焰的喷射方向
1—喷嘴　2—火焰　3—改性沥青卷材
4—水泥砂浆找平层　5—混凝土层　6—卷材

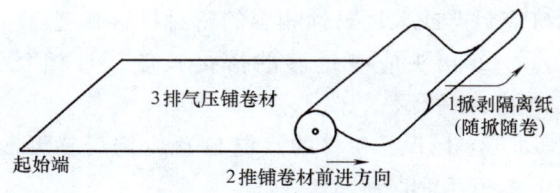

图 8-4　自粘型卷材滚铺法施工示意图

3）合成高分子卷材防水层粘贴。该类防水卷材的粘贴可依据卷材本身特点，选用冷粘、自粘方法进行粘贴。对于三元乙丙橡胶防水卷材、聚氯乙烯防水卷材常采用相应的胶黏剂粘贴，对于聚乙烯丙纶复合防水卷材则常采用配套的聚合物砂浆湿作业粘贴；而对于自粘胶膜防水卷材则可采用预铺反粘防水技术，具体见下文"外防内贴法"相关内容。采用胶黏剂冷粘法施工时，环境温度应不低于 5℃。主要工艺与要求如下：

① 涂布基层胶黏剂。将胶黏剂分别在卷材表面（搭接边除外）和基层表面，用滚刷均

匀涂布，静置 10～20min，指触不粘时，即可进行铺贴。

② 铺贴卷材。根据卷材配置方案弹出基准线，按线从一端开始铺贴。平面与立面相连的卷材，应先铺平面再向上铺立面，使卷材与阴阳角贴紧。接缝部位应离开阴阳角 200mm 以上。铺设时，不得将卷材拉得过紧或出现皱褶。

每铺完一张卷材后，立即用干净柔软的长把滚刷沿卷材横向顺序用力滚压一遍，以排除黏结层的空气。平面部位再用 φ200mm×300mm、重 30～40kg 外包橡胶的铁辊滚压一遍，垂直面上再用手持压辊滚压，使其黏结牢固。

③ 卷材接缝的黏结与补强。大面积卷材铺好后，先将接缝处的表面清理干净，在两黏结面涂刷接缝专用胶黏剂，晾胶至指触基本不粘手时再进行粘贴，并用手持压辊顺序滚压一遍，不得有气泡和皱褶。在接缝黏结后，其边口应嵌填密封膏。对于要求较高的工程，还宜在接缝处附加补强层（图 8-5）。

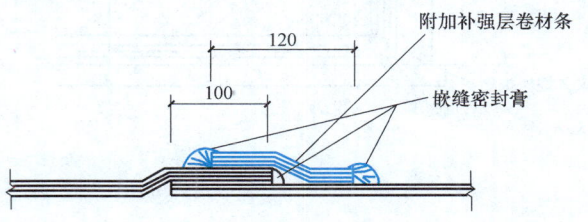

图 8-5　卷材接缝处附加补强层处理示意图

当卷材为聚氯乙烯等热塑性材料时，可用热风焊机进行热熔接缝，黏结效果更好。

(3) 保护层施工　基础底板防水层铺贴后，平面上浇筑不少于 50mm 厚细石混凝土保护层，待其达到足够强度后方可进行基础底板施工。

墙体采用内贴法施工时，可抹压 20mm 厚 1∶3 水泥砂浆保护层，或粘贴 5～6mm 厚聚氯乙烯泡沫塑料片材作软保护层。抹水泥砂浆前，应在卷材表面涂刷胶黏剂，并撒粗砂或粘麻丝，以利砂浆黏结。

墙体采用外贴法施工时，可粘贴泡沫塑料片材、聚苯乙烯挤塑板，或铺抹 1∶2.5 水泥砂浆、砌筑保护砖墙等。塑料板、片材应接缝严密，粘贴牢固；保护墙应在转角处及每隔 5～6m 处断开，断开的缝隙用卷材条填塞，保护墙与防水层之间的空隙应随时用砌筑砂浆填实。

3. 施工程序与方法

地下卷材防水常用全外包防水做法，即将卷材防水层设置在地下防水结构的外表面（迎水面），称为外防水。按结构墙体与卷材防水层的施工先后顺序，可分为外贴法和内贴法两种程序。结构底板垫层混凝土部位的卷材可采用空铺法或点粘法施工，外贴法的侧墙、顶板部位的卷材必须采用满粘法施工。

(1) 外防外贴法　外防外贴法是指在结构墙体施工完成后，在外墙外表面直接粘贴卷材。其防水构造如图 8-6a 所示。临时性保护墙应用石灰砂浆砌筑，内表面用石灰砂浆做找平层，以便于做墙体防水层时搭接处理；基础底板处的卷材，应先铺底面，后铺立面，多层卷材的交接处应交错搭接。结构墙体完成后，铺贴墙面卷材前，应将临时保护墙拆除，卷材表面清理干净。墙面卷材从上至下铺贴，与底板处卷材错槎搭接，上层卷材应盖过下层卷材，如图 8-6b 所示。

施工程序如下：浇筑基础混凝土垫层并抹平→垫层边缘上干铺油毡隔离层→砌永久性保护墙和临时保护墙→在保护墙内侧抹水泥砂浆找平层→养护干燥后，在垫层及墙面的找平层上涂布基层处理剂、分层铺贴防水卷材→检查验收→做卷材的保护层→底板和墙身结构施

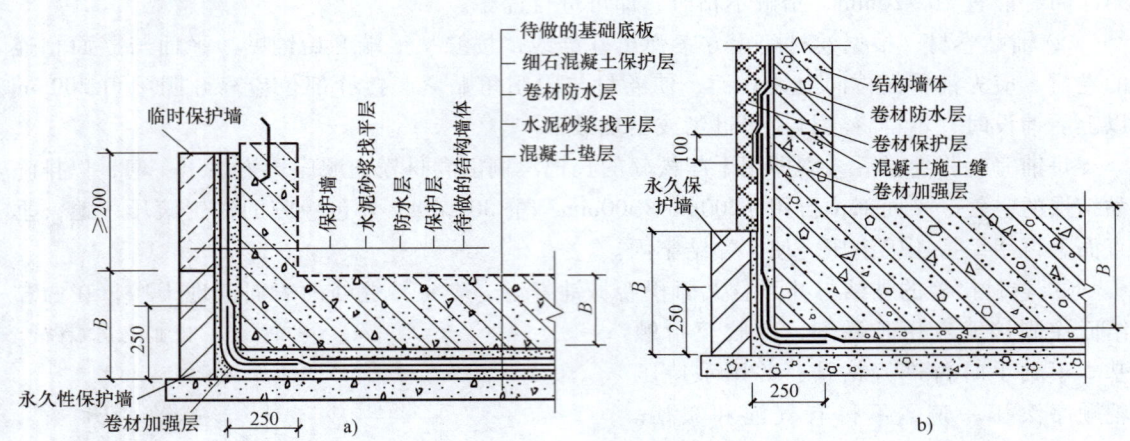

图 8-6 外防外贴法卷材防水构造
a) 基础底板施工前 b) 结构及防水层施工后

工→结构墙外侧抹水泥砂浆找平层→拆除临时保护墙→粘贴墙体防水层→验收→保护层和回填土施工。

（2）外防内贴法 外防内贴法是将立面卷材防水层先粘贴在保护墙上，再进行结构的外墙施工。其防水构造如图 8-7 所示。采用外防内贴法施工时，卷材宜先铺贴立面，后铺贴平面。铺贴立面时，先转角后大面。施工程序如下：在混凝土垫层边缘上做永久性保护墙→在保护墙及垫层上抹水泥砂浆找平层→立面及平面防水层施工→检查验收→平面及立面保护层施工→底板和墙身结构施工。

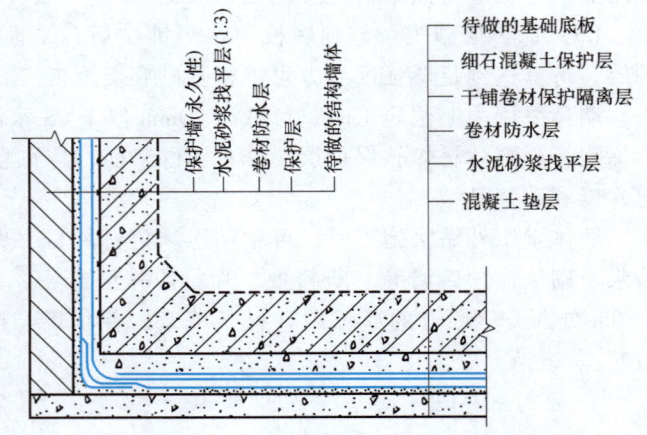

图 8-7 外防内贴法卷材防水构造

外防内贴法可节约场地及模板、工序少，但若墙体结构施工时造成防水层损坏，则难以发现和修补。因此，往往用于施工场地狭小，不便采用外防外贴法施工的工程。若高分子自粘胶膜防水卷材采用预铺反粘法技术施工，则在提高防水层对结构保护可靠性的同时，有望大幅度降低可能发生的漏水维修难度和费用。

高分子自粘胶膜防水卷材是一种在高密度聚乙烯卷材上涂覆高分子自粘胶层和耐候层的复合卷材。高密度聚乙烯主要提供高强度；自粘胶层具有良好的粘接性能，可以承受结构产生的裂纹影响；耐候层既可以使卷材在施工时适当外露，又提供不粘的表面供工人行走，使得后道工序可以顺利进行。该种卷材具有较高的断裂拉伸强度和撕裂强度，胶膜的耐水性好，单层使用时也可达到一、二级防水要求。

预铺反粘法适用于地下工程底板和侧墙的外防内贴法防水施工。在平面上，将高密度聚乙烯面朝下空铺于垫层上，胶粘层朝上；用于立面时，将卷材高密度聚乙烯面朝外，固定在保护墙找平层或支护结构面上，胶粘层也朝向待做的结构层（即防水混凝土墙体），在搭接部位临时固定卷材。防水卷材施工后，不需铺设保护层，可以直接进行绑扎钢筋、支模板、浇筑混凝土等后续工序进行施工。

混凝土浇筑过程中，未凝固混凝土与卷材的耐候层和胶粘层接触、作用。在混凝土固化后，卷材与混凝土之间能形成牢固、连续的黏结，从而实现对结构混凝土的直接防水保护，防止防水层局部破坏时，外来水在防水层和结构混凝土之间窜流。

8.2 屋面防水工程

屋面防水是防止雨水、雪水对屋面的间歇性浸透，保证建筑物的寿命及使用功能正常发挥的一项重要工程。工程中按不同的防水等级进行设防，具体防水做法见表8-5。对防水有特殊要求的建筑屋面，应进行专项防水设计。

表8-5　卷材、涂膜屋面防水等级和防水做法

防水等级	防水做法
Ⅰ级	卷材防水层和卷材防水层、卷材防水层和涂膜防水层、复合防水层
Ⅱ级	卷材防水层、涂膜防水层、复合防水层

注：在Ⅰ级防水屋面做法中，防水层仅作为单层卷材时，应符合有关单层防水卷材屋面技术的规定。

防水屋面的种类包括卷材防水屋面、涂膜防水屋面、瓦屋面等。下面介绍常用的卷材、涂膜防水屋面的施工。该类防水屋面按防水层与保温层设置位置不同，分为正置式屋面和倒置式屋面，其构造做法如图8-8所示。

屋面的施工顺序应按构造做法由下至上分层次进行。如正置式屋面主要为：找坡及保温层施工→找平层施工→防水层施工→隔离层及保护层施工。其中找坡及保温层应根据设计要求的材料做法，在结构完成后及时进行施工，以保护结构。

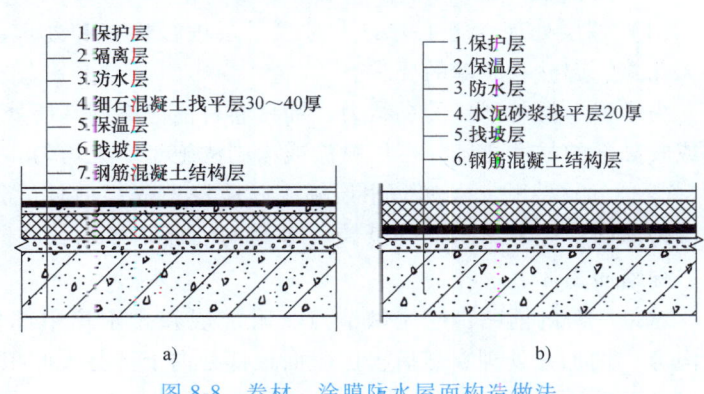

图8-8　卷材、涂膜防水屋面构造做法
a）正置式屋面　b）倒置式屋面

8.2.1 卷材防水屋面

1. 材料要求

常用屋面卷材防水材料包括高聚物（如SBS、APP等）改性沥青防水卷材、合成高分子防水卷材以及相应的胶黏剂、基层处理剂、嵌缝膏等。所用材料的品种、规格、性能等应符合设计和标准要求，并经抽样复试合格。

2. 找平层施工

找平层是防水层的基层，其性能与质量直接影响到防水层的质量和防水效果。

（1）材料做法　找平层材料宜采用水泥砂浆或细石混凝土，做法详见表8-6。在整体性及刚度较差的块体或散碎材料上，应做细石混凝土找平层。

表8-6　找平层厚度和技术要求

找平层分类	适用的基层	厚度/mm	技术要求
水泥砂浆找平层	整体现浇混凝土板	15~20	1:2.5水泥砂浆
	整体材料保温层	20~25	
细石混凝土找平层	装配式混凝土板	30~35	C20混凝土，宜加钢筋网片
	板状材料保温层		C20混凝土
沥青砂浆找平层	整体混凝土	15~20	混凝土强度等级不低于C20
	装配式混凝土板、整体或板状材料保温层	20~25	沥青:砂为1:8（质量比）

（2）施工要求　施工时，处于保温层上的找平层应留设分格缝，避免因温度变形开裂而影响防水层。纵横缝的间距均不宜大于6m，用分格条进行留设，缝宽宜为5~20mm。装配式结构的分格缝宜留设在屋面板板端处。缝内嵌填密封材料。

卷材屋面的找平层与突出屋面结构（如女儿墙、立墙、风道口等）的连接处、管根处及基层的转角处（如檐口、天沟、屋脊、雨水口等），均应做成圆弧，以防卷材折裂。

3. 防水层施工

（1）基层处理　施工前需先对找平层进行检查和处理，满足坚实、干净、平整、干燥且无孔隙、起砂和裂缝的要求。

为增强卷材与基层的黏结力，铺贴卷材前应涂刷基层处理剂。基层处理剂的种类应与卷材或胶黏剂的材性相容，可用喷涂或涂刷法施工，应均匀一致，干燥后应立即铺贴卷材。

（2）卷材铺贴　卷材防水层施工，应按"先高后低、先远后近"的顺序进行铺贴，即高低跨屋面，先铺高跨后铺低跨；等高的大面积屋面，先铺离上料地点远的部位，以防运输、踩踏而损坏。

对每一跨的铺贴，应先做节点、附加层和排水集中部位（如雨水口处、檐口、天沟、檐沟等）的加强处理，然后再由屋面最低处向上进行大面积铺贴，以保证顺水搭接。

屋面卷材宜平行屋脊铺贴，上下层卷材不得相互垂直铺贴；檐沟、天沟卷材应顺其长度方向铺贴，以减少搭接。当屋面坡度大于25%时，卷材应满粘并采取钉压固定措施。

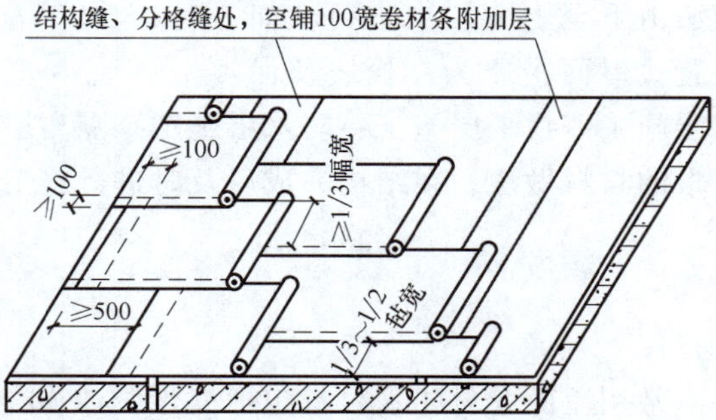

卷材铺贴应采用搭接法连接，平行于屋脊的搭接缝应顺流水方向搭接，卷材搭接宽度应符合表8-7的规定。采用热熔法粘贴改性沥青防水卷材的搭接形式与要求如图8-9所示。

图8-9　改性沥青防水卷材的搭接形式与要求（热熔法粘贴）

同一层相邻两幅卷材短边搭接缝错开不应小于500mm，上下层卷材长边搭接缝应错开，且不应小于幅宽的1/3。叠层铺贴的各层卷材，在天沟与屋面的交接处，应采用叉接法搭接，搭接缝应错开；搭接缝宜留在屋面与天沟侧面，不宜留在沟底。防水卷材的最小搭接宽度见表8-7。

卷材防水层的粘贴形式按其底层卷材是否与基层全部黏结，分为满粘法、空铺法、条粘法或点粘法（图8-10）。各层卷材之间应满粘。

表8-7 屋面工程卷材最小搭接宽度

卷材类别		最小搭接宽度/mm
合成高分子防水卷材	胶黏剂	100
	胶粘带	80
	单焊缝	60,有效焊接宽度不小于25
	双焊缝	80,有效焊接宽度10×2+空腔宽
高聚物改性沥青防水卷材	胶黏剂、热熔法	100
	自粘	80

立面或大坡面铺贴卷材时，必须采用满粘法，并宜减少短边搭接。

当卷材防水层上有重物覆盖或基层变形较大时，应优先采用空铺法、点粘法或条粘法，以避免结构变形拉裂防水层；当保温层或找平层含水率较大，且干燥有困难时，也应采用空铺法、点粘法或条粘法铺贴，并在屋脊设置排气孔而形成排气屋面，以防止水分蒸发造成卷材起鼓。

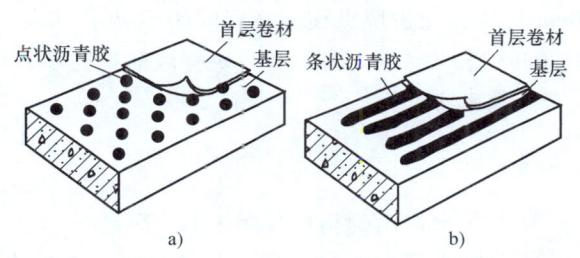

图8-10 点粘法、条粘法示意图
a) 点状粘贴 b) 条状粘贴

采用空铺法、点粘法或条粘法时，在屋脊、檐口和屋面的转角处应满粘，其宽度不小于800mm，卷材间的搭接处也必须满粘。条粘法铺贴时，每幅卷材与基层黏结面不少于2条，每条宽度不小于150mm；点粘法铺贴时，卷材与基层的黏结点，每平方米不少于5个，每点面积为100mm×100mm。

卷材的收头、雨水口、管根、变形缝、出入口等处，均应按构造要求做好细部处理。

卷材的粘贴工艺和要求见地下卷材防水层施工，需注意的问题如下：

1）采用热熔法铺贴高聚物改性沥青卷材时，火焰加热器的喷嘴距卷材面的距离应适中，幅宽内加热均匀，使卷材表面熔融至光亮黑色为度，随即滚铺卷材。滚铺时应排除空气，使之平展无皱褶，并辊压粘牢。

2）采用冷粘法铺贴卷材时，应根据胶黏剂的性能，控制好胶黏剂涂刷与卷材铺贴的间隔时间。胶黏剂涂刷应均匀，不得露底、堆积。卷材铺贴应平整顺直，搭接尺寸准确，不得扭曲、皱褶。铺贴时应排除卷材下的空气，并辊压粘牢。卷材的搭接缝应满涂配套胶黏剂，辊压粘牢，溢出的胶黏剂随即刮平封口，并在接缝口处嵌填密封材料进一步封严，其宽度不小于10mm。

3）铺贴自粘型卷材，应在基层处理剂干燥后及时进行。铺贴时，应将隔离纸撕净，并排除空气，辊压粘牢。搭接部位宜用热风焊枪加热后随即粘牢，溢出的自粘胶随即刮平封口，并用密封材料将缝口进一步封严。立面及大坡面粘贴时，应加热后粘牢。

4）采用焊接法铺设合成高分子卷材前，卷材应铺放平整、顺直，搭接尺寸准确，焊接缝的结合面应清扫干净；焊接时应先焊长边搭接缝，后焊短边搭接缝。

5）采用机械固定法铺贴卷材时，固定件应与结构层连接牢固；固定件间距应根据抗风揭试验和当地的使用环境与条件确定，并不宜大于600mm；卷材防水层周边800mm范围内应满粘，卷材收头应采用金属压条钉压固定和密封处理。

4. 保护层施工

卷材屋面应有保护层，以减少雨水、冰雹冲刷或其他外力造成的卷材机械性损伤，并可折射阳光、降低温度，减缓卷材老化，从而增加防水层的寿命。当卷材本身无保护层而又非架空隔热屋面或倒置式屋面时，均应另做保护层。

保护层施工应在防水层经过验收合格，并将其表面清扫干净后进行。用水泥砂浆、细石混凝土或块材等刚性材料做保护层时，应在保护层与防水层之间抹纸筋灰或铺细砂等隔离层，以防其温度变形而拉裂防水层；为防止刚性保护层开裂，施工时应设置分格缝，其要求为：水泥砂浆表面分格面积宜为$1m^2$；细石混凝土纵横间距不大于6m，缝宽宜为10~20mm；块材保护层纵横分格缝间距不大于10m，缝宽20mm；刚性保护层与女儿墙之间需预留30mm宽的空隙。施工时，块材应铺平铺稳，块间用水泥砂浆勾缝；所留缝隙应用防水密封膏嵌填密实。

8.2.2 涂膜防水屋面

涂膜防水屋面的构造如图8-11所示。

涂膜防水屋面的施工顺序及基层做法与要求同卷材防水屋面。施工顺序为：特殊部位处理→基层处理→涂膜防水层施工→保护层施工。

1. 基层处理及施工环境

涂膜防水屋面对基层的要求及处理方法同卷材防水屋面。当采用溶剂型、热熔型及反应固化型防水涂料时，基层应干燥。基层处理剂应与上部涂膜的材性相容，常采用防水涂料的稀释液或专用基层处理剂。

防水涂层严禁在雨天、雪天施工；五级风以上时或预计涂膜固化前有雨时不得施工；水乳型、反应型涂料及聚合物水泥涂料的施工环境温度宜为5~35℃，溶剂型涂料宜为-5~35℃，热熔型涂料不宜低于-10℃。

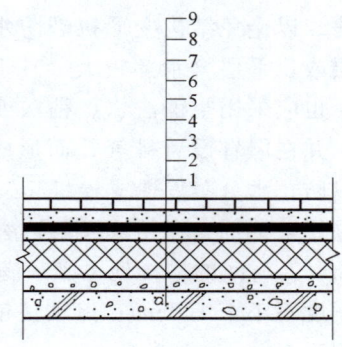

图8-11 有隔气层的
涂膜防水屋面构造

1—屋面板 2—找坡找平层 3—涂膜隔气层
4—保温层 5—水泥砂浆找平层 6—聚氨酯底胶 7—涤纶无纺布增强聚氨酯涂膜防水层
8—水泥砂浆黏结层 9—地砖饰面保护层

2. 涂膜施工顺序与要求

施工时，应先做节点、附加层，再按照"先高后低、先远后近"的顺序进行大面积施工。涂层施工可采用抹压、滚涂、刷涂或喷涂等方法，分层分遍涂布。后层涂料应待前一层干燥成膜后进行，涂刷的方向应与前一层垂直；对屋面转角及立面的涂层，应采取薄涂多遍，避免流淌和堆积现象。高聚物改性沥青涂膜防水层的厚度不应小于3mm，合成高分子防水涂料成膜厚度不应小于1.5mm。

对于有胎体增强的涂膜防水层，宜采用聚酯无纺布或化纤无纺布作为增强材料。在第三遍涂料涂刷前即可铺贴胎体增强材料。铺贴胎体应边涂刷边铺设，并刮平粘牢，排出气泡。

干燥后,在胎体上涂布涂料时,应使涂料浸透胎体,覆盖完全,不得有外露现象。最上面的涂膜厚度不得小于 1mm。胎体铺贴方向应视屋面坡度而定,当屋面坡度小于 15%时可平行于屋脊铺设,否则应垂直于屋脊铺设,以防其下滑。铺贴应由低向高进行,顺水流方向搭接,长边搭接宽度不得小于 50mm,短边搭接宽度不得小于 70mm。上下层不得相互垂直铺设,搭接缝位置应错开,其间距不小于 1/3 幅宽。

涂膜防水层的收头应用防水涂料多遍涂刷或用密封材料封严。在涂膜实干前,不得在防水屋面上进行其他作业,涂膜防水屋面上不得直接堆放物品。

8.2.3 喷涂硬泡聚氨酯保温防水技术

硬泡聚氨酯保温防水层是在屋面上使用专用喷涂设备喷涂硬泡聚氨酯形成的高闭孔率、具有保温防水一体化功能的构造层,其中硬泡聚氨酯是一种采用异氰酸酯、多元醇及发泡剂等添加剂,经相互反应形成的硬质泡沫体。在硬泡聚氨酯上再刮抹抗裂聚合物水泥砂浆形成的具有保温防水功能的构造层称为硬泡聚氨酯复合保温防水层。屋面用喷涂硬泡聚氨酯的物理性能应符合表 8-8 的要求。

喷涂硬泡聚氨酯按其材料物理性能分为Ⅰ型、Ⅱ型、Ⅲ型三种类型,其中Ⅰ型仅用于屋面和外墙保温层;Ⅱ型用于屋面复合保温防水层,其屋面基本构造层次由结构层、找坡(找平)层、喷涂Ⅱ型硬泡聚氨酯层、抗裂聚合物水泥砂浆层组成;Ⅲ型用于屋面保温防水层,其屋面基本构造层次则由结构层、找坡(找平)层、喷涂Ⅲ型硬泡聚氨酯层、保护层组成。需要说明的是,喷涂Ⅱ型、Ⅲ型作为屋面保温防水层使用时,可作为一道防水层。

喷涂硬泡聚氨酯施工前应对其专用喷涂设备进行调试和试喷,并预留试块进行材料性能检测。喷涂作业时喷嘴与施工基面的间距宜为 800~1200mm,并应采取防止污染的遮挡措施。一个喷涂作业面应根据设计厚度分遍喷涂完成,每遍厚度不宜大于 15mm;当日的施工作业面必须于当日连续喷涂完毕。硬泡聚氨酯喷涂后 20min 内严禁上人。

表 8-8 屋面用喷涂硬泡聚氨酯物理性能

项目	性能要求		
	Ⅰ型	Ⅱ型	Ⅲ型
表观密度/(kg/m^3)	≥35	≥45	≥55
导热系数(平均温度 25℃)/[W/(m·K)]	≤0.024	≤0.024	≤0.024
压缩性能(形变 10%)/kPa	≥150	≥200	≥300
不透水性(无结皮,0.2MPa,30min)	—	不透水	不透水
尺寸稳定性(70℃,48h)(%)	≤1.5	≤1.5	≤1.0
闭孔率(%)	≥92	≥92	≥95
吸水率(V/V)(%)	≤3	≤2	≤1
燃烧性能等级	不低于 B$_2$ 级	不低于 B$_2$ 级	不低于 B$_2$ 级

8.3 防水工程智能施工应用案例

某回迁房工程项目，屋面防水总施工面积约 3 万 m^2，工作面较为宽阔平整，设计采用 4mm 厚的卷材作为防水材料（单卷重达 70kg）。采用传统人工铺贴卷材方式存在如下问题：

1) 人工铺贴完成后对材料压实不均匀，满粘率难以满足要求。

2) 大面积人工铺贴卷材劳动负荷大，无法保证按直线行进，且施工速度较慢，易造成不必要的浪费。

3) 施工时间正值夏季，高温工作环境以及传统热熔明火作业带来的安全隐患较大，增加了人工及管理成本。

最终采用热熔改性沥青防水卷材自动摊铺车进行卷材施工（图 8-12）。操控人员可以手持遥控器轻松对摊铺车进行操作，远离热浪烘烤、尾气环境，工作环境更健康舒适。此外，通过智能控制实现卷材烘烤恰到好处，不过度、不欠缺；压实工序紧跟其后，弹性压板适应任何基层，实现 100% 满粘。

图 8-12 热熔改性沥青防水卷材自动摊铺车作业场景

具体分析如下：

1) 通过设计机械施加恒定压力，解决了人工铺贴难以实现的卷材及时均匀压实的问题，提高了满粘率，即通过在摊铺辊的后面增设压实辊，使得卷材边缘部位被压实辊再次压实，尤其是对边缘拼接部位，提高了压实质量，通过增设弹性刮板，使得卷材压实装置能够适应各种不同的铺设面，提高了卷材铺设质量。

2) 通过自动行走系统，实现设备移动和转向，同时解决人工铺贴时产生的施工路线偏移问题。自动摊铺车的平衡行走装置包括一对驱动轮、一对支撑轮和自平衡装置。这些装置能使自动摊铺车在工作时，能够自动行走、灵活转向、自动纠正轨迹偏向、障碍物自动避让，并可自平衡，便于施工人员操作，提高热熔改性沥青防水卷材铺设质量和铺设效率。

3) 通过防护系统设计，解决人工作业时的高温工作状态以及潜在的明火伤人问题。自动摊铺车的防护装置系统包括罩壳、隔热帘、隔热涂层等，这些装置能将摊铺车加热器对卷材喷射的高温火焰产生的热量隔离并有效收集利用，从而避免操作人员身体产生不适，甚至烫伤的危险。

热熔改性沥青防水卷材自动摊铺车具有智能、节能、环保、能耗低等优点，在本项目中针对性解决了痛点问题，效果显著：卷材满粘率高，施工质量可靠、稳定；其自动化施工能力大大降低了工人的劳动强度，并且不需要全程近距离使用火焰操作，改善了工人的施工环境；50d 完成卷材施工任务，综合效益比传统人工作业节约近 60%。

习 题

1. 地下防水构造可分为哪些类别？
2. 防水混凝土施工的要求有哪些？

3. 外加剂防水混凝土常用的外加剂有哪些？
4. 防水混凝土工程中，防水薄弱部位主要有哪些？
5. 简述防水卷材冷粘法、热熔法及自粘法的施工方法。
6. 简述地下工程防水外防外贴法和外防内贴法的施工顺序及优缺点。
7. 简述地下工程预铺反粘法施工工艺。
8. 简述屋面防水等级及对应的防水做法。
9. 屋面防水卷材的铺贴方法有哪些？
10. 如何确定屋面防水卷材的铺贴方向与施工顺序？
11. 简述涂膜防水屋面的施工工艺。
12. 简述屋面防水刚性保护层分格缝的作用及设置要求。

第 9 章

装饰装修工程

装饰装修是指为保护建筑物或构筑物的主体结构、完善使用功能、协调结构与设备的关系和达到美化效果，采用装饰装修材料或饰物，对其内外表面及空间进行的各种处理过程。建筑装饰装修可分为室外和室内两大部分；按工艺方法和部位分为抹灰工程、门窗工程、地面工程、吊顶工程、隔墙隔断工程、饰面工程、幕墙工程、涂饰工程、裱糊与软包工程、细部工程等。

装饰装修工程具有工序多、工艺复杂、工期长、造价高、用工多及质量要求高、成品保护难、环保要求高等特点。使用工厂化生产的构件与材料，用干作业代替湿作业，提高机械化施工程度，实行专业化施工等，是装饰装修施工的发展方向。这对于缩短工期、降低造价、提高质量、减轻劳动强度和保护环境有着重要意义。

9.1 抹灰工程

抹灰是将砂浆或灰浆涂抹在结构体表面，具有保护结构、找平及装饰等作用。在有水房间的地面及雨水较多地区的外墙面，常需抹水泥防水砂浆，使其兼具防水功能。

9.1.1 抹灰概述

1. 抹灰层的组成

抹灰施工一般需要分层进行，以利于黏结牢固、抹面平整和避免开裂。通常由底层、中层、面层三个层次构成，如图 9-1 所示。

底层的主要作用是与基体黏结，兼初步找平。其材料应与基体的强度及温度变形能力、环境相适应，强度不得低于面层。如砖墙基体，室内宜采用石灰砂浆或水泥石灰砂浆；室外或室内有防潮要求者，则采用水泥砂浆。对混凝土或加气混凝土基体，表面宜用水泥砂浆或混合砂浆打底，打底前先刷界面剂。

中层主要起找平作用。所用材料与底层基本相同（面层抹石膏灰者不得用水泥砂浆）；根据质量要求，可一次抹成，也可分遍进行。

面层主要起装饰作用。室内墙面常用混合砂浆或石膏

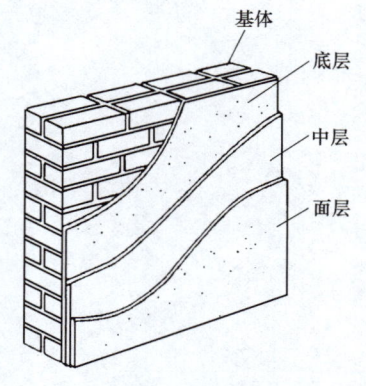

图 9-1 抹灰的层次构成

灰，室外抹灰常用水泥砂浆或水泥石渣类饰面层。对一般抹灰，中层、面层可一次成形；装饰抹灰则按工艺要求。

各抹灰层的厚度取决于基体的材料及表面平整度、砂浆的种类、抹灰质量要求和气候情况。抹水泥砂浆，每遍宜为5~7mm厚；石灰砂浆或水泥石灰混合砂浆宜为7~9mm；罩面层抹纸筋灰或石膏灰时，不得大于2~3mm，以免裂缝和起壳而影响质量与美观。

当抹灰总厚度大于或等于35mm时，必须采取挂网等加强措施。

2. 抹灰的分类、分级

抹灰工程按装饰效果或使用要求分为一般抹灰、装饰抹灰和特种抹灰三大类。一般抹灰是用水泥砂浆、石灰砂浆、水泥石灰混合砂浆、聚合物水泥砂浆以及纸筋灰、石膏灰等作为面层的抹灰；装饰抹灰包括水刷石、水磨石、斩假石、干粘石等以石渣饰面和拉毛灰、假面砖等以做法饰面的抹灰；特种抹灰是指防水、保温、抗裂加固（如墙体保温层表面薄抹灰）等有特殊功能要求的抹灰。

一般抹灰按质量标准不同，又分为普通抹灰和高级抹灰两级。其表面质量要求及适用范围见表9-1。

表9-1 一般抹灰的分级

级别	表面质量要求	适用范围
普通抹灰	表面光滑、洁净、接搓平整，阳角顺直、分格缝清晰	一般居住、公用和工业建筑（如住宅、宿舍、教学楼、办公楼）以及高标准建筑物中的附属用房等
高级抹灰	表面光滑、洁净、颜色均匀、美观、无接搓痕迹，阴阳角方正顺直，分格缝和灰线清晰美观	大型公共建筑物、纪念性建筑物（如剧院、礼堂、宾馆、展览馆）以及有特殊要求的高级建筑等

3. 抹灰基体的处理

为保证抹灰层与基体之间能黏结牢固，避免裂缝、空鼓和脱落等，在抹灰前应对基体进行处理。除需进行剔实凿平、嵌填孔洞沟槽、清理、润湿外，还应做好以下处理：

1）不同材料基体交接处应采取防开裂措施，当采用铺钉加强网时，加强网与各基体搭接宽度应不小于100mm，如图9-2尺寸标注处所示。

2）光滑的混凝土表面，应进行凿毛或涂刷胶黏性水泥浆、界面剂。

3）加气混凝土基体表面，应涂刷界面剂并拉毛，以封闭孔隙、增加表面强度。必要时可满钉金属加强网，避免抹灰脱落。

4. 抹灰材料与要求

抹灰所用的石灰应熟化成灰膏，块状生石灰在灰膏池内熟化不少于15d；磨细生石灰粉泡水不少于3d。砂子、石粒应洁净、坚硬，并经过筛处理。麻刀、纸筋等纤维材料要纤细、洁净，并经过打乱、浸透处理。所用颜料应为耐碱、耐光的矿物颜料。化工材料（如胶黏剂等）应符合相应质量标准且不超过

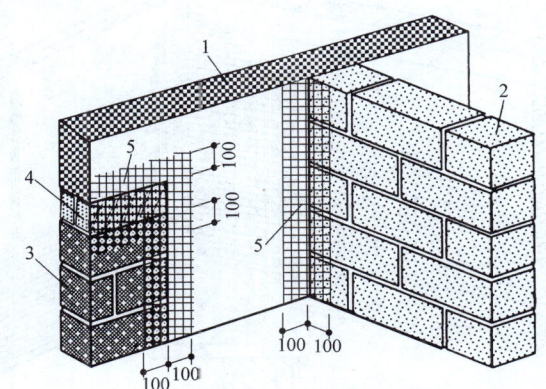

图9-2 不同材料基体交接处的处理
1—混凝土墙 2—加气块 3—轻骨料砌块 4—斜砌砖 5—加强网

使用期限。

抹灰所用的砂浆要黏结力好、易操作，无明确强度要求，因此常用体积配合比。但对于要求较高的装饰抹灰，最好经过配合比试验并采用质量配合比。

为了减少环境污染、提高施工质量和速度，宜使用按照功能需求、采用多种材料配兑好的预拌砂浆和粉刷石膏。预拌砂浆分为袋装和散装，按品种分为普通干拌砂浆（又分为砌筑、内墙抹灰、外墙抹灰、地面抹灰等砂浆）和特种干拌砂浆（又分为瓷砖粘贴、聚苯板粘贴、外保温抹面等砂浆）。粉刷石膏主要用于室内墙面和顶板，具有黏结性好、质轻层薄、凝结硬化快、干缩小和不开裂等优点，但表面强度及耐水防潮性能不足。

9.1.2　一般抹灰施工

1. 墙面抹灰

墙面一般抹灰的总厚度，内墙普通抹灰不得大于 20mm，高级抹灰不得大于 25mm；外墙墙面抹灰不得大于 20mm；勒脚及凸出墙面部分不得大于 25mm。石墙墙面抹灰不得大于 35mm。

抹灰时，不得将水泥砂浆抹在石灰砂浆层上，以防水泥砂浆空鼓脱落；石膏灰可抹在石灰砂浆或混合砂浆层上，不得抹在水泥砂浆层上，以免变形开裂；粉刷石膏可直接抹在混凝土或加气混凝土表面。

一般抹灰随抹灰等级的不同，其施工工序也有所不同。普通抹灰要求阳角找方、设置标筋、分层涂抹、赶平、修整、表面压光。高级抹灰则还要求阴角找方等。

（1）做标志　为了有效地控制墙面抹灰层的厚度与垂直度、平整度，抹灰前应先做标志块（也称贴灰饼）并设置标筋（又称充筋），作为中层找平的依据。

做标志时，先用托线板检查墙面的平整、垂直程度，据以确定抹灰厚度（最薄处不宜小于 7mm），再在墙两边上角按底层、中层抹灰厚度，用砂浆各做一个灰饼。然后根据这两个灰饼，用托线板或线锤吊挂垂直，做出墙面下角的两个灰饼（一般在踢脚线上口）。随后以左右两灰饼面为准，分别拉线，每隔 1.2~1.5m 加做若干灰饼。待灰饼稍干后，在上下灰饼之间用砂浆抹一条宽 50mm 的垂直灰埂，即标筋，如图 9-3、图 9-4 所示。

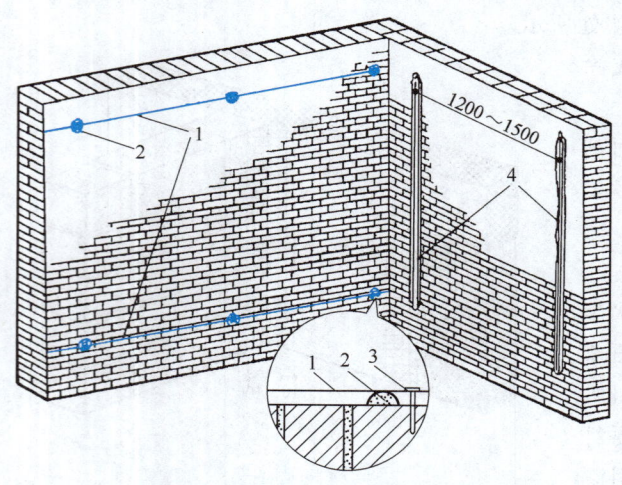

图 9-3　挂线做标志块及标筋
1—引线　2—灰饼（标志块）　3—钉子　4—标筋

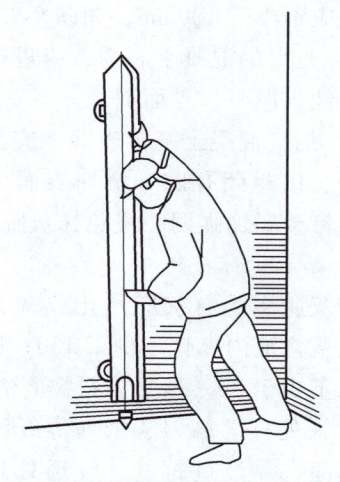

图 9-4　用托线板或线锤吊挂垂直做标志块

（2）做护角　大面抹灰前，对墙、柱及门洞口的阳角，均需抹不低于 M20 的水泥砂浆护角，以防磕碰损坏；同时，护角也可起到标筋作用。护角的高度一般应不低于 2m，每侧宽不小于 50mm。护角抹灰如图 9-5 所示。

（3）底层和中层的涂抹　这道工序也叫装档。其方法是将砂浆涂抹于标筋之间，底层要低于标筋，待收水后立即进行中层抹灰，其厚度略高于标筋。随即用 2m 长杠尺按标筋刮平（图 9-6）。紧接着用木抹子搓压一遍，使表面平整密实。

为使底层砂浆与基体黏结牢固，抹灰前应对基体浇水湿润，以防基体吸水过多，使抹灰层产生空鼓或脱落。砖基体宜浇水两遍，使水渗入 8~10mm 深。混凝土基体宜在抹灰前一天即浇水，使水渗入混凝土表面 2~3mm。如果各层抹灰相隔时间较长，已抹砂浆层较干时，也应浇水湿润，才可抹后一层砂浆。

底层和中层抹灰也可利用机械喷涂，再由机械或人工抹平。机械抹灰能将砂浆的搅拌、运输、喷涂和抹平通过一套抹灰机组完成，可大大降低劳动强度，加快施工进度，并可提高黏结强度。智能机械抹灰已开始使用，不但可简化工艺、降低劳动强度，还可大大提高抹灰的效率和质量。

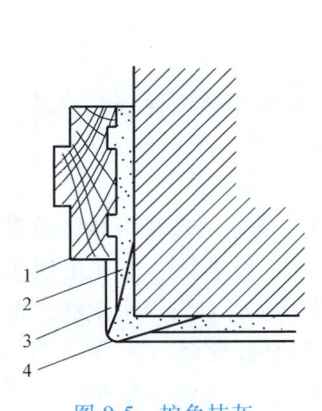

图 9-5　护角抹灰

1—门框　2—嵌缝砂浆　3—墙面层砂浆
4—M20 水泥砂浆护角

图 9-6　装档刮杠示意图

（4）罩面压光　室内抹灰常用面灰有混合砂浆、石膏灰、纸筋灰等。罩面层应待找平层五六成干后进行。石膏灰或纸筋灰应分纵横 2 遍涂抹，每遍厚 1~2mm，经赶平压实后的总厚度不得大于 2mm。收水后用钢抹子压光，不得留抹纹。

室外抹灰常用 1∶2.5 的水泥砂浆罩面，厚度为 5~8mm。在底层、中层抹完后的第二天即可抹面层。为防止收缩开裂，一般应设分格缝，每格要一次抹完。施工时，首先将墙面润湿、弹线分格、粘分格条和滴水槽。抹灰时先薄刮一层水泥膏，紧跟着抹罩面砂浆，然后用杠尺按分格条横竖刮平，木抹子搓毛，钢抹子压光。待其表面无明水时，用软毛刷蘸水按垂直于地面的同一方向轻刷一遍，以保证面层的颜色一致。随后，将分格条等起出。面层抹完 24h 后，要洒水或涂刷养护剂保湿养护不少于 7d，以防开裂和强度不足。待灰层干后，用水泥膏勾缝。

2. 楼地面抹灰

楼地面抹灰须用水泥砂浆，厚度不小于20mm。砂浆宜用不低于42.5级的硅酸盐水泥或普通硅酸盐水泥、含泥量不大于3%的中砂或粗砂配制，配合比为1∶2，强度等级不应低于M15。砂浆的稠度应不大于35mm，以保证其强度和耐磨性、减少开裂。

楼地面抹灰的工艺顺序为：清扫、清洗基层→弹面层线、做灰饼、标筋→扫素水泥浆→铺水泥砂浆→木杠刮平→木抹子压实、搓平→钢抹子压光（三遍）→养护。

施工前，应将基层清扫干净后用水冲洗并晾干。根据墙面准线在地面四周的墙面上弹出楼（地）面水平标高线，在四周做出灰饼，并拉线补做中间灰饼。按间距1.2~1.5m做好标筋。对有坡度、地漏的房间，标筋应呈放射状坡向地漏。

铺抹砂浆应在标筋凝结前进行，即冲软筋，以减少裂缝。抹灰时先在基层扫一遍水泥浆结合层。随扫随铺砂浆，并用长木杠按标筋刮平、拍实，再用木抹子反复压实搓平。之后，须经三遍压光成活。第一遍是在搓平后立即用钢抹子抹压出浆、抹平，对出浆处撒1∶1干水泥砂子面；稍收水后抹压第二遍，要加力压实、抹光。初凝后（抹灰后3~6h，踩上去有胶鞋纹印），进行第三遍压光，应抹除脚印和抹纹，全面压光，也可用抹光机压平。压光必须在终凝前完成。

面层抹完12~24h后，喷洒养护剂；或用湿锯末覆盖，每天浇水3~4次，养护不少于7d。

9.1.3 装饰抹灰施工

装饰抹灰的底层和中层的做法与一般抹灰基本相同，而面层则采用装饰性强的材料，或用特殊的处理方法做成。下面介绍几种常用的装饰抹灰施工。

1. 水刷石

水刷石主要用于室外首层墙面或柱面，往往以致密的石粒和分格分色来获得装饰效果。

水刷石面层施工应在中层（一般12mm厚1∶3水泥砂浆）终凝后进行。先在中层表面弹出分格线，按线用水泥浆粘贴分格条，两侧抹成八字形。然后将中层表面洒水湿润，薄刮一层素水泥浆结合层，随即抹稠度为5~7cm、厚10~20mm的水泥石粒浆（水泥∶石粒=1∶1~1∶1.5）面层，用钢抹子反复拍平压实。当面层开始凝固时（手指按不显指痕，刷石粒不脱落），用刷子或海绵蘸水自上而下刷掉面层水泥浆，使石粒表面完全外露；用喷雾器自上而下喷水冲洗至石粒表面清洁。起出分格条，并用素灰修补缝格。24h后洒水养护。

外观质量应达到石粒清晰、分布均匀、紧密平整、色泽一致，无掉粒和接槎痕迹。

2. 干粘石

干粘石是将彩色石粒直接粘在砂浆层上的抹灰做法。该做法省石渣、费用低，装饰效果接近水刷石，适用于不易碰触到的外墙面。施工时，先在已经硬化的1∶3水泥砂浆找平层上弹线分格、粘分格条。洒水湿润并刮素水泥浆后，抹一层厚为6~7mm的1∶2.5的水泥砂浆找平层，随即抹厚为4~5mm的1∶0.5水泥石灰膏黏结层，同时甩粘或机喷粒径为4~6mm的石渣，并拍平压实在黏结层上。要求压入深度不小于1/2粒径，但不得把灰浆拍出，以免影响美观。干粘石墙面经修补达到表面平整，石粒均匀后，即可起出分格条，用水泥浆勾缝。常温施工24h后，即可用喷壶洒水养护。

干粘石的质量要求是石粒黏结牢固，分布均匀，颜色一致，不露浆，不漏粘，阳角处应无明显黑边。

3. 斩假石

斩假石又称剁假石，是仿制天然花岗石、青条石的一种饰面，常用于勒脚、台阶及室外柱、墙面。施工时，在 1：2 水泥砂浆找平层养护硬化后，弹线分格并粘分格条。在找平层表面洒水润湿并刮素水泥浆一道，随即抹 10mm 厚的 1：1.25 水泥石粒浆（内掺 30% 石屑）罩面层；抹平后用木抹子打磨拍实，用软毛刷蘸水顺待剁纹的方向将表面水泥浮浆轻轻刷掉，至均匀露出石粒为止。24h 后洒水养护 2~3d，待强度达 60%~70% 即可试剁，如石粒颗粒不发生脱落便可正式斩剁；为了美观，一般在分格缝、阴阳角周边留出 15~20mm 宽的边框线不剁。斩剁的顺序一般为先上后下，由左到右，先剁转角和四周边缘，后剁中间。剁纹的深度一般以 1/3 石粒的粒径为宜。施剁时，用剁斧将面层斩毛，剁的方向要一致，剁纹深浅要均匀，一般两遍成活，即可做出似用石料砌成的装饰面。

4. 水磨石

水磨石多用于楼地面，具有整体性及耐久性好、可做成各种花色图案、装饰效果好等优点，但工艺较烦琐、施工周期长、产生污水多。

水磨石面层应采用水泥与石粒拌合料铺设，厚度宜为 12~18mm（按石粒粒径确定）。白色或浅色水磨石面层应采用白色硅酸盐水泥拌制，深色水磨石面层宜采用硅酸盐水泥、普通硅酸盐水泥或矿渣硅酸盐水泥拌制。石粒应采用白云石、大理石等岩石加工而成，粒径除特殊要求外应为 6~16mm。颜料应采用耐光、耐碱的矿物原料，不得使用酸性颜料。

在找平层砂浆铺抹 12~24h 后弹分格线。按设计图案安装分格条，常采用 2~5mm 厚、10~14mm 宽的铜条。安装时两侧用水泥浆抹成八字形灰埂固定。灰埂高度及交接处留空要求如图 9-7 所示，以防水磨石出现"秃斑"现象。分格条嵌完 12~24h 后，洒水养护 3~5d。

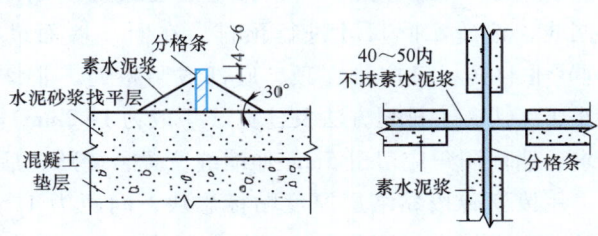

图 9-7 分格条粘嵌示意图

面层施工时，先在找平层上洒水湿润，刮水泥浆一层，随后将水泥石粒浆（水泥：石粒＝1：1.25~1：2）填入分格中，厚度比分格条高出 1~2mm，抹平压实。有图案时，应先铺深色后铺浅色、先做大面后做镶边，待前一种凝固后，再做后一种。待收水后用滚筒反复滚压密实，次日洒水养护。

磨光开始时间应根据气温、水泥品种及磨石机具而定，一般需养护 2~5d 后进行。开磨前，应先试磨，以石粒不松动、不脱落，表面不过硬为宜。磨石施工分粗磨、中磨和细磨三遍进行。其中，粗、中磨后应清理干净并擦同色水泥浆，以填补砂眼、缝隙，经养护 2~5d 再细磨；细磨后还可涂擦草酸一道，以分解石粒表面残存的水泥浆，再精磨至表面洁净无垢，光滑明亮。面层干燥后打蜡。

水磨石面层的外观质量要求为：表面应平整、光滑，石粒显露均匀，无砂眼、磨纹，分格条位置准确，顶部全部露出。

9.2 饰面与幕墙工程

饰面工程主要是指在结构体表面粘贴或安装石材、陶瓷、木质、塑料、金属及玻璃等板块装饰材料。它不但装饰效果好，而且有较高的强度和较好的耐久性。饰面工程所用材料种类较多,但基本上可分为饰面砖、饰面板两大类。其中前者多采用直接在结构上进行粘贴,而后者则多采用相应的连接构造进行安装。建筑幕墙是将饰面板块安装于支承结构体系上,悬挂并包裹在结构体表面的轻质墙体。它不但有较好的装饰效果,更具有外墙的围护作用和相应功能,而且相对主体结构有一定的位移能力和变形能力。

9.2.1 饰面砖粘贴

饰面砖包括釉面砖、外墙面砖、马赛克等。面砖应颜色均匀、尺寸一致、边缘整齐,无缺釉、裂纹,平整度及吸水率符合要求。饰面砖应粘贴在湿润、干净、平整的基层上。故应按抹灰要求对基体进行处理,涂刷结合层后,分层分遍抹水泥砂浆找平层,并将表面用木抹子搓毛,终凝后洒水保湿养护1~2d即可贴砖。

1. 内墙釉面砖

釉面砖用于卫生间、厨房等内墙装修,其高度应进入吊顶内50~100mm。施工工艺流程为:基层处理→选砖、浸水→弹线、排砖、做标志→粘贴→嵌缝及清理。

(1) 准备 粘贴前先清扫基层,过干者应洒水湿润。釉面砖应经挑选使规格、颜色一致,并在净水中浸泡2h以上,晾干或擦干明水后方可使用(用胶黏剂粘贴不需浸砖)。对粘贴基层应找好规矩,弹出横、竖控制线,按砖实际尺寸进行预排。在同一墙面最好只有一行(列)非整砖,且应排在顶、底部或阴角处。非整砖的尺寸不得小于1/4砖。排列方法及缝宽(一般为1~2mm)应符合设计要求,墙面阴角应留出5mm伸缩缝位置,待贴砖后用密封胶嵌填。用废瓷砖按黏结层厚度贴标志块,间距为1.5m左右,阳角处要双面挂直(图9-8),以控制垂直度和平整度。

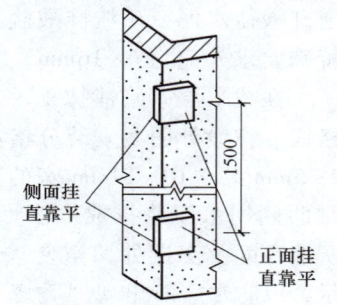

图9-8 阳角双面挂直

(2) 粘贴 根据弹线稳好底部尺板,作为粘贴第一皮瓷砖的支撑,由下向上铺贴。应先粘贴角部及中间每隔2m的竖向标志带,以便挂水平线控制铺贴的垂直度和平整度。层块间应设置间隔件控制缝宽。阳角处瓷砖应采取45°对角或设置专用阳角条,以减少露边。若墙面有凸出的管线及卫生器具支承件、开关盒等,应用整砖套割吻合,不得用非整砖拼凑。

粘贴时,应在砖背面涂抹5~10mm厚的1:2水泥砂浆进行粘贴。也可在基层和砖背面均涂批瓷砖胶黏剂,黏结层总厚度宜为5mm。涂批时,先用带齿抹刀的无齿侧边刮抹压实,再用有齿边刮出齿槽。粘贴就位后沿齿槽横向挤揉压实,并满足位置及平整度要求,且胶浆饱满,与基层黏结牢固。用水平尺随时检查平直、方正情况,调整缝隙。凡遇砂浆或胶黏剂亏欠、黏结不密实等情况时,应取下瓷砖补充砂浆或胶黏剂后重新粘贴,不得在砖口处塞填,以防空鼓。

(3) 嵌缝及清理 釉面砖粘贴后,用潮湿棉纱将表面拭净,然后用与面砖颜色相同的嵌缝剂(如美缝剂、环氧采砂)或水泥浆嵌缝并适当压实,做到缝宽均匀、密实、无气孔和砂眼。嵌缝后擦拭干净,并根据填缝材料性质进行养护。

2. 外墙面砖

外墙面砖分毛面和釉面两种,宜选用背面有燕尾槽且深不小于0.5mm的产品。面砖的吸水率一般不应大于6%，寒冷地区不应大于3%且经抗冻性检验合格。粘贴面积大时应设置纵横伸缩缝，其间距不大于6m，缝宽20mm，并在施工后用耐候密封胶嵌填。

工艺流程为：基层处理→排砖、分格、弹线→粘面砖→勾缝→清洗表面。

（1）准备　首先应按面砖颜色、大小、厚薄进行分选归类。其次要按设计要求的排列方式（直缝排列或错缝排列等）和砖缝尺寸绘制排布图。要求砖缝宽度不小于5mm；尽量使墙面不出现非整砖，若必须使用时其宽度不得小于整砖的1/3。然后进行分格、弹线。先用经纬仪找出垂直基准线，每隔1.5~2.0m做标志块，黏结层总厚度控制在3~8mm；按排布图弹出楼层水平线和垂直控制线、分格线，按皮数杆在墙面上弹出或挂砖缝水平线、垂直线。

（2）面砖粘贴　外墙面砖的铺贴应自上而下进行。宜采用水泥基类专用瓷砖胶黏剂粘贴。粘贴前，应清扫基层表面及面砖背面的粉状物，并在墙面找平层上刷结合层。粘贴时，用齿形抹刀在墙面上及砖背面均刮抹胶黏剂，排放在合适的铺装位置，垂直于胶黏剂齿槽方向轻轻揉压，确保全面粘着，胶黏剂饱满。若有亏空，取下重贴。并随时检查平整度、垂直度。

在粘贴时挤入缝中的胶黏剂应随手刮净。窗台、檐口、装饰线等部位的面砖粘贴，要注意搭盖关系，并符合流水坡度（不小于3%）和滴水构造要求，如图9-9所示。

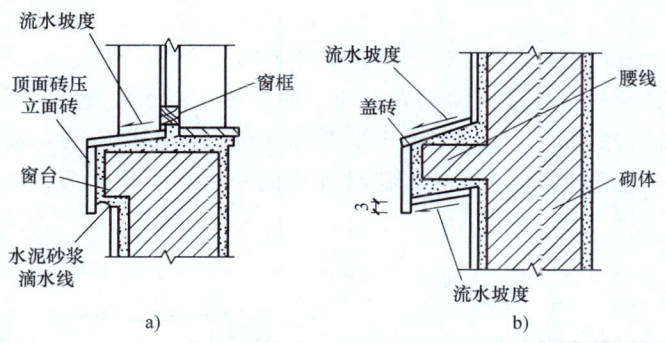

图9-9　外窗台及腰线面砖粘贴示意图
a）窗台　b）装饰腰线

（3）勾缝及清洗　一个层段贴完后，即可进行勾缝处理。勾缝应使用满足防水及变形缓冲要求的填缝材料，且颜色符合设计。勾缝后的凹缝深度应按设计要求，但不宜大于3mm。作业过程中，应随时将砖表面的污物擦净，特别是毛面面砖。待填缝硬化后，应对砖表面进行清洗。

3. 地砖及石材楼地面铺贴

（1）构造做法　地砖、大理石或花岗石面层是将其块材铺设在干硬性水泥砂浆（以手捏成团、落地即散为宜）找平层上。找平层的厚度应按设计要求，并考虑有无管线、垫层或楼板的平整度而定，一般为25~35mm；配合比为1:3~1:4。当找平层只能为10~15mm时，配合比为1:2，稠度为25~35mm。地砖及石材楼地面构造如图9-10所示。

（2）施工条件与准备　地砖、石材楼地面应在墙面抹灰、下部防水层及保护层、门框、管线、埋件安装及验收完毕后进行。

用于室内的花岗石应经放射性检验合格。为了阻止水泥砂浆析出的氢氧化钙渗透到石材

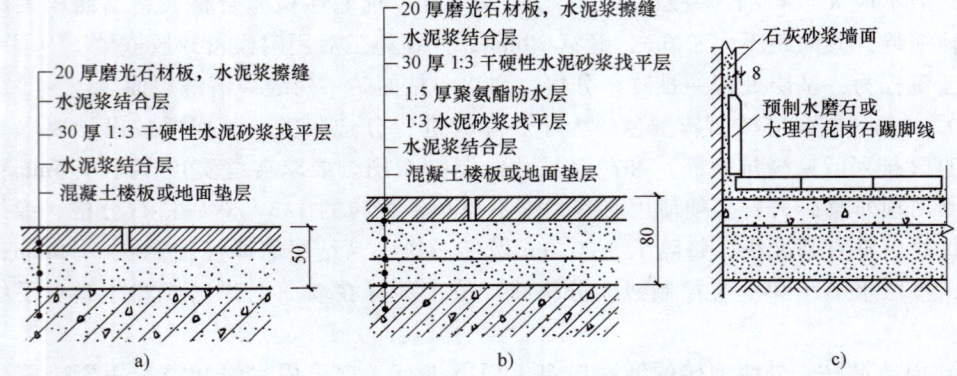

图 9-10 地砖及石材楼地面构造
a) 一般楼地面 b) 有防水层楼地面 c) 踢脚与楼地面关系

表面而泛碱,应对石材背面及侧棱均涂刷防碱封闭涂料。陶瓷地砖应在铺贴前一天浸透、阴干备用。施工前应绘制板块排布图。排布时力求对称和减少切割,避免出现小于 1/4 的条块,否则宜采取圈边处理;房间内外不同颜色或材料的接缝应在门底位置。

(3) 施工方法　工艺顺序:基层处理→弹线、挂线→试拼试排→铺设板块→灌缝、擦缝→养护。

1) 基层处理。应先挂线检查楼板或垫层的平整度,清除杂物、砂浆,并清扫干净。对光滑的混凝土板面,应凿毛处理或涂刷界面剂。提前一天浇水湿润。

2) 弹线、挂线。根据设计要求,确定平面标高位置,在相应的立面上弹线。再根据板块排布图挂十字线(图 9-11)。若房间与走廊使用同种材料直接相通,则在门口处与走廊地面拉通线。

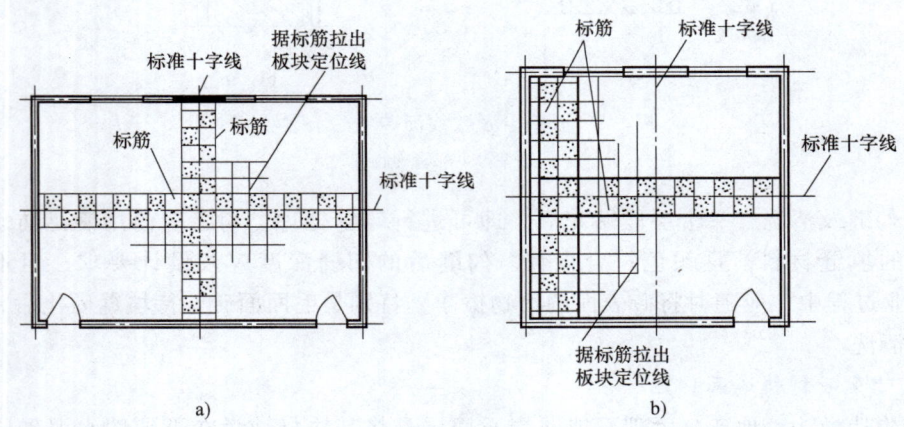

图 9-11 挂线及标筋设置示意图
a) 房间内正十字标筋 b) 小房间丁字标筋

3) 试拼试排。沿十字线双向各铺一干砂带,厚度不小于 30mm。按施工大样图干铺板块,以检查板块之间的缝隙,核对板块与墙面、柱、洞口等部位的相对位置。高档地砖和石材板块间的缝隙宽度应不大于 1mm,小块地砖离缝铺贴时宜为 5~10mm。

4) 铺设板块。试铺合适后,将干砂和板块移开并清扫干净。根据十字线,铺纵横定位带作为标筋（图 9-11）。然后再按标筋向四周扩展或从房间里侧向门口铺设，以便保护成品。

铺设每一块板材时，均需在基层上刷素水泥浆结合层（水胶比为 0.4~0.5），再摊铺找平层干硬性水泥砂浆并刮平。搬起板块对好纵横控制线铺落，用橡皮锤敲击或机械振动将砂浆振实且板块沉至铺设高度后，再将板块轻轻搬起，检查砂浆是否平实饱满。若有空虚则填补砂浆，再次铺上板块振实，直至板材表面高度及与邻近石材关系基本满足要求、搬起检查找平层砂浆紧密为止，然后正式镶铺，即先在找平层上满浇水胶比为 0.5 的素水泥浆（或刮在板块底面，2~3mm 厚），再铺板块并敲实或振实，至高度、缝隙、水平度符合要求为止。将表面清理干净。

5）灌缝、擦缝、养护。铺贴 24h 后开始洒水养护。铺后 3d 内禁止上人走动，3d 后用 1∶1 细砂浆灌缝至 2/3 高度，再用同色水泥浆擦缝，并将面层清理干净，继续养护 3~7d。

（4）注意事项

1）对浅色石材，水泥浆应采用白水泥调制，以保证装饰效果。

2）板材铺贴后应及时用湿布擦净表面，避免污染。

3）对于浅色或高档石材在擦缝清理后，先铺盖塑料薄膜，再铺盖地垫等保护，并防止水泡串色。

9.2.2 石材饰面板安装

石材饰面板可分为天然石材和人造石材。前者包括大理石板、花岗石板、青石板等；后者包括人造石板、陶瓷板、合成装饰板等。按石材表面加工方法分为天然面、麻面、条纹面、粗磨面、光面、镜面等。

安装高度不超过 1m 的小规格的饰面板（边长不大于 400mm），常采用与釉面砖类似的粘贴方法安装，不再赘述。大规格的饰面板则需使用一定的连接件来安装。

1. 湿挂法

湿挂法是传统安装方法，施工简单，但速度慢，易产生空鼓脱落和泛碱现象，仅能用于高度较小、效果要求不高的部位。其施工工艺流程为：基体处理→固定钢筋网→预拼编号→固定绑丝→板块就位及临时固定→灌水泥砂浆→清理及嵌缝。为了避免泛碱，安装前须对石材进行防碱封闭处理。湿挂法安装构造如图 9-12 所示。该种方法由于弊病较多，已逐渐被干挂法取代。

2. 干挂法

干挂是将石材等饰面板通过连接件固定于结构表面。由于在板块与基体间形成空腔，故受结构变形影响较小，抗震能力强，并可避免泛碱现象；安装时不需要间歇等待，施工速度快。现已成为石材饰面板安装的主要方法。

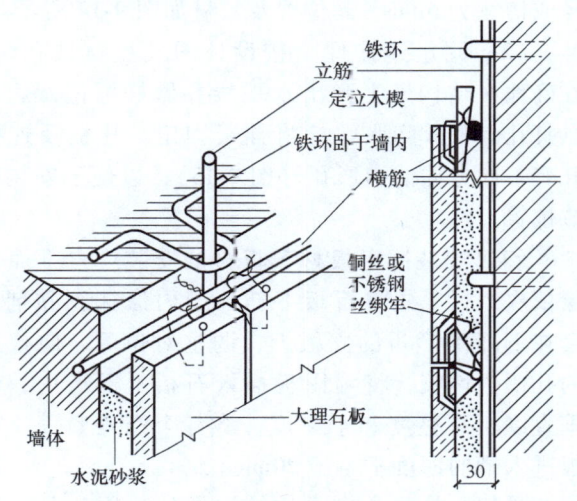

图 9-12 湿挂法安装构造示意图

对表面较平整的钢筋混凝土墙体,一般采用直接干挂法,即通过不锈钢连接件将板材与结构墙体直接连接;对于表面不平整的混凝土墙体、非钢筋混凝土墙体或利用饰面板造型的墙体等,则需采用间接干挂(即骨架干挂法),即石材挂在固定于主体结构的金属骨架上,形成石材幕墙。其常见构造如图 9-13 所示。

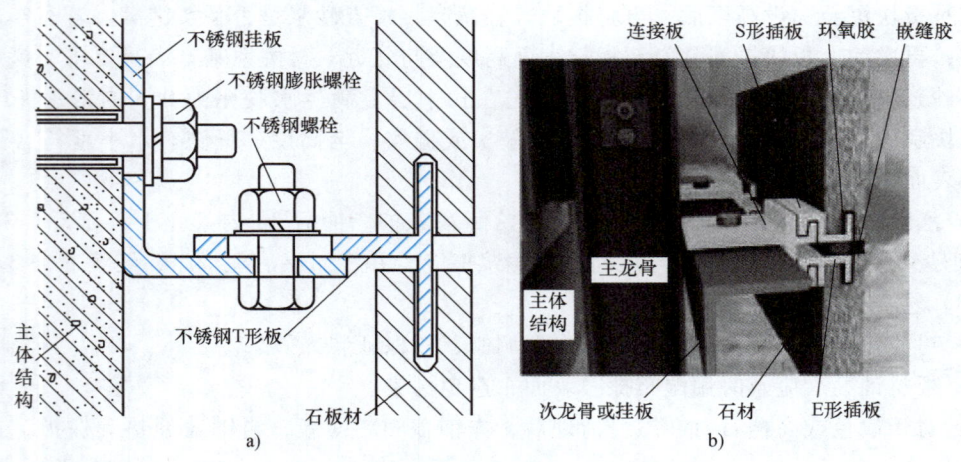

图 9-13　石材饰面板干挂法安装构造
a) 直接干挂法　b) 骨架干挂法

直接干挂法的施工工艺流程为:墙面修整、弹线、打孔→固定连接件→安装板块→调整固定→嵌缝→清理。

(1) 准备　石材安装前,对混凝土墙体表面应进行凿平修整,弹出石材安装的位置线。在板材的上、下顶面钻孔或开槽,槽孔深度为 21~25mm,孔径或槽宽为 6mm。其位置及数量如图 9-14 所示。

(2) 固定连接件　按设计图及板材钻孔位置,准确地在结构墙上弹出水平线并做好标记,然后按点打孔。安放膨胀螺栓将挂板固定。挂板及连接板开有不同方向的槽形孔(图 9-15),以便于安装时调节位置。

(3) 安装固定板材　板材的安装应自下而上分层依次进行。先将石板下部孔槽内涂抹胶黏剂,并套在下部 T 形板的立板上;调整对位后,向板上部的孔槽内填胶,将锚固板插入石板上部槽内,调整垂直度、平整度和水平度,将各个螺栓紧固。锚固板进入槽的深度不小于 20mm。

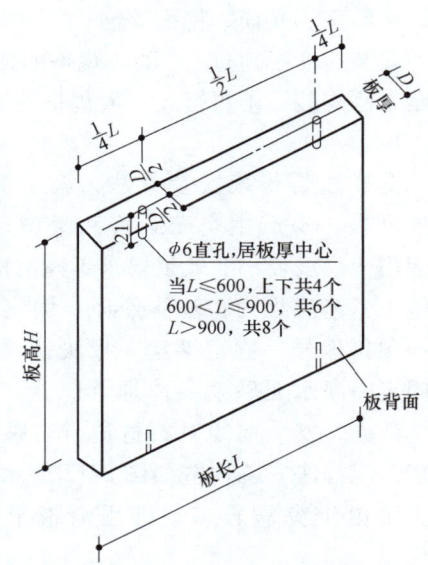

图 9-14　板材钻孔或开槽位置及数量

骨架干挂法是在主体结构埋件上固定竖向主龙骨,安装次龙骨后在其上临时固定连接板、安装插板和石材,调整并紧固连接板螺栓。

近年来,每块石材可单独拆卸的连接方法及相应挂件得到广泛应用。如背栓式挂件(图 9-15b)、E、S 形插板挂件(图 9-13b)等。背栓式挂件是在石材背面用柱锥式钻头钻

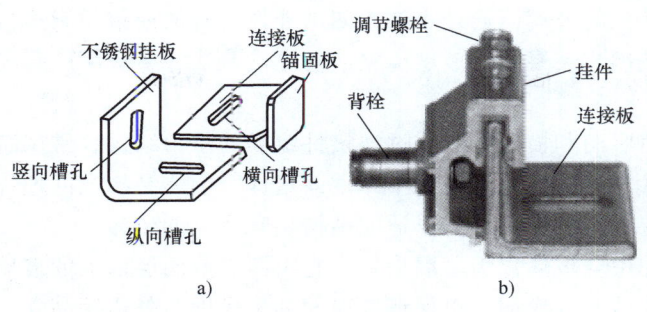

图 9-15　可三向调节的干挂件
a）锚固板挂件　b）背栓式挂件

孔，安装背栓和挂插件（每块板四个点）后，再安装到与次龙骨临时固定的连接件上（图 9-16），它不仅可用于墙面，还易于悬吊安装或拼挂任意角度造型。板材单独连接，可避免应力累积和集中；当主体结构发生较大位移或温差较大时，不会在板材内部产生过大附加应力，特别适于高层和抗震建筑。此外也便于板材的更换。

（4）嵌缝　每一施工段安装后经检查无误，可清扫拼接缝，填塞聚乙烯泡沫嵌条，随后用胶枪嵌注密封硅胶。嵌缝构造如图 9-17 所示。

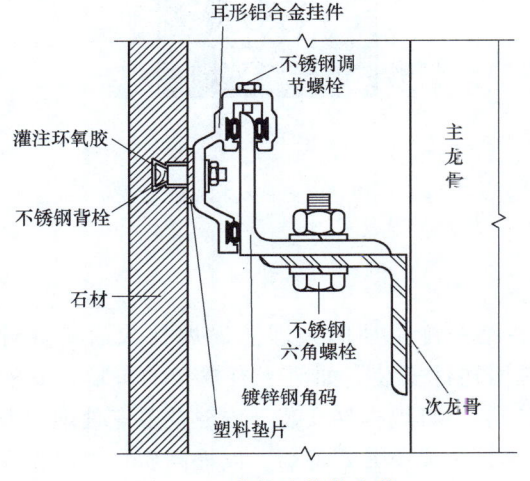

图 9-16　背栓式挂件安装

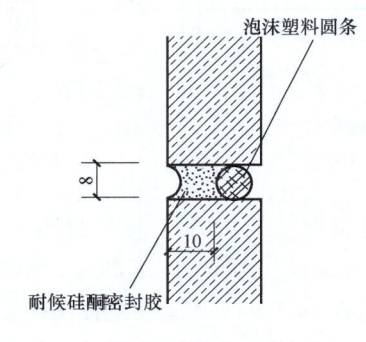

图 9-17　嵌缝构造

9.2.3　建筑幕墙安装

建筑幕墙是指由金属构件与各种板材组成的悬挂在主体结构上的围护结构。它如同罩在建筑物外的一层薄薄的帷幕。建筑幕墙是现代科学技术的产物和象征，广泛用于各种大型、重要的高层建筑的外装饰和围护墙。

建筑幕墙按其面板种类可分为玻璃幕墙、金属幕墙、石材幕墙、木质幕墙及组合幕墙等。幕墙一般均由骨架结构和幕墙构件两大部分组成。骨架通过连接件悬挂于主体结构上，而幕墙构件则安装在骨架上。一般构造如图 9-18 所示。

金属幕墙、石材幕墙及木质幕墙一般均将骨架隐蔽起来，而玻璃幕墙按结构特点和骨架的显露情况，可分为框式（明框、隐框、半隐框）、点支承式和全玻幕墙等形式。点支承式玻璃幕墙是将四角钻孔的玻璃，通过不锈钢四爪挂件与骨架或钢拉索连接而成。全玻璃幕墙则是采用大块钢化玻璃或夹层钢化玻璃竖立或悬挂（高大于4m者）而成，多用于建筑物首层较开阔的部位。

幕墙的骨架是由竖向和横向龙骨通过连接件组成的承力结构，常用有防腐层的型钢或铝合金制作的专用龙骨和连接件，并通过不锈钢固定件与主体结构上的埋件连接。竖向龙骨采用悬挂安装，与下层通过芯柱套接，以适应结构层间变形的位移。

玻璃幕墙多采用中空玻璃作为幕墙构件。它由两层或两层以上的玻璃构成，中间充入干燥气体，周边铝框内填充干燥剂，以保证玻璃间的干燥度，外边用高强、高气密性复合胶黏剂将玻璃与铝框黏结密封，如图9-19所示。外层玻璃多为钢化或复合型安全玻璃，且在其里侧进行镀膜等功能性处理。

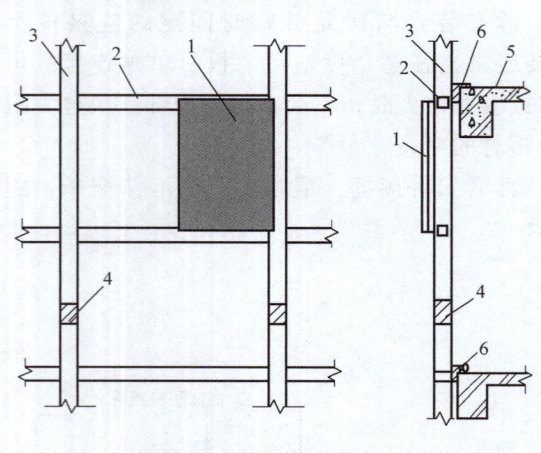

图9-18 幕墙组成示意图
1—幕墙构件 2—横梁 3—立柱 4—立柱活动接头 5—主体结构 6—立柱悬挂点

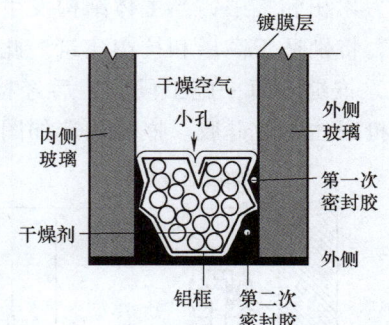

图9-19 中空玻璃构造示意图

各种幕墙的施工方法基本相同。一般均需在结构施工期间预埋防腐埋件或后植埋件（需做拉拔试验），结构施工后进行幕墙骨架及幕墙构件安装。如对于有框架的幕墙，其安装工艺流程为：放线→框架立柱安装→框架横梁安装→幕墙构件安装→嵌缝及节点处理。框式幕墙也可将骨架与幕墙构件在工厂即组合为一体，构成单元式幕墙，以提高质量并简化现场安装程序。

9.3 门窗与吊顶工程

9.3.1 门窗安装工程

门窗是建筑物的重要组成部分。在隔热、保温、密闭、隔声、防火、防盗等功能、装饰效果及保护环境等方面的要求越来越高。目前，塑料门窗、断桥铝合金门窗、涂色镀锌钢板门窗、木门、不锈钢门、玻璃门等已成为主流。

门窗进场时应检验其产品合格证书、性能检验报告；并对人造木板门的甲醛释放量，外窗的气密、水密和抗风压性能等指标进行复验；特种门及其配件应有生产许可文件。

门窗安装必须牢固可靠。在砌体上安装禁止采用射钉固定,推拉门窗扇必须设置防脱落装置。对于能通视的成排成列的门窗,安装时应拉通线,以减少偏差。

1. 塑料及铝合金门窗的安装

塑料门窗、铝合金门窗、涂色镀锌钢板门窗均为材质较软的成品门窗,施工工艺顺序及安装方法类似。这类门窗装饰性及保温、密闭功能强,但强度较低、刚度差、易损伤,因而,必须采用后塞口施工。按其安装构造,可分为带副框安装和不带副框安装两种。

一般施工工艺顺序为:检查洞口尺寸→抹底灰→框上安装连接件→立框、校正→连接件与墙体固定→框边缝填塞弹性闭孔材料→做洞口饰面面层→注密封膏→安装玻璃→安装五金件→清理→撕下面层保护膜。

(1) 施工准备 塑料及铝合金门窗的安装应在内外墙体湿作业(抹灰、贴砖等)完成后进行,否则应采取有效保护措施。带有副框的门窗,其副框可在湿作业前安装。

1) 材料与工具。按设计要求仔细核对门窗的型号、规格、开启形式与方向,检查组合门窗的组合件、附件是否齐全。拆除门窗的包装物,但不得撕去门窗的外保护膜,逐一检查有无损坏。准备好电锤、手枪钻、射钉枪等机具和所需安装工具。

2) 检查及处理洞口。结构洞口与门窗框之间的间隙应据墙面装饰做法而定,清水墙宜为 10mm;一般抹灰墙面为 15~20mm;贴面砖为 20~25mm;石材墙面为 40~50mm。窗下框与洞口间隙还应考虑室内窗台做法,可根据设计要求确定。洞口尺寸合格后,在其周边抹 3~5mm 厚 1:3 水泥砂浆底灰,用木抹子搓平并凿毛。

3) 在洞口内按设计要求弹好门窗安装准线。准备好安装脚手架及安全设施。

(2) 安装施工

1) 安装连接件。先在门窗框上用 φ3.2mm 的钻头钻孔,拧入 φ4mm×15mm 自攻螺钉将连接件固定。连接件应采用 1.5mm 厚、宽度不小于 15mm 的镀锌钢板。连接件及固定点的位置应距门窗角、中横框、中竖框 150~200mm,中间固定点间距不大于 600mm,如图 9-20 所示。

2) 立框与固定。

① 把门窗框放进洞口的安装线上就位,用对拔木楔临时固定。校正其正、侧面垂直度、对角线和水平度,合格后将木楔打紧。木楔应塞在边框、中竖框、中横框等能受力的部位。门窗框临时固定后,应及时反复开启门窗扇检查是否流畅。如有问题须及时调整。

② 混凝土墙洞口应采用射钉或膨胀螺栓固定连接件(图 9-21);砖墙洞口应采用膨胀螺栓或塑料胀管螺钉固定,使用螺钉时每个连接件不宜少于 2 个,且应避开砖缝。固定点距结构边缘不得小于 50mm。

3) 填缝与嵌胶。门窗洞口面层抹灰前,在门窗周围缝隙内挤入硬质聚氨酯发泡胶等闭孔弹性材料,使之形成柔性连接,以适应温度变形,并密闭、保温、防止连接件锈蚀。洞口周边抹面层砂浆,硬化后,内外周边打耐候密封胶密封。

保温、隔声窗的洞口周边抹灰时,室外侧应采用 5mm 厚的片材,将抹灰层与窗框临时隔开,抹灰厚度应超出窗框,如图 9-22 所示。待抹灰层硬化后,应撤去片材,并将嵌缝膏挤入抹灰层与窗框缝隙内。

4) 安装五金件。安装五金件时,必须先在框上钻孔,然后用自攻螺钉拧入。严禁锤击钉入。

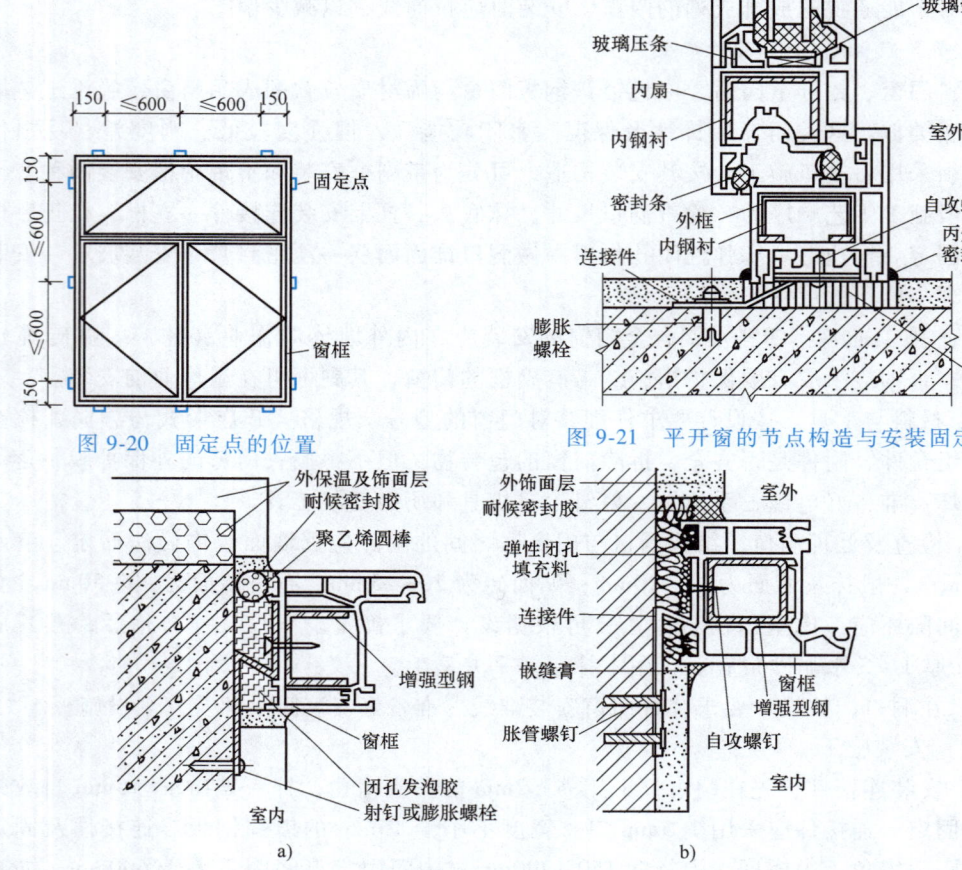

图 9-20 固定点的位置

图 9-21 平开窗的节点构造与安装固定

图 9-22 保温、隔声窗安装节点图
a) 窗与外保温墙体的连接 b) 隔声窗的固定与填缝

5) 安装玻璃。对可拆卸的门窗扇，可先在扇上装好玻璃，再把扇装到框上；对固定门窗，可在安框后，调正调平再装玻璃。

玻璃不得与框扇的槽口直接接触，应在玻璃四边垫上不同厚度的橡胶垫块。在其下部靠近门窗扇的承重点应垫放承重垫块；其他部位的定位垫块，应采用聚氯乙烯胶粘贴固定。

（3）安装质量要求 门窗及附件质量应符合设计要求和有关标准的规定。门窗安装的位置、开启方向符合设计要求。预埋件的数量、位置、埋设连接方法必须符合要求，固定点及间距正确，框、扇安装牢固，推拉门窗扇有防脱落措施且有效。门窗扇开关灵活（如塑料门窗，平开扇推拉力不大于 80N，推拉扇不大于 100N）、关闭严密，无倒翘。门窗与墙体间缝隙用闭孔材料填嵌饱满，表面密封胶黏结牢固、光滑、顺直、无裂纹。

2. 钢质防火门的安装

防火门是为满足建筑防火要求而大量使用的一种门，一般还具有防盗、保温、隔声等功能，广泛用于防火分区、楼梯间和电梯间、外门、住户门等。

按耐火极限，防火门分为甲、乙、丙三级。耐火极限分别为 1.2h、0.9h 和 0.6h。按材质分为钢质、复合玻璃和木质防火门，其中钢质防火门应用最广。

钢质防火门采用优质冷轧钢板作为门扇、门框的结构材料，并经冷加工成形。门扇内部填充耐火材料。其构造如图9-23所示。

（1）施工工艺顺序　施工工艺顺序为：弹线→立框→临时固定、找正→固定门框→门框填缝→安装门扇→五金安装→检查清理。

（2）施工要点

1）安装连接件。

① 门洞两侧应预先做好预埋件或钻孔安装 $\phi 12mm$ 膨胀螺栓，其位置应与门框连接点相符，如图9-24所示。当门框宽度为1.2m以上时，在其顶部也应设置两个连接点。

② 在门框上安装"Z"形铁脚，以备与预埋件或膨胀螺栓焊接，如图9-25所示。

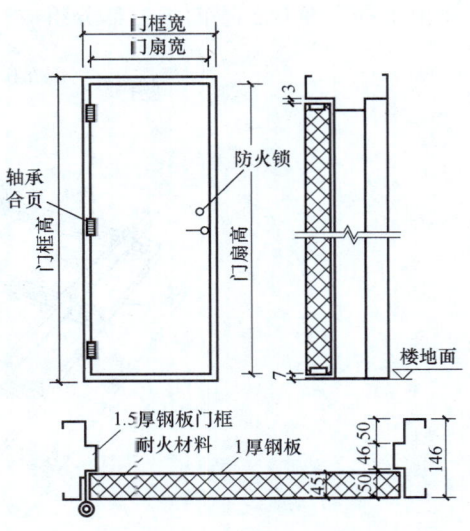

图9-23　钢质防火门构造示意图

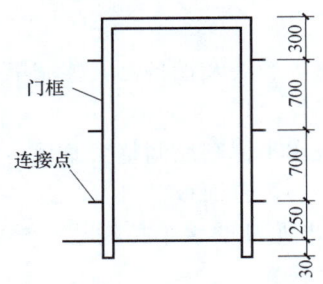

图9-24　防火门连接点的位置

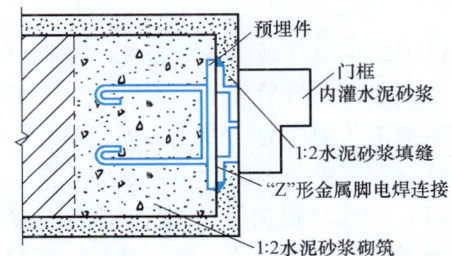

图9-25　门框与预埋件的连接

2）安门框。按设计要求的尺寸、标高和方向，弹出门框位置线。

立框前，先拆掉门框下部的拉结板。洞口两侧地面应预留凹槽，门框要埋入地坪以下20mm。将门框按线就位，用木楔在四角做临时固定，同时在柜口内的中间和下部各放一水平木方撑紧。门框校正合格、检查无误后，将门框铁脚与预埋件焊牢，撤掉木楔和支撑。然后在门框两上角墙上开洞，向框内灌注M10水泥砂浆或C20细石混凝土，凝固后方可安装门扇。冬期施工应注意防冻。

3）填缝。门框周边缝隙，用1∶2水泥砂浆嵌塞牢固，应保证与墙体结成整体。凝固并有一定强度后，进行洞口及墙体、地面抹灰。

4）安装门扇及附件。抹灰干燥后，安装门扇、五金配件和有关防火装置。门扇关闭后，门缝应均匀平整，开启自由轻便，不得有过紧、过松和反弹现象；五金配件和防火装置应灵活有效，满足各自功能要求。

9.3.2　吊顶工程

吊顶是现代室内装饰的重要组成部分，它直接影响整个建筑空间的装饰风格与效果，同时还具有保温、隔热、隔声、防火及照明、通风等功能。吊顶按构造特点可分为固定式、活动式、开敞式和扣板式吊顶；按面层特点可分为整体式、板块式和格栅式吊顶等类型。吊顶主要由吊杆、龙骨、罩面板三部分组成。其一般构造如图 9-26 所示。

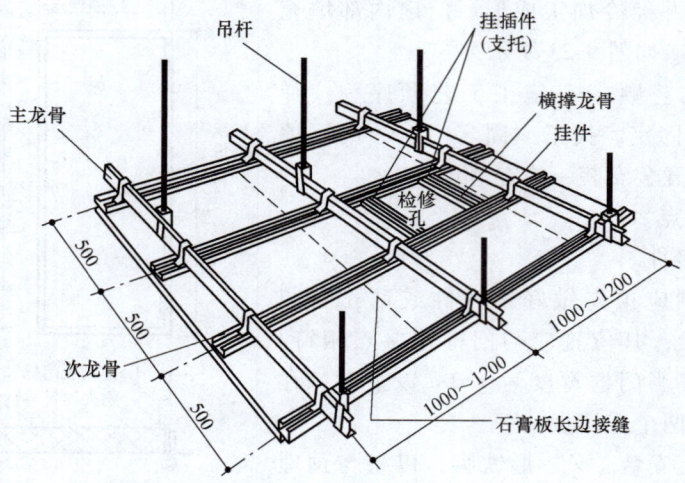

图 9-26　轻钢龙骨石膏板吊顶构造

1. 吊顶施工

吊顶施工应在顶棚内的通风、空调、消防、电气线路等管线及设备已安装完毕，且做完墙、地湿作业项目后进行。

施工工艺顺序为：弹线→固定吊杆→安装大龙骨→按水平标高线调整大龙骨→大龙骨底部弹线→安装中、小龙骨→固定边龙骨→安装横撑龙骨→安装罩面板。

（1）弹线　根据吊顶的设计标高，在四周墙壁上弹出龙骨的水平控制线。再在水平控制线上划出主、次龙骨分档位置线，在顶板底面标出吊点位置。

（2）固定吊杆　吊杆是吊顶的重要承重部件，可用钢筋或镀锌钢丝制作，现常用镀锌通丝吊杆。非上人吊顶吊杆的直径可为 4~6mm，而上人吊顶不得小于 8mm。吊杆间距一般为 900~1200mm，并保证主龙骨距墙不大于 100mm，端部的悬挑长度不大于 300mm。吊杆的固定如图 9-27 所示。

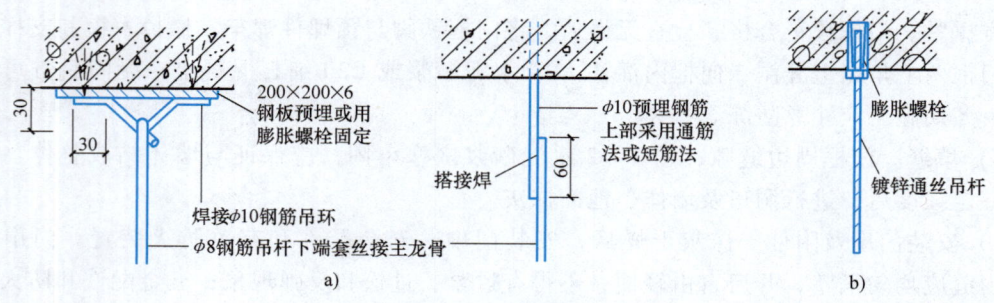

图 9-27　吊杆的固定
a）上人吊顶的吊杆　b）不上人吊顶的吊杆

（3）安装龙骨　吊顶龙骨有轻钢龙骨、铝合金龙骨和木龙骨。龙骨一般有主次之分。主龙骨主要起承重作用，不但要承受其下部的吊顶荷载，对上人吊顶还需承受检修人员的荷载，因此必须满足强度、刚度要求。次龙骨的连接与布置间距必须满足面层安装和平整度的要求。

先将主龙骨通过吊挂件与吊杆连接，然后按标高线调整大龙骨的标高，使之水平。固定时应拧紧吊挂件上下的两个螺母，将其锁固，如图9-28所示。对于较大房间，主龙骨应按短跨长度的1/300~1/200起拱。

次龙骨安装前，应先在主龙骨底部弹线，安装时用专用挂件与主龙骨固定牢固。次龙骨及横撑龙骨的间距应满足罩面板安装固定的构造要求。

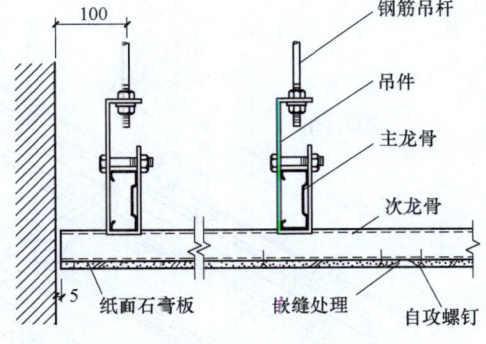

图9-28 轻钢龙骨纸面石膏板吊顶的节点构造

主、次龙骨长度方向均应用接插件接长，但相邻龙骨的接头要错开。龙骨的安装，均需按照弹线位置，从一端依次安装到另一端。如果有高低跨，按先高后低安装。对于检修孔、上人孔、通风箅子等部位，应及时留口并安装封边龙骨。

（4）安装罩面板　吊顶面层板的作用因其材料或装饰要求不同而有所区别，有的就是吊顶的面层，有的则作为另覆装饰层的基层。吊顶面层板必须满足各种功能要求（如吸声、隔热、保温、防火等）和装饰效果要求。吊顶板的种类繁多，常采用轻质材料拼装。

根据吊顶的类型及罩面板的种类，常用安装方法有以下几种：

1）搭装法。将装饰罩面板直接搭放在T形龙骨组成的格框内。对于较轻罩面板，需用压板或木条固定，以防被风掀起，如图9-29所示。

2）嵌入法。该种板材带有企口暗缝，安装时将T形龙骨两肢嵌入板的企口缝内，如图9-30所示。

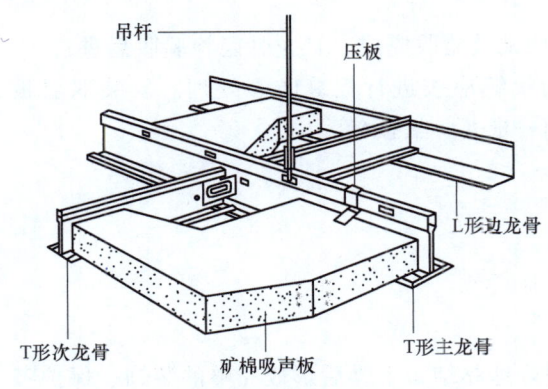

图9-29 矿棉吸声板平放搭装示意图

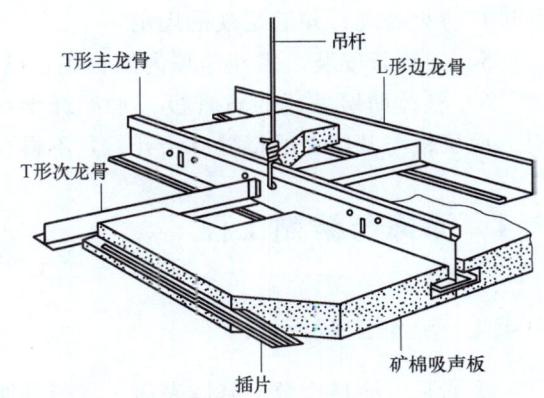

图9-30 矿棉吸声板的企口板嵌插安装

3）粘贴法。将装饰罩面板用胶黏剂直接粘贴在龙骨上，如玻璃吊顶等。

4）钉固法。将装饰罩面板用螺钉、自攻螺钉等固定在龙骨上，钉子应排列整齐。例如，纸面石膏板的钉距不大于170mm，距板边15mm，钉头略沉入板面，如图9-28所示。

5）卡固法。多用于铝合金板吊顶，板材与龙骨直接卡接固定，如图9-31所示。

2. 施工注意问题

1）吊杆长度大于1.5m时，应设置反支撑。吊杆上部为网架、钢屋架或吊杆长度大于2.5m时，应设钢结构转换层。

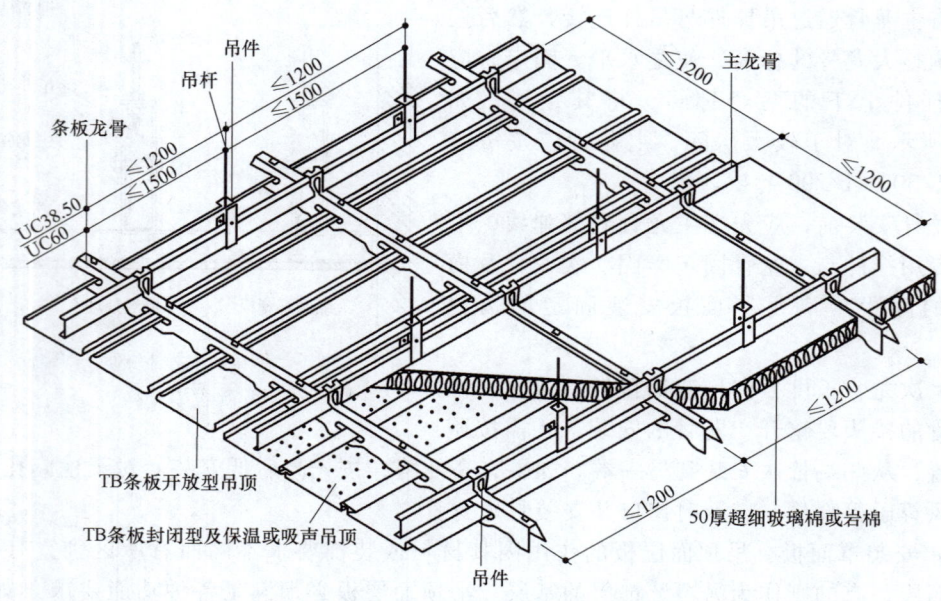

图 9-31 铝合金条板吊顶构造示意图

2)吊顶龙骨不得悬吊在设备、管线上。当吊杆与设备相遇时,应调整并增设吊杆或采用型钢支架。

3)较大灯具处应做加强龙骨,重型灯具(大于 3kg)、吊扇、投影、音箱等有振动荷载的设备应单独悬挂,严禁安装在吊顶龙骨上。

4)吊顶工程的预埋件、钢吊杆等均应进行防锈处理;木龙骨、木吊杆、木饰面板等必须进行防火处理,并满足规范规定。

5)罩面板安装,需在吊顶内的管线、设备调试及验收完成,且龙骨隐检验收后进行。

6)整体面层吊顶的石膏板、水泥纤维板的接缝应按进行板缝防裂处理。安装双层板时,面层板与基层板的接缝应错开,且不得在同一根龙骨上接缝。

9.4 涂饰与裱糊工程

9.4.1 涂饰工程

涂饰是将涂料涂敷于基体表面,且与基体很好地黏结,干燥后形成完整的装饰、保护膜层。涂料涂饰是当今建筑饰面广泛采用的一种方式,它具有施工简便、装饰效果较好、较为耐用且便于更新等优点。

1. 涂饰施工的条件

涂饰施工应在抹灰、铺地砖、窗安装、木装修、水暖电等工程完工后进行。

在混凝土或抹灰基层上进行涂饰施工时,其含水率,当涂刷溶剂型涂料时不得大于 8%、乳液型涂料时不得大于 10%。木材基层的含水率不得大于 12%。以免水分蒸发造成涂膜起泡、针眼和黏结不牢。

涂饰施工的环境温度宜为 5~35℃,湿度必须符合所用涂料的要求,以保证其正常成膜和硬化。室外涂料工程施工过程中，应注意气候的变化，遇大风、雨、雪及风沙等天气时不应施工。

2. 涂饰施工

（1）基层处理　根据涂料对基层的要求，包括基层材质刚性、坚实程度、附着能力、清洁度、干燥程度、平整度、酸碱度等，做好基层处理。其主要工作内容包括基层清理和修补。

1）混凝土及砂浆基层。为保证涂膜能与基层牢固黏结，基层表面必须干净、坚实，无疏松、脱皮、起壳、粉化等现象，基层表面应清扫干净。缺棱掉角处应用 1∶3 水泥砂浆（或聚合物水泥砂浆）修补，表面的麻面、缝隙及凹陷处应用腻子填补修平。对新建筑物的混凝土或抹灰基层应涂刷抗碱封闭底漆，以防发生化学反应，造成涂料变色和流淌；对旧墙面应清除疏松的旧装饰层，并涂刷界面剂，以保证黏结牢固。

2）木材与金属基层。木材表面的灰尘、污垢和金属表面的油渍、锈斑、焊渣、毛刺等必须清除干净。木料表面的裂缝等用石膏腻子填补密实、刮平并用砂纸磨光。钢铁表面应刷防锈漆。

（2）刮腻子与磨平　基层必须刮腻子数遍予以找平、填平孔眼和裂缝，并在每遍腻子干燥后用砂纸打磨，保证基层表面平整光滑。

腻子的种类应根据基体材料、所处环境及涂料种类确定。如室外墙面常采用水泥类腻子，室内的厨房、卫生间墙面必须使用耐水腻子，木材表面应使用石膏类腻子，金属表面应使用专用金属面腻子。刮腻子的遍数，应视涂饰工程的质量等级、基层表面的平整度和所用的涂料品种而定，但总厚度不得超过 5mm，否则应采取加固措施。

腻子层应平整、坚实、牢固，无粉化、起皮和裂缝。磨平后，表面用洁净的潮布擦净。

（3）涂饰方法与要求

1）涂饰方法。涂饰的基本方法有刷涂、滚涂、喷涂等。常用涂饰工具如图 9-32 所示。

① 刷涂。刷涂是用毛刷、排笔等涂饰涂料。其工具设备简单、操作方便、适应性广，涂料浪费少，不易污染环境和非涂饰部位；但效率低、劳动强度大、装饰效果较差。

刷涂顺序是先左后右、先上后下、先难后易、先边后面。施工中一般分为开油、横油、斜油、竖油和理油五个步骤。对流平性差、挥发快的涂料，不可反复回刷。

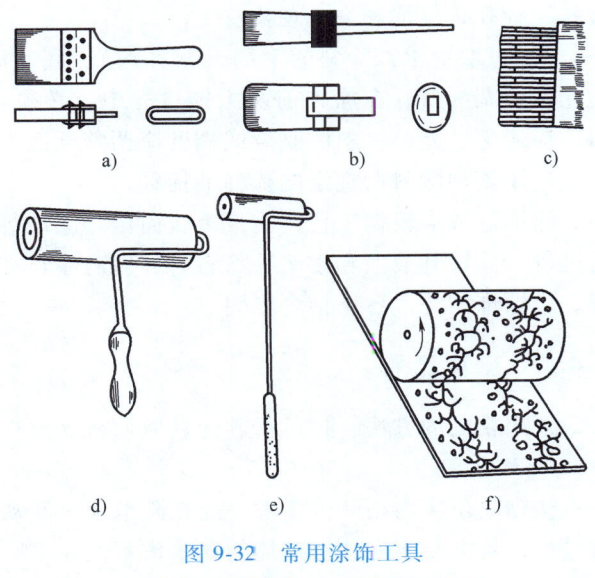

图 9-32　常用涂饰工具
a）板刷　b）圆刷　c）排笔　d）手滚
e）长柄滚　f）压花滚

② 滚涂。滚涂是利用涂料滚进行涂饰。施工设备简单、操作方便、工效高、涂饰质量好、对环境污染小，但边角处仍需刷涂。常用长毛绒滚筒，也有橡胶或绒面压花滚筒。

滚涂施工时，蘸料要均匀，开始滚动要慢、轻，防止飞溅和流淌。滚涂的涂膜应厚薄均匀，平整光滑，不流挂，不漏底。

③ 喷涂。喷涂是利用压力或压缩空气将涂料分布于物体表面。涂层厚度均匀、外观质量好、工效高，适于大面积施工，并可以通过调整涂料黏度、喷嘴大小及排气量，获得不同质感的装饰效果。

喷涂作业时，手握喷枪要稳，涂料出口应与被涂面垂直（图9-33）；喷枪（或喷斗）移动时应与喷涂面保持平行，行走速度适宜，行走路线如图9-34所示，不得走折线。每次直线喷涂长度为70~80cm。相邻两行喷涂面的重叠宽度，应控制在喷涂宽度的1/3~1/2，以便使涂层厚度均匀，色调基本一致。

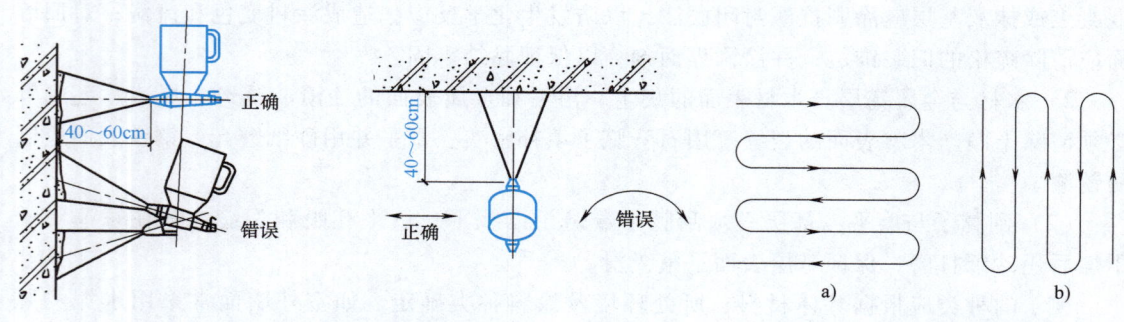

图9-33 喷涂墙面示意图

图9-34 喷涂行走路线示意图
a）横向喷涂路线 b）竖向喷涂路线

喷涂施工质量要求为：涂膜应厚度均匀、颜色一致、平整光滑，不应出现露底、皱纹、流挂、针孔、气泡和失光现象。

2）一般要求。涂料的溶剂（稀释剂）、底层涂料、腻子等均应合理地配套使用。涂料使用前应调配好，在涂饰前及涂饰过程中，必须充分搅拌，以免沉淀。用于同一表面的涂料，应避免色差。涂料的黏度或稠度应调整合适，使其在涂饰时不流坠、不显刷纹。如需稀释，应用该种涂料所规定的稀释剂稀释。

涂饰遍数应根据工程的质量等级而定。涂饰溶剂型涂料时，后遍涂料必须在前一遍干燥后进行；涂饰乳液型和水溶性涂料时，后遍涂料必须在前一遍表干后进行。每遍涂层不宜过厚，应涂饰均匀，各层结合牢固。

9.4.2 裱糊工程

采用粘贴的方法，把可折卷的软质面材固定在墙、柱、顶棚上的施工称为裱糊。

1. 施工条件

裱糊属于室内精装修工程，应在除地毯、活动家具及表面饰物以外的所有工程均已完成后进行，且混凝土和抹灰基体的含水率不大于8%，木基层不大于12%；环境温度宜在5℃以上，空气湿度不得大于85%，并防止温湿度剧烈变化；施工过程中和干燥前应无穿堂风。电气和其他设备已安装完，影响裱糊的设备或附件（如插座、开关盒盖等）应临时拆除。

2. 施工步骤与要点

裱糊的施工工艺顺序为：基层处理→刮腻子→刷封底涂料→润纸刷胶→裱糊→清理修整。

（1）基层处理

1）基层表面及接缝处理。墙上、顶棚上的钉帽应嵌入基层表面，并用腻子填平。外露的钢筋、钢丝等均应清除、打磨，并涂刷两道防锈漆。油污需用碱水清洗并用清水冲净。板块接缝及不同基体材料的对接处，应嵌填接缝材料并粘贴接缝带。新建筑的混凝土及抹灰面应涂刷抗碱封闭底漆。既有建筑的旧墙面应先除去粉化层，并涂刷界面处理剂。

2）刮腻子。常用石膏类成品腻子。混凝土及抹灰面应满刮腻子，每遍应薄刮，干燥、打磨后再刮另一层。直至平整光滑，阴阳角线通畅、顺直，无裂纹、崩角、砂眼和麻点。

3）刷封底涂料。腻子干透后、裱糊前应喷刷封底涂料或基膜，其作用是强化、封闭基底，防止壁纸、墙布受潮而脱落，减少基层吸水率，并利于更换壁纸。封底涂料一般采用封闭乳胶漆，一遍成活，应均匀不漏底。

（2）弹控制线　为保证裱糊时纸幅垂直、图案连贯端正，在底漆干燥后应弹出水平、垂直线，作为操作时的依据。线的颜色应与基层相近。

弹线时应从墙面阴角处开始，按壁纸的标准宽度找规矩，将窄条纸的裁切边留在阴角处，阳角处不得有接缝。遇有门窗洞口时，应以其立边分划，以便于折角贴出洞口侧立边。墙面弹线位置示意图如图9-35所示。

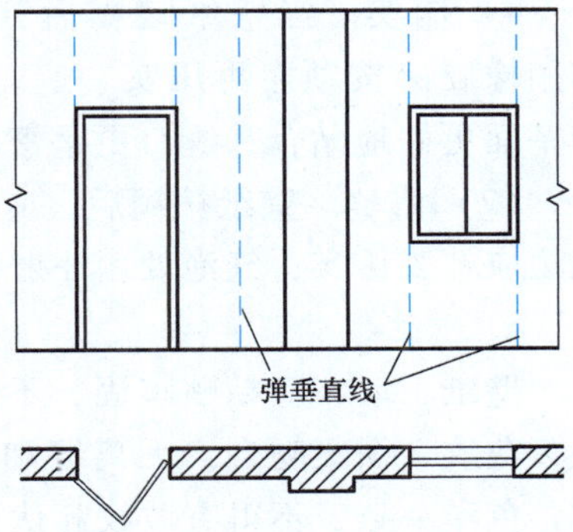

图9-35　墙面弹线位置示意图

（3）裁纸　对一般壁纸，按照墙顶（或挂镜线）到踢脚线上口的高度，并考虑两端各留出30~50mm修剪量来确定裁纸长度。对有图案的壁纸，宜将图形自墙的上部开始对花，小心裁割并编号，以便按顺序粘贴。裁好的壁纸要卷起平放。

（4）润纸　壁纸遇水会膨胀，干燥会收缩，但膨胀量远大于收缩量。如果未能让纸充分胀开就涂胶上墙，纸会继续吸湿膨胀产生鼓泡，或边贴边胀产生皱褶，不能成活。因此，需先进行浸泡或刷水、闷纸等处理。

塑料壁纸刷胶前可用排笔在纸背刷水，保持10min，达到充分膨胀的目的。复合纸质壁纸湿强度差，可在其背面均匀刷胶后，将胶面对胶面折叠，放置4~8min后上墙。

（5）涂刷胶黏剂　胶黏剂应根据壁纸材料及基层部位选用。目前市场上有多种环保型成品胶粉、胶液（如糯米胶、土豆粉等），使用较方便。

PVC壁纸裱糊墙面时，可只在墙基层面上刷胶；在裱糊顶棚时则需在基层与纸背上都刷胶。无纺布壁纸可仅在壁纸上刷胶。刷胶时，基层表面涂胶宽度要比壁纸宽约30mm。纸背涂胶后，纸背与纸背反复对叠（图9-36），可避免胶液污染正面和过快干燥。

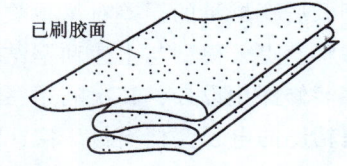

图9-36　壁纸刷胶后的对叠

对于较厚的壁纸，如植物纤维壁纸，应对基层和纸背都刷胶。

（6）裱糊壁纸　裱糊壁纸的顺序，原则上应先垂直面后水平面，先细部后大面。贴垂直面时先上后下，贴水平面时先高后低。从墙面所弹垂线开始至阴角处收口。每幅纸要先挂垂直，后对花纹拼缝，再用刮板用力抚压平整。方法与要求如下：

1）裱糊。先将壁纸上部对位粘贴，使边缘靠着垂直准线，轻轻压平，再由中间向外用刷子将上半截敷平,然后用壁纸刀将多余部分割去(图 9-37)。再粘贴下半截,修齐踢脚线与墙壁间的角落。壁纸基本贴平后,再用胶皮刮板由上而下、由中间向两边抹刮,使壁纸平整贴实,并排净气泡和多余的胶液。

2)拼缝。带有图案的壁纸,拼贴时先对图案,后拼缝。从上至下图案吻合后,再用刮板斜向刮胶,将接缝挤紧严密,并用潮湿毛巾揩净挤出的胶液。对发泡壁纸、复合壁纸禁止使用刮板赶压,只可用毛巾或板刷赶压,以免损坏花型或出现死褶。

3)阴阳角处理。阳角处不可拼缝或搭接,应包角压实,接缝处距离阳角不得小于 20mm。阴角处应采用搭接连接,搭接宽度不得小于 3mm。搭接处,先贴的转角壁纸在里层,最后收口的壁纸不得转角,并要保持垂直无毛边,如图 9-38 所示。

4)压实。当壁纸裱糊后 40~60min,需用橡胶滚按顺序再压实一遍,以使墙纸与基面更好地贴合,缝口更紧密。

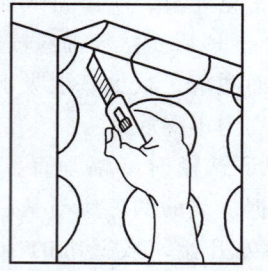
图 9-37 裁割多余部分壁纸

图 9-38 阴角处裱贴

(7)修整 壁纸裱糊后,应进行全面检查修补。表面的胶水、斑污应及时擦净,翘角、翘边应补胶压实;气泡处用注射针头排气,注入胶液后压实。

3. 质量要求

壁纸、墙布应粘贴牢固,不得有漏贴、补贴、脱层、空鼓和翘边。各幅拼接应横平竖直,花纹、图案吻合,无离缝和搭接,在距离墙面 1.5m 处正视不显拼缝。各幅应表面平整,色泽一致,不得有波纹起伏、气泡、裂缝、皱褶及斑污,斜视应不见胶痕。

9.5 装饰装修工程智能施工应用案例

9.5.1 北京大兴机场航站楼核心区 BIM+装饰装修数字化施工应用

1. 项目概况

本工程公共区域装饰装修要求高,面积大,工期紧。考虑因土建结构施工误差和钢结构卸载后变形量的误差对吊顶等装饰装修工程的影响,首先对整个施工区域进行了三维扫描,并将其点云模型与土建和钢结构 BIM 模型比对,计算误差变量,以逆向建模为基础进行装饰装修深化设计;其次利用三维建模进行施工模拟,确定施工方案;再将通过数字化生成的高精度的电子文档交付厂家,实现数字化加工;最后,通过对 BIM 模型中各类吊顶构件进行编码,实现由计算机自动装配出整体建筑的吊顶模型,而后通过程序提取相应数据进行安装。

2. 应用流程

BIM+装饰装修数字化施工应用流程如图 9-39 所示。

3. 应用介绍

在装饰装修阶段,因土建结构施工误差和钢结构卸载后的变形误差,需要对整个施工区域进行测量。传统的测量手段费时、费力,本项目创新性地应用了三维扫描仪,通过标靶确

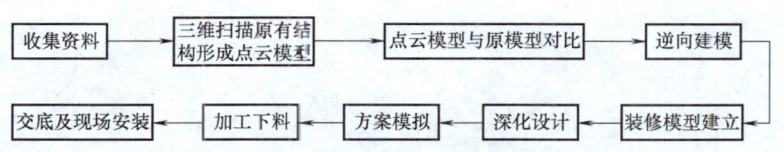

图 9-39　BIM+装饰装修数字化施工应用流程

定每次扫描坐标，将扫描后的点云模型合模，并与土建和钢结构 BIM 模型比对，计算误差变量，重新确定钢网架球心坐标。完成之后依据点云模型进行逆向建模，以逆向建造的模型为基础进行装饰装修深化设计，确保深化设计符合现场实际情况。

（1）三维扫描　本阶段第一项重要工作是勘察现场土建结构，核对设计图与现场的偏差。采用三维激光扫描技术对施工现场进行信息采集，从现场真实的点云数据中提取施工区域的平面图，通过比对设计提供的平面图和提取的现场平面图，核对、修改施工图。

具体的流程为：对施工区域进行整体扫描获得整体点云数据→提取现场平面图并导出→比对设计图与现场平面图的偏差→修改施工图。

需注意：扫描时要准确清晰地采集导线点信息，以备扫描数据的拼站处理及后期的点云数据与现场的匹配处理。

1）现场控制点测设如图 9-40 和图 9-41 所示。

图 9-40　现场测点实况

图 9-41　标靶纸设置

2）现场扫描情况如图 9-42~图 9-43 所示。

图 9-42　现场扫描

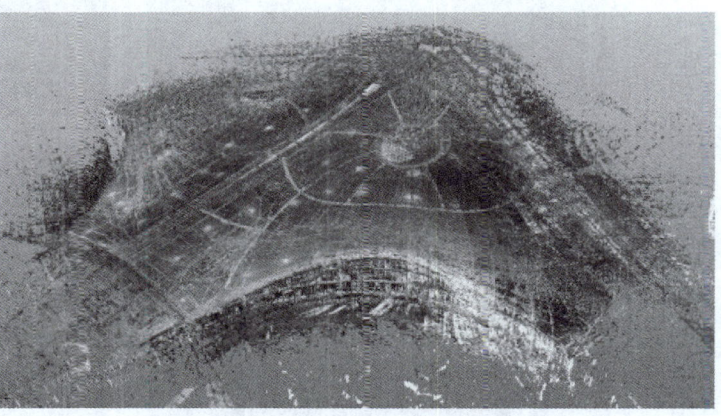

图 9-43　扫描点云阶段成果（一）

图 9-44 扫描点云阶段成果（二）

3）模型对比情况见表 9-2。

表 9-2 模型对比表

问题序号	问题位置截图（此图为底视图）	偏差值
1	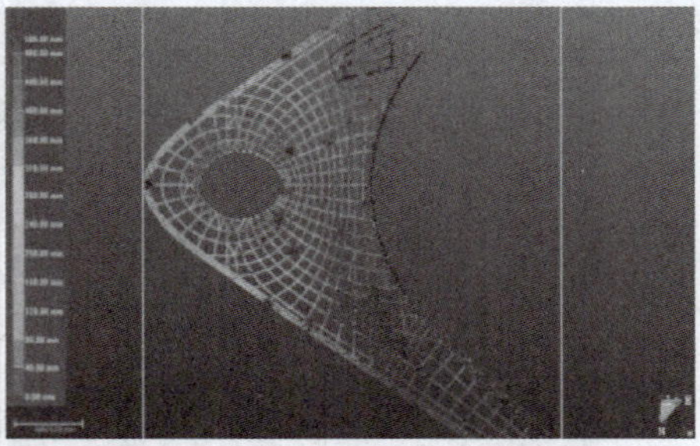	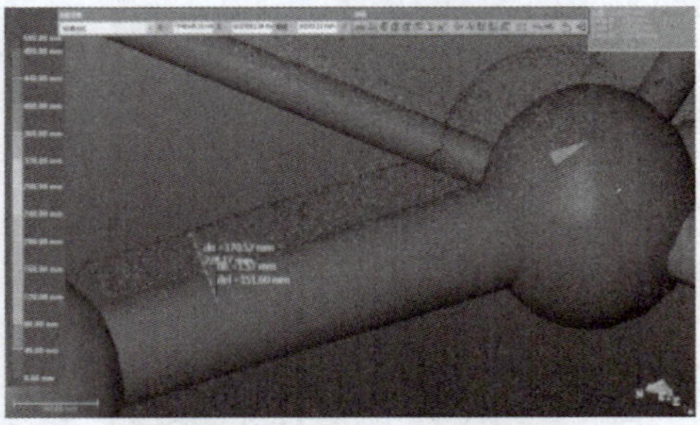
2	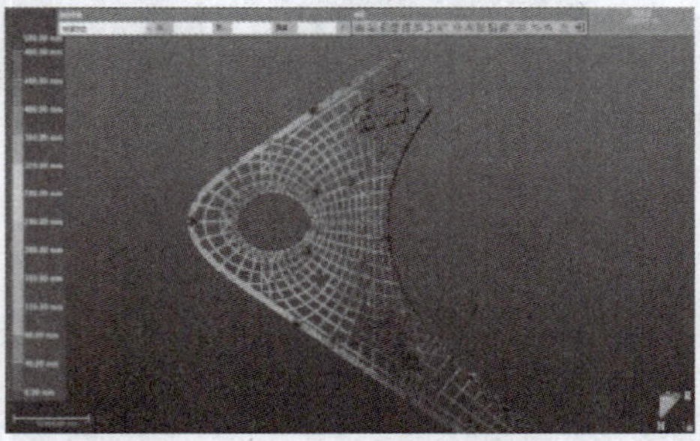	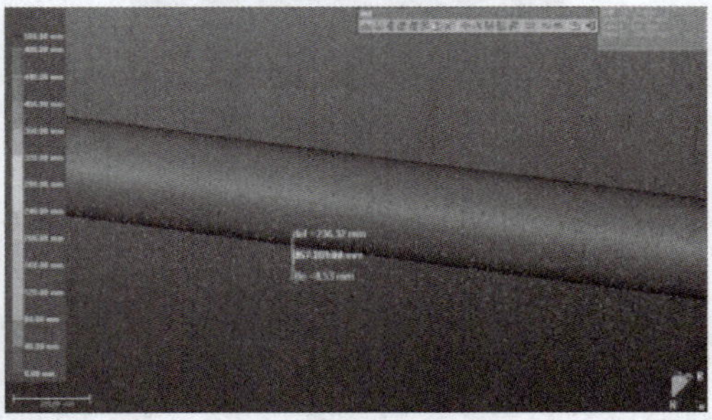
3	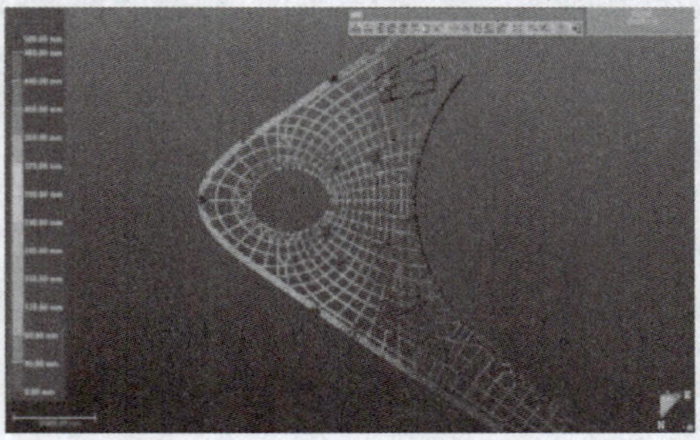	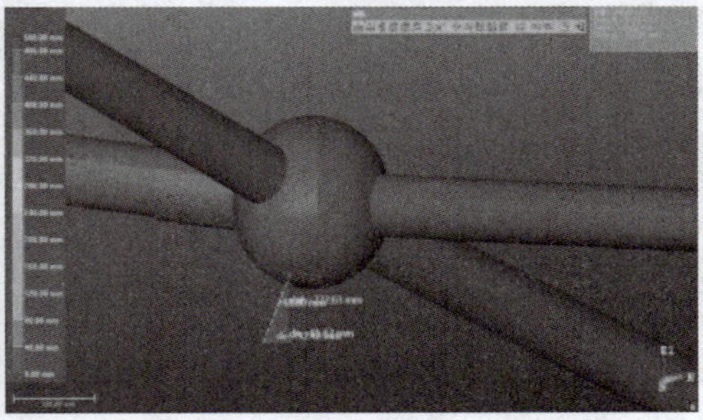

294

4）平面图提取导出 CAD 图，如图 9-45 所示。

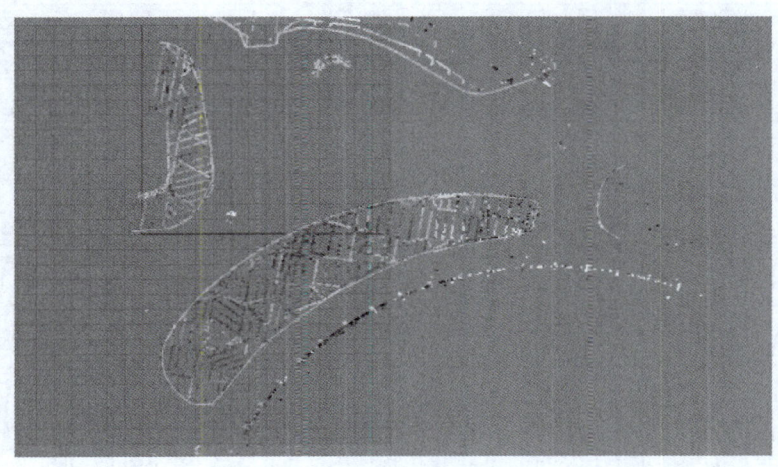

图 9-45　点云导出的轮廓图片

5）图样尺寸匹配。依据布设的控制点和标靶纸核对图样，再根据配准后结果进行图样调整。

6）现场数据测量，如图 9-46 所示。

（2）数字化施工

1）数字化模拟施工。吊顶系统的施工利用现场采集的精准数据结合三维可视化原理，利用模型对施工过程进行仿真模拟，将现场问题 100% 消除在策划阶段，实现后期"零"返工。利用三维建模深化进行施工模拟，确定施工方案。现场按照定好的尺寸和位置进行安装，大大降低了施工难度以及出错的概率。

2）数字化加工。吊顶系统和板边栏板隔断系统等造型的材料下单，通过数字化施工策划，生成高精度的电子文档交付厂家，

图 9-46　点云数据的简单测量图

取代现场测量或制作模板等传统加工定制下单方式，实现下单及加工数字化；也利于后期配合全站仪定点等技术进行放线和安装定位，如图 9-47 和图 9-48 所示。

3）数字化安装。与普通吊顶相比，复杂吊顶单元定位困难，型材长短不一、面板呈非标准几何形状，给构件加工、安装和管理带来困难，导致成本上升。BIM 的工作模式改变了这一流程，首先在建模时对"用户自定义特征"中的单元面板、龙骨框架、非常规型材这类构件依据数据规划进行编码，计算机根据几何条件自动计算输入参数，装配出整体建筑的吊顶模型，而后通过程序提取相应数据进行安装。

（3）应用小结

1）对系统节点或局部造型进行深化设计时，传统的深化设计是利用二维图，需在头脑中想象三维造型；而利用三维模型则更加直观、易于理解，使设计快速准确，也便于各参建

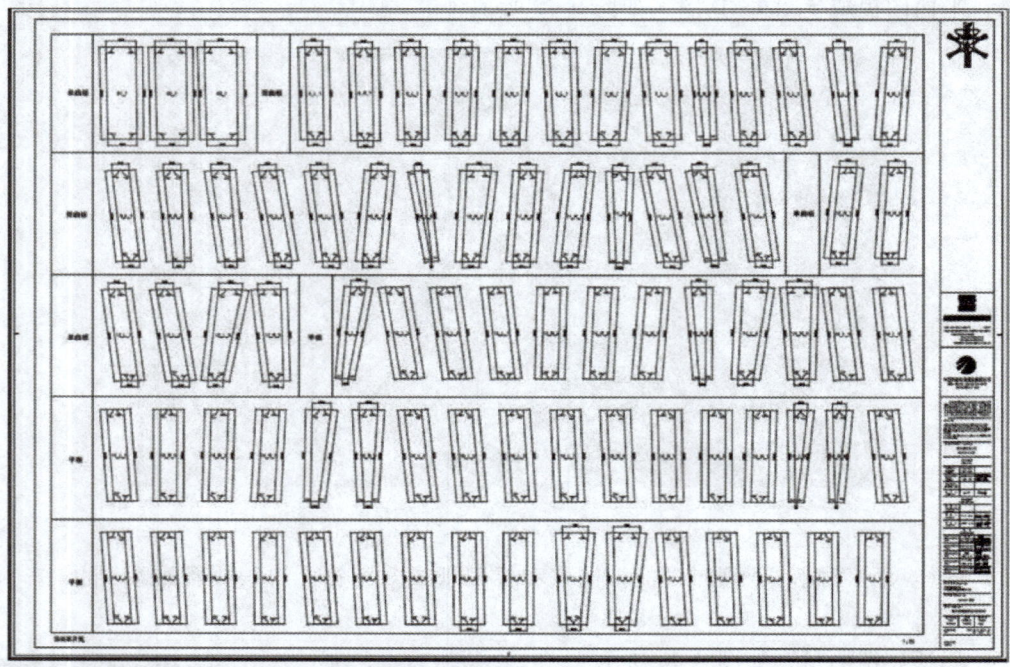

图 9-47　吊顶板分模下单编号

板块编号	底边A	左边B	顶边C	右边D	对角线L1	对角线L2	板块面积	件数	板块类型	视图方向
D06-4P14-	1163	20	1152	137	1152	1165	0.09	1	平板	背视图
D06-4P15-	2245	20	2189	310	2189	2248	0.36	1	平板	背视图
D06-4P16-	1700	20	1650	252	1649	1703	0.22	1	平板	背视图
D06-4P17-	1802	19	1752	229	1752	1805	0.22	1	平板	背视图
D06-4P17-	1341	21	1296	210	1296	1344	0.15	1	平板	背视图
D06-4P18-	1148	20	1059	200	1059	1151	0.11	1	平板	背视图
D06-4P19-	2928	410	2759	478	2696	3048	1.14	1	平板	背视图
D06-4P19-	2728	411	2562	478	2498	2852	1.06	1	平板	背视图
D06-4P19-	2531	411	2368	479	2304	2661	0.98	1	平板	背视图
D06-4P19-	2338	412	2178	479	2114	2472	0.9	1	平板	背视图
D06-4P19-	2148	412	1991	479	1928	2288	0.83	1	平板	背视图
D06-4P19-	1962	413	1808	479	1747	2108	0.75	1	平板	背视图
D06-4P19-	1779	414	1628	479	1570	1931	0.68	1	平板	背视图
D06-4P19-	1600	414	1452	479	1398	1758	0.61	1	平板	背视图
D06-4P19-	1424	415	1279	479	1232	1590	0.54	1	平板	背视图
D06-4P19-	1253	416	1111	478	1073	1426	0.47	1	平板	背视图
D06-4P19-	1085	416	948	476	921	1268	0.41	1	平板	背视图
D06-4P19-	922	417	789	475	779	1117	0.34	1	平板	背视图
D06-4P19-	764	418	634	474	650	972	0.28	1	平板	背视图
D06-4P19-	610	418	483	473	538	836	0.22	1	平板	背视图
D06-4P19-	460	419	337	472	452	710	0.16	1	平板	背视图
D06-4P19-	314	420	195	471	406	597	0.1	1	平板	背视图

图 9-48　吊顶板数字化下单数据

单位直接交流。

2) 在精装修阶段，能使装饰、机电和幕墙等专业的协调更加便利。通过 Revit 协同办公可以及时发现各个专业之间的交接、碰撞问题，及时交流并得以解决，使效率大大提升。

3) 通过初版施工图提前建立的模型，建立漫游及动画模拟现场施工的组织部署，利于协调各个分包单位的施工部署，可以做出更好的部署决策。

4) 通过模型制作的装修系统动画，模拟施工工艺、安装过程来优化施工安装的过程，推测安装难点及工艺的合理性。

5）利用 Rihno 等曲线、曲面造型软件优化异形面板，降低面板的加工难度和安装难度，达到节约成本的目的。

9.5.2 扬州绿地健康城——BIM 技术在装配化装修行业中的创新应用

1. 项目概况

扬州绿地健康城装修方案，总面积 30 万 m^2，$110m^2$ 户型、$130m^2$ 户型的小高层及 $125m^2$ 户型的洋房采用装配化装修（图 9-49），包括装配化整体卫生间、厨房、供暖系统、墙面系统、全屋收纳、橱柜、电器、洁具等部品部件。

2. 技术应用

该项目将 BIM 技术与大数据平台相整合，基于 BIM 技术进行产品研发包括装配式墙面系统、装配式吊顶系统、装配式地板系统、装配式地砖系统、整体厨房、整体卫生间等各方面所需要用到的部品部件，设计人员进行初步方案设计（图 9-50），可根据客户的需求个性化定制装修风格。

图 9-49　扬州绿地健康城装配化装修效果图（一）　　图 9-50　扬州绿地健康城装配化装修效果图（二）

初期的产品研发、方案设计完成后，再对各个系统［例如地面系统（抗菌调节支架装配式地面系统、金属调节支架装配式地面系统）、墙顶面系统（高分子 PVC 板墙面结构、抗菌墙面结构、硅酸钙板墙面结构）、装配式吊顶系统（软膜吊顶结构、硅酸钙板吊顶结构）、装配式整体卫生间、厨房（铝蜂窝复合瓷砖整体厨卫系统）、集成墙面收口线条等方面］进行深化设计。

利用 BIM 技术可以细化到装配化装修的各个方面，如使用面积明细、房间明细、材料明细、内外墙明细、屋面明细、楼板楼梯明细等，涵盖了空间内的各个角落（图 9-51）。设计完成后交由工厂进行工业生产，当部品部件生产完成后由对接的物流公司负责数字配送，委派专业人员进行现场安装，最终竣工交付，后续提供一系列的售后服务，如图 9-52 所示。大数据平台将基于 BIM 技术的装配式设计、智能制造、智能建造、智慧服务三个环节紧密联系在一起，环环相扣，有关各个环节的信息都能通过大数据平台查询，做到信息的透明化。无论是成本分析，生产、施工计划还是物流运输、现场安装情况都能一目了然。

大数据平台可以对基于 BIM 技术的装配化装修过程中的各个环节以及用到的每个部品部件做到实时跟踪，各部件上均附有方便工作人员跟踪查询的二维码（图 9-53），类似

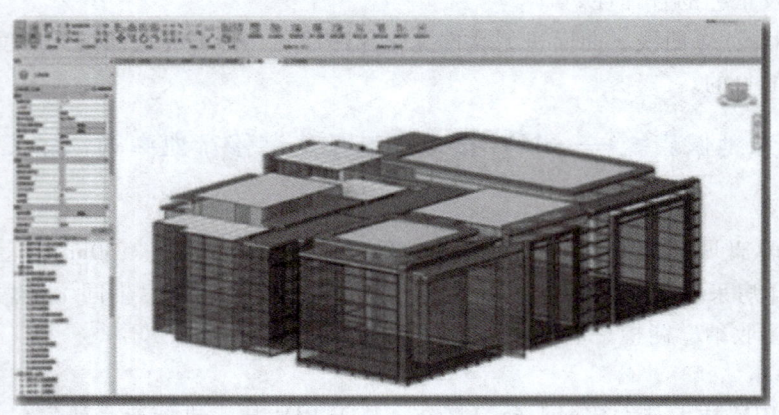

图 9-51 利用 BIM 技术进行深化设计

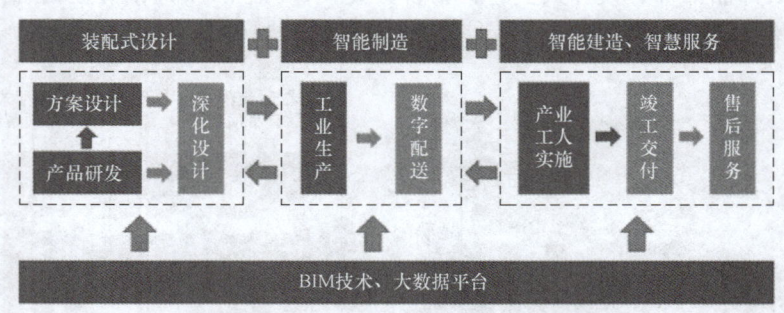

图 9-52 BIM 技术与大数据平台渗透到装配化装修的各个环节

于给每一个部件发放"身份证"。从前期的工厂生产情况到物流运输和现场安装以及产品后期的运营维护,能进行全方位的掌控。当部件运抵现场后,专业人员只需扫描二维码,便可获得产品信息,并按照施工图施工,基本信息可随时查阅,重要信息可按权限查阅。通过二维码就可跟踪项目,实现设计、生产、安装信息贯通。当项目竣工交付后,利用收集到的项目数据,建立基础模型,形成模拟社区并将 BIM 数据加入其中,形成线上社区。后期可以建立社区平台,用家装数据导入业主数据和基础需求,结合服务供应商,做线上社区运营。

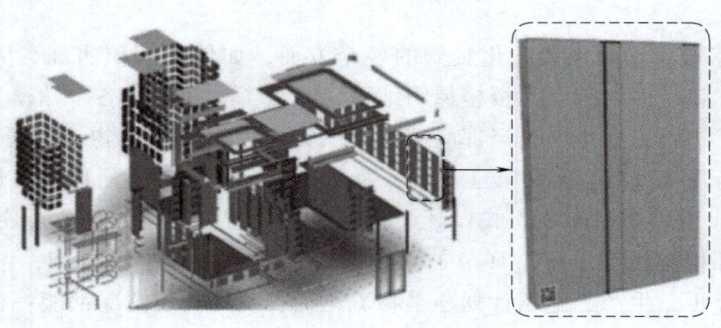

图 9-53 附在部品部件上方便工作人员查询信息的二维码

习 题

1. 抹灰一般由哪几层组成？各层起什么作用？
2. 抹灰分为哪几类？一般抹灰分几级？具体要求如何？
3. 抹灰前，对其基体应做哪些处理？
4. 一般抹灰的施工顺序有何要求？
5. 地面抹灰的配制、抹压、养护有何要求？为什么？
6. 试述水磨石、水刷石的施工工艺及要点。
7. 瓷砖铺贴前为何要选砖和浸水阴干？有何要求？
8. 墙面石材安装方法有哪些？各有何特点及利弊？
9. 何时要对石材做防碱封闭处理？目的是什么？
10. 什么叫石材直接干挂法和骨架干挂法？各用于什么场合？
11. 试述塑料门窗安装的主要要求。
12. 塑料及铝合金门窗安装的工艺顺序及质量要求有哪些？
13. 吊顶工程施工应重点注意哪些问题？
14. 裱糊及涂料施工工艺顺序有何异同？其作业条件各有哪些？
15. 请结合案例简述 BIM 技术在装饰装修工程行业的应用前景。

第 10 章

智能施工技术综合应用

建筑工程包括住宅、商业、教育、医疗、文化等各类型建筑物的施工和维护；道路工程则包括城市道路、高速公路、铁路、机场跑道等各类交通路线的建设和维护；桥梁工程主要负责建造和维护各类型的桥梁，以满足不同地形和水系的需要；隧道工程包括铁路、道路及地铁、水底隧道等的施工建设；地下工程则包括地铁隧道、地铁车站以及地下房屋建筑等的施工建设。在这些领域中，土木工程智能施工可以通过机器人、3D 打印技术、先进的沥青混凝土技术、智能化制造技术、隧道挖掘技术、钻孔技术等方法，实现高效施工和智能化管理，保证建筑、道路、桥梁、隧道及地下工程的安全性和稳定性。

限于篇幅，智能施工技术综合应用案例详见文前二维码中的内容。

10.1 建筑机械

10.1.1 自行杆式起重机

自行杆式起重机械包括履带起重机、汽车起重机、轮胎起重机和全地面起重机等四个子类。

1. 履带起重机

履带起重机（图 10-1）主要由机身、起重臂、行走机构、起重机构、回转机构等部分组成。履带起重机的特点是操纵灵活，机身可 360° 回转，可以负荷行驶，可在一般平整坚实的场地上进行吊装作业，目前广泛应用于装配式单层工业厂房的结构吊装中，其缺点是稳定性较差，转场较困难。履带起重机有多种型号，国产机型最大起重量可达 3600t。几种履带起重机外形尺寸见表 10-1。

履带起重机的技术性能参数主要包括：起重量 Q、起重半径 R 和起重高度 H。起重量是指吊钩能吊起的质量；起重半径也称起重工作幅度，是指起重机回转中心至吊钩的水平距离；起重高度是指吊钩至停机面的垂直距离。起重机这三个参数互相制约，其数值的变化取决于起重臂的长度及其仰角的大小。起重机的臂长可通过增加或减少标准节来改变。当起重臂长度一定，随着其仰角的增加，起重半径 R 将减小，而起重高度 H 和起重量 Q 将增加；若其仰角减小则反之。

履带起重机的主要技术性能可查有关手册中的起重机性能表或起重机性能曲线。W_1-50、W_1-100、W_1-200 为挖土机改装的履带起重机，其主要性能参数见表 10-2。图 10-2 和图 10-3 所示分别为 W_1-100 和 W_1-200 型履带起重机的性能曲线。

第10章 智能施工技术综合应用

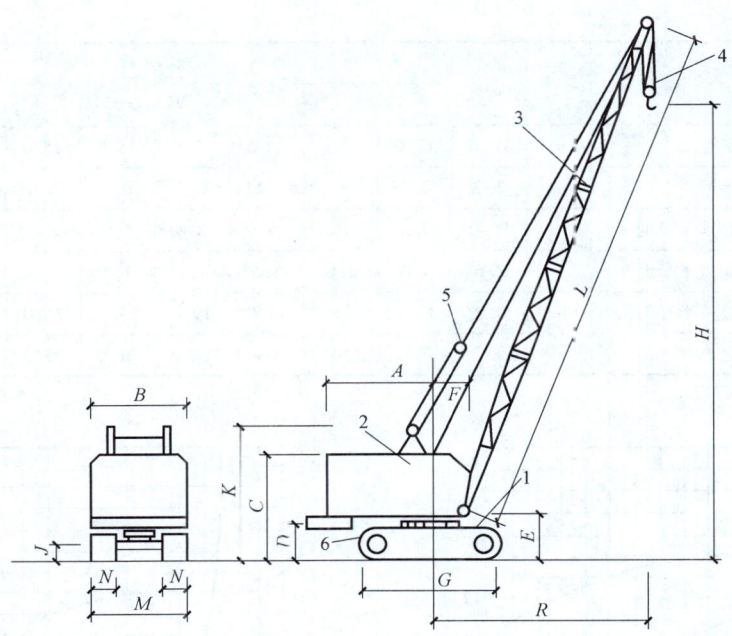

图 10-1 履带起重机

1—底盘　2—机身　3—起重臂　4—起重滑轮组　5—变幅滑轮组　6—履带
A、B……—外形尺寸符号　L—起重臂长度　H—起重高度　R—起重半径

表 10-1 履带起重机外形尺寸

符号	名称	型号				
		W_1-50	W_1-100	W_1-200	KH-180	KH-100
A	机身尾部到回转中心的距离	2900	3300	4500	4000	3290
B	机身宽度	2700	3120	3200	3080	2900
C	机身顶部到地面的高度	3220	3675	4125	3080	2950
D	机身底部距地面高度	1000	1045	1190	1065	970
E	起重臂下铰点中心距地面高度	1555	1700	2100	1700	1625
F	起重臂下铰点中心至回转中心的距离	1000	1300	1600	900	900
G	履带长度	3420	4005	4950	5400	4430
M	履带架宽度	285	3200	4050	4300/3300	3300
N	履带板宽度	550	675	800	760	760
J	行走底架距地面的高度	300	275	390	360	410
K	机身上部支架距地面的高度	3480	4170	6300	5470	4560

表 10-2 W_1-50、W_1-100、W_1-200 主要性能参数

参数	单位	型号							
		W_1-50			W_1-100			W_1-200	
起重臂长度	m	10	18	18带鸟嘴	13	23	27	30	15	30	40

（续）

参数		单位	型号								
			W₁-50			W₁-100				W₁-200		
最大起重半径		m	10.0	17.0	10.0	12.5	17.0	15.0	15.0	15.5	22.5	30.0
最小起重半径		m	3.7	4.5	6	4.23	6.5	8.0	9.0	4.5	8.0	10.0
起重量	最小起重半径时	t	10.0	7.5	2.0	15.0	8.0	5.0	3.6	50.0	20.0	8.0
	最大起重半径时	t	2.6	1.0	1.0	3.5	1.7	1.4	0.9	8.2	4.3	1.5
起重高度	最小起重半径时	m	9.2	17.2	17.2	11.0	19.0	23.0	26.0	12.0	26.8	36
	最大起重半径时	m	3.7	7.6	14	5.8	16.0	21.0	23.8	3.0	19	25

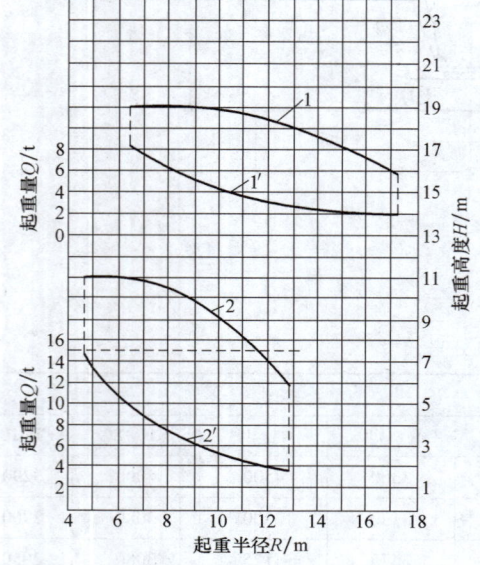

图 10-2 W₁-100 型履带起重机的性能曲线

1、2—臂长 $L=23m$、13m 时的 R-H 曲线

1′、2′—臂长 $L=23m$、13m 时的 Q-R 曲线

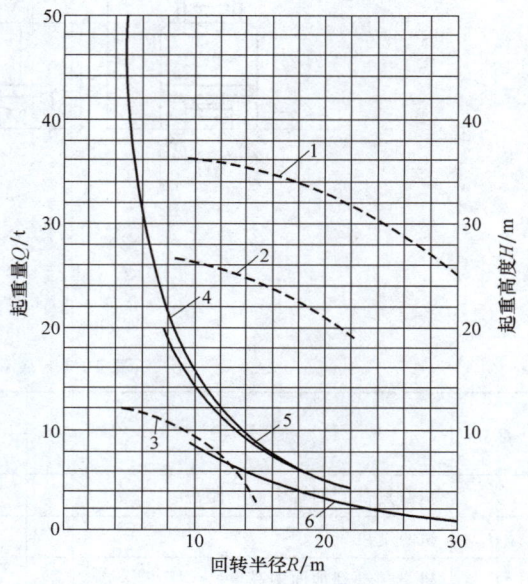

图 10-3 W₁-200 型履带起重机的性能曲线

1、2、3—臂长 $L=40m$、30m、15m 时的 R-H 曲线

4、5、6—臂长 $L=40m$、30m、15m 时的 Q-R 曲线

2. 汽车起重机

汽车起重机是一种自行、全回转、起重机构安装在汽车底盘上的起重机。起重动力由汽车发动机供给。汽车起重机行驶速度快，机动性能好，对路面破坏小。但吊装时必须使用支腿，因而不能负荷行驶，常用于构件的装卸和结构吊装工作。目前常用的汽车起重机有 Q 型（机械传动和操纵）、QY 型（全液压传动和伸缩式起重臂）、QD 型（由电动机驱动各工作装置）。图 10-4 所示为最大起重量为 25t 的汽车起重机。

汽车起重机吊装时，应先压实场地，放好支腿，将转台调平，并在支腿内侧垫好保险枕木，以防支腿失灵时发生倾覆，并应保证吊装的构件和就位点均在起重机的回转半径之内。吊装作业时一般不允许改变臂长。

图 10-4 QY-25 型汽车起重机

3. 轮胎起重机

轮胎起重机是一种自行式、全回转、起重机构安装在加重轮胎和特制底盘上的起重机，其吊装机构和行走机械均由一台柴油发动机控制。起重量较小时可不用支腿，行驶速度较慢。

目前国产常用的轮胎起重机有机械式（QL）、液压式（QLY）和电动式（QLD）。图 10-5 所示为最大起重量为 16t 的轮胎起重机。

4. 全地面起重机

全地面起重机又称全路面起重机，是一种兼有汽车起重机和轮胎起重机优点的新型起重设备。该种机械起重能力强、行驶速度快、离地间隙大、爬坡性能好、能实现全轮转向，可在狭小和崎岖不平或泥泞场地上作业，起重量较小时可不用支腿。目前有起重量 30~1200t，臂长 30~100m 等多种机型。图 10-6 所示为 QAY-240 全地面起重机。

图 10-5　QL-16 轮胎起重机

图 10-6　QAY-240 全地面起重机

10.1.2　塔式起重机

塔式起重机（塔吊）主要由起升、变幅、回转、顶升机构以及动力、安全、操控装置等组成，其结构主要包括行走台车或底座、塔身、塔尖、起重臂、平衡臂、驾驶室等。

塔式起重机由于塔身竖直、起重臂安装在顶部，能最大限度地靠近建筑物，并可 360°全回转，有效高度和工作空间大，因此在施工中得到广泛应用。按照架设形式，塔式起重机分为固定式、附着式、轨行式和内爬式（图 10-7），其变幅形式有动臂变幅、小车变幅、折臂变幅等（图 10-8）。

1. 轨行式塔式起重机

它是一种能在轨道上自行的塔式起重机，多数是将固定式塔机安装行走台车和相应机构而成。该种塔式起重机能在直线轨道上行驶作业，有些型号还能空驶转弯。常用型号有 QTZ63、QTZ80、FO/23B 等。轨行式塔式起重机的特点是通过行驶可以大大扩展服务空间，但稳定性较差，常用于长度较大的多层建筑施工。例如，QTZ80 型塔式起重机的外形与起重性能如图 10-9 所示，其轨距为 5m，可按需要的起重高度增减塔身节架，最大起重高度为 45m，也可按需要的起重幅度（回转半径）增减臂长，最大臂长为 40m，其最大起重力矩约 80t·m。

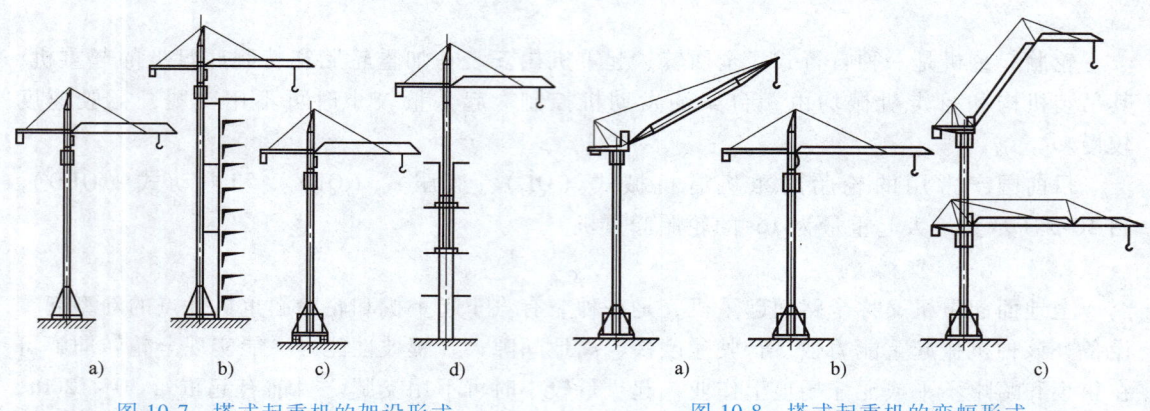

图 10-7 塔式起重机的架设形式
a) 固定式 b) 附着式 c) 轨行式 d) 内爬式

图 10-8 塔式起重机的变幅形式
a) 动臂变幅 b) 小车变幅 c) 折臂变幅

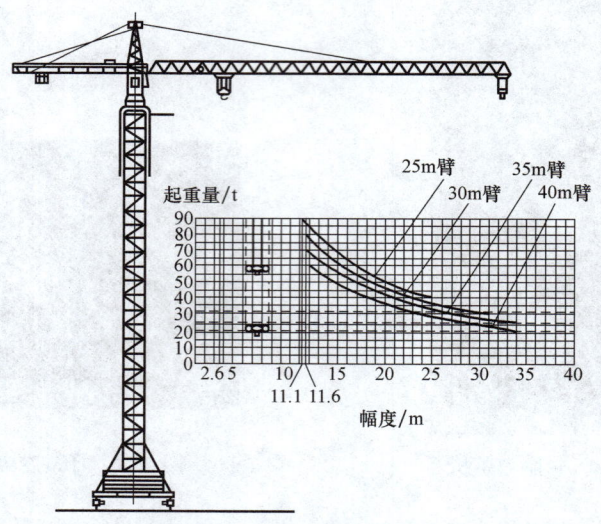

图 10-9 QTZ80 型塔式起重机的外形及起重性能

2. 附着式塔式起重机

附着式塔式起重机是直接固定在建筑物近旁的混凝土基础上,安装完一个基本高度后,通过自身的自升系统向上接高塔身。当建筑物高度较大时,每隔 20m 左右将塔身与建筑物附着连接,以增加塔身的刚度,提高稳定性。它适用于高层建筑施工。附着式塔式起重机还可以安装成爬升式或轨道行走式起重机。常用的附着式塔式起重机的型号有 QTZ63 型(图 10-10)、QTZ100(图 10-11)、QTZ125、QTZ160、FO/23B、H3/36 等型号。

附着式塔式起重机的液压自升系统由顶升套架、长行程液压千斤顶、支承座、顶升横梁、定位销等组成。其自升过程如图 10-12 所示。

首先将标准节吊到摆渡小车上,将过渡节与塔身标准节相连的螺栓松开(图 10-12a)。开动液压千斤顶,将塔顶及套架顶升到超过一个标准节的高度,随即用定位销将套架与塔身固定(图 10-12b)。液压千斤顶回缩,将装有标准节的摆渡小车推到套架中间的空间(图 10-12c)。用液压千斤顶稍微提起标准节,退出摆渡小车,将标准节落在塔身上并用螺栓与其下塔身连接(图 10-12d)。拔出定位销,将上部下降,使过渡节与塔身连成整体(图 10-12e)。

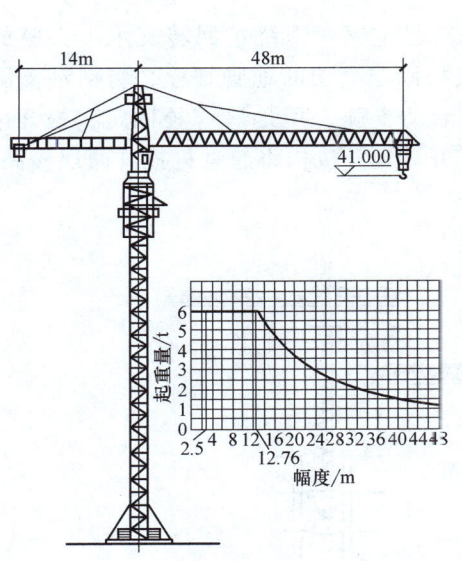

图 10-10 QTZ63 型塔式起重机外形及起重性能

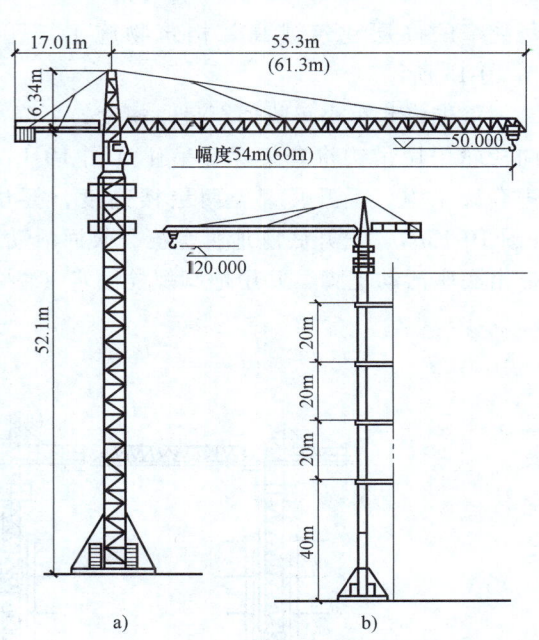

图 10-11 QTZ100 型塔式起重机外形
a) 独立安装（50m） b) 附着安装（120m）

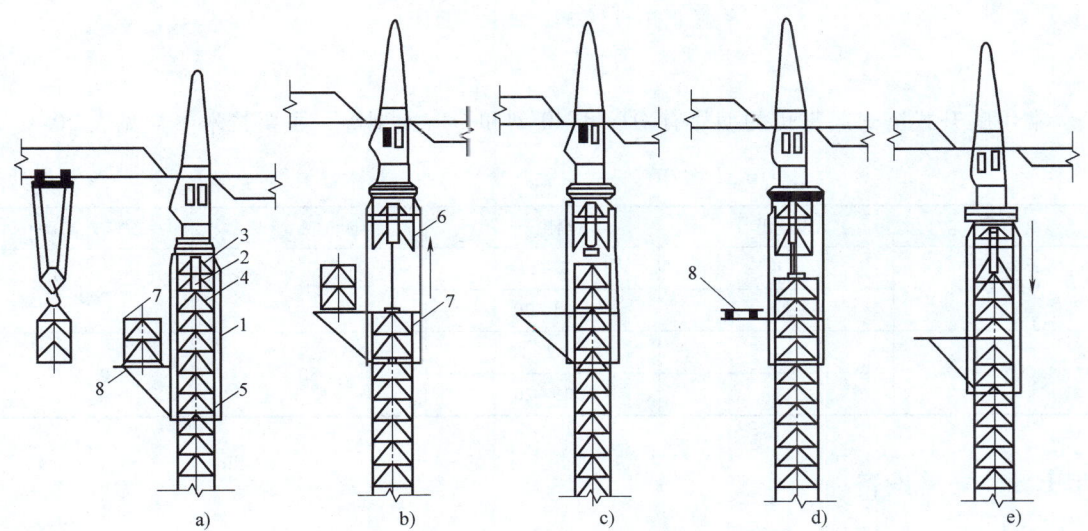

图 10-12 附着式塔式起重机的自升过程示意图
a) 准备状态 b) 顶升塔顶 c) 推入塔身标准节 d) 安装标准节 e) 塔顶与塔身连成整体
1—套架 2—千斤顶 3—支承座 4—顶升横梁 5—定位销 6—过渡节 7—标准节 8—摆渡小车

3. 爬升式塔式起重机

爬升式塔式起重机是指安装在建筑物内部（电梯井或特设开间）结构上的塔式起重机。它能够通过自身的提升或液压顶升系统，随建筑物升高而向上爬升，一般每安装 2 个楼层爬升一次。由于其体积小、不占施工场地、起升高度大、覆盖范围和起重能力大，因此适于现场狭窄的高层建筑或高耸构筑物施工,且建筑物越高经济效益越显著。其爬升过程如图 10-13 所示。

首先将起重小车收回至最小幅度,下降吊钩,使起重钢丝绳绕过回转支承上支座的导向滑轮,用吊钩将套架提环吊住(图 10-13a)。放松固定套架的地脚螺栓,将活动支腿收进套架梁内,提升套架至两层楼高度,摇出套架活动支腿,用地脚螺栓固定,松开吊钩(图 10-13b)。松开底座地脚螺栓,收回活动支腿,开动爬升机构将起重机提升两层楼高度,摇出底座活动支脚,并用地脚螺栓固定(图 10-13c)。

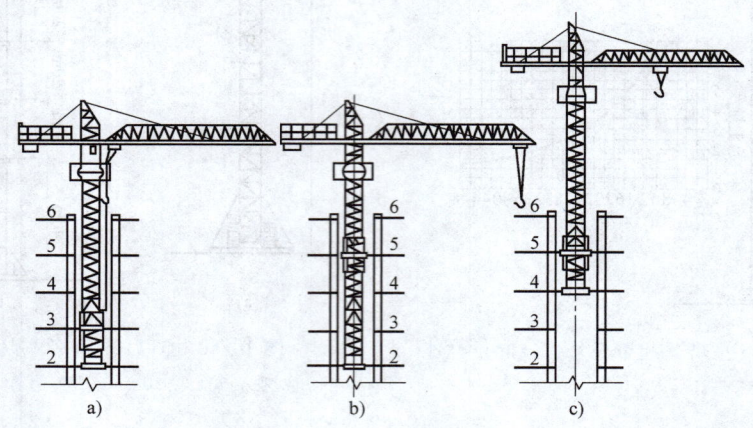

图 10-13 爬升过程示意图
a)套架提升前 b)提升套架 c)提升塔身

常用爬升式塔式起重机的型号有 QT_5-4/40 型和 QT_3-4 型等,主要技术参数见表 10-3。

表 10-3 常用爬升式塔式起重机的主要技术参数

型号	起重量/t	幅度/m	起重高度/m	一次爬升高度/m
QT_5-4/40	4	2~11	110	8.6
	2~4	11~20		
QT_3-4	4	2.2~15	80	8.87
	3	15~20		

10.1.3 索具设备

安装工程施工中除了起重机外,还要使用许多辅助工具及设备,如卷扬机、千斤顶、钢丝绳、滑轮组及吊具等。

1. 卷扬机

卷扬机是通过卷筒卷绕钢丝绳产生牵引力的起重设备,主要由电动机、齿轮变速箱、制动器和卷筒组成(图 10-14),是各种起重机械或起重设备的主要工作装置。卷扬机分为快速、慢速两种。快速卷扬机又分为单筒和双筒两种,其设备能力为 4~50kN,主要用于垂直、水平运输和打桩作业。慢速卷扬机多为单筒式,其设备能力为 30~200kN,主要用于结构吊装。

在使用卷扬机时应注意:

1)缠绕在卷筒上的钢丝绳不能放尽,至少应留 5 圈的安全储备,以免钢丝绳固定端滑脱。

2)卷扬机不得安装在吊装区,距构件安装处的水平距离不小于安装高度;保证司机的仰视角小于 30°;距第一个导向轮不少于 20 倍的卷筒长度,以利于钢丝绳在卷筒上均匀缠绕。

3)钢丝绳应水平地从筒下引入,以减小倾覆力矩。

4)卷扬机使用时必须可靠固定,以防止滑动和倾翻。

图 10-14 电磁制动的卷扬机

2. 千斤顶

千斤顶在结构吊装中,既可以用于校正构件的安装偏差和矫正构件的变形,又可以顶升和提升大跨度屋盖等。常用千斤顶有螺旋式千斤顶、通用液压千斤顶和提升千斤顶,如图 10-15 所示。

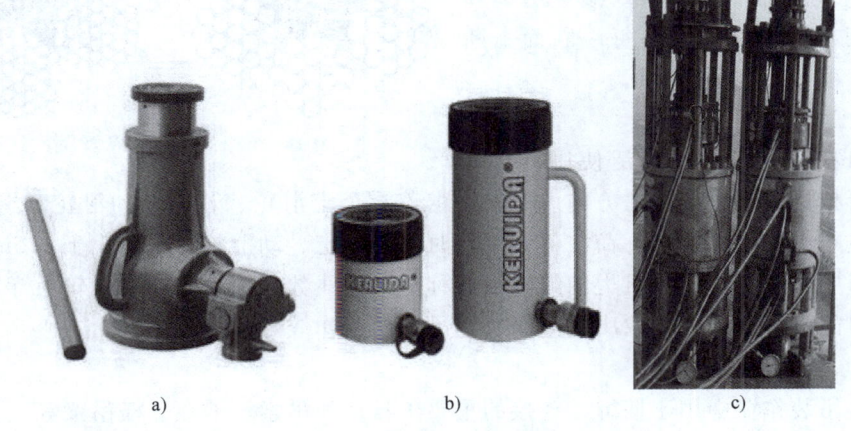

图 10-15 常用千斤顶
a)螺旋式千斤顶 b)通用液压千斤顶 c)提升千斤顶

螺旋式千斤顶通过旋转螺旋丝杠来提升物体。这种千斤顶通常用于构件校正或较小的起重工作。为了减小外形高度和增加提升距离,可以设计成多级可伸缩的形式。

通用液压千斤顶使用柱塞或液压缸作为刚性提升装置。通用液压千斤顶适用于不需要很大提升高度的各种起重工作。在工作时,通过操作手动油泵的摇把或启动液压油泵,将高压油注入油缸,从而使活塞及其上的物体一同向上移动。打开回油阀,将高压油流回储油腔,从而使物体与活塞下降。

提升千斤顶结合了预应力锚具技术和液压千斤顶技术。通过锚具固定钢绞线,并使用计算机集中控制的液压泵站提供高压油,可以驱动千斤顶活塞,以带动钢绞线和构件的整体同步提升(或下降、连续平移)。在选择时,千斤顶的额定起重能力应大于要提升的构件质量，如果有多台千斤顶一起工作，则应确保总额定起重能力超过分担的起重量的1.2倍。

3. 钢丝绳

钢丝绳由若干根钢丝扭合为一股，再由若干股围绕储油绳芯扭合而成。通常规格是以"股数×每股丝数+芯数"表示，如施工中常用的6×19+1、6×37+1、6×61+1等（图10-16），每股钢丝越多，绳的柔性越好。按丝捻成股与股捻成绳的方向，分为交互捻和同向捻等。前者在使用中不易扭转和松散，在起重作业中广泛使用。后者的挠性好、寿命长，但因其易扭转、松散，所以只用作缆风绳或牵引绳。

钢丝绳的容许拉力：

$$S \leq \frac{P}{K} = \frac{R\alpha}{K}$$

式中 P——绳破断拉力；

R——钢丝绳的钢丝破断拉力总和；

α——受力不均匀系数，6×19丝取0.85、6×37丝取0.82、6×61丝取0.8；

K——安全系数（缆风钢丝绳$K=3.5$；起重钢丝绳$K=5\sim6$；捆绑吊索$K=8\sim10$）。

使用钢丝绳时应该注意，钢丝绳穿过滑轮组时，滑轮直径应不小于绳径的10~12倍，轮槽直径应比绳径大1~1.25mm，应定期对钢丝绳加油润滑，以减少磨损和腐蚀；使用前应检查核定，每一断面上断丝不超过3根，否则不能使用。

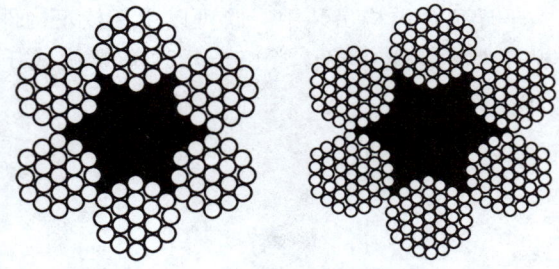

图10-16 6×19丝、6×37丝钢丝绳断面

4. 滑轮组

滑轮组在建筑工程中广泛使用，它既可省力又可根据需要改变用力方向。滑轮组由若干个定滑轮、若干个动滑轮和绳索所组成。用前应检查有无损伤以及容许荷载值，使用时应保证定、动滑轮间距不小于1.5m。

滑轮组中共同负担构件重力的绳索根数称为工作线数，也就是在动滑轮上穿绕的绳索根数。滑轮组能省多少力主要取决于共同负担吊重的工作线数的多少。

5. 吊具

吊具是吊装作业中用于捆绑、连接的重要工具，如吊索、卡环、横吊梁等（图10-17）。

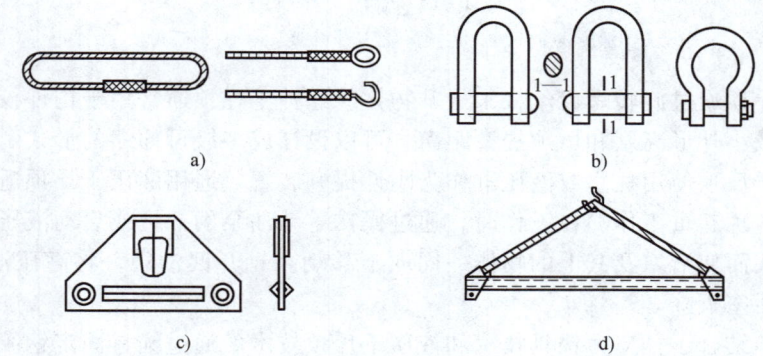

图10-17 吊具
a) 吊索 b) 卡环 c) 钢板横吊梁 d) 钢管横吊梁

各种吊具的用法如下:

1) 吊索主要用于绑扎材料或构件,分为环状和开式两种,宜用6×37丝钢丝绳制作。

2) 卡环也称卸甲,主要用于吊索间或吊索与吊环的连接,分为螺栓式和活络式卡环两种。

3) 横吊梁也称铁扁担,用于减小吊索对构件的轴向压力和起吊高度,主要有钢板和钢管两种。

10.2 建筑工程

10.2.1 建筑工程施工部署的拟定

施工部署是对整个单位工程的施工进行总体的布置和安排,是施工组织设计的核心。它主要包括:确定项目组织机构及岗位职责,制定施工目标,施工进度安排和空间组织,对开发和使用新技术、新工艺做出部署,对重要分包工程施工单位的选择要求及管理方式进行简要说明等。

1. 确定项目组织机构及岗位职责

确定项目组织机构及岗位职责主要包括:确定组织机构形式、确定组织管理层次及岗位设置、制定岗位职责、选定管理人员等。某工程建立的组织机构构成如图10-18所示。

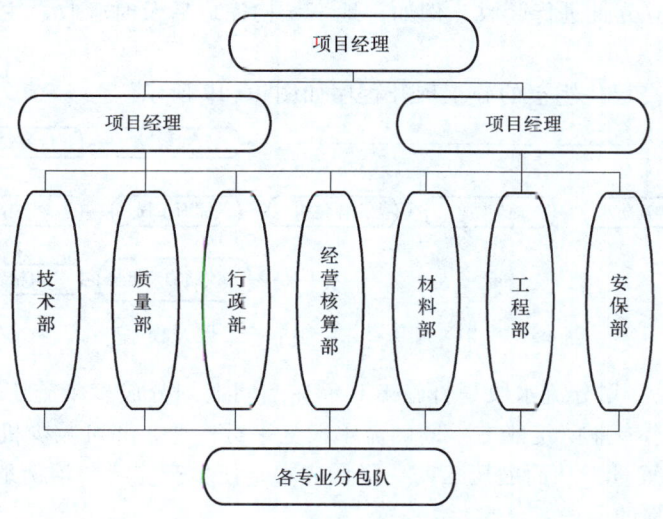

图10-18 某工程建立的组织机构构成

2. 制定施工目标

根据施工合同、招标文件以及本单位对工程管理目标的要求,确定进度、质量、安全、环境和成本等目标。其中,工期目标包括总工期目标和各主要施工阶段(如基础、主体、装饰装修)的工期控制目标。质量目标应制定出总目标和分解目标。质量总目标是指整个项目拟达到的质量等级(如市优、省优、国优),分解目标是指各分部工程拟达到的质量等级(优良、合格)。安全目标是指事故等级、伤亡率、事故频率的限制目标。

施工管理目标必须满足或高于合同目标及施工组织总设计中确定的总体目标,作为编制各种计划、措施及进行工程管理和控制的依据。

3. 施工进度安排和空间组织

（1）施工展开程序与时间控制　针对工程特点和合同工期要求，确定各分部工程之间的先后顺序及搭接关系、各分部工程时间控制及里程碑节点等，为制订施工进度计划和组织生产提供依据。

（2）展开程序确定的原则　一般工程的施工应遵循"先准备后开工""先地下后地上""先主体后围护""先结构后装饰""先土建后设备"的程序原则。但施工程序并非一成不变，其影响因素很多，特别是随着建筑工业化的发展和施工技术的进步，有些施工程序将发生变化。

对于具有大型生产设备（如冶炼、冲压、核反应堆等）的重工业厂房，其设备安装有时需先于土建施工（即"先设备后土建"）或与土建并行施工。

（3）确定展开程序与时间控制的方法　一般较大的房屋建筑工程可分为基坑工程、地下结构、主体结构、二次结构、屋面工程、外装修、内装修（粗装修、精装修）等几大阶段。其中基坑工程施工阶段应尽量避开冬、雨期，外装修湿作业应避开冬期，室内精装修应在屋面防水完成后进行。

在时间安排上应贯彻空间占满、时间连续、均衡协调有节奏、适当留有余地的原则。为保证工程按计划完成，一般均需要采用主体和二次结构、主体和管线敷设、主体和装饰装修、设备安装和装饰装修的搭接作业和立体交叉施工。为了使二次结构、安装、装饰装修施工较早插入，工程应分批进行验收。例如，地下结构完成后及时验收、主体结构按楼层分几个批次验收等。

（4）示例　某高层住宅楼的施工展开程序如图10-19所示。

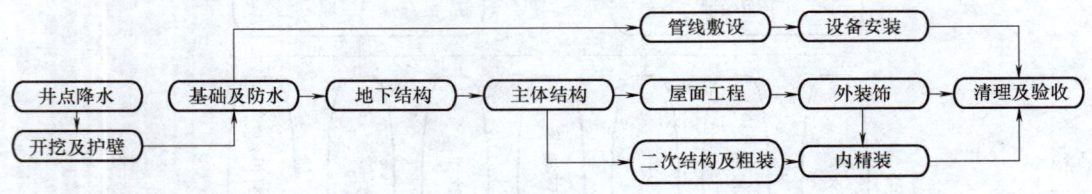

图10-19　某高层住宅楼的施工展开程序

1）划分流水段。划分流水段是将施工对象在空间上划分成多个施工区域，以适应流水施工的要求，使多个专业队组能在不同的流水段上平行作业，并可减少机具、设备及周转材料（如模板）的配置量，从而缩短工期、降低成本，使生产连续、均衡地进行。

几种常见建筑物的分段：

① 多层砖混住宅。基础应少分段或不分段，以利于整体性。结构阶段应以2~3个单元为1段，每层分2~3段以上。外装饰每层可按墙面分段。内装饰可将每个单元作为1个流水段，或每个楼层分为2~3个流水段。

② 现浇框架结构公共建筑。独立柱基础时常按模板配置量分段。结构阶段的施工工序较多，宜按施工工种的个数（如钢筋、模板、混凝土三大工种）确定流水段数，即每层宜分为3段以上，每段宜含有10~15根柱子以上的面积，如图10-20所示。

③ 大模板施工高层住宅。该类建筑多为有地下室的筏形基础或箱形基础，往往有整体性和防水要求，因此地下部分最好不分段或少分段，当有后浇带时可按后浇带位置分段。主

体结构阶段的主要施工过程有四个：绑扎墙钢筋、安装大模板、支楼板模板、绑扎楼板钢筋，因此，每层不宜少于4个流水段，以便于流水施工，如图10-21所示。

2) 确定施工起点流向。施工起点流向是指在平面及竖向空间上，施工开始的部位及其流动方向。它将确定各分部或分项工程在空间上的合理施工顺序。特别是装饰装修工程阶段，不同的竖向流向可产生较大的质量、工期和成本差异。

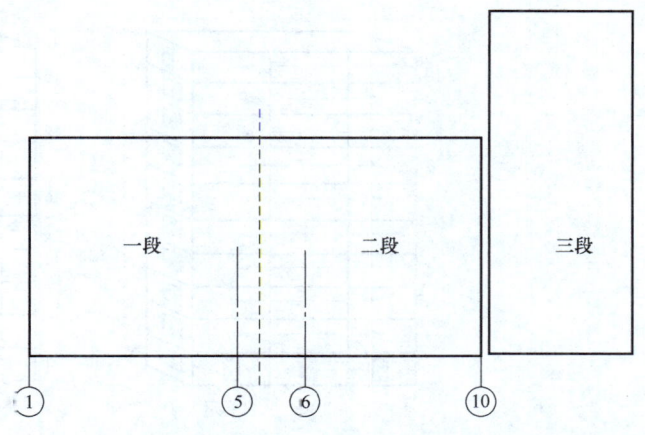

图 10-20　某混凝土框架办公楼结构施工阶段分段示意图

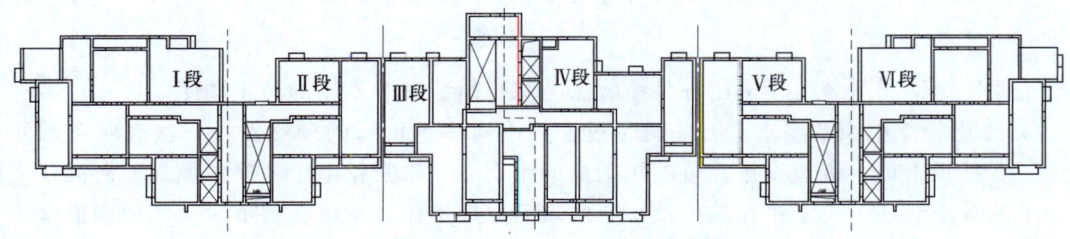

图 10-21　某高层住宅楼结构施工阶段分段示意图

确定施工起点流向时应考虑以下因素：

① 建设单位的要求。建设单位对生产、使用要求在先的部位应先施工。

② 厂房的生产工艺过程。先试车投产的段、跨优先施工，按生产流程安排施工流向。

③ 施工的难易程度。技术复杂、进度慢、工期长的部位或层段应先施工。

④ 构造合理、施工方便。如基础施工应"先深后浅"，一般为由下向上（逆作法除外）；屋面卷材防水层应由檐口铺向屋脊；有外运土的基坑开挖应从距大门或坡道的远端开始等。

⑤ 保证质量和工期。如室内装饰及室外装饰面层的施工一般宜自上至下进行，有利于成品保护，但需结构完成后开始，使工期拉长；当工期极为紧张时，某些施工过程（如隔墙、抹灰等）也可自下至上，但应与结构施工保持足够的安全间隔；对高层建筑，也可采取沿竖向分区，在每区内自上至下的装饰施工流向，既可使装饰工程提早开始而缩短工期，又易于保证质量和安全。自上至下的流向还应根据建筑物的类型、垂直运输设备及脚手架的布置等，选择水平向下或垂直向下的流向，如图10-22所示。

3) 确定施工顺序。确定施工顺序就是在已定的施工展开程序和流向的基础上，按照施工的技术规律和合理的组织关系，确定出各分项工程之间在时间上的先后顺序和搭接关系，以期做到工艺合理、保证质量和安全、充分利用工作面、争取时间、缩短工期的目的。

① 符合施工工艺及构造要求。例如，支模板后方可浇筑混凝土；柱子宜先绑扎钢筋后支模。

② 与施工方法及采用的机械相协调。例如，地下防水外贴法与内贴法施工顺序不同；

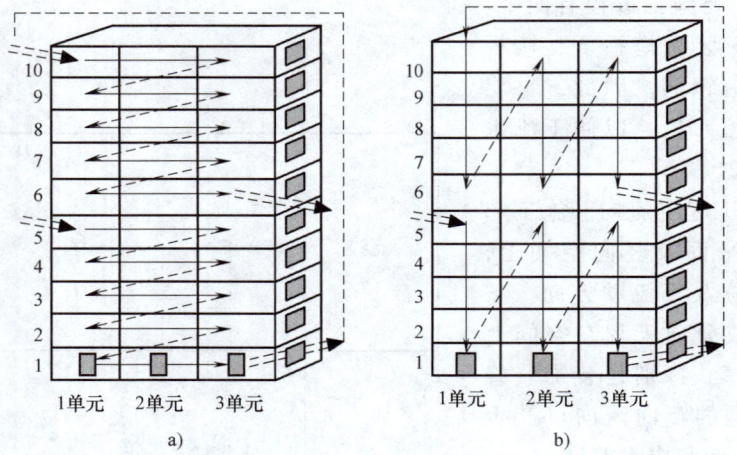

图 10-22　高层建筑装饰装修分区向下的流向
a）水平向下　b）垂直向下

单层工业厂房结构吊装时，采用分件吊装法与综合吊装法有不同的施工顺序。

③ 考虑施工组织的要求。有些施工过程可能有多种可行的顺序安排，这时应考虑便于施工，有利于人员、机械安排，可缩短工期的组织方案来安排施工顺序。例如，砖混住宅的地面下的灰土垫层，可安排在基础及房心回填后立即铺压，也可在装饰阶段的地面混凝土垫层施工前铺压，若结构及装饰为同一个单位施工常采用前者。

④ 保证施工质量。确定施工顺序应以利于保证施工质量为前提。例如，在确定楼地面与顶棚、墙面抹灰的顺序时，先做水泥砂浆楼地面，可防止由于顶棚、墙面落地灰清理不净而造成的楼地面空鼓。又如，白灰砂浆墙面与水泥砂浆墙裙或踢脚的连接处，先抹墙裙或踢脚就有利于其黏结牢固、防止空鼓剥落。

⑤ 有利于成品保护。施工顺序合理与否是成品保护的关键一环，特别是在装饰装修阶段更应重视。例如，室外墙面抹灰材料需通过室内运输，则抹灰宜先室外后室内；室内楼地面抹灰先房间、后楼道、再楼梯，逐渐退出；上层楼面湿作业完成后做下层的顶棚和墙面，减少渗水、滴水损坏。又如，吊顶内的设备管线经检验试压合格后，再安装吊顶面板；铝合金及塑料门窗框须在墙面抹灰后安装，以减少损坏；油漆后再贴壁纸，地毯最后铺设，避免污染等。

⑥ 考虑气候条件。例如，土方施工避开冬雨期；在雨期到来之前，先做完屋面防水及室外抹灰，再做室内装饰装修；在冬期到来前，先安装门窗及玻璃，以便在有保温或供暖条件下，进行室内装饰。

⑦ 符合安全施工的要求。例如，装饰装修施工与结构施工至少要隔一个楼层进行；脚手架、护身栏杆、安全网等应配合结构施工及时搭设；现浇楼盖模板的支撑拆除，不但要待混凝土达到拆模强度要求，还应保持连续支撑 2～3 个楼层以上，以分散和传递上部的施工荷载。

10.2.2　自动车轮挖掘机在土方工程中的应用

现场施工准备可能需要挖沟来布置基础，从理论上讲，该任务可以由许多施工机械完成。众所周知，土壤相互作用力很难预测，因此基于挖掘机实时遇到的土壤参数进行对应的分析，会大大提高挖沟效率。苏黎世联邦理工学院的研究人员已经对车轮式挖掘机进行了改造，使其具有自动控制的液压铲斗，如图10-23所示。研究人员开发了迭代计划器以执行离散挖掘操作，挖掘机工作直到实现施工图所需的目标形状为止。最终，该机器证实了在已定义的CAD图模型下能够可靠地执行地面开槽。目前设计程序正在逐步发展，这种程序能让机器人在随时间变化的施工现场进行自我调节。

图10-23 自动车轮挖掘机

1. 自动车轮挖掘机的组成

挖掘机带有两根天线和一个接收器用于定位，天线发送的信号通过互联网从基站接收。惯性测量单元安装在机舱和底盘上，拉线式编码器以100Hz的频率测量臂缸的活塞位置和速度。使用集成在伺服阀控制模块中的压力传感器估计气缸压力。两个激光雷达用于地形测绘，激光雷达放置在挖掘机机身的前边缘，以获得良好的有利位置。之所以选择激光雷达，是因为它们在重尘环境中的性能优于摄像头传感器，并且与基于雷达的传感器相比，它们提供更准确和数量更多的测量值。挖掘机具有自动映射框架，通过高程数据映射感知外部环境，解决了图10-24所示的主要问题。

2. 自动车轮挖掘机的应用

在CAD程序中创建所需的沟槽几何形状，并通过自主挖掘系统对施工场地表面进行光线追踪，将其转换为2.5D的高程图。首先，在CAD中画出四个分

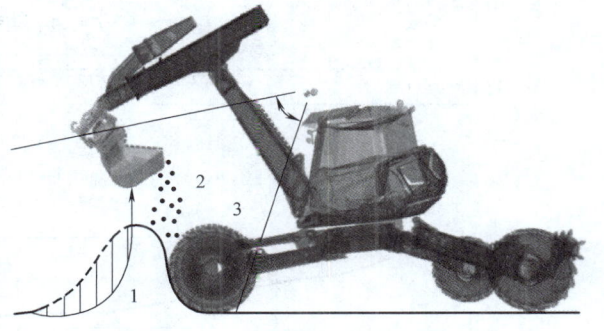

图10-24 挖掘地形的主要问题
1—用条纹区域标记的未被察觉的变化 2—铲斗下方的土壤掉落 3—机械腿和机械臂上用红色虚线标记的自我感知

段平面组成的所需形状，如图10-25的右上角所示。带有附加分级铲斗（铲斗边缘无齿，1.5m宽）的自动车轮挖掘机不需要任何用户干预即可一次性重建所需的形状。图10-25所示为在成功完成线段形状后使用机载激光雷达创建的高程图。

将CAD程序中的沟槽形状与自动车轮挖掘机施工后的沟槽形状进行对比，通过平面和曲面沟槽的形状误差图显示开挖的精准性，自动开挖前后成品沟的形状误差如图10-26所

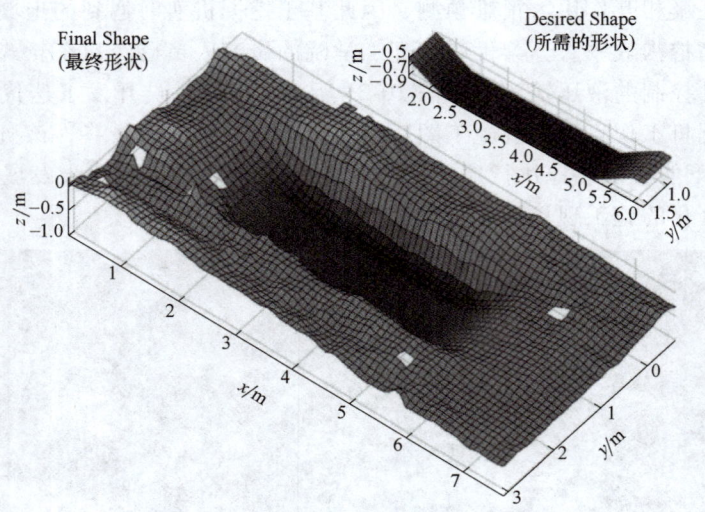

图 10-25 使用机载激光雷达创建高程图

示。它显示了沿 x 轴方向为沟槽的切面,误差线代表水平向(y 轴)沟槽宽度方向的平均误差。挖掘出的四段平面形状的平均误差为 0.027m,标准偏差为 0.035m,σ 为误差界限。此外,在图 10-27 所示的自由曲面形状上进行了测试。该形状被成功挖掘,平均误差为 0.024m,标准偏差为 0.032m。图 10-26 和图 10-27 的组合表明,使用自动车轮挖掘机以前所未有的高精度挖掘自由形状,未来应用广泛。

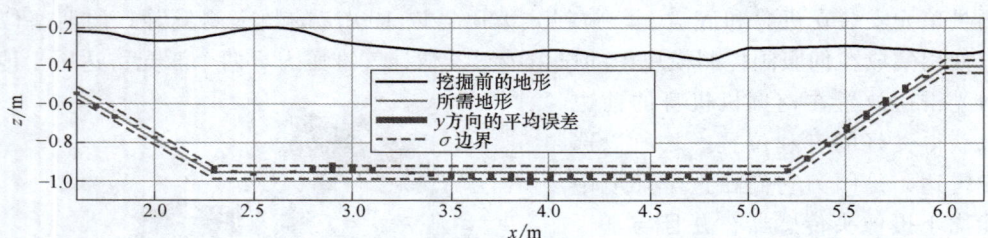

图 10-26 机器挖掘平面沟槽与施工图的误差

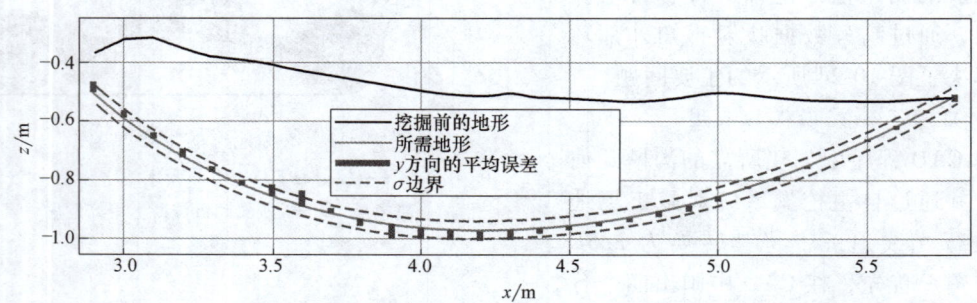

图 10-27 机器挖掘曲面沟槽与施工图的误差

10.2.3 Romu 机器人在桩基工程中的应用

打桩,是将柱子或类似的建筑构件牢固地埋入地下的施工工序,几乎是每个建筑项目的必备部分。桩为地上建筑物提供基础支撑，并且通常在地表土壤不稳定的情况下增加建筑物稳定性。在建筑行业，打桩是一项耗能极高的过程，由熟练的工人使用重型机械进行。

板桩是由弯曲的板材（通常是钢）制成的联锁线性建筑元件，并垂直打入地下，用于各种环境。在城市建设中，它们形成挡土墙，从而进行基坑开挖。它们在不平坦的地形中帮助斜坡稳定，用于高速公路建设等环境。

稳定的基础几乎是所有建筑项目的基本组成部分，从普通建筑到环境修复项目。哈佛大学和斯图加特大学联合提出了一种新型的名为Romu自动板桩驱动机器人的设计和原型，该机器人可用于处理小型板桩。该机器人的设计目的是将板桩运送到目标环境中，并按顺序将其打入地面，从而产生坚固的墙，该墙可以用作防洪坝，以减少山洪暴发带来的危害。Romu是一种自主机器人，能够通过使用振动锤将联锁板桩压入土壤中来构建连续的线性结构。

1. Romu 机器人的工作原理

板桩施工自动化可以降低成本并提高这一关键施工任务的安全性，增加了人类在恶劣环境中进行板桩施工的可能。Romu 机器人旨在将板桩运送到目标设置中，并依次将它们打入地下，从而形成坚固的墙壁，例如，可以减少沿海岸线的海浪侵蚀或干旱环境中的山洪。Romu 使用振动锤将板桩有效地插入颗粒状土质中，并利用自身的重力帮助将桩打入更深的深度，而无须为此携带过多的额外工具。

该机器人能够承载 3 个板桩的重力，移动到新的建筑工地，并按顺序安装桩。桩与桩之间相互锁住形成连续墙（图 10-28）；通过在建筑工地的补给不断施工，Romu 原则上可以建造任意长度的墙。

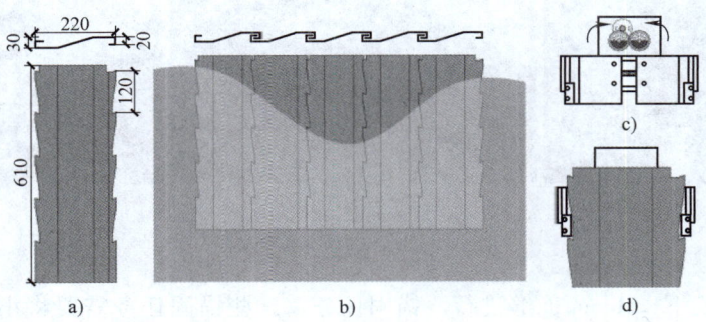

图 10-28　连续墙及其组成

a）定制板桩的尺寸（mm）　b）由 5 个联锁板桩组成的止水坝示意图
c）安装在夹持机构上的反向旋转偏心重物　d）夹持机抓住板桩的凹口

为了打入板桩，Romu 利用振动锤和自身重力结合施工。Romu 的形态不同于传统的打桩设备，因为它利用自身的重力来施加向下的力。由于其四个轮子安装在垂直线性致动器上，这种重力施加成为可能，该致动器可以收缩以降低机器人的机身并将其重力从地面重新施加到桩上。除了使用自身的重力作为偏重将桩压入地面外，Romu 还配备了振动锤。振动锤使用一对反向安装的偏心块将角动量转换为垂直动力。

定制板桩由钢板制成，钢板折叠成 S 形轮廓，桩与桩之间能相互锁住。虽然对于止水坝或挡土墙的应用来说，联锁并不是绝对必要的，但它有望提高结构的横向承载能力。每个桩具有宽度为 12cm 的凹口，这些凹口提供了一个平面来接收振动锤的向下力。为了打桩，Romu 抓住板桩侧面的凹槽，启动振动锤，通过缩回四个轮子的线性致动器将其主体下降

12cm 施加垂直地面的力，然后松开桩并抬起机身，然后重复。因此，打桩的深度仅受土壤的穿透性限制，而不受机器人运动范围的限制。

2. 施工过程

图 10-29 所示描述了机器人扩展现有联锁板桩结构的完整顺序。机器人移动到一个位置，使其夹持机构位于结构中最后一个桩前面约 20cm 处，如图 10-29a 所示。对齐夹具（红色）在前桩周围闭合，使机器人更准确地与现有结构对齐，然后释放如图 10-29b 所示。夹持机构从料斗中取出桩并将其释放，使其落到地面上，同时与前桩互锁，如图 10-29c 所示。线性致动器提升机器人，使其夹持机构与桩中下一个凹口对齐，如图 10-29d 所示。夹持机构收缩，与桩中的凹口接合，如图 10-29e 所示。振动锤被激活，线性致动器将机器人底盘降低 12cm，将桩压入沙中，如图 10-29f 所示。然后夹持机打开，线性致动器将底盘升高 12cm，这样就可以重复图 10-29d~f 所示步骤。下一个桩的驱动从图 10-29a 所示步骤开始。一旦确定了适当的初始位置，Romu 机器人还可以通过图 10-29c 所示步骤开始新的构造。

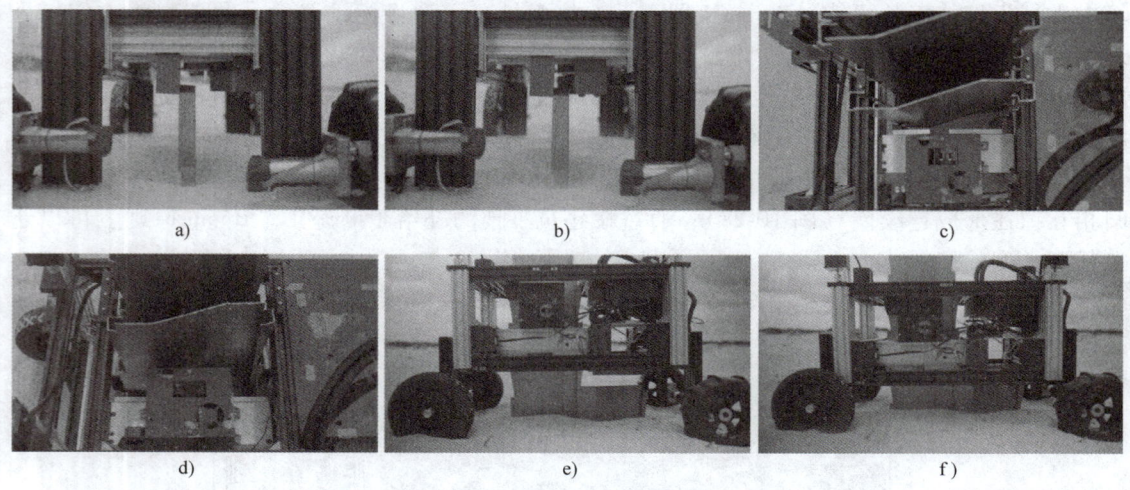

图 10-29 施工过程

在目前的规模下，Romu 能够进行浅锚固任务，这些锚固任务需要将小型板桩打入土壤 20~30cm，例如进行地质勘测、固定基础模板、锚固气象站和其他园林绿化任务。尽管该机器的重力不足以将桩打入常规结构中需要的深度，但它能通过地质勘测提供土的力学特性，以便为可以做到这一点的机器提供可靠的数据。

10.2.4 3D 打印技术在主体工程中的应用

根据国家工信部定义，3D 打印是以数字模型为基础，将材料逐层堆积制造出实体物品的颠覆性技术，将对传统的工艺流程、生产线、工厂模式和产业链产生深刻的影响。传统建筑业建造模式相对落后，施工现场劳动密集、作业环境差、劳动强度高，许多项目仍采用人工支模、人工绑扎钢筋、人工浇筑混凝土的模式，其发展迫切需要引入新的技术，3D 打印的出现，为建筑业的转型发展提供了新的契机。运用 3D 打印技术，优化施工流程，缩小施工误差，提高施工效率和材料利用率，也可以通过 3D 打印做出复杂的建筑，减少人力成本，提升作业环境，提高自动化率，提升施工过程中的减碳效应。3D 打印技术在主体工程中已获得运用：中国盈创公司所建，位于迪拜的"未来办公室"（图 10-30a），已获得吉尼斯世界纪录；在莫斯科，由 3D 打印技术直接建造出混凝土房屋（图 10-30b）；在疫情期间，运用 3D 打印技术建造出疫情隔离房（图 10-30c）；由比利时 Kamp C 公司运用 3D 打印直接成型技术建造出 2 层楼房（图 10-30d）。在不久的将来，3D 打印技术的普及将会推动土木工程进一步向前发展，也为太空中的建造奠定基础。

a)

b)

c)

d)

图 10-30 3D 打印技术的应用

a) 位于迪拜的"未来办公室" b) 位于莫斯科的混凝土房屋 c) 疫情隔离房 d) Kamp C 公司所建的 2 层楼房

1. 3D 打印及其在建筑工程应用技术

由于 3D 打印具有其优势，国内外开展了大量建筑 3D 打印技术的研究，并逐步开始应用，如打印景观小品、异形结构、桥梁和低层建筑等。所采用的建筑 3D 打印工艺，主要包括材料挤出、黏合剂喷射［也称为三维打印（3DP）］、直接能量沉积和熔融沉积（FDM）。

材料挤出是指通过 3D 打印设备的喷嘴选择性地挤出材料，如混凝土打印、轮廓工艺和数字施工平台；黏合剂喷射是指通过 3D 打印设备选择性地喷射液体黏合剂和黏结粉末材料，如 D 型工艺；直接能量沉积是指通过 3D 打印设备聚集热能熔化材料后逐层沉积，如电弧熔丝；熔融沉积是指通过 3D 打印设备喷头加热熔化材料后挤压堆积凝固成形。材料挤出在建筑 3D 打印工艺应用中占比最高，其次是熔融沉积，最后是黏合剂喷射和直接能量沉积。材料挤出所使用的材料有混凝土、泡沫、复合黏土、轻质石材、玄武岩及生物塑料等；熔融沉积所使用的材料为热塑塑料、树脂和工程塑料等聚合物；黏合剂喷射所使用的材料为砂或石等及胶合剂；直接能量沉积所使用的材料为不锈钢。

2. 工程应用技术

图 10-31 所示概括了 3D 打印工程应用总体技术路线。第 1 阶段，将 3D 打印应用于打印

模板及节点和异形非承重结构。例如,通过打印复杂钢结构节点模具进行铸造,得到钢结构节点,也可直接打印钢结构节点(图10-32a);通过打印异形结构模板进行浇筑,实现异形结构建造,也可将3D打印直接应用于装饰结构和景观结构(图10-32b)等异形非承重结构的建造。

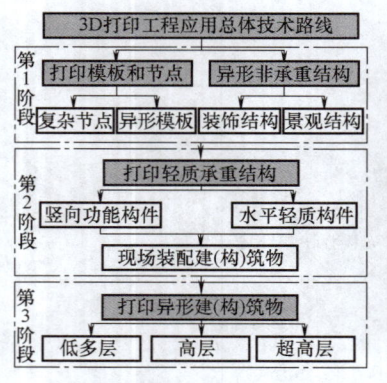

图 10-31 3D打印工程
应用总体技术路线

图 10-32 3D打印节点和非承重结构
a)钢结构节点 b)复杂景观结构

第2阶段,将3D打印应用于打印轻质承重结构:竖向功能构件和水平轻质构件,构件打印完成后进行现场装配,完成建(构)筑物的建造。竖向功能构件包括墙体结构、轻质墙体、空心墙体、保温隔热墙体和异形柱、轻质柱等(图10-33);水平轻质构件包括轻质拓扑优化梁、轻质板等,水平结构打印通常采用打印构件加组装或预应力张拉的方式,金属打印采用一次打印的方式。

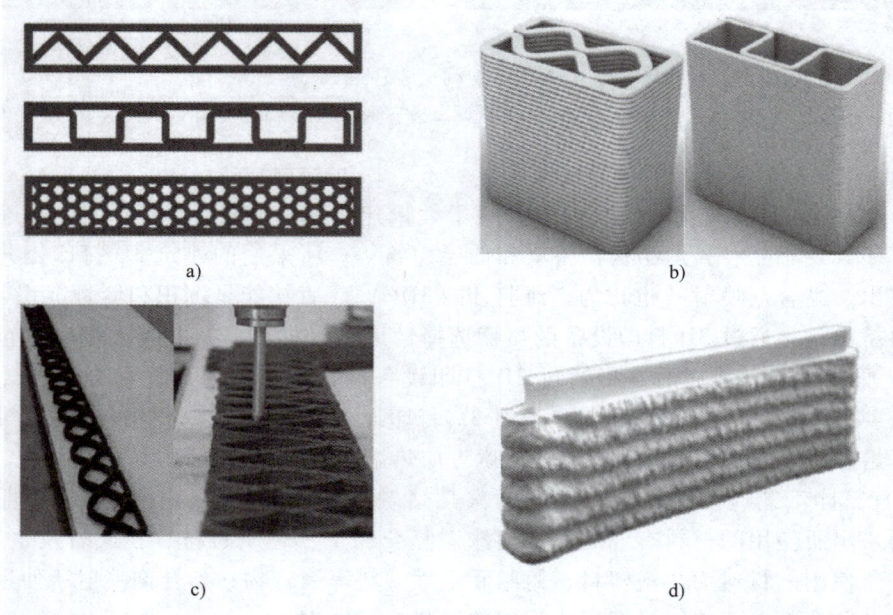

图 10-33 3D打印竖向功能构件
a)墙体结构 b)轻质墙体 c)空心墙体 d)保温隔热墙体

第10章 智能施工技术综合应用

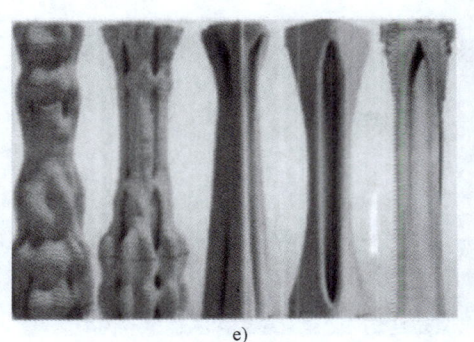
e)

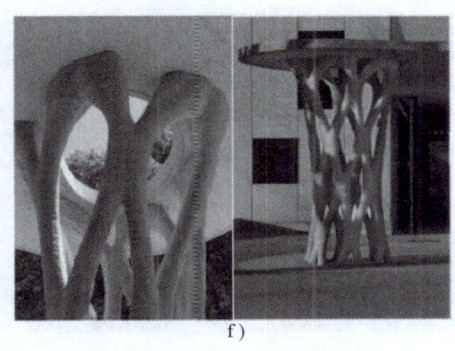
f)

图 10-33 3D 打印竖向功能构件（续）
e) 异形柱 f) 轻质柱

第 3 阶段，将 3D 打印直接用于异形建（构）筑物的现场或整体打印：依次用于低层、多层、高层和超高层的 3D 打印的建（构）筑物。随着 3D 打印技术的发展，3D 打印将从异形个性化建（构）筑物的打印建造向通用建（构）筑物的打印建造发展（图 10-34）。

a)

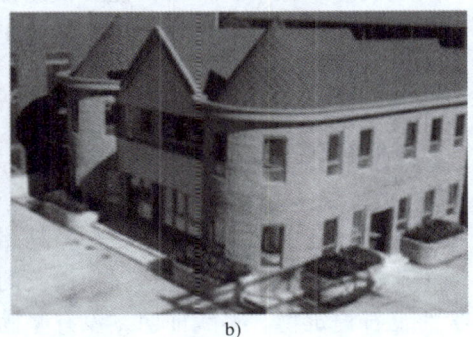
b)

图 10-34 3D 打印建筑
a) WASP 单层建筑 b) 华商陆海二层建筑

10.2.5 装饰装修工程施工

自动化和机器人技术在装饰装修工程的实施阶段发挥着至关重要的作用。自动化的施工机器人（图 10-35），如自动粉刷机器人、自动抹灰机器人和自动瓷砖铺设机器人，能够以

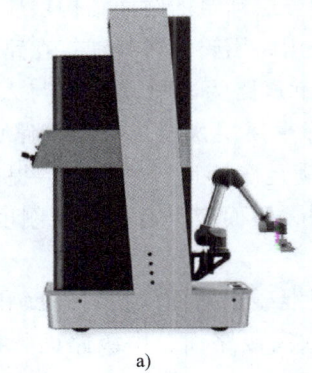
a)

b)

图 10-35 装修机器人
a) 室内墙壁喷涂机器人 b) 墙砖铺贴机器人

319

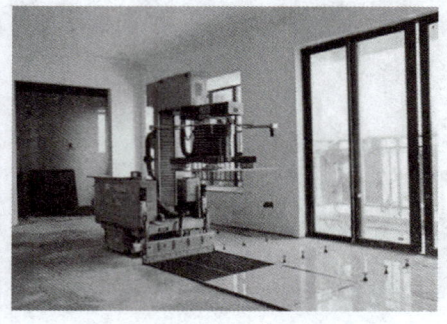

c)　　　　　　　　　　　　　　　　d)

图 10-35　装修机器人（续）

c）抹灰机器人　d）地砖铺贴机器人

更快的速度和更高的准确度完成工作，从而降低人为误差的风险，提高工程质量和效率，特别是在大规模装修工程中，机器人能够快速铺设地板和瓷砖，粉刷墙壁和顶棚，减少人工工作时间和成本。此外，机器人在处理重复性工作时，能够保持一致性，确保每个装修元素的位置准确、质量一致。

10.3　道路工程

路基是道路最基本的组成部分之一，是路面或道路的基础。路基是承托路面、与路面共同承担行车荷载的作用、抵抗自然因素侵袭的道路构筑物主体，是按线形在地表挖填成一定断面形状的土石构筑物。实践证明，没有坚固、稳定的路基，就没有稳固的路面。保证路基的强度与稳定性是保证路面技术性能的先决条件，提高路基的强度和稳定性，可以适当减薄路面的结构厚度，从而降低造价。路基工程涉及范围广、影响因素多、灵活性大，路基施工表现出技术复杂性强；路基土石方工程量大、分布不均，且工序较多，成为整个道路工程施工组织的关键环节；路基的隐蔽工程多，其质量问题会给道路结构留下隐患。因此要确保工程质量，实现高效安全施工，必须重视路基施工技术的把控。

现代化公路运输，不仅要求道路能全天候通行车辆，而且要求车辆能以一定的速度，安全、舒适、经济地在道路上运行，故此在道路表面分层铺筑的路面结构层应具有良好的使用性能，提供良好的行车条件和服务能力。路面是采用路用建筑材料铺筑在路基顶面的层状结构，横向主要由中央分隔带、行车道、路肩（城市道路为非机动车道与人行道）等组成，竖向结构层由面层、基层（及底基层）、功能层等主要层次构成。路基路面结构组成如图10-36所示。为了保证公路与城市道路最大限度地满足车辆运行的要求，提高车速、增强安全性和舒适性，降低运输成本和延长道路使用年限，路面应具有强度与刚度、水温稳定性、耐久性、平整度、抗滑性等基本要求。

路面按面层材料不同，可分为沥青路面、水泥混凝土路面、块料路面和粒料路面四类；按技术条件及面层类型不同，可分为高级路面、次高级路面、中级路面、低级路面，见表10-4；按力学条件不同，可分为刚性路面和柔性路面。

路基路面结构施工流程如图10-37所示，其中道路路基施工的内容一般包括路基主体工

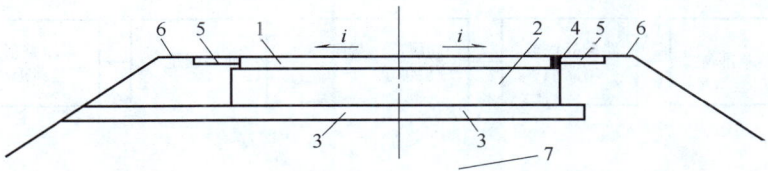

图 10-36 路基路面结构示意图

1—面层 2—基层（有时含底基层） 3—功能层（需要时）
4—路缘石 5—硬路肩 6—土路肩 7—路基结构（包括上、下路床和上、下路堤）
i—路拱横坡度

程（填方与挖方）、取土坑与弃土堆、护坡道及碎落台、路基综合排水、路基防护与加固、特殊工程地质地区的路基的施工，以及由于修筑路基而引起的改沟或改河工程、路基修整等。路面施工一般程序如图 10-38 所示。

表 10-4 路面面层类型

路面等级	面层类型	路面等级	面层类型
高级路面	1. 沥青混凝土 2. 水泥混凝土 3. 厂拌沥青碎石 4. 整齐石块或条石	中级路面	1. 碎、砾石（泥结或级配） 2. 不整齐石块 3. 其他粒料
次高级路面	1. 沥青贯入式碎、砾石 2. 路拌沥青碎、砾石 3. 沥青表面 4. 半整齐石块	低级路面	1. 粒料加固土 2. 其他当地材料加固或改善土

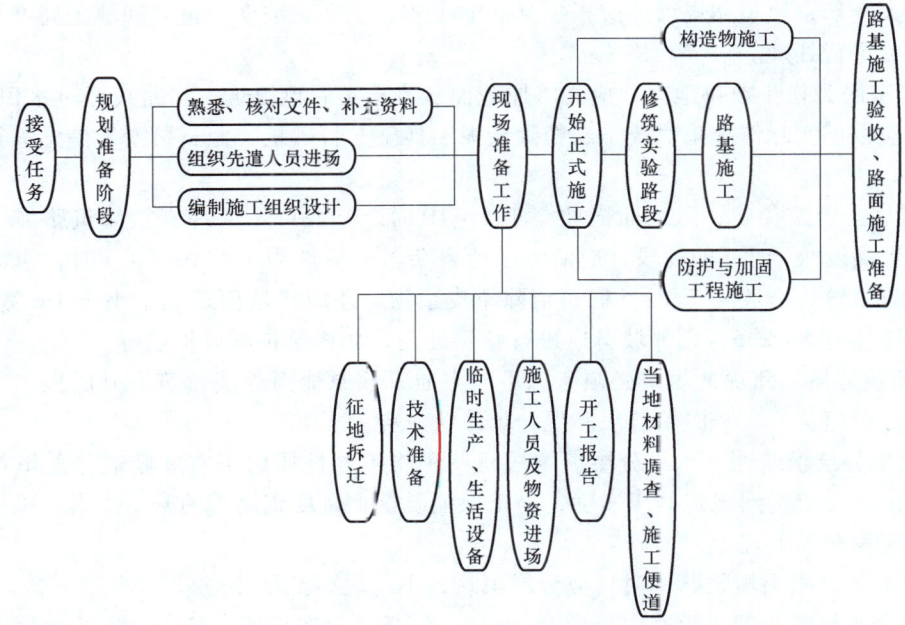

图 10-37 路基路面结构施工流程

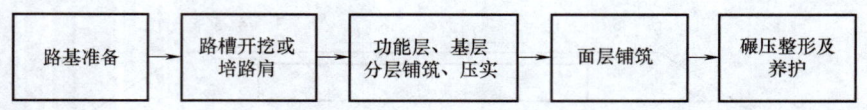

图 10-38　路面施工一般程序

10.3.1　路基工程技术

1. 土质路基施工

（1）路堤填筑　路堤或半填挖路基填方部分是在天然地基上人为填筑的结构，其土石材料一般就地取材，施工流程如图 10-39 所示。为保证路堤的强度及稳定性要求，施工过程中应尤其注意路堤填料的选择、基底的处理以及填筑方式的确定。

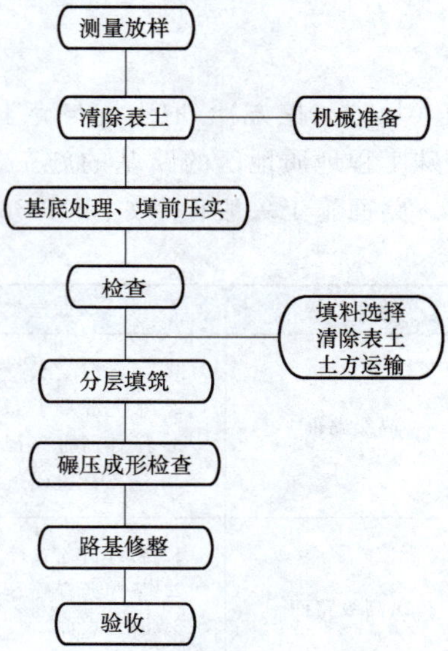

1）填料的选择。路堤通常是利用沿线就近土石作为填筑材料，但选择填料时应尽可能选择当地强度高、稳定性好并利于施工的土石材料作为路堤填料。一般情况下，碎石、卵石、砾石、粗砂等具有良好透水性，且强度高、稳定性好，因此可优先采用；亚砂土、亚黏土等经压实后也具有足够的强度，故也可采用；粉性土水稳性差，不宜作为路堤填料；重黏土、黏性土、捣碎后的植物土等由于透水性差，作为路堤填料时应慎重采用。

图 10-39　路堤填筑施工流程

2）基底的处理。为使填筑在天然地面上的路堤与原地面紧密结合以保证填筑后的路堤不至于产生沿基底的滑动和过大变形，填筑路堤前，应根据基底的土质、水文、坡度、植被和填土高度采取一定措施对基底进行处理。

① 当基底为松土或耕地时，应先将原地面认真压实后再填筑。当路线经过水田、洼地、池塘时，应根据实际情况采取疏干、挖除淤泥、换土、打砂桩、抛石挤淤等措施进行处理后方能填筑。

② 基底土密实稳定，且地面横坡缓于 1∶10 时，基底可不处理直接修筑路堤；但在不填挖或路堤高度小于 1m 的地段，应清除原地表杂草。横坡为 1∶10~1∶5 时，应清除地表草皮杂物再填筑。横坡陡于 1∶5 时，清除草皮杂物后还应将坡面筑成不小于 1m 宽的台阶。若地面横坡超过 1∶2.5，则外坡脚应进行特殊处理，如修筑护脚或护墙等。

3）填筑方案。路堤的填筑必须考虑不同土质，从原地面逐层填筑，分层压实。填方方法有水平分层填筑法、竖向填筑法和混合填筑法三种。

① 水平分层填筑法。水平分层填筑法是一种将不同性质的土有规则地分层填筑和压实的方法，该法易于达到规定的压实度，易于保证质量，是填筑路堤的基本方案。采用水平分层填筑法应遵守以下规定：

a. 用不同性质土填筑路堤时，应分层填筑，不得混杂乱填。

b. 用透水性较小的土填路堤下层时，应做成 4% 的双向横坡；如用以填筑上层时，不得覆盖在透水性较大的土所填筑的下层边坡上，避免出现"水囊"现象。

c. 凡不因潮湿及冻融而改变其体积的优良土应填在上层，强度较小的土应填在下层。

d. 河滩路堤填土，应在整个宽度上连同护道在内一并分层填筑，受水浸淹部分的填料，应选用水稳定性好的土料。

e. 桥涵、挡土墙及其他构造物的回填土，以采用砂砾或砂性土为宜，并应适时分层回填压实，以防产生桥头过大沉降变形。

不同路堤分层填筑方案，如图10-40所示。此外，对于高填方路堤的填筑，应按技术规范的有关规定进行稳定性检验。

② 竖向填筑法。竖向填筑法是指沿公路纵向或横向逐步向前填筑的方法。竖向填筑法多用于路线跨越深谷陡坡地形时，由于地面高差大，作业面小，难以采用水平分层填筑法时，如图10-41a所示。由于竖向填筑填土过厚而难以压实，因此应选用高效能压实机械压实。

③ 混合填筑法。混合填筑法是指路堤下层采用竖向填筑法而上层采用水平分层填筑法，因而其上部经分层碾压容易达到足够的压实度，如图10-41b所示。

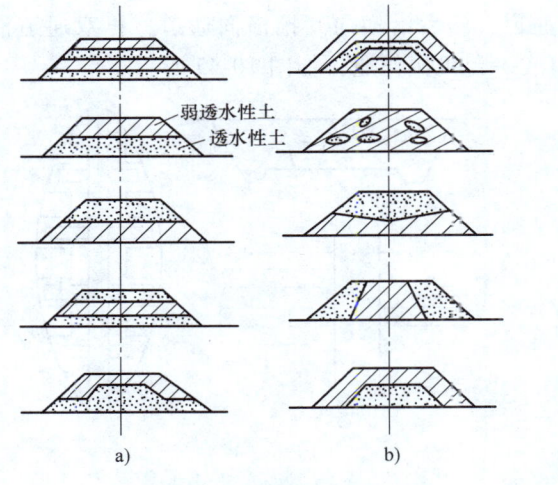

图10-40 路堤分层填筑方案
a）正确 b）错误

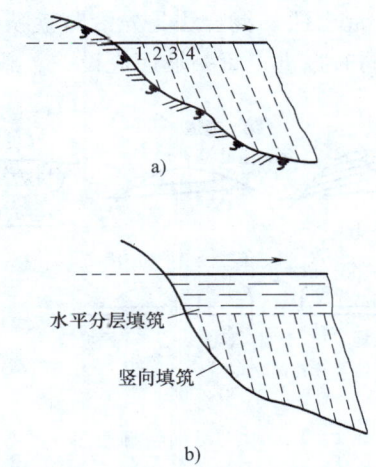

图10-41 路基竖向填筑和混合填筑方案

（2）路堑开挖 土质路堑是在天然地表向下进行开挖后形成的路基结构，开挖方式一般根据路堑的深度、纵向长度以及地形、土质、施工设备与土方调配情况确定，常采用的开挖方法有横挖法、纵挖法和混合法三类，施工流程如图10-42所示。

1）横挖法。对路堑整个横断面的宽度和深度，从一端或两端逐渐向前开挖的方法称为横挖法（图10-43），适宜于短而深的路堑。用人力按横挖法开挖路堑时，可在不同高度分几个台阶开挖，其深度视工作与安全而定，一般宜为1.5~2.0m。无论自两端一次横挖到路基标高还是分台阶横挖，均应设单独的运土通道及临时排水沟。

2）纵挖法。纵挖法有分层纵挖法、通道纵挖法和分段纵挖法三种。

沿路堑全宽以深度不大的纵向分层挖掘前进，称为分层纵挖法，如图10-44a所示。该法适用于较长的路堑开挖。挖掘工作可用各式铲运机，在短距离及大坡度时可用推土机，较长较宽的路堑可用挖土机并配备运土工具进行挖掘。

通道纵挖法是先沿路堑纵向挖一通道，继而向两侧开挖，如图10-44b所示。

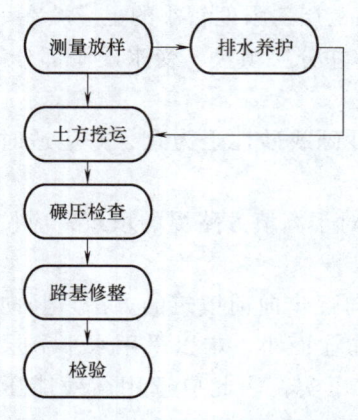

图 10-42 路堑开挖施工流程

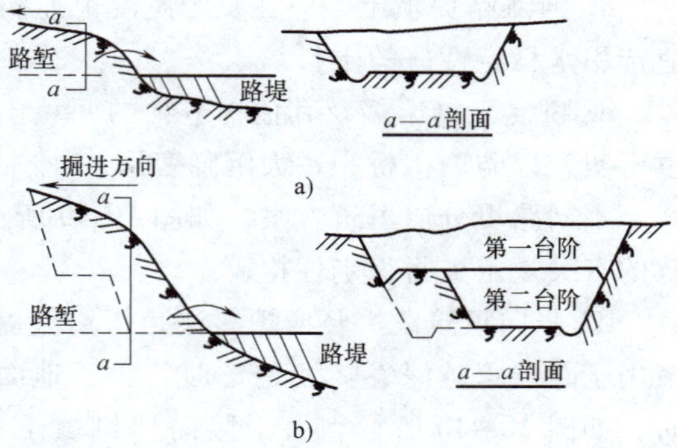

图 10-43 横挖法

分段纵挖法是沿路堑纵向选择一个或几个适宜处,将较薄一侧路堑横向挖穿,使路堑分成两段或数段,各段再进行纵向开挖的方法,如图10-44c所示。

3) 混合法。混合法是先沿路堑纵向开挖通道,然后沿横向开挖横向通道,再双通道沿纵横向同时掘进,每一坡面应设一个施工小组或一台机械作业,如图10-45所示。

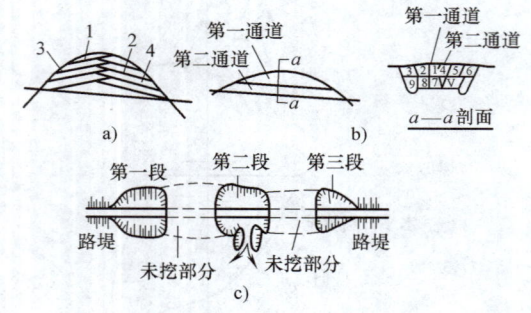

图 10-44 纵向挖掘法图
a) 分层纵挖法(图中数字为挖掘顺序) b) 通道纵挖法
(图中数字为拓宽顺序) c) 分段纵挖法

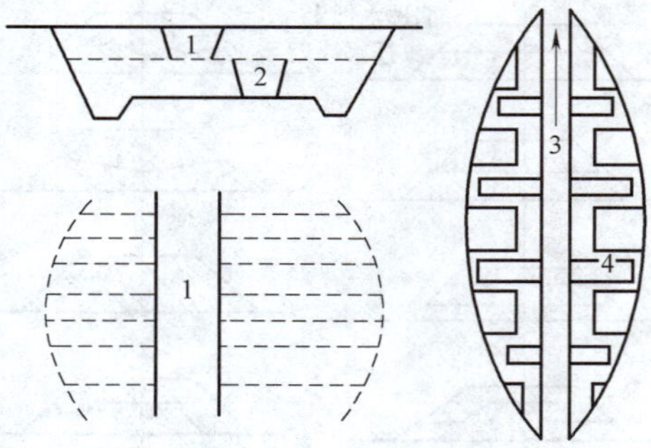

图 10-45 混合法
1、2—第一、二通道
3—纵向运送 4—横向运送

2. 路基压实

路基土材料是由固体土颗粒、颗粒之间孔隙和水(结合水与自由水)组成的三相体。路基施工破坏了土体的原始天然结构,使土体呈松散状态。因此,为使路基具有足够的强度和稳定性,必须对土体进行人工压实以提高其密实程度。压实的机理在于通过压实使土颗粒重新组合,彼此挤紧,孔隙减少,土的单位质量提高,形成密实的整体,内摩阻力和黏聚力大大增加,从而实现土基强度增加、稳定性增强。试验证明:经过人工压实后的土体不仅强度提高、抗变形能力增强,而且由于压实使土体透水性明显减小、毛细水作用减弱和饱水量等减小,从而使其水稳性得以大大提高。因此,土基压实是保证路基获得足够强度和稳定性的根本技术措施之一。各级道路的路堤和路堑均应按规定进行压实并达到规定的密实度。

(1) 路基压实标准 路基工程中通常采用干密度作为表征土基密实程度的指标。在路基施工中,衡量不同土路基现场工地的密实度,压实度便是表征土基密实程度的重要标准。

压实度是指压实施工后土的干密度与该种土室内标准击实试验所得的最大干密度之比。

压实土体的干密度可按下式计算：

$$\gamma = \frac{\gamma_w}{1+0.01\omega} \tag{10-1}$$

式中　γ_w——土的湿密度（g/cm³），一般以环刀法或灌砂法现场测定；
　　　ω——土的含水率（%），一般以酒精燃烧法或烘干法测定。

路基施工技术规范规定，不同道路等级及不同路床深度，其压实度要求不同。道路等级越高，压实度要求也越高，路基上部压实度比路基下部压实度高。路基压实过程中只有达到规定的压实度，才能保证路基的强度和稳定性。土质路基（含土石混填）的压实度标准见表10-5。

表 10-5　土质路基压实度标准

填挖类型		路床顶面以下深度/m	压实度（%）		
			高速公路、一级公路	二级公路	三、四级公路
路堤	上路床	0~0.30	≥96	≥95	≥94
	下路床	0.30~0.80	≥96	≥95	≥94
	上路堤	0.80~1.50	≥94	≥94	≥93
	下路堤	>1.50	≥93	≥92	≥90
零填及挖方路基		0~0.30	≥96	≥95	≥94
		0.30~0.80	≥96	≥95	—

压实度是以室内标准击实试验所得最大干密度为标准的。同一压实度时如采用不同击实标准，其实际密实度是大不一样的。目前标准击实试验有轻型击实试验和重型击实试验两种。对同一土体，重型击实比轻型击实可获得更高的干密度和相对较低的最佳含水率。目前随着高等级道路的发展，对道路路基质量的要求越来越严，因此，对路基压实度标准要求越来越高，高等级公路和城市重要干道，均采用重型击实标准来控制压实度，这对于确保路基路面质量，提高道路使用品质具有非常重要的意义。

（2）路基压实施工的组织与质量控制

1）压实施工的组织。压实施工的组织一般应遵循下列步骤：

① 根据土质正确选择压实机具，掌握不同机具适宜的碾压土层松铺厚度及碾压遍数。

② 组织实施时，采用的压路机应遵循先轻后重的原则，碾压速度应先慢后快。

③ 碾压路线应先边缘后中间，超高路段则应先低后高，相邻两次的碾压轮迹应重叠轮宽的1/3~1/2，以保证压实均匀而不漏压，对压不到的边角辅之以人力及小型机具夯实。

④ 碾压过程中应经常检查含土的含水率及压实度，以符合规定的密实度要求。

2）路基压实质量的控制。路基在实施碾压的过程中，应经常检查含水率及压实度，以控制压实工作。

工地的含水率通常应接近最佳含水率。当含水率过大不易碾压密实时应摊开晾晒，等其接近最佳含水率时再行碾压；当含水率过低时，需均匀洒水至接近最佳含水率方可碾压。所需洒水量见下式：

$$F = (\omega_0 - \omega)\frac{G}{1+\omega} \tag{10-2}$$

式中　ω_0、ω——土的最佳含水率及原状含水率；
　　　G——需加水的土的质量。

10.3.2 路面工程技术

1. 路面基层、功能层施工

基层（底基层）是直接位于面层下、以承受竖向压应力为主的承重结构层次；而功能层是基层和路基之间的结构层次，其主要作用是改善路基路面结构的水温状况（即排水与防冻作用）。为此，对基层和功能层分别提出了刚度（抗变形能力）和水稳定性方面的要求。常用的基层和功能层有级配型碎（砾）石类和无机结合料稳定类两大类。

（1）级配型碎（砾）石类基层、功能层

1）路拌法施工。级配碎石施工工艺流程如图 10-46 所示。

① 备料：确定未筛分碎石和石屑的掺配比例或不同粒级碎石和石屑的掺配比例，及各路段施工结构层的宽度、厚度和预定的干压实密度，计算各段所需的未筛分碎石和石屑的数量或不同粒级碎石和石屑的数量，并计算每车料的堆放距离。

料场中未筛分碎石的含水率应较最佳含水率（约 4%）大 1% 左右，以减少骨料在运输过程中的离析现象。当未筛分碎石和石屑在料场按设计比例混合时，应同时洒水加湿，使混合料的含水率应较最佳含水率（约 5%）大 1% 左右，以减轻施工现场的拌和工作量和运输过程中的离析现象。

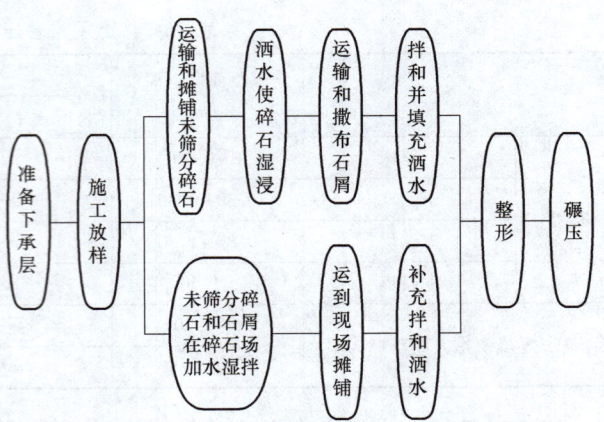

图 10-46 级配碎石施工工艺流程

② 运输和摊铺骨料：运输骨料时，要求每车料的数量基本相同。在同一料场供料的路段内，应由远到近将料卸在下承层上。卸料的距离应严格掌握或由专人负责，不得卸置成一条"埂"。当预定级配碎石采用未筛分碎石和石屑分别运到路段上再进行拌和，则石屑不应预先运送到路上，以免雨淋受潮。

运料时应注意：为避免运到路上的骨料因水分蒸发而变干，骨料在下承层上的堆放时间不应过长，一般运送骨料较摊铺骨料提前数天。在雨期施工时，宜当天运输、摊铺、压实，以免下雨时料堆下面积水。

应事先通过试验确定骨料的松铺系数。人工摊铺混合料时，松铺系数为 1.40~1.50；平地机摊铺混合料时，松铺系数为 1.25~1.35。

摊铺机械一般采用平地机，应将骨料均匀地摊铺在预定的宽度上，表面力求平整，并且有规定的路拱。路肩用料应同时摊铺。摊铺骨料时应注意：当采用不同粒级的碎石和石屑时，应分层摊铺，大碎石铺在最下面，中碎石铺在大碎石上，小碎石铺在中碎石上，洒水使碎石湿润后，再摊铺石屑。采用未筛分碎石和石屑时，应在未筛分碎石摊铺平整后，在其较潮湿的情况下，按设计比例向上运送石屑，用平地机并辅以人工将石屑均匀地摊铺在碎石层上。也可用石屑撒布机将石屑均匀地撒在碎石层上。

混合料摊铺后，应检查其松铺厚度是否符合预计要求，必要时应进行减料或补料工作。

③ 拌和及整形：为保证级配碎石的密实级配，拌和均匀是非常重要的。应采用稳定土

拌和机来拌和级配碎石，在无稳定土拌和机的情况下，也可采用平地机或多铧犁与缺口圆盘耙相配合进行拌和。

用专用拌和机拌和时，拌和深度应达到级配碎石层底，如发现有"夹层"，应在进行最后一遍拌和之前先用多铧犁紧贴底面翻拌一遍。一般应拌和两遍以上。

平地机拌和的方法是，用平地机将铺好石屑的碎石料翻拌，使石屑均匀分布到碎石料中，拌和时第一遍由路中心开始，将碎石混合料向中间翻，第二遍应是相反，从两边开始，将混合料向外翻。拌和过程中用洒水车洒足所需的水分。平地机拌和的作业长度，每段以300~500m 为宜。

如级配碎石混合料在料场已经混合，可视摊铺后混合料的具体情况（有无粗细颗粒离析），用平地机进行补充拌和。

拌和结束时，混合料的含水率应该均匀，并较最佳含水率大1%左右，没有粗细颗粒离析现象。

混合料拌和均匀后用平地机按规定的路拱进行整平和整形，其方法同稳定土基层施工。在整形过程中，应注意消除粗细骨料的离析现象，并禁止任何车辆通行。

④ 碾压：整形后，当混合料的含水率等于或略大于最佳含水率时，立即用12t 以上三轮压路机、振动压路机或轮胎压路机进行碾压。碾压时应坚持"四先四后"的原则，即"先轻后重、先稳后振、先低后高、先慢后快"，后轮应重叠1/2 轮宽，且碾压必须超过两段的接缝处。碾压应一直进行到要求的密实度为止（压实度要求：基层和中间层为98%，底基层为96%）。一般需碾压6~8 遍，应使表面无明显轮迹，并在路面两侧多压2~3 遍。

对于含土的级配碎石层，应进行滚浆碾压，一直压到碎石层中无多余细土泛到表面为止。滚到表面的浆（或事后变干的薄层土）应清除干净。

严禁压路机在已完成的或正在碾压的路段上调头和紧急制动，施工期间禁止开放交通。

2）中心站集中厂拌法施工。厂拌法即级配碎石采用集中厂拌法拌制混合料，并用摊铺机摊铺。集中厂拌法施工时应注意：混合料的掺配比例一定要正确；在正式拌制级配碎石混合料前，必须先调试所用的厂拌设备，使混合料的颗粒组成和含水率都达到规定的要求；在采用未筛分的碎石和石屑时，若其颗粒组成发生明显变化，则应重新调整掺配比例。

（2）无机结合料稳定类基层、功能层　无机结合料稳定类结构层是指掺加石灰、水泥等无机结合料，通过物理、化学作用，使各种土、碎（砾）石混合料或工业废渣的工程性质得到改善，成为具有较高强度和稳定性的路面结构层次。

1）水泥稳定类基层、功能层。

① 原材料准备。

a. 土：凡是能被经济地粉碎的土，只要符合规范规定的技术要求，都可用水泥来稳定。

b. 水泥：一般水泥品种都可用于稳定土，但终凝时间应大于6h，不宜用快硬水泥、早强水泥及受潮变质的水泥。

c. 水：人、畜饮用水均可用。

② 混合料组成设计。水泥稳定土混合料组成设计的任务是根据水泥稳定土的抗压强度标准，通过试验选取最适宜于稳定的土，确定必需的水泥剂量和混合料的最佳含水率。在需要改善土的颗粒组成时，还包括掺加料的比例。

混合料的设计步骤如下：

a. 选用不同的水泥剂量，制备同一种土样不同水泥剂量的水泥稳定土混合料。

b. 用击实试验确定各种混合料的最佳含水率和最大干（压实）密度。至少应做三个不同水泥剂量混合料的击实试验，即最小剂量、中间剂量和最大剂量，其他两个剂量混合料的最佳含水率和最大干密度用内插法确定。

c. 按工地预定达到的压实度，分别计算不同水泥剂量的试件应有的干密度。

d. 按最佳含水率和计算得到的干密度制备试件。进行强度试验时，作为平行试验的试件数量应符合规定。如果试验结果的偏差系数大于规定值，则应重做试验，并找出原因，加以解决。如不能降低偏差系数，则应增加试验数量。

e. 试件的强度试验。试件在规定的温度（冰冻地区 20℃±2℃，非冰冻地区 25℃±2℃）下保湿养护 6d，浸水 1d 后，进行无侧限抗压强度试验，并计算试验结果的平均值和偏差系数。

f. 选定合适的水泥剂量。此剂量试件室内试验的平均抗压强度 R 应符合下式的要求：

$$R \geqslant \frac{R_d}{(1-Z_a C_v)} \qquad (10-3)$$

式中　R_d——设计抗压强度（见表 10-6）；

　　　C_v——试样结果的偏差系数；

　　　Z_a——标准正态分布中随保证率（或置信度 a）而变的系数：高速公路和一级公路应取保证率 95%，此时 Z_a 为 1.645；一般公路应取保证率 90%，此时 Z_a 为 1.282。

表 10-6　水泥稳定土的强度标准表　　　　（单位：MPa）

层位	公路等级	
	二级和二级以下公路	高速公路和一级公路
基层	2.5~3[②]	3~5[①]
底基层	1.5~2.0[②]	1.5~2.5[①]

① 设计累计标准轴次小于 12×10⁶ 的公路可采用低限值；设计累计标准轴次超过 12×10⁶ 的公路可用中值；主要行驶重载车辆的公路应用高限值。某一具体公路应采用一个值，而不用某一范围。

② 二级以下公路可取低限值；行驶重载车辆的公路，应取较高的值；二级公路可取中值；行驶重载车辆的二级公路应取高限值。某一具体公路应采用一个值，而不用某一范围。

考虑损耗及现场条件与实验室条件的差异，工地实际采用的水泥剂量应比室内试验确定的剂量增加 0.5%~1.0%。一般情况下，集中厂拌法施工时，可增加 0.5%；路拌法施工时，增加 1.0%。

③ 水泥稳定土的施工。工艺流程如图 10-47 所示。

a. 准备下承层。水泥稳定土的下承层表面应平整、坚实，具有规定的路拱，没有任何松散的材料和软弱的地点。通常应对下承层进行检查验收，内容有：高程、宽度、横坡、平整度、压实度及弯沉值。

b. 施工放样。包括：恢复中线；基层宽度每侧应比面层宽度增加 0.3~0.6m，并在两侧路肩边缘外 0.3~0.5m 处设指示桩；在两侧指示桩上用明显标记（如红漆）标出水泥稳定土层边缘的设计高。

c. 备料。经过试验选定料场后，在采集前应将树干、草皮和杂土清除干净。采集的骨

第10章 智能施工技术综合应用

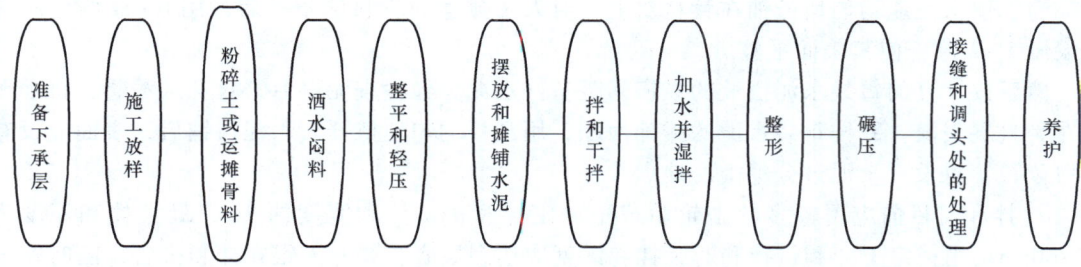

图 10-47 水泥稳定土的施工工艺流程

料应进行粉碎,土块最大尺寸应小于15mm,骨料中超尺寸颗粒应予筛除。在预定深度范围内采集骨料,不应分层采集,也不应将不合格的骨料采集在一起。对于塑性指数大于12的黏性土,可视土质和机械性能确定是否需要过筛。

所需水泥应提前运到现场,但最好不超过一周,并注意防雨防潮。

运输骨料前,应先计算材料数量。通常先根据各路段水泥稳定土层的厚度、宽度及预定的干密度,计算各路段需要的干骨料数量,然后根据骨料的含水率和运料车的吨位,计算每车料的堆放距离,骨料装车时,应控制每车料的数量基本相等。

每平方米水泥稳定土的水泥用量由水泥稳定土层的厚度、预定的干密度和水泥剂量计算而得。工地上一般都用袋装水泥,因此要计算每袋水泥的摊铺面积,并确定摆放水泥的行数、行间距及每袋水泥的纵向间距。

在预定堆料的下承层上,堆料前应先洒水湿润。卸料时应注意:有专人负责或标志卸料距离,骨料应卸在下承层的中间或上侧,料堆每隔一定距离留一缺口;骨料在下承层上的堆放时间不宜过长,应尽快摊铺施工,以免淋雨积水。

d. 摊铺骨料。摊铺骨料应事先通过试验确定骨料的松铺系数。

摊铺骨料应在摊铺水泥的前一天进行,摊铺长度应以日进度的需要量为度,够次日一天完成摊铺水泥、拌和、碾压成形即可。但在雨期施工,不宜提前一天将骨料摊开,以免雨淋。

摊铺骨料一般采用平地机或其他合适的机具,要求将骨料均匀地摊铺在预定的宽度上。表面力求平整,并有规定的路拱。摊铺时,应将土块、超尺寸颗粒及其他杂物拣除。当骨料中土块较多时,应进行粉碎。摊铺后要检查松铺骨料层的厚度是否符合预计的厚度。松铺厚度=压实厚度×松铺系数。

骨料摊铺结束后,禁止车辆在其上通行。

摊铺后的骨料如果含水率过小,应在骨料层上洒水闷料。洒水量与采用的拌和机械的性能有关。采用高效率的专用拌和机(如宝马拌和机)时,拌和时间短,洒水量应使骨料的含水率达到最佳含水率。若采用普通路拌机械拌和细粒土,洒水量使骨料的含水率以低于最佳含水率2%~3%为宜。闷料时间:细粒土洒水后应闷料一夜;中粒土和粗料土,视其中细土含量的多少,可缩短闷料时间。洒水闷料的目的是使水分在骨料层内分布均匀并透入颗粒和大小土团的内部,同时还可减少拌和过程中的洒水次数和数量,从而缩短延迟时间。

洒水时应注意:严禁洒水车在洒水段内停留和调头,洒水要均匀,防止出现局部水分过多现象。

为了使水泥能均匀地摊铺在骨料层上，对人工摊铺的骨料层整平后，用6~8t两轮压路机碾压1~2遍，使其表面平整。

然后按计算的每袋水泥摆放的纵横间距备好水泥，经检查无误后，打开水泥袋，将水泥倒在骨料层表面，并按每袋水泥的摊铺面积，用刮板均匀地摊开。水泥摊铺后，表面应没有空白位置，也没有水泥过分集中的地点。

e. 拌和。目前应用较多的是轮胎式稳定土拌和机，拌和宽度约2m，最大拌和深度为40~60cm。用稳定土拌和机拌和时，拌和深度应达到层底，并专人跟在拌和机后，随时检查拌和深度，如发现拌和深度不够，应及时告知拌和机操作人员调整拌和深度，严禁在拌和层底部留有素土夹层。拌和深度以深入下承层表面1cm左右为宜，以利上下层黏结，但也不宜过深。稳定土拌和机通常只需拌和2~3遍即能将混合料拌和均匀。要彻底消除素土夹层，可在最后一遍拌和之前，先用多铧犁紧贴底面翻拌一遍，再用稳定土拌和机拌和一遍。

拌和好的混合料应达到色泽一致，没有灰条、灰团和花面，没有粗、细颗粒"窝"，且水分合适和均匀。拌和结束后，应立即检查混合料中水泥的剂量。

f. 整形。混合料拌和均匀后，马上用平地机做初步整平与整形。在直线段，平地机应由两侧向中间进行刮平，在平曲线段，应由内侧向外侧进行刮平，必要时可再返回刮一遍。随后拖拉机、平地机或轮胎压路机立即在初平的路段上快速碾压一遍，以暴露潜在的不平整。再按上述步骤刮一遍、压一遍。经过两次刮平、轻压后出现的局部低洼处，应用齿耙将其表层5cm以上耙松，并用新拌的水泥混合料进行找补整平。最后用平地机再整形一次，以达到规定的路拱和坡度，并注意接缝顺畅平整。

在整形过程中，不允许任何车辆通行，并配合人工消除骨料的离析现象。

在低等级公路上用人工整形时，应用锹和耙先将混合料摊平，用路拱板进行初步整形。然后用拖拉机初压，确定纵横断面的标高，设置标记和挂线，再用锹耙和路拱板整形。

g. 碾压。事先应根据路宽、压路机的轮宽和轮距的不同，制定碾压方案，以求各部分碾压到的次数尽量相同，但路面的两侧应多压2~3遍。压路机的吨位与每层的压实厚度要协调。一般用12~15t三轮压路机碾压时，每层的压实厚度不应超过15cm；用18~20t的三轮压路机碾压时，每层的压实厚度不应超过20cm；用大能量的振动压路机碾压时，每层的压实厚度也不应超过20cm；分层铺筑时，每层的最小压实厚度为10cm。

整形后，当混合料的含水率等于或略大于最佳含水率时，立即用12t以上的三轮压路机、重型轮胎压路机或振动压路机在路基全宽内进行碾压。碾压应遵循先两边后中间（平曲线段先内侧后外侧）、先轻后重、先慢后快、互相搭接的原则。碾压时，后轮应重叠1/2轮宽，并在规定的时间内碾压到要求的压实度（见表10-7）。一般需碾压6~8遍。碾压速度：头两遍采用1.5~1.7km/h，以后以2~2.5km/h为宜。

表10-7 基层和底基层压实度表

基层			底基层		
公路等级	材料类型	压实度(%)	公路等级	材料类型	压实度(%)
高速公路 一级公路	水泥稳定碎石	98	高速公路 一级公路	水泥稳定中粒土、粗粒土	97
				水泥稳定细粒土	95
其他公路	水泥稳定中粒土、粗粒土	97	其他公路	水泥稳定中粒土、粗粒土	95
	水泥稳定细粒土	95		水泥稳定细粒土	93

碾压过程中应注意：严禁压路机在已完成的或正在碾压的路段上调头和紧急制动，以免破坏稳定土层的表面；水泥稳定土表面应始终保持潮湿，如表层水分蒸发过快，应及时补洒少量水；如发生"弹簧"、松散、起皮等现象，应及时翻开重新拌和（加适量水泥）或用其他方法处理，使其达到质量要求。

碾压结束之前，用平地机再终平一次，使其纵向顺适，路拱和超高符合设计要求。终平应仔细进行，必须将局部高出部分刮除，并扫出路外。局部低洼处，不再进行补找，留待铺筑面层时处理。严禁用薄层贴补进行找平。

碾压结束后，应马上用灌砂法、水袋法检查压实度。

h. 接缝和调头处的处理。水泥稳定土基层的接缝按施工时间的不同，有两种处理方式：

一是当天施工的两作业段的接缝，采用搭接拌和方式，即把第一段已拌好的混合料留下5~8m暂不碾压，第二段施工时，将前段留下来未压部分再加部分水泥重新拌和，与第二段一起碾压。

二是先将已压实段的接缝处，沿稳定土挖一条垂直于路中线的横贯全路宽的槽，要求槽宽约30cm，槽深达到下承层顶面，靠稳定土的一面应切成垂直面。然后将长度为水泥稳定土层宽的一半、厚度与其压实厚度相同的两根方木放在槽内，并紧靠稳定土的垂直面，再用原挖出的素土回填槽内其余部分。第二天施工段摊铺水泥及湿拌后，除去方木，用混合料回填，靠近方木未能拌和的一小段，应用人工补充拌和，整平压实，并刮平接缝处。

如拌和机械或其他机械必须到已压成的水泥稳定土层上调头，可在准备用于调头的8~10m长的稳定土层上，先覆盖一张塑料布，再铺上约10cm厚的土、砂或砂砾，以保护调头部分的稳定土层。结束后，用平地机将塑料布上的土除去，注意不要刮破塑料布，然后用人工除去余下的土，并收起塑料布。

i. 养护。每个作业段碾压结束，并经压实度检查合格后，马上进行保湿养护，不得使稳定土层表面干燥，也不应忽干忽湿。养护时间不宜少于7d。养护方法可采用不透水薄膜或湿砂、沥青乳液等其他方法养护。用湿砂养护时，要求湿砂层厚度为7~10cm，厚度均匀，并在整个养护期内保持砂的潮湿状态。用沥青乳液养护时，应采用沥青含量为35%左右的慢凝沥青乳液，使其能透入基层几毫米。沥青乳液的用量一般为1.2~1.4kg/m^2，分两次喷洒。乳液破乳后，撒布3~5mm或5~10mm的小碎石，小碎石的覆盖面积以达到60%为宜，也可以在完成的基层上马上做下封层，利用下封层进行养护。

无上述条件时，也可用洒水车经常及时洒水进行养护，每天洒水次数视气候而定。

养护期间应封闭交通（洒水车除外）。不能封闭交通时，应在水泥稳定土层上采取覆盖措施，禁止重车通行，其他车辆的车速不得超过30km/h。

水泥稳定土施工应注意季节气候，一般宜在春末和气温较高的季节组织施工，施工期的最低气温应在5℃以上，并应在第一次重冰冻（-5~-3℃）到来前半个月至一个月完成。雨期施工应特别注意气候变化，勿使水泥和混合料遭雨淋。降雨时应停止施工，但已经摊铺的水泥混合料，应尽快碾压密实。应考虑下承层表面的排水措施，勿使运到路上的骨料过分潮湿。

j. 中心站集中厂拌法施工。厂拌设备一般由供料系统（包括各种料斗）、拌和系统、控制系统（包括各种计量器和操纵系统）、输送系统和成品储存系统五大部分组成，如图10-48所示。

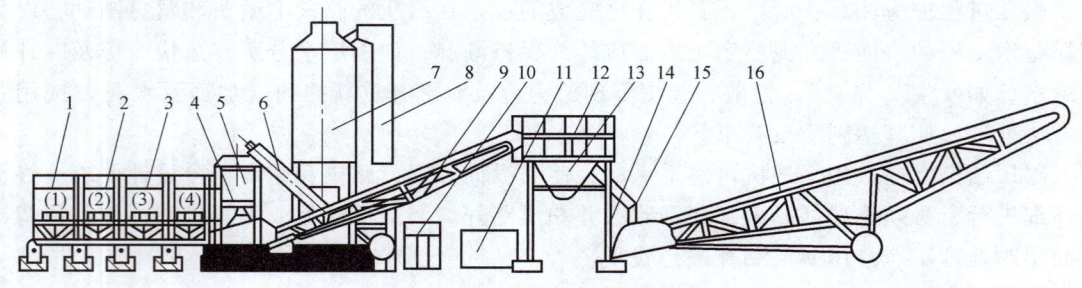

图 10-48　稳定土厂拌设备主要结构图

1—配料斗　2—传送带供料机　3—水平传送带输送机　4—小仓　5—叶轮供料器　6—螺旋送料器
7—大仓　8—垂直提升机　9—斜皮传送输送机　10—控制柜　11—水箱水泵　12—拌和筒
13—混合料储仓　14—拌和筒立柱　15—溢料管　16—大输料传送机

2）石灰稳定类基层、功能层。

① 原材料准备。

a. 土：用于石灰稳定土的土有黏性土、级配碎石、未筛分碎石、砂砾、碎石土、砂砾土、煤矸石和各种粒状矿渣等，应符合规范规定的技术要求。

b. 石灰：石灰质量应符合三级以上（包括三级）的生石灰或消石灰的技术指标，要尽量缩短石灰的存放时间，以免石灰有效成分的降低。当石灰在野外堆放时间较长时，必须妥善覆盖保管，不应遭日晒雨淋。外石灰、贝壳石灰、珊瑚石灰等通过试验后，只要石灰土混合料的强度符合要求，也可使用。对于高速公路和一级公路，宜采用磨细生石灰。

c. 水：凡是人或牲畜的饮用水均可用于石灰稳定土的施工。遇有可疑水源时，应进行试验鉴定。

② 混合料组成设计。石灰稳定土混合料组成设计的任务是：根据 7d 饱水抗压强度标准（见表 10-8），通过试验选取最适宜于石灰稳定的土，确定最佳石灰剂量和混合料的最佳含水率。必要时，还应考虑掺加料的比例。

表 10-8　石灰稳定土的强度标准　　　　　　　　　　　　（单位：MPa）

层位	公路等级	
	高速公路和一级公路	其他公路
基层	—	≥0.8
底基层	≥0.8	0.5~0.7

注：1. 在低塑性土（塑性指数小于 7）地区，石灰稳定砂砾土和碎石土的 7d 浸水抗压强度应大于 0.5MPa。
　　2. 低限用于塑性指数小于 7 的黏性土，高限用于塑性指数大于 7 的黏性土。

③ 石灰稳定土的施工。石灰稳定土路拌法施工的工艺流程与水泥稳定土施工的工艺流程基本相同，如图 10-49 所示。

④ 石灰土的主要质量问题及处理措施。石灰土施工中出现的主要质量问题是缩裂，它包括干缩和温缩。因此，石灰土基层易在冬季发生开裂。土的塑性指数越大或石灰剂量越高，出现的裂缝越多越宽。当其上铺筑的沥青面层较薄时，易形成反射裂缝，使雨水通过裂缝渗入土基，使土基软化，造成路面强度大为降低，严重影响路面的使用性能。为了提高石灰土基层的抗裂性能，减少裂缝，应从材料的配合比设计和施工两方面采取措施。这些措施

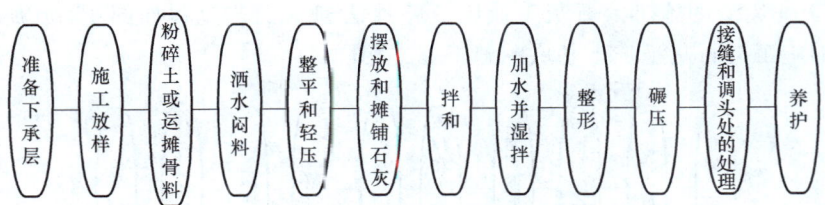

图 10-49　石灰稳定土路拌法施工的工艺流程

归纳起来有以下几条：

a. 控制压实含水率。石灰土因含水率过大产生的干缩裂缝显著，因而压实时含水率一定不要大于最佳含水率，通常以小于最佳含水率 1%～2% 为好。

b. 严格控制压实标准。实践证明，压实度小时产生的干缩要比压实度大时严重。

c. 温缩的最不利季节是温度在 0～10℃ 时。因此施工要在当地气温进入 0℃ 前一个月结束，以防在不利季节产生严重温缩。

d. 干缩的最不利情况是在石灰土成形初期。因此要重视初期养护，保证石灰土表面处于潮湿状态，严禁干晒。

e. 石灰土施工结束后及早铺筑面层，使石灰土基层含水率不发生大的变化，以减轻干缩裂缝。

f. 在石灰土中掺加骨料（如砂砾、碎石等），骨料含量使混合料满足最佳组成要求，一般为 70% 左右。这不但可提高基层的强度和稳定性，而且使基层的抗裂性有较大的改善。

g. 在石灰土基层上铺筑厚度大于 15cm 的碎石过渡层或设置沥青碎石（或沥青贯入式）连接层，可减轻或防止反射裂缝的出现。

3）石灰工业废渣基层、功能层。

① 原材料要求。石灰的质量同石灰稳定土中石灰的要求。粉煤灰中活性成分 SiO_2、Al_2O_3 和 Fe_2O_3 的总量应大于 70%。煤渣主要成分是 SiO_2、Al_2O_3，要求松干密度为 700～1100kg/m³，煤渣最大粒径不大于 30mm，颗粒组成宜有一定的级配，且不含杂质。细粒土的塑性指数宜为 12～20，且土块的最大尺寸应小于 15mm。中粒土和粗粒土应少含或不含有塑性指数的土。骨料的最大粒径和级配符合相关技术规范。有机质含量超过 10% 的细粒土不宜选用。人或牲畜可饮用的水均可使用。

② 混合料组成设计。石灰工业废渣混合料组成设计的任务是依据混合料的强度标准（见表 10-9），通过试验选取最适宜于稳定的土；确定石灰与粉煤灰或者石灰与煤渣的比例；确定石灰粉煤灰或石灰煤渣与土（包括各种骨料）的质量比；确定混合料的最佳含水率。

表 10-9　二灰混合料的强度标准　　　　　　　　　　　　（单位：MPa）

层位	公路等级	
	二级和二级以下公路	高速公路和一级公路
基层	0.6～0.8	0.8～1.1[①]
底基层	≥0.5	≥0.6

① 设计累计标准轴次小于 12×10⁶ 的高速公路用低限值；设计累计标准轴次大于 12×10⁶ 的高速公路用中值；主要行驶重载车辆的高速公路用高限值。对于具体一条高速公路，应根据交通状况采用某一强度标准。

③ 石灰工业废渣的施工。石灰工业废渣路拌法施工工艺流程如图 10-50 所示。石灰工业废渣基层的施工与石灰稳定土基层的施工基本相同。

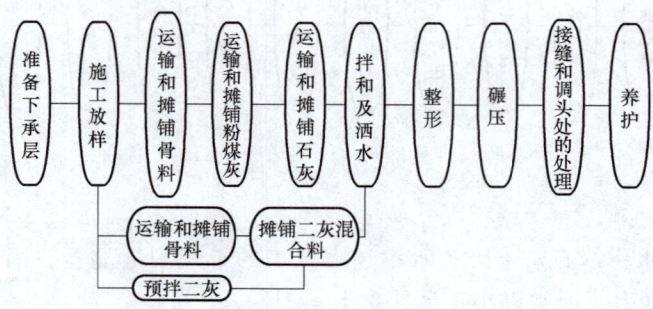

图 10-50　石灰工业废渣路拌法施工工艺流程

2. 沥青路面工程技术

沥青路面是用沥青材料作结合料铺筑面层的路面的总称。沥青面层是由沥青材料、矿料及其他外掺剂按要求比例混合、铺筑而成的单层或多层式结构层。

沥青路面按施工方法分为层铺法、路拌法和厂拌法。层铺法是用分层洒布沥青、分层铺撒矿料和碾压的方法修筑，按这种方法重复几次做成一定厚度的层次。路拌法即在施工现场以不同方法（人工的或机械的，牵引式的或半固定式的机械等）将冷料热油或冷油冷料拌和、摊铺和碾压。厂拌法即集中设置拌和基地，采用专用设备，将具有一定级配的矿料和沥青加热拌和，然后将混合料运至工地热铺热压或冷铺冷压（当使用液体沥青时），碾压终了即可开放交通。

（1）沥青表面处治面层施工　沥青表面处治面层是用沥青和矿料按层铺或拌和的方法，修筑的厚度不大于 3cm 的一种薄层路面表层。

层铺法沥青表面处治的施工工序及要求如下：

1）清理基层。在表面处治层施工前，应将路面基层清扫干净，使基层的矿料大部分外露并保持干燥。对有坑槽、不平整的路段应先修补和整平；若基层整体强度不足，则应先予补强。

2）洒布沥青。在浇洒透层沥青后 4~5h，或已做透层（或封层）并开放交通的基层清扫后，即可浇洒第一次沥青。沥青要洒布均匀，不应有空白或积聚现象，以免日后产生松散或雍包和推挤等病害。另外，应按洒布面积来控制单位沥青用量。

3）铺撒矿料。洒布沥青后应趁热迅速铺撒矿料，按规定用量一次撒足并要铺撒均匀。

4）碾压。铺撒一层矿料后随即用 6~8t 双轮压路机或轮胎压路机及时碾压。碾压应从一侧路缘压向路中心，然后再从另一边开始压向路中心。碾压时，每次轮迹重叠 30cm，碾压 3~4 遍。压路机行驶速度开始不宜超过 2km/h，以后可适当提高。

双层式和三层式沥青表面处治的第二、三层施工即重复第 2）、3）、4）工序。

5）初期养护。碾压结束后即可开放交通，但应禁止车辆快速行驶（不超过 20km/h），要控制车辆行驶的路线，使路面全幅宽度获得均匀碾压，加速处治层反油稳定成形。对局部泛油、松散、麻面等现象，应及时修整处理。

（2）沥青贯入式面层施工　沥青贯入式面层是在初步压实的碎石（或轧制砾石）上，分层浇洒沥青、撒布嵌缝料，经压实而成的路面结构，厚度通常为 4~8cm。

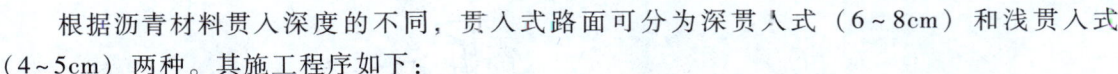

根据沥青材料贯入深度的不同，贯入式路面可分为深贯入式（6～8cm）和浅贯入式（4～5cm）两种。其施工程序如下：

1) 放样和安装路缘石。
2) 清扫基层。
3) 厚度为4～5cm的浅贯式应浇洒透层或黏层沥青。
4) 撒铺主层矿料，其规格和用量符合规定，并检查其松铺厚度。
5) 主层矿料摊铺后，先用6～8t压路机进行慢速初压，至无明显推移为止。然后再用10～20t压路机碾压，直至主层矿料嵌挤紧密、无明显轮迹而又有一定孔隙，使沥青能贯入为止。
6) 浇洒第一次沥青。
7) 趁热撒铺第一次嵌缝料，撒铺应均匀，扫匀后应立即用10～12t压路机碾压（碾压4～6遍），随压随扫，使其均匀嵌入。
8) 以后施工程序为浇洒第二层沥青，撒铺第二层嵌缝料，然后碾压，再浇洒第三层沥青，铺封面料，最后碾压。最后碾压采用6～8t压路机，碾压2～4遍，即可开放交通。

交通控制及初期养护等工作与沥青表面处治相同。

（3）沥青碎石面层施工　沥青碎石路面是由几种不同粒径大小的级配矿料，掺有少量矿粉或不加矿粉，用沥青作结合料，按一定比例配合，均匀拌和，经压实成形的路面。

沥青碎石路面的施工方法和施工要求基本上与沥青混凝土路面相同。由于热铺沥青碎石主要依靠碾压成形，故碾压的遍数较多，一般要碾压10遍左右，直到混合料无显著轮迹为止。冷铺沥青碎石路面，施工程序与热铺的相同，但冷铺法铺筑的路面最终成形需靠开放交通后行车碾压来压实，故在铺筑时碾压的遍数可以减少。

（4）热拌热铺沥青混合料面层施工　该种路面的施工包括混合料的拌制、运输、铺筑和压实成形四个主要过程。

1) 沥青混合料的拌制。沥青混合料在沥青拌和厂内采用拌和机械拌制。拌和设备可分为间隙式拌和机（分批拌和）或连续式拌和机（滚筒式拌和机）。常用的间隙式拌和是骨料掺配、加热烘干、称量后同沥青一起拌和，形成沥青混合料，其过程如图10-51所示。连续式拌和机生产过程则如图10-52所示，骨料按粒级分别存放在冷料仓内，由传送带将经过自动称重系统准确称量的冷骨料按配比送入滚筒式拌和机内；称重系统同时也控制沥青从储罐泵入滚筒内，并在滚筒转动的过程中同骨料相拌和，拌和好的热混合料从滚筒内输出后，由传送带送到热混合料料仓，并装入载料货车。整个过程由一控制台监控。

2) 沥青混合料的运输。热拌沥青混合料采用自卸汽车运输到摊铺地点。运送路途中，为减少热量散失、防止雨淋或污染环境，应在混合料上覆盖篷布。混合料运送到摊铺地点的温度应符合相应规定。为防止沥青同车厢黏结，车厢底板上应涂薄层掺水柴油（油∶水为1∶3）。运送到工地时，已经成团块、温度不符合要求或遭受雨淋的沥青混合料，应予废弃。

3) 沥青混合料的铺筑。现场铺筑包括基层准备、放样、摊铺、整平、碾压等工序。

① 基层准备。铺筑沥青面层的基层必须平整、坚实、洁净、干燥，标高和横坡合乎要求。路面原有的坑槽应用沥青碎石材料填补，泥沙、尘土应扫除干净。应洒布黏层油（上、中面层施工时）、透层油或铺筑下封层（下面层施工时）。

② 摊铺。混合料摊铺可分为机械摊铺和人工摊铺两类，一般均采用机械摊铺。

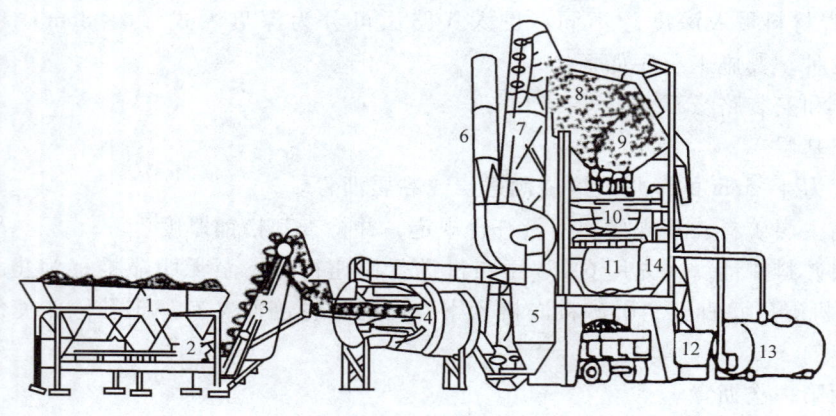

图 10-51　间歇式拌和机

1—冷骨料存料斗　2—冷料供应阀门　3—冷料输送机　4—烘干机　5—集尘器　6—排气管
7—热料提升机　8—筛分装置　9—热料集料斗　10—称料斗　11—拌和桶或叶片拌和机
12—矿质填料储存设备　13—热沥青储存罐　14—沥青称料斗

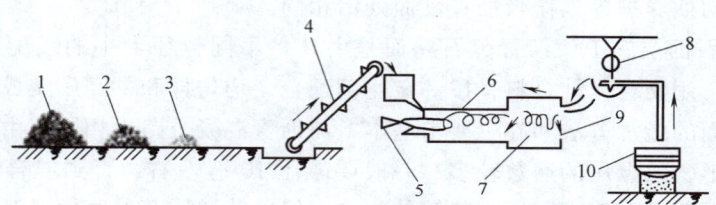

图 10-52　连续式拌和机生产过程

1—粗粒矿料　2—细粒矿料　3—砂　4—冷拌提升机　5—燃料喷雾器
6—干燥器　7—拌和器　8—沥青秤　9—活门　10—沥青罐

机械摊铺采用轮胎式或履带式沥青混合料摊铺机。热混合料由自卸汽车卸入摊铺机的料斗内，由传送机经流量控制门送至螺旋摊铺器；随摊铺机向前行进，螺旋摊铺器自动将混合料均匀摊铺在整个宽度上；附在摊铺机后面的摊平板烫平混合料的表面，调节、控制层厚和路拱，并由夯棒或振动装置对摊铺层进行初步压实，如图 10-53 所示。

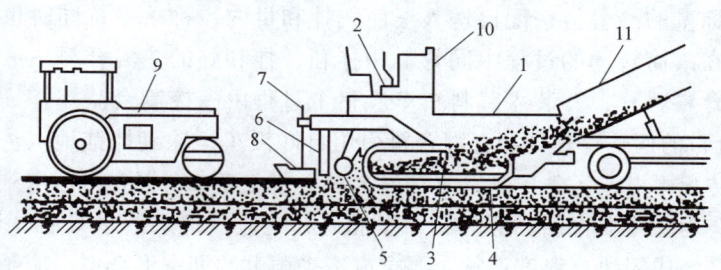

图 10-53　沥青混合料摊铺机操作示意图

1—料斗　2—驾驶台　3—送料器　4—履带　5—螺旋摊铺器　6—振捣器
7—厚度调节螺杆　8—摊平板　9—压路机　10—摊铺机　11—自卸汽车

混合料摊铺时应注意的问题如下：保证混合料的摊铺温度符合规范规定；摊铺混合料在表观上应均匀致密，无离析等现象；摊铺层表面应平整，没有摊铺速度变化、摊铺操作不均匀或骨料级配不正常所引起的不平整；摊铺层厚度和路拱符合要求；横向和纵向接缝的筑作正常，接头处无明显不平。

横缝可采用平接缝和斜接缝两种方式筑作。纵缝则可采用热接缝和冷接缝两种方式筑作。热接缝是由多台摊铺机在全断面用梯队作业摊铺方式完成；冷接缝则是在不同时间分幅摊铺时采用的方式。

③ 碾压。碾压是保证沥青混合料使用性能的最重要的一道工序。沥青混合料需要在一定的温度和一定的压实方法下才能取得良好的压实度。

一般采用光滚压路机和轮胎压路机或振动压路机组合的方式来压实混合料。光滚压路机的好处是施压后表面平整，但易将矿料压碎；轮胎压路机对路面的压力虽不大（0.3~0.7MPa），但对材料起良好的搓揉作用，促使混合料均匀、紧密和构成一平整表面。

压实作业可分为初压、复压和终压三个阶段。其顺序为，先用双轮光面压路机（6~8t）进行初压，从横断面上低的一侧逐步移向高的一侧，每处碾滚2遍即可。初压之后进行复压，复压改用15t以上的轮胎压路机或12t以上的三轮光面压路机碾压4~6遍，至稳定和无轮迹为止。最后，在不产生轮迹的情况下再换用6~8t双轮光面压路机进行终平碾压。各次碾压时，均以压路机的驱动轮先压，以免从动轮先压可能使混合料出现推移现象。

碾压后要求达到的密实度可根据实验室所做试验得到的标准密实度定出，一般不应低于标准密实度的95%。

3. 水泥混凝土路面工程技术

（1）施工准备工作

1）混凝土材料的准备。根据技术设计要求与当地材料供应情况，做好混凝土各组成材料的试验，进行混凝土各组成材料的配合比设计。选择合适的混凝土拌和场地。

2）基层的检查与修整。基层的宽度、路拱与标高、表面平整度和压实度，均应检查其是否符合要求。混凝土摊铺前，基层表面应洒水润湿。

（2）混凝土面层的施工 面层板的施工程序为：模板的安装；传力杆的设置；混凝土的制备与运送；混凝土的摊铺和振捣；接缝的设置；表面修整；混凝土的养护与填缝。

1）模板的安装。在摊铺混凝土前，应先安装两侧模板。两侧用钢钎打入基层以固定位置。模板顶面用水准仪检查其标高，不符合时予以调整。

2）传力杆的设置。当两侧模板安装好后，即在需要设置传力杆的胀缝或缩缝位置上设置传力杆。一般是在嵌缝板上预留圆孔以便传力杆穿过，嵌缝板上面设木制或金属压缝板条，其外侧再放一块胀缝模板，如图10-54所示。

3）混凝土的制备与运送。混凝土的制备可采用两种方式：在工地由拌和机拌制；在中心工厂集中制备，而后用汽车运送到工地。

在制备混凝土时，所用材料应过秤，计量允许偏差为对水泥、掺合料、水为±1%，砂、粗骨料为±2%。每一工班应检查材料量配的精确度至少2次，每半天检查混凝土的坍落度2次。拌和

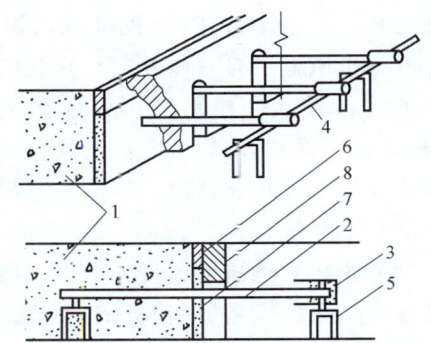

图10-54 胀缝传力杆的架设（钢筋支架法）
1—先浇的混凝土 2—传力杆 3—金属套管
4—钢筋 5—支架 6—压缝板条
7—嵌缝板 8—胀缝模板

时间为60~120s。

4）混凝土的摊铺和振捣。当运送混凝土的车辆运达摊铺地点后，一般直接倒向安装好侧模的路槽内，并用人工找补均匀。要注意防止出现离析现象。摊铺时应考虑混凝土振捣后的沉降量，虚高可高出设计厚度10%左右，使振实后的面层标高与设计相符。

混凝土的振捣器具，应由平板振捣器、插入式振捣器和振动梁配套作业。随后，再用直径75~100mm长的无缝钢管，两端放在侧模上，沿纵向滚压一遍。

当摊铺或振捣混凝土时，不要碰撞模板和传力杆，以避免其移动变位。

5）接缝的设置。

① 对胀缝。先浇筑胀缝一侧混凝土，拆除胀缝模板后，再浇筑另一侧混凝土，钢筋支架浇在混凝土内。最迟在终凝前将压缝板条抽出。

② 对缩缝用两种方法筑作。在混凝土捣实整平后，利用振捣梁将T形振动刀准确地按缩缝位置振出一条槽或者在结硬的混凝土中用锯缝机（带有金刚石或金刚砂轮锯片）锯割出要求深度的槽口。

对纵缝一般筑做成企口式，即模板内壁做成凸样状，拆模后，混凝土板侧面即形成凹槽。需设置拉杆时，模板在相应位置处要钻成圆孔，以便拉杆穿入。浇筑另一侧混凝土前，应先在凹槽壁上涂抹沥青。

6）表面修整。混凝土终凝前必须用人工或机械抹平其表面。为保证行车安全，混凝土表面应具有粗糙抗滑的表面。最普通的做法是用棕刷或金属丝梳子梳成深1~2mm的横槽，也可用锯槽机将路面锯割成深5~6mm、宽2~3mm、间距20mm的小横槽。

7）混凝土的养护与填缝。为防止混凝土中水分蒸发过快而产生缩裂，并保证水泥水化过程的顺利进行，混凝土应及时潮湿养护或利用塑料薄膜、养护剂保湿养护。

8）开放交通。混凝土强度必须达到设计强度的90%以上时，方能开放交通。

9）冬期和夏季施工。混凝土路面应尽可能在气温高于5℃时施工。当必须在低温情况下（昼夜平均气温低于5℃和最低气温低于-3℃时）施工时，应采取冬期施工措施。

为避免混凝土中水分蒸发过快而干缩开裂，必要时可采取夏季施工措施。

（3）轨道式摊铺机施工 高等级道路水泥混凝土路面的技术标准高，工程数量大，要保证施工进度和工程质量，应尽可能采用机械化施工。轨道式摊铺机铺筑混凝土板，就是机械施工的一种方法，它利用主导机械（摊铺机、拌和机）和配套机械（运输车辆、振捣器等）的有效组合，完成铺筑混凝土板的全过程。其工艺流程如图10-55所示。

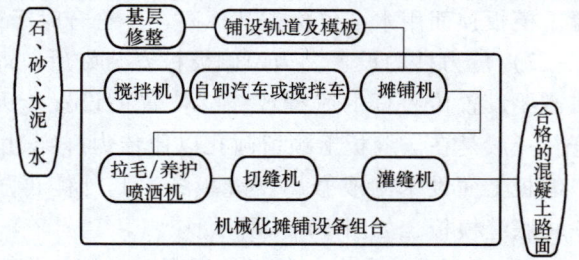

图10-55 轨道式摊铺机施工工艺流程

（4）滑模式摊铺机施工 滑模式摊铺机是自动化程度很高的一种机械。与轨道式摊铺机施工不同，滑模式摊铺机不需要人工设置模板，其模板就安装在机器上。机器在运转中，将摊铺路面的各道工序（铺料、振捣、挤压、整平、设传力杆等）一气呵成，机器经过之后，即形成一条规则成形的水泥混凝土路面，可达到较高的路面平整度要求，特别是整段路的宏观平整度更是其他施工方式所无法达到的。

滑模式摊铺机是由螺旋杆及刮板将混凝土按要求高度摊铺之后，用振动器、振捣棒、整形板、侧板捣固，用刮板、修边器进行修整的连续摊铺的机械，如图 10-56 所示。它集布料、摊铺、密实和成形、抹光等功能于一体，结构紧凑，行走方便，由于采用电液伺服调平系统或液压随动调平系统，故操作简单、轻便。

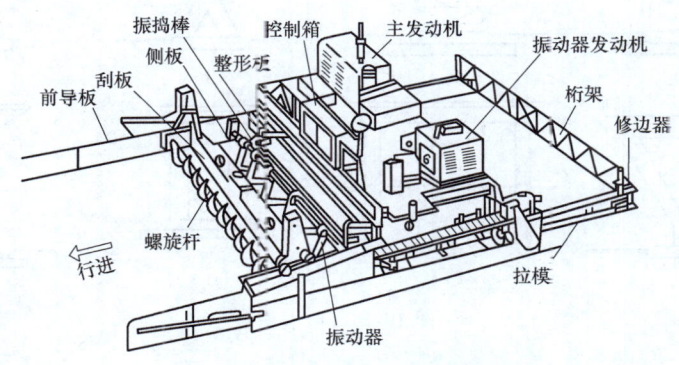

图 10-56 滑模式摊铺机构造

10.4 桥梁工程

10.4.1 桥梁工程基本知识

1. 桥梁的基本组成与体系

桥梁由桥跨结构和桥墩、桥台以及基础三个主要部分组成，如图 10-57 所示。

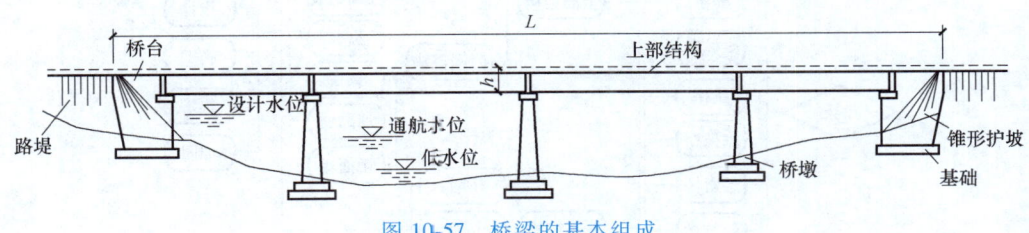

图 10-57 桥梁的基本组成

1）桥跨结构（或称桥孔结构、上部结构），是道路遇到障碍而中断时，跨越这类障碍的结构物。

2）桥墩、桥台（统称下部结构），是支承桥跨结构的建筑物。桥台设在两端，桥墩则在两桥台之间。桥墩的作用是支承桥跨结构，而桥台除了支承桥跨结构外，还要防止路堤滑坡，并与路堤衔接。为保护桥头路堤填土，每个桥台两侧常做成石砌的锥形护坡。桥墩有重力式和轻型式两种，常见的轻型桥墩立面形式主要有立柱式、X 形、Y 形、V 形等。其形式如图 10-58 所示。

桥梁工程的基本体系如图 10-59 所示。

2. 桥梁的主要类型

按结构体系划分为以下五类：

（1）梁桥 梁桥是一种在竖向荷载作用下无水平反作用力的结构。与同样跨径的其他结构体系相比，梁桥梁内产生的弯矩最大，通常需用抗弯能力强的材料（钢、木、钢筋混

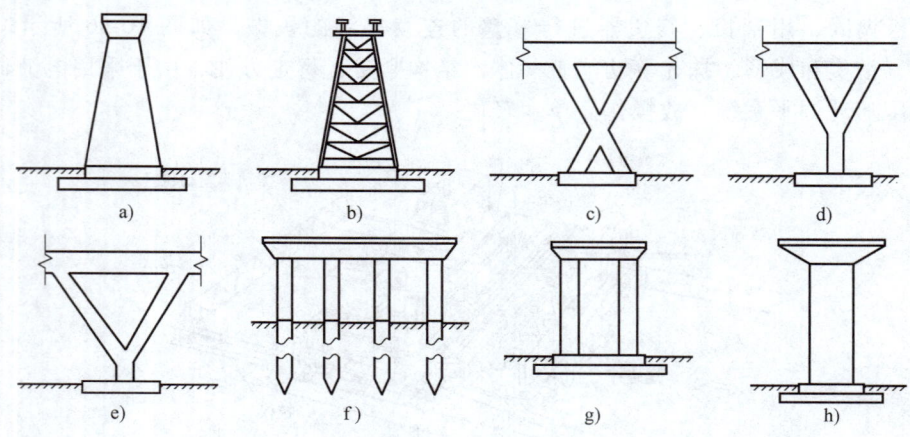

图 10-58 桥墩图

a) 重力式桥墩　b) 构架式桥墩　c) X 形桥墩　d) Y 形桥墩　e) V 形桥墩
f) 桩式桥墩　g) 双柱式桥墩　h) 单柱式桥墩

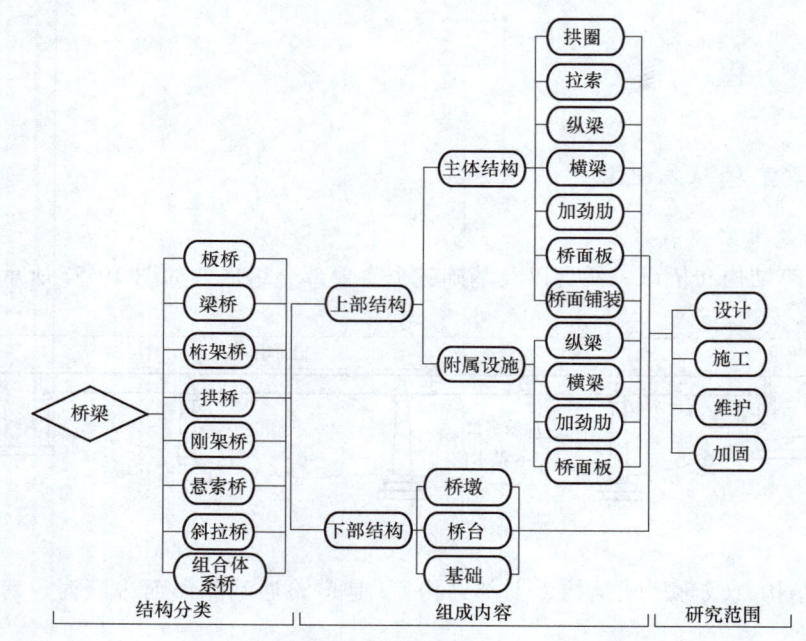

图 10-59 桥梁工程的基本体系

凝土等）来建造。梁桥如图 10-60 所示。

（2）拱桥　它的主要承重结构是拱圈或拱肋。与同跨径的梁相比，拱的弯矩和变形要小得多。拱桥的承重结构以受压为主，通常可用抗压能力强的圬工材料（如砖、石、混凝土）和钢筋混凝土等来建造。拱桥的跨越能力很大，外形也较美观，在条件许可的情况下，修建圬工拱桥是经济合理的。拱桥如图 10-61 所示。

（3）刚架桥　它的主要承重结构是梁或板与立柱或竖墙整体结合在一起的刚架结构，梁和柱的连接处具有很大的刚性。其受力状态介于梁桥与拱桥之间。对于同样的跨径，在相同的荷载作用下，刚架桥跨中正弯矩要比一般的梁桥小。因此，刚架桥跨中的建筑高度就可以做得较小。但其施工较困难，若用普通钢筋混凝土修建，梁柱刚接处较易产生裂缝。刚架桥如图10-62所示。

（4）悬索桥　它的主要承重结构是悬挂在两边塔架上的强大缆索。悬索桥一般结构自重较轻，跨度很大。但在车辆动荷载和风荷载作用下，有较大的变形和振动。悬索桥如图10-63所示。

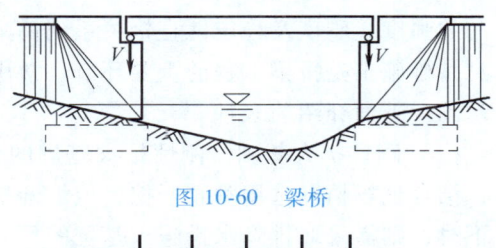

图10-60　梁桥

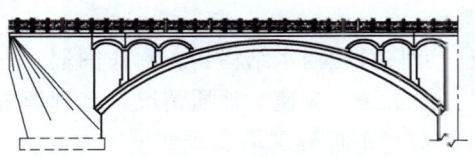

图10-61　拱桥

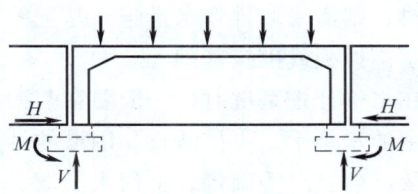

图10-62　刚架桥

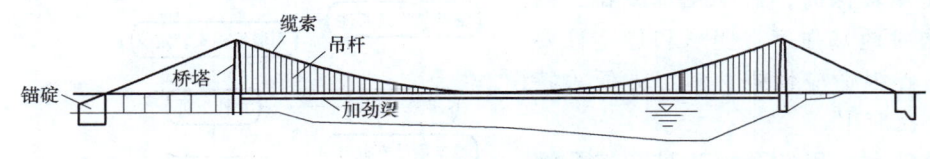

图10-63　悬索桥

（5）组合体系桥　它是根据结构的受力特点，由几个不同体系的结构组合而成的桥梁。组合体系桥的种类很多，但究其实质不外乎利用梁、拱、吊三者的不同组合，上吊下撑以形成新的结构。组合体系桥如图10-64所示。

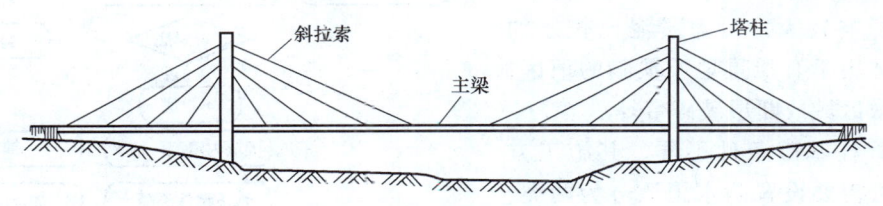

图10-64　组合体系桥

3. 桥梁工程施工的内容与一般程序

桥梁施工是根据设计图，对桥梁工程在现场实施的全过程，其基本程序如图10-65所示。图中各施工程序中，基础和上部构造施工是主体工序。

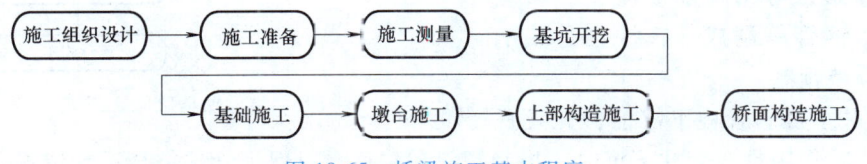

图10-65　桥梁施工基本程序

10.4.2　桥梁下部结构施工方法

1. 桥梁基础施工

基础一般处于水下河床内的基岩或土地基上，直接承受上部结构传来的全部荷载。桥梁基础的强度、刚度及稳定性直接关系到桥梁的安全和使用寿命，加之水文和地质的复杂性，可见基础施工是桥梁工程的重要环节。常用的基础有刚性扩大基础、桩基础、管柱基础、沉井基础。下面介绍前三种。

（1）刚性扩大基础　刚性扩大基础的施工一般采用明挖方法进行。根据地质、水文条件，结合现场情况选用垂直开挖、放坡开挖或护壁加固的开挖方法。当基坑需挖至地下水位以下时，则需采取排降水措施。基坑的尺寸一般要比基础底面尺寸每边大 0.5~1.0m，以便设置基础模板或砌筑基础。

在水中开挖基坑时，一般要在其四周预先修筑一道临时性挡水结构物，称作围堰，先将围堰中的水排干，再挖基坑。围堰的结构形式和材料据水深、流速、地质情况、基础埋置深度以及通航要求等确定，常用土围堰、草（麻）袋围堰、钢板桩围堰及双壁钢围堰等。

（2）桩基础　当地基浅层土质较差，持力层埋藏较深时，需采用深基础，以满足结构对地基强度、变形和稳定性要求。桩基础因适应性强、施工方便等特点而被广泛应用。

桩基础常采用钻孔灌注桩和挖孔灌注桩，其施工方法见本书其他章相关内容。

（3）管柱基础　管柱基础适用于基底面为岩石、紧密黏土或页岩基础，深水、潮汐影响较大，覆盖淤泥比较厚的情况；不适用于有严重地质缺陷的地区，如严重松散区域或断层破碎带等。

由于管柱基础条件不同，其施工方法按照是否需要设置防水围堰分为两类：干法施工、湿法施工。施工工艺流程如图 10-66 所示。

1）管柱的制作。管柱由柱身、连接法兰和管靴（刃脚）构成。柱身又称管壁，为圆筒形，可用钢筋混凝土、预应力混凝土、钢管等制成。管柱也是装配式构件，分节预制。

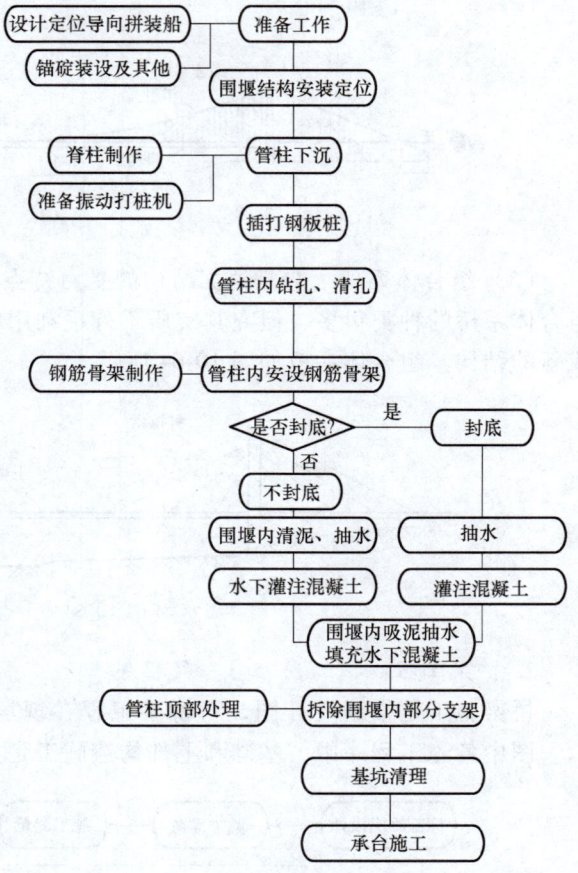

图 10-66　管柱基础施工工艺流程

2）管柱下沉。管柱下沉前首先设置导向设备，其作用是在管柱下沉时，控制倾斜和位移，以保证管柱符合设计位置，在浅水时采用导向框架，在深水时采用整体围笼。

根据土质情况和管柱下沉的深度，管柱下沉方法包括：振动沉桩机振动下沉管柱，振动配合管内除土下沉管柱，振动配合吸泥机吸泥下沉管柱，振动配合高压射水下沉管柱，以及振动配合射水、射风、吸泥下沉管柱。

3）基岩成孔及管内浇注。参照钻孔灌注桩施工方法。

2. 桥梁墩台的施工

桥梁墩台按施工方法分为圬工砌筑、就地浇筑和预制装配式。砌筑墩台（包括砖、石、混凝土砌块）施工工艺流程如图 10-67 所示；就地浇筑混凝土墩台是在现场用支模、灌注混凝土的方式修筑墩、台，施工工艺流程如图 10-68 所示；装配式预应力混凝土空心墩的施工工艺流程如图 10-69 所示。

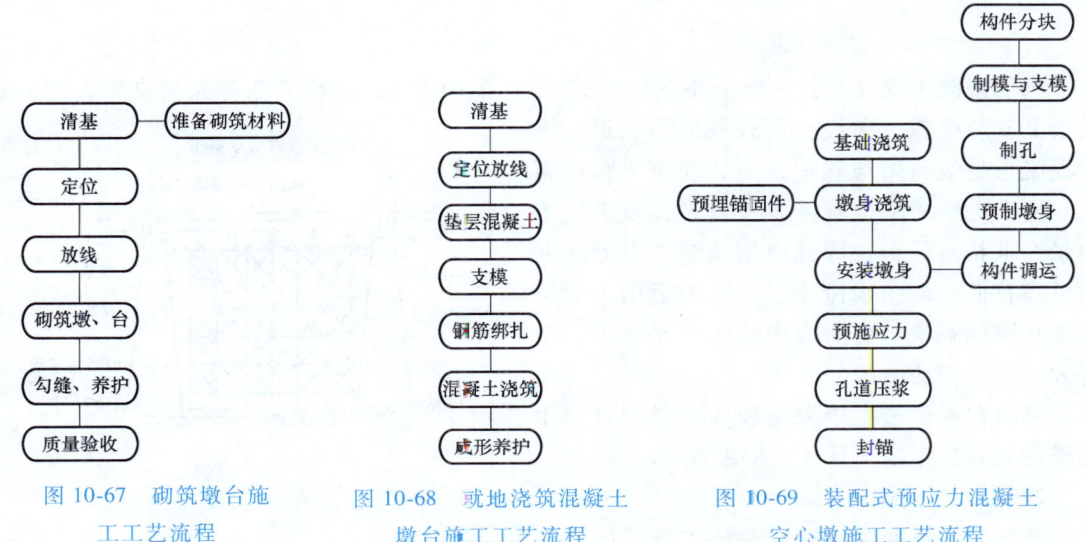

图 10-67　砌筑墩台施工工艺流程

图 10-68　就地浇筑混凝土墩台施工工艺流程

图 10-69　装配式预应力混凝土空心墩施工工艺流程

（1）墩台定位　墩台的中心桩测定后，每墩台应各设一组十字桩，用以控制墩台的纵轴和横轴。纵轴顺线路方向，称为纵向中心线，横轴垂直于线路方向，称为横向中心线。

（2）钢筋混凝土墩台的施工

1）墩台钢筋的制备。钢筋混凝土墩台钢筋包括墩台基础（承台或扩大基础）、墩台钢筋的加工，应符合钢筋混凝土构筑物对钢筋的基本要求。成形安装时，桩顶锚固钢筋与承台或墩台基础锚固钢筋应连接牢固，形成一体。

2）墩台模板。墩台模板除与钢筋混凝土抗压构件要求相同外，由于形式复杂、量多消耗大，对其制作安装要求严格，可采用固定式（零拼）模板、拼装式模板和滑升模板。

3）墩台混凝土的浇筑。墩台混凝土一般体积较大，可分块浇筑，分块宜合理布置，各块面积不宜小于 50m^2，高度不宜超过 2m。应采取有效措施控制混凝土水化热温度，可在混凝土中埋放石块。自高处向模板内浇筑混凝土应防止混凝土的离析。

4）预制墩柱安装。应在钢筋混凝土承台或扩大基础施工时浇筑混凝土杯口，并保证位置准确，与墩柱留有 20mm 空隙。预制墩柱应标记编号，吊入杯口就位时应测量定位与固定后再摘除吊钩，灌注杯口豆石混凝土。

（3）砌筑墩台的施工

1）石砌墩台。砌筑前应按设计位置放线，基底应清理坐浆，砌筑顺序先角后面再腹。以砂浆砌缝，不得留有空隙，严禁采用先干砌再灌浆方法。砌筑方法与一般砌体结构施工方法相同。

2）砖砌墩台。应浸润砖块后砌筑。砌筑时应水平分层、内外搭砌、上下错缝，缝宽

8~12mm，先砌外圈后砌里层。

3）墩台帽施工。石砌墩台的顶帽一般以混凝土灌注，是支撑上部结构的重要部位，施工包括确定标高与轴线、支设模板、预埋支座垫（与骨架钢筋焊牢）或预留锚栓孔，以及绑扎钢筋、浇筑混凝土等。

10.4.3 桥梁上部结构施工方法

1. 钢筋混凝土现浇梁桥的施工

钢筋混凝土现浇梁桥一般采用支架法施工（图10-70），这种方法是先搭支架，然后在支架上安装模板、布设钢筋或预应力孔道、进行混凝土浇筑振捣与养护，而后预应力张拉施工。由于此法简单，所需设备较少，施工技术力量要求相对较低，因此应用较多。但此法要求桥高较低，河中水流小，因此不适用于大跨度桥和跨峡谷桥。当前应用较多的是城市立交桥和大桥引桥的施工。

目前在桥梁施工中采用较多的是钢管脚手架搭设简易支架或工具式支架系统。

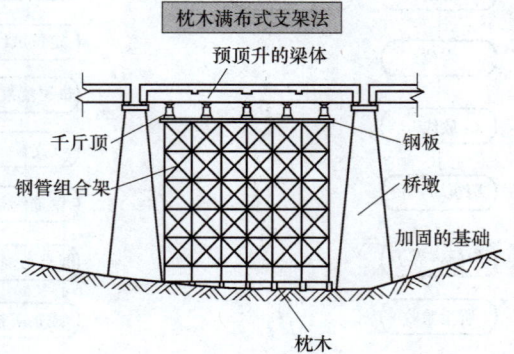

图 10-70 支架法施工

2. 装配式梁桥的安装

装配式梁桥的主梁通常在施工现场的预制场或在桥梁厂内预制。为此，就要配合架梁的方法解决如何将梁运至桥头或桥孔下的问题。梁在起吊和安放时，应按设计规定的位置布置吊点或支承点。

梁、板构件的架设，包括起吊、纵移、横移、落梁等工序。按架梁的工艺类别分为陆地架设、浮吊架设、利用导梁或塔架、缆索的高空架设等。每一类架设工艺中，按起重、吊装等机具的不同，又可分为各种独具特色的架设方法。

（1）陆地架设法（图10-71）

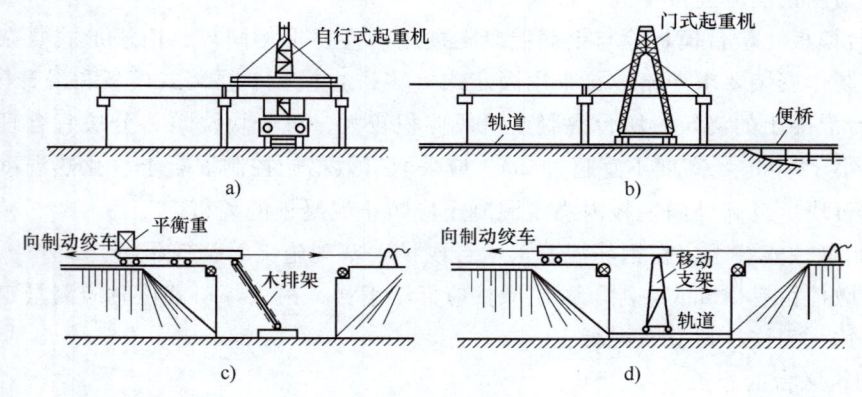

图 10-71 陆地架设法

1）自行式起重机架梁（图10-71a）。在桥不高，场内又可设置行车便道的情况下，用自行式起重机（汽车起重机或履带起重机）架设中、小跨径的桥梁十分方便。此法视吊装质量不同，还可采用单吊（一台起重机）或双吊（两台起重机）两种。

2）跨墩门式起重机架梁（图10-71b）。对于桥不太高、架桥孔数较多、沿桥墩两侧铺设轨道不困难的情况，可以采用一台或两台跨墩门式起重机来架梁。

3）摆动排架架梁（图10-71c）。用木排架或钢排架作为承力的摆动支点，由牵引绞车和制动绞车控制摆动速度。当预制梁就位后，再用千斤顶落梁就位。此法适用于小跨径桥梁。

4）移动支架架梁（图10-71d）。对于高度不大的中、小跨径桥梁，当桥下地基良好能设置简易轨道时，可采用木制或钢制的移动支架来架梁。随着牵引索前拉，移动支架带梁沿轨道前进，就位后再用千斤顶落梁。

（2）浮吊架设法（图10-72）

1）浮吊船架梁（图10-72a）在海上或深水大河上修建桥梁时，用可回转的伸臂式浮吊架梁比较方便。这种架梁方法高处作业较少、施工比较安全，吊装能力大，工效高，但需要大型浮吊。

2）固定式悬臂浮吊架梁（图10-72b）。在缺乏大型伸臂式浮吊时，也可用钢制万能插件或贝雷钢架拼装固定式的悬臂浮吊进行架梁。用此法架梁时，需要在岸边设置运梁栈桥，以便浮吊从栈桥上起运预制梁。

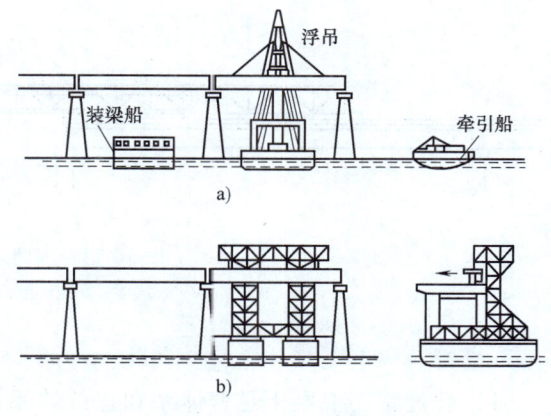

图10-72 浮吊架设法

（3）高空架设法

1）联合架桥机架梁。此法适用于架设中、小跨径的多跨简支梁桥，其优点是不受水深和墩高的影响，并且在作业过程中不阻塞通航。

联合架桥机由一根两跨长的钢导梁、两套门式起重机和一个托架（又称蝴蝶架）三部分组成，如图10-73所示。

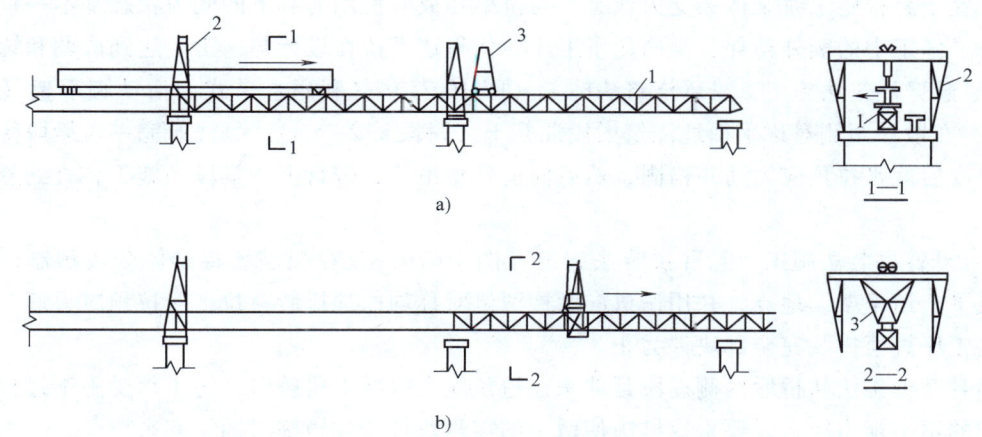

图10-73 联合架桥机架梁
1—钢导梁 2—门式起重机 3—托架（运送门式起重机用）

2）闸门式架桥机架梁。在桥高、水深的情况下，也可用闸门式架桥机（或称穿巷式吊机）来架设多孔中、小跨径的装配式梁桥。架桥机主要由两根分离布置的安装梁、两根起

重横梁和可伸缩的钢支腿三部分组成,如图10-74所示。其架梁步骤为:

① 将拼装好的安装梁用绞车纵向拖拉就位,使可伸缩支腿支承在架梁孔的前墩上(安装梁不够长时,可在其尾部用前方起重横梁吊起预制梁作为平衡压重)。

② 前方起重横梁运梁前进,当预制梁尾端进入安装梁巷道时,用后方起重梁将梁吊起,继续运梁前进至安装位置后,固定起重横梁。

③ 借起重小车落梁安放在滑道垫板上,并借墩顶横移将梁(除一片中梁外)安装就位。

④ 用以上步骤并直接用起重小车架设中梁,整孔梁架完后即铺设移运安装梁的轨道。

重复上述工序,直至全桥架梁完毕。

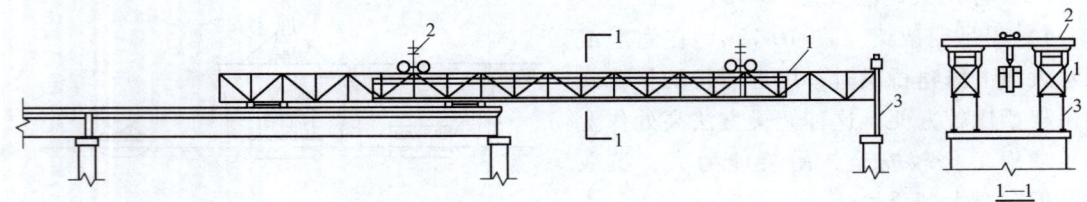

图 10-74 闸门式架桥机架梁
1—安装梁 2—起重横梁 3—可伸缩支腿

3. 悬臂体系和连续体系梁桥的施工

(1) 普通钢筋混凝土悬臂体系和连续体系梁桥的施工 普通钢筋混凝土的悬臂梁桥和连续梁桥,由于主梁的长度长和质量大,一般很难能像简支梁那样将整根梁一次架设。因此,目前在修建此类钢筋混凝土桥梁时,主要还是采用搭设支架模板就地浇筑的施工方法。

(2) 预应力混凝土悬臂体系梁桥的施工 悬臂施工法建造预应力混凝土桥梁时,不需要在河中搭设支架,而直接从已建墩台顶部逐段向跨径方向延伸施工。如果将悬伸的梁体与墩柱做成刚性固结,这样就构成了能最大限度发挥悬臂施工优越性的预应力混凝土T形刚架桥。鉴于悬臂施工时梁体的受力状态,与桥梁建成后使用荷载下的受力状态基本一致,这既节省了施工中的额外消耗,又简化了工序,使得这类桥在设计与施工上达到协调和统一。

1) 悬臂浇筑法施工。悬臂浇筑法施工(图10-75)是利用悬吊式的活动脚手架(或称挂篮),在墩柱两侧对称平衡地浇筑梁段混凝土(每段长2~5m),每浇筑完一对梁段待达到规定强度后就张拉预应力筋并锚固,然后向前移动吊篮,进行下一梁段的施工,直到悬臂端为止。

2) 悬臂拼装法施工。悬臂拼装法施工(图10-76)是在预制场将梁体分段预制,然后用船或平车运至架设地点,并用吊机向墩柱两侧对称均衡地拼装就位,张拉预应力筋,并重复这些工序直至拼装完全部块件为止。

用悬臂施工法从桥墩两侧逐段延伸来建造预应力混凝土梁桥时,为了承受施工过程中可能出现的不平衡力矩,需要采取措施使墩顶的零号块件与桥墩临时固结起来。

(3) 预应力混凝土连续梁桥的施工 预应力混凝土连续梁桥的施工方法甚多,有整体现浇、装配-整体施工、悬臂法施工、顶推法施工和移动式模架逐孔施工等。整体现浇需要搭设满堂支架,既影响通航,又要耗费大量支架材料,故对于大跨径多孔连续桥梁很少采用。

第10章 智能施工技术综合应用

图 10-75 悬臂浇筑法施工

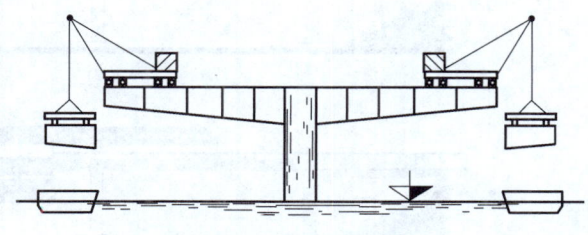

图 10-76 悬臂拼装法施工

1) 装配-整体施工。将整根连续梁按起吊安装设备的能力先分段预制，然后用各种安装方法将预制构件安装至墩台或轻型的临时支架上，再现浇接头混凝土，最后通过张拉部分预应力筋，使梁体成为连续体系。

2) 顶推法施工。顶推法施工是先在岸边逐段浇筑箱梁，再借助千斤顶顶推到位。其基本工序为：在桥台后面的引道上或在刚性好的临时支架上设置制梁场，集中制作（现浇或预制装配）一般为等高度的箱形梁段（10~30m 一段），待有 2~3 段后，在上、下翼板内施加能承受施工中变号内力的预应力，然后用水平千斤顶等顶推设备将支承在四氟乙烯塑料板与不锈钢板滑道上的箱梁向前推移（图 10-77），推出一段再接长一段，这样周期性地反复操作直至最终位置，进而调整预应力（通常是卸除支点区段底部和跨中区段顶部的部分预应力筋，并且增加和张拉一部分支点区段顶部和跨中段底部的预应力筋），使满足后加恒荷载和活荷载内力的需要，最后，将滑道支承移置成永久支座，至此施工完毕。

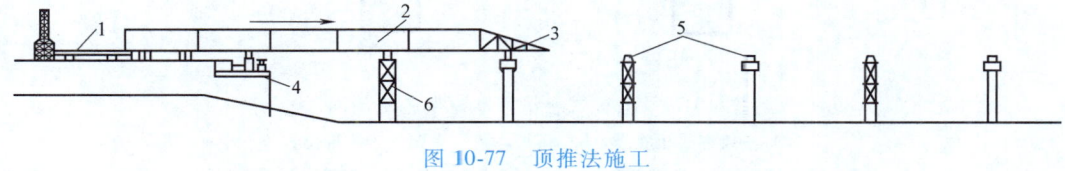

图 10-77 顶推法施工

1—制梁场　2—梁段　3—导梁　4—千斤顶装置　5—滑道支承　6—临时墩

3) 移动式模架逐孔施工。移动式模架逐孔施工法（图 10-78 和图 10-79），是近年来以现浇预应力混凝土桥梁施工的快速化和省力化为目的发展起来的，它的基本构思是：将机械化的支架和模板支承（或悬吊）在长度稍大于两跨、前端作导梁用的承载梁上，然后在桥跨内进行现浇施工，待混凝土达到一定强度后解除钢筋吊杆并脱模，随后将整孔模架沿导梁前移至下一浇筑桥孔，如此有节奏地逐孔推进直至全桥施工完毕。除上行式悬吊移动模架外，还有将模架系统安装在桥梁墩身上的下行式。

4. 拱桥的施工

拱桥是一种能充分发挥圬工及钢筋混凝土材料抗压性能、外形美观、维修管理费用少的合理桥型，因此它被广泛采用。拱桥的施工，从方法上大体可分为有支架施工和无支架施工两大类。在我国，前者常用于石拱桥、现浇混凝土拱桥和混凝土预制块拱桥；后者多用于肋拱、双曲拱、箱形拱、折架拱桥等。目前也有采用两者相结合的施工方法。

(1) 有支架施工　石拱桥、现浇混凝土拱桥以及混凝土预制块拱桥，都采用有支架的

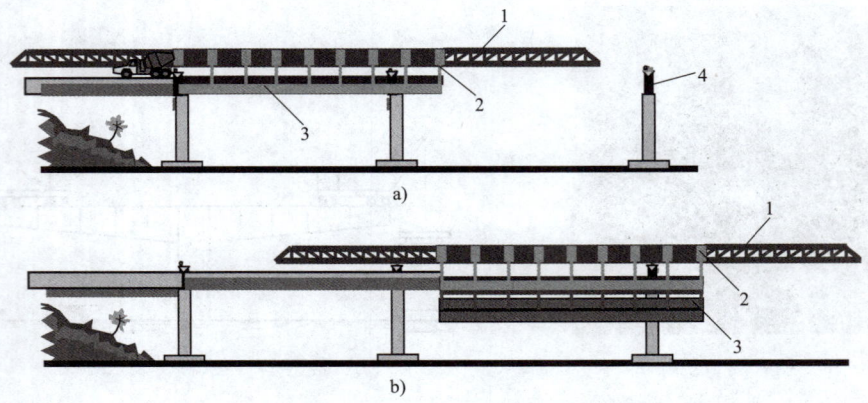

图 10-78 上行式悬吊移动模架施工示意图
a）浇筑混凝土状态　b）模板降下，完成推进
1—承载梁　2—横梁　3—模板　4—支撑架

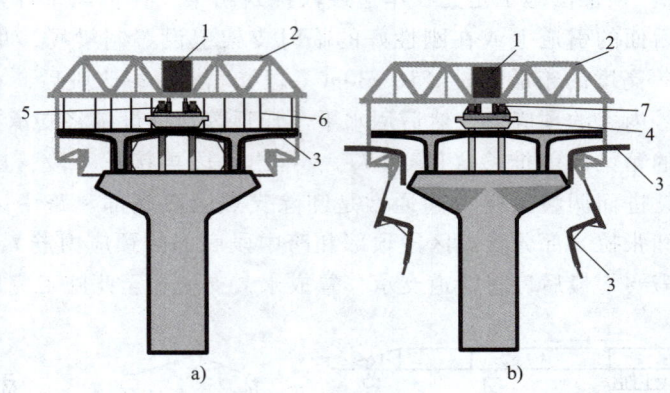

图 10-79 上行式悬吊移动模架施工剖面
a）浇筑混凝土状态　b）模板降下，模架处于推进位置
1—主梁　2—横梁　3—模板　4—支撑架　5—移动车　6—钢筋吊杆　7—千斤顶

施工方法修建，其主要施工工序有材料的准备、拱圈放样（包括石拱桥拱石的放样）、拱架制作与安装、拱圈及拱上建筑的砌筑等。

1）拱架。拱架的种类很多，按使用材料可分为木拱架、钢拱架、竹拱架、竹木拱架等形式。结构形式上分为立柱式拱架、撑架式拱架、拱式拱架等。拱架的计算和其他结构物的计算一样，在拱顶处的预拱度，可根据计算各种因素的下沉量来确定。拱架应该按照一定的卸架程序进行卸架：对于满布式拱架的中小跨径拱桥，可从拱顶开始，逐次向拱脚对称卸落；对于大跨径的悬链线拱圈，为了避免拱圈发生"M"形的变形，也有从两边1/4跨度处逐次对称地向拱脚和拱顶均衡地卸落。

2）拱圈及拱上建筑的施工。修建拱圈时，为保证在整个施工过程中拱架受力均匀，变形最小，使拱圈的质量符合设计要求，必须选择适当的砌筑方法和顺序。跨径在10～15m以下的拱圈，可按拱的全宽和全厚，由两侧拱脚同时对称地向拱顶砌筑，并使在拱顶合拢时，拱脚处的混凝土未初凝或石拱桥拱石砌缝中的砂浆尚未凝结。稍大跨径时，最好在拱脚预留空缝，由拱脚向拱顶按全宽、全厚进行砌筑（浇筑混凝土），为了防止拱架的拱顶部分上翘，可在拱顶区段适当预先压重，待拱圈砌缝的砂浆达到设计强度70%后（或混凝土达到设计强度），再将拱脚预留空缝用砂浆（或混凝土）填塞。大、中跨径的拱桥，一般采用分段施工或分环（分层）与分段相结合的施工方法。

拱上建筑的施工，应在拱圈合龙，混凝土或砂浆达到设计强度30%后进行。对于石拱桥，一般不少于合龙后三昼夜。拱上建筑的施工，应避免使主拱圈产生过大的不均匀变形。

（2）无支架施工 在峡谷或水深流急的河段上，或在通航河流上需要满足船只的顺利通行，或在洪水季节施工并受漂流物影响等条件下修建拱桥，就宜考虑采用无支架的施工方法，即可采用大型浮吊、缆索架桥设备等多种方法架设。

缆索架桥设备由于具有跨越能力大，水平和垂直运输机动灵活，施工也比较稳妥方便等优点，因此，在修建公路拱桥时较多采用（图10-80），并得到了很大发展和积累了丰富的经验。

拱桥缆索吊装施工大致包括：拱肋（箱）的预制、移运和吊装，主拱圈的拼装、合龙，拱上建筑的砌筑，桥面结构的施工等主要工序。除缆索吊装设备，以及拱肋（箱）的预制、移运和吊装、拱圈的拼装、合龙等几项工序外，其余工序都与有支架施工方法相同（或相近）。

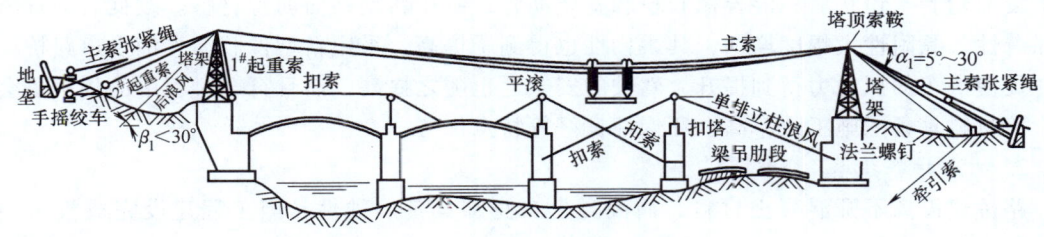

图10-80 用缆索安装拱桥施工

（3）转体法施工 转体法是在桥址岸边或所需跨越的路边支架上浇筑混凝土，张拉预应力筋，然后通过在基础上设置的球铰和滑道，利用水平对称设置的液压牵引器拖动桥墩连带上部桥梁一同转动，达到设计位置合龙成桥，如图10-81所示。转体法施工可不搭设费用昂贵的支架，减少安装架设工序，减少高处作业，施工安全，质量可靠，施工期间基本不中断通行，具有良好的技术经济效益。该法近年来发展迅速，不仅适合拱桥，还适合梁桥、斜拉桥，从单跨桥发展到多跨桥，从水平旋转发展到竖直旋转。

图10-81 拱桥转体法施工

（4）刚性骨架法施工 这种方法是用劲性钢材（如钢管或角钢、槽钢等型钢）作为拱圈的受力钢材，在施工过程中，先把这些钢骨架拼装成拱，作施工钢拱架使用，然后再现浇混凝土，形成钢管混凝土拱或钢-钢筋混凝土拱。该方法的优点是可以减少施工设备的用钢量，整体性好，拱轴线易于控制，施工进度快等。但结构本身的用钢量大，且需用型钢较多。

10.4.4 道路桥梁工程新工艺、新材料

1. 节能生态道路施工材料

在我国道路桥梁建设中，长期使用的材料主要以沥青混合材料为主。然而，沥青路面的使用期限很短，大约只有15年的有效使用期限，这意味着每年会产生许多需要维修和翻新的道路路面和桥梁路面，无疑会产生大量的成本，不利于城市的高速发展。而且将沥青材料应用于工程施工中，过高的温度刺激会使其释放出有害物质，但是建设施工、改造施工又都离不开沥青材料，沥青在加热的过程中会消耗大量的热能，这不仅给现场的施工人员的安全造成极大隐患，还侵害了周边的生态环境，不符合绿色施工的要求。如果是改造翻新道路，通常采用直接铲掉其旧路面的方式，由于其已经失去再次利用的价值，只能作为废弃料处理，这对资源也是一种浪费，与现代生态发展理念相差甚远，不符合可持续发展的要求。

传统路面铺设所采用的材料存在的缺陷促使相关研究人员积极努力开发新施工材料，例如通过将废弃物旧轮胎与沥青材料混合产生新的路面材料——橡胶沥青材料，将其投入道路桥梁路面的施工，在加工过程中对硫元素进行有效处理。相关人员在创新开发这种材料时先加工废旧轮胎至粉状后，混合橡胶粉和基质沥青，制作新型路面沥青材料。改良后沥青材料的抓着性、黏附性大幅度增加，其柔韧性也得到了提高。采用新型橡胶沥青铺设道路桥梁路面，促使汽车的抓地力得到提升，驾驶的安全性也随之提高，而且行车过程中的噪声也会减少。该材料具备了施工效率高、环保性良好等特点优势。

2. 纳米材料技术

路桥建设离不开混凝土材料，而混凝土自身却具备腐蚀性，当工程建设完成投入使用后，其常年处于复杂的环境中，混凝土的腐蚀性会逐渐侵袭工程体内部的钢筋材料，使整个工程安全受到严重威胁，若加固和维修处理不及时，会造成巨大的安全隐患，还会增加维护费用。在施工材料中加入纳米材料，借助纳米材料的抗腐蚀性能，对工程体粉刷纳米涂料，能够有效延缓环境对路桥的腐蚀。纳米材料具备的特殊性能，如刚度、高熔点、力学性能等，能显著提升混合物的抗磨性。纳米材料的实践应用不仅有助于资源的节约，提高道路桥梁建设项目的价值，还符合可持续发展的需求。

3. 改良混凝土工艺

混凝土作为工程建设的主要材料，对其进行改良研究是非常有必要的，改良混凝土材料的主要技术指标的合格率是其在28d强度能够保持在100%，对混凝土的控制要求主要是配合比试配与调整、原材料进购检验与储存、搅拌机具设备、作业条件等。它是通过转变传统混凝土的配合比，再融合施工地区环境因素而优化的施工材料。改良混凝土的抗冻性能、防渗性能非常好，能有效解决道路桥梁路面的开裂、老化问题。改良后的高性能混凝土材料具有较高的强度和刚度，完全满足桥梁墩台、梁体建设的要求，能提升桥梁的可靠性、结构的稳定性，还有助于提升整体桥梁质量，其最大的优势是便于成本控制，降低工程造价。

4. 加固桥梁结构技术

（1）桥梁结构体系改变法 在施工准备阶段，必须对桥梁的受力状况展开全面综合分析。首先借助计算机技术与实际测量绘制出受力模型图，通过转变桥梁的结构与原有受力状

况，优化桥梁结构，确定合适的桥梁受力体系，然后通过对桥梁受力体系的优化，提升桥梁结构的稳定性，达到提高桥梁承载能力的目的。

（2）FRP 加固法　FRP 加固法实际上就是用一种新兴工程材料——碳纤维布，对桥梁各衔接部位进行加固，碳纤维布材料的抗拉力、抗疲劳能力都非常强，施工方式简单、效率高，而且抗腐蚀的能力极强。基于碳纤维布的这些特性，将其应用于桥梁结构的加固，并作为预应力筋的加固材料，能够减少桥梁加固维护成本，由此可知，这一技术对控制成本有很好的效果。

（3）混凝土喷注加固法　运用"混凝土喷注法 + 锚固钢筋网"进行维修加固时，可以提升桥梁的稳定性。对桥梁周边山体运用该叠加方法与钢筋材料同步进行加固，可增大桥梁的受力，避免土地沉降影响桥梁稳定。

（4）混凝土修复料的加固　该修复技术比较简单且方便，称为超薄修补，最薄可保证 3mm 而不脱落，与旧混凝土的结合强度高，可在潮湿基层工程中施工，只需要刮抹在病害部位即可。该技术主要针对桥梁路面的露石、起砂、裂缝、露筋等病害进行修补，具有干固快速、抗裂性能高等特点。

10.5　隧道工程

常见的隧道工程包括铁路、道路及地铁、水底隧道等的施工建设。依据地层性质，隧道工程施工可分为在岩层和土层中施工两类。隧道的施工过程主要为掘进、衬砌和安装作业。本节主要介绍岩层隧道的施工。

10.5.1　隧道开挖方法

隧道开挖方法主要有钻爆法、新奥法、掘进机法、盾构法、沉管法和明挖法。其中，钻爆法是岩层隧道最常用、最基本的挖掘方法。新奥法是在保证隧道稳定、安全情况下的一种经济施工方法，可用于岩层隧道，也可用于土层隧道。掘进机法及盾构法则是集安全防护、开挖、出渣、支护于一体的机械化隧道施工方法；其中，掘进机法是用于在岩层中的隧道开挖，而盾构法则主要用于土层隧道。沉管法是通过预制、沉入构筑水下隧道。明挖法是在地面条件允许且埋深较浅的情况下，开挖明沟后施作隧道结构的方法。施工时应适当选择。

1. 钻爆法

钻爆法也称矿山法，是在隧道岩面上钻孔、爆破、出渣，使隧道成形的方法。该法能在较短的开挖地段施工，且较为经济。该方法适用于各种岩层地质、地下水条件及各种断面形式，是目前修建山岭隧道最通行的挖掘方法。

（1）施工工艺与要求

1）钻孔。要先设计炮孔方案，然后按设计的炮孔位置、方向和深度严格钻孔。单线隧道全断面开挖时，采用钻孔台车配备中型凿岩机，钻孔深度为 2.5~4.0m。双线隧道全断面开挖时则可采用大型凿岩台车配备重型凿岩机，钻孔深度可达 5.0m。炮孔直径为 40~50mm。炮孔分为掏槽孔（开辟临空面）、掘进孔（保证进尺）和周边孔（控制轮廓）。

2）装药。在掘进孔、掏槽孔和周边孔内装填炸药。一般装填硝铵炸药，有时也用胶质炸药。装填炸药率为炮眼长度的 60%~80%，周边孔的装药量要少些。

3) 爆破。常采用电力或导爆索、导爆管通过雷管引爆。在全断面掘进中，为了降低爆破对围岩的震动和破坏，并保证爆破的效果，多采用分时间阶段爆破的电雷管或毫秒微差雷管起爆。一般拱部采用光面爆破，边墙采用预裂爆破。

4) 出渣。出渣多采用机械装渣和车辆运输完成。装渣机械有后翻式、扒斗式、蟹爪式和大铲斗等装载机。运输机车有内燃牵引车、电瓶车等，运输车辆有大斗车、槽式列车、梭式矿车及大型自卸汽车等。运输线分有轨和无轨两种。

由钻孔到出渣完毕称为一个开挖循环，其中最主要的工序为钻孔及出渣。一般在单线全断面开挖中 24h 完成两个循环，每个循环能进尺 3.5m。

(2) 掘进方式　钻爆法开挖常用的掘进方式有全断面开挖和分部开挖。

1) 全断面开挖。该法是整个开挖断面一次钻孔爆破、开挖成形、全面推进，如图 10-82 所示。在隧洞高度较大时，也可分为上、下两部分，形成台阶，同步爆破，并行掘进。施工时，一般采用带有凿岩机的台车钻孔，用毫秒爆破，锚喷支护。

全断面开挖的特点是作业空间大、相互干扰小，机械效率高，对围岩扰动小，工序少、便于施工组织和改善工作条件。在地质条件许可、有大型装渣运输机械和通风设备时，宜优先采用。

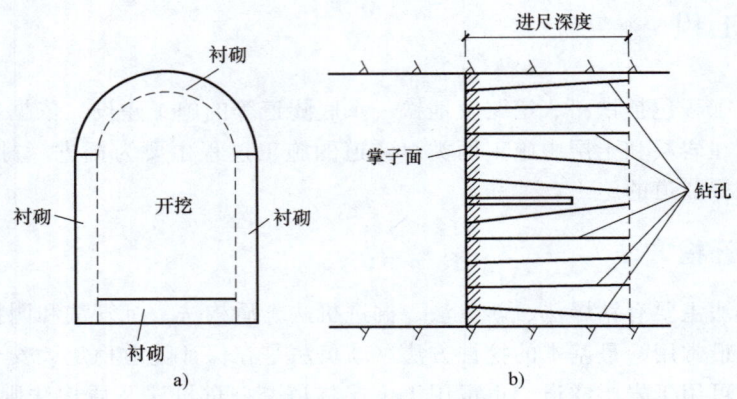

图 10-82　全断面开挖
a) 开挖及衬砌顺序　b) 隧道纵向进尺示意图

2) 分部开挖。它是在开挖围岩稳定性较差的大断面隧道时，先开挖一部分断面，做好支护，然后再逐次扩大开挖。分部开挖法又包括三台阶开挖法（图 10-83）、预留核心土环形开挖法、双侧壁导坑开挖法、中洞开挖法、中隔壁开挖法、交叉中隔壁开挖法等，见表 10-10。

预留核心土环形开挖时，环形开挖进尺宜为 0.5~1.0m，核心土面积应不小于整个断面面积的 50%；开挖后应及时安装钢架支撑、打锁脚锚杆、锚喷支护。地质条件差时，开挖前应进行超前支护。下台阶应在上台阶喷射混凝土强度达到 70% 后再挖，核心土应待支护完成且混凝土强度达到 70% 后再挖。

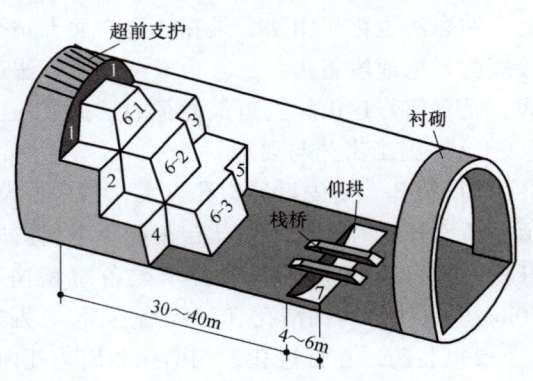

图 10-83　某隧道的三台阶开挖法

双侧壁导坑开挖法是先挖一侧导坑、喷射混凝土，待其强度达到设计要求后再挖另一侧导坑，且保证两侧导坑开挖工作面的纵距不小于15m。地质条件差时，每个台阶底部均应设临时钢架或临时仰拱。侧壁导坑开挖后方可进行下一步开挖。当开挖形成全断面时应及时完成全断面初期支护闭合。中隔壁及临时支撑应在浇筑二次衬砌时逐段拆除。

中隔壁开挖法（CD法）是在软弱围岩大跨度隧道中，先开挖隧道的一侧，并施作中隔壁，然后再开挖另一侧的施工方法。该法主要应用于双线隧道、Ⅳ级围岩或深埋硬质岩地段。交叉中隔壁开挖法（CRD法）则是在中隔壁法的基础上，再用仰拱把断面上下分割进行开挖的方法。两种方法中，均应在全断面闭合、各断面的位移充分稳定后，才能拆除中隔壁。

（3）钻爆法施工要点　根据围岩的软弱状况和隧道断面，选择合理的开挖方法，以少扰动为宗旨，把开挖对围岩的损伤程度控制在最小，最大限度地发挥围岩的自支护能力，确保隧道施工和隧道主体的安全。根据开挖方法，确定每开挖循环进尺，选择合理的周边眼、辅助眼、掏槽眼、底板眼等的布设方法、间距、角度、深度、装药量、爆破顺序。在开挖过程中，根据爆破效果和围岩的监测数据，不断修正爆破参数。

表 10-10　钻爆法开挖常用掘进方式

序号	名称	横断面示意图	纵断面示意图
1	全断面开挖法		
2	台阶开挖法		
3	预留核心土环形开挖法		
4	双侧壁导坑开挖法		
5	中洞开挖法		
6	中隔壁开挖法（CD法）		

(续)

序号	名称	横断面示意图	纵断面示意图
7	交叉中隔壁开挖法（CRD法）	① ③ ② ④ ⑤ ⑥	③ ① ④ ② ⑥ ⑤

2. 新奥法

新奥法主要是利用锚杆和喷射混凝土作为支护结构，并使围岩和与其紧贴的支护结构形成的洞周支撑环共同承受压力，来保持围岩稳定的施工方法。它推翻了"把围岩看成是一种荷载，用厚壁混凝土支护松动围岩"的传统方法，最大限度地利用了围岩本身的承载力，成为在软弱破碎围岩地段修筑隧道的一种基本方法。其构造如图10-84所示。

新奥法的施工程序为：开挖→初期支护→二次支护。开挖与初期支护作业同时交叉进行，且初期支护应尽早进行，以保护围岩的自身支撑能力。新奥法施工的核心是锚喷支护、光面开挖和加强监测。

（1）开挖　开挖作业的内容依次为：钻孔、装药、爆破、通风、出渣等。开挖应采用光面爆破或机械开挖，并尽量采用全断面开挖方式，地质条件较差时可以采用分块多次开挖。一次开挖长度应根据岩质条件和开挖方式确定。一般在中硬岩中长度为2~2.5m，在膨胀性地层中为0.8~1.0m。

（2）初期支护　初期支护作业内容包括：喷射混凝土、打设锚杆、连接金属网、复喷混凝土。

隧洞开挖一个作业长度后，应尽快薄喷一层混凝土（30~50mm厚）。对较松散的围岩，为争取时间，应喷完混凝土后再出渣。锚杆应按设计要求布置、打设，铺设金属网应与锚杆连接固定。复喷混凝土应达到设计厚度（一般100~150mm），并将锚杆、金属网等均覆裹在喷射混凝土内。

对地质条件非常差的破碎带或膨胀性地层（如风化花岗岩），为了延长围岩的自稳期，给初期支护争取时间，需要在开挖工作面的前方围岩进行超前支护（预支护），然后再开挖。

安装锚杆时，需在围岩和支护中埋设仪器或测点，对围岩位移和应力进行现场监测，以掌握围岩的动态及支护与围岩的适应程度。

（3）二次支护　在围岩变形趋于稳定时（由监测结果得到），进行第二次支护和封底，即永久性的支护（衬砌）。二次支护常用方法为补喷混凝土或浇筑混凝土内拱，并尽快封底（或做仰拱），形成封闭式的支护体系，以确保侧墙及顶部的支护和围岩稳定。

新奥法施工简单、经济、安全，适用于具有较长自稳时间的多种岩体甚至黏土层。但在地下水旺盛的地层中，需先解决地下水的问题方可施工。

3. 掘进机法

掘进机法是在整个隧道断面上，用连续掘进的联动机械施工的方法。隧道掘进机是将机械切割地层、破碎岩石、出渣，甚至与支护结合，实行连续作业的综合设备。

按掘进机在工作面上的切削过程，分为全断面掘进机和部分断面（悬臂式）掘进机；

第10章 智能施工技术综合应用

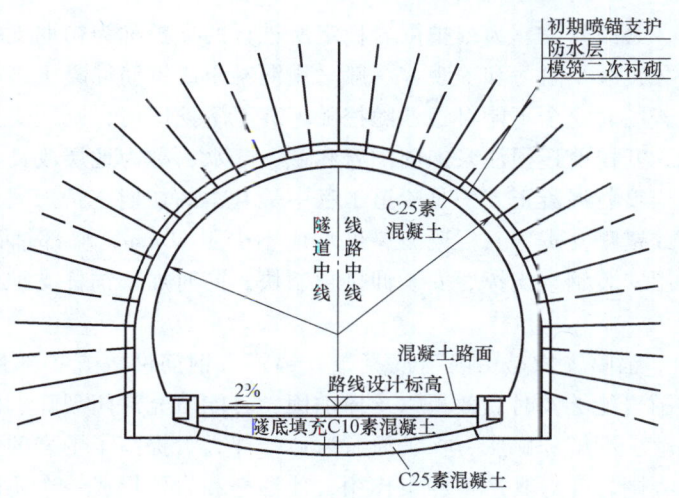

图 10-84 某新奥法施工的隧道剖面

全断面掘进机又分为开敞式（用于硬岩）和护盾式（用于软岩）。按破碎岩石原理不同，又可分为滚压式（盘形滚刀）掘进机和铣切式掘进机。铣切式掘进机适用于煤层及软岩中。

大型工程多采用滚压式全断面掘进机，适于开挖中硬岩、硬岩。掘进机的前端是一个金属圆盘，圆盘上装有数十把特制刀具。在推进油缸的轴向压力作用下，电动机驱动滚刀盘旋转，将岩石切压破碎，圆盘周边装有若干勺斗，随转动将切割的碎石倒在运输带上，自后部运出。机身中部有数对可伸缩的支撑机构，当刀具切割地层时，它先外伸撑紧在周围岩壁上，以平衡强大的扭矩和推力。图 10-85 所示为某隧道开挖使用的开敞式掘进机。

图 10-85 某隧道开挖使用的开敞式掘进机

掘进开挖时，硬岩不需支护，软岩支护可喷射、浇灌混凝土或安装预制块。

掘进机法的优点是掘进效率高、对围岩扰动少、断面准确，所需操作人员少、作业安全，在岩性均匀、隧道超过一定长度时使用，经济合理。但掘进机结构复杂，造价较高。有的掘进机对多变的地质条件适应性较差。

10.5.2 隧道支护与衬砌

1. 隧道支护

隧道支护是为满足隧道在开挖、建造和使用过程中对稳定、安全等方面的要求，而采取的加固措施。其中,紧跟开挖、为维护围岩稳定所进行的支护称为初期支护。为了保证在运营期间的安全、耐久,减少阻力和美观,一般采用混凝土或钢筋混凝土进行内层衬砌,称为二次支护。此外,若围岩完全不能自稳,随挖随坍甚至不挖即坍,则须支护后再开挖,称为超前支护;必要时,开挖前还须注浆加固围岩和截、降水,称为地层改良。

锚喷支护、钢架喷射混凝土支护是隧道工程中最基本的初期支护形式。对于Ⅰ～Ⅲ级围岩常采用喷混凝土或锚喷支护,其混凝土厚度均应不少于50mm,底部铺设仰拱预制块。对于软弱围岩,则采用安装钢架支撑、安装仰拱预制块,同时加密锚杆支护,全断面喷不少于100mm厚的混凝土。

(1) 锚喷支护 锚喷支护是由喷射混凝土、锚杆、钢筋网等支护部件进行适当组合的支护形式。它可使围岩能够及时有效得以支撑加固,并能填充封闭裂隙、凹陷,隔绝水和空气对围岩的风化剥落、潮解和膨胀,保护原有岩体,并大大提高了围岩的强度,防止其松动破坏。通过锚杆伸入围岩并对其产生约束作用,使锚杆和岩体形成一个协同作用的整体,承载能力和稳定能力显著增强。

1) 锚喷支护的设计。锚喷支护的设计一般按工程类比、理论计算和现场监控测量三步进行。其程序是:用工程类比法先进行初步设计;再根据工程实际情况,选择适当的理论计算方法,分析洞室稳定性,验算初步设计的支护参数;然后在施工中对围岩-支护结构体系的力学动态进行必要而有效的现场监控测量,以提供数据信息和围岩地质详情,据此对调整设计和施工提出明确要求。

2) 锚杆的施工。锚杆种类繁多,应根据地质条件及功能要求等适当选用。按锚固的围岩种类分为岩层锚杆和土层锚杆,岩层锚杆按锚固方式可分为机械锚固型和黏结锚固型两类。

锚喷支护通常用树脂或水泥浆、水泥砂浆等沿杆体全长与围岩锚固的黏结锚固型锚杆(图10-86),其长度和间距视围岩性质而定,一般为2～5m。

① 注浆锚杆施工。注浆锚杆(图10-87)是在打孔、插入钢锚杆后注入普通水泥砂浆或早强水泥砂浆的锚杆。施工要点如下:

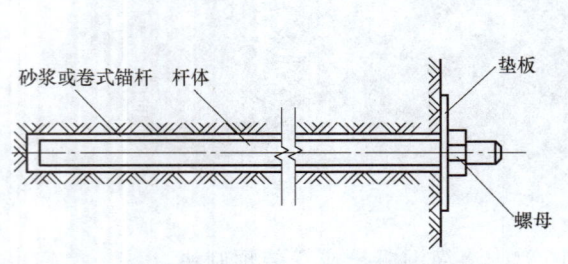

图10-86 黏结锚固型锚杆的构造

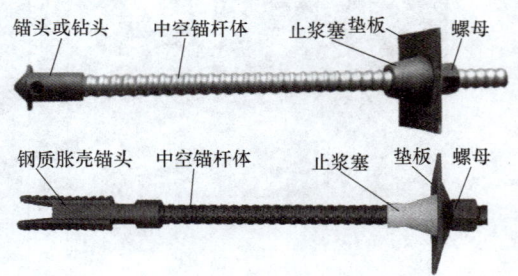

图10-87 普通中空注浆锚杆

a. 锚杆施工应在初喷混凝土后进行。施工前清理危石,测量放线并画出锚杆孔位。

b. 钻孔可采用风动凿岩机等设备,钻孔应按设计图所示位置、孔径、长度和方向进行,并应特别注意不破坏周边岩层,钻孔深度大于锚杆长度100mm,直径应保证锚杆外侧的水泥砂浆保护层厚度不少于8mm。

c. 用高压风清孔后将钢锚杆插入孔内,做好居中固定。宜选用水胶比为0.5～0.55的纯水泥浆或胶砂比为1∶0.5～1∶1,对仰、斜孔采用先插杆后注浆的方法时,务必在孔口设置止浆器（塞）及排气管，待排气管或中空锚杆空腔出浆时方可停止注浆；自钻式锚杆宜采用边钻边注水泥浆工艺，直至钻至设计深度。

d. 锚杆安装后，在注浆体强度达到70%设计强度前，不得敲击、碰撞或牵拉，与钢筋网连接的锚杆，孔口处必须固定牢固。锚杆孔内砂浆达到设计强度80%以上时，方可进行垫板安装的外部操作。

② 早强药包锚杆。早强药包锚杆是以快硬水泥卷或早强砂浆卷或树脂卷作为内锚固剂的内锚头锚杆，其施工要点如下：

a. 钻孔深度应使锚杆有足够的外露长度，以便与挂网或钢架焊接。清除孔内残留物，防止药包送入受阻。

b. 对快硬水泥药包（卷），应将药包两头扎孔，放进清水中浸泡1min，然后将其送入孔中并到底；其他药包直接放入。药包（卷）直径和孔径要协调，以保证锚杆插入后砂浆饱满无空隙。用风钻将锚杆边旋转边捎入塞有药包（卷）的孔中就位。

3）喷射混凝土。喷射混凝土是用喷射机，将掺有速凝剂的细石混凝土喷射到岩壁表面，迅速固结而形成一层支护结构。要求混凝土的抗压强度，1d龄期时应不低于5.0MPa，28d龄期应不低于20MPa。与岩石的最小黏结强度不得小于0.8MPa。喷射混凝土的厚度不应少于50mm，若在含水岩层应不少于80mm。

喷射混凝土工艺分为干喷和湿喷。多采用干喷法，即将掺有速凝剂的干拌混凝土，用压缩空气经管道输送至喷嘴，与压力水混合后喷射到岩石面上，一次可喷30~50mm厚度。作业前，应埋设厚度控制钉、喷射线作为标志，以控制喷射厚度。喷射作业应分段分片进行，其顺序应由上而下。

喷射前，用高压风清除岩面的松石、浮渣和尘埃，用压力水湿润受喷岩面。在大面积喷射作业前，应先对岩面上的空洞、凹穴和较宽的张开裂隙喷射混凝土充填；喷射时，喷嘴者向与受喷面应保持90°夹角；喷嘴与受喷面的距离宜不大于1.5m；每层厚度，边墙70~100mm（掺速凝剂者），拱部50~60mm。前层终凝后再喷后层。下一循环的放炮应在混凝土终凝3h后进行。喷水养护应在喷射混凝土完成后立即进行，时间不少于5d。

在混凝土中掺入一些钢纤维或在岩面挂钢丝网，可提高锚喷支护的强度。钢筋网宜采用HPB300或HRB400钢筋，直径为6~12mm，钢筋间距为150~300mm。钢筋网与壁面间隙宜为30mm，钢筋保护层厚度不应小于20mm。钢筋网喷射混凝土厚度不小于80mm，也不宜大于250mm。喷射时应减少喷嘴与受喷面的距离，以避免钢筋背面产生空隙。

（2）钢架喷射混凝土支护 对围岩自稳时间很短，或Ⅳ、Ⅴ级围岩中的大断面隧洞及高挤压、大流变岩体中的隧洞工程，以及土质隧洞工程，宜采用钢架喷射混凝土支护。

刚性钢架可用型钢拱架或由钢筋焊接成的格栅拱架；可缩性钢架宜选用U型钢制作，其喷射混凝土层应在可缩性节点处设置伸缩缝；钢架间距一般不大于1.2m，并设置纵向钢拉杆牢靠连接。钢架的立柱，埋入地坪下的深度不应小于250mm，且不得置于浮渣上；钢架与壁面之间必须楔紧，缝隙用喷射混凝土充填密实。

钢架安装前应检查其制作质量是否符合设计要求，安装位置应准确，横向和垂直偏差均不大于50mm，垂直度偏差不大于2°。喷射混凝土时，应先喷钢架与壁面之间的混凝土，再喷射钢架之间的混凝土；除可缩性钢架的可缩节点部位外，钢架应被完全覆盖，且保护层厚度不应小于40mm。

2. 隧道衬砌

为了保证隧道工程的长期使用、确保安全，要对开挖好的隧道进行衬砌，其形式有整体式、锚喷衬砌和复合式。整体式衬砌主要用于钻爆法施工的隧洞。锚喷衬砌是只用锚喷手段对围岩支护增加一定的安全储备量，主要适用于Ⅳ级及以上围岩条件。复合式衬砌是由初期支护和二次衬砌组成，常采用模筑衬砌法。

模筑衬砌法是采用现浇混凝土进行内层衬砌的方法。施工时，以纵向每 9~12m 为一段，每段内采用由下而上、先墙后拱的顺序连续浇筑混凝土。方法与要求如下：

（1）模板选型　模筑衬砌应选用便于装卸和就位的模板，常用类型如下：

1）整体移动式模板台车。它是将大块曲面模板、机械式脱模、附着式振捣设备集装成整体，可在轨道上行走的设备（图 10-88）。其具有刚度大、墙拱连续浇筑、施工速度快的特点，但一次性投资较大，适用于全断面一次开挖成形或大断面开挖成形的隧道衬砌。

模板台车的长度即一次模筑段长度，应据混凝土生产能力和灌注技术要求以及隧道的曲线半径等条件来确定。

图 10-88　整体移动式模板台车

2）穿越式分体移动模板台车。这种设备的走行机构与整体模板可以分离，因此可用一套行走机构与几套模板配合，以提高行走机构的利用率。施工时可以多段衬砌同时进行，提高衬砌速度。

3）拼装式拱架模板。该种模板是采用型钢制作或现场用钢筋加工成桁架式拱架、配合定型组合钢模板，拼装组合成的衬砌模板。为便于安装和运输，整榀拱常分为 2~4 节，现场进行组装。为减少安、拆工作量，可将几榀拱架连成整体并安设简易轨道，构成简易移动式拱架。

（2）衬砌施工

1）施工前准备。根据隧道中线和水平测量，检查开挖断面是否符合设计要求，欠挖部分进行修凿。观察隧道稳定状态，注意支护的变形、开裂、侵入净空等现象，并做好记录。模板安装前，根据隧道中线、标高及断面尺寸，测量确定衬砌立模位置。做好钢筋的安装固定及检查验收。

2）模板就位。采用整体移动式模板台车时，先确定轨道的位置。为了保证衬砌不侵入建筑限界，须预留误差量和沉落量，且要注意曲线加宽。先在洞外组装并调试好各机构的工作状态，检查好各部尺寸，保证进洞后能正常使用。每次脱模后应予检修。

使用拼装式拱架模板时，立模前应在洞外进行试拼，检查其尺寸、形状，不符合要求的应予修整。要备齐配件，模板表面要涂刷防锈剂。应按计算的施工尺寸做好模板放样，安装和就位后应进行位置、尺寸、方向、标高、坡度、稳定性等各项检查。

3）浇筑混凝土。由于洞内狭小，混凝土多在洞外拌制，用运输工具运送到工作面浇筑，要协调设备、控制时间，保证浇筑的连续。混凝土运送宜用搅拌运输车或泵送方式，应确保运至浇筑地点时不离析、坍落度满足要求。浇筑时应使混凝土充满所有角落并进行充分捣固。

10.5.3 塌方事故的处理

隧洞开挖时，导致塌方的原因很多，概括起来可归结为：一是自然因素，即地质状态、受力状态、地下水变化等；二是人为因素，即不适当的设计，或不适当的施工作业方法等。由于塌方往往会给施工带来很大的困难和经济损失。因此，需尽量排除可能导致塌方的各种因素，尽可能避免塌方的发生。若发生塌方应采取适当的处理方法与措施。

1）隧道发生塌方，应及时迅速处理。处理时必须详细观测塌方范围、形状、坍穴的地质构造，查明塌方发生的原因和地下水活动情况。经认真分析，制订处理方案。

2）处理塌方应先加固未坍塌地段，防止继续发展，并按下列方法进行处理：

① 小塌方，纵向延伸不长、坍穴不高，首先加固坍体两端洞身，并抓紧喷射混凝土或采用锚喷联合支护封闭坍穴顶部和侧部，再进行清渣。在确保安全的前提下，也可在坍渣上架设临时支架，稳定顶部，然后清渣。临时支架须等灌注衬砌混凝土达到设计强度要求后方可拆除。

② 大塌方，坍穴高，坍渣数量大，坍渣完全堵住洞身时，宜采取先护后挖的方法。在查清坍穴规模大小和穴顶位置后，可采用管棚法和注浆固结法稳固围岩体和渣体，待其基本稳定后，按先上部后下部的顺序清除渣体，采取短进尺、弱爆破、早封闭的原则挖坍体，并尽快完成衬砌。

③ 塌方冒顶，在清渣前应支护陷穴口，地层极差时，在陷穴口附近地面打设地表锚杆，洞内可采用管棚支护和钢架支撑。

④ 洞口塌方，一般易坍至地表，可采取暗洞明作的办法。

3）处理塌方的同时，应加强防排水工作。塌方往往与地下水活动有关，治塌应先治水。防止地表水渗入坍体或地下，引截地下水防止渗入塌方地段，以免塌方扩大。具体措施如下：

① 地表沉陷和裂缝，用不透水土壤夯填紧密，开挖截水沟，防止地表水渗入坍体。

② 塌方通顶时，应在陷穴口地表四周挖沟排水，并设雨篷遮盖穴顶。陷穴口回填应高出地面并用黏土或圬工封口，做好排水。

③ 坍体内有地下水活动时，应用竹槽引至排水沟排出，防止塌方扩大。

4）塌方地段的衬砌，应视坍穴大小和地质情况予以加强。衬砌背后与坍穴洞孔之间必须紧密支撑。当坍穴较小时，可用浆砌片石或干砌片石将坍穴填满；当坍穴较大时，可先用浆砌片石回填一定厚度，其以上空间应采用钢支撑等顶稳围岩。

5）采用新奥法施工的隧道或有条件的隧道，塌方后要加设测量点，增加测量频率，根据测量信息及时研究对策。浅埋隧道，要进行地表下沉测量。

10.6 地下工程

地下工程包括地铁隧道、地铁车站以及地下房屋建筑等的施工建设。地下工程施工与地上结构施工的主要区别在于开挖方法。常用施工方法包括明挖法、盖挖法、浅埋暗挖法、盾构法、沉井法等。此外，还涉及众多辅助工法，包括注浆技术、锚喷支护、挡墙支护、冻结法、气压法和截降水方法等支护、控水工法。本节主要介绍土层地下工程施工中常用的明挖法、盖挖法、浅埋暗挖法、盾构法等内容。

10.6.1 明挖法与盖挖法

明挖法与盖挖法均是在土壁稳定或做好围护结构后，由上向下开挖，而后进行地下结构施工的方法。常用于埋深较浅的地下工程。

1. 明挖法

明挖法是软土地下工程中最常用、最基本的方法，其主要施工程序是从地表向下开挖基坑至设计标高，然后自下而上构筑防水设施和主体结构，最后回填恢复路面。

明挖法具有以下显著优点：

1）工艺简单，施工面宽敞，作业条件好。

2）可安排较多劳动力同时施工，便于大型、高效率的施工机械使用，以缩短工期。

3）造价低，施工质量易于保证。

然而，明挖法也有破坏生态环境，影响交通，易造成尘土和噪声污染等缺点。

明挖法基坑分为敞口开挖基坑和有围护结构的基坑两种类型，深基坑四周一般设置垂直的挡土围护结构，围护结构一般是在开挖面基底下有一定插入深度的板（桩）墙结构，其形式有悬臂式、单撑式、多撑式等类型；支撑结构是为了减小围护结构变形，控制墙体的弯矩，分为内支撑和外拉锚两种。图10-89所示为以钻孔灌注桩和钢支撑为支护体系的典型明挖法施工程序。

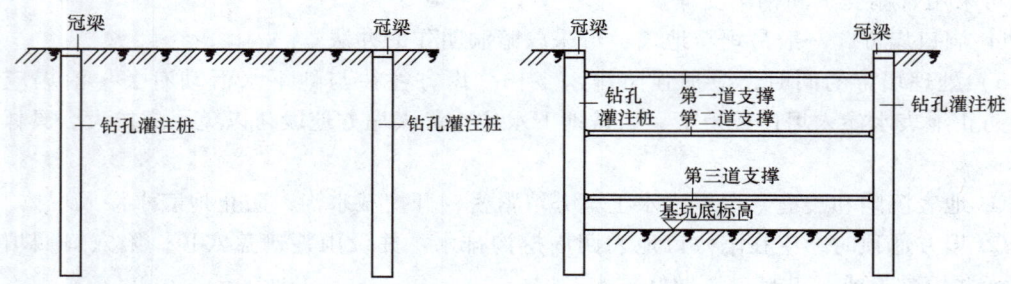

第1步 施作钻孔灌注桩及冠梁

第2步 开挖基坑，随开挖依次施作第一、第二、第三道钢支撑，开挖至设计基坑底标高处

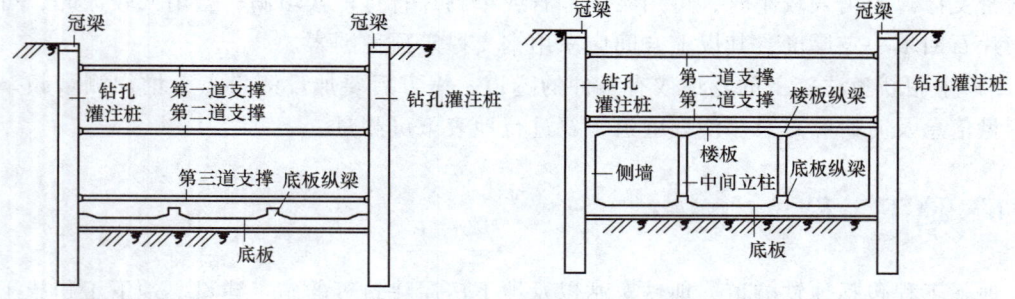

第3步 施作垫层、底板防水层、底纵梁和底板

第4步 拆除第三道钢支撑，施作结构侧墙、中楼板及板纵梁

图 10-89 典型明挖法施工程序

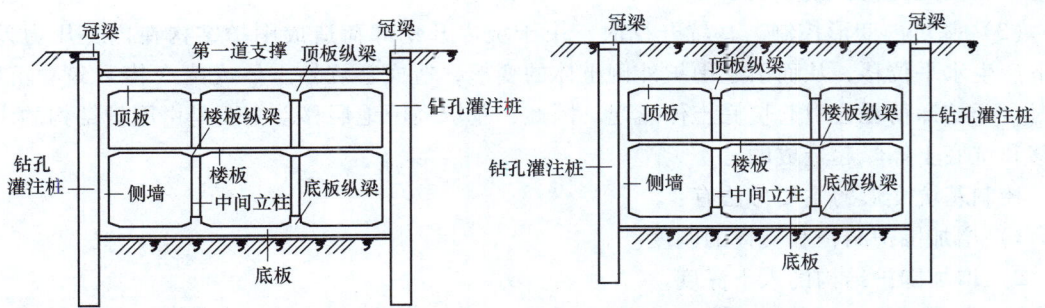

第5步 拆除第二道钢支撑，施作结构侧墙、顶板及顶板纵梁　　第6步 拆除第一道钢支撑，回填基坑，恢复路面

图 10-89　典型明挖法施工程序（续）

（1）围护结构　深基坑围护结构体系包括板（桩）墙、围檩（冠梁）及其他附属构件。板（桩）墙主要承受基坑开挖卸荷所产生的土压力和水压力，并将此压力传递到支撑，是稳定基坑的一种施工临时挡墙结构。常见围护结构类型包括钢板桩、预制混凝土板桩、钢筋混凝土灌注桩、地下连续墙、SMW 工法桩等。

（2）支撑结构　内支撑一般由各种型钢撑、钢管撑、钢筋混凝土撑等构成支撑系统；外拉锚有拉锚和土锚两种形式。

在软弱地层的基坑工程中，支撑结构承受围护墙所传递的土压力、水压力。支撑结构挡土的应力传递路径是围护（桩）墙→围檩（冠梁）→支撑，在地质条件较好的有锚固力的地层中，基坑支撑可采用土锚和拉锚等外拉锚形式。

深基坑工程中常用的支撑结构体系按其材料可分为现浇钢筋混凝土支撑和钢支撑两类，其形式和特点见表 10-11。

现浇钢筋混凝土支撑体系由围檩（圈梁）、支撑及角撑、立柱和围檩托架或吊筋、立柱，托架锚固件等其他附属构件组成。

表 10-11　两类支撑结构体系的形式和特点

类型	截面形式	布置形式	特点
现浇钢筋混凝土支撑	可根据断面要求确定断面形状和尺寸	有支撑、边桁架、环梁结合边桁架等，形式灵活多样	混凝土结硬后刚度大，变形小，强度的安全、可靠性强。施工方便，但支撑浇筑和养护时间长，围护结构处于无支撑的暴露状态的时间长，软土中被动区土体位移大，如对控制变形有较高要求时，需对被动区软土加固，施工工期长，拆除困难，爆破拆除对周围环境有影响
钢支撑	单钢管、双钢管、单工字钢、双工字钢、H 型钢、槽钢及以上钢材的组合	竖向布置有水平撑、斜撑；平面布置形式一般为对撑、井字撑、角撑，也有与钢筋混凝土支撑结合使用，但要谨慎处理变形协调问题	安装、拆除施工方便，可周转使用，支撑中可加预应力，可调整轴力而有效控制围护墙变形。施工工艺要求较高，如节点和支撑结构处理不当，或施工支撑不及时、不准确，会造成失稳

钢支撑（钢管、型钢支撑）体系通常为装配式，由围檩、角撑、支撑、预应力设备（包括千斤顶自动调压或人工调压装置）、轴力传感器、支撑体系监测监控装置、立柱桩及

其他附属装配式构件组成。

（3）基坑的变形控制　基坑开挖时，由于坑内开挖卸荷造成围护结构在内外压力差作用下产生水平位移，从而引起围护外侧土体的变形，造成基坑外土体或建（构）筑物沉降；同时，开挖卸荷也会引起坑底土体隆起。因此，基坑周围地层移动主要是由围护结构的水平位移和坑底土体隆起造成的。

控制基坑变形的主要方法有：
1）增加围护结构和支撑的刚度。
2）增加围护结构的入土深度。
3）加固基坑内被动区土体。
4）减小每次开挖围护结构处土体的尺寸和减少开挖支撑时间。
5）通过调整围护结构深度和降水井布置来控制降水对环境变形的影响。

保证深基坑坑底稳定的方法有加深围护结构入土深度、坑底土体加固、坑内井点降水等措施。

2. 盖挖法

盖挖法属于明挖法的一种，包括盖挖顺作法和盖挖逆作法。盖挖顺作法的施工顺序为自地表向下开挖一段后先浇筑顶板，在顶板的保护下，自上而下开挖、支撑，由下而上浇筑结构内衬。

盖挖逆作法是基坑开挖一段后先浇筑顶板，在顶板的保护下，自上而下开挖、支撑和浇筑结构内衬的施工方法。盖挖逆作法施工程序如图 10-90 所示。

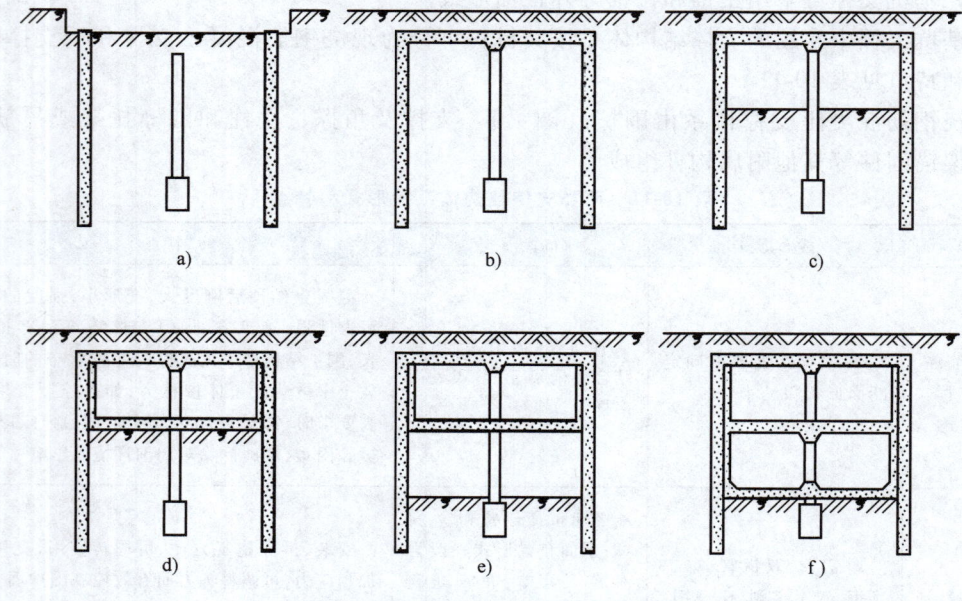

图 10-90　盖挖逆作法施工程序

a）挖土后构筑围护结构、支撑柱　b）施作顶板后回填土、恢复路面　c）开挖上层土
d）施作上层主体结构　e）开挖下层土　f）施作下层主体结构

盖挖法施工的优点有：
1）围护结构变形小，能够有效控制周围土体的变形和地表沉降，有利于保护邻近建筑

物和构筑物。

2) 基坑底部土体稳定，隆起小，施工安全。

3) 盖挖逆作法施工一般不设内部支撑或锚碇，可增大施工空间和降低工程造价。

4) 盖挖逆作法施工基坑暴露时间短，用于城市街区施工时，可尽快恢复路面。

盖挖法施工的缺点主要是混凝土内衬的水平施工缝的处理较困难，此外盖挖逆作法施工时，其暗挖施工难度大、费用高。

10.6.2 浅埋暗挖法

浅埋暗挖法是在新奥法的基础上，进一步发展形成的适用于城市软弱、松散土层的地下工程暗挖施工方法。其特点是在开挖中采用多种辅助施工措施加固围岩，合理调动围岩的自承能力，开挖后及时支护，封闭成环，使其与围岩共同作用形成联合支护体系，有效地抑制围岩的过大变形。"管超前、严注浆、短开挖、强支护、早封闭、勤测量"是浅埋暗挖法施工的十八字方针。

采用浅埋暗挖法施工时，常见的典型施工方法是正台阶法以及适用于特殊地层条件的其他施工方法，如全断面法、正台阶法、正台阶环形开挖法、单侧壁导坑法、双侧壁导坑法、中隔壁法、交叉中隔壁法、中洞法、侧洞法、柱洞法等。主要的施工方法见表10-12。

表10-12 浅埋暗挖法主要的施工方法

施工方法	示意图	重要指标比较					
		适用条件	沉降	工期	防水	初期支护拆除量	造价
全断面法		地层好，跨度≤8m	一般	最短	好	无	低
正台阶法		地层较差，跨度≤12m	一般	短	好	无	低
正台阶环形开挖法		地层差，跨度≤12m	一般	短	好	无	低
单侧壁导坑法		地层差，跨度≤14m	较大	较短	好	小	低
双侧壁导坑法		小跨度，连续使用可扩大跨度	大	长	效果差	大	高
中隔壁法（CD工法）		地层差，跨度≤18m	较大	较短	好	小	偏高
交叉中隔壁法（CRD工法）		地层差，跨度≤20m	较小	长	好	大	高

（续）

施工方法	示意图	重要指标比较					
		适用条件	沉降	工期	防水	初期支护拆除量	造价
中洞法		小跨度，连续使用可扩成大跨度	小	长	效果差	大	较高
侧洞法		小跨度，连续使用可扩成大跨度	大	长	效果差	大	高
柱洞法		多层多跨	大	长	效果差	大	高

喷锚暗挖施工必须配合开挖及时支护，保证施工安全。浅埋暗挖法施工的地下结构一般采用复合式衬砌支护形式，即初期支护和二次衬砌。

初期支护应采用喷锚支护，喷锚支护是喷射混凝土、锚杆、钢筋网喷射混凝土、钢拱架喷射混凝土等结构组合起来的支护形式，可根据不同围岩的稳定状况，采用喷锚支护中的一种或几种结构组合。在浅埋软岩地段、自稳性差的软弱破碎围岩、断层破碎带、砂土层等不良地质条件下施工时，当围岩自稳时间短，不能保证安全地完成初次支护时，为确保施工安全，加快施工进度，应采用超前小导管周边注浆或围岩深孔注浆、管棚超前支护、设置临时仰拱、地表锚杆或地表注浆加固等各种辅助技术进行加固处理使开挖作业面围岩保持稳定。

10.6.3 盾构法

盾构法是用盾构机防止围岩的土砂坍塌，进行开挖、推进，并在盾尾进行衬砌作业从而修建隧道的方法。盾构机是用来开挖土砂类围岩的隧道机械，由切口环、支撑环及盾尾三部分组成。

盾构机种类繁多，按开挖面是否封闭划分，主要有密闭式和敞开式两类；按平衡开挖面土压与水压的原理不同，密闭式盾构机分为土压平衡式和泥水平衡式两种；敞开式盾构机按开挖方式划分，主要有手掘式、半机械挖掘式和机械挖掘式三种，如图10-91所示。按盾构机的断面形状划分，有圆形和异形盾构机两类，其中异形盾构机主要有多圆形、马蹄形和矩形。目前国内用于地铁工程的盾构主要是土压平衡盾构和泥水平衡盾构两种。

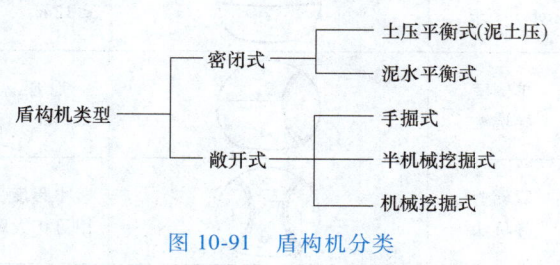

图10-91 盾构机分类

盾构法施工的概貌如图10-92所示，其主要步骤如下：

1）在拟建隧道的起始端和终结端各建一个工作井。城市地铁一般利用车站的端头作为始发或到达的工作井。

2）盾构在起始端工作井内安装就位。

3）依靠盾构千斤顶推力（作用在二作井后壁或新拼装好的衬砌上）将盾构从起始工作井的墙壁开孔处推进。

4）盾构在地层中沿着设计轴线逐步推进，同时不断出土（泥）和安装衬砌管片。

5）盾尾脱出后，及时向衬砌背后的空隙注浆，以防地层移动并稳定衬砌环位置。

6）盾构进入终结端工作井并被拆除，如施工需要，也可穿越工作井再向前推进。

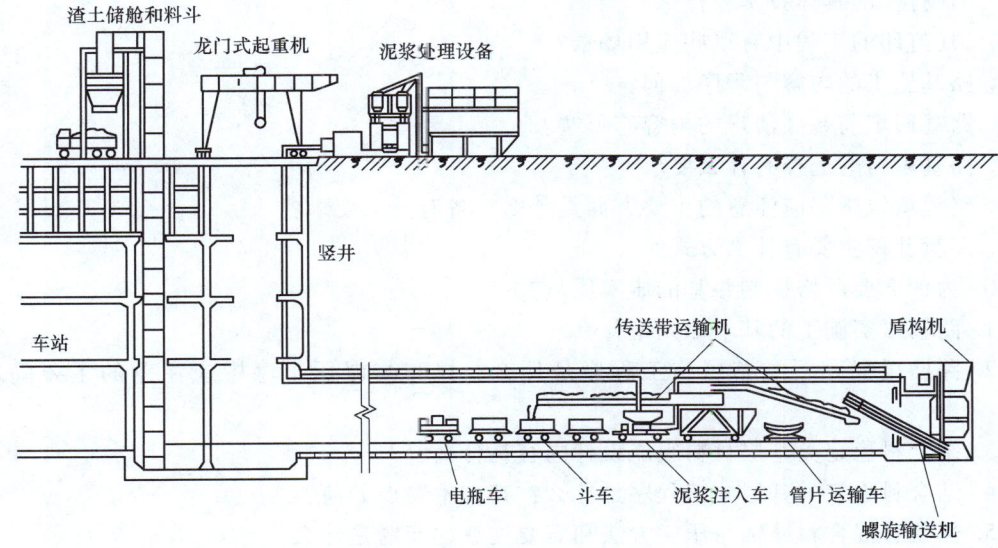

图 10-92　盾构法施工概貌

盾构掘进施工中，必须保证正面土体稳定，并根据地质、线路平面、高程、坡度等条件，正确编组千斤顶。同时必须严格控制推进轴线，使盾构的运动轨迹在设计轴线的允许偏差范围内。

盾构施工时应重点控制开挖面变形、盾构姿态、盾尾处的变形及衬砌质量。控制出土量是控制开挖面变形的主要措施。由于直接准确地控制出土量较为困难，土压平衡盾构施工时还要控制土仓压力，泥水平衡盾构还要控制泥水压力。要对盾构的姿态和位置进行控制，避免或减少纠偏引起地层变形。盾构推进至每节盾尾脱出后，应及时采用浆液填充，注浆时应控制注浆量和注浆压力。

盾构掘进应均衡施工，保持连续作业，以保证工程质量、减小对地层的扰动和地层沉降。当确需停止时，应采取防止盾构正面与盾尾土体流入而造成盾构和地面沉降的措施。

当遇到以下几种情况时，应及时处理：

1）盾构前方地层发生坍塌或遇有障碍。

2）盾构本体滚动角达到 3° 以上。

3）盾构轴线偏离隧道轴线 50mm 以上。

4）盾构推力与预计值相差较大。

5）管片严重开裂或严重错台。

6）壁后注浆系统发生故障无法注浆。

7）盾构掘进扭矩发生异常波动。

8）动力系统、密封系统、控制系统等发生故障。

习　　题

1. 建筑机械中有哪几种起重机？
2. Romu 机器人在桩基工程中的施工过程是什么？
3. 3D 打印的具体技术有什么？
4. 3D 打印的工程中有哪些应用场景？
5. 路基施工的内容与程序如何？
6. 路基回填前基底清理的内容有哪些？
7. 路基填料的选择有什么要求？
8. 路堤填筑施工应注意的主要方面是什么？各有什么要求？
9. 路堑开挖主要有什么方式？
10. 为什么要严格控制路基的压实质量？
11. 路基压实施工的基本原则是什么？
12. 路面级配碎石类基层施工程序是什么？拌和与碾压工序中应注意的主要问题是什么？
13. 结合料稳定类基层材料组成设计内容是什么？
14. 结合料稳定类基层施工程序是什么？其技术要点如何？
15. 热沥青混合料摊铺与压实方法和需要注意的问题是什么？
16. 水泥混凝土路面的施工程序与需要注意的问题是什么？
17. 桥梁基础工程的常用施工方法有哪些？
18. 桥梁刚性扩大基础施工程序与要求是什么？
19. 钢筋混凝土墩台施工程序与要求是什么？
20. 装配式梁桥安装方法与适用条件如何？
21. 钻爆法开挖隧道的施工程序是什么？
22. 锚喷支护、钢架喷射混凝土支护的应用范围是什么？
23. 盾构法施工的主要步骤是什么？

参 考 文 献

[1] 《建筑施工手册》(第五版)编委会. 建筑施工手册 [M]. 5版. 北京：中国建筑工业出版社，2012.
[2] 郭正兴，李金根，李维滨，等. 土木工程施工 [M]. 2版. 南京：东南大学出版社，2012.
[3] 应惠清. 建筑施工技术 [M]. 2版. 上海：同济大学出版社，2011.
[4] 穆静波. 土木工程施工：含移动端助学视频 [M]. 2版. 北京：机械工业出版社，2023.
[5] 穆静波，王亮. 建筑施工 [M]. 2版. 北京：中国建筑工业出版社，2012.
[6] 李慧民. 土木工程施工技术 [M]. 北京：中国建筑工业出版社，2011.
[7] 何亚伯. 建筑装饰装修施工工艺标准手册 [M]. 2版. 北京：中国建筑工业出版社，2010.
[8] 中国建筑第八工程局. 建筑工程施工技术标准 [M]. 北京：中国建筑工业出版社，2005.
[9] 彭圣浩. 建筑工程施工组织设计实例应用手册 [M]. 3版. 北京：中国建筑工业出版社，2008.
[10] 彰国社. 建筑施工管理手册 [M]. 陶新中，常思纯，董新生，译. 4版. 北京：中国建筑工业出版社，2008.
[11] 穆静波. 土木工程施工习题集 [M]. 2版. 北京：中国建筑工业出版社，2014.
[12] 毛鹤琴. 土木工程施工 [M]. 武汉：武汉理工大学出版社，2000.
[13] 吴之乃，中国建筑业协会，筑龙网. 鲁班奖获奖工程施工组织设计专辑 [M]. 北京：机械工业出版社，2004.
[14] 张建斌. 瓦工操作技巧 [M]. 北京：中国建筑工业出版社，2006.
[15] 北京土木建筑学会. 图说混凝土现场操作技能 [M]. 北京：中国电力出版社，2004.
[16] 刘津明. 土木工程施工 [M]. 天津：天津大学出版社，2001.
[17] 叶建良. 桩基工程 [M]. 武汉：中国地质大学出版社，2000.
[18] 陆荣照. 装配式单层钢筋混凝土结构厂房：吊装方案 [M]. 杭州：浙江大学出版社，2003.
[19] 齐宏拓，丁尧，刘界鹏，等. 深度学习在建筑工程中的应用 [M]. 北京：中国建筑工业出版社，2023.
[20] 刘界鹏，周绪红，程国忠，等. 智能建造基础算法教程 [M]. 2版. 北京：中国建筑工业出版社，2023.
[21] 叶雯. 智能建造施工技术 [M]. 北京：中国建筑工业出版社，2023.
[22] 郭正兴，朱张峰，管东芝. 装配整体式混凝土结构研究与应用 [M]. 南京：东南大学出版社，2018.
[23] 龙武剑. 智能建造概论 [M]. 北京：清华大学出版社，2023.
[24] 杜修力，刘占省，赵研. 智能建造概论 [M]. 北京：中国建筑工业出版社，2021.
[25] 刘文锋，廖维张，胡昌斌. 智能建造概论 [M]. 北京：北京大学出版社，2021.